Lernen

Die Lerneinheiten sind in drei Teile geteilt:

1. **Basisaufgaben**, die das neu Gelernte üben.
2. Mit **Alles klar?** prüfst du, ob du alles verstanden hast.
3. Danach stehen dir **zwei Wege** zur Auswahl.
   Wähle den **einfacheren** oder den **schwierigeren** **Lernweg**.

Alles klar?
Hier prüfst du, ob du alles verstanden hast.

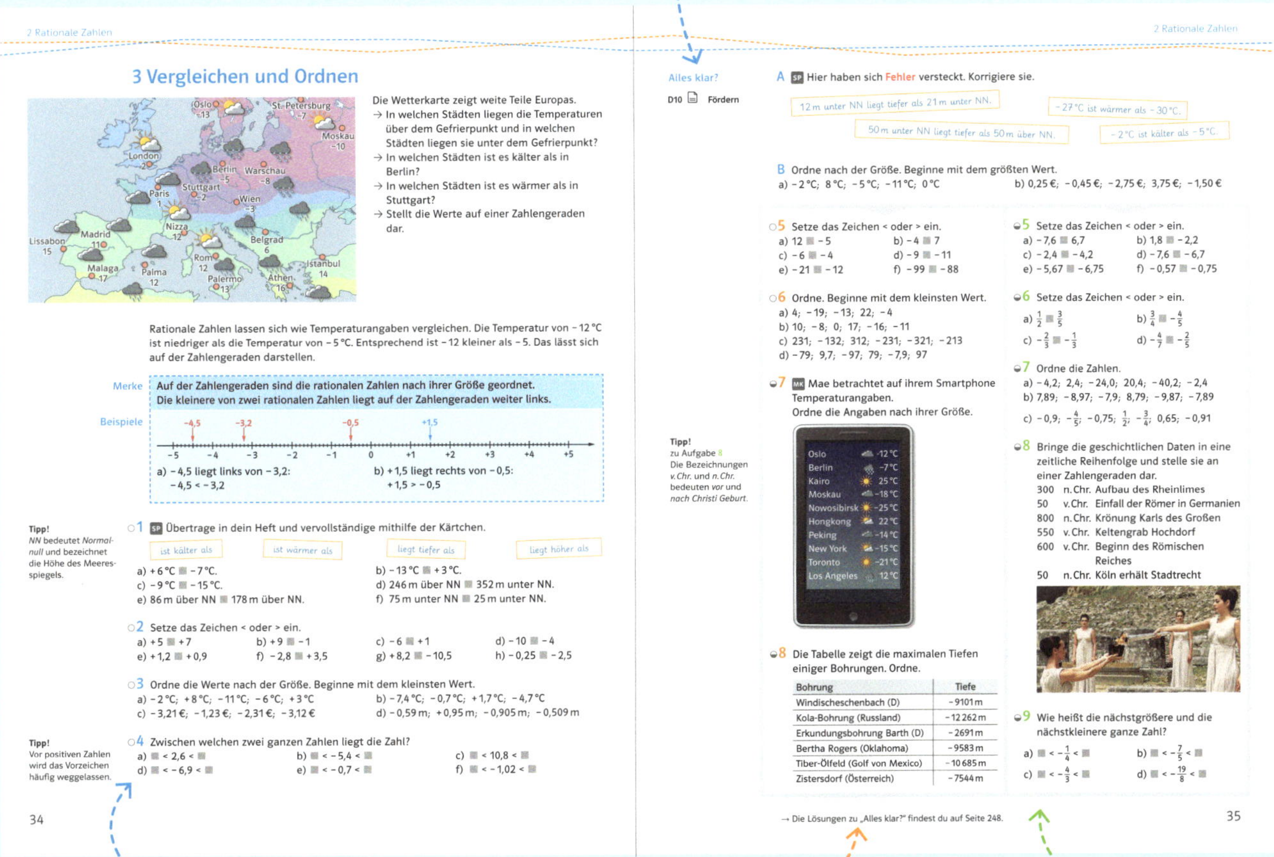

2 Rationale Zahlen

3 Vergleichen und Ordnen

Die Wetterkarte zeigt weite Teile Europas.
→ In welchen Städten liegen die Temperaturen über dem Gefrierpunkt und in welchen Städten liegen sie unter dem Gefrierpunkt?
→ In welchen Städten ist es kälter als in Berlin?
→ In welchen Städten ist es wärmer als in Stuttgart?
→ Stellt die Werte auf einer Zahlengeraden dar.

Rationale Zahlen lassen sich wie Temperaturangaben vergleichen. Die Temperatur von −12 °C ist niedriger als die Temperatur von −5 °C. Entsprechend ist −12 kleiner als −5. Das lässt sich auf der Zahlengeraden darstellen.

Merke
Auf der Zahlengeraden sind die rationalen Zahlen nach ihrer Größe geordnet. Die kleinere von zwei rationalen Zahlen liegt auf der Zahlengeraden weiter links.

Beispiele
−4,5 −3,2 −0,5 +1,5
−5 −4 −3 −2 −1 0 +1 +2 +3 +4 +5

a) −4,5 liegt links von −3,2: $-4{,}5 < -3{,}2$
b) +1,5 liegt rechts von −0,5: $+1{,}5 > -0{,}5$

Tipp!
NN bedeutet *Normalnull* und bezeichnet die Höhe des Meeresspiegels.

○1 SP Übertrage in dein Heft und vervollständige mithilfe der Kärtchen.
ist kälter als | ist wärmer als | liegt tiefer als | liegt höher als
a) +6 °C ■ −7 °C.
b) −13 °C ■ +3 °C.
c) −9 °C ■ −15 °C.
d) 246 m über NN ■ 352 m unter NN.
e) 86 m über NN ■ 178 m über NN.
f) 75 m unter NN ■ 25 m unter NN.

○2 Setze das Zeichen < oder > ein.
a) +5 ■ +7 b) +9 ■ −1 c) −6 ■ +1 d) −10 ■ −4
e) +1,2 ■ +0,9 f) −2,8 ■ +3,5 g) +8,2 ■ −10,5 h) −0,25 ■ −2,5

○3 Ordne die Werte nach der Größe. Beginne mit dem kleinsten Wert.
a) −2 °C; +8 °C; −11 °C; −6 °C; +3 °C
b) −7,4 °C; −0,7 °C; +1,7 °C; −4,7 °C
c) −3,21 €; −1,23 €; −2,31 €; −3,12 €
d) −0,59 m; +0,95 m; −0,905 m; −0,509 m

Tipp!
Vor positiven Zahlen wird das Vorzeichen häufig weggelassen.

○4 Zwischen welchen zwei ganzen Zahlen liegt die Zahl?
a) ■ < 2,6 < ■ b) ■ < −5,4 < ■ c) ■ < 10,8 < ■
d) ■ < −6,9 < ■ e) ■ < −0,7 < ■ f) ■ < −1,02 < ■

34

2 Rationale Zahlen

Alles klar?
D10 Fördern

A SP Hier haben sich Fehler versteckt. Korrigiere sie.
12 m unter NN liegt tiefer als 21 m unter NN. | −27 °C ist wärmer als −30 °C. | 50 m unter NN liegt tiefer als 50 m über NN. | −2 °C ist kälter als −5 °C.

B Ordne nach der Größe. Beginne mit dem größten Wert.
a) −2 °C; 8 °C; −5 °C; −11 °C; 0 °C
b) 0,25 €; −0,45 €; −2,75 €; 3,75 €; −1,50 €

○5 Setze das Zeichen < oder > ein.
a) 12 ■ −5 b) −4 ■ 7
c) −6 ■ −4 d) −9 ■ −11
e) −21 ■ −12 f) −99 ■ −88

○6 Ordne. Beginne mit dem kleinsten Wert.
a) 4; −19; −13; 22; −4
b) 10; −8; 0; 17; −16; −11
c) 231; −132; 312; −231; −321; −213
d) −79; 9,7; −97; 79; −7,9; 97

◒7 MK Mae betrachtet auf ihrem Smartphone Temperaturangaben.
Ordne die Angaben nach ihrer Größe.

Tipp!
zu Aufgabe 8
Die Bezeichnungen *v. Chr.* und *n. Chr.* bedeuten *vor* und *nach Christi Geburt*.

◒8 Die Tabelle zeigt die maximalen Tiefen einiger Bohrungen. Ordne.

Bohrung	Tiefe
Windischeschenbach (D)	−9101 m
Kola-Bohrung (Russland)	−12 262 m
Erkundungsbohrung Barth (D)	−2691 m
Bertha Rogers (Oklahoma)	−9583 m
Tiber-Ölfeld (Golf von Mexico)	−10 685 m
Zistersdorf (Österreich)	−7544 m

◒5 Setze das Zeichen < oder > ein.
a) −7,6 ■ 6,7 b) 1,8 ■ −2,2
c) −2,4 ■ −4,2 d) −7,6 ■ −6,7
e) −5,67 ■ −6,75 f) −0,57 ■ −0,75

◒6 Setze das Zeichen < oder > ein.
a) $\frac{1}{2}$ ■ $\frac{3}{5}$ b) $\frac{3}{4}$ ■ $-\frac{4}{5}$
c) $-\frac{2}{3}$ ■ $-\frac{1}{3}$ d) $-\frac{4}{7}$ ■ $-\frac{2}{5}$

◒7 Ordne die Zahlen.
a) −4,2; 2,4; −24,0; 20,4; −40,2; −2,4
b) 7,89; −8,97; −7,9; 8,79; −9,87; −7,89
c) −0,9; $-\frac{4}{5}$; −0,75; $\frac{1}{2}$; $-\frac{3}{4}$; 0,65; −0,91

◒8 Bringe die geschichtlichen Daten in eine zeitliche Reihenfolge und stelle sie an einer Zahlengeraden dar.
300 n. Chr. Aufbau des Rheinlimes
50 v. Chr. Einfall der Römer in Germanien
800 n. Chr. Krönung Karls des Großen
550 v. Chr. Keltengrab Hochdorf
600 v. Chr. Beginn des Römischen Reiches
50 n. Chr. Köln erhält Stadtrecht

◒9 Wie heißt die nächstgrößere und die nächstkleinere ganze Zahl?
a) ■ < $-\frac{1}{4}$ < ■ b) ■ < $-\frac{7}{5}$ < ■
c) ■ < $-\frac{4}{3}$ < ■ d) ■ < $-\frac{19}{8}$ < ■

→ Die Lösungen zu „Alles klar?" findest du auf Seite 248.

35

Basisaufgaben,
die das neu Gelernte einüben

Lernweg
einfachere Aufgaben

Lernweg
schwierigere Aufgaben

Symbole

- Gruppenaufgabe
- Computeraufgabe
- Taschenrechner benutzen
- ○ einfache Aufgabe
- ◒ mittlere Aufgabe
- ● schwierige Aufgabe
- ☐ kennzeichnet Inhalte für den Erweiterungskurs.
- MK kennzeichnet Aufgaben oder Inhalte zum Thema Medienkompetenz.
- SP kennzeichnet Aufgaben, die den Fokus verstärkt auf (fachintegrierte) Sprachbildung richten.

D1 Dokument Teste dich

D2 Dokument Fördern

Alle Dokumente zum Schulbuch sind im Schnittpunkt **eBook** und in den Schnittpunkt **Medien zum Schulbuch** verfügbar.

Schnittpunkt

7

Mathematik – Differenzierende Ausgabe

Viktor Grasmik
Sarah Macha
Rainer Pongs
Peter Rausche
Jens Richter
Ingrid Wald-Schillings

Martina Backhaus
Ilona Bernhard
Joachim Böttner
Günther Fechner
Wolfgang Malzacher
Achim Olpp
Emilie Scholl-Molter
Colette Simon
Claus Stöckle
Thomas Straub
Hartmut Wellstein

Ernst Klett Verlag GmbH
Stuttgart · Leipzig · Dortmund

Inhaltsverzeichnis

1 Rechnen mit Brüchen

2 Rationale Zahlen

3 Dreiecke

4 Proportional. Antiproportional

5 Prozente

6 Wahrscheinlichkeit

7 Rechnen mit Termen

8 Gleichungen

Arbeitsanhang

Standpunkt | Rechnen mit Brüchen

Wo stehe ich?

Ich kann …	gut	etwas	nicht gut	Lerntipp!
A Brüche aus unterteilten Figuren ablesen,	■	■	■	→ Seite 223
B Brüche durch unterteilte Figuren darstellen,	■	■	■	→ Seite 223
C Brüche kürzen,	■	■	■	→ Seite 224
D unechte Brüche in gemischte Zahlen umwandeln,	■	■	■	→ Seite 225
E Brüche und Dezimalzahlen ineinander umwandeln,	■	■	■	→ Seite 225; 226
F Brüche auf einen gemeinsamen Nenner erweitern,	■	■	■	→ Seite 224; 228
G Brüche addieren,	■	■	■	→ Seite 228
H Brüche subtrahieren.	■	■	■	→ Seite 228

Überprüfe dich selbst:

D1 Teste dich

A Welcher Bruchteil ist gefärbt?

a)
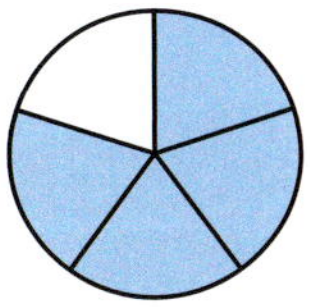

b)
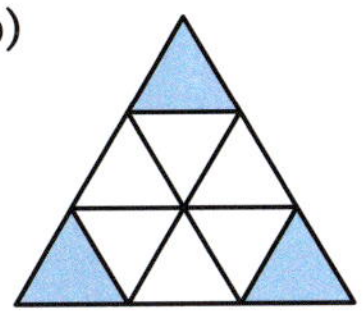

c)
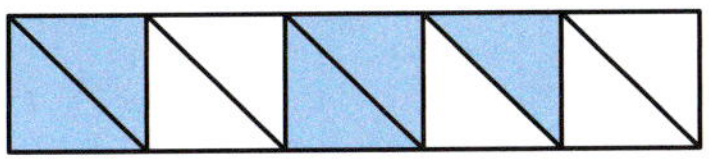

d)

B Stelle den Bruch in einem geeigneten Rechteck dar.

a) $\frac{1}{6}$ b) $\frac{3}{8}$ c) $\frac{7}{12}$ d) $\frac{11}{16}$

C Kürze den Bruch vollständig.

a) $\frac{12}{36}$ b) $\frac{39}{60}$ c) $\frac{25}{55}$ d) $\frac{24}{72}$

D Wandle in eine gemischte Zahl um.

a) $\frac{5}{4}$ b) $\frac{10}{3}$ c) $\frac{12}{5}$ d) $\frac{17}{6}$

E Vervollständige die Tabelle.

	Bruch	Dezimalzahl
a)	$\frac{19}{100}$	■
b)	$\frac{7}{50}$	■
c)	■	0,03
d)	■	0,75

F Erweitere die beiden Brüche auf einen gemeinsamen Nenner.

a) $\frac{1}{2}$ und $\frac{1}{3}$ b) $\frac{1}{6}$ und $\frac{2}{3}$

c) $\frac{1}{5}$ und $\frac{3}{4}$ d) $\frac{5}{12}$ und $\frac{3}{8}$

G Addiere die Brüche.

a) $\frac{1}{5} + \frac{2}{5}$ b) $\frac{1}{4} + \frac{3}{8}$

c) $\frac{2}{3} + \frac{1}{4}$ d) $\frac{5}{12} + \frac{5}{8}$

H Subtrahiere die Brüche.

a) $\frac{11}{14} - \frac{3}{14}$ b) $\frac{20}{24} - \frac{3}{8}$

c) $\frac{5}{6} - \frac{1}{2}$ d) $\frac{15}{18} - \frac{3}{4}$

→ Die Lösungen findest du auf Seite 245.

1 Rechnen mit Brüchen

1 Wasserflaschen kannst du im Supermarkt in verschiedenen Größen kaufen. Schreibe alle Flaschengrößen auf, die du kennst.

2 Recherchiere, ob es noch weitere Verpackungsgrößen für Getränke gibt.

3 Die Zwillinge Jannis und Lotta überlegen, ob sie für eine Feier zwölf Flaschen mit je einem $\frac{3}{4}$ Liter Wasser oder direkt achtzehn kleine $\frac{1}{2}$-Liter-Wasserflaschen kaufen sollen. Ihre Mutter meint, dass doch sechs Flaschen à $1\frac{1}{2}$ l sinnvoller wären.

Ich lerne,

- wie man Brüche vervielfacht,
- wie man Brüche teilt,
- wie man Brüche multipliziert,
- wie man Brüche dividiert,
- wie man Rechenregeln bei Brüchen anwendet.

1 Vervielfachen und Teilen

Luca möchte am Sonntag mit seiner Mutter einen Eintopf kochen. Die Angaben des Rezepts reichen für vier Personen.

➔ Welche Mengen wären für acht Personen nötig?

➔ Lucas Großeltern kommen zu Besuch. Bestimme die Mengenangaben für sechs Personen.

➔ Recherchiert Rezepte für Eintöpfe aus unterschiedlichen Ländern und Kulturen. Gebt die Mengen für zwei Personen an.

Merke

Man **vervielfacht** einen Bruch mit einer natürlichen Zahl, indem man den Zähler mit der Zahl multipliziert und den Nenner beibehält.

Man **teilt** einen Bruch durch eine natürliche Zahl, indem man den Nenner mit der Zahl multipliziert und den Zähler beibehält.

Beispiele

a) $9 \cdot \frac{2}{5} = \frac{9 \cdot 2}{5} = \frac{18}{5} = 3\frac{3}{5}$

b) $\frac{5}{7} : 3 = \frac{5}{7 \cdot 3} = \frac{5}{21}$

Wenn man vor dem Ausrechnen kürzt, wird die Rechnung einfacher.

c) $14 \cdot \frac{2}{49} = \frac{14 \cdot 2}{49} \underset{7}{=} \frac{2 \cdot 2}{7} = \frac{4}{7}$

d) $\frac{8}{13} : 12 = \frac{8}{13 \cdot 12} \underset{4}{=} \frac{2}{13 \cdot 3} = \frac{2}{39}$

○**1** Vervielfache den Bruch.

a) $7 \cdot \frac{1}{2}$ b) $8 \cdot \frac{1}{3}$ c) $11 \cdot \frac{6}{13}$ d) $3 \cdot \frac{5}{19}$ e) $7 \cdot \frac{3}{34}$ f) $2 \cdot \frac{19}{39}$

○**2** Berechne die Aufgabe, kürze.

a) $4 \cdot \frac{1}{8}$ b) $8 \cdot \frac{1}{4}$ c) $11 \cdot \frac{6}{33}$ d) $13 \cdot \frac{2}{80}$ e) $4 \cdot \frac{1}{16}$ f) $7 \cdot \frac{9}{63}$

○**3** Teile den Bruch.

a) $\frac{6}{7} : 5$ b) $\frac{1}{4} : 3$ c) $\frac{7}{25} : 2$ d) $\frac{11}{30} : 3$ e) $\frac{19}{20} : 5$ f) $\frac{23}{40} : 3$

○**4** Berechne die Aufgabe, kürze.

a) $\frac{4}{5} : 2$ b) $\frac{15}{19} : 5$ c) $\frac{6}{13} : 6$ d) $\frac{10}{11} : 5$ e) $\frac{3}{30} : 3$ f) $\frac{40}{49} : 5$

Alles klar?

D2 Fördern

A Berechne. Kürze, wenn möglich.

a) $5 \cdot \frac{1}{9}$ b) $3 \cdot \frac{3}{18}$ c) $3 \cdot \frac{7}{35}$ d) $\frac{5}{10} : 2$ e) $\frac{17}{19} : 3$ f) $\frac{14}{15} : 7$

○**5** Multipliziere. Kürze, wenn möglich.

a) $2 \cdot \frac{1}{4}$ b) $\frac{2}{5} \cdot 2$ c) $\frac{4}{50} \cdot 8$

○**5** Multipliziere. Kürze, wenn möglich.

a) $7 \cdot \frac{3}{11}$ b) $\frac{5}{18} \cdot 6$ c) $\frac{6}{8} \cdot 8$

→ Die Lösungen zu „Alles klar?" findest du auf Seite 245.

op!

e Multiplikation
multiplizieren
■ mal ■
vervielfachen mit
das ■-Fache
das Produkt aus

e Division
dividieren
■ durch ■
teilen durch
der ■. Teil
der Quotient aus

gerecht
- fair
- gleich

○ **6** Dividiere. Kürze, wenn möglich.

a) $\frac{3}{4}:2$ b) $\frac{2}{5}:2$

c) $\frac{5}{10}:3$ d) $\frac{4}{50}:8$

○ **7** SP Notiere die Aufgabe und berechne das Ergebnis. Kürze, wenn möglich.

a) drei mal ein Fünftel
b) acht mal zwei Viertel
c) neun mal sieben Achtel
d) sieben mal zwei Neuntel
e) vierzehn mal ein Halb
f) zwei mal ein Halb

○ **8** SP Notiere die Aufgabe und berechne das Ergebnis. Kürze, wenn möglich.

a) vier Fünftel geteilt durch zwei
b) ein Drittel geteilt durch zwei
c) Verteile ein Drittel auf vier.
d) Teile zwei Drittel auf zwei auf.

○ **9** Finde zu jeder Abbildung eine passende Multiplikationsaufgabe.

a)

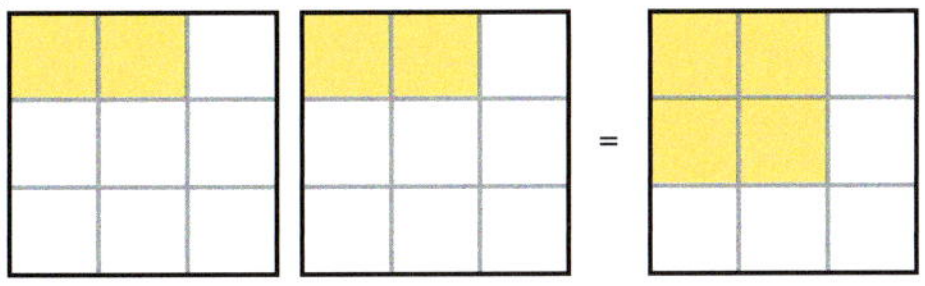

b)

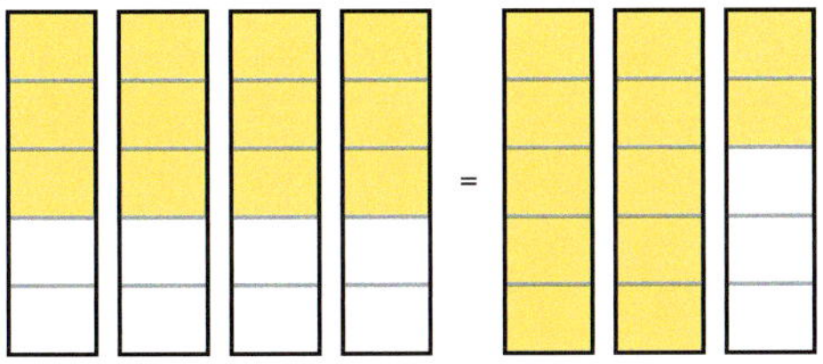

c)

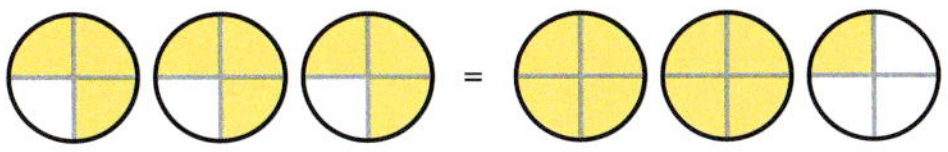

◒ **10** Carolina, Jana und Dalma teilen sich eine halbe Pizza. Bestimme den Bruchteil für jedes Kind.

◒ **11** Beim Pausenverkauf holen sich 18 Kinder der Klasse 7b jeweils ein halbes Brötchen. Gib an, wie viele Brötchen von der Klasse gekauft wurden.

◒ **6** Berechne und mache die Probe.

Beispiel: $\frac{4}{9}:3=\frac{4}{27}$ Probe: $3\cdot\frac{4}{27}=\frac{12}{27}=\frac{4}{9}$

a) $\frac{3}{11}:6$ b) $\frac{9}{20}:6$

c) $\frac{4}{17}:8$ d) $\frac{6}{19}:9$

◒ **7** SP Notiere die Aufgabe und berechne. Wandle dein Ergebnis in eine gemischte Zahl um.

a) fünf mal vier Zehntel
b) elf mal sechs Achtel
c) sieben mal drei Neuntel
d) zehn mal vier Achtel

◒ **8** Stelle mindestens vier Papierstreifen mit 15 gleichen Bruchteilen her.

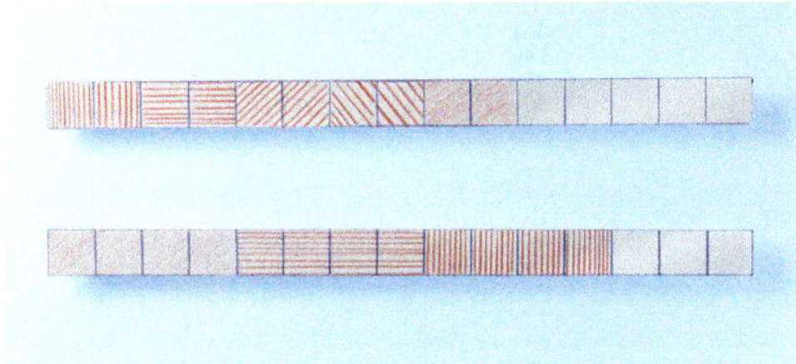

a) Färbe auf einem Streifen fünfmal den Bruchteil $\frac{2}{15}$. Notiere das Ergebnis.
b) Färbe und notiere das Ergebnis für $3\cdot\frac{4}{15}$ auf einem anderen Streifen.
c) Arbeitet zu zweit. Stellt euch gegenseitig jeweils zwei eigene Aufgaben.

◒ **9** Yunus teilt sich mit Oma und Opa gerecht das letzte Viertel des Honigkuchens. Bestimme den Bruchteil für Yunus.

● **10** SP Auf dem Sommerfest der Klasse 7a essen 20 Kinder jeweils ein Achtel einer Wassermelone. **Erkläre**, warum die Klasse nun eine halbe Melone übrig hat.

2 Multiplizieren

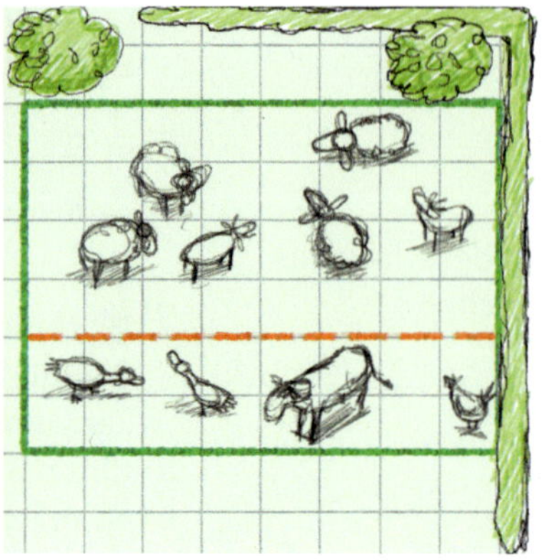

Im Streichelzoo sind $\frac{2}{3}$ des Geländes für Schafe und Ziegen abgetrennt. Im Frühjahr wird $\frac{1}{4}$ davon für die Jungtiere eingezäunt.

→ Zeichne eine Skizze des Streichelzoos. Färbe den Teil der Schafe und Ziegen gelb.
→ Überlegt zu zweit, wie ihr die Fläche für die Jungtiere einzeichnen könnt.
→ Welcher Anteil des Streichelzoos steht den Jungtieren zur Verfügung?

Bruchteile von Brüchen kann man durch Dividieren und Multiplizieren bestimmen.

$\frac{3}{4}$ von $\frac{1}{2}$

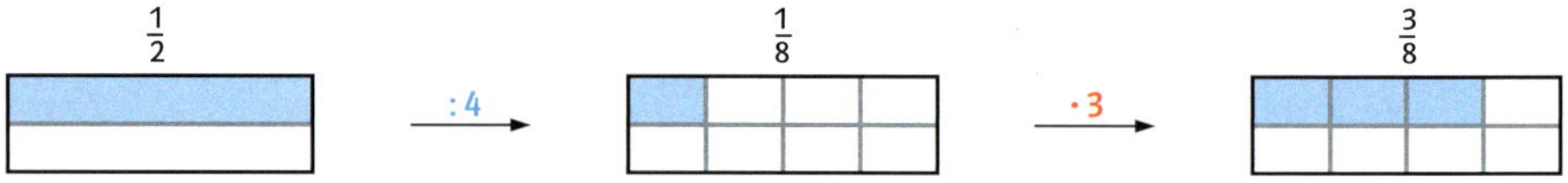

$\frac{3}{4}$ von $\frac{1}{2}$ berechnet man durch die Multiplikation $\frac{1}{2} \cdot \frac{3}{4} = \frac{1 \cdot 3}{2 \cdot 4} = \frac{3}{8}$

Merke

Brüche werden **multipliziert**, indem man Zähler mit Zähler und Nenner mit Nenner multipliziert.

Beispiele

a) $\frac{2}{3} \cdot \frac{4}{5} = \frac{2 \cdot 4}{3 \cdot 5} = \frac{8}{15}$

b) $\frac{2}{5} \cdot \frac{3}{4} = \frac{2 \cdot 3}{5 \cdot 4} = \frac{6}{20} = \frac{3}{10}$

c) Kürzt man vor dem Multiplizieren, wird die Rechnung oft einfacher.

$\frac{9}{20} \cdot \frac{8}{21} = \frac{\overset{3}{\not 9} \cdot \overset{2}{\not 8}}{\underset{5}{\not{20}} \cdot \underset{7}{\not{21}}} = \frac{3 \cdot 2}{5 \cdot 7} = \frac{6}{35}$

d) Ist ein Faktor eine natürliche Zahl, kann man ihn als Bruch schreiben.

$\frac{5}{8} \cdot 4 = \frac{5}{8} \cdot \frac{4}{1} = \frac{5 \cdot 4}{8 \cdot 1} = \frac{20}{8} = \frac{5}{2} = 2\frac{1}{2}$

Tipp!
Brüche multiplizieren
$\frac{\text{Zähler} \cdot \text{Zähler}}{\text{Nenner} \cdot \text{Nenner}}$

○ **1** Vervollständige die grafische Darstellung im Heft. Notiere die Rechnung.

a)

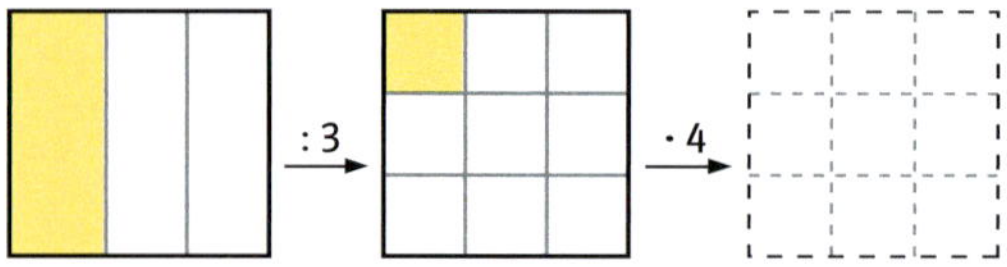

b)

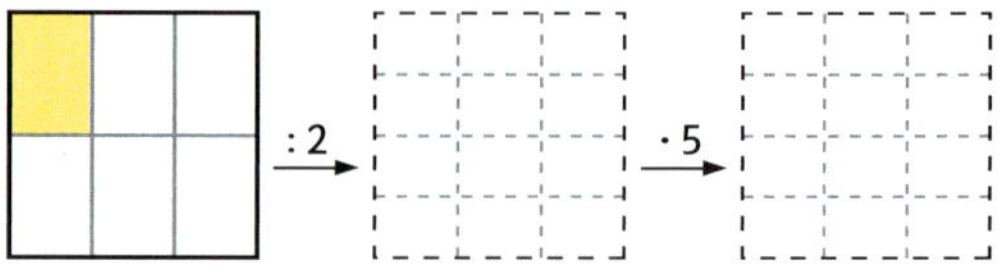

c)

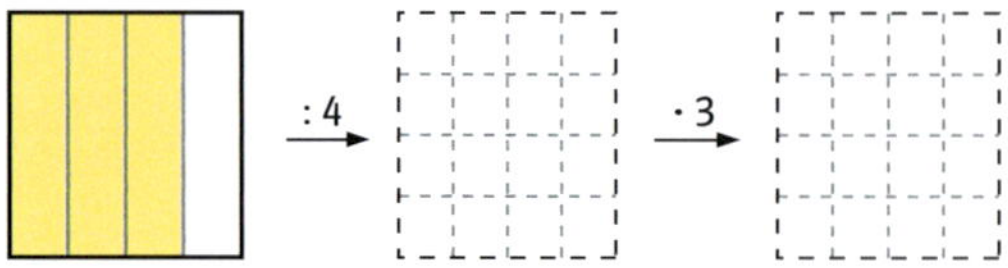

d)

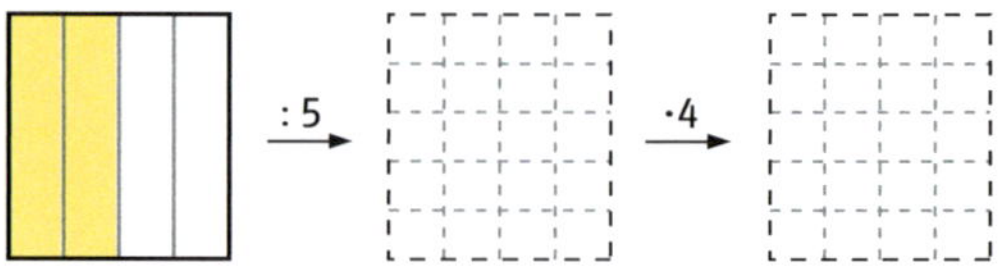

○ **2** Notiere die Aufgabe und berechne.

a) ein Viertel von $\frac{2}{3}$
b) zwei Viertel von $\frac{2}{5}$
c) drei Zehntel von $\frac{1}{2}$
d) $\frac{5}{6}$ von $\frac{1}{4}$
e) $\frac{4}{7}$ von $\frac{2}{3}$
f) $\frac{5}{7}$ von $\frac{3}{4}$

3 Berechne.

a) $\frac{1}{3}\cdot\frac{1}{2}$ b) $\frac{1}{5}\cdot\frac{1}{4}$ c) $\frac{1}{2}\cdot 5$ d) $\frac{1}{3}\cdot\frac{7}{8}$ e) $\frac{4}{5}\cdot\frac{2}{3}$ f) $\frac{3}{4}\cdot\frac{5}{7}$

Alles klar?

D3 Fördern

A Löse mithilfe einer Zeichnung.

a) $\frac{1}{3}\cdot\frac{1}{4}$ b) $\frac{3}{4}\cdot\frac{1}{2}$ c) $\frac{1}{2}\cdot\frac{2}{3}$

B Berechne. Die Lösungen befinden sich auf den Kärtchen.

a) $\frac{2}{5}\cdot\frac{1}{3}$ b) $\frac{5}{6}\cdot\frac{1}{2}$ c) $\frac{3}{4}\cdot\frac{5}{8}$

d) $\frac{2}{15}\cdot\frac{1}{2}$ e) $\frac{5}{8}\cdot\frac{4}{7}$ f) $\frac{3}{2}\cdot\frac{8}{9}$

$\frac{4}{3}$ $\frac{3}{2}$ $\frac{5}{14}$ $\frac{2}{15}$ $\frac{5}{12}$ $\frac{15}{32}$ $\frac{1}{15}$

4 Rechne im Kopf.

a) $\frac{1}{2}\cdot\frac{1}{5}$ b) $\frac{1}{3}\cdot\frac{1}{4}$ c) $\frac{2}{9}\cdot\frac{1}{3}$

d) $\frac{1}{4}\cdot\frac{3}{5}$ e) $\frac{3}{7}\cdot\frac{4}{5}$ f) $\frac{3}{4}\cdot\frac{5}{8}$

g) $\frac{6}{5}\cdot\frac{3}{7}$ h) $\frac{7}{9}\cdot\frac{5}{6}$ i) $\frac{5}{7}\cdot\frac{5}{12}$

5 Kürze vor dem Ausrechnen. Richtige Lösungen ergeben ein Meerestier.

a) $\frac{3}{4}\cdot\frac{4}{5}$ b) $\frac{1}{2}\cdot\frac{2}{7}$ c) $\frac{3}{10}\cdot 4$

d) $2\cdot\frac{1}{6}$ e) $\frac{5}{9}\cdot\frac{3}{4}$ f) $\frac{5}{8}\cdot\frac{7}{10}$

g) $\frac{4}{5}\cdot\frac{5}{7}$ h) $\frac{7}{16}\cdot\frac{8}{21}$ i) $\frac{5}{12}\cdot\frac{3}{10}$

j) $\frac{9}{4}\cdot\frac{2}{3}$ k) $\frac{12}{11}\cdot\frac{3}{4}$ l) $\frac{7}{15}\cdot\frac{20}{21}$

$\frac{4}{9}$ H | $\frac{6}{5}$ H | $\frac{3}{2}$ S | $\frac{3}{5}$ S | $\frac{7}{16}$ R | $\frac{1}{6}$ F | $\frac{5}{12}$ E | $\frac{1}{8}$ I | $\frac{4}{7}$ T | $\frac{1}{7}$ C | $\frac{3}{4}$ H | $\frac{1}{3}$ W | $\frac{9}{11}$ C

6 Fülle die Lücken im Heft.

a) $\frac{1}{3}\cdot\frac{2}{\square}=\frac{2}{15}$ b) $\frac{\square}{7}\cdot\frac{3}{4}=\frac{15}{28}$

c) $\frac{5}{6}\cdot\square=\frac{5}{2}$ d) $7\cdot\frac{2}{\square}=2$

e) $\frac{5}{3}\cdot\frac{\square}{7}=0$ f) $\frac{3}{\square}\cdot\frac{7}{8}=\frac{\square}{88}$

4 Wenn möglich, kürze das Ergebnis.

a) $\frac{2}{3}\cdot\frac{1}{2}$ b) $\frac{3}{4}\cdot\frac{5}{6}$ c) $\frac{3}{8}\cdot\frac{2}{7}$

d) $\frac{3}{4}\cdot\frac{7}{15}$ e) $7\cdot\frac{5}{14}$ f) $\frac{4}{5}\cdot\frac{8}{9}$

g) $\frac{3}{8}\cdot 6$ h) $\frac{9}{14}\cdot\frac{7}{6}$ i) $\frac{7}{8}\cdot\frac{16}{21}$

5 Kürze vor dem Ausrechnen. Finde das Lösungswort.

a) $\frac{5}{7}\cdot\frac{7}{20}$ b) $8\cdot\frac{1}{4}$ c) $\frac{3}{8}\cdot\frac{4}{9}$

d) $\frac{2}{15}\cdot 9$ e) $\frac{12}{11}\cdot\frac{5}{4}$ f) $\frac{8}{15}\cdot\frac{3}{4}$

g) $\frac{10}{3}\cdot\frac{6}{5}$ h) $\frac{9}{20}\cdot\frac{15}{21}$ i) $\frac{25}{14}\cdot\frac{28}{20}$

$2\frac{1}{2}$ V | $\frac{3}{8}$ F | $1\frac{1}{5}$ I | $\frac{1}{4}$ I | $\frac{2}{5}$ I | 2 N | $\frac{1}{6}$ F | $1\frac{4}{11}$ N | $\frac{1}{2}$ I | $\frac{9}{28}$ I | 4 T

6 Ihr benötigt vier Würfel. Jeder bildet aus den vier Augenzahlen zwei Brüche und multipliziert sie.

Beispiel:

$\frac{6}{2}\cdot\frac{1}{4}=\frac{6}{8}=\frac{3}{4}$

a) Wer erhält das kleinere Ergebnis?
b) Wer erhält das größere Ergebnis?
c) Wessen Ergebnis liegt am nächsten bei 1?

7 SP Wie musst du den Bruch auswählen, damit das Produkt 1 wird? Beschreibe.

a) $\frac{5}{13}\cdot\square=1$ b) $\frac{31}{53}\cdot\square=1$ c) $9\cdot\square=1$

→ Die Lösungen zu „Alles klar?" findest du auf Seite 245.

7 SP Finde den Fehler. Erkläre.

a) $\frac{4}{9} \cdot \frac{2}{9} = \frac{8}{9}$ b) $\frac{2}{3} \cdot 4 = \frac{8}{12}$

c) $\frac{2}{7} \cdot \frac{5}{6} = \frac{10}{13}$ d) $\frac{3}{7} \cdot \frac{2}{7} = \frac{6}{7}$

8 Kürze Zwischenergebnisse.

a)

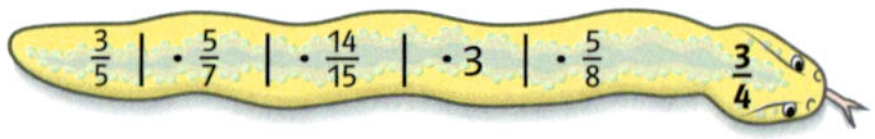

b)

9 SP Was stellst du fest? Beschreibe.

a) $\frac{2}{3} \cdot \frac{3}{2} = \square$; $\frac{5}{8} \cdot \frac{8}{5} = \square$; $\frac{27}{61} \cdot \frac{61}{27} = \square$

b) $\frac{1}{5} \cdot \square = 1$; $\frac{7}{12} \cdot \square = 1$; $6 \cdot \square = 1$

10 Von einem Rechteck ist die Hälfte gelb gefärbt. Drei Fünftel der gelb gefärbten Fläche sind kariert.

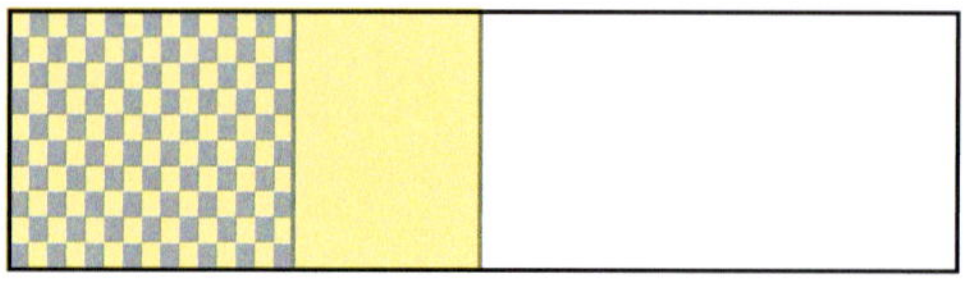

a) Welcher Bruchteil der gesamten Fläche ist kariert?

b) Die gesamte Fläche ist 150 cm² groß. Wie groß ist die karierte Fläche?

11 Eine Firma verkauft $\frac{2}{5}$ ihrer Waren ins Ausland, davon $\frac{3}{4}$ nach Amerika. Welcher Anteil der Waren wird nach Amerika verkauft?

12 In der Klasse 7a sind 28 Jugendliche. $\frac{3}{4}$ aller Jugendlichen singen im Chor. $\frac{2}{3}$ des Chors sind Mädchen. Wie viele Mädchen sind im Chor?

8 Kürze vor dem Ausrechnen. Wandle, wenn möglich, in eine gemischte Zahl um.

a) $\frac{26}{45} \cdot \frac{18}{39}$ b) $\frac{19}{12} \cdot \frac{60}{57}$ c) $14 \cdot \frac{11}{35}$

d) $\frac{24}{25} \cdot \frac{15}{16}$ e) $\frac{42}{45} \cdot \frac{18}{28}$ f) $\frac{35}{33} \cdot \frac{44}{35}$

g) $\frac{24}{39} \cdot \frac{13}{72}$ h) $\frac{54}{75} \cdot \frac{25}{36}$ i) $\frac{36}{75} \cdot \frac{125}{60}$

9 Fülle die Lücken im Heft.

a) $\frac{\square}{5} \cdot \frac{1}{2} = \frac{3}{10}$ b) $\frac{2}{3} \cdot \frac{4}{\square} = \frac{8}{21}$

c) $7 \cdot \frac{\square}{\square} = \frac{14}{5}$ d) $\square \cdot \frac{7}{8} = 0$

10 Aufgepasst: Hier wurde gekürzt.

a) $\frac{1}{2} \cdot \frac{4}{\square} = \frac{2}{5}$ b) $\frac{2}{3} \cdot \frac{5}{\square} = \frac{5}{9}$

c) $\frac{3}{\square} \cdot \frac{8}{9} = \frac{2}{3}$ d) $\frac{\square}{\square} \cdot 4 = \frac{6}{5}$

11 Karin bekommt monatlich 15,00 € Taschengeld. $\frac{1}{5}$ des Geldes spart sie. Vom Rest gibt sie $\frac{3}{4}$ für Zeitschriften aus. Wie viel Euro sind das?

12 Der ehemals viertgrößte See der Erde, der Aralsee, war 1996 nur noch halb so groß wie 1960. Zwischen 1996 und 2010 trockneten nochmals $\frac{2}{5}$ der Oberfläche aus.

a) Welchen Anteil der Oberfläche von 1960 hatte der See 2010 noch?

b) MK Recherchiere, wie sich der See bis heute entwickelt hat.

13 SP Multipliziert jeweils drei Brüche, sodass das Ergebnis 1 ist. Erklärt, wie ihr vorgeht.

$\frac{8}{5}$ $\frac{5}{6}$ $\frac{1}{4}$ $\frac{2}{3}$ $\frac{2}{3}$ $\frac{9}{5}$

$\frac{8}{3}$ $\frac{9}{4}$ $\frac{3}{4}$ $\frac{5}{6}$ $\frac{2}{3}$ $\frac{3}{2}$

3 Dividieren

Vince möchte bei seiner Geburtstagsparty die Getränke aus einer Karaffe ausschenken. Er überlegt, welche Gläsergröße er verwenden soll.

→ Wie viele rote, blaue und grüne Gläser derselben Größe lassen sich jeweils vollständig füllen?

→ Überlegt zu zweit, bei welcher Glasgröße ein Rest entsteht.

→ Diskutiert in der Klasse, wie groß dieser Rest ist.

Man kann einen Bruch auch durch einen Bruch teilen.
Dazu betrachtet man zunächst die Multiplikation von Brüchen.

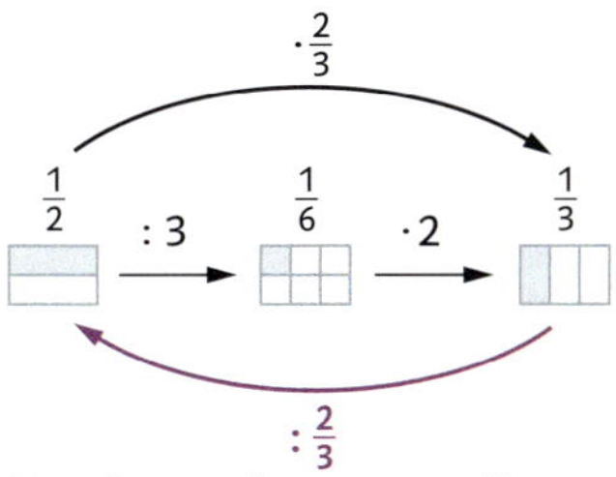

Tipp!

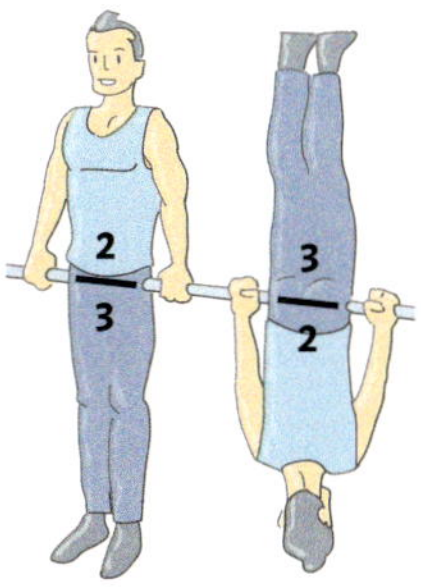

Der Kehrbruch ergibt sich durch Vertauschen von Zähler und Nenner. Den Kehrbruch nennt man auch **Kehrwert**.

Nun betrachtet man die **Umkehraufgabe**.

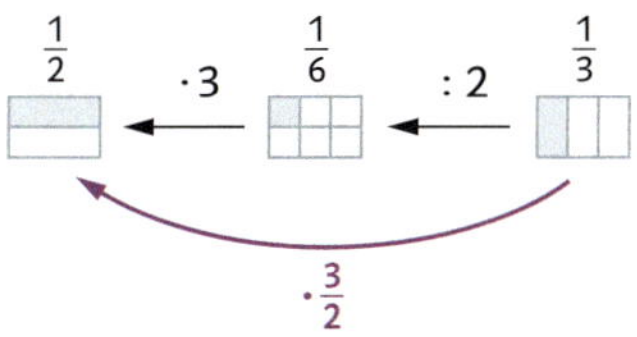

Man erkennt: $\frac{1}{3}:\frac{2}{3}=\frac{1}{3}\cdot\frac{3}{2}=\frac{1}{2}$

Man dividiert also durch $\frac{2}{3}$, indem man mit $\frac{3}{2}$ multipliziert.
Der Bruch $\frac{3}{2}$ ist der **Kehrbruch** von $\frac{2}{3}$.

Merke

Man **dividiert** einen Bruch durch einen Bruch, indem man den ersten Bruch mit dem **Kehrbruch** des zweiten Bruchs multipliziert.

Beispiele

a) $\frac{1}{2}:\frac{4}{5}=\frac{1}{2}\cdot\frac{5}{4}=\frac{5}{8}$ b) $\frac{1}{6}:\frac{2}{3}=\frac{1}{6}\cdot\frac{3}{2}=\frac{3}{12}=\frac{1}{4}$ c) $\frac{3}{4}:\frac{1}{4}=\frac{3}{4}\cdot\frac{4}{1}=\frac{12}{4}=3$

d) Kürzt man vor dem Multiplizieren, wird die Rechnung oft einfacher.

$\frac{14}{15}:\frac{21}{25}=\frac{\overset{2}{\cancel{14}}}{\underset{3}{\cancel{15}}}\cdot\frac{\overset{5}{\cancel{25}}}{\underset{3}{\cancel{21}}}=\frac{2\cdot 5}{3\cdot 3}=\frac{10}{9}=1\frac{1}{9}$

Kommt eine natürliche Zahl vor, kann man sie als Bruch schreiben:

e) $4:\frac{5}{8}=\frac{4}{1}:\frac{5}{8}=\frac{4}{1}\cdot\frac{8}{5}=\frac{32}{5}=6\frac{2}{5}$ f) $\frac{5}{8}:4=\frac{5}{8}:\frac{4}{1}=\frac{5}{8}\cdot\frac{1}{4}=\frac{5}{32}$

○ **1** Bilde den Kehrbruch von $\frac{2}{9}$; $\frac{3}{7}$; $\frac{2}{3}$; $\frac{5}{3}$; $\frac{1}{6}$; 4.

○ **2** Berechne.

a) $\frac{1}{3}:\frac{1}{2}$ b) $\frac{1}{8}:\frac{1}{3}$ c) $\frac{2}{7}:\frac{3}{2}$ d) $\frac{5}{7}:\frac{3}{4}$ e) $\frac{3}{8}:3$ f) $2:\frac{7}{3}$

3 Lese und löse.

a) Wie oft passt $\frac{1}{4}$ in $\frac{1}{2}$?   b) Wie oft passt $\frac{1}{4}$ in $\frac{3}{2}$?   c) Wie oft passt $\frac{1}{8}$ in $\frac{3}{4}$?

Alles klar?

D4 Fördern

A Berechne. Die Lösungen befinden sich auf den Kärtchen.

a) $\frac{1}{5}:\frac{1}{2}$ b) $\frac{1}{3}:\frac{2}{5}$ c) $\frac{5}{12}:\frac{3}{7}$
d) $\frac{3}{4}:\frac{5}{7}$ e) $\frac{1}{3}:\frac{5}{8}$ f) $\frac{4}{5}:\frac{2}{3}$

$\frac{21}{20}$ $\frac{8}{15}$ $\frac{2}{5}$ $\frac{6}{5}$ $\frac{5}{6}$ $\frac{7}{15}$ $\frac{35}{36}$

4 Berechne.

a) $\frac{1}{5}:\frac{1}{2}$ b) $\frac{1}{7}:\frac{1}{4}$ c) $\frac{1}{9}:\frac{1}{5}$
d) $\frac{2}{3}:\frac{3}{2}$ e) $\frac{3}{7}:\frac{4}{5}$ f) $\frac{1}{3}:\frac{5}{8}$
g) $\frac{2}{5}:\frac{5}{9}$ h) $\frac{3}{7}:\frac{5}{6}$ i) $\frac{3}{8}:\frac{5}{7}$

5 Kürze, bevor du mit dem Kehrbruch multiplizierst.

a) $\frac{6}{7}:\frac{2}{7}$ b) $\frac{4}{5}:\frac{2}{5}$ c) $\frac{5}{6}:\frac{1}{6}$
d) $\frac{8}{9}:\frac{4}{9}$ e) $\frac{12}{13}:\frac{3}{13}$ f) $\frac{18}{25}:\frac{9}{25}$
g) $\frac{10}{12}:\frac{5}{12}$ h) $\frac{21}{25}:\frac{7}{25}$ i) $\frac{24}{30}:\frac{8}{30}$

6 Dividiere.

a) $\frac{5}{7}:2$ b) $\frac{5}{7}:4$ c) $\frac{5}{7}:5$
d) $2:\frac{7}{3}$ e) $1:\frac{5}{4}$ f) $3:\frac{7}{2}$
g) $\frac{1}{3}:3$ h) $4:\frac{1}{2}$ i) $\frac{1}{2}:4$

7 Finde das Lösungswort.

a) $\frac{2}{3}:\frac{1}{2}$ b) $3:\frac{2}{3}$ c) $\frac{3}{8}:\frac{2}{7}$
d) $\frac{3}{4}:\frac{9}{8}$ e) $\frac{3}{7}:\frac{6}{5}$ f) $\frac{3}{8}:\frac{3}{16}$
g) $\frac{5}{4}:\frac{5}{6}$ h) $\frac{4}{5}:\frac{2}{3}$ i) $\frac{4}{3}:8$

$\frac{2}{3}$ O $\frac{1}{6}$ N   2 I $\frac{9}{2}$ O $\frac{6}{5}$ E
$\frac{5}{14}$ M $\frac{3}{2}$ T $\frac{4}{3}$ D $\frac{7}{8}$ A $\frac{21}{16}$ L

8 Fülle die Lücken im Heft.

a) $\frac{1}{3}:\frac{1}{\square}=\frac{2}{3}$ b) $\frac{1}{\square}:\frac{1}{3}=\frac{3}{2}$
c) $\frac{12}{\square}:4=\frac{3}{13}$ d) $\frac{2}{3}:\frac{\square}{4}=\frac{8}{9}$
e) $\frac{1}{\square}:\frac{2}{5}=\frac{5}{4}$ f) $\frac{\square}{7}:\frac{3}{5}=\frac{10}{21}$

4 Dividiere.

a) $\frac{2}{3}:4$ b) $\frac{3}{4}:9$ c) $\frac{3}{8}:6$
d) $2:\frac{4}{5}$ e) $1:\frac{5}{4}$ f) $3:\frac{8}{3}$
g) $5:\frac{5}{8}$ h) $\frac{3}{10}:12$ i) $\frac{8}{3}:10$

5 Berechne. Kürze, wenn möglich.

a) $\frac{2}{3}:\frac{4}{5}$ b) $\frac{9}{10}:\frac{3}{2}$ c) $\frac{4}{3}:12$
d) $\frac{4}{21}:\frac{2}{7}$ e) $\frac{8}{25}:\frac{4}{5}$ f) $\frac{5}{27}:\frac{5}{9}$

6 Kürze vor dem Ausrechnen. Die Lösungen findest du auf den Kärtchen.

a) $\frac{3}{5}:\frac{9}{10}$ b) $\frac{2}{3}:\frac{4}{9}$ c) $\frac{15}{8}:10$
d) $\frac{9}{14}:\frac{3}{7}$ e) $\frac{15}{8}:\frac{5}{12}$ f) $\frac{6}{35}:\frac{5}{7}$
g) $6:\frac{30}{9}$ h) $\frac{15}{14}:\frac{10}{21}$ i) $\frac{21}{16}:\frac{7}{32}$
j) $\frac{9}{20}:\frac{27}{35}$ k) $\frac{27}{35}:\frac{18}{25}$ l) $\frac{15}{24}:\frac{25}{36}$

$1\frac{4}{5}$ 6 $2\frac{1}{4}$ $4\frac{1}{2}$ $\frac{2}{3}$ $\frac{9}{10}$
$1\frac{1}{14}$ $\frac{6}{25}$ $1\frac{1}{2}$ $\frac{3}{16}$ $1\frac{1}{2}$ $\frac{7}{12}$

7 SP Korrigiere die Fehler und erkläre, was falsch gemacht wurde.

a) $\frac{5}{8}:\frac{4}{5}=\frac{5\cdot4}{8\cdot5}=\frac{20}{40}=\frac{1}{2}$

b) $\frac{10}{21}:\frac{15}{14}=\frac{10\cdot14}{21\cdot15}=\frac{\overset{1}{\cancel{5}}\cdot\overset{1}{\cancel{2}}\cdot\overset{1}{\cancel{7}}\cdot\overset{1}{\cancel{2}}}{\underset{1}{\cancel{7}}\cdot\underset{1}{\cancel{3}}\cdot\underset{1}{\cancel{5}}\cdot\underset{1}{\cancel{3}}}=\frac{1}{1}=1$

c) $\frac{7}{12}:\frac{8}{9}=\frac{7}{3}:\frac{2}{9}=\frac{7\cdot9}{3\cdot2}=\frac{63}{6}$
$=10\frac{3}{6}=10\frac{1}{2}$

→ Die Lösungen zu „Alles klar?“ findest du auf Seite 245.

9 SP Finde den Fehler. Erkläre.

a) $\frac{1}{9} : \frac{2}{3} = \frac{1:2}{9:3} = \frac{2}{3}$ b) $\frac{8}{9} : \frac{2}{9} = \frac{4}{9}$

c) $\frac{5}{6} : \frac{2}{7} = \frac{6}{5} \cdot \frac{2}{7} = \frac{12}{35}$ d) $8 : \frac{4}{5} = \frac{2}{5}$

10 Kürze Zwischenergebnisse.

a)

b)

11 SP Berechne. Erkennst du eine Regelmäßigkeit? Beschreibe.

a) $12 : 4 = \square$

$12 : 2 = \square$

$12 : 1 = \square$

$12 : \frac{1}{2} = \square$

$12 : \frac{1}{4} = \square$

b) $\frac{1}{4} : 2 = \square$

$\frac{1}{4} : 1 = \square$

$\frac{1}{4} : \frac{1}{2} = \square$

$\frac{1}{4} : \frac{1}{4} = \square$

$\frac{1}{4} : \frac{1}{8} = \square$

12 Lenhard meint: „Ich habe 8 rote Gummibären. Das sind $\frac{2}{5}$ aller meiner Gummibären.“ Seine Schwester Leonie antwortet: „$\frac{1}{3}$ meiner Gummibären sind gelb. Das sind 7 Stück.“
Zeige, dass Leonie mehr Gummibären hat.

13 Oma Gabi kocht mit ihren Enkeln $3\frac{1}{2}$ l Marmelade. Diese soll in $\frac{1}{5}$-l-Gläser abgefüllt werden.

a) Wie viele Gläser werden voll?

b) Wie groß ist der Rest?

8 Fülle die Lücken im Heft.

a) $\frac{2}{\square} : \frac{1}{2} = \frac{4}{3}$ b) $\frac{1}{3} : \frac{\square}{5} = \frac{5}{12}$

c) $\frac{\square}{7} : \frac{3}{4} = \frac{20}{21}$ d) $\frac{\square}{5} : 9 = \frac{2}{15}$

e) $\frac{8}{\square} : 12 = \frac{2}{27}$ f) $\frac{5}{12} : \frac{\square}{7} = \frac{\square}{72}$

9 Ergänze das Rechennetz.

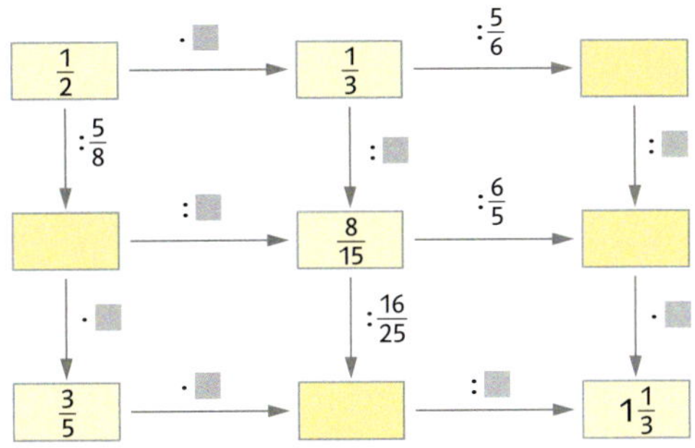

10 Würfelt und bildet einen Quotienten aus zwei Brüchen.

Beispiel:

$\frac{1}{4} : \frac{2}{6} = \frac{1}{4} \cdot \frac{6}{2} = \frac{6}{8} = \frac{3}{4}$

a) Wessen Ergebnis liegt am nächsten bei 1?

b) Wer erhält das größere Ergebnis?

c) Wer erhält das kleinere Ergebnis?

11 Die Jugendlichen der Klasse 7c haben Obst gepresst und 15 l Saft hergestellt. Für das Sommerfest wird der Saft in $\frac{7}{10}$-l-Flaschen abgefüllt.

12 SP Überprüfe die Behauptungen und erkläre, warum das so ist.

a) Jan behauptet: „Dividiert man eine natürliche Zahl durch einen echten Bruch, ist das Ergebnis größer als die natürliche Zahl.“

b) Josie behauptet: „Vertauscht man Dividend und Divisor, erhält man als Ergebnis den Kehrbruch des ursprünglichen Ergebnisses.“

4 Punkt vor Strich. Klammern

Familie Schmitz besucht Ihre Familie in Kanada. Die Jugendlichen stellen fest, dass man für 2 € ungefähr 3 kan$ (kanadische Dollar) bekommt. Sie überschlagen am Abend ihre Ausgaben mit 1 kan$ = $\frac{2}{3}$ €:

- ein kleines Mittagessen für $27\frac{1}{2}$ kan$
- eine Sonnencreme für $2\frac{1}{2}$ kan$
- 30 kan$ Eintritt ins Freibad.

Lucie rechnet $27\frac{1}{2} \cdot \frac{2}{3} + 2\frac{1}{2} \cdot \frac{2}{3} + 30 \cdot \frac{2}{3}$

Yannick rechnet $\left(27\frac{1}{2} + 2\frac{1}{2} + 30\right) \cdot \frac{2}{3}$

➔ Rechne nach und vergleiche.

Kommen in einem Rechenausdruck Punkt- und Strichrechnungen vor, muss man beim Berechnen auf die Reihenfolge achten.
Auch für das Rechnen mit Brüchen gelten die Regeln „Klammer zuerst“ und „Punktrechnung (· und :) vor Strichrechnung (+ und −)“.

Merke

Reihenfolge beim Berechnen von Rechenausdrücken:
- Was in Klammern steht, wird zuerst berechnet.
- Innere Klammer kommt vor äußerer Klammer.
- Punktrechnung kommt vor Strichrechnung.
- Abschließend von links nach rechts rechnen.

Beispiele

a) Punkt- vor Strichrechnung

$\frac{1}{6} + \frac{1}{2} \cdot \frac{4}{3}$
$= \frac{1}{6} + \frac{4}{6}$
$= \frac{5}{6}$

b) Klammer zuerst

$\left(\frac{4}{5} - \frac{1}{5}\right) \cdot \frac{1}{2}$
$= \frac{3}{5} \cdot \frac{1}{2}$
$= \frac{3}{10}$

c) Innere Klammer kommt vor äußerer Klammer.

$\left(\frac{5}{6} + \frac{3}{8} : \left(\frac{1}{2} - \frac{1}{4}\right)\right) \cdot \frac{4}{7}$ innere Klammer vor äußerer Klammer
$= \left(\frac{5}{6} + \frac{3}{8} : \frac{1}{4}\right) \cdot \frac{4}{7}$ Punkt vor Strich in der Klammer
$= \left(\frac{5}{6} + \frac{3}{2}\right) \cdot \frac{4}{7}$ Klammer zuerst
$= \frac{7}{3} \cdot \frac{4}{7}$
$= \frac{4}{3}$
$= 1\frac{1}{3}$

○ **1** Rechne. Beachte „Punkt vor Strich“.

a) $\frac{1}{2} + \frac{3}{4} \cdot \frac{2}{3}$ b) $\frac{2}{5} : \frac{2}{3} - \frac{1}{5}$ c) $\frac{3}{5} + \frac{2}{5} \cdot \frac{4}{5}$ d) $\frac{5}{8} - \frac{1}{4} : \frac{7}{12}$

○ **2** Rechne. Beachte die Klammer.

a) $\frac{8}{9} : \left(\frac{1}{9} + \frac{3}{9}\right)$ b) $\left(\frac{4}{5} - \frac{2}{5}\right) \cdot \frac{2}{3}$ c) $\left(\frac{1}{6} + \frac{2}{3}\right) : \frac{10}{9}$ d) $\frac{7}{10} - \left(\frac{3}{5} - \frac{1}{4}\right)$

Alles klar?

D5 Fördern

A Berechne. Die Lösungen befinden sich auf den Kärtchen.

a) $\left(\frac{4}{9}-\frac{1}{9}\right):\frac{2}{3}$ b) $\frac{3}{4}-\left(\frac{7}{6}-\frac{1}{2}\right)$ c) $\left(\frac{1}{3}+\frac{1}{4}\right)\cdot\frac{4}{7}$

d) $\frac{1}{5}+\frac{3}{4}\cdot\frac{4}{15}$ e) $\frac{4}{5}-\frac{7}{15}:\frac{2}{3}$ f) $\frac{2}{3}-\frac{1}{8}\cdot\frac{4}{3}$

Kärtchen: $\frac{1}{2}$ $\frac{1}{12}$ $\frac{1}{3}$ $\frac{1}{10}$ $\frac{2}{5}$ $\frac{3}{5}$ $\frac{1}{2}$

○**3** Beachte die Klammer.

a) $3\cdot\left(\frac{4}{7}-\frac{3}{7}\right)$ b) $\left(1-\frac{3}{4}\right)\cdot 2$

c) $\left(\frac{1}{4}+\frac{1}{8}\right):4$ d) $8\cdot\left(\frac{1}{3}+\frac{1}{6}\right)$

○**4** Beachte Punkt- vor Strichrechnung.

a) $3+\frac{1}{5}\cdot 5$ b) $25-11\cdot\frac{1}{2}$

c) $\frac{6}{10}:2+4$ d) $\frac{4}{5}\cdot\frac{2}{4}-\frac{2}{15}$

Tipp!
Summe $\frac{1}{3}+\frac{3}{4}$
Differenz $\frac{5}{12}-\frac{3}{8}$
Produkt $\frac{4}{9}\cdot\frac{3}{16}$
Quotient $\frac{5}{6}:\frac{15}{24}$

○**5** Richtige Lösungen ergeben ein Lösungswort.

a) $\left(\frac{2}{3}-\frac{2}{5}\right)\cdot\frac{1}{2}$ b) $\left(\frac{7}{4}-1\right)\cdot\frac{2}{5}$

c) $\frac{2}{5}+\frac{3}{8}\cdot 2$ d) $\frac{1}{2}:\frac{3}{4}:6$

e) $\frac{7}{8}-\frac{1}{8}:\frac{1}{4}$ f) $\frac{4}{3}:\left(\frac{3}{10}+\frac{8}{15}\right)$

$\frac{3}{10}$ O | $\frac{3}{8}$ E | $\frac{2}{15}$ P | $\frac{1}{9}$ L | $\frac{2}{3}$ A | $\frac{23}{20}$ L | $\frac{8}{5}$ N

◒**6** Jeweils zwei Kärtchen haben dieselbe Lösung.

$\left(\frac{8}{9}-\frac{5}{6}\right)\cdot 24$ | $\frac{7}{4}-\left(\frac{5}{6}-\frac{5}{12}\right)$ | $\frac{16}{15}-\left(\frac{2}{3}-\frac{1}{20}\right)$ | $\frac{1}{4}+\frac{3}{8}:\frac{15}{8}$ | $\frac{2}{5}\cdot\frac{3}{4}-\frac{1}{4}:\frac{5}{2}$ | $\frac{1}{6}+\frac{1}{4}\cdot\frac{2}{3}-\frac{1}{12}$ | $\frac{7}{6}:14+\frac{1}{6}$ | $\frac{4}{5}:8+\frac{1}{10}$

◒**7** SP Notiere den Rechenausdruck und berechne.

a) Bilde das Produkt aus $\frac{3}{4}$ und $\frac{2}{3}$. Subtrahiere davon $\frac{5}{12}$.
b) Berechne den Quotienten aus $\frac{7}{12}$ und $\frac{7}{8}$. Vermehre ihn um $\frac{1}{3}$.
c) Bilde die Summe von $\frac{3}{10}$ und $\frac{3}{5}$. Multipliziere dann mit $\frac{5}{12}$.
d) Multipliziere die Differenz von $\frac{3}{4}$ und $\frac{2}{3}$ mit $\frac{8}{5}$.

◒**3** Beachte die Reihenfolge beim Berechnen.

a) $\left(\frac{3}{8}:\frac{1}{2}\right)+\frac{1}{6}$ b) $3-\frac{2}{5}\cdot\frac{3}{2}$

c) $\left(\frac{9}{10}-\frac{2}{5}\right)\cdot 4$ d) $\frac{2}{5}:\frac{4}{5}-\frac{2}{5}$

e) $\frac{3}{20}:\left(\frac{7}{3}-\frac{8}{15}\right)$ f) $\left(\frac{3}{8}-\frac{1}{3}\right)\cdot 18$

g) $\frac{7}{16}\cdot\frac{8}{21}+\frac{5}{12}$ h) $\frac{2}{3}-\frac{7}{10}\cdot\frac{5}{14}+\frac{5}{8}$

i) $\frac{3}{4}\cdot\frac{2}{3}-\frac{1}{4}:\frac{5}{2}$ j) $\left(\frac{2}{15}+\frac{4}{5}\right):\left(\frac{1}{2}+\frac{1}{5}\right)$

◒**4** SP Notiere den Rechenausdruck und berechne.

a) Verdreifache die Summe von $\frac{3}{8}$ und $\frac{1}{4}$.
b) Subtrahiere $\frac{4}{15}$ vom Produkt aus $\frac{1}{7}$ und 7.
c) Addiere das Produkt aus $\frac{8}{21}$ und $\frac{3}{4}$ zum Quotienten aus $\frac{1}{9}$ und $\frac{7}{3}$.
d) Dividiere die Differenz von $\frac{5}{3}$ und $\frac{3}{4}$ durch die Summe von $\frac{1}{3}$ und $\frac{1}{8}$.

●**5** Berechne. Suche das Lösungswort.

a) $\frac{1}{2}-\frac{8}{15}\cdot\left(\frac{1}{2}+\frac{1}{4}\right)$ b) $\left(\frac{5}{6}+\frac{3}{4}\cdot\frac{8}{9}\right)-\frac{5}{8}$

c) $\left(\frac{7}{15}-\left(\frac{3}{4}-\frac{7}{12}\right)\right)\cdot\frac{5}{6}$ d) $\left(\frac{5}{9}+\frac{3}{20}:\frac{9}{10}+\frac{2}{3}\right):\frac{5}{9}$

e) $\frac{2}{3}+\left(\frac{1}{6}+\frac{3}{5}\cdot\frac{10}{9}\right):\frac{5}{8}$

f) $2-\left(\frac{5}{18}-\frac{5}{18}\cdot\frac{9}{10}+\frac{7}{33}:\frac{21}{22}\right)$

g) $\frac{9}{7}-\left(\frac{5}{6}-\left(\frac{11}{12}-\frac{5}{2}:4\right)\cdot\frac{36}{49}\right)$

h) $4\frac{3}{8}-\left(2\frac{1}{5}+1\frac{7}{10}\right):\left(3\frac{1}{2}-\frac{9}{10}\right)$

$\frac{1}{4}$ S | $\frac{1}{10}$ E | $1\frac{3}{4}$ C | $1\frac{2}{7}$ D | $2\frac{7}{8}$ T | $2\frac{1}{2}$ J | $\frac{2}{3}$ H | 2 A | $\frac{7}{8}$ I

→ Die Lösungen zu „Alles klar?“ findest du auf Seite 245.

Zusammenfassung

Vervielfachen

Man vervielfacht einen Bruch mit einer natürlichen Zahl, indem man den Zähler mit der Zahl multipliziert und den Nenner beibehält.

$8 \cdot \frac{3}{7} = \frac{8 \cdot 3}{7} = \frac{24}{7} = 3\frac{3}{7}$

Teilen

Man teilt einen Bruch durch eine natürliche Zahl, indem man den Nenner mit der Zahl multipliziert und den Zähler beibehält.

$\frac{4}{9} : 5 = \frac{4}{9 \cdot 5} = \frac{4}{45}$

Multiplizieren

Brüche werden multipliziert, indem man Zähler mit Zähler und Nenner mit Nenner multipliziert.

$\frac{2}{3} \cdot \frac{4}{5} = \frac{2 \cdot 4}{3 \cdot 5} = \frac{8}{15}$

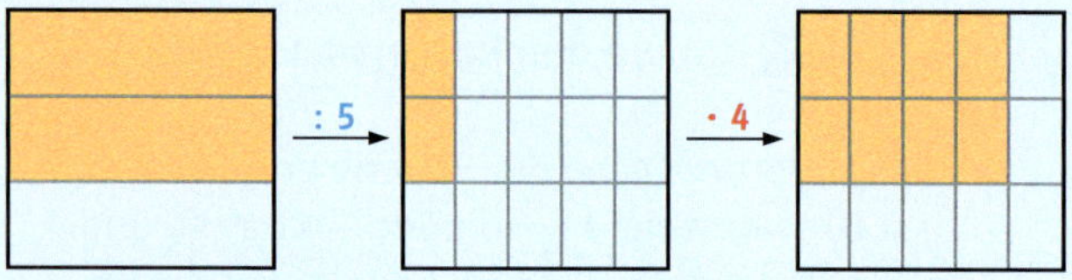

Kommt eine natürliche Zahl vor, kann man sie als Bruch schreiben:

$3 \cdot \frac{1}{4} = \frac{3}{1} \cdot \frac{1}{4} = \frac{3}{4}$

Möchte man zwei Brüche miteinander multiplizieren, kann man manchmal die Zahlen vorher kürzen. Dadurch rechnet man mit kleineren Zahlen.

$\frac{6}{8} \cdot \frac{10}{12} = \frac{\overset{1}{\cancel{6}} \cdot \overset{5}{\cancel{10}}}{\underset{4}{\cancel{8}} \cdot \underset{2}{\cancel{12}}} = \frac{1 \cdot 5}{4 \cdot 2} = \frac{5}{8}$

Dividieren

Man dividiert einen Bruch durch einen Bruch, indem man den ersten Bruch mit dem Kehrbruch des zweiten Bruchs multipliziert.

Der Kehrbruch zu $\frac{3}{4}$ ist $\frac{4}{3}$.

$\frac{2}{3} : \frac{3}{4} = \frac{2}{3} \cdot \frac{4}{3} = \frac{8}{9}$

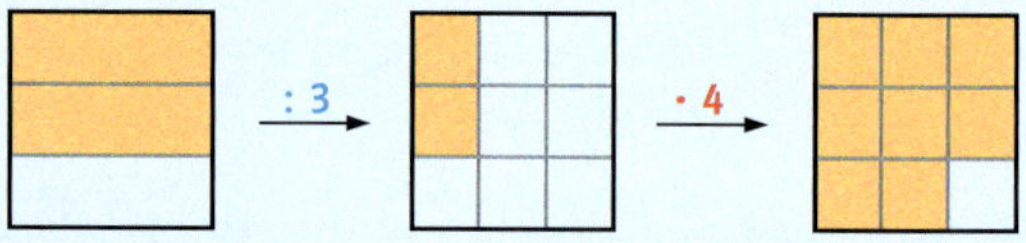

Kommt eine natürliche Zahl vor, kann man sie als Bruch schreiben:

$\frac{3}{4} : 2 = \frac{3}{4} : \frac{2}{1} = \frac{3}{4} \cdot \frac{1}{2} = \frac{3}{8}$

Möchte man zwei Brüche dividieren, so kann man manchmal im Zwischenschritt bei der Multiplikation kürzen. Dadurch rechnet man mit kleineren Zahlen.

$\frac{15}{18} : \frac{3}{12} = \frac{\overset{5}{\cancel{15}} \cdot \overset{2}{\cancel{12}}}{\underset{3}{\cancel{18}} \cdot \underset{1}{\cancel{3}}} = \frac{5 \cdot 2}{3 \cdot 1} = \frac{10}{3} = 3\frac{1}{3}$

Rechenregeln

Reihenfolge beim Berechnen von Rechenausdrücken:

- Was in Klammern steht, wird zuerst berechnet.
- Innere Klammer kommt vor äußerer Klammer.
- Punktrechnung kommt vor Strichrechnung.
- Abschließend von links nach rechts rechnen.

$\frac{5}{8} - \left(\frac{1}{8} + \frac{3}{4} \cdot \frac{1}{3}\right)$	Klammer zuerst, Punkt vor Strich
$= \frac{5}{8} - \left(\frac{1}{8} + \frac{1}{4}\right)$	Klammer zuerst
$= \frac{5}{8} - \frac{3}{8}$	von links nach rechts
$= \frac{2}{8} = \frac{1}{4}$	

$\frac{1}{2} \cdot \left(\frac{4}{5} - \left(\frac{1}{3} + \frac{1}{5}\right)\right) - \frac{1}{15}$	innere Klammer vor äußerer Klammer
$= \frac{1}{2} \cdot \left(\frac{4}{5} - \frac{8}{15}\right) - \frac{1}{15}$	Klammer zuerst
$= \frac{1}{2} \cdot \frac{4}{15} - \frac{1}{15}$	Punkt vor Strich
$= \frac{2}{15} - \frac{1}{15}$	von links nach rechts
$= \frac{1}{15}$	

Basistraining

○ **1** Vervielfache.

a) $6 \cdot \frac{3}{7}$ b) $9 \cdot \frac{1}{10}$ c) $4 \cdot \frac{3}{2}$
d) $\frac{2}{5} \cdot 4$ e) $\frac{5}{17} \cdot 7$ f) $\frac{9}{21} \cdot 7$

○ **2** Teile den Bruch.

a) $\frac{1}{2} : 4$ b) $\frac{9}{11} : 5$ c) $\frac{11}{19} : 3$
d) $\frac{1}{2} : 2$ e) $\frac{3}{8} : 6$ f) $\frac{3}{8} : 9$

○ **3** Berechne. Kürze, wenn möglich.

a) $\frac{8}{9} : 8$ b) $\frac{1}{2} \cdot 10$ c) $\frac{4}{9} : 12$
d) $\frac{10}{12} \cdot 2$ e) $8 \cdot \frac{1}{2}$ f) $\frac{7}{12} \cdot 20$
g) $\frac{5}{8} \cdot 6$ h) $6 \cdot \frac{4}{25}$ i) $\frac{8}{11} : 8$

○ **4** Multipliziere. Die Lösungen findest du auf den Kärtchen.

a) $\frac{1}{2} \cdot \frac{3}{4}$ b) $\frac{2}{5} \cdot \frac{2}{3}$ c) $\frac{1}{2} \cdot \frac{3}{11}$
d) $\frac{4}{9} \cdot \frac{2}{3}$ e) $\frac{7}{10} \cdot \frac{3}{8}$ f) $\frac{3}{4} \cdot \frac{5}{7}$

$\frac{8}{27}$ $\frac{3}{22}$ $\frac{15}{28}$ $\frac{21}{80}$ $\frac{3}{8}$ $\frac{4}{15}$

○ **5** Berechne. Kürze, wenn möglich.

a) $\frac{1}{2}$ von $\frac{1}{10}$ b) $\frac{1}{3}$ von $\frac{2}{3}$
c) $\frac{1}{4}$ von $\frac{1}{2}$ d) $\frac{1}{5}$ von $\frac{1}{2}$
e) $\frac{3}{4}$ von $\frac{10}{13}$ f) $\frac{1}{8}$ von 1000

○ **6** Dividiere.

a) $\frac{2}{5} : \frac{1}{2}$ b) $\frac{3}{5} : \frac{2}{3}$ c) $\frac{1}{4} : \frac{5}{7}$
d) $\frac{3}{7} : \frac{2}{3}$ e) $\frac{3}{10} : \frac{1}{3}$ f) $\frac{2}{3} : \frac{3}{4}$

○ **7** Wenn du vollständig kürzt, erhältst du die Lösungen $\frac{1}{4}$; $\frac{2}{3}$ oder $\frac{3}{5}$.

a) $\frac{3}{2} \cdot \frac{2}{5}$ b) $\frac{1}{2} \cdot \frac{4}{3}$ c) $\frac{6}{7} \cdot \frac{7}{9}$
d) $\frac{2}{5} : \frac{5}{8}$ e) $\frac{7}{10} \cdot \frac{5}{14}$ f) $\frac{4}{9} : \frac{2}{3}$
g) $\frac{4}{5} : \frac{4}{3}$ h) $\frac{5}{18} : \frac{10}{9}$ i) $\frac{4}{7} : \frac{20}{21}$

○ **8** Berechne. Kürze, wenn möglich.

a) $\frac{3}{4} : \frac{4}{5}$ b) $\frac{3}{5} : \frac{3}{10}$ c) $\frac{4}{9} : \frac{5}{6}$
d) $\frac{21}{16} : \frac{7}{8}$ e) $\frac{4}{7} : \frac{8}{3}$ f) $\frac{3}{5} \cdot \frac{10}{21}$
g) $\frac{4}{15} \cdot \frac{6}{5}$ h) $\frac{5}{4} \cdot \frac{7}{10}$ i) $\frac{11}{3} \cdot \frac{1}{9}$

○ **9** SP Schreibe als Rechenausdruck und berechne.

a) das Sechsfache von 6
b) das Sechsfache von $\frac{1}{6}$
c) ein Sechstel von 6
d) ein Sechstel von $\frac{1}{6}$

○ **10** SP Notiere den Rechenausdruck und berechne. Kürze, wenn möglich.

a) drei Achtel mal ein Viertel
b) fünf Neuntel mal drei Zehntel
c) sechs mal zwölf Achtzehntel
d) sieben Elftel mal elf Siebtel
e) drei Neuntel mal ein Drittel

$\frac{1}{9}$ 1 4 $\frac{3}{32}$ $\frac{1}{6}$

◒ **11** Berechne die Aufgabe, achte genau auf den Unterschied.

a) $\frac{1}{3} + \left(\frac{1}{2} \cdot \frac{1}{2}\right)$ b) $\frac{1}{3} + \frac{1}{2} \cdot \frac{1}{2}$
c) $\left(\frac{1}{3} + \frac{1}{2}\right) \cdot \frac{1}{2}$ d) $\frac{1}{3} - \left(\frac{1}{2} \cdot \frac{1}{2}\right)$
e) $\frac{1}{3} - \frac{1}{2} \cdot \frac{1}{2}$ f) $\frac{1}{3} \cdot \frac{1}{2} + \frac{1}{2}$

◒ **12** Berechne. Das Ergebnis ist eine natürliche Zahl.

a) $\frac{1}{4} + \frac{3}{2} \cdot \frac{1}{2}$ b) $\frac{6}{7} : \left(\frac{5}{7} - \frac{3}{7}\right)$
c) $\frac{10}{9} - \frac{7}{15} \cdot \frac{5}{21}$ d) $\left(\frac{11}{12} - \frac{1}{4}\right) : \frac{1}{3}$
e) $\frac{1}{2} + \frac{7}{8} : \frac{1}{4}$ f) $\left(\frac{9}{5} + \frac{3}{10}\right) \cdot \frac{20}{21}$

◒ **13** SP Notiere den Rechenausdruck und berechne.

a) Vervierfache die Summe von $\frac{1}{2}$ und $\frac{1}{3}$.
b) Verfünffache die Summe von $\frac{2}{7}$ und $\frac{5}{7}$.
c) Verdopple die Differenz von $\frac{9}{10}$ und $\frac{2}{3}$.

Anwenden. Nachdenken

14 Ergänze die Multiplikationsmauer.

a)

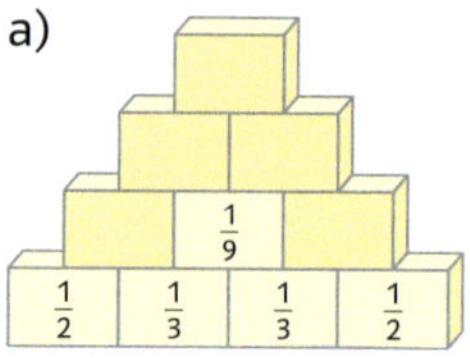

b)

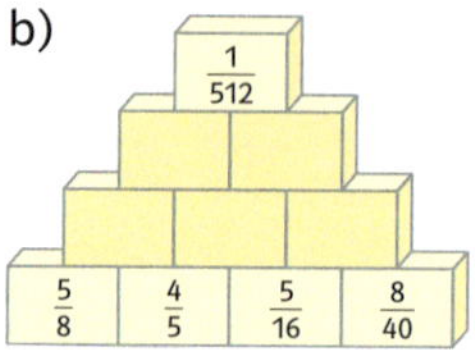

c)

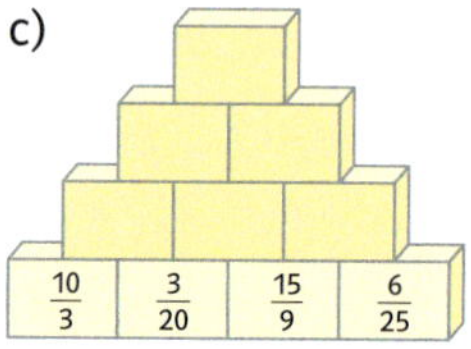

15 Bilde mit den Brüchen und Rechenzeichen Aufgaben nach dem angegebenen Muster.

☐ ☐ ☐ =

$\frac{3}{5}$ $\frac{1}{3}$ $\frac{3}{4}$: ·

Suche zu jeder Rechenart die Aufgabe mit dem kleinsten und die mit dem größten Ergebnis.

16

Ein $280\,m^2$ großer Garten wird zu $\frac{3}{14}$ für Gemüsepflanzen genutzt. **Zeige**, dass dies $60\,m^2$ entspricht.

17

a) In einer Flasche sind 0,7 l. Ken trinkt $1\frac{1}{2}$ Flaschen. Wie viel l sind das?

b) SP In einer Flasche sind 0,25 l Saft. Nura trinkt drei Saftflaschen.
Erkläre, dass Nura $\frac{3}{4}$ l Saft getrunken hat.

18 24 Jugendliche der Klasse 7c haben einen Ausflug in einen Trampolinpark gemacht. $\frac{1}{12}$ der Jugendlichen war nur klettern, $\frac{1}{6}$ der Jugendlichen ist nur Trampolin gesprungen und die übrigen Jugendlichen haben beides gemacht.

a) Bestimme, wie viele Jugendliche Trampolin und Klettern gemacht haben.

b) Erstelle ein Diagramm deiner Wahl.

19 Berechne. Achte auf die Rechenregeln.

a) $\frac{19}{20} - \left(\frac{4}{5} \cdot \frac{1}{2}\right) + \frac{3}{10}$

b) $\left(\frac{19}{20} - \frac{4}{5}\right) \cdot \frac{1}{2} + \frac{3}{10}$

c) $\left(\frac{19}{20} - \frac{4}{5}\right) \cdot \left(\frac{1}{2} + \frac{3}{10}\right)$

d) $\frac{19}{20} - \frac{4}{5} \cdot \left(\frac{1}{2} + \frac{3}{10}\right)$

20 Richtige Lösungen ergeben einen baumartigen Strauch.

a) $\frac{3}{5} - \frac{2}{3} \cdot \frac{3}{4}$

b) $\frac{3}{4} \cdot \left(\frac{2}{9} + \frac{2}{3}\right)$

c) $\left(\frac{2}{5} - \frac{1}{3}\right) \cdot 6$

d) $\frac{3}{8} : \left(\frac{11}{18} - \frac{4}{9}\right)$

e) $\frac{1}{2} \cdot \frac{6}{7} - \frac{2}{9} : \frac{7}{12}$

f) $\left(\frac{5}{6} - \frac{3}{4}\right) : \left(\frac{5}{8} - \frac{7}{12}\right)$

2 E | $2\frac{1}{4}$ T | $\frac{1}{10}$ Q | $\frac{1}{21}$ T | $\frac{2}{3}$ U | $\frac{3}{8}$ L | $\frac{2}{5}$ I

21 SP Rechne vorteilhaft und **erkläre** deine Strategie. Die Lösungen findest du auf den Sternen.

a) $\frac{3}{5}\cdot\frac{6}{7}+\frac{3}{5}\cdot\frac{1}{7}$ b) $\frac{19}{7}\cdot\frac{2}{9}-\frac{5}{7}\cdot\frac{2}{9}$

c) $\frac{3}{5}\cdot\frac{4}{3}\cdot\frac{5}{3}\cdot\frac{3}{2}$ d) $\left(\frac{6}{7}\cdot\frac{2}{3}+\frac{7}{8}\cdot\frac{5}{9}\right)\cdot 0$

Sterne: 0; $1\frac{2}{5}$; 11; 2; $\frac{3}{5}$; 7; $\frac{4}{9}$; 3

22 Das Produkt der Zahlen einer Etage steht im Dach des Bruchhauses.

a) Fülle die Lücken passend aus.

(1) Dach: 1

$\frac{1}{2}$	■
■	$\frac{1}{3}$
$\frac{1}{4}$	■
■	$\frac{1}{5}$

(2) Dach: 1

$\frac{2}{8}$	■
■	$\frac{5}{10}$
$\frac{4}{20}$	■
■	$\frac{8}{48}$

b) SP Anton rechnet im Bruchhaus (2) aus Teilaufgabe a) immer die Umkehraufgabe, also rechnet er $1:\frac{2}{8}$. Sein Bruder Vincent meint, er könne durch Kürzen des Bruchs ganz schnell im Kopf auf das Ergebnis kommen. **Erkläre**, was Vincent meint.

c) Berechne mithilfe von Vincents Trick die weiteren Bruchhäuser.

(3) Dach: 2

$\frac{4}{12}$	■
■	$\frac{3}{9}$
$\frac{7}{28}$	■
■	$\frac{5}{25}$

(4) Dach: 5

$\frac{1}{2}$	■
■	$\frac{7}{21}$
$\frac{17}{34}$	■
■	50

d) Erstelle selbst zwei Bruchhäuser und lasse sie von anderen in deiner Klasse lösen.

23 SP In ein Aquarium passen 120 l Wasser. Nach dem Reinigen ist das Becken zu $\frac{3}{4}$ gefüllt. Erik holt frisches Wasser in 10-l-Eimern. **Erkläre**, warum er mindestens dreimal gehen muss, bis das Becken wieder voll ist.

24

a) Familie Klag verbraucht jeden Tag $\frac{3}{4}$ l Milch. Eine Flasche enthält 1 l. Wie lange reichen 3 Flaschen Milch?

b) Firma Stendil verkauft ein Drittel ihrer Smartphones in Deutschland. Davon wird die Hälfte von Jugendlichen gekauft. Welcher Anteil der Smartphones geht an sie?

c) Tom kauft $\frac{3}{4}$ kg Hackfleisch und $\frac{1}{5}$ kg Wurst. Wie schwer ist sein Einkauf?

25

a) Notiere den Rechenausdruck und berechne.

(1)

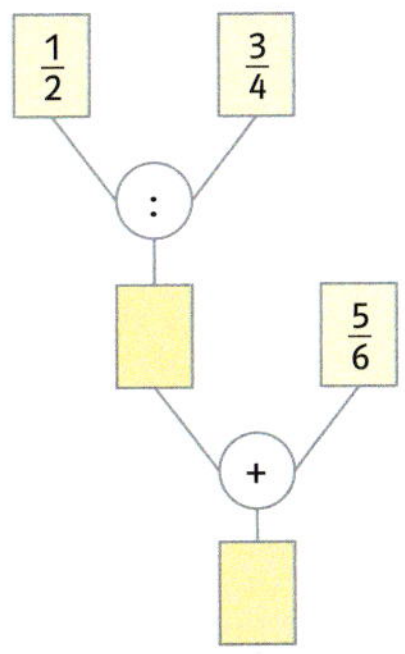

(2)

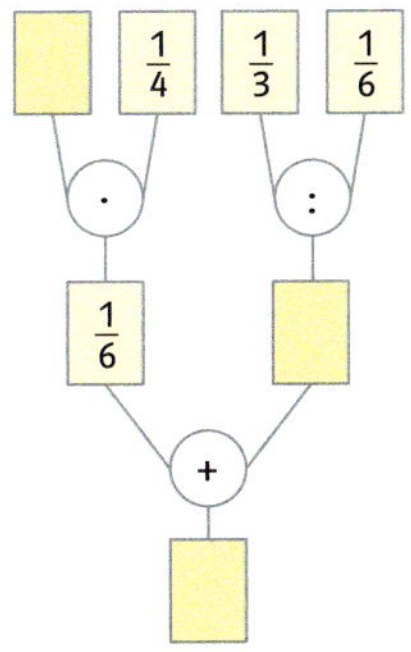

b) Zeichne einen Rechenbaum und berechne.

(1) $\left(\frac{3}{2}-\frac{3}{4}\right)\cdot\frac{8}{15}$ (2) $\frac{4}{9}:\frac{1}{3}-\frac{7}{8}:\frac{21}{20}$

c) Erstelle einen Rechenausdruck mit den Werten $\frac{1}{2}$; 4 und 8, sodass du als Ergebnis 10 erhältst.

26 Welcher Bruch passt in die Lücke? Probiere.

a) $\left(\frac{7}{8}-\frac{\blacksquare}{\blacksquare}\right):\frac{3}{4}=\frac{5}{6}$

b) $\frac{1}{2}-\frac{\blacksquare}{\blacksquare}\cdot\frac{3}{4}=0$

c) $\frac{2}{5}\cdot\frac{\blacksquare}{\blacksquare}+\frac{5}{6}\cdot\frac{9}{10}=1$

d) $\frac{\blacksquare}{\blacksquare}\cdot\left(\frac{2}{3}+\frac{1}{6}\right)=\frac{1}{9}$

e) $\frac{4}{9}:\left(\frac{6}{5}-\frac{\blacksquare}{\blacksquare}\right)=\frac{8}{15}$

Kärtchen: $\frac{5}{8}$; $\frac{1}{2}$; $\frac{2}{15}$; $\frac{11}{30}$; $\frac{2}{3}$; $\frac{1}{4}$

Rückspiegel

D6 Teste dich

○ **1** Vervielfache den Bruch.

a) $\frac{4}{9} \cdot 2$ b) $\frac{2}{17} \cdot 7$ c) $\frac{7}{19} \cdot 3$ d) $9 \cdot \frac{1}{3}$ e) $8 \cdot \frac{1}{2}$ f) $10 \cdot \frac{3}{8}$

○ **2** Teile den Bruch.

a) $\frac{12}{15} : 3$ b) $\frac{10}{11} : 3$ c) $\frac{12}{13} : 7$ d) $\frac{15}{21} : 5$ e) $\frac{4}{19} : 2$ f) $\frac{1}{2} : 4$

○ **3** Multipliziere oder dividiere die Brüche. Kürze, wenn möglich.

a) $\frac{1}{6} \cdot \frac{1}{2}$ b) $\frac{1}{3} \cdot \frac{5}{6}$ c) $\frac{3}{4} \cdot \frac{3}{5}$ d) $\frac{1}{4} : \frac{1}{3}$ e) $\frac{2}{5} : \frac{1}{2}$ f) $\frac{2}{3} : \frac{5}{7}$

○ **4** Achte auf die Reihenfolge beim Rechnen.

a) $\frac{7}{8} - \frac{3}{4} \cdot \frac{1}{6}$ b) $\frac{3}{4} : \left(\frac{3}{2} + \frac{1}{2}\right)$ c) $\left(\frac{3}{10} + \frac{2}{5}\right) \cdot \frac{5}{7}$

○ **5** Berechne. Kürze vollständig.

a) $\frac{4}{16} \cdot 2$ b) $7 \cdot \frac{5}{6}$ c) $\frac{7}{8} : 3$
d) $\frac{8}{9} : 4$ e) $\frac{10}{13} : 2$ f) $\frac{12}{15} : 6$

○ **6** Achte auf die Rechenregeln.

a) $\frac{1}{4} + \frac{1}{2} \cdot \frac{2}{3}$
b) $\left(\frac{7}{8} - \frac{3}{4}\right) \cdot \frac{1}{2}$
c) $\frac{3}{4} \cdot \left(\frac{1}{7} + \frac{3}{14}\right)$

◒ **7** SP Notiere den Rechenterm und berechne.

a) Bilde die Summe von $\frac{1}{3}$ und $\frac{2}{5}$. Dividiere sie durch $\frac{4}{5}$.
b) Multipliziere die Differenz von $\frac{5}{6}$ und $\frac{1}{12}$ mit $\frac{4}{9}$.

◒ **8** Das Rezept für eine Hackfleischsoße ist für 4 Personen angegeben. Bestimme die Mengenangaben für 6 Personen.

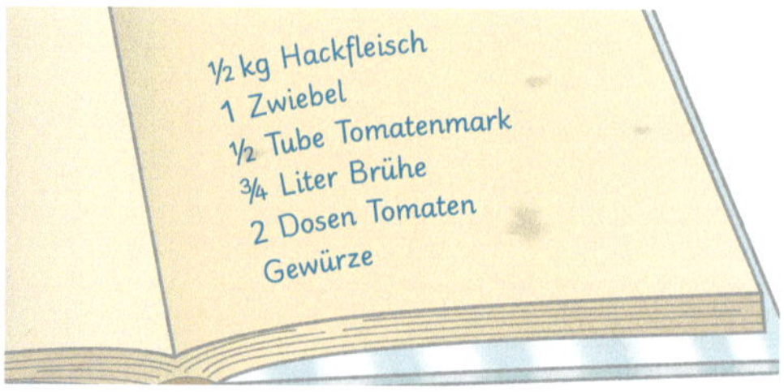

◒ **5** Berechne. Kürze vollständig.

a) $\frac{7}{12} : \frac{14}{15}$ b) $5 \cdot \frac{13}{20}$ c) $3 : \frac{5}{3}$
d) $\frac{8}{27} \cdot \frac{9}{16}$ e) $\frac{12}{25} : \frac{4}{5}$ f) $\frac{5}{2} \cdot \frac{2}{5}$
g) $\frac{10}{3} \cdot \frac{9}{5}$ h) $\frac{8}{15} \cdot \frac{7}{12}$ i) $\frac{15}{32} \cdot \frac{16}{45}$

◒ **6** Achte auf die Rechenregeln.

a) $\frac{14}{15} + \frac{3}{5} : 9$ b) $\frac{2}{3} \cdot \frac{6}{8} + \frac{8}{9} : 2$
c) $\left(\frac{10}{12} : 5 + \frac{5}{6}\right) \cdot 13$ d) $\frac{3}{7} \cdot \left(\frac{1}{2} + \left(\frac{8}{9} - \frac{1}{3}\right)\right)$

◒ **7** SP Notiere den Rechenterm und berechne.

a) Addiere zum Quotienten aus $\frac{2}{5}$ und $\frac{4}{7}$ die Summe von $\frac{2}{15}$ und $\frac{1}{30}$.
b) Dividiere das Produkt aus $\frac{9}{4}$ und $\frac{2}{3}$ durch die Differenz von $\frac{9}{20}$ und $\frac{1}{5}$.

● **8** In der Klasse 7b sind 26 Jugendliche. $\frac{7}{13}$ von ihnen betreiben in ihrer Freizeit eine Ballsportart, $\frac{3}{26}$ eine Kampfsportart und jeweils $\frac{1}{13}$ betreiben Wintersport oder Motorsport. Der Rest macht gar keinen Sport.
Bestimme jeweils, wie viele Jugendliche welchen Sport machen und wie viele Jugendliche gar keinen Sport treiben.

→ Die Lösungen findest du auf Seite 245.

Standpunkt | Rationale Zahlen

Wo stehe ich?

Ich kann ...	gut	etwas	nicht gut	Lerntipp!
A ganze Zahlen auf einer Zahlengeraden ablesen,				→ Seite 221
B ganze Zahlen auf einer Zahlengeraden eintragen,				→ Seite 221
C ganze Zahlen vergleichen und ihrer Größe nach ordnen,				→ Seite 221
D Zunahmen und Abnahmen angeben,				→ Seite 223
E positive Zahlen addieren und subtrahieren,				→ Seite 226; 227
F positive Zahlen multiplizieren,				→ Seite 228
G positive Zahlen dividieren,				→ Seite 229
H Aufgaben mit Klammern lösen,				→ Seite 229
I vorteilhaft rechnen,				→ Seite 230
J Punkte im Koordinatensystem ablesen und eintragen.				→ Seite 222

Überprüfe dich selbst:

D7 Teste dich

A Auf welche Zahlen zeigen die Pfeile?

a)

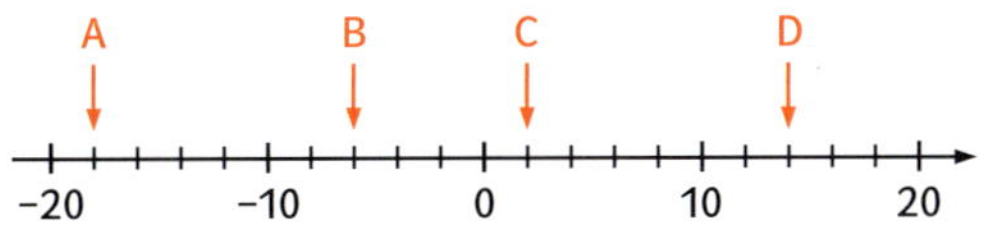

b)

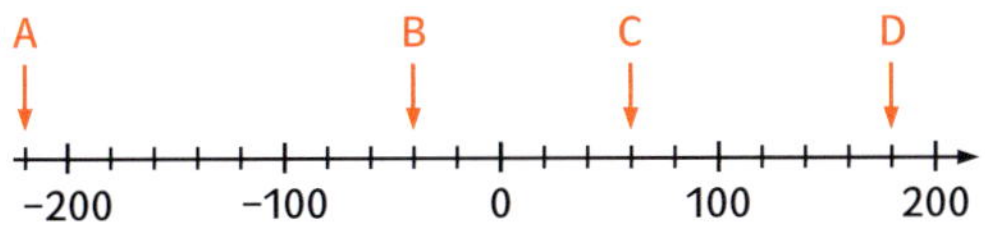

B Zeichne einen geeigneten Ausschnitt der Zahlengeraden und trage die Zahlen ein.

a) −12; 5; −7; 9 b) 50; −35; −10; 25

C Ordne die Zahlen ihrer Größe nach. Beginne mit der kleinsten Zahl.

a) −14; 1; −1; 0; −9; 15

b) 134; −200; 201; −135; 198; −199

D Ergänze die fehlenden Werte.

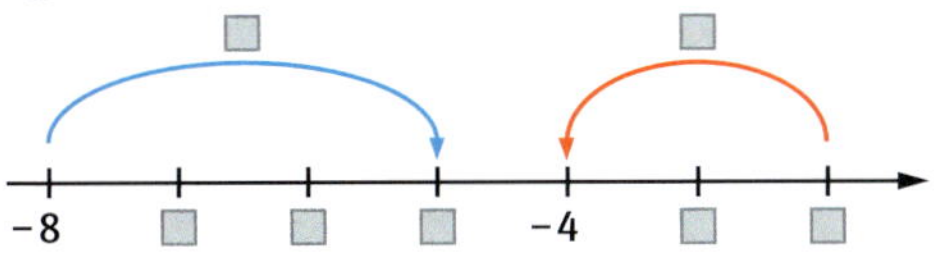

E Addiere oder subtrahiere.

a) 78 + 87 b) 123 + 321

c) 15,2 + 7,5 d) 12,8 + 24,7

e) 95 − 59 f) 564 − 465

g) 18,6 − 7,2 h) 1,84 − 0,97

F Multipliziere.

a) $12 \cdot 25$ b) $89 \cdot 17$

c) $45 \cdot 8{,}4$ d) $2{,}8 \cdot 4{,}2$

G Dividiere.

a) 222 : 6 b) 574 : 7

c) 43,2 : 4 d) 39,1 : 0,5

H Achte auf die Klammer.

a) 45 − (23 + 17)

b) 15 + (44 − 19) : 5

c) $9 \cdot 5 - (14 + 16 - 26) + 9$

I Nutze Rechenvorteile.

a) 56 + 23 + 27 + 44 b) 128 − 75 − 28

c) $17 \cdot 29 + 17 \cdot 71$ d) $79 \cdot 8 - 18 \cdot 4$

J

a) Lies die Koordinaten der Punkte A; B; C und D ab.

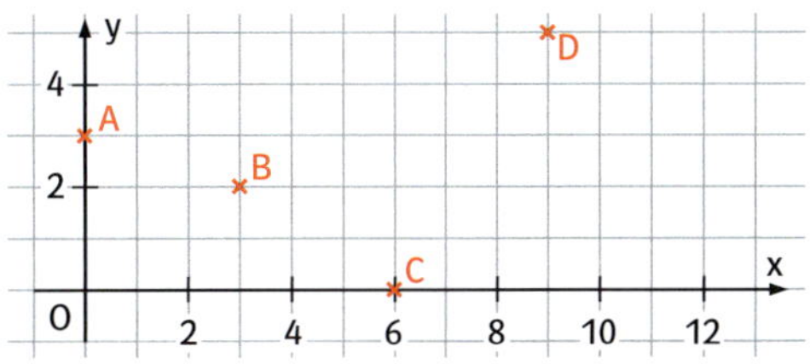

b) Zeichne ein Koordinatensystem in dein Heft. Trage die Punkte A(2|2); B(0|5); C(3|0) und D(6|4) ein.

→ Die Lösungen findest du auf Seite 246.

2 Rationale Zahlen

1 Die Weltkarte zeigt Orte auf verschiedenen Kontinenten, an denen extreme Temperaturen gemessen wurden. An welchem Ort wurde die bislang tiefste Temperatur gemessen, an welchem die höchste? Ordnet die Temperaturangaben nach ihrer Größe.

2 1929 fiel in Hüll (Kreis Pfaffendorf, Bayern) das Thermometer auf − 37,8 °C. Die bislang höchste Temperatur in Deutschland wurde 2019 in Duisburg-Baerl und Tönisvorst gemessen: Dort kletterten die Temperaturen auf 41,2 °C.
Liegen die Temperaturangaben mehr oder weniger als 85 °C auseinander?

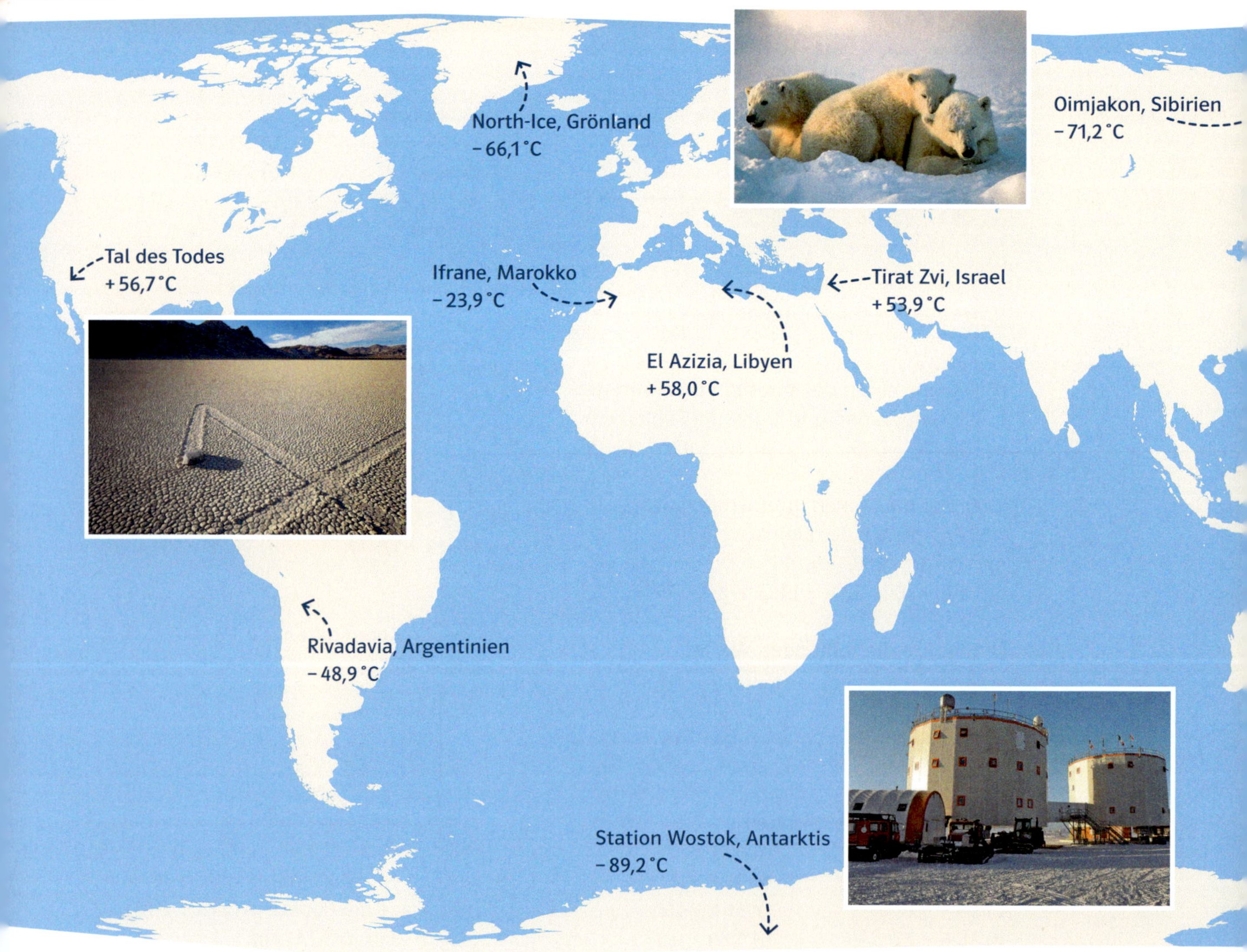

3 Die Wetterkarte zeigt die Tiefsttemperaturen Europas während einer Woche im Februar 2012. Bestimmt die Temperaturen in den Städten Berlin, Paris und Athen. In welchen Ländern wurden die tiefsten, in welchen die höchsten Temperaturen gemessen? In welchen Ländern war es kälter, in welchen wärmer als in Deutschland? Stellt euch gegenseitig weitere Fragen und beantwortet sie.

Ich lerne,

- was rationale Zahlen sind,
- wie man mit einem Koordinatensystem arbeitet,
- wie man Punkte und Figuren mithilfe einer DGS in ein Koordinatensystem einträgt,
- wie man rationale Zahlen ordnet,
- wie man Zunahmen und Abnahmen angibt,
- wie man mit rationalen Zahlen rechnet,
- welche Bedeutung Klammern in Rechenausdrücken haben,
- in welcher Reihenfolge man Rechenausdrücke berechnet.

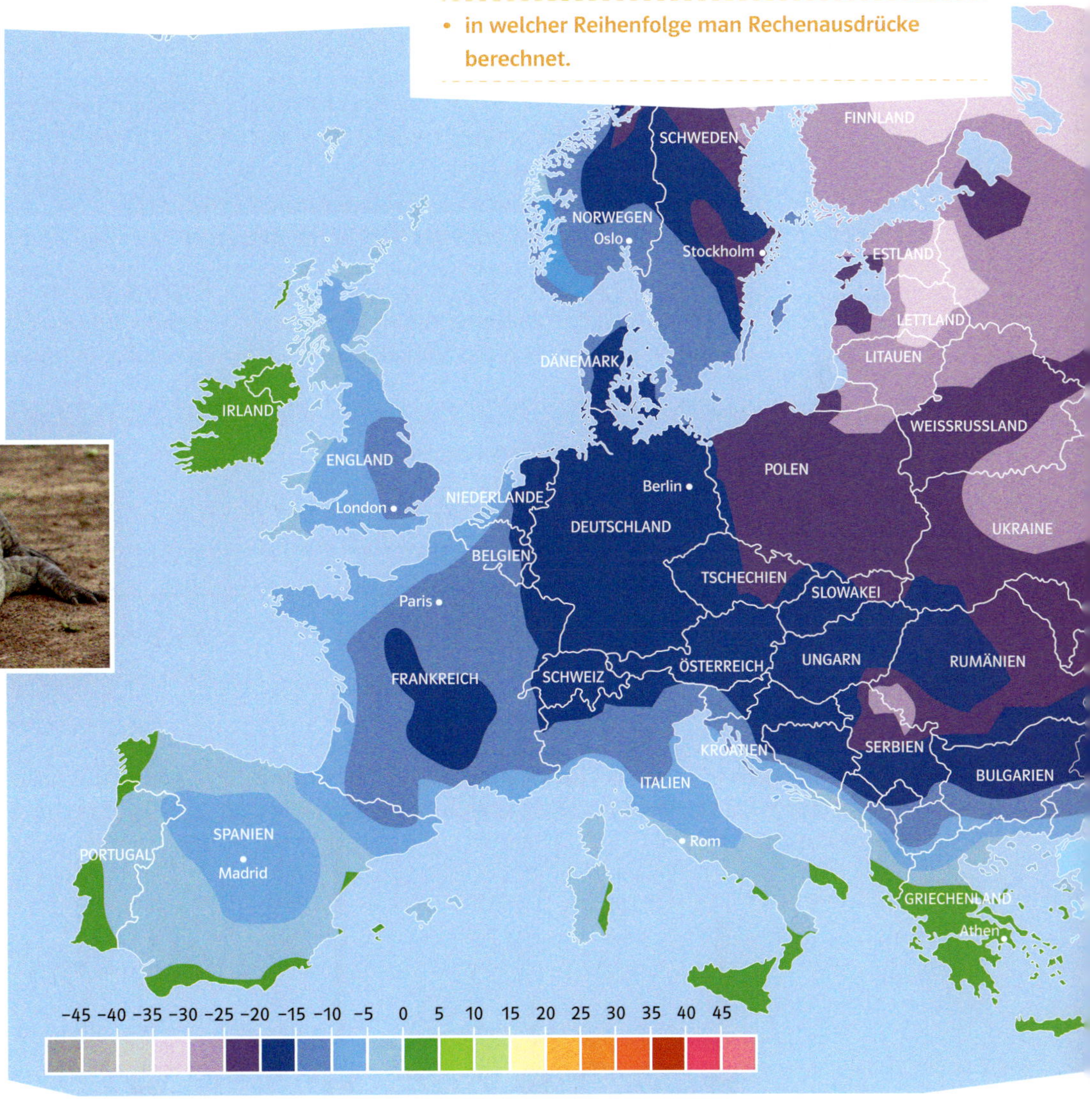

1 Rationale Zahlen

06:00	08:00	10:00	12:00	14:00	16:00	18:00	20:00
−8,5 °C	−6,2 °C	−4,0 °C	−0,8 °C	+3,2 °C	+3,5 °C	+0,7 °C	−1,8 °C

Links siehst du die Temperaturen im Laufe eines Skitages.

→ Zu welcher Tageszeit wird der Schnee hart gefroren sein, wann ist er eher weich oder gar matschig?

→ Zeichne eine Zahlengerade und trage die Temperaturwerte ein. Vergleicht zu zweit eure Ergebnisse.

→ Hüttenwirt Franz meint: „Über Nacht bekommen wir wieder Neuschnee." Kann das sein? Achtet auf den Temperaturverlauf.

Um Temperaturen unter dem Gefrierpunkt, Meerestiefen oder Schulden angeben und beschreiben zu können, verwendet man **negative Zahlen**. Das können **ganze Zahlen** (−7; −12; …), **Brüche** ($-\frac{1}{2}$; $-\frac{3}{4}$; …) oder **Dezimalzahlen** (−1,75; −8,5; …) sein.
An der Zahlengeraden werden die negativen Zahlen links von der Null spiegelbildlich zu den positiven Zahlen eingetragen.

Merke

Alle positiven und negativen Brüche ergeben zusammen mit den ganzen Zahlen die Menge der **rationalen Zahlen** $\mathbb{Q}$. Dezimalzahlen, die man als Bruch schreiben kann, sind auch rationale Zahlen.
Der Zahlenstrahl wird zur **Zahlengeraden** erweitert.
Der Abstand einer Zahl zur Null heißt **Betrag**.

Negative Zahlen sind kleiner als null und stehen auf der Zahlengeraden links von der Null. Sie haben das **Vorzeichen −**.

Positive Zahlen sind größer als null und stehen auf der Zahlengeraden rechts von der Null. Sie haben das **Vorzeichen +**.

Die Zahl Null ist weder positiv noch negativ und hat kein Vorzeichen.

Beispiel

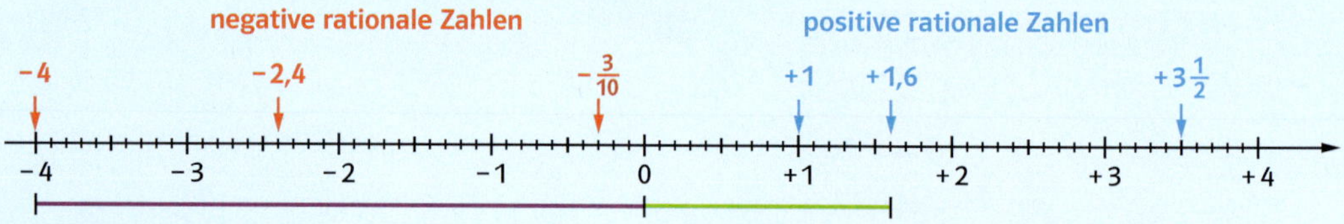

Der Betrag von −4 ist 4.
Man schreibt $|-4| = 4$

Der Betrag von +1,6 ist 1,6.
Man schreibt $|+1{,}6| = 1{,}6$

○ **1** Gib die Temperatur an.

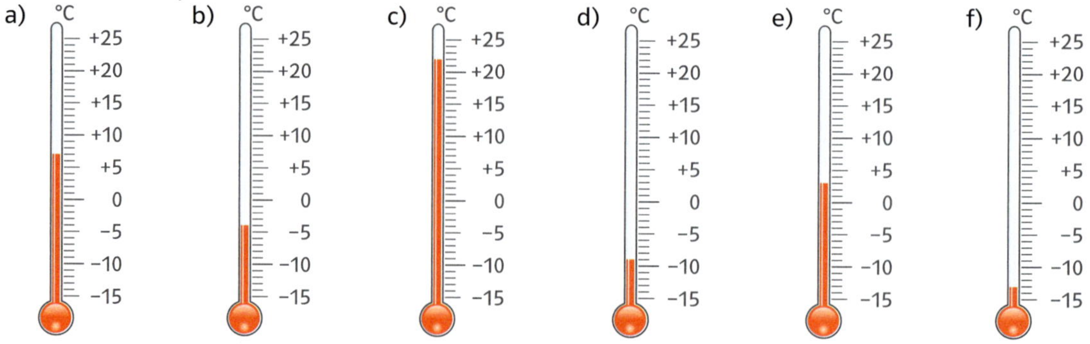

○**2** Auf welche Zahlen zeigen die Pfeile?

a)

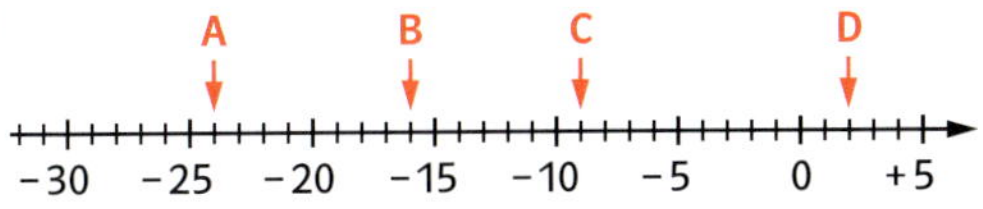

b)

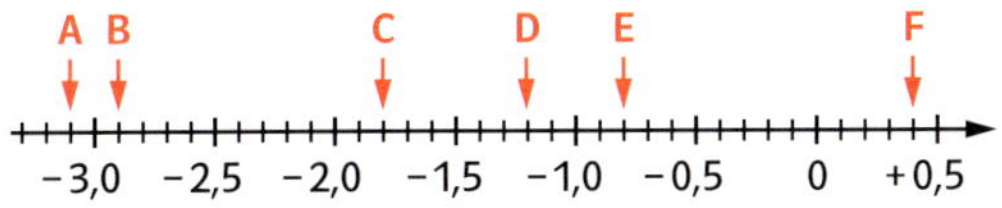

○**3**

a) Zeichne eine Zahlengerade und markiere die Zahlen.
b) Bestimme den Betrag jeder Zahl.

−8 | −10 | +5 | 0 | −4 | +7,5 | −2,5

○**4** Schreibe mit dem Vorzeichen + oder −.

a) 15 °C über dem Gefrierpunkt
b) 22,5 °C unter dem Gefrierpunkt
c) 38 m unter dem Meeresspiegel
d) 1258 m über dem Meeresspiegel
e) 384,00 € Guthaben
f) 2165,00 € Schulden

Alles klar?

D8 Fördern

A Auf der Zahlengeraden sind Zahlen markiert.

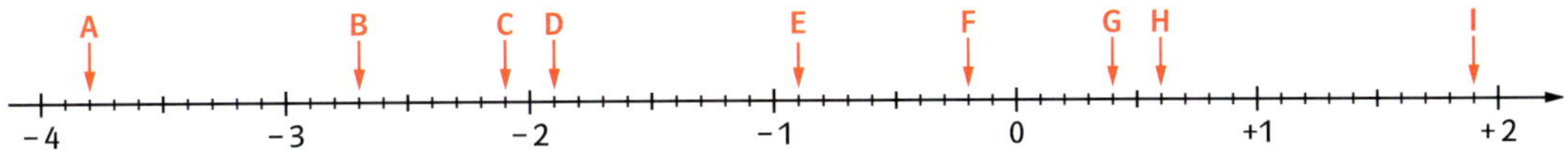

a) Auf welche Zahlen zeigen die Pfeile?
b) Welche Zahl hat den größten Betrag, welche den kleinsten? Bestimme diese Beträge.

eine Abweichung
ein Unterschied, häufig zu einem durchschnittlichen Wert

global
- weltweit
- auf die ganze Erde bezogen

B Welche Kärtchen gehören zusammen?

In der Antarktis liegt die Jahresdurchschnittstemperatur bei

Die tiefste Stelle in der Ostsee misst

Im Jahr 2019 betrug die Abweichung von der globalen Durchschnittstemperatur

Die Zugspitze hat eine Höhe von

+2963 m. | −55 °C. | −459 m. | +0,95 °C.

○**5** Welche Zahlen sind markiert?

a)

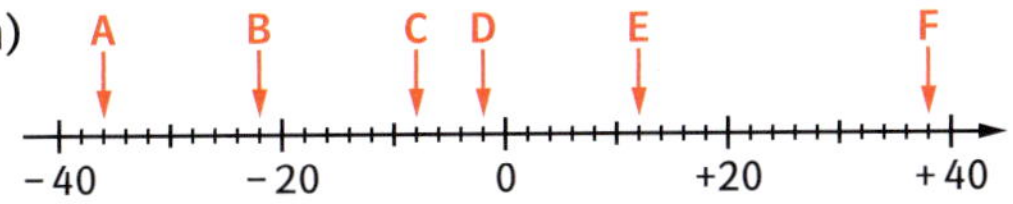

b)

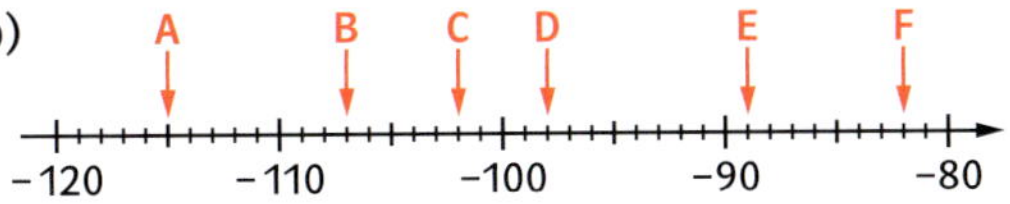

◒**6** Trage die Zahlen auf der Zahlengeraden ein. Zeichne dazu einen geeigneten Abschnitt der Zahlengeraden. Überlege dir dann eine günstige Einteilung.

a) −5; +6; −8; −2; +7; 0; −10; −1; +2
b) −53; +65; +19; −38; −8; +15; −24
c) +2,6; −0,4; +3,5; −5,8; −6,3; +4,1

◒**5** Auf welche Zahlen zeigen die Pfeile?

a)

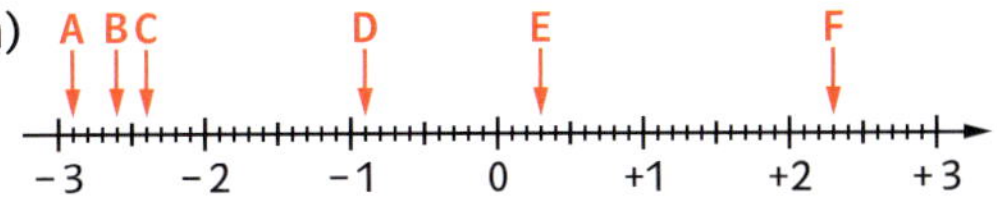

b)

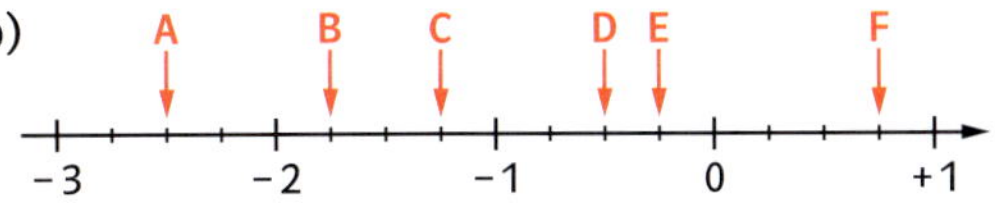

◒**6** Zeichne eine Zahlengerade und trage die Werte ein. Überlege dir eine günstige Einteilung.

a) −20; +5; +25; −35; −5; +40; −50
b) +120; −50; −90; +40; −110; +80
c) −1500; +2000; −4500; +500; −500
d) −3,5; +5,5; −7,0; −9,5; +0,5; −2,5
e) $-\frac{3}{4}$; $+\frac{1}{2}$; $+\frac{5}{4}$; $-\frac{1}{4}$; -2; $+\frac{3}{4}$

→ Die Lösungen zu „Alles klar?“ findest du auf Seite 247.

der Normalpegel
hier:
durchschnittlicher
Wasserstand

7 SP Alessa notiert in einem Buch, wie viel Geld sie hat. Um einen neuen Pullover zu kaufen, fehlen ihr 7,50 €. Sie leiht sich das Geld von ihrem Vater. Wie soll sie das in ihrem Buch vermerken? **Begründe** deinen Vorschlag.

8 SP Rationale Zahlen benötigt man, um Minusgrade und auch hohe Temperaturen möglichst genau zu notieren. Findet weitere Beispiele aus dem Alltag, bei denen positive und negative rationale Zahlen vorkommen. **Begründet** eure Vorschläge.

9 Notiere alle Zahlen, die folgenden Betrag haben:

a) 6 b) 20 c) 3 d) 0,4

Tipp!
zu Aufgabe 9
Zahlbereiche:
ℕ (natürliche Zahlen)
0; +1; +2; +3; …
ℤ (ganze Zahlen)
…; −2; −1; 0; +1; +2; …
ℚ (rationale Zahlen)
Beispiele: −7,5; −5; $-\frac{1}{2}$; +8; +0,4

10 Auf welche Zahlen zeigen die Pfeile?

a)

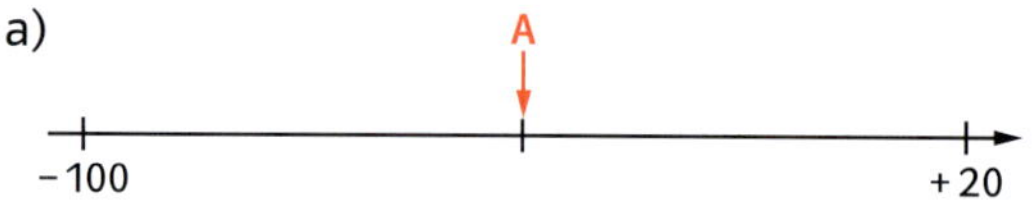

b)

c)

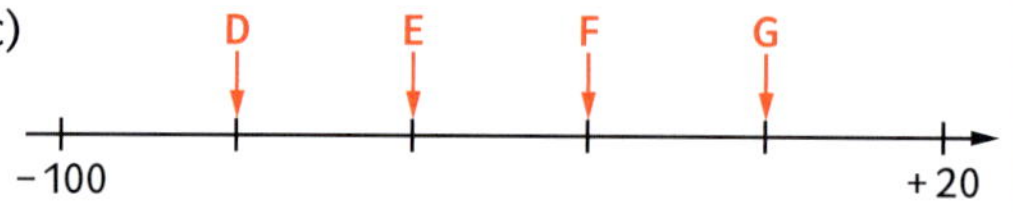

11 Welche Zahl liegt in der Mitte zwischen

a) +5 und +25? b) −2 und −12?
c) +8 und −10? d) +12 und −9?
e) −1,2 und −2,0? f) $-\frac{3}{2}$ und $-\frac{1}{2}$?

12 SP Ist die Aussage wahr oder falsch? **Diskutiert** zu zweit.

a) Zwischen −8 und −1 liegen sechs ganze Zahlen.
b) Zwischen −3 und +3 liegen fünf ganze Zahlen.
c) Zwischen −3 und −2 liegen unendlich viele ganze Zahlen.
d) Zwischen −3 und −2 liegen unendlich viele rationale Zahlen.
e) Zwei unterschiedliche Zahlen mit dem gleichen Betrag sind auf der Zahlengeraden gleich weit von der Null entfernt.
f) Formuliert gemeinsam weitere Aussagen.

7 Das Schaubild zeigt den Wasserstand eines Stausees im Vergleich zum **Normalpegel**.

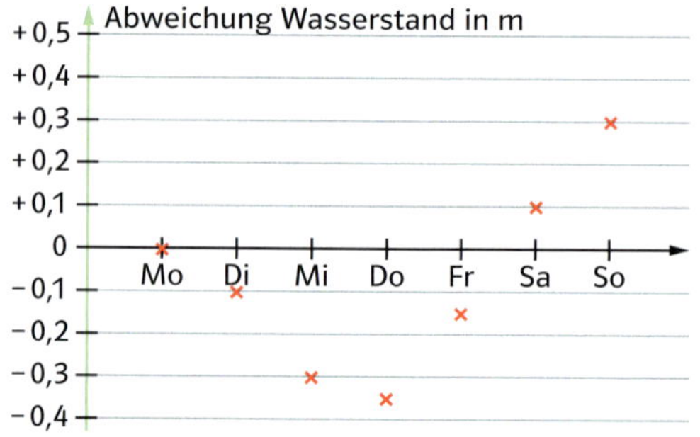

a) Trage die Werte auf einer Zahlengeraden ein.
b) Um wie viel Zentimeter unterscheiden sich der höchste und der tiefste Wasserstand?

8 SP Lea behauptet: „Natürliche Zahlen reichen mir im Alltag. Rationale Zahlen benötige ich nicht." **Beurteile**.

9 SP Übertragt die Abbildung vergrößert ins Heft.

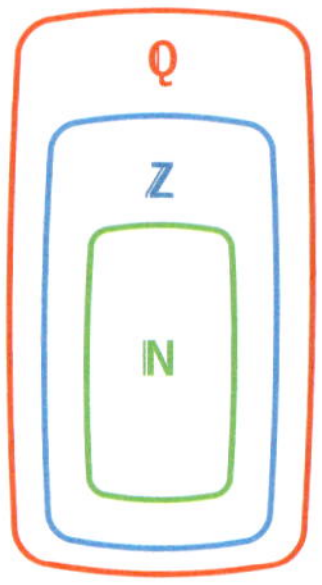

a) Tragt in roter, blauer beziehungsweise grüner Farbe folgende Zahlen ein: −4; +5,2; $-\frac{3}{2}$; −3,17; 0; $2\frac{1}{3}$; −155; 100; −0,3; 1,2.
b) Besprecht und korrigiert eure Ausarbeitung in der Gruppe.
c) „Jede natürliche Zahl ist auch eine ganze Zahl." Ist diese Aussage wahr oder falsch? Entscheidet und **begründet**.
d) Formuliert gemeinsam weitere Aussagen wie in Teilaufgabe c).

10 Die Zahlen sind auf der Zahlengeraden gleich weit voneinander entfernt. Gib die Zahlen in den Platzhaltern an.

Beispiel: −10; ■; ■; +5
−10; −5; 0; +5

a) −20; ■; ■; +10
b) −26; ■; ■; ■; −2
c) −50; ■; ■; ■; ■; +25
d) −3; ■; ■; +1,5
e) $-\frac{3}{4}$; ■; ■; ■; ■; $+\frac{1}{2}$

2 Das Koordinatensystem

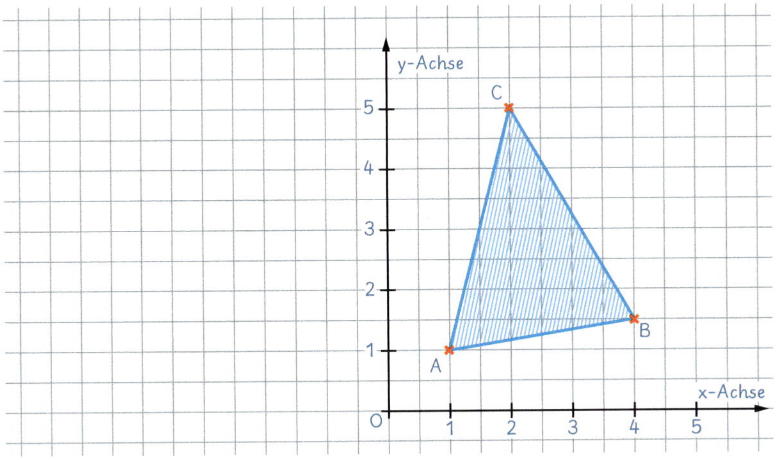

Im Schaubild ist das Dreieck ABC dargestellt.

→ Übertrage in dein Heft und spiegele das Dreieck an der y-Achse. Bezeichne das neue Dreieck mit A'B'C'.

→ Die x-Achse ist eine Zahlengerade. Erweitere und beschrifte sie entsprechend nach links.

→ Wie heißen die Koordinaten der Bildpunkte A', B', C'?

→ Spiegelt die Dreiecke ABC und A'B'C' an der x-Achse. Wie heißen die Koordinaten der neu entstandenen Dreieckspunkte? Beschreibt ihre Lage.

Die negativen Zahlen erweitern den Zahlenstrahl zur Zahlengeraden. Entsprechend erweitern die negativen Zahlen das Koordinatensystem. Ein Punkt P wird durch seine Koordinaten eindeutig beschrieben.

P(−3 | +2)
x-Koordinate y-Koordinate

Merke

Die erste Koordinate des Punktes, die x-Koordinate, wird auf der x-Achse abgetragen. **Negative** Werte werden **links** vom Koordinatenursprung 0 abgetragen.

Die zweite Koordinate des Punktes, die y-Koordinate, wird auf der y-Achse abgetragen. **Negative** Werte werden **unterhalb** des Koordinatenursprungs 0 abgetragen.

Auf das Schreiben des **Vorzeichens +** wird meistens **verzichtet**.

x-Achse und y-Achse teilen das Koordinatensystem in vier Quadranten, die man mit I, II, III und IV bezeichnet.

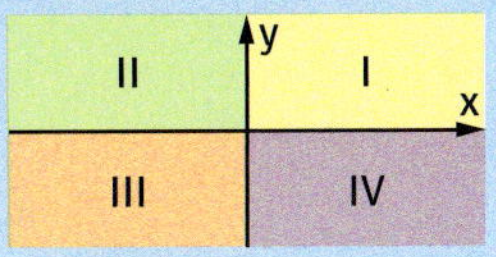

Beispiele

a) Punkt A(+1 | +2)
1 Einheit nach rechts, 2 nach oben

b) Punkt B(−3 | +1)
3 Einheiten nach links, 1 nach oben

c) Punkt C(−2 | −1)
2 Einheiten nach links, 1 nach unten

d) Punkt D(+1,5 | −1,5)
1,5 Einheiten nach rechts, 1,5 nach unten

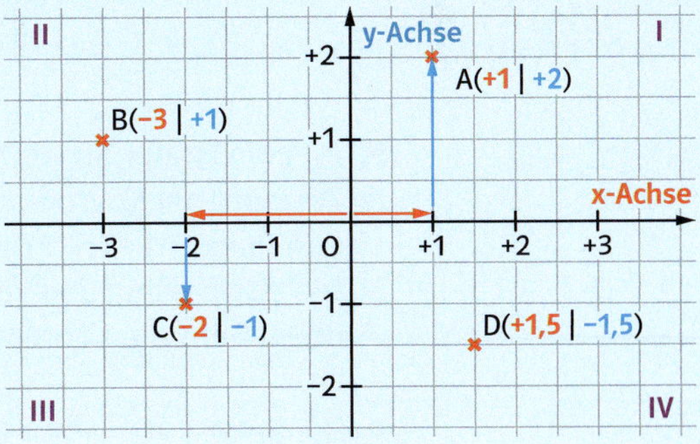

○**1** Notiere die Koordinaten der Punkte A bis H.

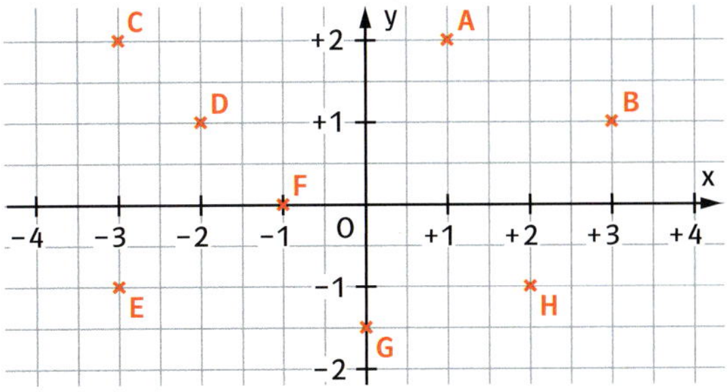

○**2** Trage die Punkte in ein Koordinatensystem ein. Zeichne beide Achsen von −5 bis +5.
A(−2 | −4); B(−3 | +4); C(+3 | −2);
D(+4 | +3); E(−5 | −3); F(0 | +2,5);
G(−1 | 0); H(+2,5 | −3,5); I(−1 | +5)

Alles klar?

D9 Fördern

A Ordne die Kärtchen den abgebildeten Punkten zu.

(+0,5 | −2) 1   (−2 | 0) 3   (−2 | +3) 5

(+1 | +2) 2   (−3 | −2) 4   (0 | +1,5) 6

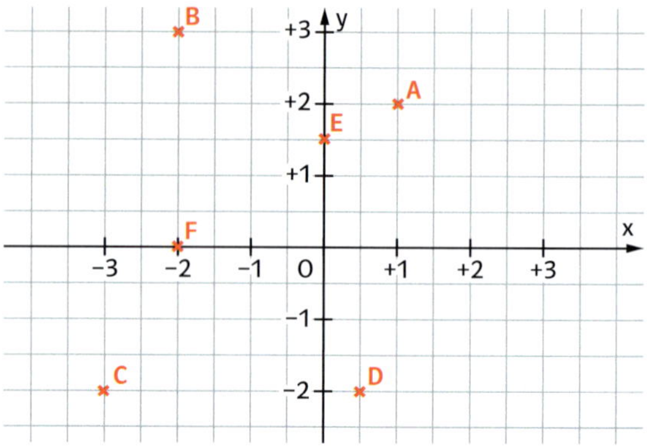

B Trage die Punkte in ein Koordinatensystem ein.
A(−1 | 3); B(1,5 | 0); C(3 | −2);
D(3 | 3,5); E(0 | −1); F(−1,5 | −2,5)

○**3**

a) Notiere die Koordinaten der Punkte.

b) Notiere die Punkte, die in den Quadranten II und IV liegen.

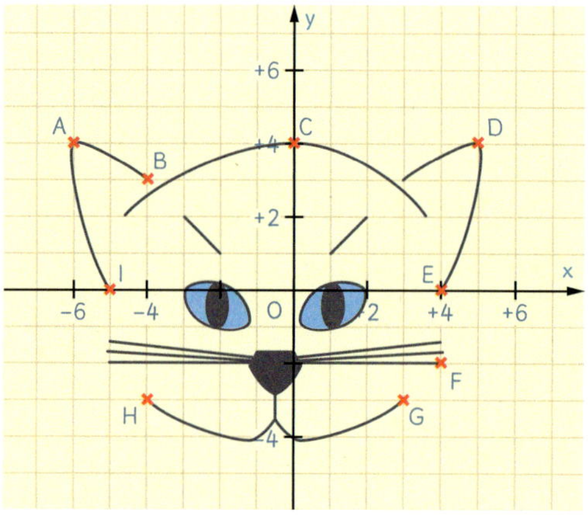

○**4** Wo ist der Schatz?

a) Zeichnet ein Koordinatensystem und tragt den Punkt A(−3 | −2) ein. Geht fünf Einheiten nach rechts und vier Einheiten nach oben. Gebt die Koordinaten für den Schatz an.

b) SP Entwirf ähnliche Schatzsuchen und lasse sie von anderen in deiner Klasse lösen.

◒**5**

a) Zeichne das Viereck ABCD in ein Koordinatensystem.
A(3 | 2); B(−1 | 0); C(−1 | −2); D(1 | −2)

b) Notiere alle Punkte, die im Inneren der Figur liegen und deren Koordinatenwerte ganze Zahlen sind.

◒**3**

a) Notiert die Koordinaten der Punkte.

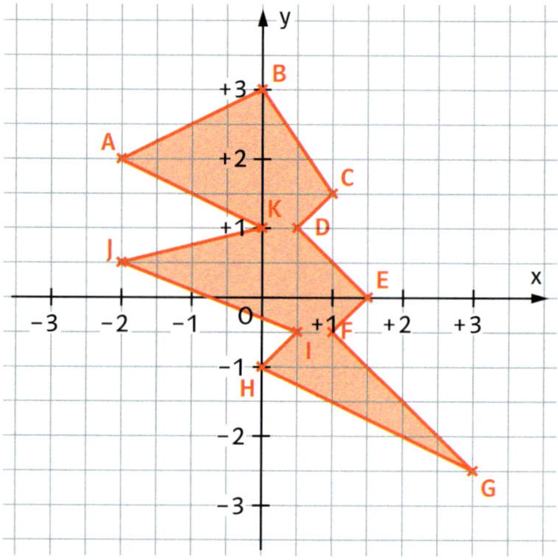

b) Entwirf ähnliche Aufgaben wie in Teilaufgabe a). Arbeitet nun zu zweit und tauscht eure Aufgaben. Lest die Koordinaten der Punkte ab und kontrolliert euch gegenseitig.

●**4** Trage die Punkte in ein Koordinatensystem ein. Bestimme den fehlenden Eckpunkt D des Vierecks und notiere dessen Koordinaten.

a) Quadrat:
A(−2,5 | −1); B(2,5 | −1); C(2,5 | 4)

b) Rechteck:
A(−2 | −0,5); B(0 | −3,5); C(4,5 | −0,5)

c) Parallelogramm:
A(−1 | 0); B(2,5 | −0,5); C(1 | 3)

d) Raute:
A(1,5 | −1,5); B(5 | 1); C(1,5 | 3,5)

→ Die Lösungen zu „Alles klar?" findest du auf Seite 247.

DGS. Koordinatensystem

MEDIEN

Tipp!
Wie man ein Koordinatensystem mit einer DGS erstellt, findest du auf Seite 244.

MK Mit einer Dynamischen Geometriesoftware (DGS) kannst du an einem Computer geometrische Elemente in ein **Koordinatensystem** zeichnen. Deine DGS zeigt dir verschiedene Angaben, z. B. zu den Koordinaten der Punkte, Längen der Strecken und Flächeninhalte der Figuren. Suche in deinem Programm, wo du solche Angaben einsehen kannst.

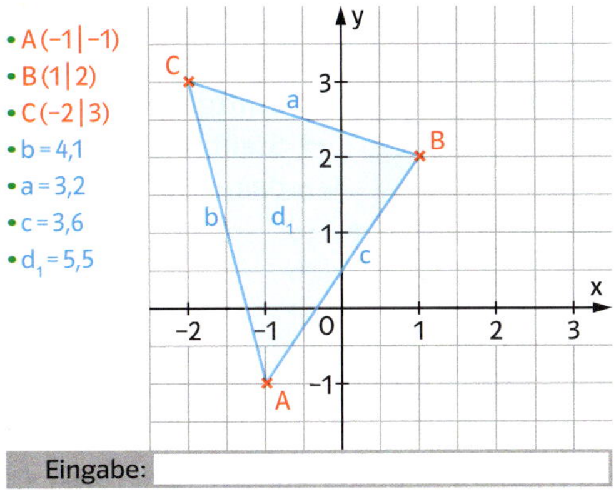

Für die Aufgaben benötigst du nur wenige Befehle:

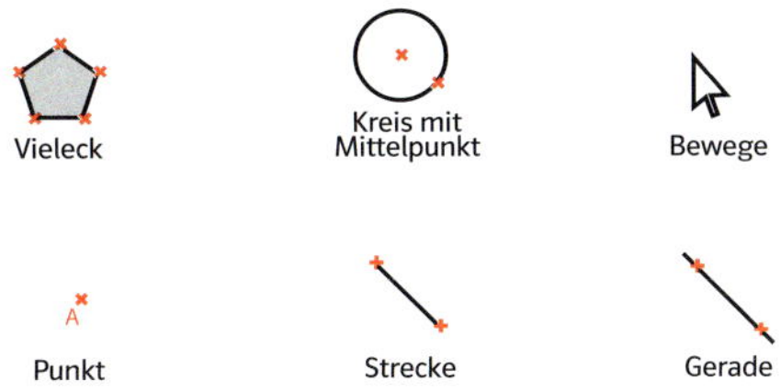

○ **1** MK SP **Erkläre** die Angaben zum Dreieck im Beispiel.

○ **2** MK
a) Zeichne mit der Maus das Viereck A(3 | 3); B(−1 | 3); C(2 | −2); D(3 | −1). Lass dir die Längen der Seiten und den Flächeninhalt anzeigen.
b) Zeichne das Dreieck A(2,7 | 1,8); B(−1,4 | 0,3); C(2,1 | −1,5). Gib dazu die Koordinaten im Eingabefeld ein.

Tipp!
zu Aufgabe 2
Mit dem Befehl „Vielecke zeichnen" verbindet man die Punkte zu einer Figur.

◐ **3** MK SP Zeichne das Dreieck A(2 | 3); B(−2 | 1); C(4 | −2).
a) Verschiebe das Dreieck um drei Einheiten nach links. Wie ändern sich die Koordinaten der Dreieckspunkte?
Was passiert, wenn du das Dreieck um drei Einheiten nach rechts verschiebst?
b) Verschiebe das Dreieck nach oben und unten. Wie verändern sich jetzt die Koordinaten der Dreieckspunkte?
c) Verschiebe das Dreieck in beliebige Richtungen, z.B. nach rechts unten. **Beschreibe** deine Beobachtungen.
d) **Formuliere** eine allgemeine Regel, wie sich die Koordinaten der verschobenen Figur gegenüber den Koordinaten der Ausgangsfigur ändern.

Tipp!
zu Aufgabe 3
Um das Dreieck zu verschieben, musst du den Cursor auf der Fläche platzieren.

◐ **4** MK SP Zeichne das Dreieck A(−2 | 3); B(−8 | 4); C(−6 | −1).
a) Vertausche die Vorzeichen aller x-Koordinaten und zeichne das neue Dreieck. Was stellst du fest?
b) Vertausche die Vorzeichen aller y-Koordinaten und zeichne das neue Dreieck. Was stellst du fest?
c) Vertausche die Vorzeichen beider Koordinaten und zeichne das neue Dreieck DEF. Zeichne dann die drei Geraden durch die Punkte A und D, B und E sowie C und F. **Beschreibe** deine Beobachtung.

● **5** MK SP Zeichne das Viereck A(3,5 | −1,5); B(0 | 4,5); C(−3,5 | 4); D(−1,5 | −0,5) in dein Heft. Zeichne die Strecken $\overline{AC}$ und $\overline{BD}$. Gib die Koordinaten des Schnittpunkts der beiden Strecken an. Prüfe dein Ergebnis mit der DGS. Welchen Vorteil hat hier die DGS? **Begründe**.

● **6** MK SP Zeichne das Viereck A(4 | 1); B(6 | 1); C(5 | 4); D(2 | 2). Zeichne ein zweites Viereck, bei dem alle Koordinatenwerte der Punkte A; B; C und D verdoppelt wurden. Vergleiche die Flächeninhalte der beiden Vierecke. Was stellst du fest? **Erkläre**.

9 In dieser Meerestiefe wurden die Tiere schon beobachtet:

Pottwal	−3000 m
Riesentintenfisch	−2800 m
Schnabelwal	−2992 m
Südlicher See-Elefant	−2388 m
Orca	−150 m
Kaiserpinguin	−540 m
Lederschildkröte	−1200 m

Ordne nach der Tauchtiefe.

10 Die Tabelle zeigt die Tiefsttemperaturen einiger Orte in Deutschland. Runde die Temperaturen auf ganze Grad Celsius und trage sie auf einer Zahlengeraden ein.

Ort	Tiefsttemperatur
Aachen	−20,4 °C
Berlin	−26,0 °C
Kahler Asten	−26,0 °C
Hannover	−24,8 °C
Oberstdorf	−32,0 °C
Stuttgart	−25,6 °C
Zugspitze	−35,6 °C

11 Zahir legt mit den Kärtchen dreistellige negative Zahlen.

2 8 − 6

a) Wie heißt die kleinstmögliche Zahl?
b) Wie heißt die größtmögliche Zahl?
c) Notiere alle möglichen Zahlen und ordne sie der Größe nach.

12 −2,1 +0,2 +2,5 −1,2 $+1\frac{2}{5}$ $-1\frac{1}{2}$ −0,2

a) Welche der Zahlen ist die kleinste Zahl, welche die größte?
b) Welche der fünf anderen Zahlen liegt auf der Zahlengeraden in der Mitte zwischen der größten und der kleinsten Zahl?

eine Relegation
hier:
beim Relegations-Spiel entscheidet sich, ob ein Team in der Liga bleibt (Sieg) oder absteigt (Niederlage)

10 Wie viele ganze Zahlen liegen zwischen
a) −2 und 5?
b) −18 und −11?
c) −14 und 4?
d) −10 und 10?

11 Überprüfe.
a) Liegt −2,4 näher bei −2 oder bei −3?
b) Liegt −5,6 näher bei −5 oder bei −6?
c) Liegt $-\frac{2}{3}$ näher bei 1 oder bei −2?

12 Für welche Zahl steht die Variable a?
a) a ist von −20 genau so weit entfernt wie von 10.
b) a liegt in der Mitte von −9,6 und −0,8.
c) a ist von −7 doppelt so weit entfernt wie von 2. Es gibt zwei Lösungen.

13 Untersuche.
a) Wie heißt die kleinste dreistellige ganze Zahl?
b) Welche Zahl liegt in der Mitte zwischen der größten dreistelligen ganzen Zahl und der kleinsten zweistelligen ganzen Zahl?

14 Vor dem letzten Spieltag einer Bundesliga-Saison hätten die Mannschaften aus Fürth, Düsseldorf, Augsburg und Hoffenheim absteigen können.

Platz	Verein	Punkte	Tore
15	Düsseldorf	30	39:54
16	Augsburg	30	30:50
17	Hoffenheim	28	40:66
18	Fürth	21	25:57

Die Plätze 17 und 18 bedeuten den direkten Abstieg und das Team auf Platz 16 geht in die **Relegation**. Am letzten Spieltag gab es folgende Ergebnisse:

Begegnung			Ergebnis
Dortmund	−	Hoffenheim	1:2
Hannover	−	Düsseldorf	3:0
Nürnberg	−	Bremen	3:2
Freiburg	−	Schalke	1:2
Augsburg	−	Fürth	3:1

Für einen Sieg gibt es drei Punkte, für ein Unentschieden einen Punkt. Bei Punktgleichheit entscheidet die Tordifferenz. Wer stieg ab und wer musste in die Relegation?

4 Zunahme und Abnahme

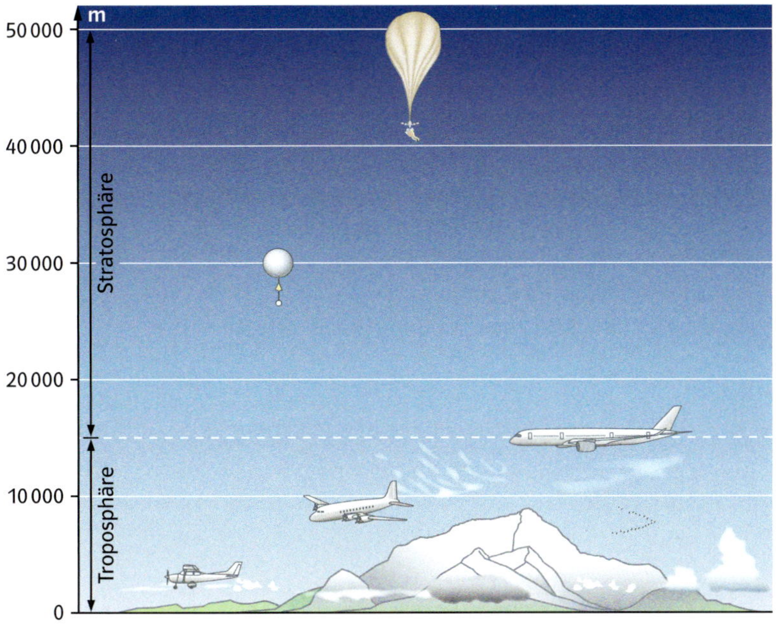

Der Amerikaner Alan Eustace stellte im Jahr 2014 mit seinem Sprung aus rund 41,42 km Höhe einen Rekord im Fallschirmspringen auf. Ein Raumanzug schützte Eustace vor der großen Kälte. In 40 km Höhe beträgt die Temperatur etwa −15 °C. Beim Fall in der Stratosphäre sinkt die Temperatur um etwa 2,3 °C pro Kilometer, dann steigt sie in der Troposphäre um etwa 6,5 °C pro Kilometer.

→ Welche Temperatur erwartete Eustace in einer Höhe von 10 km?
→ Bestimme die ungefähre Temperatur am Boden.
→ Überlegt euch weitere Fragen zum Rekordsprung und beantwortet sie.

Mit positiven und negativen Zahlen kann man Temperaturen angeben. Man kann sie aber auch verwenden, um Temperaturänderungen zu beschreiben:

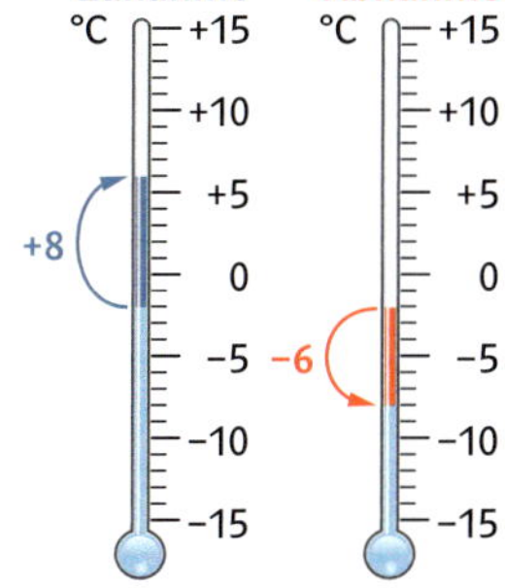

Nimmt die Temperatur um 8 °C zu, so spricht man von einer Temperaturänderung um + 8 °C.
Zunahmen werden mit positiven Zahlen beschrieben.

Nimmt die Temperatur um 6 °C ab, so spricht man von einer Temperaturänderung um − 6 °C.
Abnahmen werden mit negativen Zahlen beschrieben.

Merke **Zunahme** und **Abnahme** können auf einer **Zahlengeraden** veranschaulicht werden:

Beispiel

Die Zunahme um 5 entspricht einer Änderung um + 5:
Gehe fünf Schritte nach rechts.

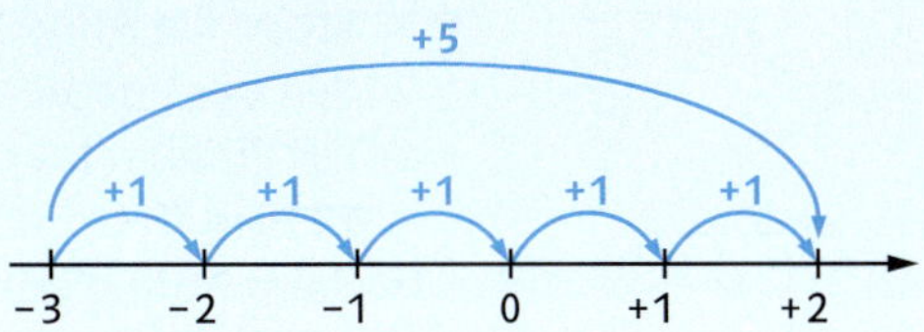

Die Abnahme um 4 entspricht einer Änderung um − 4:
Gehe vier Schritte nach links.

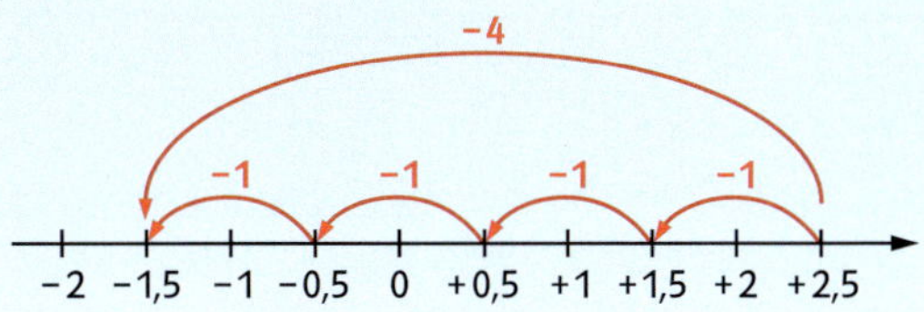

○ **1** Notiere die Änderung mithilfe einer positiven oder einer negativen Zahl.
a) Das Tauchboot sinkt um 5 m.
b) Der Wasserspiegel fällt um 3,6 cm.
c) Lia ist im letzten Jahr 12 cm gewachsen.
d) Für den Brunnen wird 3 m tiefer gebohrt.
e) Bis zum Gipfel legt Peter 145 Höhenmeter zurück.

ein Gipfel
die höchste Stelle eines Berges

○ **2** Ergänze die fehlenden Werte.

a)

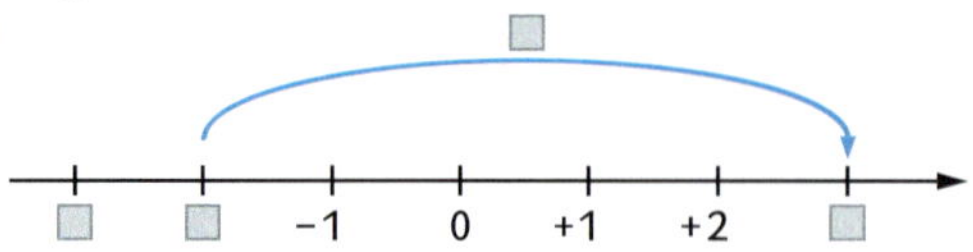

b)

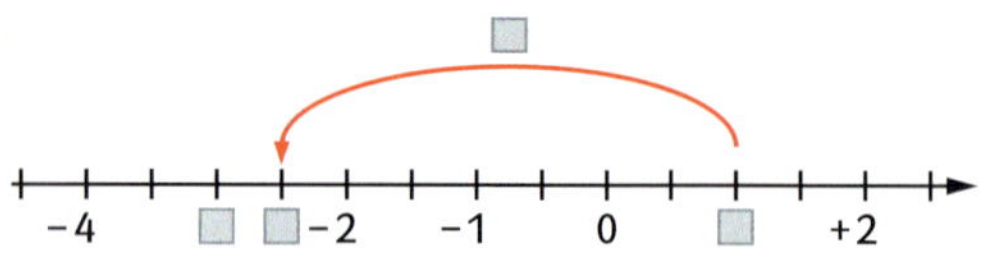

Alles klar?

D11 **Fördern**

A Beschreibe die Änderung mithilfe einer positiven oder einer negativen Zahl.

a) Zu Beginn der Achterbahnfahrt werden die Wagen 35 m hochgezogen.

b) Der Wasserspiegel des Toten Meeres sinkt pro Jahr um etwa 1 m.

c) Der Kaninchenbau liegt 1,80 m unter der Erdoberfläche.

d) Von der Tiefgarage zum Einkaufszentrum fährt man 3 Etagen nach oben.

B Ergänze die fehlenden Werte.

a)

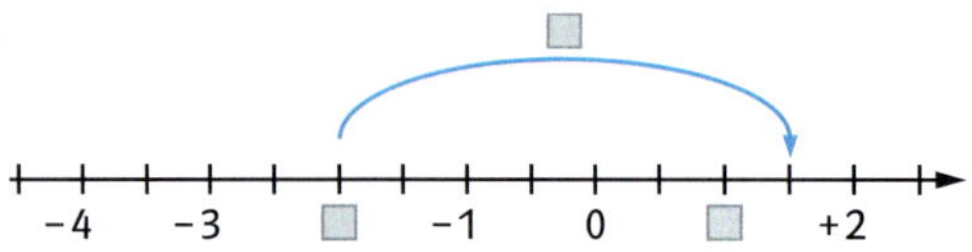

b)

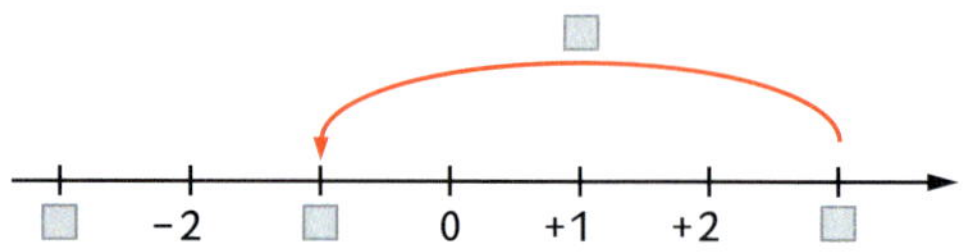

○ **3** Gib an, um wie viel Grad Celsius sich die Temperatur ab 3 Uhr alle 5 Stunden verändert hat.

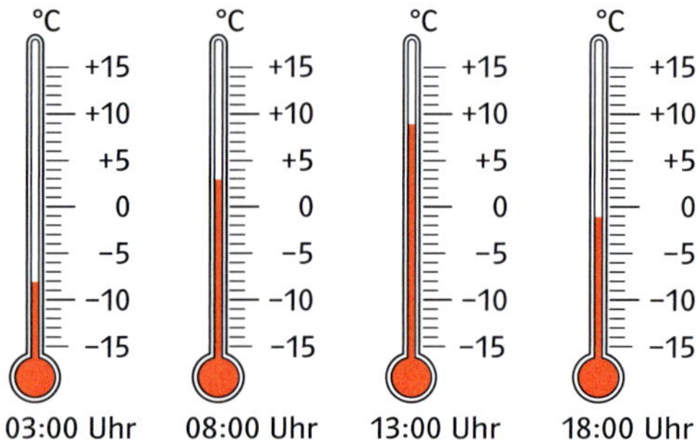

○ **4** Übertrage die Zahlengerade in dein Heft und fülle die Lücken.

a)

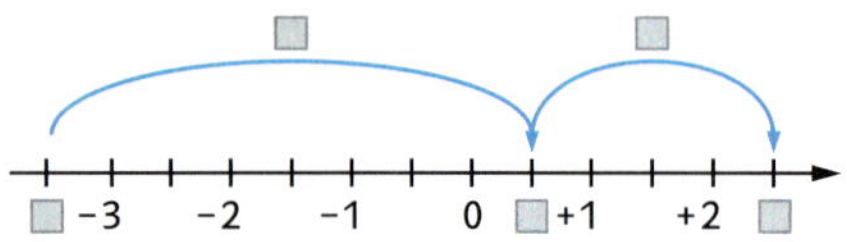

b)

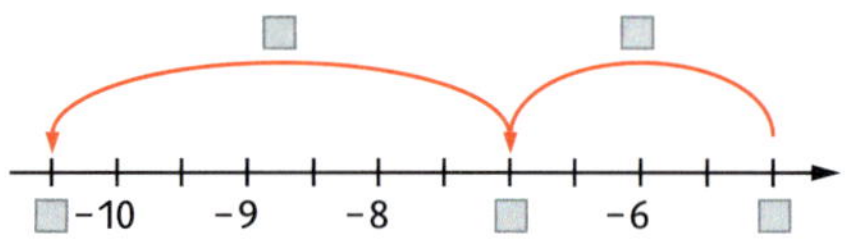

◒ **5** SP Stellt die Aufgabe an einer Zahlengeraden dar und erfindet eine passende Rechengeschichte.

a) Erst sind es − 10 m, dann 9,9 m mehr.

b) Erst sind es 5 °C, dann 10,5 °C weniger.

c) Jetzt sind es 34 €, das sind 50 € weniger.

◒ **3** Ergänze den fehlenden Wert.

a)

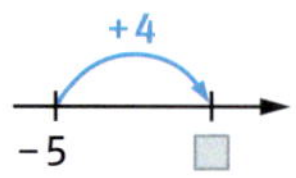

b)

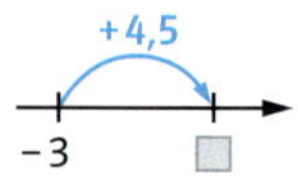

c)

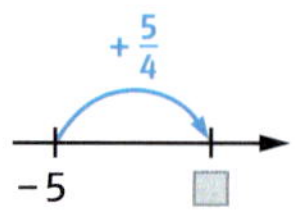

d)

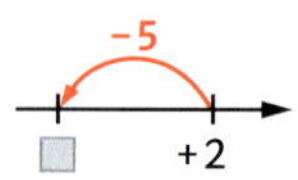

e)

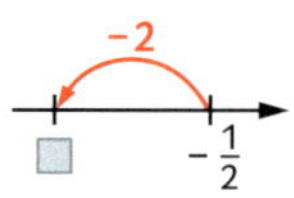

f)

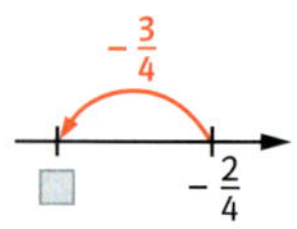

◒ **4** SP Trage die angegebenen Zahlen auf einer Zahlengeraden ein. Welche Zahl liegt in der Mitte der beiden Zahlen? **Begründe**.

a) − 5 und + 7

b) − 1 und + 8

c) $-\frac{2}{3}$ und $+\frac{4}{3}$

d) − 1,8 und − 0,6

● **5** Stelle die Aufgabe an einer Zahlengeraden dar und berechne die Differenz.

a) Ein Pinguin taucht 500 m tief, ein Wal 2250 m tief.

b) Beim Abflug beträgt die Temperatur − 5,5 °C. In Mallorca ist es 17 °C wärmer.

c) Nachts sinkt die Temperatur von + 8 °C auf $-4\frac{1}{2}$ °C.

d) Der Marianengraben liegt etwa 11 000 m unter dem Meeresspiegel, der Mount Everest fast 9000 m über dem Meeresspiegel.

der Meeresspiegel
Die Höhe der Meeresoberfläche wird als Vergleichspunkt genutzt, um Höhen oder Tiefen auf der Erde zu messen.

→ Die Lösungen zu „Alles klar?“ findest du auf Seite 248.

Auf Zahlen gehen

EXTRA

So stellt ihr ganz einfach eine Zahlengerade her: Schreibt die ganzen Zahlen von − 10 bis + 10 auf Papierstreifen oder DIN-A4-Blätter. Klebt diese Streifen auf den Boden. Nun könnt ihr Bewegungen ausführen, die euch das Verstehen der Zahlengeraden erleichtern.
Ihr seht auf dem Foto, wie Hanna auf der Zahlengeraden in die positive Richtung geht, Neyla dagegen in die negative Richtung.

○ **1** Vanida steht auf der Null und geht 7 Schritte in die positive Richtung und anschließend 9 Schritte in die negative Richtung. Wo bleibt sie stehen?

○ **2** Elias startet ebenfalls auf der Null, geht 5 Schritte in die negative Richtung, dann 8 Schritte in die positive Richtung und danach noch 10 Schritte in die negative Richtung. Wo bleibt er stehen?

◒ **3** Leni startet auf der Zahl − 2 und geht zuerst 4 Schritte in die negative Richtung, dann 10 Schritte in die positive Richtung. Wie muss sie weitergehen, wenn sie nach der nächsten Bewegung auf der Null stehen möchte?

◒ **4** Jakob steht nach drei Bewegungen auf der Zahl − 7. Zuvor ging er drei Schritte in die positive Richtung, 4 Schritte in die negative Richtung und nochmals 5 Schritte in die negative Richtung. Wo ist Jakob gestartet?

◒ **5** SP Stellt euch gegenseitig Bewegungsaufgaben. Schafft ihr auch Aufgaben mit vier oder fünf Bewegungen? Bewegt euch dabei immer im Bereich von − 10 bis + 10.

◒ **6** Auf dem Schulhof ist mit Kreide ein längerer Ausschnitt der Zahlengeraden gezeichnet. Er reicht von − 25 bis + 25. Finn startet bei der Zahl − 20 in die positive Richtung und geht mit einem Schritt immer zwei Zahlen weit. Emma startet bei + 25 in die negative Richtung und legt mit einem Schritt drei Zahlen zurück.

a) Wo treffen sich die beiden, wenn sie gemeinsam losgehen und immer gleichzeitig einen Schritt machen?
b) Wie viele Schritte sind beide gegangen?
c) SP Probiert selbst ähnliche Aufgaben aus.

EXTRA

Guthaben-Schulden-Modell

Das Guthaben-Schulden-Modell ist eine gute Möglichkeit, die Addition und Subtraktion der ganzen Zahlen zu veranschaulichen. Als Material benötigt jede Gruppe 50 blaue 🔵 und 50 rote 🔴 Chips. Die blauen Chips stellen das Guthaben, also die positiven Zahlen dar. Die roten Chips stehen für die Schulden, also die negativen Zahlen. Legt die blauen und die roten Chips in die Tischmitte, sie bilden den Vorrat. Für die erste und für die zweite Zahl der Rechenaufgabe nehmt ihr nun die Anzahl blauer (positive Zahl) oder roter (negative Zahl) Chips aus dem Vorrat.

Ein blauer und ein roter Chip 🔵🔴 heben sich gegenseitig auf. Solch ein Pärchen hat also den Wert Null. Deshalb kann man beliebig viele solcher Pärchen aus dem Vorrat nehmen oder in den Vorrat zurücklegen.

Beispiele:

	1. Zahl		2. Zahl		Ergebnis
a)	(−5) 🔴🔴🔴🔴🔴	+	(−2) 🔴🔴	=	(−7) 🔴🔴🔴🔴🔴🔴🔴
b)	(+1) 🔵	+	(−1) 🔴	=	0 abgegeben (🔵🔴)

Ein blauer und ein roter Chip ergeben das Pärchen (🔵🔴). Dieses kann in den Vorrat zurückgelegt werden. Somit hat man keine Chips mehr, das Ergebnis ist also Null.

	1. Zahl		2. Zahl		Ergebnis
c)	(−2) 🔴🔴	+	(+5) 🔵🔵🔵🔵🔵	=	(+3) 🔵🔵🔵 abgegeben (🔵🔴 🔵🔴)
d)	(+3) 🔵🔵🔵 (🔵🔴 🔵🔴) hinzufügen	−	(−2) 🔴🔴	=	(+5) 🔵🔵🔵🔵🔵

Von drei blauen Chips sollen zwei rote weggenommen werden. Da dies nicht möglich ist, fügt man zwei Pärchen (🔵🔴) aus dem Vorrat hinzu. Nun können zwei rote Chips weggenommen werden. Übrig bleiben fünf blaue Chips.

	1. Zahl		2. Zahl		Ergebnis
e)	(+1) 🔵	+	(−3) 🔴🔴🔴	=	(−2) 🔴🔴 abgegeben (🔵🔴)
f)	(−3) 🔴🔴🔴 (🔵🔴 🔵🔴) hinzufügen	−	(−5) 🔴🔴🔴🔴🔴	=	(+2) 🔵🔵

○ **1** SP Löst die Aufgaben mit dem Guthaben-Schulden-Modell. **Erklärt** euer Vorgehen.

a) (+4) + (+9) b) (+3) + (−5)
c) (−7) + (+8) d) (−1) + (−8)
e) (+5) − (+7) f) (+8) − (−3)
g) (−5) − (+3) h) (−14) − (−8)

◒ **2** Bestimmt die Variable x mit dem Guthaben-Schulden-Modell.

a) $x + (-2) = 9$ b) $9 - x = 12$
c) $x + 8 = -3$ d) $-4 - x = 7$

● **3** Stellt euch gegenseitig Aufgaben. Ihr könnt dabei auch mehr als zwei Zahlen addieren bzw. subtrahieren.

5 Addieren

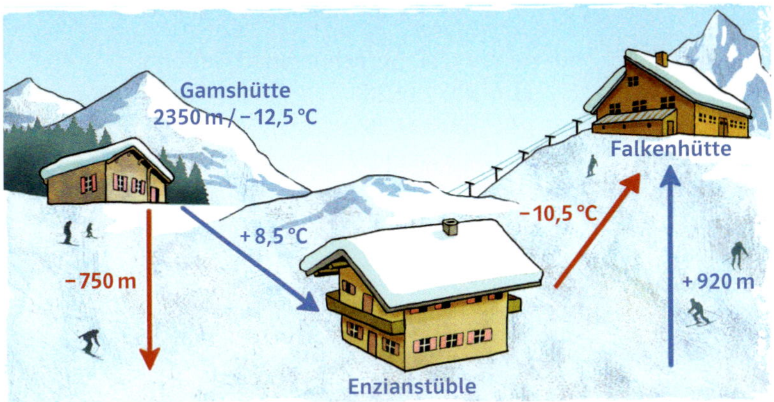

Esah und Fedor starten ihre Skitour an der Gamshütte. Sie fahren zum Enzianstüble ab und steigen anschließend zur Falkenhütte auf.

→ Welche Temperatur wird am Enzianstüble gemessen?
→ Wie viel Meter ist der Aufstieg größer als der Abstieg?
→ Überlegt, in welcher Höhe die Falkenhütte liegt und welche Temperatur dort gemessen wurde.

Tipp!
Man unterscheidet Vorzeichen und Rechenzeichen.

Vorzeichen
(+12) + (−15)
Rechenzeichen

Addiert man zu einer Zahl eine positive Zahl, bewegt man sich auf der Zahlengeraden nach rechts.

−2 + +7 = +5

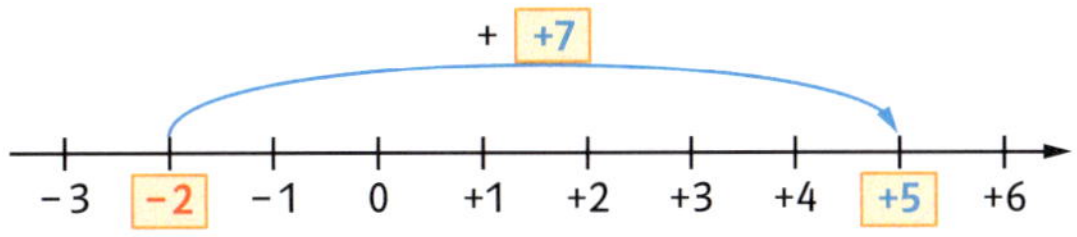

Addiert man zu einer Zahl eine negative Zahl, bewegt man sich auf der Zahlengeraden nach links.

−1 + −6 = −7

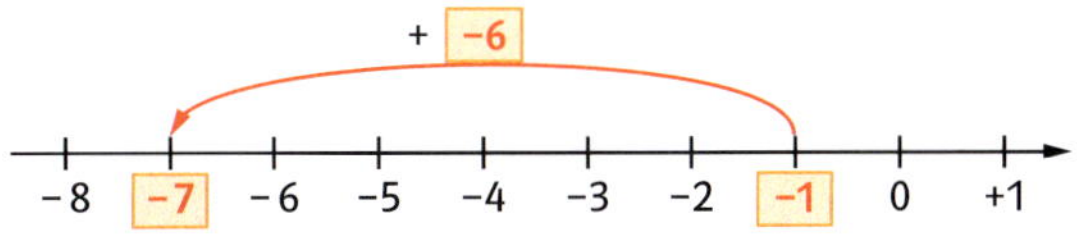

Merke

Rationale Zahlen addieren

Gleiche Vorzeichen
Man addiert die Zahlen, ohne ihr Vorzeichen zu berücksichtigen. Das Ergebnis erhält das gemeinsame Vorzeichen.

Verschiedene Vorzeichen
Man subtrahiert die Zahlen, ohne ihr Vorzeichen zu berücksichtigen. Das Ergebnis erhält das Vorzeichen der Zahl mit dem größeren Betrag.

Beispiele

a) $(+12) + (+8)$
$= +(12 + 8)$
$= +20$

b) $(-15) + (-10)$
$= -(15 + 10)$
$= -25$

c) $(+18) + (-6)$
$= +(18 - 6)$
$= +12$

d) $(-14) + (+9)$
$= -(14 - 9)$
$= -5$

Zur **Vereinfachung der Schreibweise** darf man das Vorzeichen + und die zugehörige Klammer weglassen. Beginnt ein Rechenausdruck mit einer negativen Zahl, kann man bei dieser Zahl die Klammer weglassen.

e) $(+12) + (+8)$
$= 12 + 8$
$= 20$

f) $(-15) + (-10)$
$= -15 + (-10)$
$= -25$

g) $(+18) + (-6)$
$= 18 + (-6)$
$= 12$

h) $(-14) + (+9)$
$= -14 + 9$
$= -5$

○ **1** Ergänze den fehlenden Wert.

a)
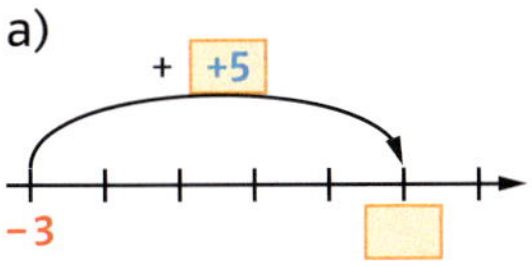

b)
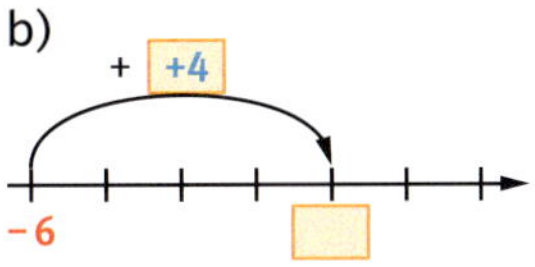

c)
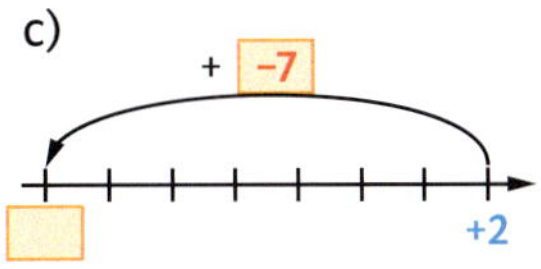

d)
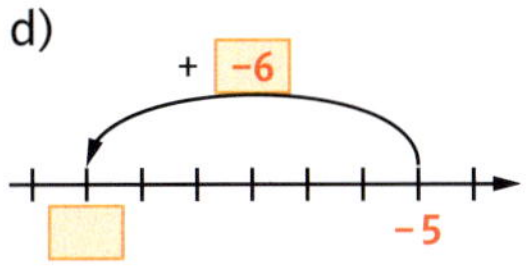

○ **2** Die Zahlen haben das gleiche Vorzeichen. Addiere im Kopf.
a) (+5) + (+15) b) (+15) + (+25) c) (−5) + (−3) d) (−12) + (−8)

○ **3** Überlege zuerst, ob das Ergebnis positiv oder negativ ist. Berechne anschließend.
a) (+28) + (−10) b) (−15) + (+20) c) (−30) + (+20) d) (+24) + (−36)
e) (−35) + (−25) f) (+16) + (−20) g) (−55) + (+35) h) (+38) + (−45)

○ **4** Vereinfache zuerst die Schreibweise. Berechne dann.
a) (+13) + (−16) b) (−19) + (+24) c) (−12) + (−18) d) (−25) + (+17)
e) $\left(+\frac{2}{7}\right) + \left(+\frac{3}{7}\right)$ f) $\left(+\frac{2}{5}\right) + \left(-\frac{7}{5}\right)$ g) $\left(-\frac{7}{12}\right) + \left(-\frac{3}{12}\right)$ h) $\left(-\frac{4}{15}\right) + \left(+\frac{11}{15}\right)$

Alles klar?

D12 Fördern

A Berechne im Kopf.
a) (+45) + (−25) b) (−18) + (−22) c) (−26) + (+36) d) (−42) + (−14)

B Ordne den Aufgaben die Lösungskärtchen zu.
a) (−25) + (+30) b) (−25) + (−30)
c) (+25) + (+30) d) (+25) + (−30)

−5 A | +55 C | −55 D | +5 B

○ **5** Addiere.
a) (+25) + (−38) b) (−46) + (+31)
c) (+19) + (+22) d) (−51) + (−18)
e) (+95) + (−59) f) (−57) + (−75)

○ **6** Überschlage zuerst und rechne dann.
a) (+91) + (+42) + (−39)
b) (−53) + (−18) + (−81)
c) (+17) + (+102) + (−99)
d) (+6,3) + (−4,8) + (−6,9)
e) (12,8) + (−9,7) + (+14,6)

○ **7** Vereinfache die Schreibweise und berechne. Das Ergebnis steht auf den Kärtchen.

Beispiel: (−45) + (+75) = −45 + 75 = 30

a) (−33) + (+25) b) (+37) + (−44)
c) (−27) + (−64) d) (−76) + (+67)
e) (+93) + (−118) f) (−108) + (−92)

−200 R | −9 U | −91 G | −8 J | −25 A | −7 A

◒ **8** Ergänze das fehlende Vorzeichen.
a) −27 + (−13) = ■ 40
b) −125 + 75 = ■ 50
c) −8,0 + (■ 2,5) = ■ 5,5
d) ■ 2,8 + 1,6 = ■ 1,2

○ **5** Nicht notwendige Klammern und Vorzeichen wurden weggelassen.
a) 25 + (−16) b) −56 + 29
c) −50 + (−99) d) 65 + (−143)
e) −973 + 739 f) 654 + (−564)

○ **6** Hier hat sich ein Fehler eingeschlichen. Korrigiere.

a) (+12) + (−10) = 22
b) (−25) + (+20) = 5
c) (+24) + (−30) = −54
d) (−16) + (−24) = −8
e) −4,25 + (−0,5) = −3,75

◒ **7** Ordne die Ergebnisse zu und finde das Lösungswort.
a) −3,5 + 4,2 b) 7,2 + (−5,8)
c) −1,75 + 2,25 d) 4,35 + (−2,65)
e) −14,7 + (−5,3) f) −0,08 + (−0,82)

0,5 I | −0,9 Y | 1,7 L | 0,7 S | −20 E | 1,4 M

◒ **8** Setze die richtigen Vorzeichen ein.
a) (■ 24) + (■ 16) = 8
b) (■ 24) + (■ 16) = −8
c) (■ 24) + (■ 16) = 40
d) (■ 24) + (■ 16) = −40

→ Die Lösungen zu „Alles klar?" findest du auf Seite 248.

9 Zwei nebeneinanderliegende Zahlen werden addiert. Ergänze.

a)

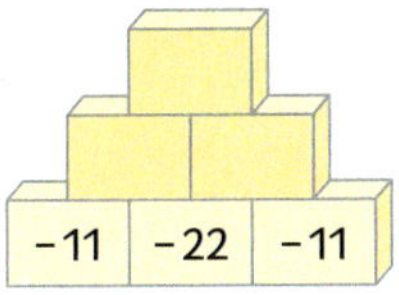

b)

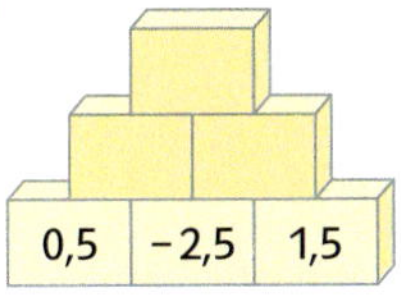

10 Wähle ein gelbes und ein rotes Kärtchen und bilde die Summe.

a) Welche Summe hat den größten Wert?
b) Welche Summe hat den kleinsten Wert?
c) Welche Summe hat den Wert −12?

ein Geschoss
hier: ein Stockwerk von einem Haus

11 Ein Hochhaus hat 15 Geschosse über und 4 unter der Erde sowie das Erdgeschoss.

a) Tim steigt im Erdgeschoss (EG) ein. Dann fährt er 7 Geschosse nach oben, 9 Geschosse nach unten und 6 Geschosse nach oben. In welchem Geschoss steigt er aus?
b) Tom fährt 4 Geschosse nach unten, 12 Geschosse nach oben und 6 Geschosse nach unten. Er steigt im 7. Geschoss aus. Wo fuhr Tom los?

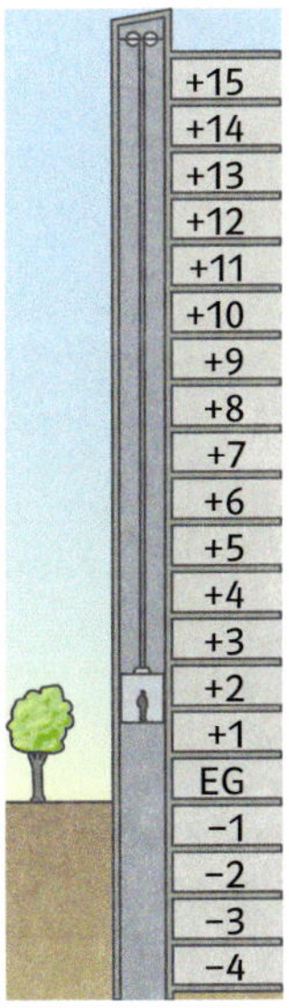

12 Die Tabelle zeigt die Mitgliederentwicklung eines Sportvereins.

Monat	Jan	Feb	März
Eintritte / Austritte	−26	+31	−17

Hat der Verein Ende März mehr oder weniger Mitglieder als zu Jahresbeginn? Gib die Veränderung an.

9 Nicht notwendige Klammern und Vorzeichen wurden weggelassen.

a) $8{,}5 + (-7{,}2)$ b) $-4{,}2 + 3{,}9$
c) $-12{,}8 + 19{,}2$ d) $-0{,}56 + (-0{,}65)$
e) $-\frac{3}{4} + \frac{1}{4}$ f) $-\frac{4}{7} + \left(-\frac{2}{7}\right)$
g) $\frac{3}{8} + \left(-\frac{1}{2}\right)$ h) $-\frac{4}{5} + \left(-\frac{3}{4}\right)$

10 Wähle Ziffern und Vorzeichen so, dass der Wert der Summe

a) möglichst groß wird.
b) möglichst klein wird.
c) möglichst nahe bei null liegt.

11 Deniz findet folgende Zeichnungen zur Erklärung der Addition ganzer Zahlen.

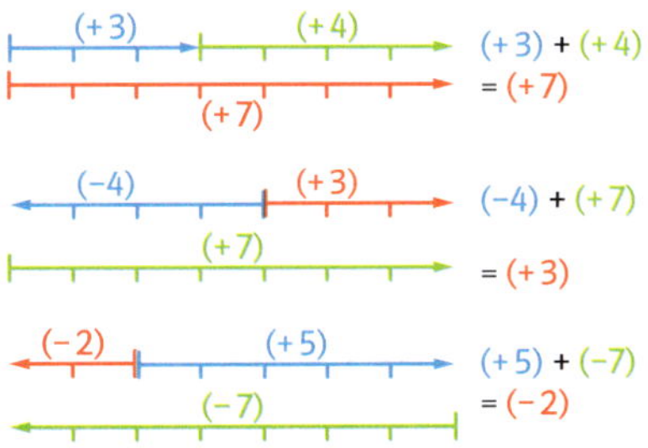

a) SP **Erkläre**, wie positive und negative Zahlen dargestellt werden.
b) SP **Formuliere** eine Regel für die Addition. Wie ist der Lösungspfeil zu zeichnen?
c) Löse mit diesem Verfahren auch: $(+7) + (-4)$; $(+3) + (-5)$; $(-6) + (+4)$

12 Würfelt sechsmal mit einem Würfel. Setzt die Zahlen so ein, dass ihr als Ergebnis eine ganze Zahl erhaltet.

Beispiel:

3,2 + 1,4 − 5,6 = −1

Für jede ganze Zahl gibt es einen Punkt. Ist das Ergebnis 1 oder −1, bekommt man zwei Punkte. Vergleicht nach sechs Durchgängen eure Punkte.

6 Subtrahieren

An der Tafel steht eine Aufgabenreihe.

→ Um welchen Wert nehmen die Zahlen auf der rechten Seite des Gleichheitszeichens jeweils zu?

→ Welche Ergebnisse erwartest du für die zwei letzten Aufgaben?

→ Besprecht zu zweit, wie die Serie der Aufgaben nach oben und nach unten fortgesetzt werden kann.

→ Tauscht euch in der Klasse über eine Regel für das Subtrahieren von rationalen Zahlen aus.

Tipp!
Jede rationale Zahl hat eine **Gegenzahl**.
+7 hat die **Gegenzahl** −7.
−2 hat die **Gegenzahl** +2.

Die Subtraktionsaufgabe (+3) − (−7) kann man über ihre Umkehraufgabe lösen:

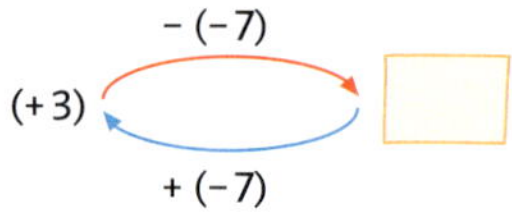

+10 + (−7) = (+3),

also gilt: (+3) − (−7) = +10

Da (+3) + (+7) auch +10 ergibt, gilt:

(+3) − (−7) = (+3) + (+7)

Die Subtraktionsaufgabe (+3) − (+7) kann man ebenso über ihre Umkehraufgabe lösen:

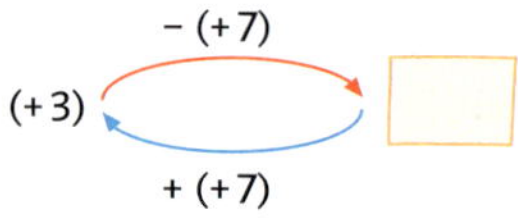

−4 + (+7) = (+3),

also gilt: (+3) − (+7) = −4

Da (+3) + (−7) auch −4 ergibt, gilt:

(+3) − (+7) = (+3) + (−7)

Die Subtraktion einer Zahl kann durch die Addition ihrer **Gegenzahl** ersetzt werden.

Merke

Eine **rationale Zahl** wird **subtrahiert**, indem man ihre Gegenzahl addiert.

Beispiele

a) (+4) − (−9)
= (+4) + (+9)
= +13

b) (+12) − (+7)
= (+12) + (−7)
= +5

c) (−10) − (+5)
= (−10) + (−5)
= −15

d) (−8) − (−6)
= (−8) + (+6)
= −2

Durch Weglassen von Klammern lässt sich die Schreibweise vereinfachen.

e) (+7) − (+2)
= 7 − 2
= 5

f) (−15) − (−10)
= −15 + (+10)
= −15 + 10
= −5

○ **1** Ergänze das fehlende Vorzeichen und berechne.

a) (+8) − (+5) = (+8) + (■ 5)
b) (−9) − (+3) = (−9) + (■ 3)
c) (+6) − (−4) = (+6) + (■ 4)
d) (−15) − (−5) = (−15) + (■ 5)

○ **2** Schreibe als Additionsaufgabe. Welche Lösung gehört zu welcher Aufgabe?

a) (+14) − (+6)
b) (−12) − (−8)
c) (−7) − (+11)
d) (+20) − (+18)

−18 A | +2 B | −4 C | +8 D

○ **3** Ist das Ergebnis positiv oder negativ? Überlege, bevor du rechnest.

a) (+16) − (+18) b) (−25) − (−20) c) (+36) − (+30) d) (−22) − (−24)
e) (+65) − (+70) f) (−48) − (−50) g) (−38) − (−39) h) (+22) − (+18)

Alles klar?

D13 Fördern

A Ist das Ergebnis positiv oder negativ? Berechne.

a) (+15) − (+25) b) (+15) − (−25) c) (−15) − (+25) d) (−15) − (−25)

B Wandle die Subtraktionsaufgabe in eine Additionsaufgabe um und berechne.

a) (+16) − (+12) b) (−18) − (+22) c) (+23) − (−14) d) (−10) − (−36)

○ **4** Setze + oder − ein und berechne.

a) (+9) − (+11) = (+9) + (□ 11)
b) (+21) − (−31) = (+21) + (□ 31)
c) (−16) − (+24) = (−16) + (□ 24)
d) (−42) − (−38) = (−42) + (□ 38)

○ **5** Berechne im Kopf.

a) (+8) − (+12) b) (+14) − (−9)
c) (+15) − (+13) d) (−9) − (+18)
e) (−16) − (+7) f) (−25) − (−35)
g) $\left(-\frac{5}{7}\right) - \left(+\frac{2}{7}\right)$ h) $\left(+\frac{2}{9}\right) - \left(-\frac{4}{9}\right)$

○ **6** Ergänze das richtige Vorzeichen.

a) (□ 20) − (+25) = −5
b) (−16) − (□ 14) = −2
c) (□ 15) − (−25) = 10
d) (−32) − (□ 18) = −50

○ **7** Gib den neuen Kontostand an.

	a)	b)	c)	d)
Kontostand alt	+50 €	−70 €	+65 €	−55 €
Buchung	−35 €	+45 €	−120 €	−80 €
Kontostand neu	□	□	□	□

○ **8** Schreibe die Aufgaben mit dem richtigen Ergebnis in dein Heft.

−19 − (−18) =
−25 − (+12) =
−1
−37
22
21 − (+36) =
5 − (−17) =
−15

◒ **9** Vereinfache die Schreibweise und berechne.

Beispiel: (+10) − (+25) = 10 − 25 = −15

a) (+9) − (+15) b) (−28) − (−14)
c) (+35) − (+25) d) (−32) − (−40)
e) (−1,5) − (+2,4) f) (+4,8) − (−6,4)

○ **4** Vereinfache die Schreibweise und berechne.

Beispiel: (−28) − (−12)
= −28 + (+12) = −28 + 12 = −16

a) (+44) − (+26) b) (−24) − (+48)
c) (+66) − (−16) d) (−63) − (−47)
e) (−81) − (+18) f) (−34) − (−43)

◒ **5** Überschlage, ob der Betrag der Differenz größer als 120 ist.

a) 47 − (+74) b) −95 − (+59)
c) −45 − (−54) d) 109 − (+28)
e) 39 − (−81) f) −77 − (−36)

◒ **6** Ergänze das richtige Vorzeichen.

a) (−7) − (−18) = □ 11
b) (□ 17) − (+19) = □ 36
c) (□ 26) − (□ 15) = +41
d) (□ 29) − (□ 38) = □ 9

◒ **7** Berechne. Welches Hobby ist gesucht?

a) 5,4 − (+7,8) b) −7,2 − (−6,3)
c) −12,8 − 4,6 d) −8,4 + 11,5
e) 4,75 − 7,25 f) −5,42 − 2,48

−2,5 E −2,4 G −17,4 L 3,1 F −7,9 N −0,9 O

◒ **8** Die Zahlen nebeneinanderliegender Mauersteine werden addiert.

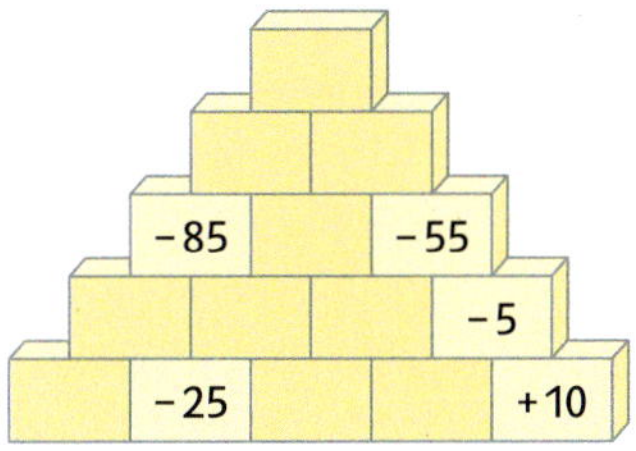

→ Die Lösungen zu „Alles klar?" findest du auf Seite 248.

Tipp!
zu Aufgabe 11
Eine informative Figur hilft dir.

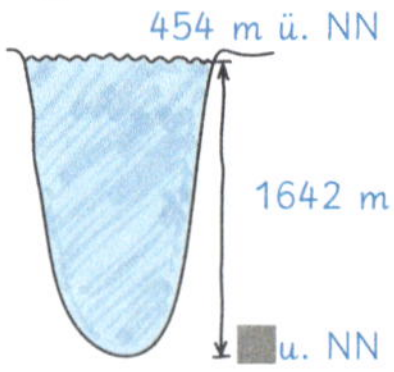

10 MK Berechne den Höhenunterschied zwischen dem Tal des Todes und dem Gipfel des Mount Whitney.

11 Der Baikalsee in Sibirien ist der tiefste See der Erde. Seine Wasseroberfläche liegt 454 m über der Meereshöhe. Die tiefste Stelle des Sees misst 1642 m.

a) Wie viel Meter liegt die tiefste Stelle unter bzw. über der Meereshöhe?
b) Die Wasseroberfläche des Tanganjikasees in Ostafrika liegt 782 m über NN. Die tiefste Stelle des Sees liegt 688 m unter NN. Berechne die maximale Tiefe des Sees.

12 MK Emil hat im Internet die größten Meerestiefen recherchiert.

Calypsotief (Mittelmeer)	−5267 m
Landsorttief (Ostsee)	−459 m
Milwaukeetief (Atlantik)	−9219 m
Witjastief (Pazifik)	−10 994 m

a) Um wie viel Meter unterscheiden sich die tiefsten Stellen des Pazifiks und des Atlantiks?
b) Vergleiche die tiefsten Stellen des Mittelmeers und der Ostsee.
c) Emil meint: „Würde der Mount Everest (8848 m) im Witjastief stehen, wäre die darüber liegende Wasserschicht immer noch tiefer als die Ostsee.“

9 Bestimme den neuen Kontostand.

a)

Opti-Bank	IBAN DE 46 7080 0132 8765 4321 01	
Kontostand: 17.03.		120,00 €
Datum	Buchungstext	Betrag
25.03.	Bareinzahlung	250,00 €
27.03.	Sanitär Mario	−372,50 €
Auszug 14	Blatt 1	Susanne Schulze-Schmidt

b)

Topkasse	IBAN DE 38 5100 0123 4567 8910 12	
Kontostand: 31.03.		−895,50 €
Datum	Buchungstext	Betrag
03.04.	Fitness-Studio	−240,00 €
05.04.	Gehalt	2250,00 €
09.04.	Reisebüro Weitewelt	−695,50 €
Auszug 17	Blatt 1	Norbert Notnagel

10
a) Bestimme die Temperaturunterschiede der angegebenen Orte.

Ort	Höchst-temperatur	Tiefst-temperatur
Berlin	38 °C	−26 °C
Werchojansk	37 °C	−68 °C
Südpol	−12 °C	−93 °C
New York	41 °C	−20 °C

b) An welchem Ort gab es die größte, an welchem die geringste Temperaturdifferenz?

11

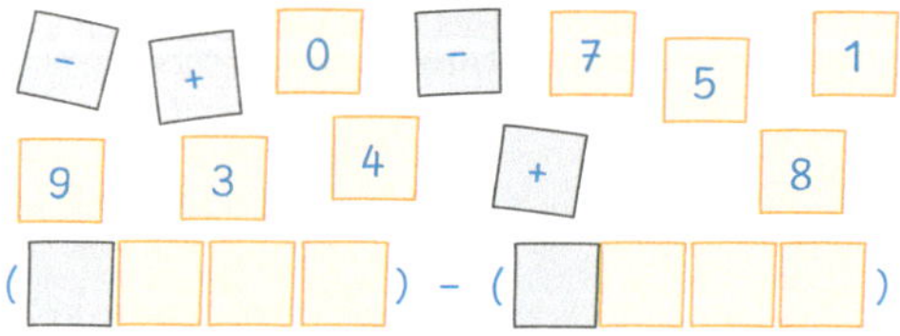

Wähle Ziffern und Vorzeichen so, dass der Wert der Differenz möglichst
a) groß wird.
b) klein wird.
c) nahe bei null liegt.

7 Rechenvorteile

Spieltag	Begegnung	Ergebnis	Tordifferenz
1	Altberg - Sommertal	27 : 35	−8
	Großbach - Niederhofen	36 : 31	+5
2	Schönfeld - Altberg	23 : 28	+5
	Seebruck - Großbach	26 : 18	−8
3	Großbach - Altberg	32 : 28	

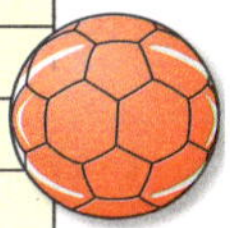

Altberg und Großbach sind zwei Handballteams. Die Tabelle zeigt, welche Ergebnisse die beiden Teams in den ersten Spieltagen erzielt haben.

→ Welche Tordifferenz haben Altberg und Großbach nach dem zweiten Spieltag?

→ Am dritten Spieltag spielen Altberg und Großbach gegeneinander. Welche Tordifferenz haben die beiden Mannschaften nach dem dritten Spieltag?

→ Mit wie vielen Toren Unterschied muss Altberg sein Spiel am vierten Spieltag gewinnen, um eine ausgeglichene Tordifferenz zu haben?

Rechengesetze, die für natürliche Zahlen gelten, werden auf die rationalen Zahlen übertragen.

Merke

Vertauschungsgesetz (Kommutativgesetz)
Die Summanden einer Summe aus rationalen Zahlen dürfen vertauscht werden.

$(-12) + (+9)$
$= (+9) + (-12)$

Verbindungsgesetz (Assoziativgesetz)
In einer Summe aus rationalen Zahlen dürfen beliebig Klammern gesetzt oder weggelassen werden.

$((-15) + (-4)) + (-6)$
$= (-15) + ((-4) + (-6))$

Klammer auflösen
Steht ein Pluszeichen vor der Klammer, ändern sich beim Auflösen der Klammer die Vorzeichen in der Klammer nicht.

$20 + (-15 + 10)$
$= 20 - 15 + 10$

Steht ein Minuszeichen vor der Klammer, werden beim Auflösen der Klammer aus allen Pluszeichen in der Klammer Minuszeichen und aus allen Minuszeichen in der Klammer Pluszeichen.

$20 - (-15 + 10)$
$= 20 + 15 - 10$

Beispiele

a) Durch das Anwenden beider Rechengesetze können Rechenvorteile entstehen.

$(+79) + (-117) + (+21)$ Vertauschungsgesetz
$= ((+79) + (+21)) + (-117)$ Verbindungsgesetz
$= (+100) + (-117)$
$= -17$

b) $35 + (-25 + 12)$
$= 35 - 25 + 12$
$= 10 + 12$
$= 22$

c) $35 - (-25 + 12)$
$= 35 + 25 - 12$
$= 60 - 12$
$= 48$

d) $35 - (+25 + 12)$
$= 35 - 25 - 12$
$= 10 - 12$
$= -2$

○ **1** Gib an, ob das Vertauschungsgesetz oder das Verbindungsgesetz angewendet wurde. Berechne.

a) (+8) + (−15) = (−15) + (+8)
b) ((−7) + (+9)) + (−3) = (−7) + ((+9) + (−3))
c) (+2) + ((−14) + (+6)) = ((+2) + (−14)) + (+6)
d) (−25) + (−35) = (−35) + (−25)

○ **2** Verbinde passende Zahlen durch eine Klammer und berechne im Kopf.

a) (+47) + (+53) + (−14)
b) (−41) + (−19) + (+44)
c) (+38) + (−17) + (−23)

○ **3** Je ein graues und gelbes Kärtchen gehören zusammen. Finde sie und berechne.

15 + (−8 + 10) | 15 − (−8 − 10) | 15 + (+8 − 10) | 15 − (+8 + 10)

15 + 8 − 10 | 15 − 8 + 10 | 15 − 8 − 10 | 15 + 8 + 10

Alles klar?

D14 Fördern

A Wo siehst du Rechenvorteile? Berechne und vergleiche.

a) ((+23) + (−12)) + (−8) und (+23) + ((−12) + (−8))
b) (−17) + ((−23) + (−34)) und ((−17) + (−23)) + (−34)

B Löse die Klammer auf und berechne.

a) 30 − (−20 + 36)
b) 54 + (−44 + 77)
c) 28 − (27 − 100)

○ **4** Verbinde vorteilhaft. Rechne im Kopf.

a) (+8) + (+12) + (−16)
b) (−15) + (+27) + (+23)
c) (+26) + (+24) + (−37)

Tipp!

Beachte
+ (+) ergibt +
+ (−) ergibt −
− (+) ergibt −
− (−) ergibt +

○ **5** Setze + und − richtig ein.

a) (−43) + (−37) + (−29) + (+24)
= ▪ 43 ▪ 37 ▪ 29 ▪ 24
b) (+76) + (+44) + (−14) + (−83)
= ▪ 76 ▪ 44 ▪ 14 ▪ 83

○ **6** Vertausche und verbinde vorteilhaft.

Beispiel: (−23) + (+12) + (−27)
= (−23) + (−27) + (+12)
= ((−23) + (−27)) + (+12)
= −50 + 12
= −38

a) (+51) + (−13) + (+9)
b) (−32) + (+45) + (−18)
c) (−42) + (+61) + (−28) + (+19)

◒ **7** Vereinfache zuerst die Schreibweise.

a) 65 + (−77) + 18
b) −25 + (+36) + (−14)
c) −3,3 − (+0,6) − (−1,3) + (−2,4)
d) 7,8 − (−5,1) + 9 + (−1,8)

○ **4** Vertausche zunächst Summanden. Rechne dann im Kopf.

a) (−12) + (+25) + (−18)
b) (+37) + (−78) + (+63)
c) (−21) + (+67) + (−49)

◒ **5** Vertausche und verbinde vorteilhaft. Auf das Lösungswort freuen sich alle.

a) (+24) + (−31) + (+16) + (−19)
b) (−69) + (+47) + (+13) + (−31)
c) (+3,9) + (−2,8) + (+1,1) + (−3,2)
d) (−0,5) + (+7,3) + (−3,5) + (+2,7)
e) (+83) + (−151) + (−149) + (−183)

−1 U | −10 P | +6 S | −400 E | −40 A

◒ **6** Fasse zunächst alle Subtrahenden zusammen. Rechne dann.

Beispiel: 87 − 45 − 32 − 23
= 87 − (45 + 32 + 23)
= 87 − 100
= −13

a) 56 − 15 − 7 − 24
b) 112 − 43 − 29 − 38
c) 8,9 − 1,7 − 3,2 − 4,5
d) 6,25 − 0,96 − 1,74 − 1,12 − 2,08

→ Die Lösungen zu „Alles klar?" findest du auf Seite 248.

8 Fasse vorteilhaft zusammen.

Beispiel: 54 + 36 − 43 − 27
= (54 + 36) − (43 + 27)
= 90 − 70
= 20

a) 23 + 77 − 62 − 28
b) 34 − 19 + 16 − 11
c) − 45 + 16 + 24 − 15
d) − 72 − 28 + 26 + 34

9 Findet möglichst viele Aufgaben mit verschiedenen Ergebnissen.
Verbindet dazu die Ziffernkärtchen mit Plus, Minus und Klammer.

+ | − | + |) | − 3 | (| − 1 | − 2 | −

Beispiel: (− 1) − ((− 2) + (− 3))
= − 1 − (− 5)
= 4

10 Löse zuerst die Klammer auf. Nutze dann Rechenvorteile.
a) 33 + (− 18 + 67)
b) − 44 − (26 − 79) + 21
c) 22 − (− 35 + 88) − (12 − 65)
d) (− 23 + 79) − 31 − (− 121 + 77) − 19

11 Würfelspiel mit negativen Zahlen: Gespielt wird mit drei Würfeln, die gleichzeitig geworfen werden. Ungerade Augenzahlen werden addiert, gerade Augenzahlen werden subtrahiert.

Beispiel:

1 − 4 + 5 = 2

Wer nach drei Durchgängen das Ergebnis mit dem größten Betrag hat, gewinnt.
So könnt ihr eure Würfe notieren:

1. Wurf:	5 − 2 − 6 = − 3
2. Wurf:	5 − 6 + 5 = + 4
3. Wurf:	1 − 2 − 6 = − 7
Ergebnis:	− 3 + 4 − 7 = − 6 |− 6| = 6

7 Fasse zunächst alle positiven und alle negativen Zahlen zusammen.

Beispiel: − 34 + 56 + 31 − 22 + 43 − 64
= 56 + 31 + 43 − 34 − 22 − 64
= 130 − 120
= 10

a) 25 − 53 − 39 + 64 − 47 + 36
b) − 83 + 67 + 48 + 85 − 63 − 44
c) − 7,1 + 9,4 − 2,2 + 8,6 − 3,7
d) − 15,3 + 21,8 − 32,6 + 7,5 − 26,9

8 Jede Menge Minuszeichen.
a) − 55 − (45 − 25) − 35
b) (− 55 − 45) − 25 − 35
c) − 55 − (45 − 25 − 35)
d) − 55 − 45 − (25 − 35)
e) − (55 − 45) − 25 − 35

9 Im Zahlenbaukasten gibt es vier Zahlen, vier Rechenzeichen sowie eine Klammer.

(| + 8 | + 24 | − | − 15 | + | − 10 | − |) | +

a) Erstelle zehn verschiedene Aufgaben und berechne sie.

Beispiel: (− 10) + (+ 8) − ((− 15) − (+ 24))
= − 10 + 8 − (− 15 − 24)
= − 2 + 39
= 37

b) Wie heißt der Rechenterm mit dem größten Wert?
c) Welche Aufgabe hat ein Ergebnis mit möglichst kleinem Betrag?

10 Setze die Zahlenreihen fort.

1
1 − 2
1 − 2 + 3
1 − 2 + 3 − 4
⋮

1
2 − 1
3 + 2 − 1
4 − 3 + 2 − 1
⋮

a) Wie heißt das Ergebnis in der fünften und sechsten Zeile?
b) Wie heißt das Ergebnis in der zehnten, 100. und 1000. Zeile?

8 Multiplizieren

An der Tafel stehen zwei Aufgabenreihen.

→ Erkläre, was sich bei der linken Aufgabenreihe schrittweise verändert. Bestimme dann die fehlenden Werte.

→ Die rechte Aufgabenreihe beginnt mit der letzten Aufgabe der linken Reihe. Besprecht zu zweit, was sich bei der rechten Aufgabenreihe schrittweise verändert. Tragt dann die fehlenden Ergebnisse ein.

→ Diskutiert in der Klasse, wovon das Vorzeichen des Ergebnisses abhängt.

Tipp!

Produkt | Wert des Produkts

$3 \cdot (-5) = -15$

1. Faktor, 2. Faktor

Auch bei den rationalen Zahlen ist die Multiplikation eine verkürzte Schreibweise für die Addition.

$3 \cdot (-5) = (-5) + (-5) + (-5) = -15$

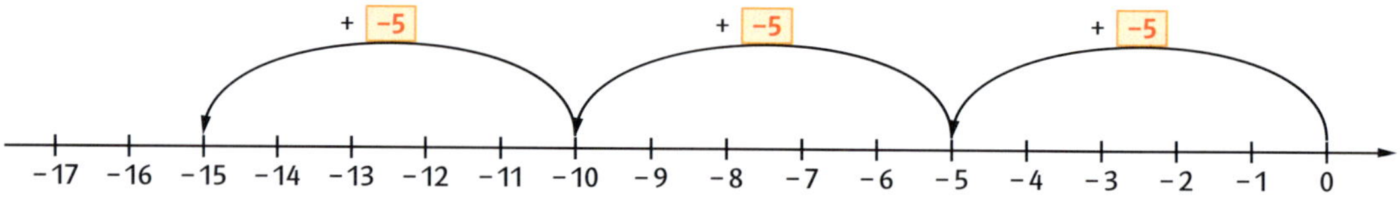

Das Produkt $3 \cdot 5$ hat den Produktwert 15. Das Produkt $3 \cdot (-5)$ hat den Produktwert −15. Das ist die Gegenzahl des Produktwerts von $3 \cdot 5 = 15$. Der Wert des Produkts $(-3) \cdot (-5)$ ist dann die Gegenzahl von −15, also +15.

Damit gilt: $(-3) \cdot (-5) = 15$

Der Wert eines Produkts hängt somit von den Vorzeichen der einzelnen Faktoren ab.

Merke

Rationale Zahlen multiplizieren

Die Faktoren werden ohne Berücksichtigung des Vorzeichens multipliziert.

Gleiche Vorzeichen

Haben zwei Faktoren das gleiche Vorzeichen, ist der Wert des Produkts **positiv**.

Verschiedene Vorzeichen

Haben zwei Faktoren verschiedene Vorzeichen, ist der Wert des Produkts **negativ**.

Beispiele

a) $(-6) \cdot (-9) = +54$

b) $(+0{,}5) \cdot (+2{,}8) = +1{,}4$

c) $(-12) \cdot (+3) = -36$

d) $\left(+\frac{3}{4}\right) \cdot \left(-\frac{5}{8}\right) = -\frac{3 \cdot 5}{4 \cdot 8} = -\frac{15}{32}$

e) Multipliziert man eine Zahl mit (−1), erhält man die Gegenzahl.
$12 \cdot (-1) = -12$

○ **1** Schreibe als Produkt und berechne.

a) $(-3) + (-3) + (-3) + (-3)$
b) $(-7) + (-7) + (-7) + (-7) + (-7)$
c) $(-10) + (-10) + (-10)$

Tipp!

Beachte
+ · + ergibt +
+ · − ergibt −
− · + ergibt −
− · − ergibt +

○ **2** Berechne im Kopf.

a) $(+5) \cdot (-7)$
b) $(-3) \cdot (+8)$
c) $(-2) \cdot (-9)$
d) $(-7) \cdot (-6)$
e) $(-9) \cdot (+7)$
f) $(+12) \cdot (-3)$
g) $(-8) \cdot (+11)$
h) $(+5) \cdot (-15)$
i) $(-9) \cdot (-9)$
j) $(-12) \cdot (-20)$
k) $(+6) \cdot (-9)$
l) $(-7) \cdot (-7)$

Alles klar?

D15 Fördern

A Ergänze das fehlende Vorzeichen.
a) $(+8)\cdot(-4) = ■\,32$ b) $(-9)\cdot(+3) = ■\,27$ c) $(+5)\cdot(-12) = ■\,60$ d) $(-7)\cdot(-7) = ■\,49$

B Multipliziere zunächst, ohne auf das Vorzeichen zu achten. Setze das richtige Vorzeichen im Ergebnis.
a) $(+7)\cdot(+3)$ b) $(+5)\cdot(-9)$ c) $(-8)\cdot(+4)$ d) $(-6)\cdot(-10)$

○ **3** Ergänze das fehlende Vorzeichen.
a) $(-7)\cdot(+4) = ■\,28$ b) $(+12)\cdot(-4) = ■\,48$
c) $(+12)\cdot(■\,8) = -96$ d) $(■\,7)\cdot(-6) = -42$
e) $(■\,14)\cdot(-5) = +70$ f) $(-15)\cdot(■\,9) = +135$

○ **4** Ordne jedem Produkt das richtige Ergebnis zu. Das Lösungswort ist richtig groß.

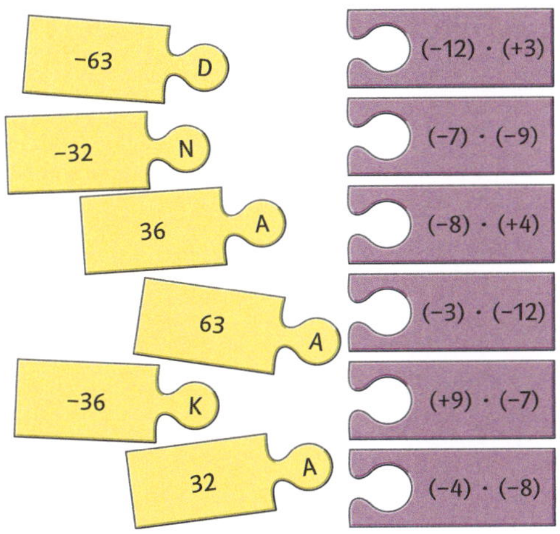

◒ **5** Multipliziere schriftlich. Überschlage zuerst.
a) $(+15)\cdot(-17)$ b) $(-36)\cdot 27$
c) $(-28)\cdot 32$ d) $18\cdot(-25)$
e) $53\cdot(-12)$ f) $(-23)\cdot(-79)$

Tipp!
zu Aufgabe 5
Überschlagen:
Überschlage ohne Berücksichtigung der Vorzeichen. Bestimme dann das Vorzeichen der Lösung.

◒ **6** Wähle aus der linken und rechten Wolke einen Faktor aus.

a) Welche Produkte haben ein positives Ergebnis, welche ein negatives?
b) Welches Produkt hat einen möglichst kleinen Betrag, welches hat einen möglichst großen Betrag?

◒ **7** Berechne.
a) $(-2)\cdot(-3)\cdot(-4)$ b) $(-6)\cdot 3\cdot(-8)$
c) $8\cdot(-4)\cdot(-2)\cdot 5$ d) $(-12)\cdot 3\cdot 2\cdot(-5)$

◒ **3** Berechne.
a) $(-2{,}5)\cdot 3$ b) $1{,}2\cdot(-4)$
c) $(-0{,}5)\cdot 1{,}8$ d) $(-2{,}4)\cdot(-0{,}5)$
e) $(-6{,}4)\cdot 1{,}5$ f) $(-1{,}6)\cdot(-0{,}02)$
g) $\left(-\frac{1}{2}\right)\cdot\frac{1}{3}$ h) $\left(-\frac{5}{8}\right)\cdot\left(-\frac{24}{10}\right)$

◒ **4** SP Wie musst du den Bruch auswählen, damit das Produkt 1 wird? **Beschreibe**.
a) $\frac{3}{4}\cdot ■ = 1$ b) $-\frac{3}{7}\cdot ■ = 1$ c) $(-8)\cdot ■ = 1$

◒ **5** Multipliziere vorteilhaft.

Beispiel: $(-4)\cdot 9\cdot 25\cdot(-3)$
$= (-4)\cdot 25\cdot 9\cdot(-3)$
$= (-100)\cdot(-27)$
$= 2700$

a) $(-25)\cdot 9\cdot 4$
b) $20\cdot(-7)\cdot 5\cdot 3$
c) $(-4)\cdot(-3)\cdot 25\cdot(-5)$
d) $(-8)\cdot 3\cdot 50\cdot(-125)\cdot(-2)$

◒ **6** Wähle die Ziffern und Vorzeichen so aus, dass der Wert des Produkts
a) möglichst groß wird.
b) möglichst klein wird.
c) einen möglichst kleinen Betrag hat.

● **7** Potenzen sind verkürzte Schreibweisen für Produkte mit gleichen Faktoren.
$(-2)^2 = (-2)\cdot(-2)$
$(-2)^3 = (-2)\cdot(-2)\cdot(-2)$
$(-2)^4 = (-2)\cdot(-2)\cdot(-2)\cdot(-2)$
a) Schreibe die Potenzen bis $(-2)^{10}$ als Produkte und berechne.
b) SP Kannst du die Vorzeichen der Werte von $(-2)^{97}$, $(-2)^{144}$, ohne zu rechnen, bestimmen? **Begründe**.

→ Die Lösungen zu „Alles klar?" findest du auf Seite 248.

9 Dividieren

2012 sprang der Extremsportler Felix Baumgartner aus ungefähr 39 km Höhe auf die Erde zurück.
Während des Aufstiegs im Ballon wurden die Temperaturen gemessen.

Start in 1000 m Höhe:	+17 °C
9000 m Höhe	−39 °C
13 000 m Höhe	−61 °C

→ Wie groß war die Temperaturänderung pro 1000 m vom Start bis in 9000 m Höhe?
→ Um wie viel Grad Celsius nahm die Temperatur pro 1000 m zwischen 9000 m und 13 000 m Höhe ab?
→ In welcher Höhe lag ungefähr die Null-Grad-Grenze?

Tipp!

Quotient, Wert des Quotienten

$(-28):(+7) = -4$

Dividend, Divisor

Die Division ist die Umkehrung der Multiplikation. Das gilt auch für die rationalen Zahlen.
Aus $(-4)\cdot(+6) = -24$ ergibt sich $(-24):(+6) = -4$.
Aus $(-4)\cdot(-6) = +24$ ergibt sich $(+24):(-6) = -4$.
Aus $(+4)\cdot(-6) = -24$ ergibt sich $(-24):(-6) = +4$.
Man erkennt: Bei der Division gelten dieselben Vorzeichenregeln wie bei der Multiplikation.

Merke

Rationale Zahlen dividieren
Man dividiert zunächst die beiden rationalen Zahlen ohne Berücksichtigung ihrer Vorzeichen.

Gleiche Vorzeichen
Haben Dividend und Divisor das gleiche Vorzeichen, dann ist der Wert des Quotienten **positiv**.

Verschiedene Vorzeichen
Haben Dividend und Divisor verschiedene Vorzeichen, dann ist der Wert des Quotienten **negativ**.

Beispiele

a) $(-72):(-9) = +8$
b) $(+72):(-9) = -8$
c) $(+4{,}8):(+8) = 0{,}6$
d) $(-4{,}8):(+8) = -0{,}6$
e) Dividiert man eine Zahl durch (−1), erhält man ihre Gegenzahl.
$(+2{,}5):(-1) = -2{,}5$

Tipp!

Beachte
+ : + ergibt +
+ : − ergibt −
− : + ergibt −
− : − ergibt +

○ **1** Dividiere im Kopf.
a) $(+12):(-3)$ b) $(-18):(+6)$ c) $(-35):(-7)$ d) $(-32):(-8)$
e) $(-48):(-6)$ f) $(-42):(+7)$ g) $(+63):(-9)$ h) $(-72):(-12)$

○ **2** Vereinfache zunächst die Schreibweise. Berechne dann.

Beispiel: $(-45):(+5) = -45:5 = -9$

a) $(-27):(+3)$ b) $(+64):(-8)$ c) $(-49):(-7)$ d) $(-75):(-5)$

○ **3** Dividiere schriftlich. Achte zunächst nicht auf die Vorzeichen.
a) $96:(-6)$ b) $(-112):4$ c) $(-175):(-7)$ d) $264:(-8)$

Alles klar?

D16 Fördern

A Ergänze das fehlende Vorzeichen.

a) $(+35):(-7) = ■\,5$ b) $(-64):(+8) = ■\,8$ c) $(■\,42):(+7) = -6$ d) $(-88):(■\,11) = 8$

B Dividiere.

a) $(-77):11$ b) $72:(-9)$ c) $(-56):(-7)$ d) $(-84):(-12)$

○ **4** Berechne im Kopf. Die Kärtchen verraten das Lösungswort.

a) $(+48):(+8)$ b) $(+54):(-9)$
c) $(-35):(+7)$ d) $(-32):(-8)$
e) $(+63):(-9)$ f) $(+81):(-9)$

-7 E | 4 F | -6 U | 6 S | -9 R | -5 R

○ **5** Schreibe die Aufgaben in deinem Heft mit dem richtigen Ergebnis.

$(-24):(-6) =$ | $(-60):12 =$ | -7 | -5 | $56:(-8) =$ | $(-65):5 =$ | 4 | -13

○ **6** Dividiere schriftlich.

a) $(-267):3$ b) $392:(-7)$
c) $2328:(-4)$ d) $(-5706):9$
e) $(-2856):(-8)$ f) $(-2574):(-11)$

○ **7** Setze die richtige Zahl ein.

a) $72:■ = -9$ b) $(-72):■ = -9$
c) $■:7 = -8$ d) $■:(-7) = 9$
e) $(-48):■ = 12$ f) $■:(-12) = -4$

◒ **8**

a) In der Nacht vom 23. auf den 24. Januar 1916 sank in Browning (Montana, USA) das Thermometer innerhalb von 10 Stunden von 6,7 °C auf −48,9 °C. Wie groß war die durchschnittliche Temperaturänderung pro Stunde?

b) Im Jahr 1972 kletterte in Loma (Montana, USA) das Thermometer innerhalb von 24 Stunden von −47,8 °C auf +9,4 °C. Vergleiche mit Teilaufgabe a).

Tipp!
zu Aufgabe 6
Überschlagen: Überschlage ohne Berücksichtigung der Vorzeichen. Bestimme dann das Vorzeichen der Lösung.

○ **4** Berechne im Kopf.

a) $(-90):6$ b) $105:(-15)$
c) $(-99):11$ d) $(-108):(-12)$

○ **5** Ergänze das Vorzeichen und bestimme dann die Variable.
Beachte, es gibt zwei Möglichkeiten.

a) $64:(■\,4) = x$ b) $(-56):(■\,7) = -c$
c) $(-96):(■\,6) = -a$ d) $(-m):11 = ■\,11$
e) $128:(■\,8) = -b$ f) $(k):(-15) = ■\,9$

◒ **6** Dividiere schriftlich. Überschlage zuerst.

a) $4446:(-6)$ b) $(-7776):9$
c) $9768:(-11)$ d) $(-9468):12$
e) $(-0{,}72):6$ f) $9{,}5:(-0{,}5)$
g) $(-5{,}12):(-0{,}8)$ h) $(-19{,}6):(-0{,}7)$

◒ **7** Dividiere die Brüche. Beachte dabei die Vorzeichenregeln.

Beispiel:

$\left(-\frac{3}{8}\right):\frac{15}{16} = \left(-\frac{3}{8}\right)\cdot\frac{16}{15} = -\frac{3\cdot 16}{8\cdot 15} = -\frac{2}{5}$

a) $\frac{3}{5}:\left(-\frac{1}{2}\right)$ b) $\frac{2}{5}:\left(-\frac{2}{3}\right)$
c) $\left(-\frac{2}{3}\right):\frac{4}{9}$ d) $\left(-\frac{3}{5}\right):\left(-\frac{9}{10}\right)$

◒ **8** Setze die Rechenzeichen · und : richtig ein.

a) $16\;■\;(-8)\;■\;(-2) = 4$
b) $16\;■\;(-8)\;■\;(-2) = 64$
c) $16\;■\;(-8)\;■\;(-2) = 1$
d) $16\;■\;(-8)\;■\;(-2) = 256$

◒ **9** Wähle Ziffern und Vorzeichen so aus, dass der Wert des Quotienten ganzzahlig ist und

a) möglichst groß ist.
b) möglichst klein ist.
c) einen möglichst kleinen Betrag hat.

(□ □ □) : (□ □) 6

5 | + | 9 | − | 2 | 3 | + | 7 | −

→ Die Lösungen zu „Alles klar?" findest du auf Seite 249.

10 Verbinden der Rechenarten

Die beiden Rechenausdrücke an der Tafel haben denselben Wert.

→ Bilde zwei neue Rechenausdrücke: Setze für die Platzhalter die Zahlen + 8; − 7 und − 3 ein und berechne die Werte. Was fällt dir auf?

→ Vergleicht die Rechenausdrücke der linken und rechten Tafelhälfte. Unterhaltet euch in der Klasse, ob ihr eine Gesetzmäßigkeit erkennen könnt.

Rechengesetze, die für natürliche Zahlen gelten, werden auf die rationalen Zahlen übertragen.

Merke

Vertauschungsgesetz (Kommutativgesetz)
Die Faktoren eines Produkts dürfen vertauscht werden.

$(-5)\cdot(+8)$
$= (+8)\cdot(-5)$

Verbindungsgesetz (Assoziativgesetz)
Die Faktoren eines Produkts dürfen beliebig zusammengefasst werden.

$(-3)\cdot((+4)\cdot(-5))$
$= ((-3)\cdot(+4))\cdot(-5)$

Verteilungsgesetz (Distributivgesetz)

Ausmultiplizieren
Der Faktor vor der Klammer wird mit jedem Summanden in der Klammer multipliziert.

$(-8)\cdot((+20)+(+6))$
$= (-8)\cdot(+20) + (-8)\cdot(+6)$

Ausklammern
Der gemeinsame Faktor wird ausgeklammert.

$(-8)\cdot(+13) + (-8)\cdot(+7)$
$= (-8)\cdot((+13)+(+7))$

Beispiele

a) Durch Vertauschen und Verbinden können Rechenvorteile entstehen.

$(-2{,}5)\cdot(+18{,}2)\cdot(-4)$ Vertauschungsgesetz
$= ((-2{,}5)\cdot(-4))\cdot(+18{,}2)$ Verbindungsgesetz
$= 10 \cdot 18{,}2$
$= 182$

Durch Ausmultiplizieren und Ausklammern können Rechenvorteile entstehen.

b) Hier ist Ausmultiplizieren vorteilhaft:

$(-3)\cdot((-100)+(+9))$
$= (-3)\cdot(-100) + (-3)\cdot(+9)$
$= (+300) + (-27)$
$= 273$

c) Hier ist Ausklammern vorteilhaft:

$(-3{,}5)\cdot(-7{,}3) + (-3{,}5)\cdot(-2{,}7)$
$= (-3{,}5)\cdot((-7{,}3)+(-2{,}7))$
$= (-3{,}5)\cdot(-10)$
$= 35$

○ **1** Wo wurde das Vertauschungsgesetz, wo das Verteilungsgesetz angewendet? Berechne.

a) $(-5)\cdot(+7) = (+7)\cdot(-5)$
b) $(+6)\cdot(-2) + (+6)\cdot(-8) = (+6)\cdot((-2)+(-8))$
c) $(-2)\cdot((+3)+(-7)) = (-2)\cdot(+3) + (-2)\cdot(-7)$
d) $(-12)\cdot(-9) = (-9)\cdot(-12)$

○ **2** Multipliziere aus und berechne.

a) $(-5)\cdot(-8+3)$ b) $6\cdot(4-7)$ c) $(-2)\cdot(-8+10)$ d) $(-9-5)\cdot(-3)$

e) $10\cdot(-12+5)$ f) $20\cdot(8-12)$ g) $(0{,}2-0{,}6)\cdot 5$ h) $(-2)\cdot(-1{,}5+7{,}5)$

○ **3** Klammere den gemeinsamen Faktor aus und berechne.

a) $4\cdot(-7)+4\cdot(-3)$ b) $(-5)\cdot 12+(-3)\cdot 12$ c) $(-17)\cdot(-6)+(-17)\cdot(-4)$

Alles klar?

D17 Fördern

A Multipliziere aus und berechne.

a) $4\cdot((+25)+(-7))$ b) $(-5)\cdot((+20)+(-6))$ c) $((-50)+(-8))\cdot(-2)$

B Klammere aus und berechne.

a) $3\cdot(-9)+7\cdot(-9)$ b) $(-14)\cdot 7+(-6)\cdot 7$ c) $(-15)\cdot(-14)+(-15)\cdot(-6)$

○ **4** Ist die Waage im Gleichgewicht?

a)

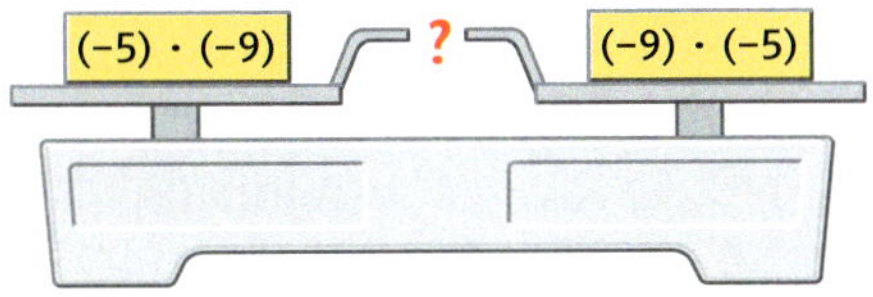

b)

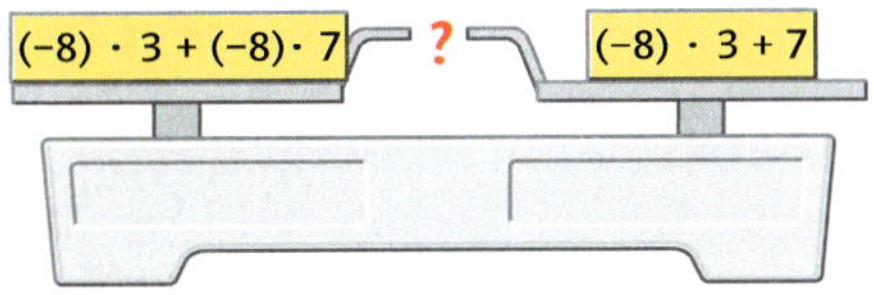

c)

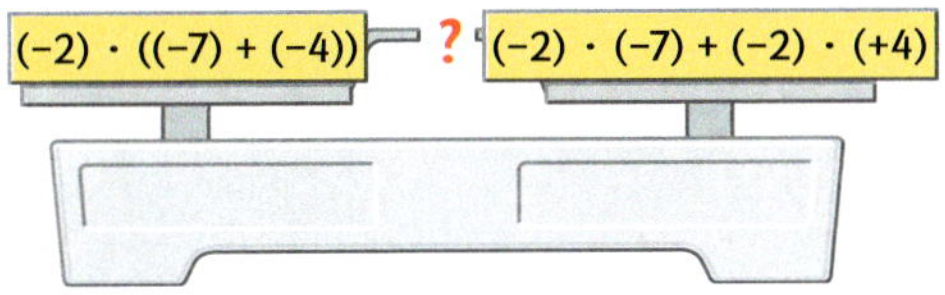

○ **5** Multipliziere aus und berechne.

a) $2\cdot(-50+11)$ b) $(-20)\cdot(-5+12)$

c) $\left(-\frac{1}{2}+\frac{5}{6}\right)\cdot 3$ d) $\left(-\frac{2}{9}+\left(-\frac{1}{3}\right)\right)\cdot\frac{1}{2}$

e) $(-8)\cdot(12{,}5-4)$ f) $(2{,}5+(-1{,}8))\cdot(-10)$

○ **6** Klammere aus und berechne.
Das Lösungswort rollt.

a) $14\cdot(-9)+6\cdot(-9)$

b) $12\cdot(-17)+12\cdot(-33)$

c) $(-42)\cdot 15+(-58)\cdot 15$

d) $(-7)\cdot(-73)+(-7)\cdot(-27)$

e) $(-43)\cdot(-26)+16\cdot(-43)$

f) $(-17)\cdot(-9)+(-11)\cdot(-17)$

700 T | 430 E | −600 K | 340 R | −180 S | −1500 A

○ **4** Ausklammern oder ausmultiplizieren?
Rechne vorteilhaft.

a) $12\cdot(-5)+8\cdot(-5)$

b) $5\cdot(-40+3)$

c) $(-10-2)\cdot 21$

d) $(-7)\cdot(-8)+(-7)\cdot(-12)$

e) $9\cdot(-57)+9\cdot 47$

f) $(-70+7)\cdot(-50)$

◒ **5** Ausklammern bringt Rechenvorteile.

Beispiel: $33\cdot(-9)+52\cdot(-9)+15\cdot(-9)$
$=(-9)\cdot(33+52+15)$
$=(-9)\cdot 100$
$=-900$

a) $7\cdot(-5)+11\cdot(-5)+2\cdot(-5)$

b) $(-9)\cdot 14+(-9)\cdot 24+(-9)\cdot 12$

c) $51\cdot(-18)+(-32)\cdot(-18)+(-17)\cdot(-18)$

d) $(-0{,}15)\cdot(-8)+(-8)\cdot(-0{,}49)+0{,}14\cdot(-8)$

◒ **6** Ausklammern oder ausmultiplizieren?
Das Lösungswort liegt bei den Pyramiden.

a) $(-19)\cdot(-67)+(-81)\cdot(-67)$

b) $(-7)\cdot(-500+9)$

c) $87\cdot(-2{,}5)-77\cdot(-2{,}5)$

d) $13\cdot(-32)+13\cdot(-57)+13\cdot(-11)$

e) $(-9)\cdot\frac{3}{8}+(-9)\cdot\frac{5}{8}$

f) $\frac{3}{4}\cdot(-12)-\frac{5}{6}\cdot(-12)$

1 X | 3437 P | −9 N | −25 H | −1300 I | 6700 S

◒ **7** Nutze Rechenvorteile.

a) $13\cdot(-5)\cdot 20$ b) $(-2)\cdot 1{,}2\cdot 0{,}5$

c) $(-0{,}4)\cdot 7{,}5\cdot(-2{,}5)$ d) $(-1{,}25)\cdot(-0{,}7)\cdot 8$

e) $(-50)\cdot 30\cdot(-25)\cdot(-2)\cdot 4$

→ Die Lösungen zu „Alles klar?“ findest du auf Seite 249.

Tipp!
Auch für rationale Zahlen gilt:
Punkt vor Strich;
Klammern zuerst.

7 Achte auf Punkt vor Strich.

a) $(-22) + 2{,}5 \cdot (-10)$
b) $(-60) : (-12) + 12$
c) $-25 - 88 : (-11) + 13$
d) $75 - (15 - 65) \cdot (-2) + 25$

8 Die rote Klammer sitzt falsch. Korrigiere den **Fehler** so, dass das Ergebnis stimmt.

a) $(10 - 3) \cdot (-4) = 22$
b) $(12 - 16) : (-4) = 16$
c) $5 - (24 : 6 + 2) = 2$
d) $3 - (54 : (-9)) - 18 = 5$

9 Welche Klammer kann man weglassen?

a) $((3 \cdot 4) + 2) \cdot (-1)$
b) $(((2 - 3) \cdot 4) + 1) \cdot (2 \cdot 3)$
c) $-4 \cdot ((-2) \cdot (-3)) - (-1)$
d) $((-3) \cdot (-4) + (-1)) + 2$

10 Setze eine Klammer so, dass das Ergebnis stimmt.

a) $(-5) \cdot 3 - 9 = 30$
b) $-28 - 21 : 7 = -7$
c) $(-2) \cdot 8 - 4 \cdot 5 = -100$
d) $32 - 6 \cdot (-5) + 10 = 2$

11 SP Welcher Rechenterm passt zu der Geschichte?
In der ersten Stunde fiel die Temperatur um 15 °C. Danach stieg sie drei Stunden lang gleichmäßig um 2,5 °C pro Stunde.

$-15 - 2{,}5 \cdot 3$ A
$15 - 2{,}5 \cdot 3$ B
$-15 + 2{,}5 \cdot 3$ C

12 Für das Spiel braucht ihr drei normale Würfel und zwei Würfel, auf denen die Rechenzeichen +, − und · je zweimal vorkommen. Alle Würfel werden gleichzeitig geworfen. Bildet einen Rechenterm.

Beispiel:

$3 - 4 \cdot 6 = -21$

Einen Punkt erhält, wer das kleinere Ergebnis erzielt. Wer zuerst drei Punkte erreicht hat, gewinnt.

8 Berechne. Die natürlichen Zahlen 1 bis 4 sind Lösungen.

a) $2{,}5 \cdot 3 - 7{,}5 : 1{,}5 + (-0{,}5) \cdot 3$
b) $4 \cdot (2{,}8 - 4{,}2) - (2{,}2 - 9{,}8)$
c) $5 \cdot ((-1{,}2 + 0{,}7) - (-2{,}8 + 2{,}1)) + 2$
d) $6{,}5 + 2{,}5 : (4{,}8 - 0{,}5 \cdot 7{,}2 - 2{,}2)$

9 Drei Zahlen, drei Rechenzeichen und eine Klammer.

−2 (· 5 + − −4)

Schreibe einen Rechenausdruck mit zwei Rechenzeichen, dessen Wert

a) möglichst groß ist. b) möglichst klein ist.
c) möglichst nahe bei −1 liegt.

10 Die Tabelle zeigt die Durchschnittstemperaturen (in °C) von Werchojansk (Sibirien).

Jan.	Feb.	März	April	Mai	Juni
−46,2	−42	−29,6	−13,7	2,1	12,8
Juli	**Aug.**	**Sep.**	**Okt.**	**Nov.**	**Dez.**
15,3	11,2	2,9	−14,7	−36,2	−43,7

Berechne aus den Daten die Jahresdurchschnittstemperatur.

11 SP Ordne jedem Text den passenden Rechenterm zu und berechne. Notiere einen eigenen Text für den übrig gebliebenen Rechenterm.

a) Eine Robbe taucht erst 25 m hinab. Dann taucht sie noch 3 Etappen zu jeweils 5 m in die Tiefe.
b) Nachdem eine Robbe 25 m hinabgetaucht ist, taucht sie noch 5 m tiefer. Danach steigt sie in 3 Etappen zur Oberfläche.

$3 \cdot (-25) + 5$ A
$-25 + (-5) \cdot 3$ B
$(-25 - 5) + 3 \cdot 10$ C

Celsius und Fahrenheit

EXTRA

In der Temperaturmessung werden bis zum heutigen Tag unterschiedliche Skalen verwendet.
In den USA und wenigen anderen Ländern benutzt man die Einheit **Fahrenheit**. Sie ist nach Daniel Fahrenheit benannt. Als Nullpunkt seiner Skala wählte er die tiefste Temperatur des strengen Winters von 1709. Er glaubte, damit negative Temperaturwerte vermeiden zu können. Als zweiten **Fixpunkt** wählte er seine eigene Körpertemperatur (37,8 °C), der er willkürlich die Zahl 100 zuordnete.
Die weltweit am häufigsten verwendete **Celsius**-Temperaturskala geht auf den Schweden Anders Celsius zurück. Er hatte den Gefrierpunkt des Wassers mit 0 °C und den Siedepunkt mit 100 °C festgelegt.

ein Fixpunkt
hier: ein fester Temperaturpunkt, an dem die Skala ausgerichtet wird

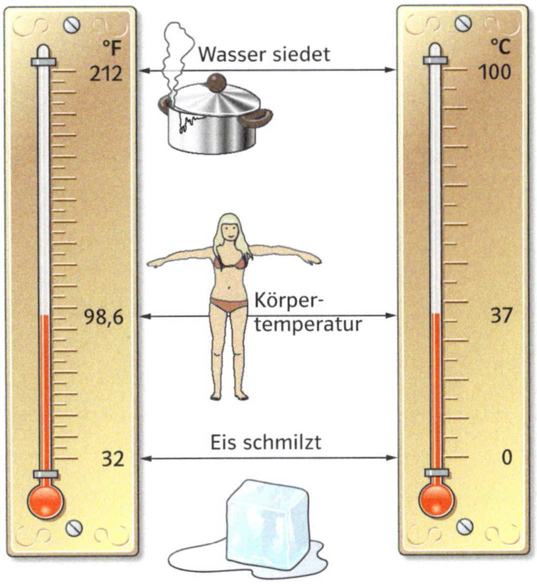

○ **1** Gib die Temperaturen 0 °C und 100 °C in Fahrenheit an. Die Abbildung hilft dir dabei.

◒ **2** Mit dieser Rechenvorschrift lassen sich die Temperaturangaben umrechnen:

■ °C —(:5 →, ← ·5)— ■ —(·9 →, ← :9)— ■ —(+32 →, ← −32)— ■ °F

Rechne die Temperaturangaben um.

a) Celsius in Fahrenheit:
10 °C; 20 °C; 30 °C; 18 °C; −5 °C; −12 °C; −22 °C

b) Fahrenheit in Celsius:
50 °F; 68 °F; 86 °F; 104 °F; 14 °F; −10 °F; −30 °F

Anders Celsius (1701 – 1744)

◒ **3** Bei welcher Temperatur sind die Gradzahlen von Celsius und Fahrenheit gleich? Probiere.

◒ **4** Die Tabelle zeigt die Temperaturen in verschiedenen Städten auf der Welt.

a) Wo war es am wärmsten, wo am kältesten? Ordnet die Temperaturen nach ihrer Größe.

b) In welchem Monat könnten die Temperaturen gemessen worden sein?

Stadt	°C	Stadt	°F
Rom	36	New York	95
Hongkong	32	Seattle	78
Sydney	15	Los Angeles	84
Vancouver	24	Phoenix	108
Kairo	38	Anchorage	60
Buenos Aires	8	Miami	91

◒ **5** In den Naturwissenschaften gibt man die Temperaturen heutzutage in der Einheit Kelvin (K) an. Sie wurde nach dem britischen Physiker William Kelvin (1824 – 1907) benannt.
Er hatte eine Skala vorgeschlagen, die den absoluten Nullpunkt der Temperaturen von −273 °C mit 0 K beschreibt.
So kannst du Temperaturangaben umrechnen: ■ °C —(+273 →, ← −273)— ■ K

a) Rechne um in K: −50 °C; 0 °C; 37 °C; 100 °C

b) Rechne um in °C: 0 K; 73 K; 100 K; 200 K

Zusammenfassung

Rationale Zahlen

Die Menge der rationalen Zahlen wird mit $\mathbb{Q}$ bezeichnet. Zu ihr gehören die ganzen Zahlen sowie die positiven und negativen Brüche. Dezimalzahlen, die man als Bruch schreiben kann, sind ebenfalls rationale Zahlen.

Anordnung der rationalen Zahlen

Negative Zahlen haben das Vorzeichen – und stehen auf der Zahlengeraden links von der Null.
Positive Zahlen haben das Vorzeichen + und stehen auf der Zahlengeraden rechts von der Null.

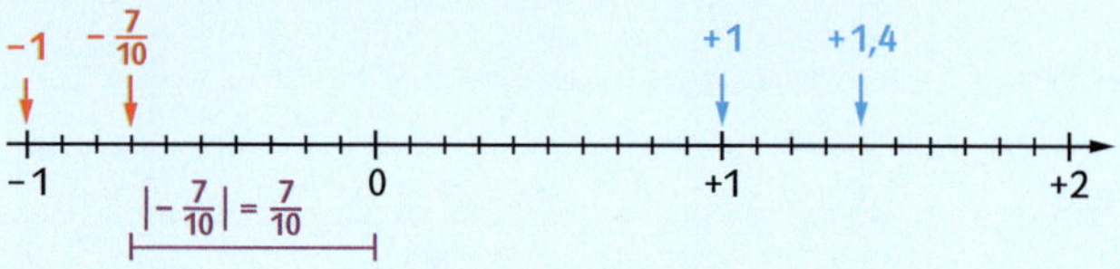

Auf der Zahlengeraden sind die rationalen Zahlen der Größe nach geordnet. Je weiter links eine Zahl auf der Zahlengeraden steht, desto kleiner ist sie.
Der Abstand einer Zahl zur Null heißt **Betrag**.

Koordinatensystem

Ein Koordinatensystem besteht aus einer waagerechten Zahlengeraden, der x-Achse, und einer dazu senkrechten Zahlengeraden, der y-Achse. Die beiden Achsen teilen das Koordinatensystem in vier **Quadranten**, die man mit **I**, **II**, **III** und **IV** bezeichnet.

P(−3 | +2)
x-Koordinate **y-Koordinate**

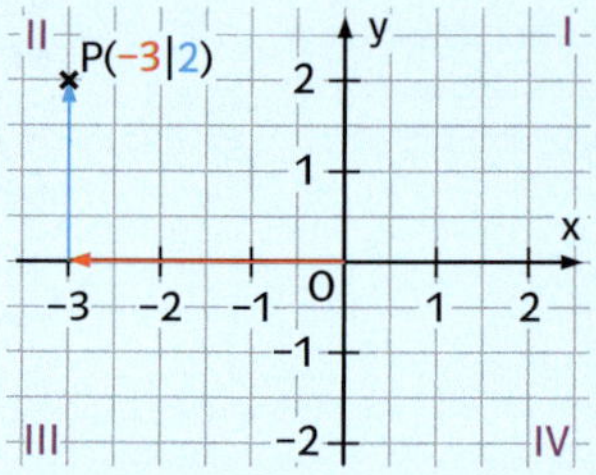

Addieren

Gleiche Vorzeichen
Man addiert die Zahlen, ohne ihr Vorzeichen zu berücksichtigen. Das Ergebnis erhält das gemeinsame Vorzeichen.
$(+7) + (+11) = +(7 + 11) = +18$
$(-8) + (-12) = -(8 + 12) = -20$

Verschiedene Vorzeichen
Man subtrahiert die Zahlen, ohne ihr Vorzeichen zu berücksichtigen. Das Ergebnis erhält das Vorzeichen der Zahl, die von Null weiter entfernt ist.
$(-18) + (+14) = -(18 - 14) = -4$
$(+24) + (-15) = +(24 - 15) = +9$

Subtrahieren

Eine rationale Zahl wird subtrahiert, indem man ihre Gegenzahl addiert.
$(-16) - (+10) = (-16) + (-10) = -26$
$(-14) - (-6) = (-14) + (+6) = -8$

Multiplizieren und Dividieren

Gleiche Vorzeichen:
Das Ergebnis ist positiv.
$(+5) \cdot (+7) = +35$ $(+35) : (+7) = +5$
$(-8) \cdot (-7) = +56$ $(-12) : (-2) = +6$

Verschiedene Vorzeichen:
Das Ergebnis ist negativ.
$(+4) \cdot (-6) = -24$ $(+24) : (-8) = -3$
$(-9) \cdot (+5) = -45$ $(-72) : (+8) = -9$

Verbinden der Rechenarten – Rechengesetze

Die Rechengesetze gelten auch für rationale Zahlen.

Vertauschungsgesetz (Kommutativgesetz)
In Summen dürfen die Summanden und in Produkten die Faktoren beliebig vertauscht werden.
$(+7) + (-9) = (-9) + (+7)$
$(-5) \cdot (+8) = (+8) \cdot (-5)$

Verbindungsgesetz (Assoziativgesetz)
In Summen und Produkten dürfen beliebig Klammern gesetzt werden.
$((-5) + 7) + (-8) = (-5) + (7 + (-8))$
$(25 \cdot (-8)) \cdot 2 = 25 \cdot ((-8) \cdot 2)$

Verteilungsgesetz (Distributivgesetz)
Das Distributivgesetz wird zum **Ausklammern** und **Ausmultiplizieren** verwendet.
$(-8) \cdot 7 + (-8) \cdot 3 = (-8) \cdot (7 + 3)$
$(-5) \cdot (20 + 9) = (-5) \cdot 20 + (-5) \cdot 9$

Basistraining

○ **1** Lies die Temperaturen ab.

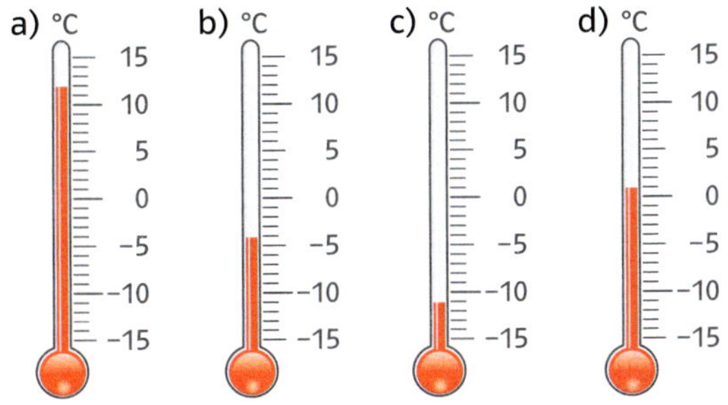

○ **2** Ordne die Temperaturen, beginne mit der niedrigsten.

Tipp!

Beachte
+ (+) ergibt +
+ (−) ergibt −
− (+) ergibt −
− (−) ergibt +

○ **3** Auf welche Zahlen zeigen die Pfeile? Gib jeweils den Betrag an.

a)

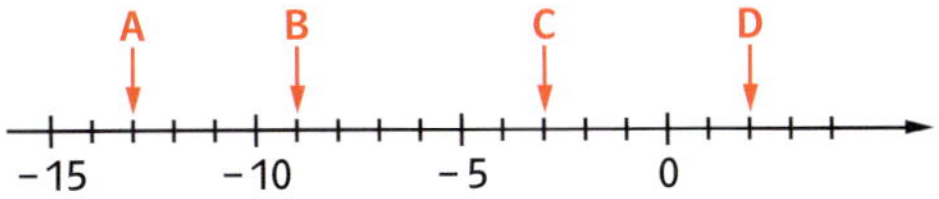

b)

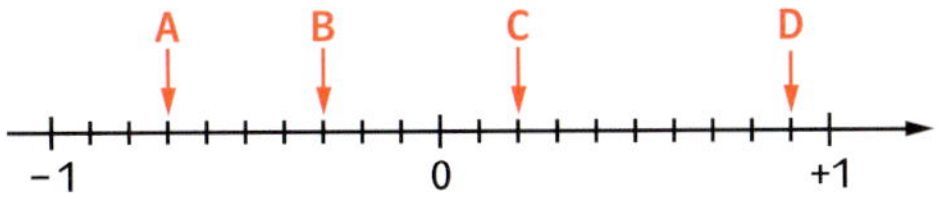

○ **4** Die Zahlen +25 und −25 liegen auf der Zahlengeraden 10 cm auseinander. Zeichne den Ausschnitt in dein Heft und trage folgende Zahlen ein:
−20; −10; −5; +15; +25

○ **5** Setze das Zeichen > oder < ein.

a) +16 ▢ −18 b) −19 ▢ −17
c) −28 ▢ −30 d) +0,5 ▢ −0,8
e) −8,4 ▢ −7,9 f) −0,2 ▢ −0,1

○ **6**

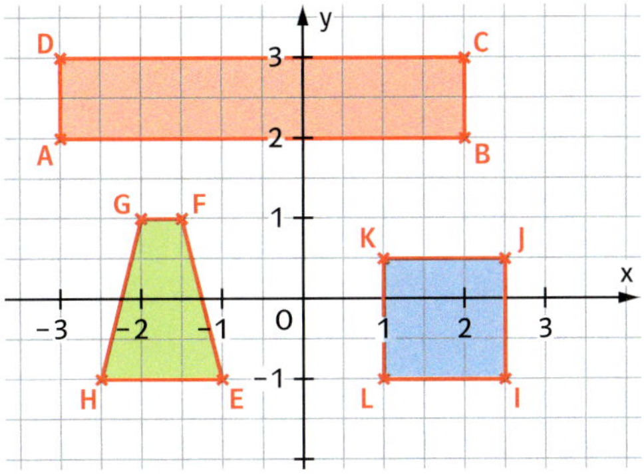

a) Notiere die Koordinaten der Eckpunkte der Vierecke.
b) Welche Punkte liegen im dritten Quadranten? Notiere die Punkte.
c) Zeichnet eigene Vierecke in ein Koordinatensystem und lest die Koordinaten der Eckpunkte ab.

◒ **7** Fülle die Lücke.

a)

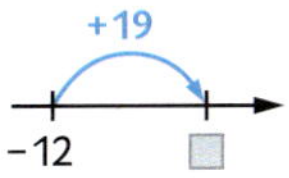

b)

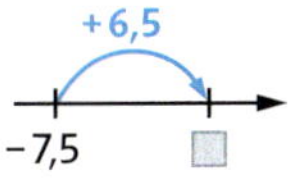

c)

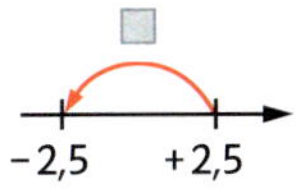

d)

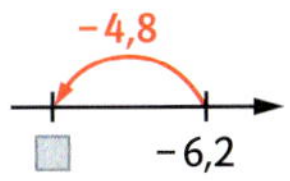

○ **8** Addiere.

a) (+12) + (+18) b) (−20) + (+25)
c) (+24) + (−28) d) (−15) + (−45)
e) (−12) + (+19) f) (−32) + (−18)

○ **9** Subtrahiere.

a) (+18) − (+13) b) (+27) − (−9)
c) (−30) − (+25) d) (−14) − (−26)
e) (−22) − (+32) f) (−43) − (−27)

○ **10** Vereinfache zunächst die Schreibweise.

a) (−54) + (+26) b) (+51) − (+19)
c) −34 + (−12) d) 45 − (−15)
e) −8 − (+12) + (−6) f) 30 + (−20) − (−40)

○ **11** Berechne vorteilhaft.

a) (−60) + (+24) + (+36)
b) (+16) + (−37) + (−13)
c) (−66) + (+88) + (−34)
d) (−47) + (+17) + (+83) + (−53)
e) (−36) + (+23) + (−45) + (+77) + (−64)

○ **12** Berechne.

a) $17 - 32 - 15$ b) $-65 + 43 - 25$
c) $-22 - 36 - 42$ d) $135 - 85 - 75$
e) $-115 + 145 - 65$ f) $-87 + 42 + 50$

◒ **13** Wie heißt die fehlende Zahl?

a) $-47 + ■ = -69$
b) $■ + (-33) = -77$
c) $68 - ■ = 80$
d) $-14 - ■ = 14$
e) $85 + ■ = 60$
f) $■ - 104 = -24$
g) $-25 + 42 - ■ = -12$
h) $-6{,}3 + ■ - 2{,}1 = 0{,}7$

Tipp!

Beachte
+ · + ergibt +
+ · − ergibt −
− · + ergibt −
− · − ergibt +

○ **14** Multipliziere.

a) $9 \cdot (-7)$ b) $(-8) \cdot 6$
c) $11 \cdot (-8)$ d) $(-12) \cdot (-5)$
e) $\frac{5}{8} \cdot \left(-\frac{2}{5}\right)$ f) $\left(-\frac{4}{9}\right) \cdot \left(-\frac{3}{8}\right)$

Beachte
+ : + ergibt +
+ : − ergibt −
− : + ergibt −
− : − ergibt +

○ **15** Dividiere.

a) $(-36) : 3$ b) $54 : (-6)$
c) $(-84) : (-7)$ d) $(-125) : 5$
e) $160 : (-8)$ f) $(-270) : (-9)$

○ **16** Welches Ergebnis passt zu welcher Aufgabe? Ordne zu.

$(-7{,}2) \cdot 0{,}5 =$
$(-7{,}2) - 0{,}5 =$
$(-7{,}2) + 0{,}5 =$
$(-7{,}2) : 0{,}5 =$

$-7{,}7$ $-6{,}7$ $-14{,}4$ $-3{,}6$

ein U-Boot
ein Untersee-Boot, welches unter Wasser fahren kann

○ **17** Setze das richtige Rechenzeichen ein.

+ − · :

a) $(-45)\ ■\ (-15) = -60$
b) $(-45)\ ■\ (-15) = 3$
c) $(-45)\ ■\ (-15) = -30$
d) $(-45)\ ■\ (-15) = 675$

○ **18** Achte auf Punkt vor Strich.

a) $-6 - 55 : 11$
b) $-10 - 25 : (-5) + 4$
c) $-12 + 3 \cdot (-7) - 18$
d) $(-0{,}5) - 8 \cdot (-0{,}2) + 3{,}3$
e) $19 + 27{,}5 : (-2{,}5) - 12 \cdot 1{,}5$
f) $\frac{4}{5} - \frac{2}{3} \cdot \left(-\frac{1}{2}\right) + \left(-\frac{2}{3}\right) \cdot \left(-\frac{4}{5}\right) - \left(-\frac{1}{3}\right)$

ein Oktopus
ein Tintenfisch mit 8 Armen (lateinisch: „octo“ = acht)

○ **19** Berechne. Achte auf die Klammer.

a) $3 - (17 - 24)$
b) $-37 + (12 - 35) - 16$
c) $\frac{4}{3} - \left(\frac{1}{6} + \frac{2}{3}\right) - \left(\frac{2}{3} - \frac{5}{6}\right)$
d) $-1{,}8 - (7{,}7 + 0{,}8 - 9{,}3)$

○ **20** Rechne vorteilhaft durch Vertauschen der Faktoren.

Beispiel:
$(-4) \cdot (-2) \cdot 5 \cdot (-25)$
$= (-4) \cdot (-25) \cdot (-2) \cdot 5$
$= \quad 100 \quad \cdot \quad (-10)$
$= \quad -1000$

a) $5 \cdot (-50) \cdot 4 \cdot 20$
b) $20 \cdot (-4) \cdot (-5) \cdot (-25)$
c) $(-4) \cdot 3 \cdot 5 \cdot (-25) \cdot (-20)$
d) $125 \cdot (-40) \cdot (-3) \cdot (-8) \cdot 5$

○ **21** Durch Ausklammern bzw. Ausmultiplizieren entstehen Rechenvorteile.

a) $7 \cdot (-14) + 7 \cdot (-6)$
b) $(-4) \cdot (-29) + (-4) \cdot (-11)$
c) $3 \cdot (-100 + 12)$
d) $(-50 + 9) \cdot (-20)$

◒ **22** Beachte die Klammerregeln. Berechne.

a) $-4 + (10 - 72 : 6)$
b) $-100 : (44 - 27 \cdot 2)$
c) $-5 - (45 + 24 \cdot (-2))$
d) $-1 - ((-78 + 63) : (-5))$

○ **23** Am 2. August 2007 erreichten Menschen an Bord eines Mini-**U-Boots** zum ersten Mal den Meeresboden am Nordpol. In 4261 m Tiefe hinterließen sie eine russische Flagge. Der höchste russische Berg ist mit 5642 m der Elbrus (Kaukasus). Berechne den Höhenunterschied.

◒ **24** Ein **Oktopus** taucht in 20 Minuten von der Wasseroberfläche auf 120 m Tiefe ab. Wie ändert sich seine Position pro Minute?

Anwenden. Nachdenken

25 Die Striche haben immer den gleichen Abstand. Wie heißen die Zahlen A, B und C?

a)

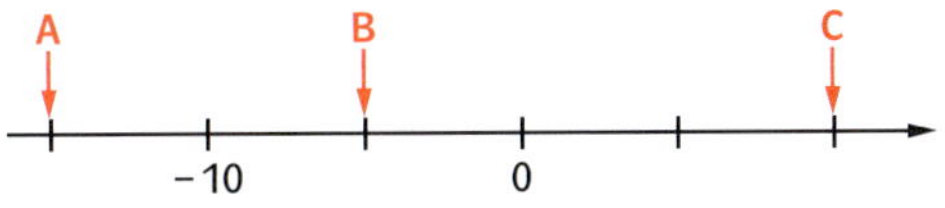

b)

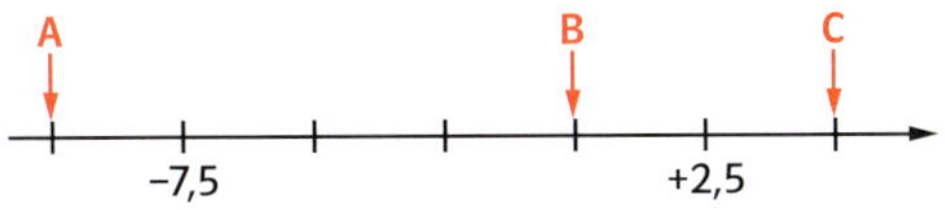

c)

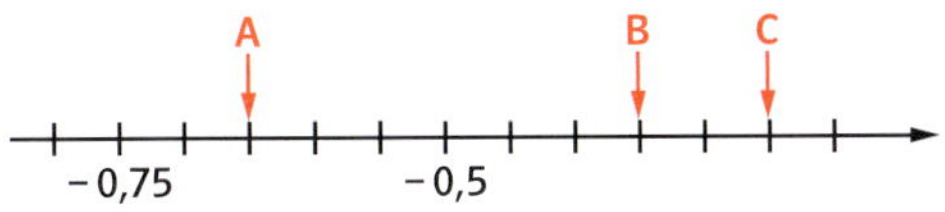

26 SP Auf einem Kontoauszug kann man verschiedene Buchungen und den Kontostand ablesen. **Erklärt**, weshalb man dafür positive und negative rationale Zahlen benötigt. Findet weitere solche Sachverhalte aus dem Alltag, für die man rationale Zahlen benutzt.

27 Ordne die Kärtchen der richtigen Zahlengeraden zu.

−2,5 − (−1,5)

−2,5 + 1,5

−2,5 + (−1,5)

−2,5 − (+1,5)

Das Ergebnis ist größer als −2,5.

Das Ergebnis ist kleiner als −2,5.

(1)

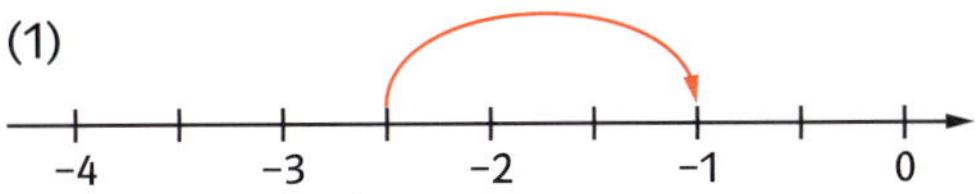

(2)

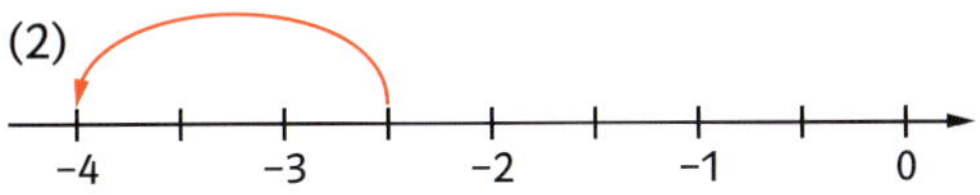

28 MK Benutze eine dynamische Geometriesoftware.

a) Trage die Punkte mithilfe deines Programms in ein Koordinatensystem ein. Verbinde dann die Punkte zu einem Viereck.
A(−1 | −1); B(3 | 0); C(1,5 | 2); D(−2,5 | 1)

b) Wie heißt das entstandene Viereck?

29

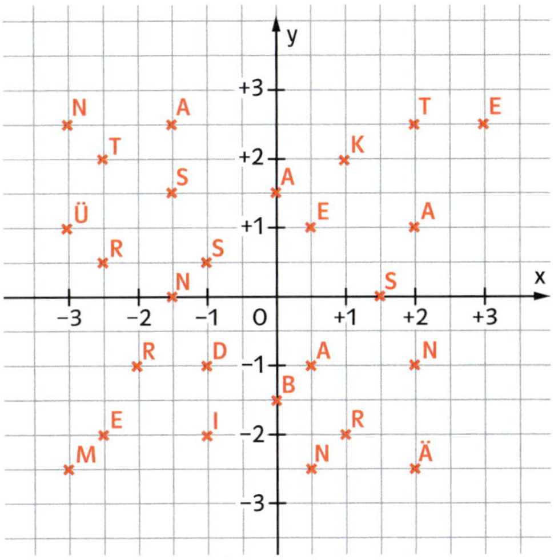

a) Wie heißt das gesuchte Tier?
(−3 | 2,5); (0,5 | −1); (−1 | 0,5); (−2,5 | −2); (−1,5 | 0); (0 | −1,5); (2 | −2,5); (−2 | −1)

b) Es lebt in (1,5 | 0); (−3 | 1); (−1 | −1); (0 | 1,5); (−3 | −2,5); (3 | 2,5); (1 | −2); (−1 | −2); (1 | 2); (0,5 | −1)

c) Entwirf selbst ein ähnliches Rätsel. Tauscht eure Rätsel und löst sie.

30 Nebeneinanderliegende Steine werden addiert.

a) Vervollständige die Zahlenmauer.

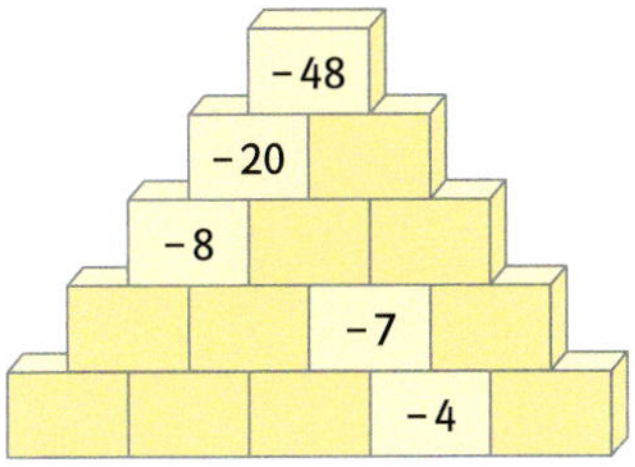

b) SP Hier siehst du die unterste Reihe einer Zahlenmauer. Welches Vorzeichen trägt die Zahl im obersten Stein? **Erkläre**.

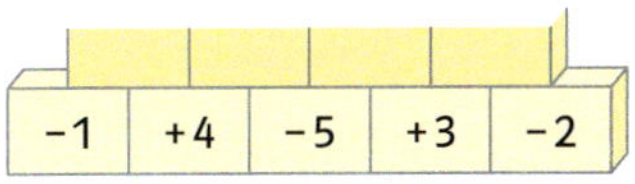

31 SP Welcher Fehler wurde gemacht? Begründe. Korrigiere in deinem Heft.

a) $(-3) \cdot (-4 + (-5)) = -12 - 15 = -27$
b) $4 \cdot (-5) - (-7) \cdot (-5) = (4 - 7) \cdot (-5) = 15$
c) $(-20) + 22 \cdot (-1) = 2 \cdot (-1) = -2$
d) $-32 : (-8) - 24 : 8 = -4 - 3 = -7$
e) $36 : (-6) \cdot (-3) = 36 : 18 = 2$

32 SP

a) Ergänze den fehlenden Wert im Pfeilbild.

(1) $-4{,}3\,°C \xrightarrow{+2{,}4\,°C} ■$ (2) $-1{,}2\,°C \xrightarrow{■} -3{,}8\,°C$

b) Erstelle ein Pfeilbild und berechne. Durch einen technischen Fehler stieg die Temperatur des Gefrierguts von $-18{,}2\,°C$ um $8{,}5\,°C$.

c) Erfinde zum Rechenterm $-7 - 14{,}5$ eine Rechengeschichte.

33

a) Bestimme jeweils eine Zahl, die zwischen den angegebenen Zahlen liegt.

(1) $-4;\ -3$ (2) $-3{,}4;\ -3{,}3$
(3) $-3{,}34;\ -3{,}33$ (4) $-3{,}334;\ -3{,}333$

b) SP Hans behauptet: Zwischen zwei rationalen Zahlen liegen unendlich viele Zahlen. Hat er recht? Begründe.

34 SP Taiki rechnet:

$-8{,}4\,°C \xrightarrow{-2{,}2\,°C} -10{,}6\,°C$

Lana sagt: „Vorzeichen kennzeichnen den Zustand, Rechenzeichen die Veränderung." Was meint sie? Erkläre.

35 Du hast drei Würfe auf die Scheibe. Die getroffenen Werte werden addiert.

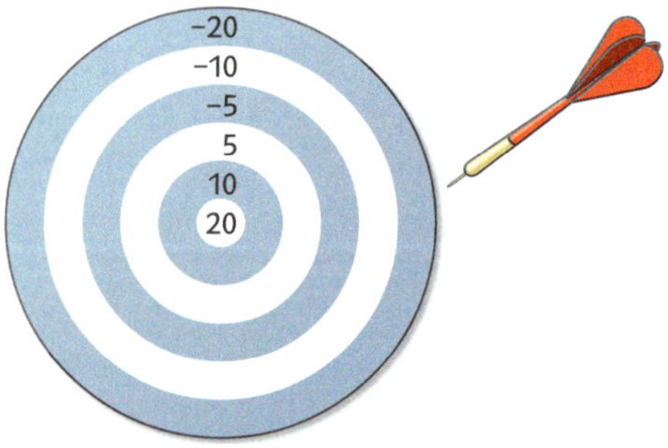

a) Welche Punktzahl kannst du höchstens erreichen? Was ist das schlechteste Ergebnis?

b) Notiere alle Möglichkeiten, 0 Punkte zu erreichen.

36 Nebeneinanderliegende Steine werden multipliziert.

a) Wie heißt die Zahl im obersten Stein?

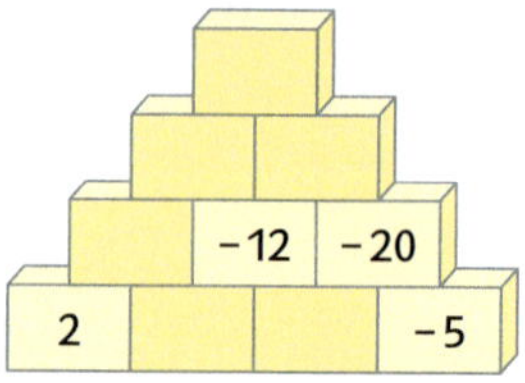

b) In der untersten Reihe einer Zahlenmauer stehen zwei positive und zwei negative Zahlen. Welches Vorzeichen hat die Zahl im obersten Stein?

37 Ersetze die Variable.

a) $-5 + a \cdot 3 = 1$
b) $2 \cdot x - 4 = -10$
c) $20 - 36 : g = 23$
d) $-10 + y \cdot (-4) = -18$
e) $3 \cdot (m - 4) + 2 = -13$

38 Berechne. Die Lösungen findest du auf den Kärtchen.

a) $-1 + 2 - 3 + 4 - 5 + 6$
b) $-(1 + 2 - 3 + 4 - 5 + 6)$
c) $-(1 + 2) - (3 + 4) - (5 + 6)$
d) $-(1 + 2 - 3 + 4 - (5 + 6))$
e) $-1 + (2 - (3 + 4 - 5) + 6)$
f) $-((1 + 2) - (3 + 4) - (5 + 6))$

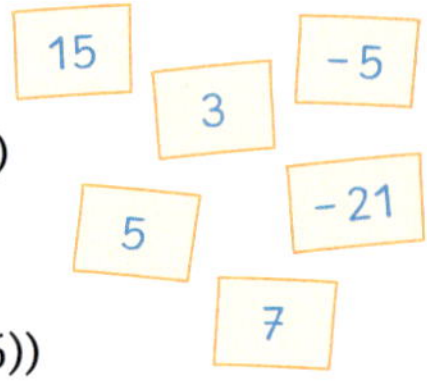

39 Ein magisches Quadrat hat in jeder Zeile, jeder Spalte und in den Diagonalen denselben Summenwert, die sogenannte magische Zahl.

a) Bestimme die magische Zahl.

-3	2	1
4	0	-4
-1	-2	3

b) Vervollständige die magischen Quadrate. Wie heißt die magische Zahl?

2		
-3		-1
-5		

-7	-2		5
	-5	-1	
	-4		-9
-10			2

40 Klammern über Klammern. Hier ist Konzentration gefordert.
a) $4\cdot(-29+48)-(-25)$
b) $12\cdot(-5)-(-24):(-8)$
c) $-22+(17-20:(-5))$
d) $84-(85:(-17)-7)\cdot(-2)$
e) $-(-88:(13+5\cdot(-7))-5)$

41 Setze die Rechenzeichen so ein, dass die Rechnung stimmt.

+ − · :

a) 8 ■ (−6) ■ (−2) = 11
b) 8 ■ (−6) ■ (−2) = 24
c) (8 ■ (−6)) ■ (−2) = −7
d) 8 ■ ((−6) ■ (−2)) = −1

42 Setze für die Platzhalter die Zahlen −1; +2; −3 und +4 ein.

☐ − ☐ · ☐ + ☐

Für welchen Rechenausdruck entsteht
a) ein möglichst großes Ergebnis?
b) ein möglichst kleines Ergebnis?
c) das Ergebnis 9?

43 Immer das gleiche Ergebnis? Überprüfe.
a) $5\cdot(4-3\cdot2-1)$
b) $5\cdot(4-3\cdot(2-1))$
c) $5\cdot(4-(3\cdot2))-1$
d) $5\cdot(4-3)\cdot2-1$
e) $5\cdot4-(3\cdot2-1)$
f) $(5\cdot4)-3\cdot(2-1)$
g) $(5\cdot4-3)\cdot2-1$

44 Bildet aus vier Zahlen und drei Rechenzeichen Aufgaben mit ganzzahligen Ergebnissen.

6 5 −2 −3 + : · −

Beispiel:
$6:(-3)-(-2)+5=-2+2+5=5$

Welches Team findet die meisten Aufgaben?

45 Bei welchen Produkten ist der Betrag größer als 4000? Entscheide mit einer Überschlagsrechnung. Berechne dann den exakten Wert und vergleiche.
a) $53\cdot96$
b) $-108\cdot41$
c) $-42{,}7\cdot(-58{,}6)$
d) $21\cdot(-249{,}9)$
e) $-0{,}9\cdot(-4000)$
f) $1{,}8\cdot2003$

46 Übertrage die Tabelle mit insgesamt neun Zeilen in dein Heft.

Datum	Buchung	Kontostand
01.05.	+ 100,00 €	439,28 €
02.05.	+ 425,00 €	■
⋮	⋮	⋮

a) Trage folgende Buchungen in die Tabelle ein und bestimme den jeweiligen Kontostand.

03.05.	Lastschrift	−879,90 €
04.05.	Lastschrift	−641,25 €
07.05.	Gutschrift	+583,17 €
15.05.	Lastschrift	−12,31 €
24.05.	Gutschrift	+256,48 €

b) Am 25.05. beträgt der Kontostand −96,13 €. Welche Buchung ist erfolgt?

47 SP Stelle einen Rechenausdruck auf und berechne.
a) Dividiere die Differenz von −12 und −36 durch die Summe von −4 und 16.
b) Subtrahiere vom Produkt aus 6,5 und −8 die Summe der Zahlen −15; 28 und −50.
c) Multipliziere den Quotienten aus −42 und −7 mit der Zahl −15.
d) Subtrahiere vom Quotienten der Zahlen 72 und −8 die Zahl −10.

48 SP Gebt Beispiele oder Gegenbeispiele an.
a) Die Summe zweier rationaler Zahlen ist stets größer als jeder einzelne Summand.
b) Die Differenz zweier rationaler Zahlen ist negativ, wenn der Minuend kleiner als der Subtrahend ist.
c) Der Wert eines Produkts aus rationalen Zahlen ist immer größer als einer der beiden Faktoren.
d) Der Wert eines Quotienten aus zwei rationalen Zahlen ist immer kleiner als der Dividend.

49 Der Titicacasee liegt in Südamerika und ist der höchstgelegene See der Erde. Der Atacama-Tiefseegraben liegt vor der Westküste Südamerikas. Seine tiefste Stelle misst −8064 m. Diese Stelle liegt 11 876 m tiefer als der Wasserspiegel des Titicacasees. Fertige eine Skizze an und berechne die Höhe seines Wasserspiegels.

50 Das ehemalige Salzbergwerk Merkers (Thüringen) wird heute als Erlebnisbergwerk genutzt. Der Ort Merkers liegt 245 m über dem Meeresspiegel.

a) Bis zur größten Tiefe legt der Förderkorb 1105 m zurück. Wie viel Meter unter dem Meeresspiegel ist das?
b) In 500 m Tiefe liegt ein ehemaliges Salzlager, das heute als Konzertsaal genutzt wird. Welchen Weg legt der Förderkorb von der tiefsten Stelle bis zum Konzertsaal zurück?

51 Zermatt liegt am Fuße des Matterhorns auf einer Höhe von etwa 1600 m. An einem Herbsttag zeigt das Thermometer 12,5 °C an. Pro 100 m Höhe nimmt die Temperatur durchschnittlich um 0,6 °C ab. Mit welcher Temperatur muss man an diesem Tag auf dem Gipfel des Matterhorns (4478 m) rechnen? Runde sinnvoll.

52 Die Tabelle zeigt die Temperaturrekorde an verschiedenen Orten auf der Erde.

Ort	Höchste Temperatur	Tiefste Temperatur
Jakutsk	+38 °C	−64 °C
Dawson	+35 °C	−58 °C
Stuttgart	+38 °C	−26 °C
Malediven	+34 °C	+19 °C
Wostok	−12 °C	−93 °C

a) An welchem Ort gab es den höchsten Temperaturunterschied, an welchem den geringsten?
b) MK Suche die Lage der Orte und versuche, eine Erklärung zu finden.

53 MK Familie Herzog bereist Israel. Ihr Weg führt von Jerusalem über Nazareth an den See Genezareth. Der See liegt 566 m tiefer als Nazareth.

a) Auf welcher Höhe liegt der See Genezareth?
b) Wie viel Meter liegt das Tote Meer tiefer als der See Genezareth?
c) Berechne den Höhenunterschied zwischen Jerusalem und der Oberfläche des Toten Meeres.
d) Im Jahre 1930 wurde das Tote Meer noch mit einer Höhe von 390 m unter NN angegeben. Berechne die durchschnittliche jährliche Absenkung.

Girokonto

EXTRA

Ein Jugendgirokonto ist ein besonderes Angebot der Banken und Sparkassen für nicht volljährige Jugendliche. Für das Konto fallen keine Gebühren und Kosten an. Die Eltern können das monatliche Taschengeld direkt auf das Konto überweisen. Die Jugendlichen können Geld abheben, Musik-Downloads bezahlen oder in der Mensa ihr Essen abbuchen lassen. Das geht natürlich nur, solange sie nicht ihr Konto überziehen.

ein Konto überziehen
mehr Geld ausgeben als auf dem Konto ist

1 Nele ist 16 Jahre alt und besitzt ein Jugendgirokonto.

Sparkasse Oberwald	IBAN DE 54 1020 3040 5060 7080 05	SWIFT-BIC: MALADE23BA
Kontostand: 20.10.		+78,50 €
Datum	Buchungstext	Betrag
23.10.	Geldautomat	−30,00 €
24.10.	Musik-Abo	−9,99 €
26.10.	Geldautomat	−20,00 €
29.10.	Prepaid-Karte für Handy	−10,00 €
30.10.	Taschengeld	+40,00 €
31.10.	Prospekte austragen	+25,00 €
Kontostand: 02.11.		+73,51 €
Auszug 36 Blatt 1		Nele Neumann

a) Sie möchte ihren Kontoauszug überprüfen. Dazu addiert sie alle Ausgaben und alle Einnahmen. Ermittle die beiden Beträge und überprüfe den Kontostand.
b) Am 29.10. wollte Nele eigentlich zwei Prepaid-Karten zu je 10 € kaufen. Warum hat sie nur eine Karte gekauft?
c) Im November muss sie wieder ihr Musik-Abo bezahlen. Für ihre alltäglichen Ausgaben hebt sie im November 30 € ab. Ansonsten gibt sie kein Geld aus. Ende November erhält sie wieder ihr monatliches Taschengeld. Kann sie im Dezember ihre geplanten Weihnachtsgeschenke in Höhe von 60 € besorgen?

2 Frau Rieger hat ein normales Girokonto, das sie bei Bedarf um bis zu 4000 € überziehen kann.
Frau Rieger hat sich notiert, welche Beträge sie noch in diesem Monat überweisen muss und schaut besorgt auf ihren Kontoauszug.
a) Um wie viel Euro muss Frau Rieger ihr Konto überziehen, wenn sie die notierten Beträge überweist?
b) Zu allem Übel geht auch noch die Heizung kaputt.
Wie hoch darf die Rechnung für die Reparatur maximal sein, wenn sie ihr Sparkonto nicht anknabbern will?

BARKASSE GMÜND		IBAN DE 45 6010 0578 9876 5432
Kontostand: 05.07.		+1058,46 €
Datum	Buchungstext	Betrag
Auszug 2 Blatt 1		Renate Rieger

Rückspiegel

D18 Teste dich

○ **1** Welche Zahlen sind markiert?

a)

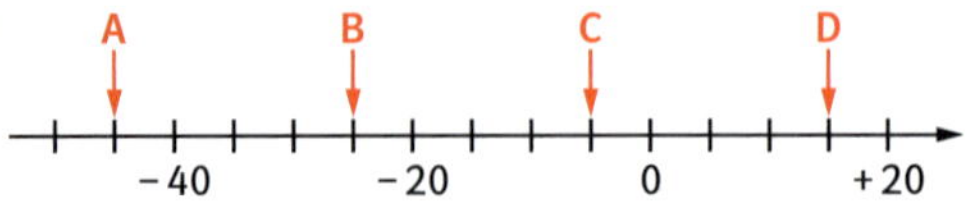

b)

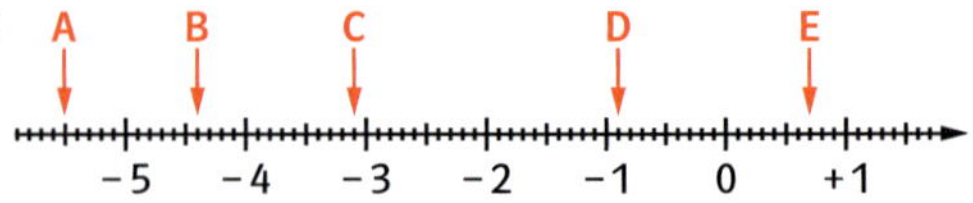

○ **2** Trage die Zahlen auf einer Zahlengeraden ein.

a) − 8; + 5; − 11; − 3; + 7; − 6

b) − 0,3; + 0,1; − 0,7; + 0,9; − 0,1; − 1,6

○ **3** Ordne nach der Größe. Welche Zahl hat den größten Betrag?

a) 67; − 76; − 670; − 6,7; 7,6; − 706

b) − 5,49; − 9,54; 4,59; − 4,95; 5,94

○ **4** Berechne.

a) − 32 + 24 b) − 15 + (− 48) c) 63 − (− 27) d) − 1,8 − (− 0,9)

e) (− 12) · 6 f) 7,5 · (− 5) g) 104 : (− 8) h) (− 28,8) : (− 3)

○ **5** Rechne vorteilhaft.

a) − 46 + 73 − 54 + 17

b) 42 − 28 − 57 + 18 − 12 + 37

◒ **6** Berechne. Achte auf Punkt vor Strich.

a) 42 − 7 · 8 b) 21 − 96 : (− 8) + 11

◒ **7** Achte auf die Klammern. Berechne.

a) 12 − (18 − 26) − (44 − 37)

b) (− 36) : (31 − 37) − (− 6) · 2

◒ **8** Nutze Rechenvorteile.

8 · (− 13) + 8 · (− 7)

◒ **9** Notiere die Koordinaten der Punkte.

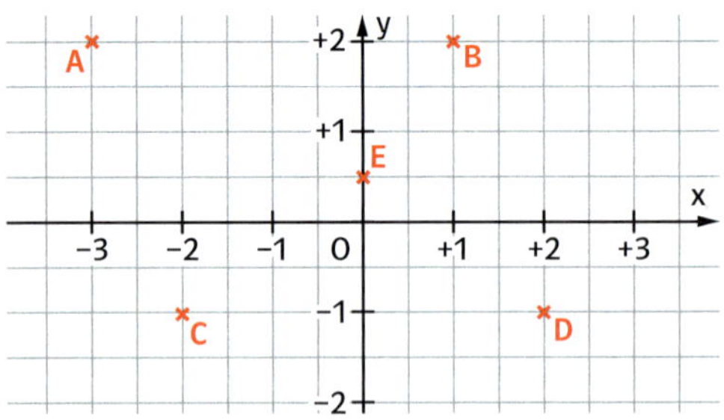

◒ **10** Die tiefste Stelle des Gardasees liegt 281 m unter NN. Die Wasseroberfläche liegt 65 m über NN.

a) Wie tief ist der See an der tiefsten Stelle?

b) Der Wasserspiegel des Lago Maggiore liegt 193 m über NN. Der See hat eine maximale Tiefe von 372 m. Vergleiche.

◒ **5** Nutze Rechenvorteile.

a) 84 − 67 + 48 − 33 + 52

b) − 5,7 + 12,8 − 23,6 + 11,2 − 1,3

◒ **6** Berechne.

a) (− 27) + 11 · (− 3) − 40

b) 14,97 − 7,08 : 0,8 − 3,2 · 1,6

◒ **7** Achte auf die Klammern. Berechne.

a) (− 2 + 4 · (− 6)) : 2 − 2 · 5

b) (4,6 − (0,42 + 1,38) : 0,5 + 0,2) · 1,2

◒ **8** Wo steckt der **Fehler**? Korrigiere.

a) 32 − 24 : 6 − 10
= 8 : (− 4)
= − 2

b) − 20 − (28 − 24 : 4)
= − 20 − 4 : 4
= − 20 − 1
= − 21

● **9** Die Punkte A(− 1,5 | 1); B(− 2,5 | − 1) und C(2 | − 1) sind die Eckpunkte eines Parallelogramms.

a) Trage die Punkte in ein Koordinatensystem ein.

b) Bestimme die Koordinaten des fehlenden Eckpunkts.

● **10** Bei einem Fahrzeugtest wurde die Temperatur einer Kältekammer innerhalb von 6,5 Stunden von + 11,2 °C auf − 66,8 °C abgesenkt. Berechne die durchschnittliche Temperaturabsenkung pro Stunde.

→ Die Lösungen findest du auf Seite 249.

Standpunkt | Dreiecke

Wo stehe ich?

Ich kann ...	gut	etwas	nicht gut	Lerntipp!
A Strecken zeichnen,				→ Seite 233
B Punkte ins Koordinatensystem eintragen,				→ Seite 31; 222
C Winkelarten unterscheiden,				→ Seite 236
D Winkel messen,				→ Seite 237
E Winkel zeichnen,				→ Seite 237
F parallele und senkrechte Geraden erkennen,				→ Seite 233
G Senkrechte zu einer Geraden zeichnen,				→ Seite 234
H Kreise zeichnen.				→ Seite 236

Überprüfe dich selbst:

D19 **Teste dich**

A Zeichne eine Strecke mit der Länge
a) 6 cm. b) 4,5 cm. c) 38 mm.

B Trage in ein Koordinatensystem die Punkte A(1|1); B(5|2); C(9|1); D(6|4); E(5|8) und F(4|4) ein. Verbinde die Punkte zu einem Stern.

Tipp!
Winkelnamen:
α alpha
β beta
γ gamma
δ delta
ε epsilon

C Ordne die Winkelart richtig zu.

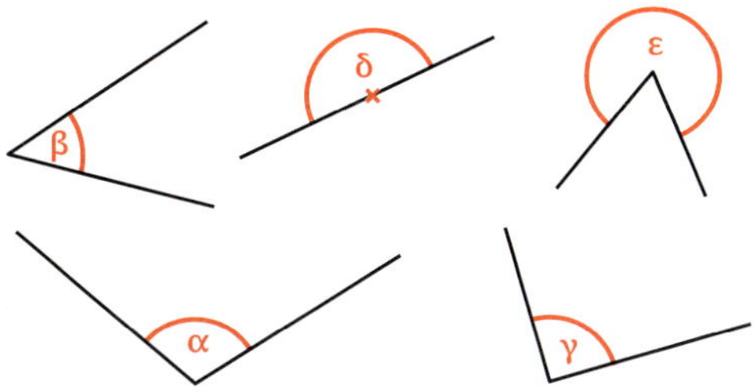

überstumpfer Winkel | spitzer Winkel | rechter Winkel | gestreckter Winkel | stumpfer Winkel

D Miss die Winkel α und β.

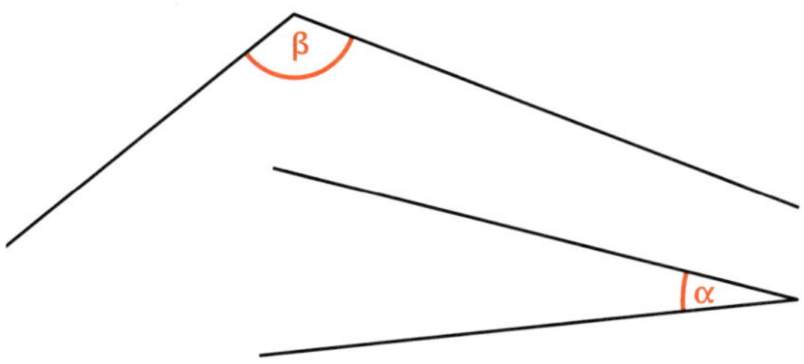

E Zeichne im Heft die Winkel $\alpha = 55°$ und $\beta = 110°$.

F Welche Geraden stehen senkrecht und welche parallel zueinander?

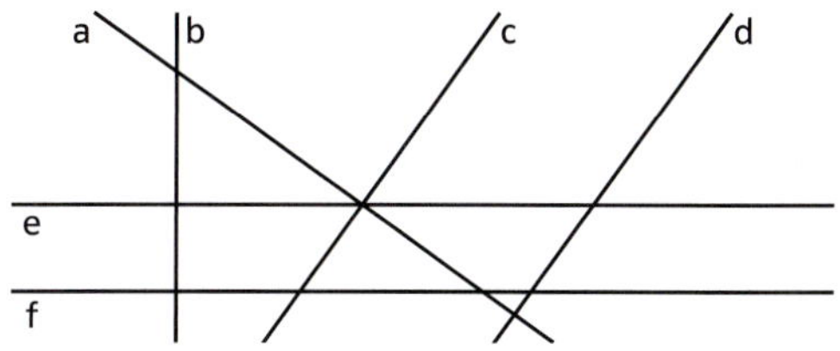

G Zeichne im Heft
- die Senkrechte h zu g durch A.
- die Senkrechte i zu g durch B.

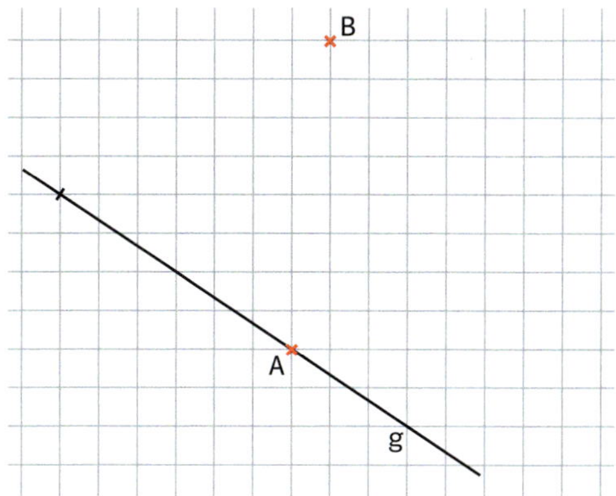

H Zeichne einen Kreis
a) mit dem Radius $r = 3$ cm.
b) mit dem Durchmesser $d = 5$ cm.

→ Die Lösungen findest du auf Seite 250.

3 Dreiecke

1 Aus Streifen und Klammern könnt ihr ein Rechteck herstellen. Wie könnt ihr erreichen, dass das Rechteck nicht zu einem Parallelogramm verformt werden kann?
Experimentiert ebenso mit anderen Vierecken.

2 Wie könnt ihr erreichen, dass das Sechseck seine Form nicht ändern kann?
Sucht mehrere Möglichkeiten.

D20 **Material** zu den Aufgaben 1 und 2

3 Das Dreieck ist die Grundform vieler technischer Konstruktionen. Sucht Gründe, warum man in Bild 3 einen Gitterträger verwendet hat und keinen massiven Balken. Schätze die Anzahl der Dreiecke in Bild 1. Wie viele sind es etwa in Bild 2?

Ich lerne,

- welche Winkel im Schnittpunkt von Geraden entstehen,
- wie groß die Summe der Winkel im Dreieck ist,
- welche Dreiecksformen es gibt,
- wie man Dreiecke konstruiert,
- ▣ was der Satz des Thales ist,
- was man unter der Höhe eines Dreiecks versteht,
- wie man Mittelsenkrechte konstruiert,
- wie man mit dem Computer geometrische Figuren konstruiert und besondere Eigenschaften finden kann.

1 Winkel im Schnittpunkt von Geraden

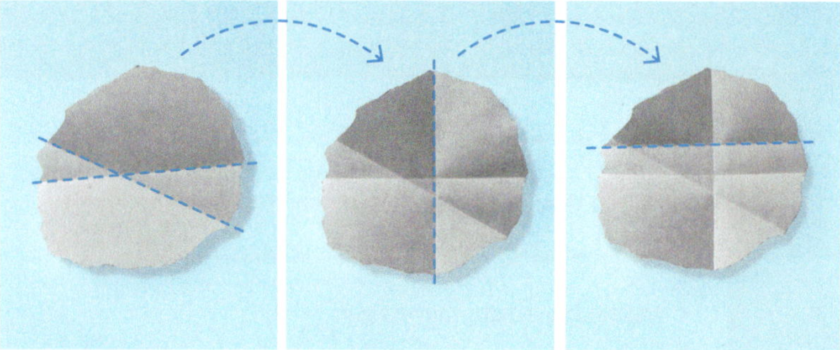

→ Falte einen Papierausriss zweimal so, dass sich die beiden Faltlinien schneiden.
Miss die Winkel im Schnittpunkt der beiden Faltlinien. Wie viele verschiedene Winkel findest du? Markiere gleiche Winkel.

→ Falte dann senkrecht zu einer Faltlinie.
Wie viele verschiedene Winkel sind es jetzt? Vergleicht zu zweit.

→ Faltet jetzt noch parallel zu einer Faltlinie.
Wie viele verschiedene Winkel findet ihr nun?

Im Schnittpunkt von Geraden entstehen mehrere gleich große Winkel.

Merke

Scheitelwinkelsatz	Nebenwinkelsatz	Stufenwinkelsatz	Wechselwinkelsatz
Der Schnittpunkt von zwei Geraden ist der Scheitel von vier Winkeln.		In den Schnittpunkten einer Geraden mit zwei parallelen Geraden entstehen gleich große Winkel.	
Gegenüberliegende Winkel heißen **Scheitelwinkel**. Scheitelwinkel haben dieselbe Winkelgröße.	Nebeneinanderliegende Winkel heißen **Nebenwinkel**. Nebenwinkel haben die Summe 180°.	Gestuft liegende Winkel heißen **Stufenwinkel**. Stufenwinkel haben dieselbe Winkelgröße.	Winkel mit Seitenwechsel heißen **Wechselwinkel**. Wechselwinkel haben dieselbe Winkelgröße.
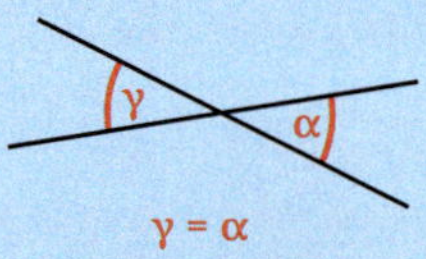	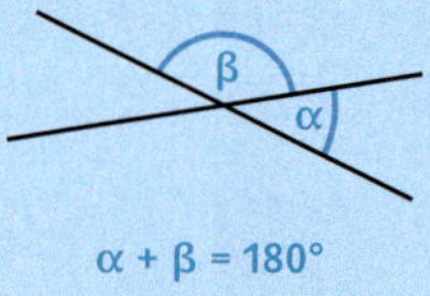	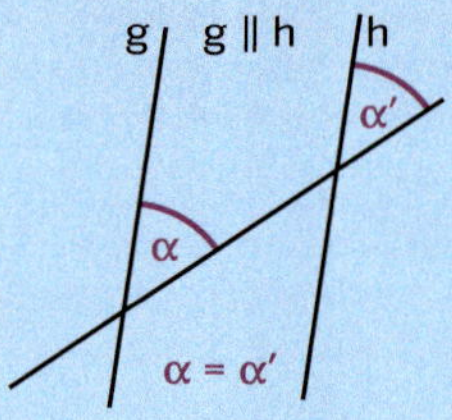	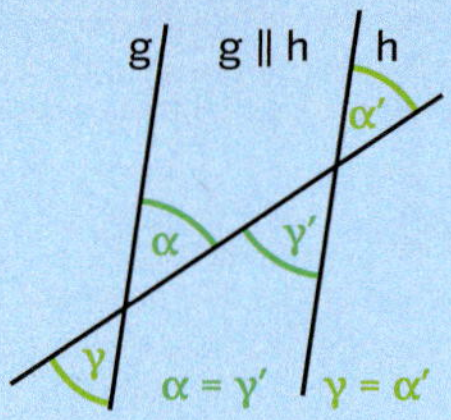

Tipp!
Für zusammengehörige Winkel verwendet man oft ähnliche Namen, z. B. α und α'. (Man liest: „alpha Strich".)

Beispiel

Der Winkel $\alpha = 60°$ ist gegeben. Daraus lassen sich weitere Winkel berechnen.
Scheitelwinkel zu α: $\gamma = 60°$
Nebenwinkel zu α: $\beta = 180° - 60° = 120°$
Stufenwinkel zu α: $\alpha' = 60°$
Wechselwinkel zu α: $\gamma' = 60°$

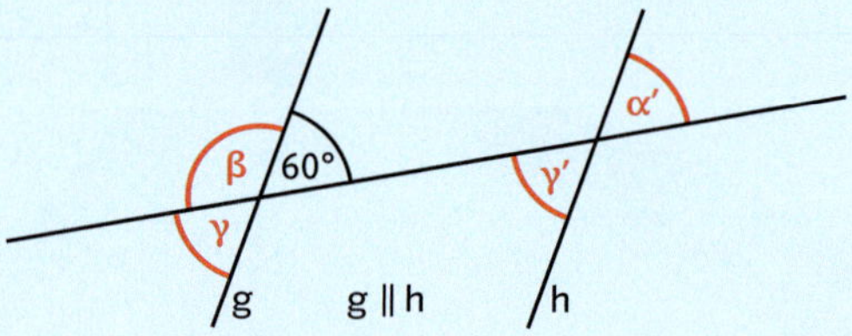

○ **1**
a) Finde Scheitelwinkel.
b) Finde Nebenwinkel.

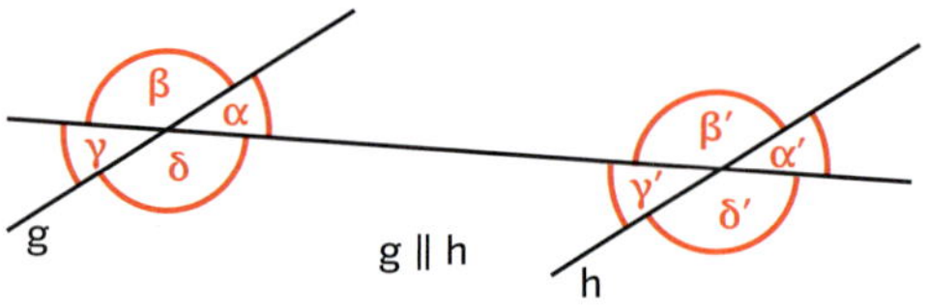

○ **2** Wie groß sind die Winkel?

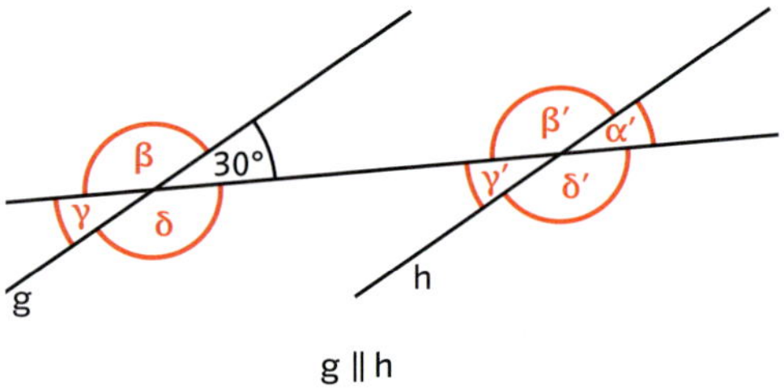

Alles klar?

D21 Fördern

A Gib den richtigen Winkel an.

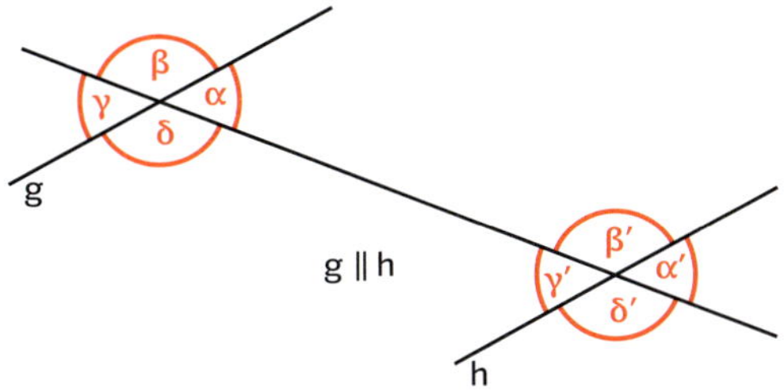

a) β und ▒ sind Scheitelwinkel.
b) γ und ▒ sind Nebenwinkel.
c) α und ▒ sind Stufenwinkel.
d) δ und ▒ sind Wechselwinkel.

B

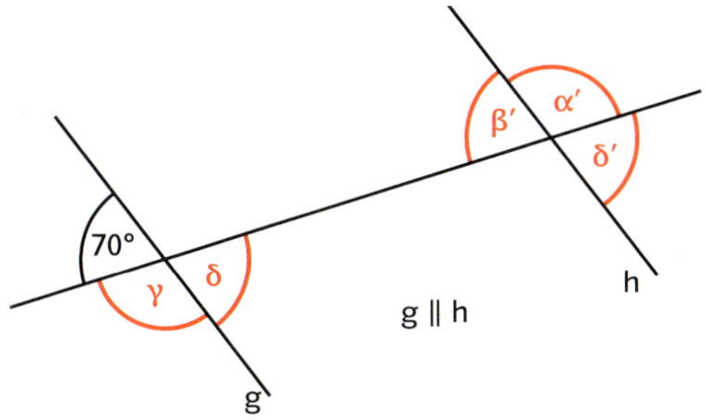

a) Wie groß sind die Winkel γ, δ, α′, β′ und δ′?
b) Nenne zwei Möglichkeiten, wie man den Winkel δ′ berechnen kann.

○ **3** Wie groß sind die Winkel α und β an den parallelen Geraden g und h?

a)

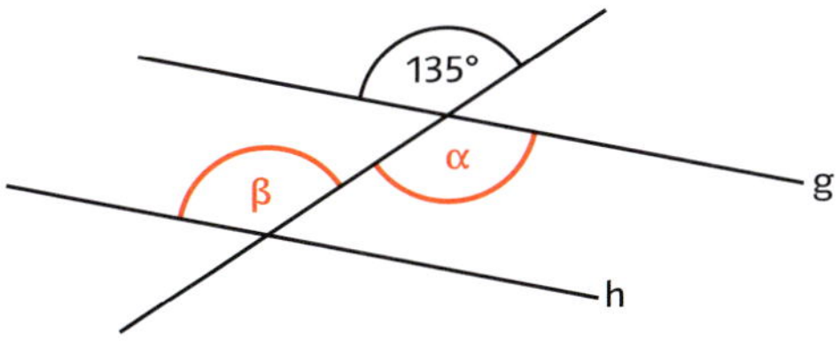

b)

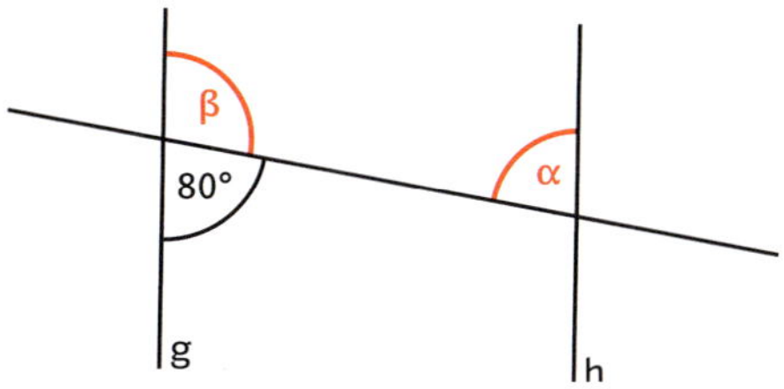

○ **4** Zeichne die Figur ab. Färbe gleich große Winkel mit der gleichen Farbe.

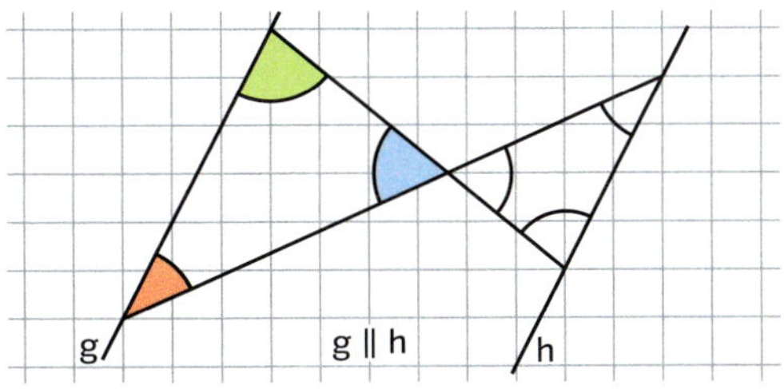

◒ **5** Wie groß sind die Winkel α, β, γ, δ und ε?

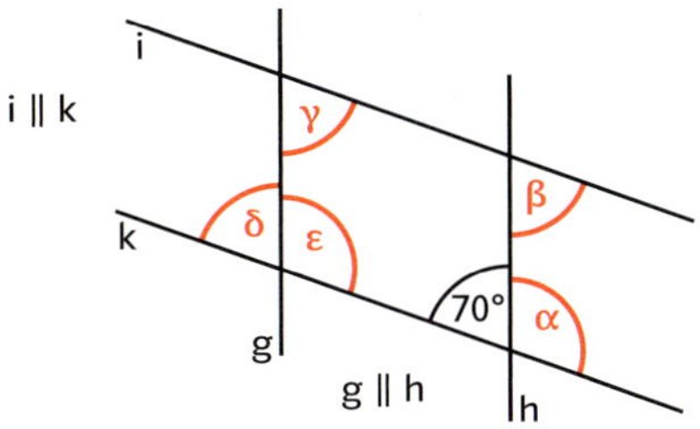

◒ **3** Zeichne die Figur. Markiere gleich große Winkel mit gleicher Farbe.

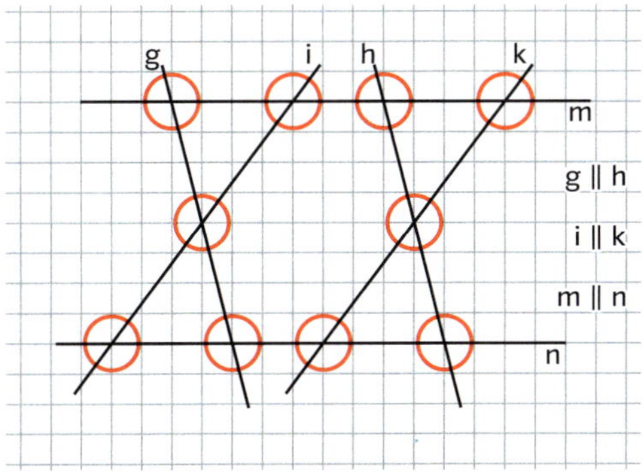

◒ **4** SP Die vier Geraden schließen ein Viereck ein.

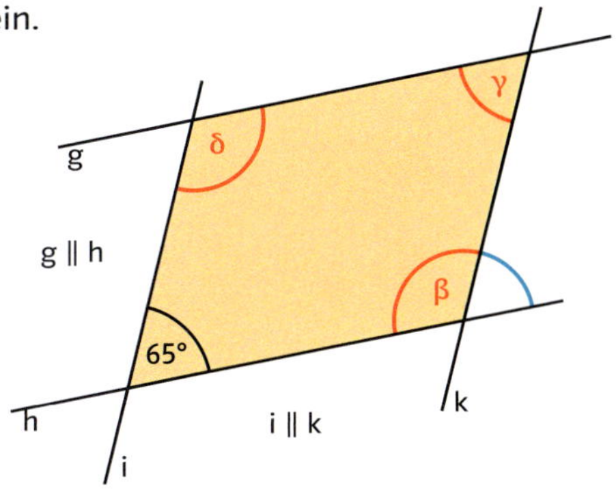

Wie groß sind die Winkel β, γ und δ? **Begründe** deine Antwort.

◒ **5** SP Wera sagt: „Ich kenne einen Winkel, der genauso groß ist wie sein Nebenwinkel.“
Khaled antwortet: „Ich kenne einen Winkel, der doppelt so groß ist wie sein Nebenwinkel.“
Welche Winkel meinen sie? **Begründe**.

→ Die Lösungen zu „Alles klar?“ findest du auf Seite 251.

2 Winkelsumme im Dreieck

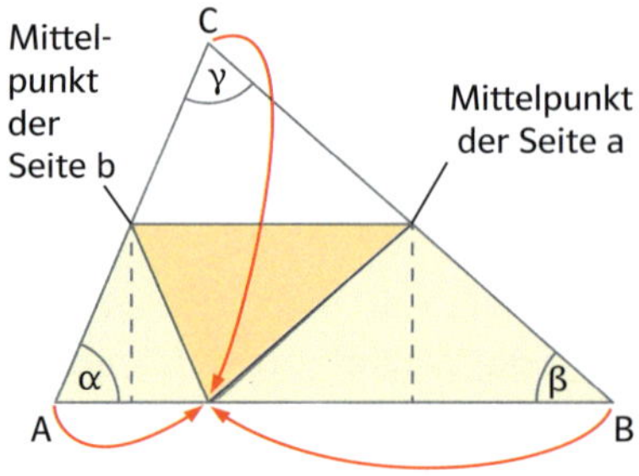

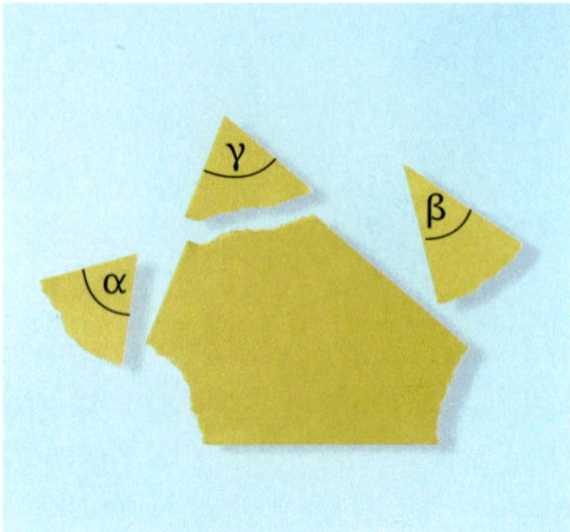

Zwei Gruppen von Jugendlichen zeichnen große Dreiecke und schneiden sie aus. Sie wollen herausfinden, wie groß die Winkel zusammen sind.

➔ Gruppe 1 faltet das Dreieck zu einem Rechteck. Zu welchem Winkel legen sich die Winkel des Dreiecks zusammen?

➔ Gruppe 2 reißt die Ecken ihres Dreiecks ab und legt sie zusammen. Was findet diese Gruppe heraus?

Tipp!
So bezeichnet man ein Dreieck:

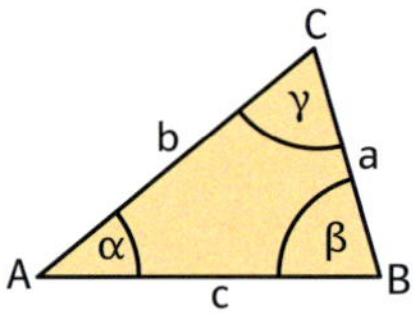

Die Winkelsumme im Dreieck kann man so finden: Man zeichnet durch den Eckpunkt C eine Parallele zur Grundlinie $\overline{AB}$. Die drei Winkel bei C bilden einen gestreckten Winkel.

Es gilt also $\alpha' + \beta' + \gamma = 180°$.
Da α' und β' Wechselwinkel zu α und β sind, gilt $\alpha' = \alpha$ und $\beta' = \beta$ und damit $\alpha + \beta + \gamma = 180°$.

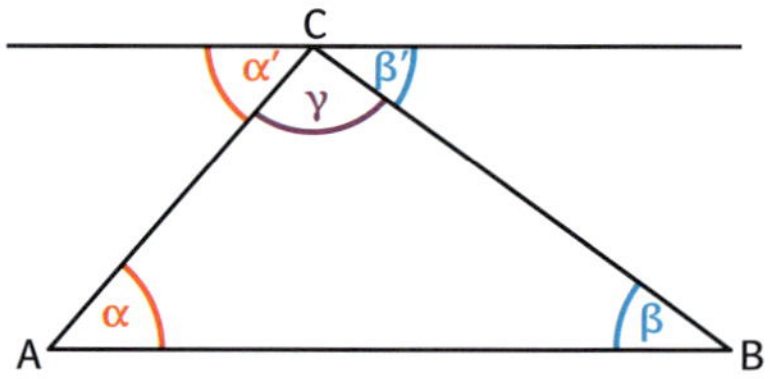

Merke

Winkelsummensatz (Innenwinkelsatz) für das Dreieck
Die Winkelsumme im Dreieck beträgt 180°. Es gilt: $\alpha + \beta + \gamma = 180°$

Beispiele

a) Im Dreieck ABC sind die Winkel α und β bekannt. Damit lässt sich γ berechnen.
$\alpha + \beta$
$= 70° + 50° = 120°$
$\gamma = 180° - 120° = 60°$

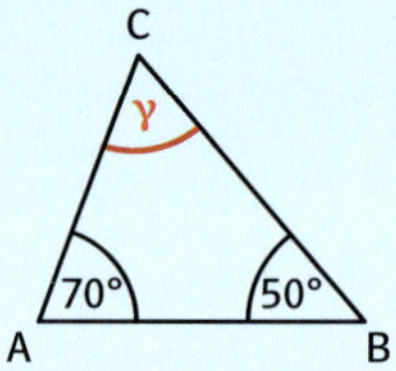

b) Im Dreieck ABC sind die Winkel β und γ bekannt. Damit lässt sich α berechnen.
$\beta + \gamma$
$= 40° + 30° = 70°$
$\alpha = 180° - 70° = 110°$

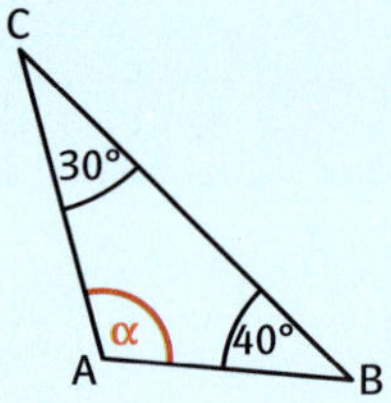

○**1** Berechne den fehlenden Winkel.

a)
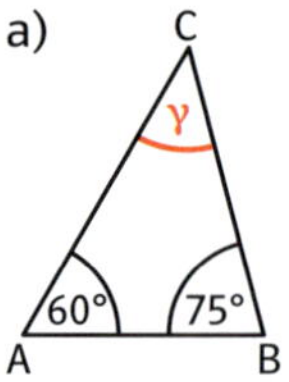

b)
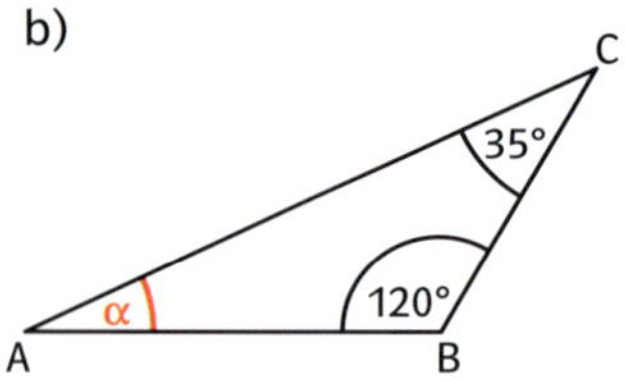

c)
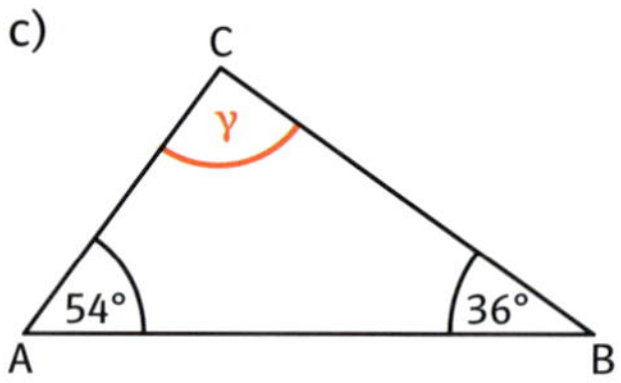

d)
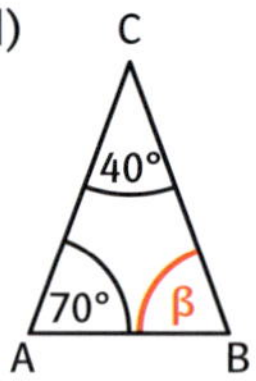

○**2** Zeichne ab und miss die Winkel. Überprüfe deine Messung mithilfe der Winkelsumme.

a)
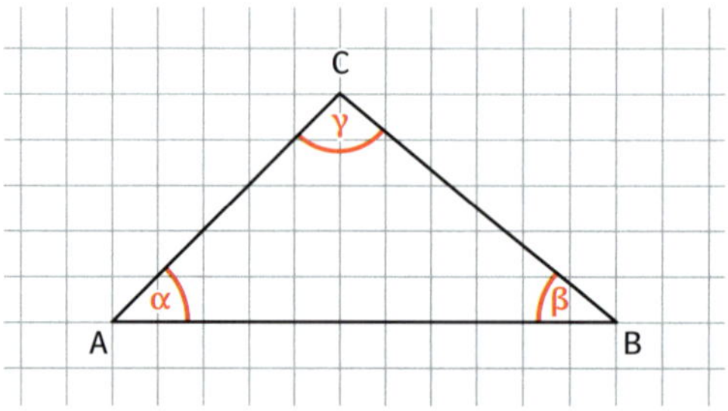

b)
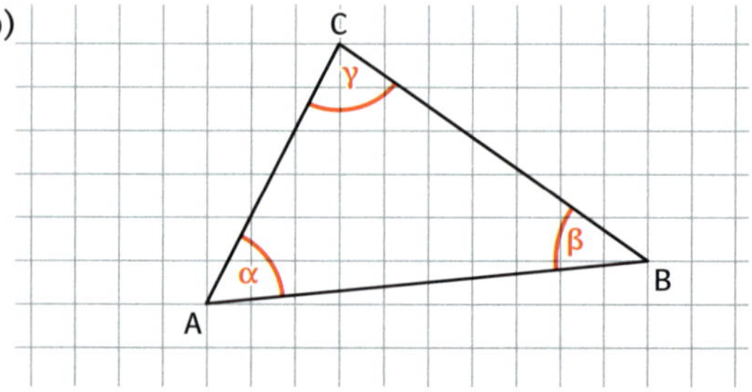

Alles klar?

D22 Fördern

A Berechne den fehlenden Winkel.

a)

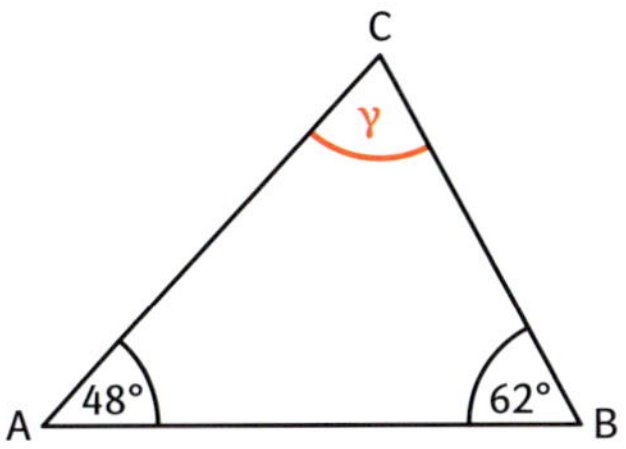

b)

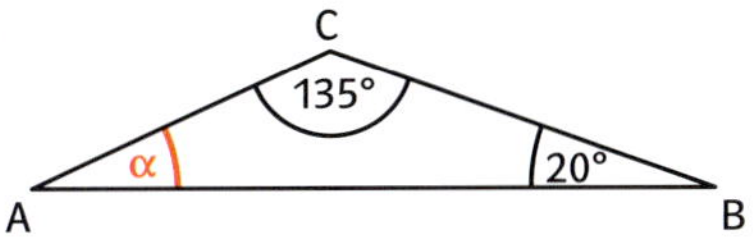

B Zeichne das Dreieck und miss die Winkel. Überprüfe deine Messung mithilfe der Winkelsumme.

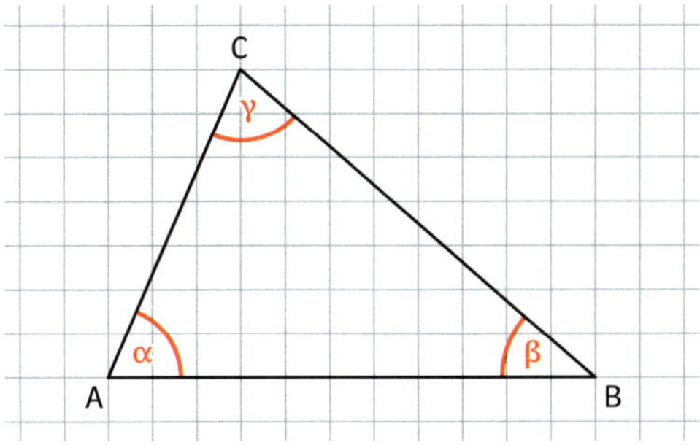

○ **3** Berechne den fehlenden Winkel.

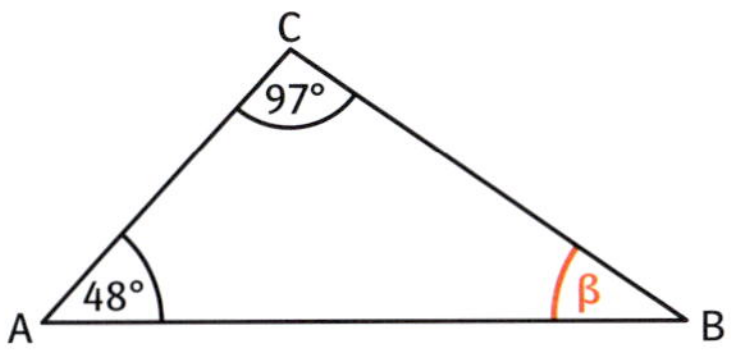

○ **4** Ein Winkel fehlt. Berechne.

	a)	b)	c)	d)	e)
α	60°	52°	■	71°	137°
β	50°	■	11°	■	42°
γ	■	67°	16°	89°	■

◒ **5** SP Berechne die fehlenden Winkel.

a)

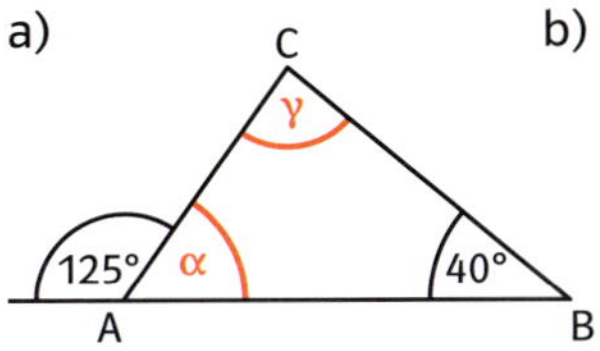

b)

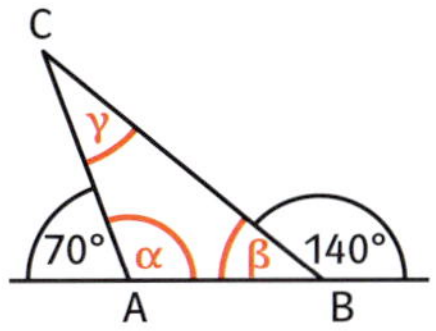

Beschreibe, mit welcher Art von Winkeln du die Lösung gefunden hast.

Tipp!
zu Aufgabe 6
Berechne zuerst die Nebenwinkel.

◒ **6** Zwei Ecken des Dreiecks wurden abgeschnitten und die dritte Ecke abgerissen. Wie groß waren die Winkel des Dreiecks?

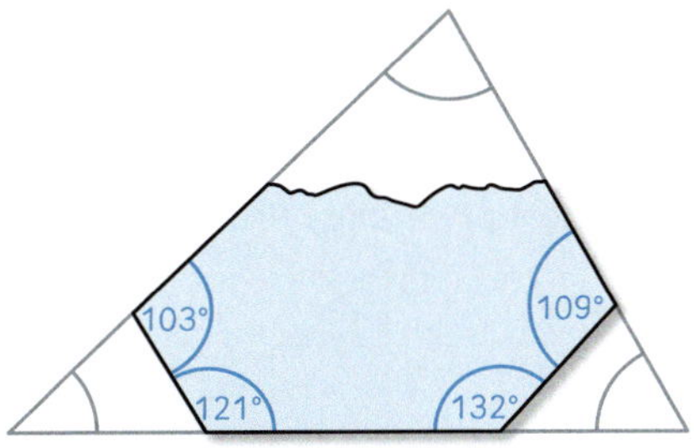

◒ **3** Berechne die rot markierten Winkel.

a)

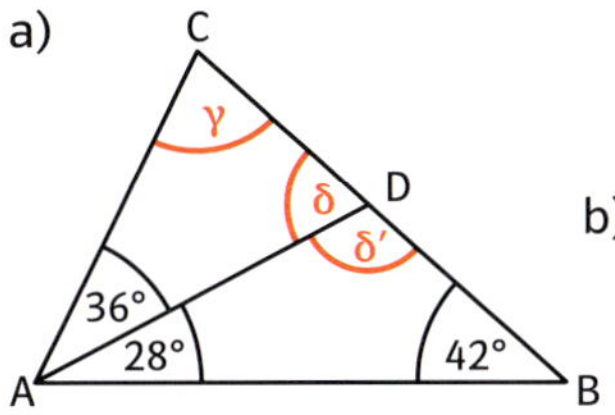

b) g ∥ h

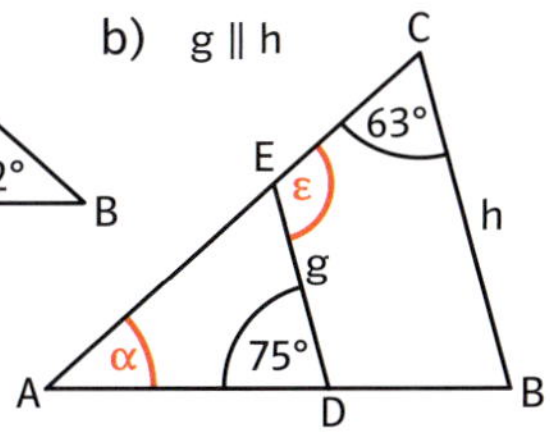

◒ **4** SP Zeichne das Dreieck mit den Eckpunkten A(0|0); B(7|0) und C(3,5|6).

a) Miss die Winkel und prüfe mit der Winkelsumme. Beschreibe, was du beobachtest.

b) Miss die Seitenlängen. Was fällt dir auf?

● **5** SP Von drei Dreiecken wurden die Ecken abgerissen. Finde zusammenpassende Ecken. Beschreibt euren Lösungsweg.

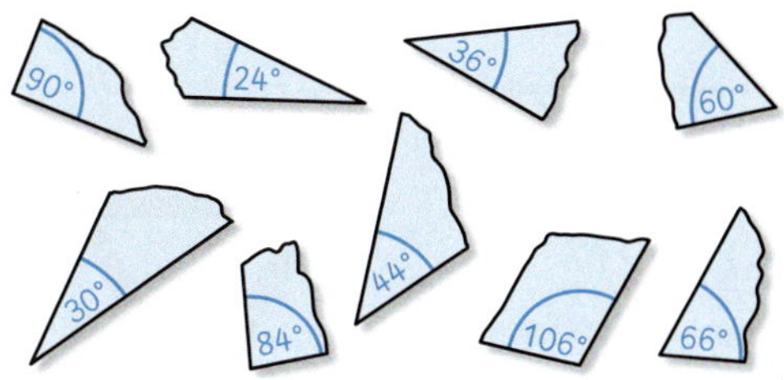

● **6** Berechne β, γ und δ.

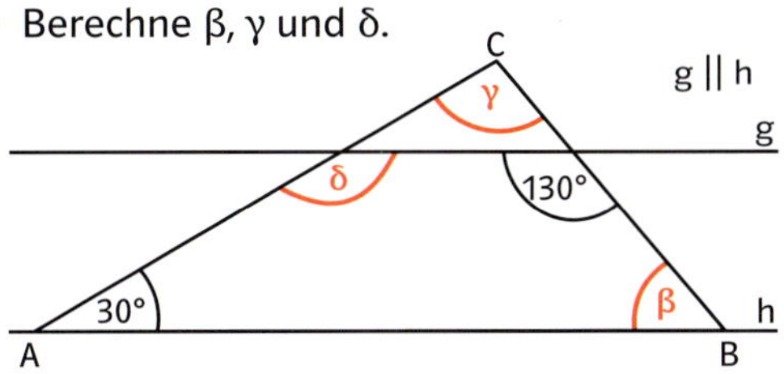

→ Die Lösungen zu „Alles klar?" findest du auf Seite 251.

3 Dreiecksformen

D23 Material zum Einstieg

Streifen lassen sich mit Musterklammern zu Dreiecken verbinden.

→ Experimentiert mit den Streifen und stellt Dreiecke mit unterschiedlichen Formen her.
→ Versucht, alle eure Dreiecke zu sortieren. Achtet dabei auf Seitenlängen und die Größe der Winkel.
→ Präsentiert eure Ergebnisse.
→ Überlegt, wann sich aus drei Streifen kein Dreieck bilden lässt.

Tipp!
Dreiecke können auch nach der Größe ihrer Winkel eingeteilt werden.

spitzwinkliges Dreieck

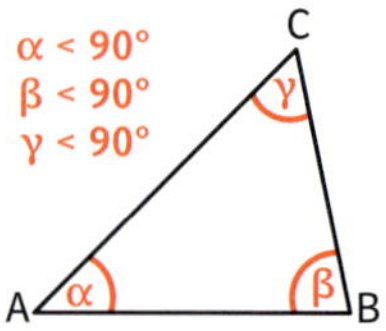

drei spitze Winkel

rechtwinkliges Dreieck

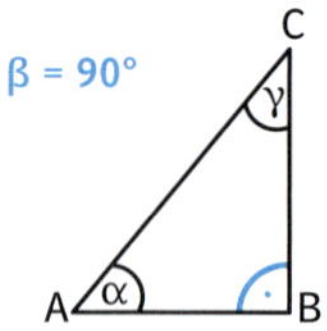

ein rechter Winkel

stumpfwinkliges Dreieck

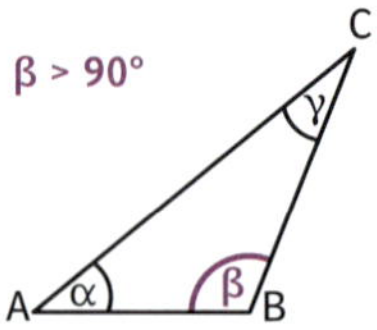

ein stumpfer Winkel

Merke

Dreiecke können nach der Länge ihrer Seiten eingeteilt werden.

gleichseitiges Dreieck

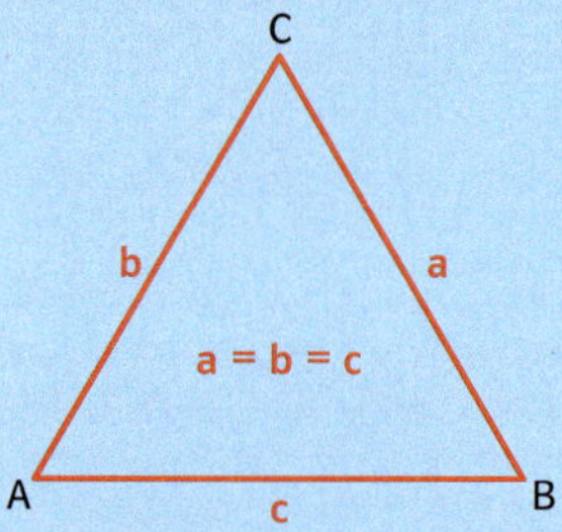

drei gleich lange Seiten

gleichschenkliges Dreieck

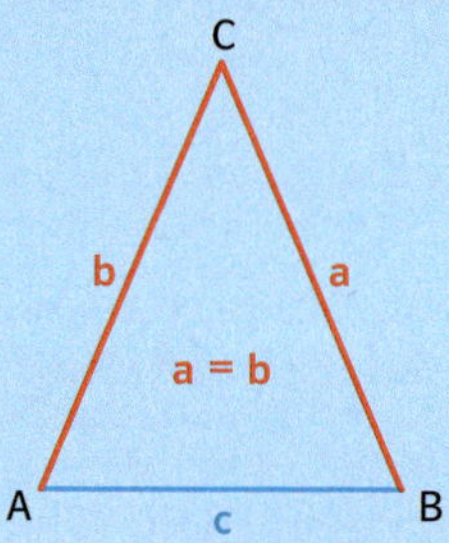

zwei gleich lange Seiten

allgemeines Dreieck

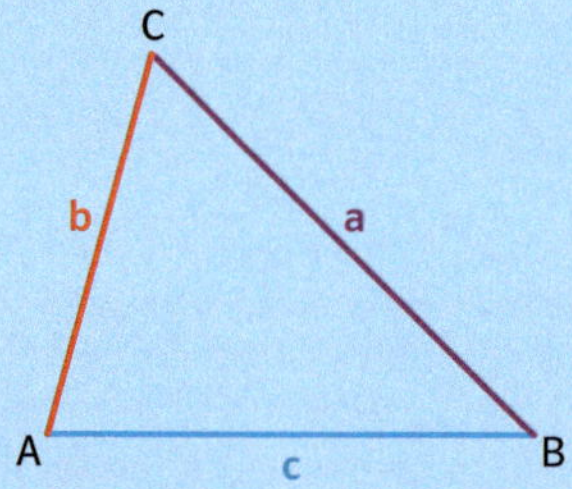

drei verschieden lange Seiten

Beispiele

a) Das Dreieck ABC hat verschieden lange Seiten. Der Winkel γ ist stumpf. Das Dreieck ist also allgemein-stumpfwinklig.

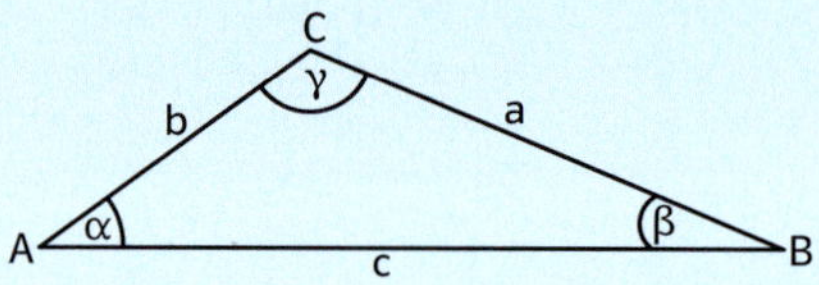

b) Die drei Winkel des gleichseitigen Dreiecks sind gleich groß: $\alpha = \beta = \gamma$.
Nach dem Winkelsummensatz gilt
$\alpha + \beta + \gamma = 180°$.
Daraus folgt $\alpha = 180° : 3 = 60°$, also
$\alpha = \beta = \gamma = 60°$.

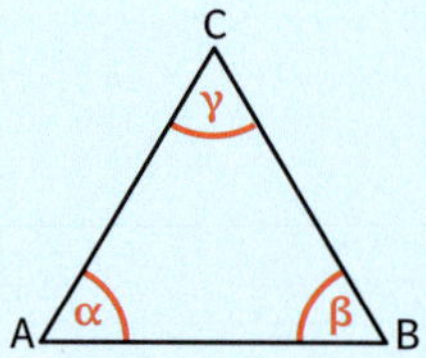

○ **1** Welche Dreiecksformen findest du in den Verkehrszeichen?

○ **2** Entscheide nach Augenmaß: Ist das Dreieck gleichseitig, gleichschenklig oder allgemein? Ist es spitzwinklig, rechtwinklig oder stumpfwinklig? Prüfe mit dem Geodreieck.

a)
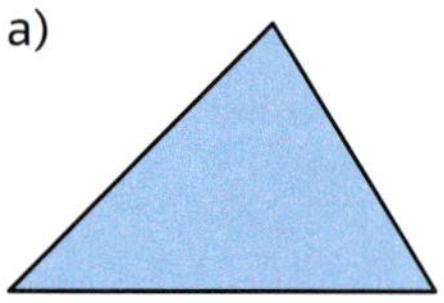
b)
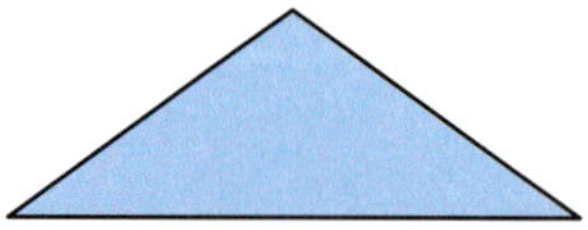
c)
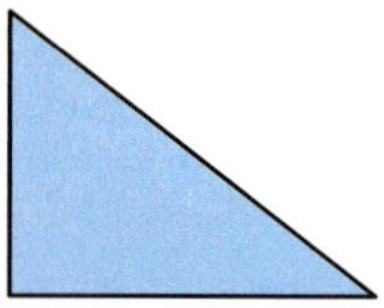
d)
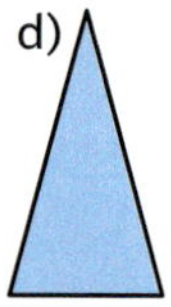
e)
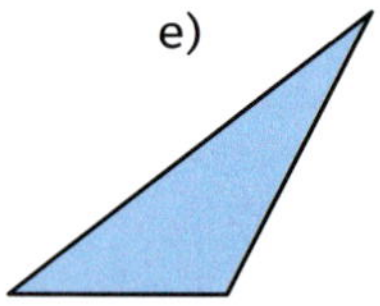

Alles klar?

D24 Fördern

A Fülle die Tabelle im Heft aus. Einige Felder sind schon ausgefüllt.

	a)	b)	c)	d)	e)	f)
Einteilung nach …	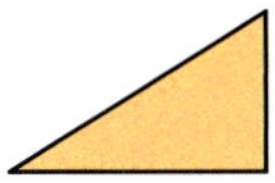		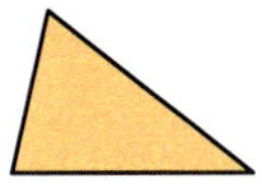	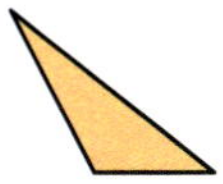	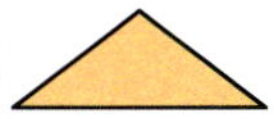	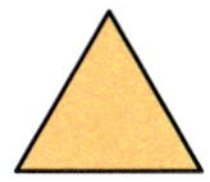
Seiten	■	■	■	■	■	gleichseitig
Winkeln	■	■	spitzwinklig	■	■	■

B Ordne die Kärtchen den Dreiecken A bis G zu.

gleichschenklig-rechtwinklig · *allgemein-rechtwinklig* · *allgemein-spitzwinklig* · *gleichschenklig-stumpfwinklig* · *gleichseitig* · *allgemein-stumpfwinklig* · *gleichschenklig-spitzwinklig*

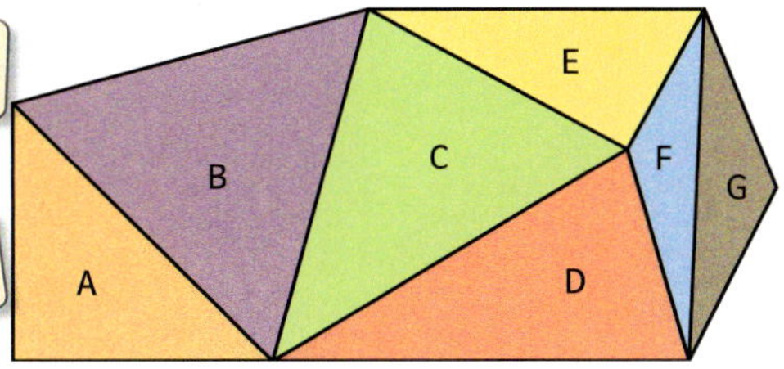

Tipp!
zu Aufgabe 3
Es gibt mehr als zwei gleichschenklige Dreiecke.

○ **3** Nenne die Form des Dreiecks ABC und die Formen seiner Teildreiecke.

a)

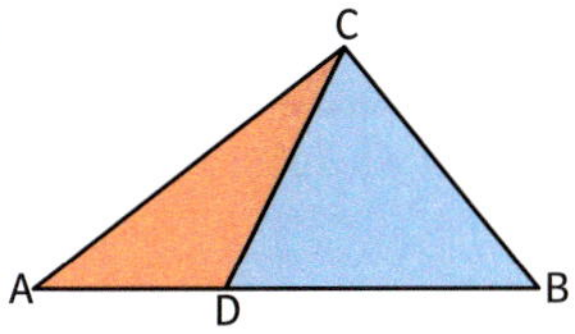

b)

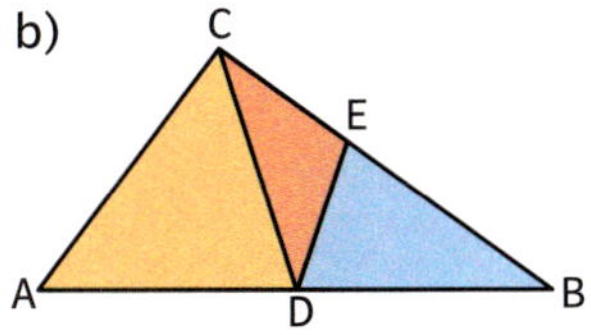

○ **4** Zeichne ein Dreieck mit folgenden Eigenschaften.
a) rechtwinklig und gleichschenklig
b) stumpfwinklig und gleichschenklig

○ **5** Zeichne das Dreieck in ein Koordinatensystem und bestimme die Dreiecksform.
a) A (1 | 2); B (2 | 2); C (2 | 8)
b) A (−1 | 0); B (1 | 4); C (−4 | 2,5)

◒ **6** SP Wahr oder falsch? **Begründet**.
a) Ein gleichseitiges Dreieck hat einen rechten Winkel.
b) Ein allgemeines Dreieck ist immer spitzwinklig.

◒ **3** Wie viele Dreiecke findest du hier? Welche Form haben sie?

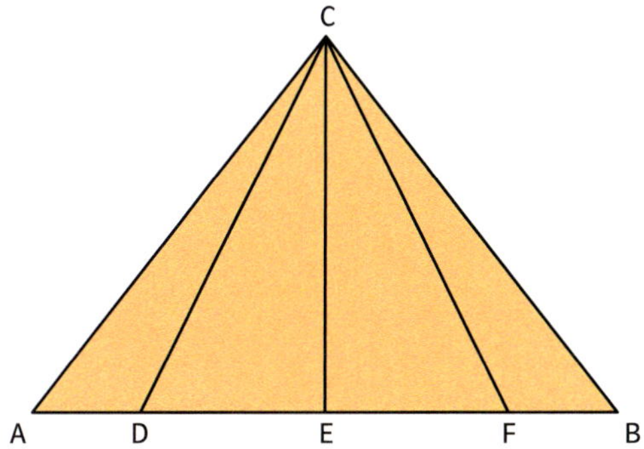

◒ **4** SP Gibt es dieses Dreieck? **Begründe**.
a) gleichschenklig-stumpfwinklig
b) gleichseitig-rechtwinklig

◒ **5** Ein Dreieck hat die Eckpunkte A (4 | 3); B (8 | 3) und C (4 | 6).
a) Zeichne. Welche Form hat das Dreieck?
b) Ergänze es zu einem gleichschenkligen Dreieck. Es gibt zwei Möglichkeiten.

● **6** Welche Form hat das Dreieck?

	a)	b)	c)	d)	e)	f)
α	50°	65°	30°	■	60°	45°
β	60°	■	■	40°	60°	■
γ	■	50°	45°	100°	■	45°

→ Die Lösungen zu „Alles klar?“ findest du auf Seite 251.

4 Dreiecke konstruieren

Ein Gliedermaßstab lässt sich zu verschiedenen Dreiecken knicken.

→ Stelle Dreiecke aus drei, vier und fünf Abschnitten her. Wie viele unterschiedliche Dreiecke findest du?

→ Stellt zu zweit Dreiecke aus zehn Abschnitten her. Wie viele findet ihr? Beschreibt ihre Form.

Jedes Dreieck hat drei Seiten und drei Winkel. Drei dieser Stücke in passender Auswahl legen das Dreieck eindeutig fest.

Merke

Es gibt vier **Kongruenzsätze**, nach denen man ein Dreieck mit je drei gegebenen Stücken eindeutig konstruieren kann. Wenn zwei Dreiecke in drei Stücken eines Kongruenzsatzes übereinstimmen, nennt man sie **deckungsgleich** oder **kongruent**.
Vor der Konstruktion skizziert man eine Planfigur und markiert die gegebenen Seiten und Winkel farbig. Auf die genauen Maße kommt es noch nicht an.

Tipp!

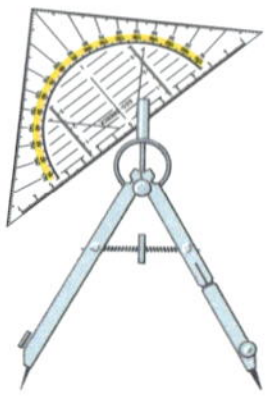

Konstruieren heißt: Eine Figur genau nach den Vorgaben mit Geodreieck und Zirkel zeichnen.

Beispiele

a) **drei Seiten (SSS-Satz)**

Gegeben:
a = 4 cm
b = 5 cm
c = 6 cm

Planfigur:

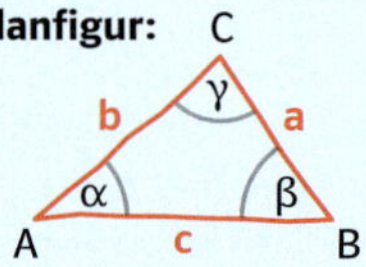

Konstruiert werden
1. die Seite c = $\overline{AB}$;
2. der Kreisbogen um A mit Radius b;
3. der Kreisbogen um B mit Radius a;
4. der Schnittpunkt C der Kreisbögen;
5. die Seiten $\overline{AC}$ und $\overline{BC}$.

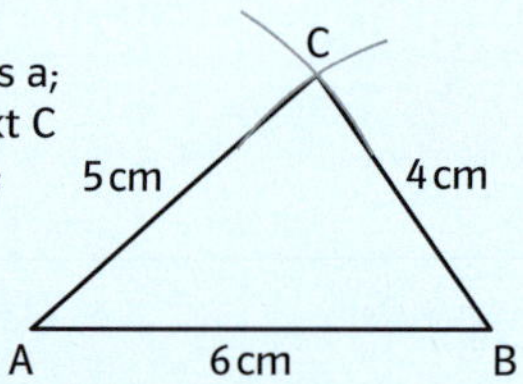

b) **zwei Seiten und der eingeschlossene Winkel (SWS-Satz)**

Gegeben:
b = 5 cm
c = 7 cm
α = 30°

Planfigur:

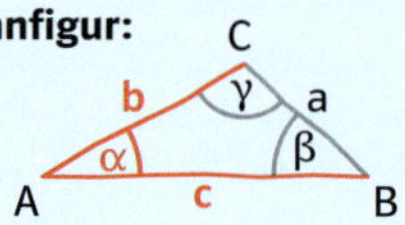

Konstruiert werden
1. die Seite c = $\overline{AB}$;
2. der Winkel α;
3. die Seite b = $\overline{AC}$ auf dem freien Schenkel von α;
4. die Seite $\overline{BC}$.

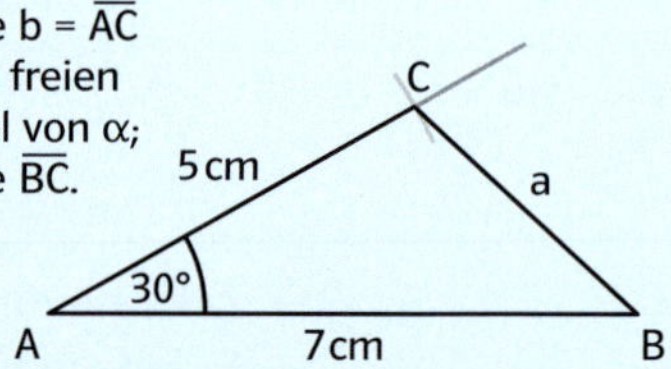

c) **eine Seite und die anliegenden Winkel (WSW-Satz)**

Gegeben:
c = 5 cm
α = 85°
β = 60°

Planfigur:

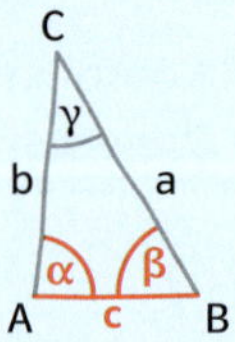

Konstruiert werden
1. die Seite c = $\overline{AB}$;
2. der Winkel α;
3. der Winkel β;
4. der Schnittpunkt C der freien Schenkel von α und β;
5. die Seiten $\overline{AC}$ und $\overline{BC}$.

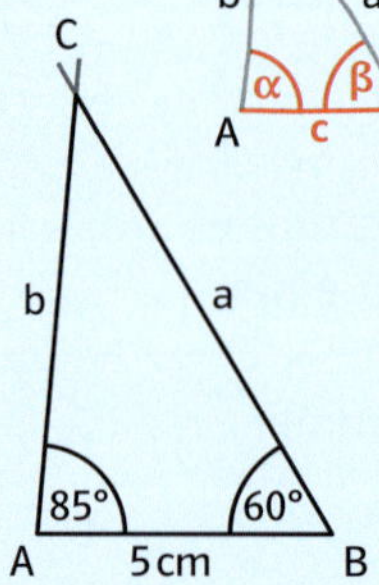

d) **zwei Seiten und der Gegenwinkel der längeren Seite (SsW-Satz)**

Gegeben:
b = 10 cm
c = 4 cm
β = 105°

Planfigur:

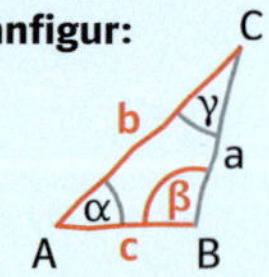

Konstruiert werden
1. die Seite c = $\overline{AB}$;
2. der Winkel β;
3. der Kreisbogen um A mit Radius b;
4. der Schnittpunkt C des Kreisbogens mit dem freien Schenkel von β;
5. die Seiten $\overline{AC}$ und $\overline{BC}$.

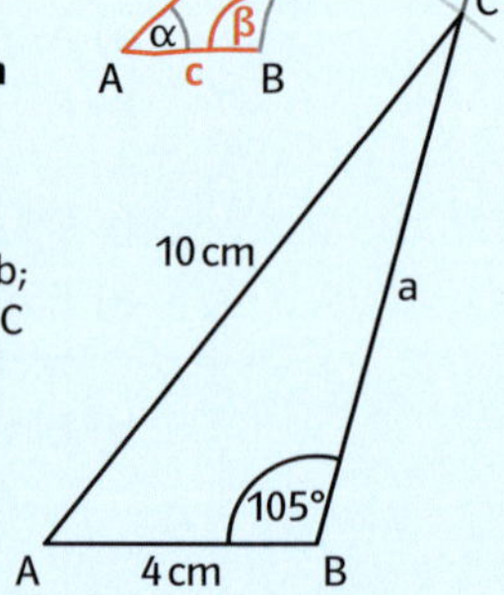

Tipp!

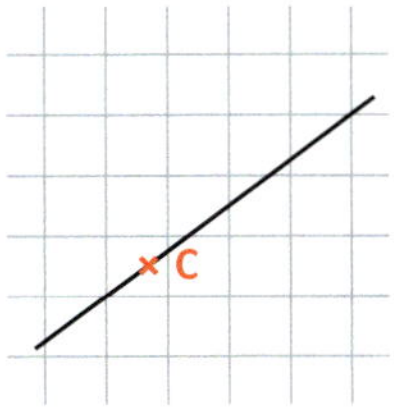

Nicht immer liegen Punkte auf den Gitterlinien.

○ **1** Konstruiere das Dreieck nach SSS.

a)

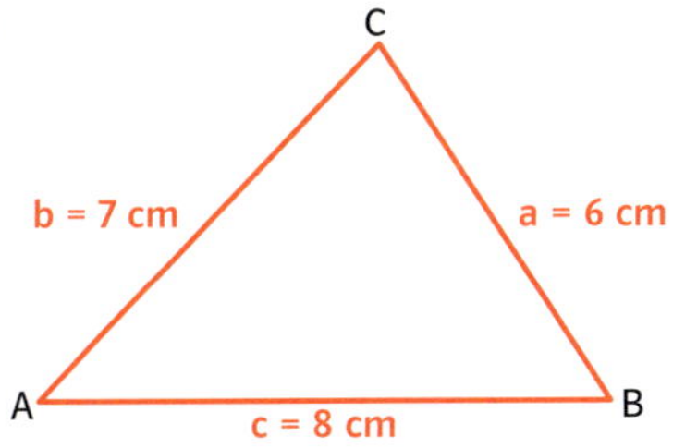

b) a = 8 cm; b = 5 cm und c = 4 cm

○ **2** Konstruiere das Dreieck nach SWS.

a)

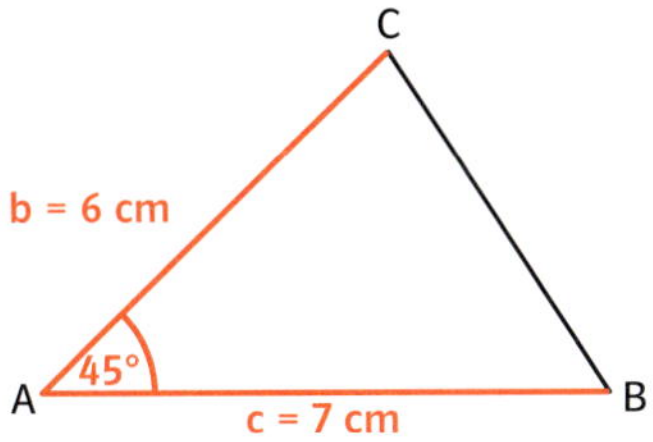

b) b = 5 cm; c = 4 cm; α = 110°

○ **3** Konstruiere das Dreieck nach WSW.

a)

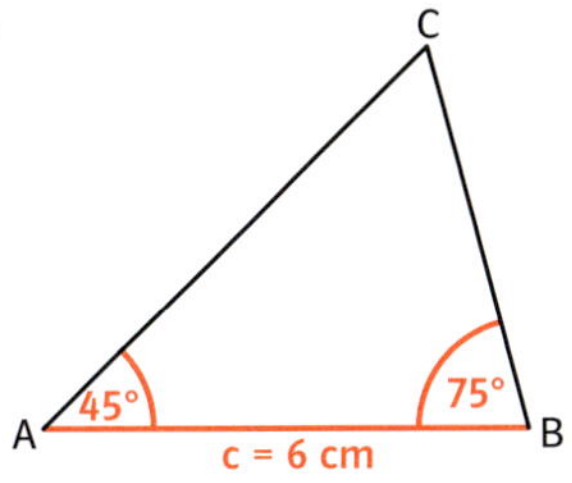

b) c = 4 cm; α = 40°; β = 105°

○ **4** Konstruiere das Dreieck nach SsW.

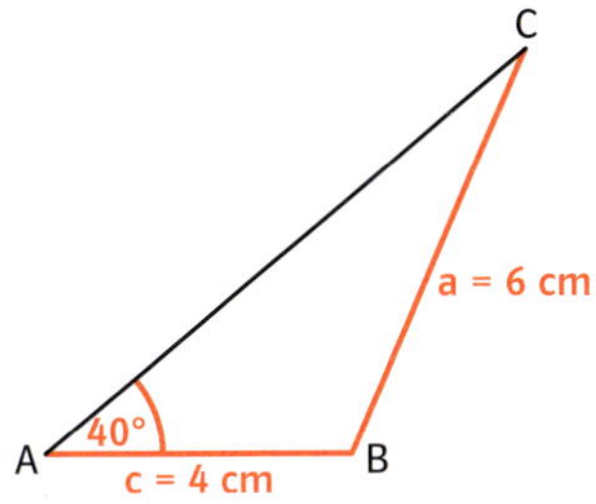

Alles klar?

D25 Fördern

A Konstruiere das Dreieck.

a)

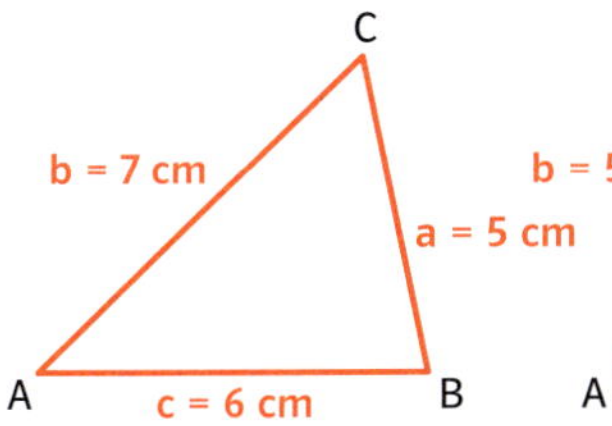

b)

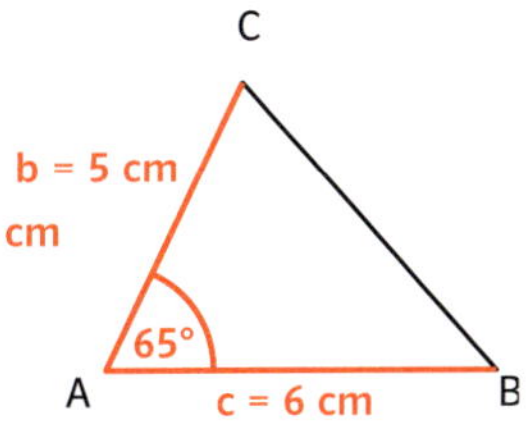

B Skizziere die Planfigur und konstruiere das Dreieck

a) mit den Seiten a = 6 cm; b = 7 cm; c = 5 cm (SSS).

b) mit den Seiten b = 6 cm; c = 7 cm und dem eingeschlossenen Winkel α = 60° (SWS).

c) mit der Seite c = 7 cm und den anliegenden Winkeln α = 50°; β = 35° (WSW).

○ **5** Die Planfigur ist gegeben. Nach welchem Kongruenzsatz müsste man das Dreieck konstruieren: SSS, SWS, WSW oder SsW?

a)

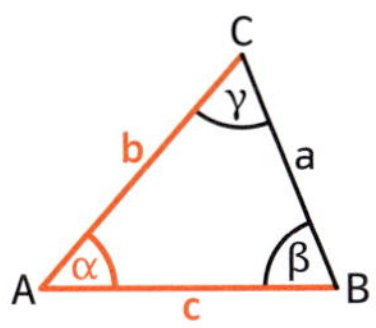

b)

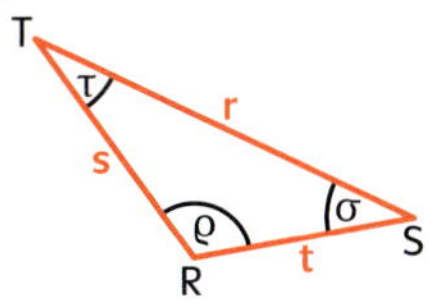

c)

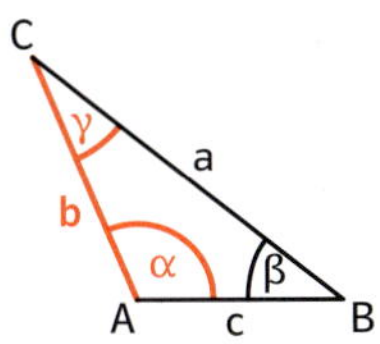

d)

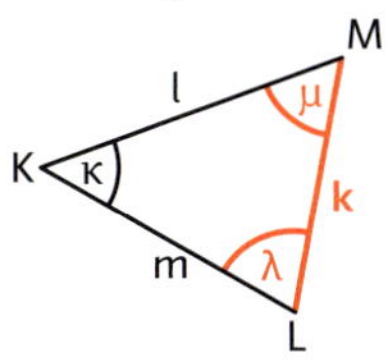

e)

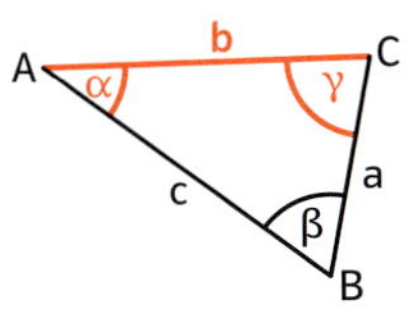

f)

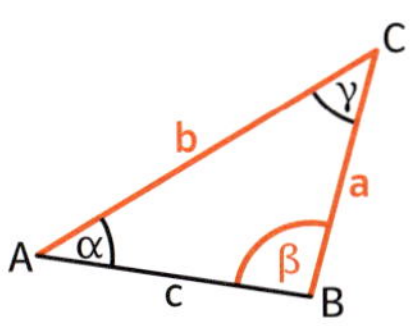

◒ **5** SP Konstruiere das Dreieck. Zeichne zuerst eine Planfigur und entscheide, welchen Kongruenzsatz du anwenden musst. **Beschreibe** deine Konstruktion.

a) c = 6 cm; α = 45°; β = 65°

b) c = 6 cm; a = 5 cm; β = 105°

c) c = 4 cm; a = 7 cm; α = 100°

d) a = 6,5 cm; β = 80°; γ = 60°

e) a = 5 cm; b = 7 cm; γ = 72°

Tipp!
zu Aufgabe 6

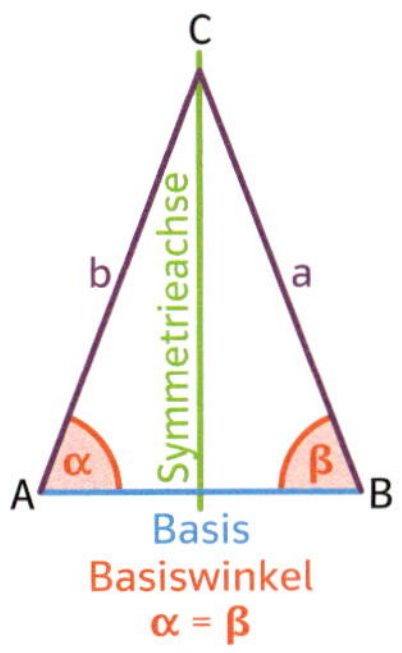

◒ **6** Zeichne eine Planfigur und konstruiere danach das gleichschenklige Dreieck ABC mit der Basis c und den Schenkeln a und b.

a) c = 6 cm; a = 5 cm

b) c = 7 cm; β = 40°

c) a = 6 cm; γ = 130°

d) c = 5 cm; γ = 50°

→ Die Lösungen zu „Alles klar?“ findest du auf Seite 251.

Tipp!
zu Aufgabe 8
Dreieck RST

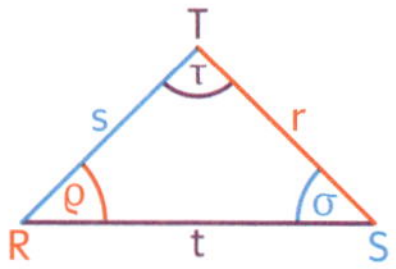

Tipp!
zu Aufgabe 9

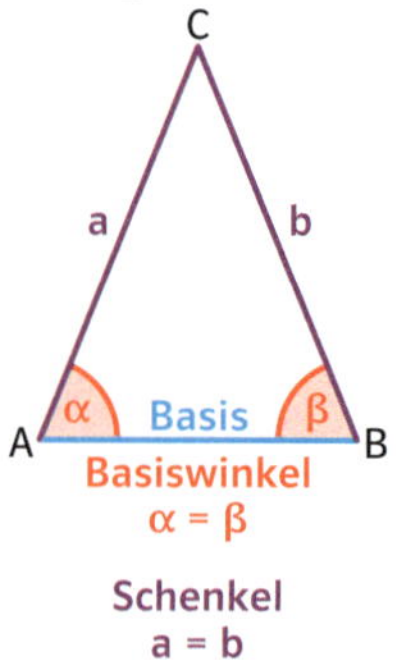

Tipp!
zu Aufgabe 11
Der Maßstab 1:1000 bedeutet:
1 cm auf dem Bild entspricht 10 m in der Wirklichkeit.

6 SP Zeichne eine Planfigur und konstruiere das Dreieck. **Beschreibe** die Konstruktion.
a) a = 6 cm; b = 3 cm; c = 5 cm
b) b = 4 cm; c = 6 cm; α = 50°
c) c = 6 cm; α = 35°; β = 100°

7 Zeichne eine Planfigur und konstruiere. Welche Form hat das Dreieck?
a) c = 7 cm; α = 30°; β = 60°
b) c = 6 cm; α = 40°; γ = 40°
c) c = 5 cm; a = 5 cm; β = 80°

8 Konstruiere das gleichseitige Dreieck ABC
a) mit c = 6 cm nach SSS.
b) mit a = 8 cm nach WSW.

9 SP Konstruiere das gleichschenklige Dreieck mit der Basis c. **Beschreibe** deine Konstruktion mithilfe von Fachbegriffen.
a) c = 6 cm; a = 8 cm
b) c = 8 cm; α = 30°

10 Konstruiert auf einem Blatt Papier drei Dreiecke mit
- a = 7,5 cm; b = 6,5 cm; γ = 110°;
- b = 7,5 cm; c = 6,5 cm; α = 110°;
- a = 7,5 cm; c = 6,5 cm; α = 38°.

Schneidet sie anschließend aus und **untersucht**, ob sie deckungsgleich sind.

11 Aus 90 m Entfernung sieht man die Turmspitze des Ulmer Münsters unter einem Winkel von 61°. Wie hoch ist der Turm? Zeichne im Maßstab 1:1000.

7 SP Konstruiere das Dreieck ABC.
a) c = 7 cm; a = 8 cm; α = 55°
b) c = 8 cm; a = 7 cm; α = 55°
c) c = 7 cm; a = 5,5 cm; α = 55°
Beschreibe, was du beobachtest.

8 Konstruiere das gleichschenklig-rechtwinklige Dreieck RST.
a) r = 6 cm; s = 6 cm; τ = 90°
b) t = 6 cm; σ = 90°
c) t = 7 cm; τ = 90°

9 SP Alina meint: „Die folgenden zwei Dreiecke sind kongruent."
Dreieck 1: a = 7 cm; c = 5 cm; α = 60°
Dreieck 2: a = 7 cm; b = 5 cm; γ = 60°
Noah konstruiert die zwei Dreiecke und stellt fest, dass Alinas Behauptung falsch ist. **Begründet** gemeinsam.

10 SP Wählt aus den Streckenlängen 3 cm; 4 cm; 5 cm; 6 cm; 8 cm je drei aus. Lässt sich aus den gewählten Strecken immer ein Dreieck konstruieren? Notiert eine Regel und **begründet** sie.

11 Aus Sicherheitsgründen müssen Leitern unter einem Anstellwinkel α zwischen 65° und 75° angelehnt werden.

a) Wie hoch kann eine 6 m lange Leiter höchstens reichen? Zeichne maßstäblich.
b) Wie lang muss eine Leiter mindestens sein, wenn sie 7 m hoch reichen soll?
c) Überlegt zu zweit, warum ein Anstellwinkel von 80° oder 40° gefährlich wäre.

5 Der Satz des Thales

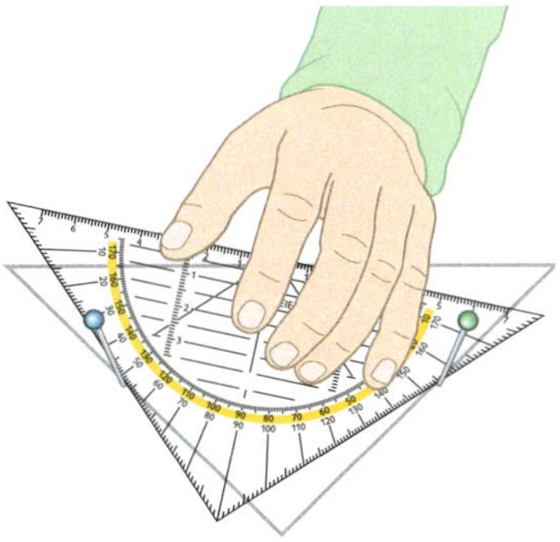

Die ganze Schule studiert für das Schuljubiläum ein Musical ein. Vor der Bühne steht ein Spot, der das Licht unter einem rechten Winkel abstrahlt.
Die Jugendlichen der Bühnentechnik-Gruppe suchen einen Platz, an dem der Spot den Blick auf die Bühne nicht stört.

→ Stellt die Situation mit dem Geodreieck nach und sucht für den Spot mehrere Plätze. Auf welcher Linie liegen alle Plätze für den Spot?

Tipp!
Beweisen heißt, eine Aussage so exakt zu begründen, dass kein Zweifel mehr möglich ist.
Das Ausmessen an einzelnen Figuren ist kein Beweis.

Tipp!
In einem gleichschenkligen Dreieck gilt:

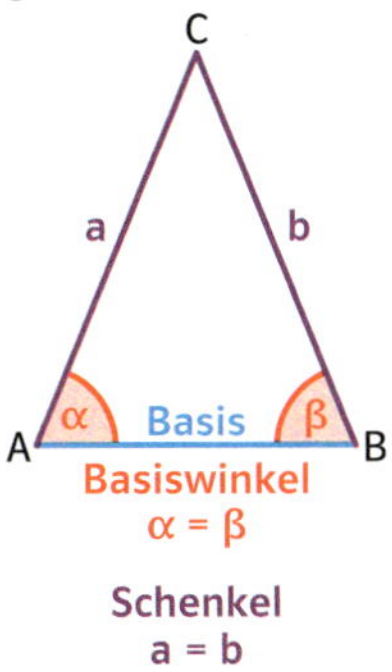

Der Eckpunkt C des Dreiecks ABC liegt auf dem Halbkreis über dem Durchmesser $\overline{AB}$.
Der Mittelpunkt M von $\overline{AB}$ ist auch der Mittelpunkt des Halbkreises. Der Winkel γ ist nach Augenmaß ein rechter Winkel. Das lässt sich in vier Schritten **beweisen**.

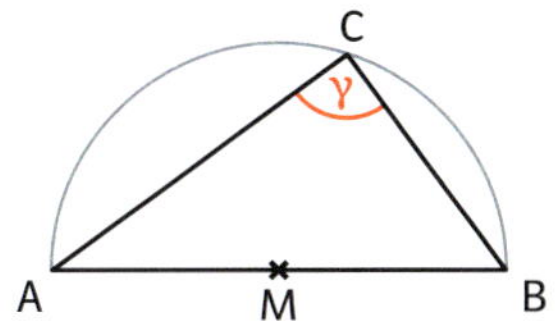

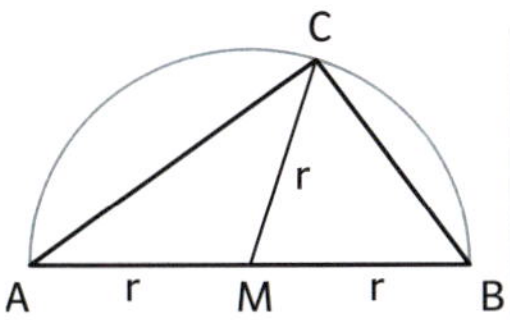

Der Eckpunkt C wird mit dem Punkt M verbunden. Dadurch entstehen die zwei Teildreiecke AMC und MBC.

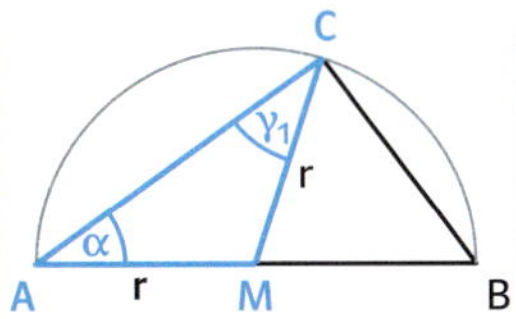

Das Dreieck AMC ist gleichschenklig. Die Basis ist $\overline{AC}$. Die Basiswinkel sind α und γ_1.
Es gilt $\alpha = \gamma_1$.

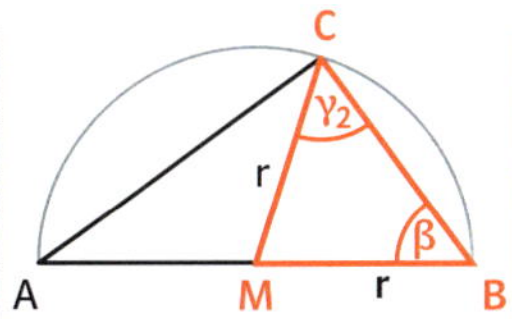

Das Dreieck MBC ist gleichschenklig. Die Basis ist $\overline{BC}$.
Die Basiswinkel sind β und γ_2.
Es gilt $\beta = \gamma_2$.

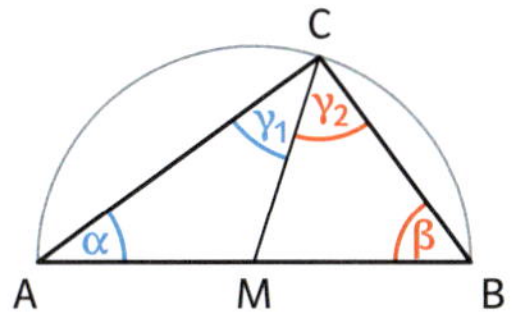

Die Winkelsumme im Dreieck ist 180°.
Es gilt
$\alpha + \beta + \gamma_1 + \gamma_2 = 180°$.

In der Summe $\alpha + \beta + \gamma_1 + \gamma_2$ sind die Summanden $(\alpha + \beta)$ und $(\gamma_1 + \gamma_2)$ gleich groß. Jeder der beiden Summanden ist also halb so groß wie der Summenwert 180°.
Damit gilt $\gamma = \gamma_1 + \gamma_2 = 90°$.

Merke

Satz des Thales
Wenn der Eckpunkt C des Dreiecks ABC auf dem Halbkreisbogen über der Seite $\overline{AB}$ liegt, dann hat das Dreieck bei C einen rechten Winkel. Dieser Halbkreis heißt **Thaleskreis**.

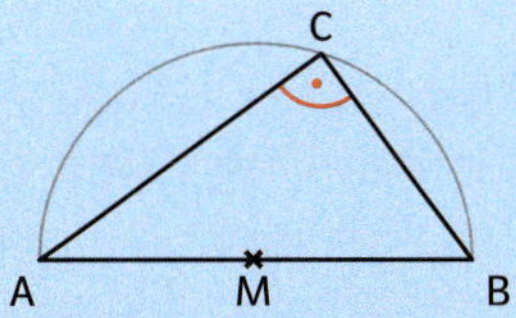

Beispiel

Das Dreieck ABC mit $c = 10\,cm$, $a = 6\,cm$ und dem rechten Winkel γ wird konstruiert:
1. die Seite $c = \overline{AB}$;
2. der Mittelpunkt M von $\overline{AB}$;
3. der Halbkreisbogen um M mit $r = 5\,cm$;
4. der Kreisbogen um B mit $r = 6\,cm$;
5. der Schnittpunkt C der zwei Kreisbögen;
6. die Seiten $\overline{AC}$ und $\overline{BC}$.

Planfigur

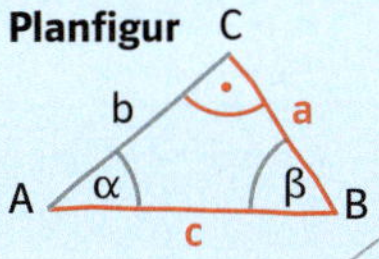

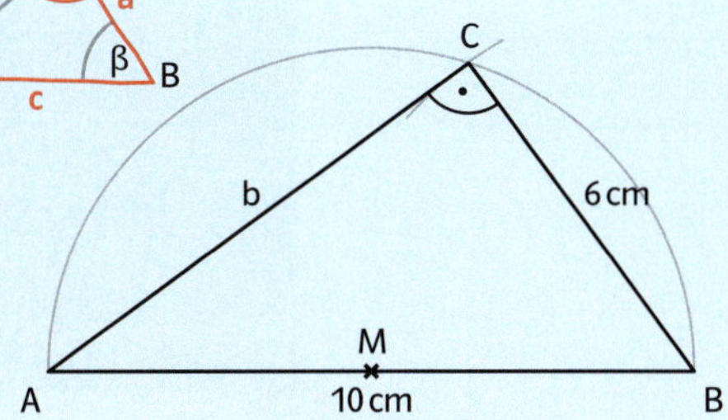

○ **1** SP Zeichne die rechts abgebildete Figur in dein Heft.
Miss die Winkel in den Eckpunkten C, D, E, F und G. Was stellst du fest?

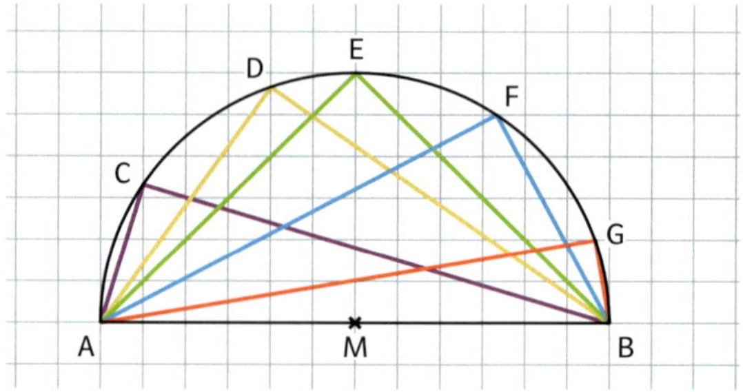

Tipp!
Vergiss die Planfigur nicht.

○ **2** Konstruiere das Dreieck ABC mithilfe des Thaleskreises.

a) c = 8 cm; a = 4 cm; $\gamma = 90°$

b) c = 6 cm; b = 5 cm; $\gamma = 90°$

Alles klar?

A Konstruiere das Dreieck ABC mit c = 10 cm; a = 5 cm und $\gamma = 90°$.

D26 Fördern

○ **3** Konstruiere das Dreieck ABC mit

a) c = 8 cm; a = 3 cm; $\gamma = 90°$.

b) c = 10 cm; b = 6 cm; $\gamma = 90°$.

Tipp!
zu Aufgabe 4
In einem gleichschenkligen Dreieck sind die Basiswinkel gleich groß.

○ **4** Konstruiere das gleichschenklig-rechtwinklige Dreieck ABC mit c = 8 cm und $\gamma = 90°$.

◒ **5** Ben behauptet: „Ich habe fünf rechtwinklige Dreiecke gezeichnet.“ **Überprüft** im Heft ohne die Winkel zu messen, ob Ben recht hat.

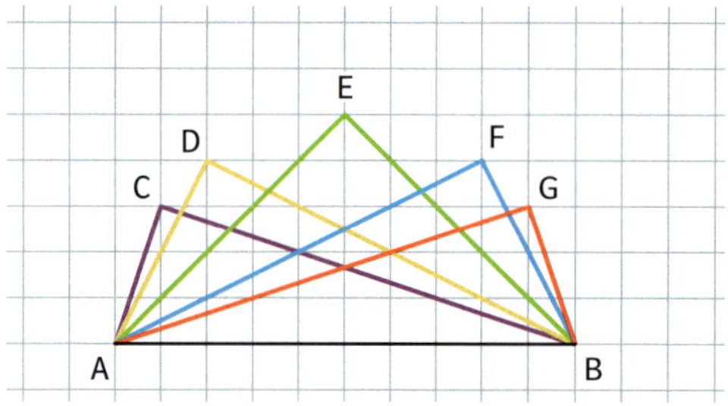

Tipp!
zu Aufgabe 6
Der Maßstab 1:100 bedeutet: 1 cm auf dem Bild entspricht 1 m in der Wirklichkeit.

Tipp!
zu Aufgabe 5
Du kannst die Aufgabe auch mit einer Geometriesoftware lösen.

◒ **6** Lina stürmt auf das Tor zu. Sie sieht die Torlinie unter einem rechten Winkel und ist vom linken Torpfosten nur noch 3 m entfernt. Das Bild zeigt die Draufsicht kurz vor dem Torschuss. Zeichne im Maßstab 1:100. Markiere die Stelle, an der Lina den Ball schießt.

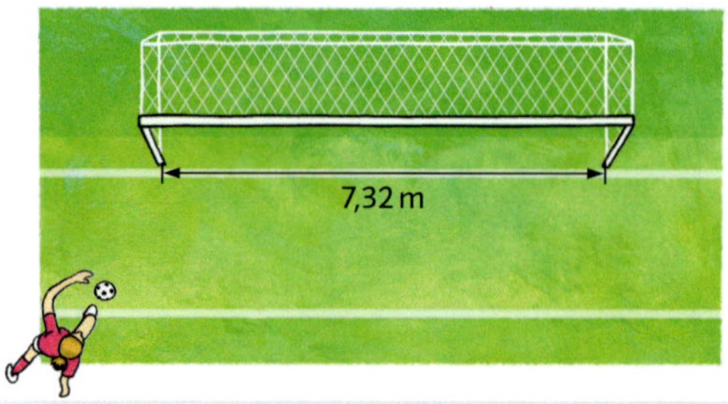

◒ **3** Konstruiere die zwei Dreiecke mit c = 10 cm; $\gamma = 90°$ und

a) a = 8 cm.   b) a = 6 cm.

Was **vermutest** du? Prüfe nach.

● **4** Berechne die rot markierten Winkel.

a)

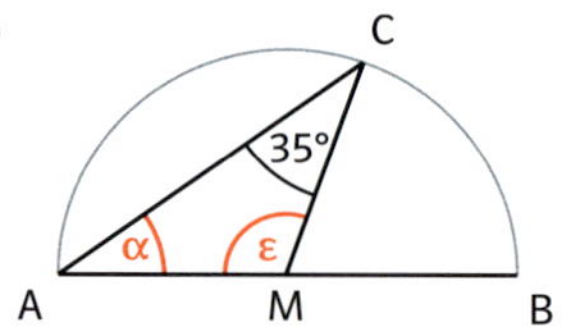

b)

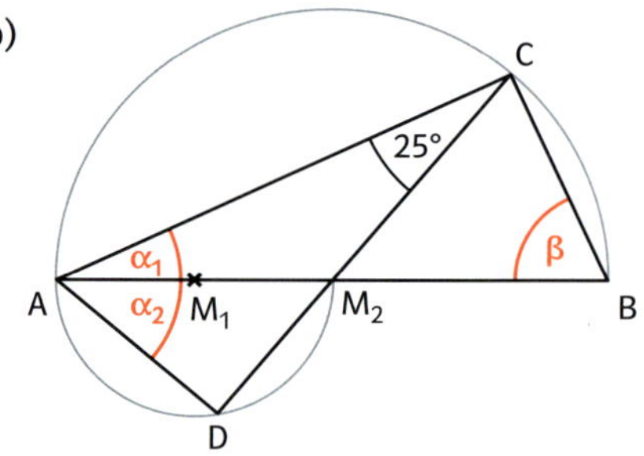

● **5** SP Zeichne die Figur und trage nach unten den Thaleskreis mit dem Durchmesser $\overline{BC}$ ein. Was fällt dir auf?
Was beobachtest du, wenn du die Figur mit einer anderen Lage von B noch einmal zeichnest?
Begründe deine Beobachtung.

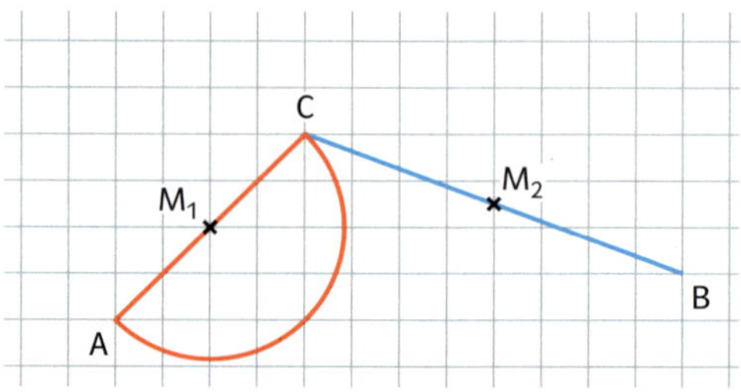

→ Die Lösungen zu „Alles klar?“ findest du auf Seite 252.

6 Höhen

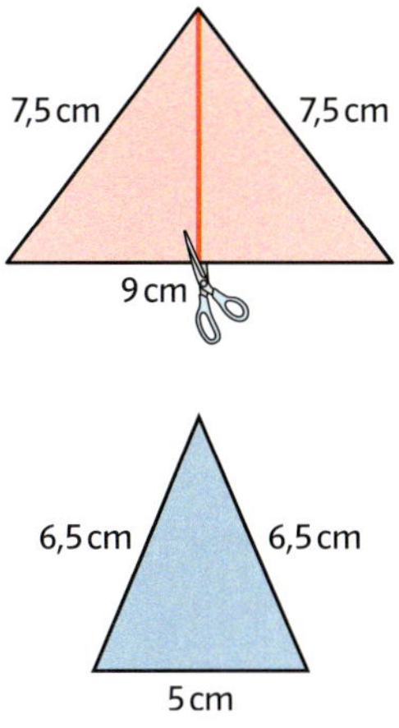

- ➔ Stelle das rote und das blaue Dreieck her.
- ➔ Zerschneide das rote Dreieck. Lege dann die zwei Teildreiecke zu einem neuen Dreieck zusammen.
- ➔ Legt zwei blaue Teildreiecke neu zusammen. Überlegt vorher, wie ihr das blaue Dreieck zerlegen müsst.
- ➔ Legt aus einem roten und einem blauen Teildreieck ein neues Dreieck. Beschreibt die Linie, an der die Teildreiecke aneinander passen.

Das Dreieck steht auf der Seite $\overline{AB}$.
Die Senkrechte durch den Eckpunkt C auf die Seite $\overline{AB}$ ist eine **Höhe** des Dreiecks.

Die zweite Höhe des Dreiecks sieht man, wenn man es auf die Seite $\overline{BC}$ kippt.

Die dritte Höhe des Dreiecks sieht man, wenn man es auf die Seite $\overline{CA}$ kippt.
Jedes Dreieck hat also drei Höhen.

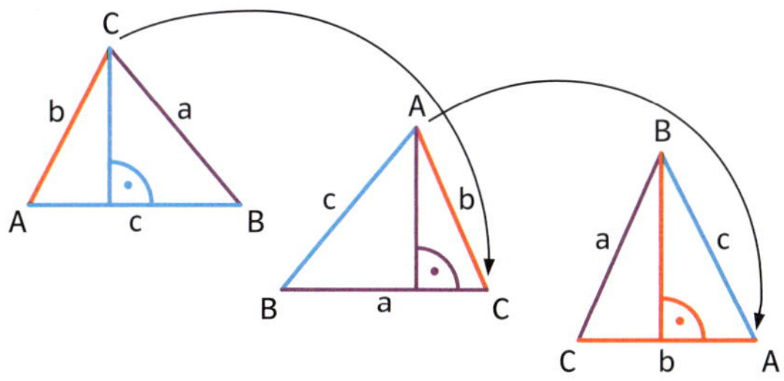

Merke

Jede **Höhe** verbindet einen Eckpunkt mit der gegenüberliegenden Seite und steht auf dieser Seite senkrecht.

Jedes Dreieck hat drei Höhen. Sie werden mit h_a, h_b und h_c bezeichnet.

Die Höhen eines Dreiecks schneiden sich in einem Punkt.

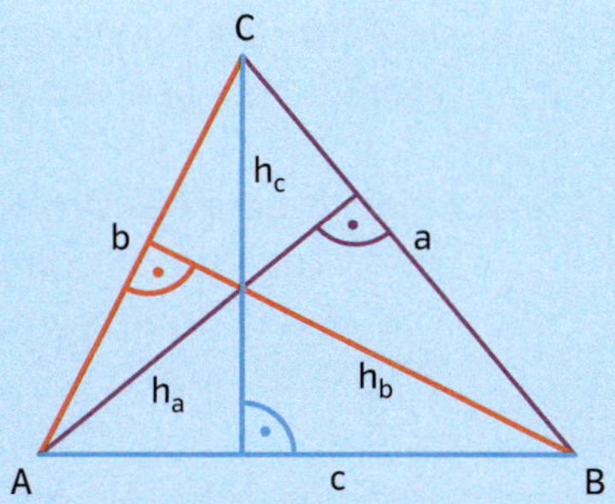

Tipp!
h_a ist die Höhe, die auf der Seite a senkrecht steht.

Beispiel

Das Dreieck ABC hat bei C einen stumpfen Winkel. So zeichnest du seine Höhen ein:

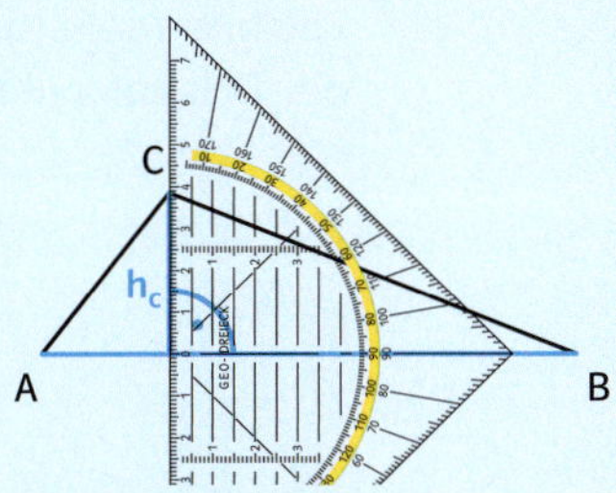

Die Höhe h_c liegt innerhalb des Dreiecks.

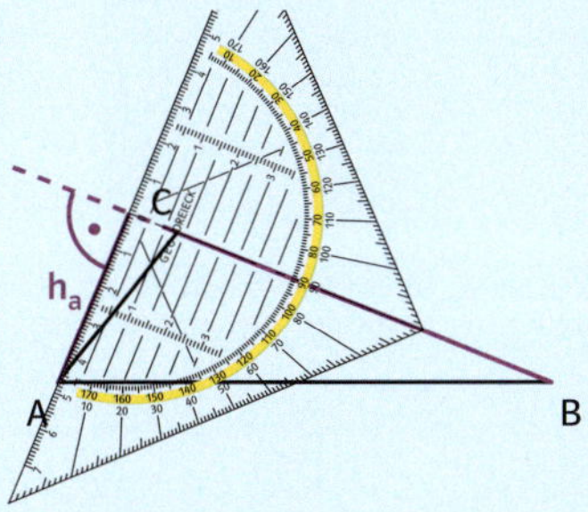

Die Höhe h_a liegt außerhalb des Dreiecks.
Sie steht senkrecht auf der Verlängerung der Seite $\overline{BC}$.

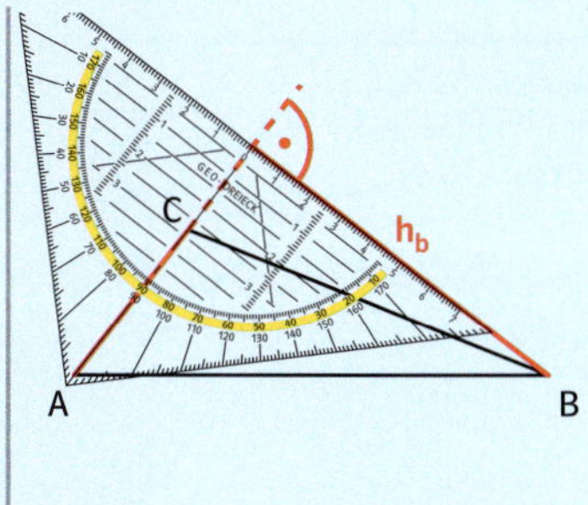

Die Höhe h_b liegt außerhalb des Dreiecks.
Sie steht senkrecht auf der Verlängerung der Seite $\overline{AC}$.

○ **1** Übertrage und zeichne alle Höhen ein.

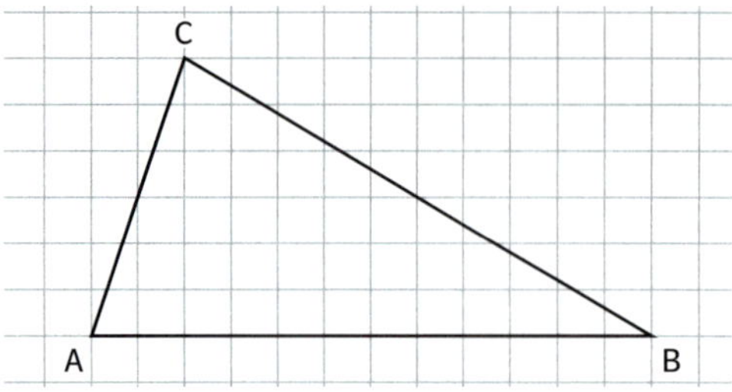

○ **2** Zeichne das stumpfwinklige Dreieck ABC mit A(1|2); B(11|2) und C(8|5) in ein Koordinatensystem.
Zeichne die drei Höhen ein und beschrifte sie.

○ **3** Zeichne das gleichseitige Dreieck ABC mit c = 6 cm. Zeichne die Höhen ein und miss ihre Länge.

Alles klar?

A Zeichne das Dreieck ABC mit A(1|1); B(9|1) und C(6|6) in ein Koordinatensystem. Zeichne die drei Höhen ein und benenne sie.

D27 Fördern

○ **4** Zeichne das Dreieck ins Heft und trage die Höhen ein.

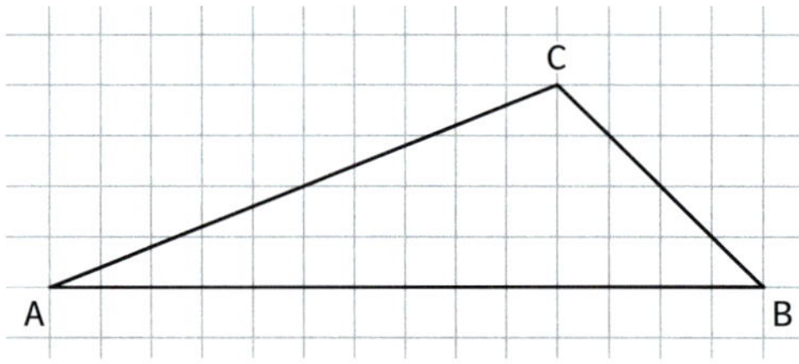

Tipp!
Vergiss die Planfigur nicht.

○ **5** SP Konstruiere das Dreieck ABC mit a = 7 cm; b = 7 cm und c = 5 cm.
Zeichne die Höhen ein und miss ihre Länge. Was beobachtest du?

◒ **6** Konstruiere das Dreieck ABC mit a = 5 cm; b = 5 cm und c = 8 cm. Zeichne die Höhen ein und überprüfe, ob sie sich in einem Punkt schneiden.

Tipp!
zu Aufgabe 7
Der Maßstab 1:1000 bedeutet:
1 cm auf dem Bild entspricht 1000 cm in der Wirklichkeit;
1000 cm = 10 m.

◒ **7** Zeichne das Dreieck im Maßstab 1:1000.
Bestimme die Höhe des Sendemasts.

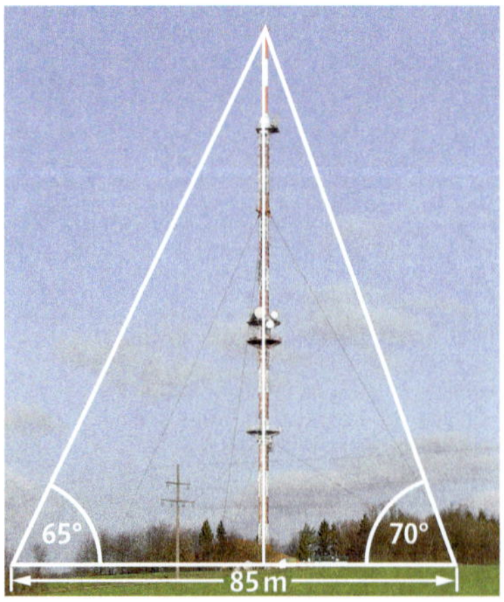

◒ **4** SP Zeichne das Dreieck ABC mit den Eckpunkten A(0|0); B(6,5|0) und C(4|6).
Trage die Höhen ein und miss ihre Länge.
Was fällt dir auf? **Begründe**.

◒ **5** SP
a) Zeichne das Dreieck ABC mit A(5|5); B(13|5) und C(3|11). Zeichne die Höhen ein und verlängere sie bis zum Schnittpunkt H.
b) **Beschreibe** die Höhen des Dreiecks HBC.

● **6** SP Konstruiere ein Dreieck mit c = 9 cm; b = 6 cm und h_c = 5 cm.
C muss auf einer Parallelen zu $\overline{AB}$ liegen.
Gibt es nur ein solches Dreieck?

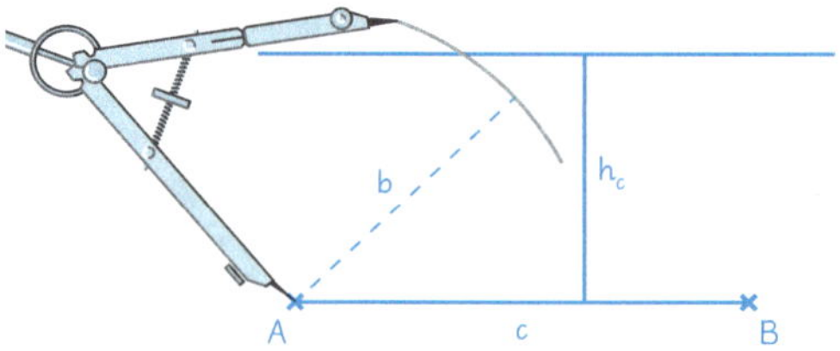

● **7** Zeichne maßstäblich und miss die Höhe der Felsnase über dem Ufer.

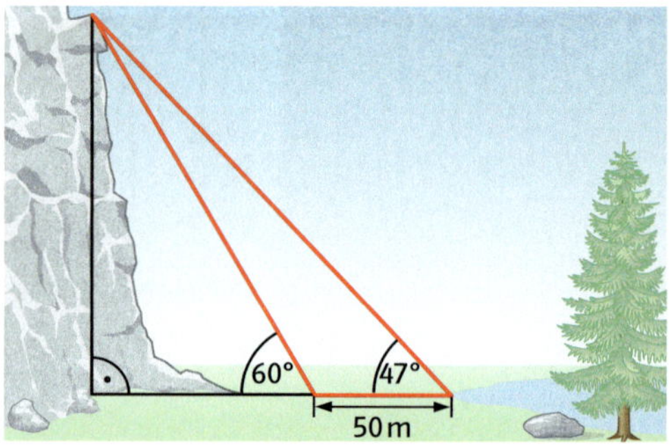

→ Die Lösungen zu „Alles klar?" findest du auf Seite 252.

7 Mittelsenkrechte. Umkreis

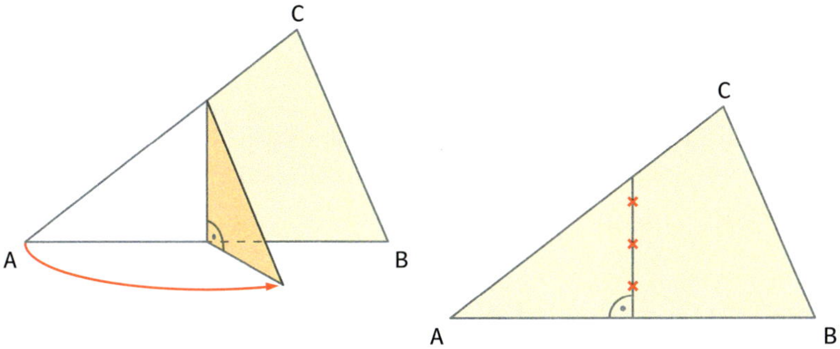

Ein Dreieck kann man so falten, dass zwei Eckpunkte zusammenkommen.

→ Schneidet ein Dreieck aus. Faltet A auf B und klappt das Dreieck wieder auf. Markiert auf der Faltlinie mehrere Punkte. Messt die Entfernung jedes Punktes zu A und B. Was beobachtet ihr?

→ Faltet dann B auf C und klappt wieder auf. Faltet zuletzt C auf A und klappt wieder auf. Was stellt ihr fest?

Merke

Die Symmetrieachse der Strecke $\overline{AB}$ heißt **Mittelsenkrechte**. Sie geht durch den Mittelpunkt der Strecke $\overline{AB}$ und steht senkrecht auf ihr. Sie wird mit $m_{\overline{AB}}$ bezeichnet.

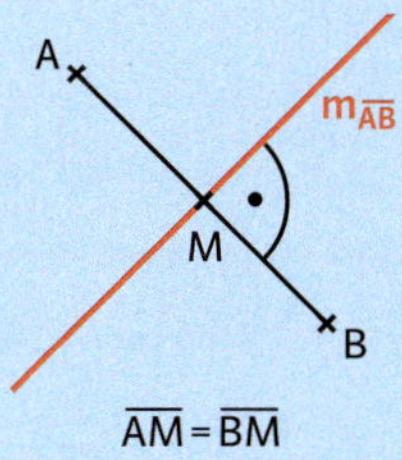

Jeder Punkt auf der Mittelsenkrechten $m_{\overline{AB}}$ ist von den Punkten A und B gleich weit entfernt.

Im Dreieck ABC schneiden sich die drei Mittelsenkrechten im Punkt U. Der Punkt U hat von den Eckpunkten A, B und C des Dreiecks die gleiche Entfernung. Die Eckpunkte liegen auf einem Kreis um U, dem **Umkreis** des Dreiecks.

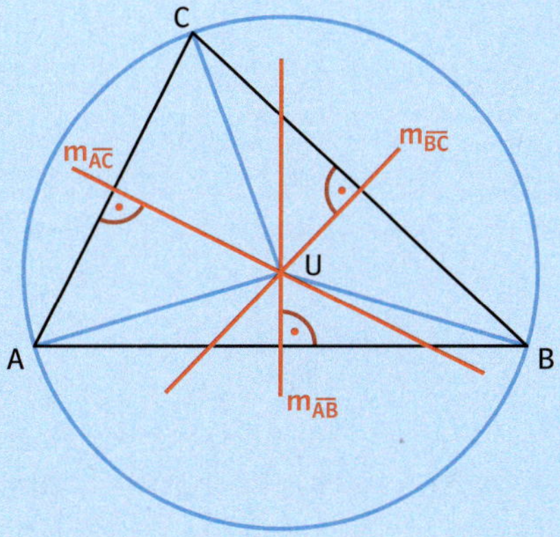

Beispiele

a) Zeichne die Mittelsenkrechte der Strecke $\overline{AB}$ mit dem Geodreieck.

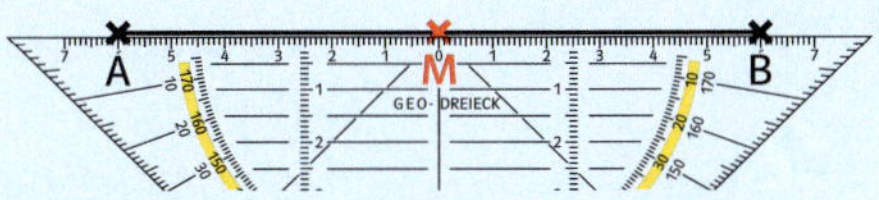

Markiere den Mittelpunkt M von $\overline{AB}$.

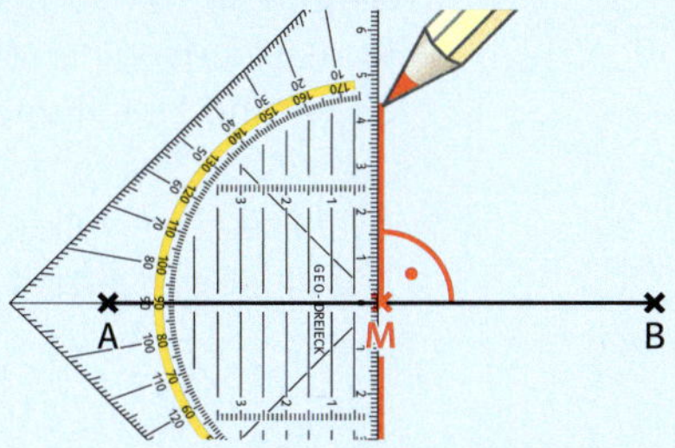

Zeichne die Senkrechte zu $\overline{AB}$ durch M.

b) Konstruiere die Mittelsenkrechte der Strecke $\overline{AB}$ mit Zirkel und Lineal.

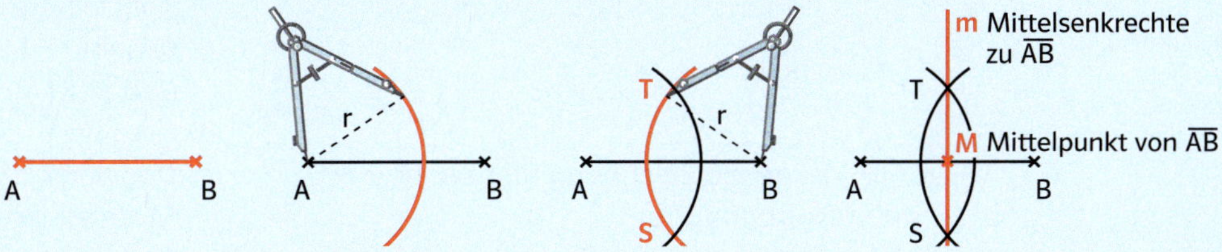

Tipp!
Der Radius r muss länger sein als die halbe Strecke.

○ **1** Übertrage die Strecke $\overline{AB}$. Zeichne die Mittelsenkrechte $m_{\overline{AB}}$ ein.

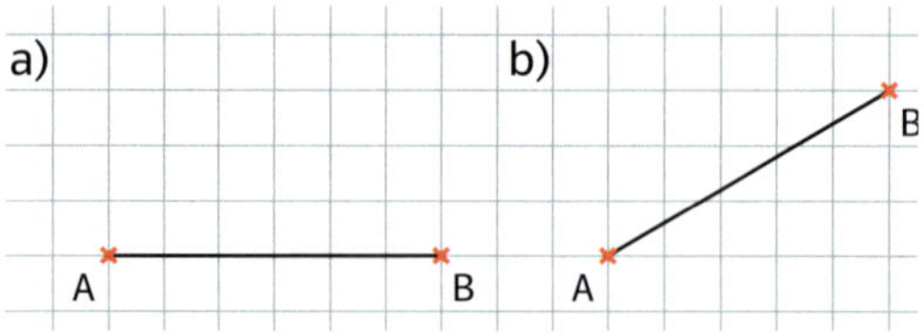

○ **2** Ein Dreieck hat die Eckpunkte A (1 | 1); B (9 | 1) und C (7 | 7).
a) Zeichne das Dreieck.
b) Zeichne alle Mittelsenkrechten ein.
c) Zeichne den Umkreis des Dreiecks. Gib die Koordinaten seines Mittelpunkts U an.

Alles klar?

D28 **Fördern**

A Übertrage die Strecke. Zeichne die Mittelsenkrechte und beschrifte sie.

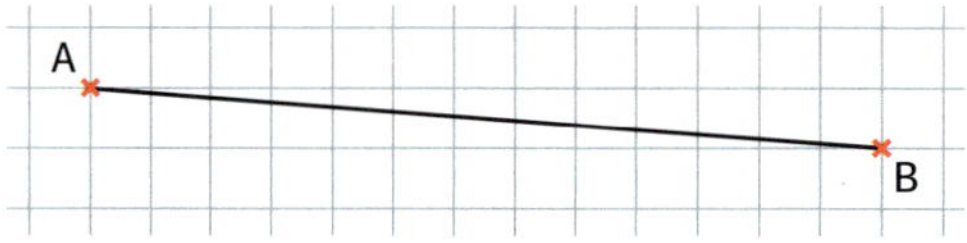

B Ein Dreieck hat die Eckpunkte A (3 | 3); B (12 | 3) und C (5 | 10).
a) Zeichne das Dreieck.
b) Zeichne alle Mittelsenkrechten ein.
c) Zeichne den Umkreis des Dreiecks.

○ **3** SP Übertrage die Strecken $\overline{AB}$ und $\overline{CD}$.

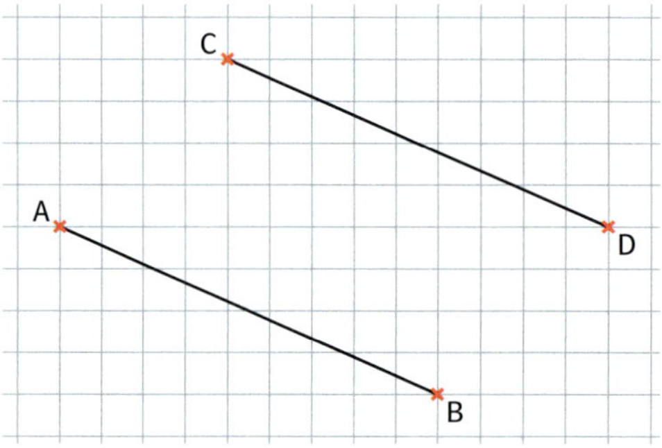

Zeichne ihre Mittelsenkrechten ein.
Was beobachtest du?

◐ **4** Zeichne das Dreieck ABC mit den Seitenlängen a = 6 cm; b = 5 cm und c = 7 cm. Konstruiere seine Mittelsenkrechten mit Zirkel und Lineal und seinen Umkreis.

Tipp!
zu Aufgabe 4
Lege drei Punkte auf der Kreislinie fest.

◐ **5** Drei Freunde wollen sich treffen. Ihr Treffpunkt ist von jedem gleich weit entfernt.

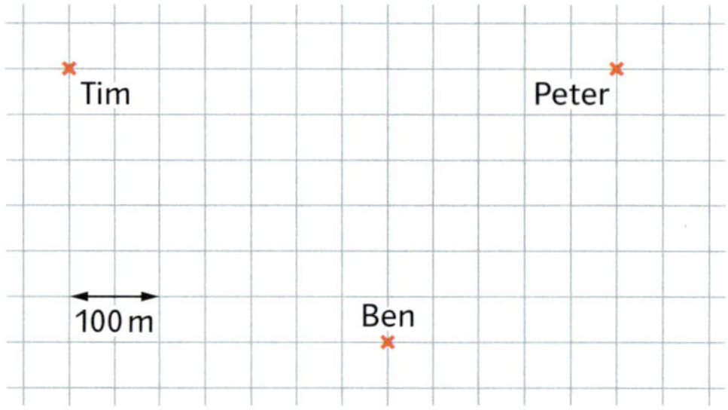

a) Übertrage die Zeichnung und bestimme den Treffpunkt.
b) Wie weit muss jeder Junge gehen?

◐ **3**

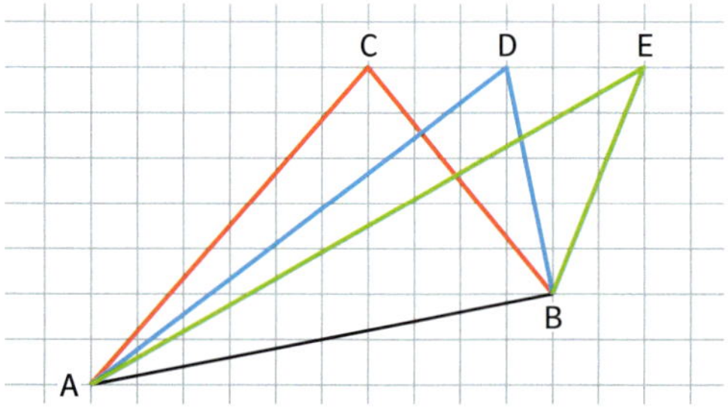

a) Übertrage in getrennten Figuren die Dreiecke ABC; ABD und ABE.
b) SP Konstruiere zu jedem Dreieck die Mittelsenkrechten mit Zirkel und Lineal und den Umkreis. Was beobachtest du?

◐ **4** Mona baut aus Tellern eine **Etagere**. Dazu bestimmt sie den Mittelpunkt jedes Tellers.
a) Zeichne mithilfe eines Tellers einen Kreis und konstruiere den Mittelpunkt.
b) SP **Beschreibe** dein Vorgehen.

eine Etagere
ein Gestell mit mindestens 2 Ebenen (Etagen), zum Beispiel für Obst oder Pralinen

● **5**
a) Konstruiere mit Zirkel und Lineal die Mittelsenkrechte der Strecke $\overline{AB}$ mit A (2 | 2) und B (8 | 4).
b) SP **Begründe** mithilfe von kongruenten Dreiecken, dass jeder Punkt auf der Mittelsenkrechten von den Punkten A und B gleich weit entfernt ist.

→ Die Lösungen zu „Alles klar?“ findest du auf Seite 252.

MEDIEN

DGS. Dreiecke

Tipp!
Wie man mit einer DGS arbeitet, findest du auf Seite 244.

MK Mit einer dynamischen Geometriesoftware (DGS) kann man Figuren zeichnen. Dafür gibt es Werkzeuge, die mit Schaltflächen betätigt werden. Die wichtigsten Werkzeuge erzeugen Punkte, Strecken, Geraden, Kreise, Dreiecke und Vielecke. Man kann einzelne Punkte bewegen und so Form und Größe der Figur verändern. Deshalb nennt man die Geometriesoftware dynamisch. Durch Färbung und Strichart kann man die Figuren ausgestalten.

1 MK Zum Herstellen von Kreisen kannst du den Mittelpunkt und einen Kreispunkt wählen. Auch für Schnittpunkte gibt es ein Werkzeug.

a) Zeichne das Kreismuster Schritt für Schritt.
b) Verbinde dann die Schnittpunkte der Kreise zu einem gleichseitigen Dreieck.
c) SP Bleibt das Dreieck gleichseitig, wenn du den Punkt P bewegst? **Begründe** deine Antwort.

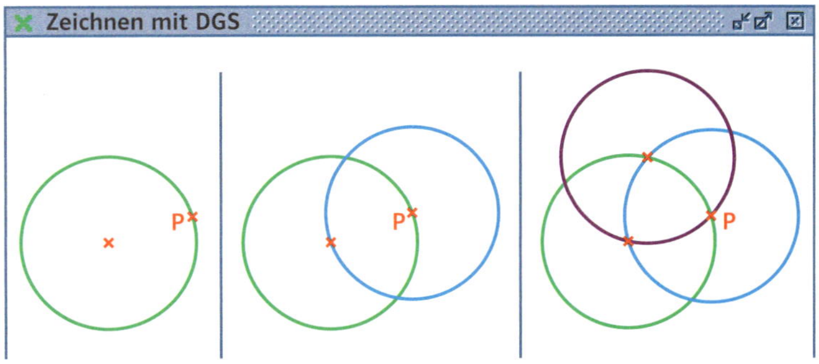

2 MK Zeichne ein beliebiges Dreieck ABC.

a) Lege durch die drei Eckpunkte die Parallelen zur gegenüberliegenden Seite. Markiere die Schnittpunkte der Parallelen.
b) SP Was beobachtest du? Was ändert sich, wenn du die Eckpunkte bewegst? Was ändert sich beim Bewegen nicht?

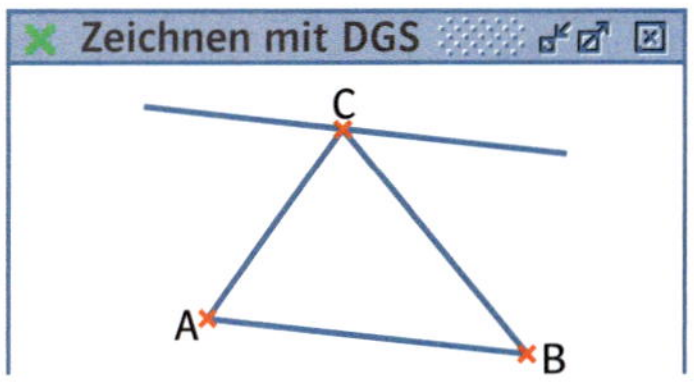

3 MK Zeichne ein beliebiges Dreieck ABC.

a) Zeichne durch den Punkt C die Senkrechten zu den Seiten $\overline{AC}$ und $\overline{BC}$. Verfahre ebenso mit den Eckpunkten A und B.
b) Zeichne die Schnittpunkte D, E und F. Mit dem Werkzeug für Mittelpunkte bekommst du den Mittelpunkt M von $\overline{AD}$.
c) SP Zeichne den Kreis mit dem Mittelpunkt M durch den Punkt A. Was beobachtest du? Bewege die Eckpunkte des Dreiecks.

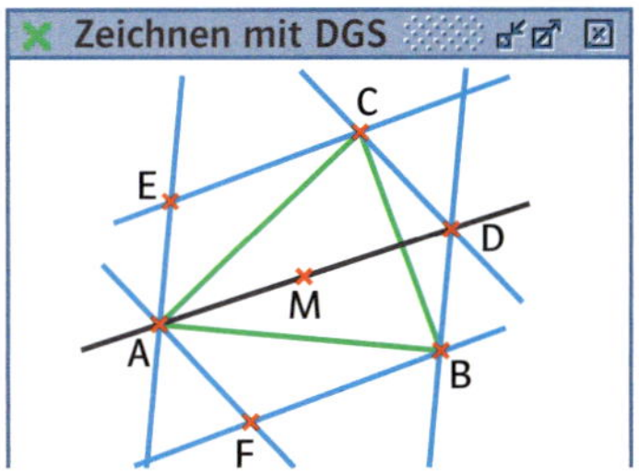

4 MK SP Zeichne Schritt für Schritt.

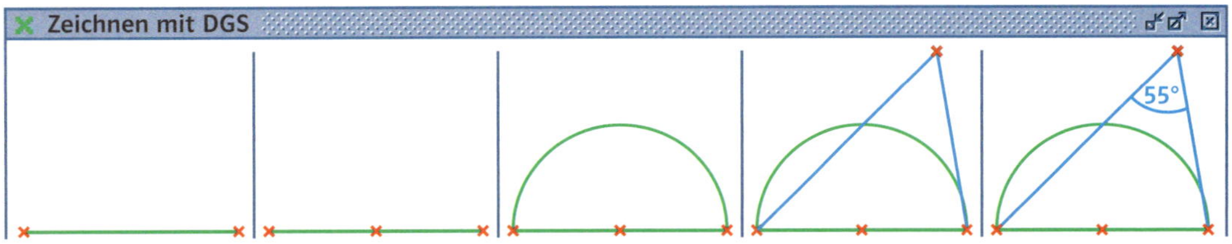

Mit dem Werkzeug für die Winkelgröße kannst du den Winkel im dritten Eckpunkt des Dreiecks messen. Bewege anschließend den Eckpunkt. Welchen Zusammenhang zwischen seiner Lage in Bezug auf den Halbkreis und der Winkelgröße erkennst du?

MEDIEN

5 MK

a) Zeichne die Strecke $\overline{AB} = 8\,cm$. Trage in A den Winkel $\alpha = 50°$ an. Dafür gibt es ein Werkzeug.

b) Setze einen Punkt D und lege durch ihn einen Kreis mit dem Mittelpunkt B. Durch Bewegen von D kannst du die Größe des Kreises verändern.

c) **Untersuche**, wann der Kreis den freien Schenkel des Winkels α in nur einem Punkt C berührt und wann es zwei Schnittpunkte gibt.

d) SP Wie groß muss also die Seite $\overline{BC}$ des Dreiecks ABC mindestens sein, damit es nur ein Dreieck ABC mit $c = 8\,cm$ und $\alpha = 50°$ gibt? **Erkläre**, um welchen Kongruenzsatz für Dreiecke es sich handelt.

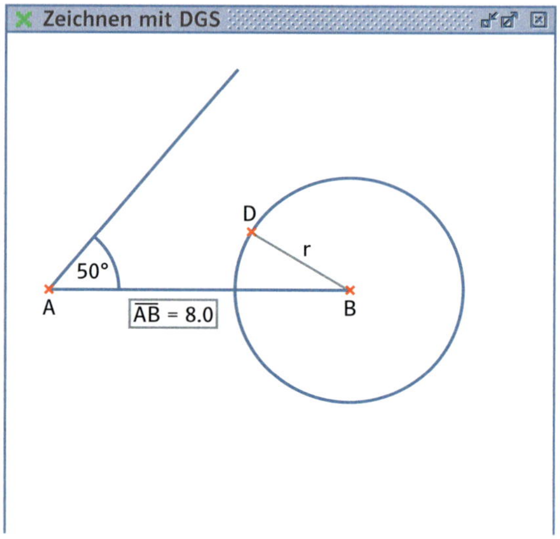

6 MK Manche DGS haben ein Werkzeug für die Mittelsenkrechte einer Strecke $\overline{AB}$. Bei anderen Programmen muss man erst den Mittelpunkt M der Strecke erzeugen und durch diesen die Senkrechte zur Strecke legen.

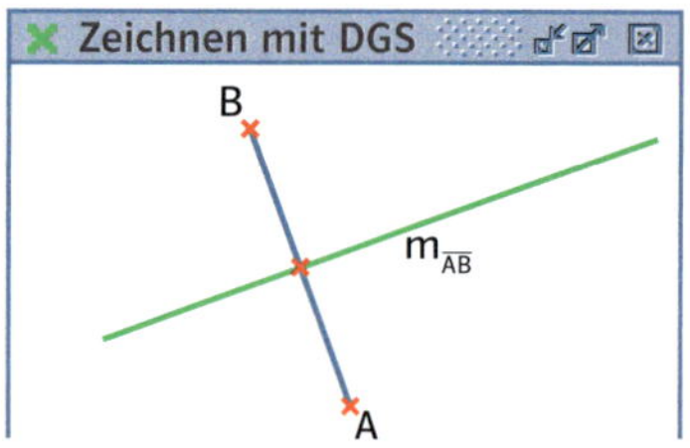

a) Zeichne
- ein Dreieck ABC mit seinen drei Mittelsenkrechten;
- den Schnittpunkt M der Mittelsenkrechten;
- den Kreis mit Mittelpunkt M durch den Eckpunkt A.

b) SP Was beobachtest du? Bewege die Eckpunkte des Dreiecks. **Beschreibe**, wie die Form des Dreiecks und die Lage des Kreismittelpunkts zusammenhängen.

7 MK SP Zeichne Schritt für Schritt.

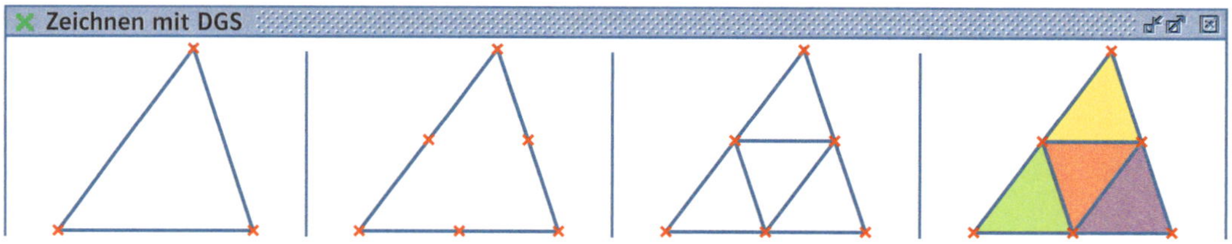

Bewege dann die Eckpunkte des großen Dreiecks. Wie verändern sich die Teildreiecke? **Beschreibe** und **begründe** den Zusammenhang zwischen den vier Teildreiecken.

Zusammenfassung

Winkel im Schnittpunkt von Geraden

Scheitelwinkel haben die gleiche Weite.

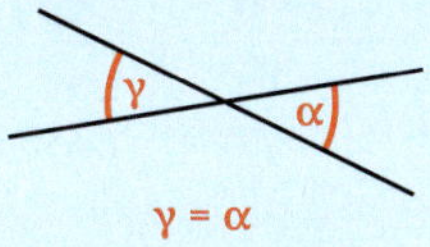

Nebenwinkel haben die Summe 180°.

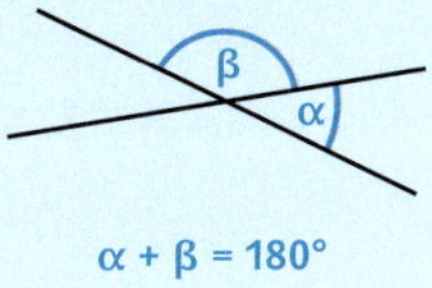

Stufenwinkel haben die gleiche Größe.

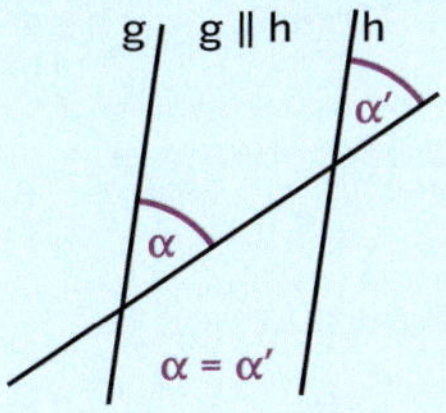

Wechselwinkel haben die gleiche Größe.

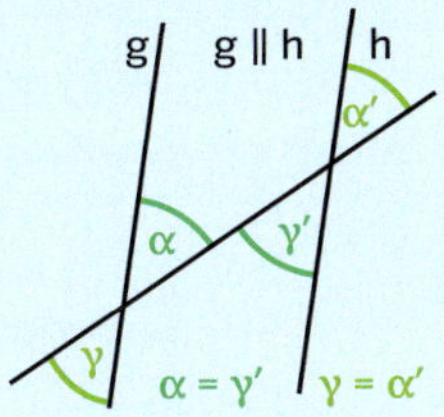

Winkelsummensatz (Innenwinkelsatz)

Die **Winkelsumme** im Dreieck beträgt 180°.

$\alpha + \beta + \gamma = 180°$

Dreiecksformen

Einteilung nach Seitenlängen:

gleichseitiges Dreieck

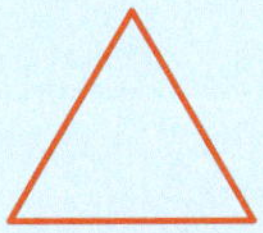

drei gleich lange Seiten

gleichschenkliges Dreieck

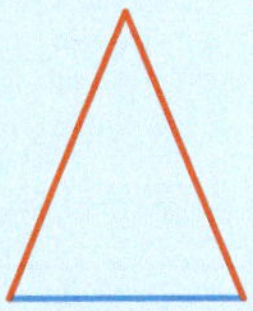

zwei gleich lange Seiten

allgemeines Dreieck

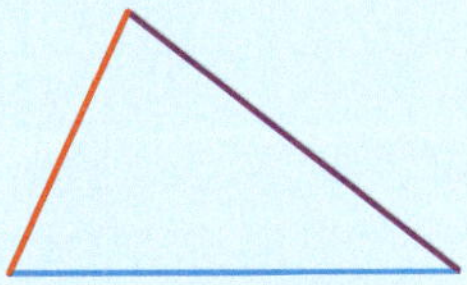

drei verschieden lange Seiten

Einteilung nach Winkelgrößen:

spitzwinklig

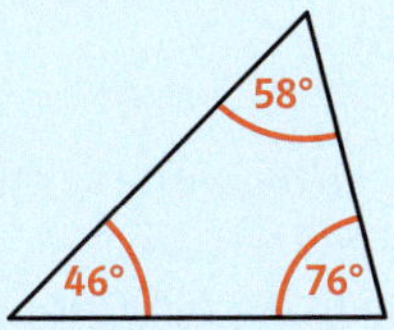

drei spitze Winkel

rechtwinklig

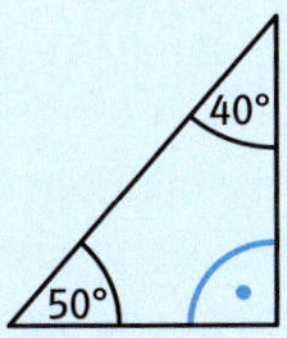

ein rechter Winkel

stumpfwinklig

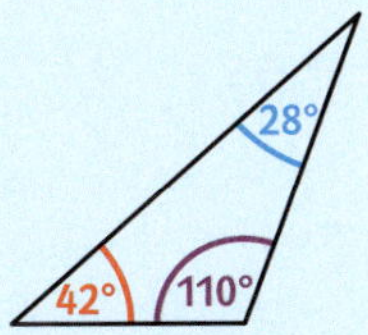

ein stumpfer Winkel

Satz des Thales

Wenn der Eckpunkt C eines Dreiecks ABC auf dem Halbkreis über der Seite $\overline{AB}$ liegt, dann hat das Dreieck bei C einen rechten Winkel.
Dieser Halbkreis heißt **Thaleskreis**.

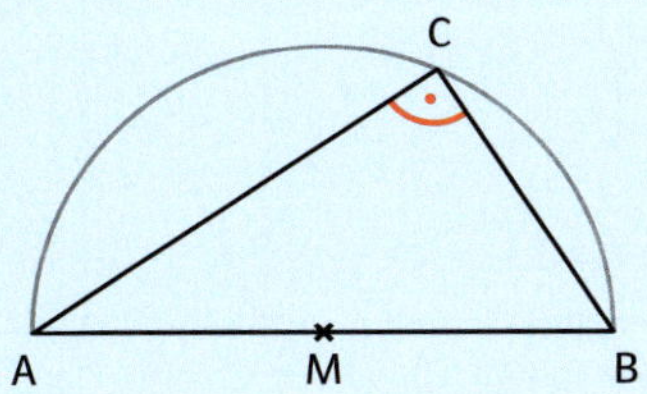

Dreiecke konstruieren

Es gibt vier **Kongruenzsätze**. Vor der Konstruktion eines Dreiecks skizziert man eine Planfigur und markiert die gegebenen Seiten und Winkel farbig.
Gegeben sind immer **drei Stücke**:

drei Seiten (SSS)

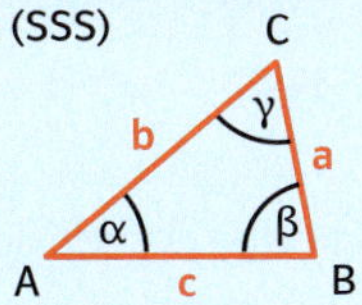

zwei Seiten und der eingeschlossene Winkel (SWS)

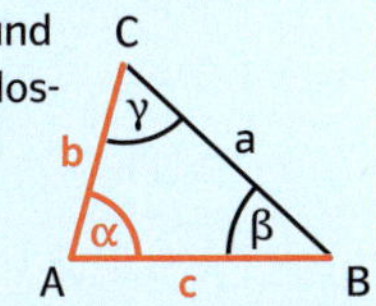

eine Seite und die anliegenden Winkel (WSW)

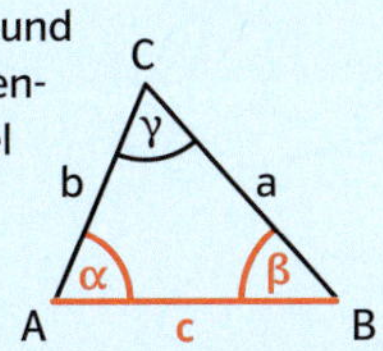

zwei Seiten und der Gegenwinkel der längeren Seite (SsW)

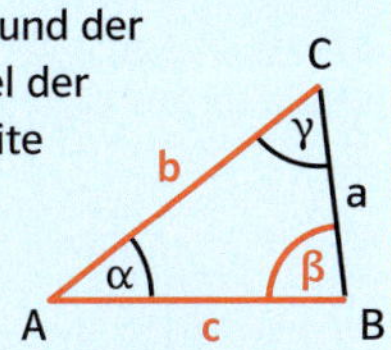

Bei diesen Kongruenzsätzen legen die drei gegebenen Stücke das Dreieck eindeutig fest. Zwei Dreiecke, die in diesen drei Stücken übereinstimmen, nennt man **deckungsgleich (kongruent).**

Höhen

Jede **Höhe** verbindet einen Eckpunkt mit der gegenüberliegenden Seite und steht auf dieser Seite senkrecht.

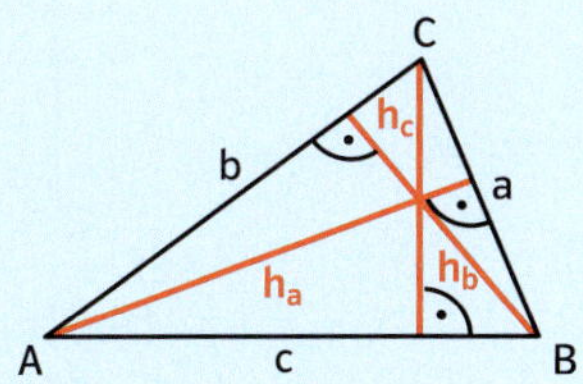

Mittelsenkrechte

Die **Mittelsenkrechte** $m_{\overline{AB}}$ geht durch den Mittelpunkt der Strecke $\overline{AB}$ und steht auf $\overline{AB}$ senkrecht.

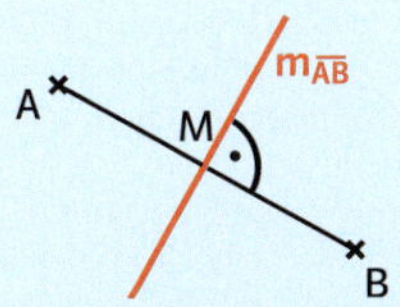

Jeder Punkt auf $m_{\overline{AB}}$ ist von A und B gleich weit entfernt. Die drei Mittelsenkrechten eines Dreiecks schneiden sich im Mittelpunkt U des **Umkreises**.

Basistraining

○ **1** Wie groß sind die Winkel α, β, γ, δ?

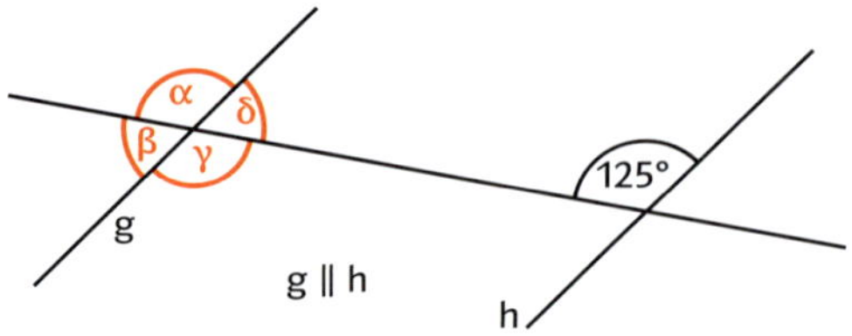

○ **2** Berechne die Winkel α und β.

a)

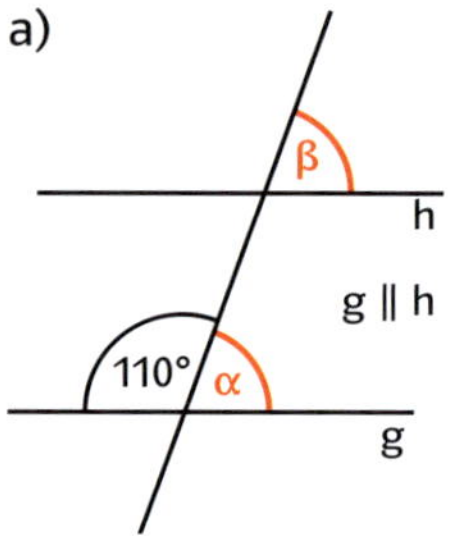

b)

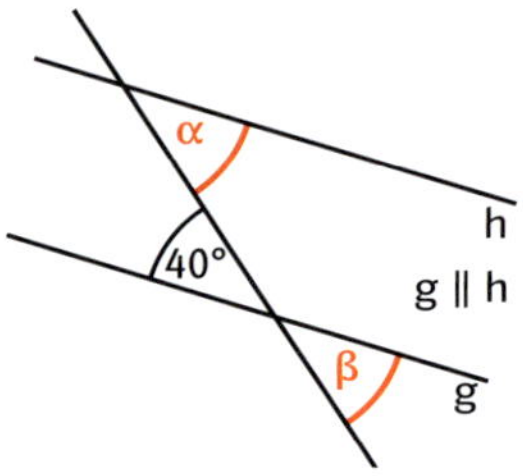

○ **3**

a) Berechne den fehlenden Winkel.

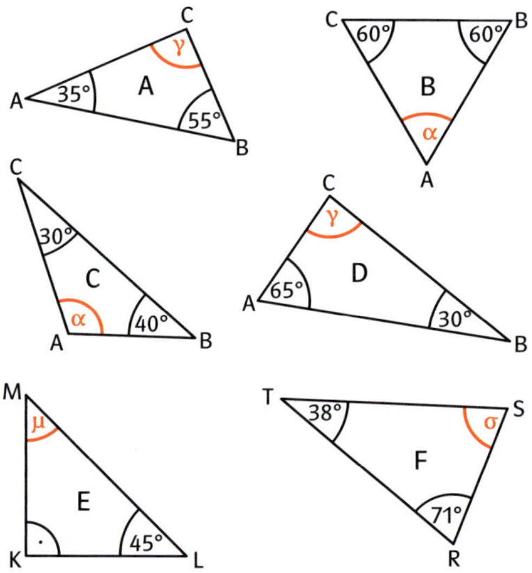

b) Ordne jedem Dreieck das richtige Kärtchen zu. Ein Kärtchen bleibt übrig.

- allgemein-rechtwinklig
- gleichseitig
- gleichschenklig-stumpfwinklig
- gleichschenklig-rechtwinklig
- gleichschenklig-spitzwinklig
- allgemein-spitzwinklig
- allgemein-stumpfwinklig

○ **4** Berechne den fehlenden Winkel im Dreieck ABC.

	a)	b)	c)	d)
α	72°	51°	■	59°
β	28°	■	54°	■
γ	■	39°	72°	61°

Welches Dreieck ist gleichschenklig?

○ **5** Berechne die markierten Winkel.

a)

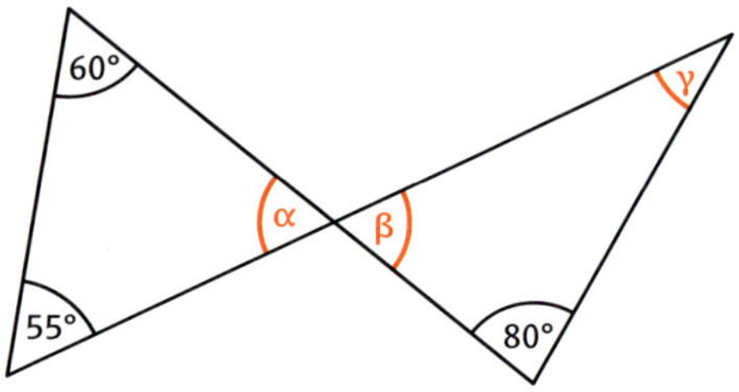

b)

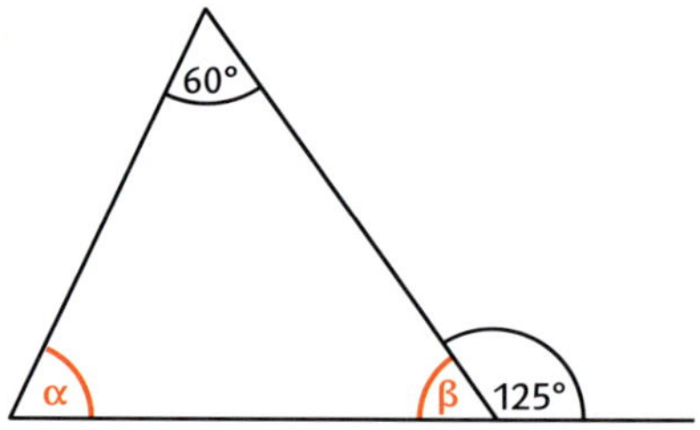

○ **6** Zeichne das Dreieck ABC. Miss anschließend die Winkel und prüfe mit dem Winkelsummensatz.

a) A (1 | 1); B (8 | 1); C (2 | 10)
b) A (1 | 4); B (5 | 0); C (12 | 7)
c) A (1 | 11); B (10 | 1); C (8 | 9)

○ **7** Im rechtwinkligen Dreieck ABC verstecken sich viele rechtwinklige Teildreiecke. Finde möglichst viele davon. Es gibt mehr als fünf.

Beispiel: Dreieck AFC

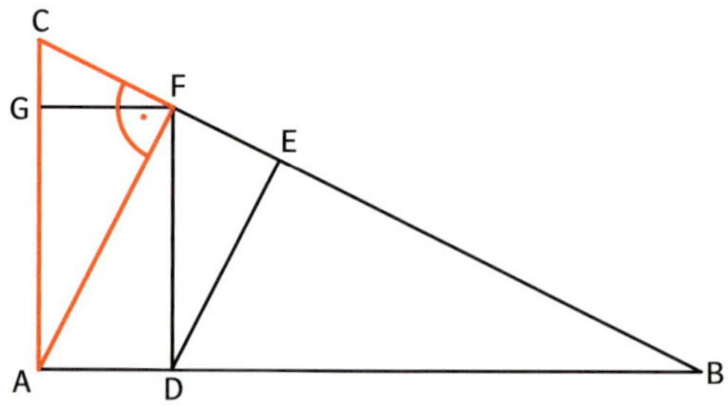

○ 8 Das gleichschenklige Dreieck ABC enthält viele gleichschenklige Teildreiecke. Suche möglichst viele weitere gleichschenklige Dreiecke.

Beispiel: Dreieck ADE

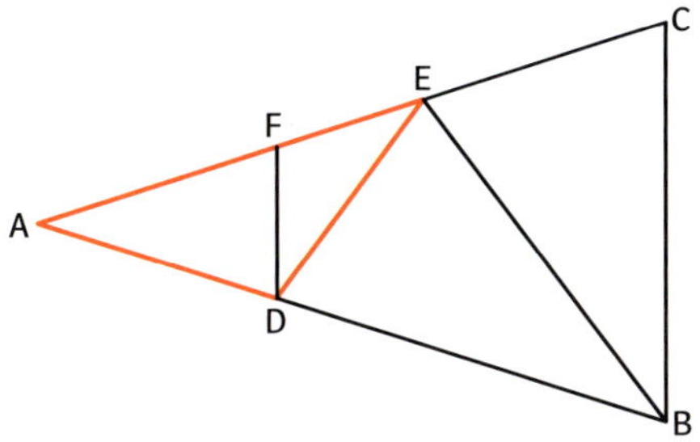

Tipp!
zu den Aufgaben 9, 10 und 15

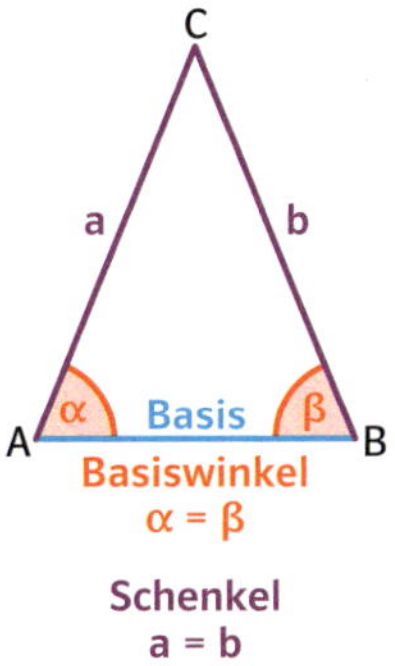

◒ 9 Ein gleichschenkliges Dreieck hat den Basiswinkel

a) $\alpha = 50°$. b) $\alpha = 60°$. c) $\beta = 70°$.

Berechne den Winkel an der Spitze. Ist das Dreieck gleichseitig?

◒ 10 Ein gleichschenkliges Dreieck hat an der Spitze den Winkel

a) $\gamma = 40°$. b) $\gamma = 130°$. c) $\gamma = 90°$.

Wie groß sind die Basiswinkel?

Tipp!
zu den Aufgaben 11 und 12
Du kannst auch eine dynamische Geometriesoftware nutzen.

○ 11 Konstruiere das Dreieck.

a)

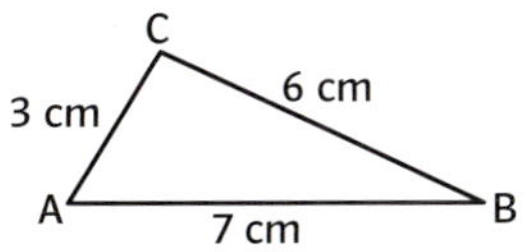

b)

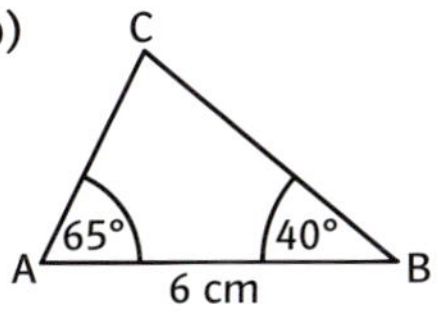

c)

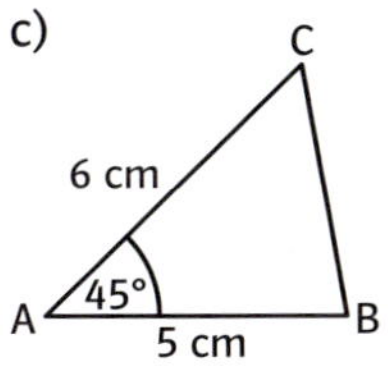

d)

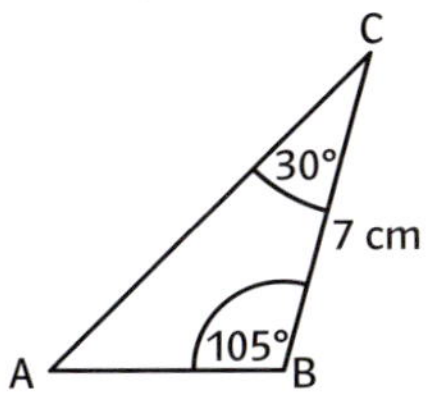

e)

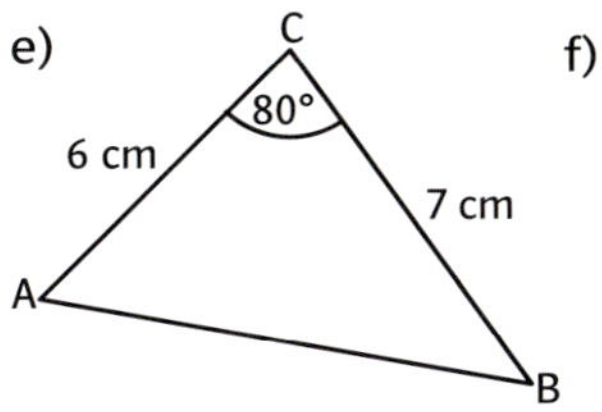

f)

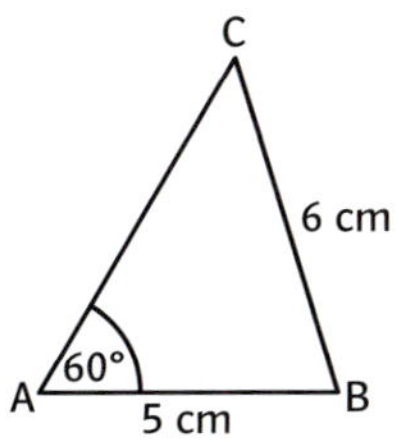

○ 12 Konstruiere das Dreieck. Gib an, welchen Kongruenzsatz du verwendest.

a) $c = 8\,cm$; $\alpha = 52°$; $\beta = 45°$

b) $a = 6\,cm$; $c = 5{,}5\,cm$; $\beta = 73°$

c) $a = 7\,cm$; $b = 6\,cm$; $c = 3\,cm$

◒ 13 SP Welche der fünf Dreiecke ABC, ABD, ABE, ABF und ABG sind rechtwinklig? **Begründe**.

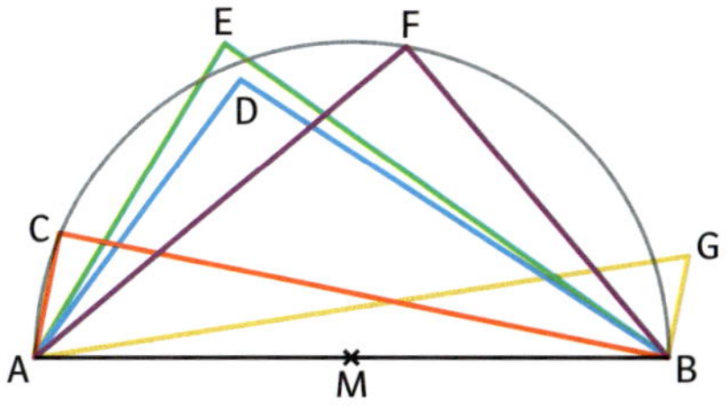

◒ 14 Zeichne das rechtwinklige Dreieck mit $c = 8\,cm$; $a = 6\,cm$ und $\gamma = 90°$.
Die Skizze hilft dir beim Zeichnen.

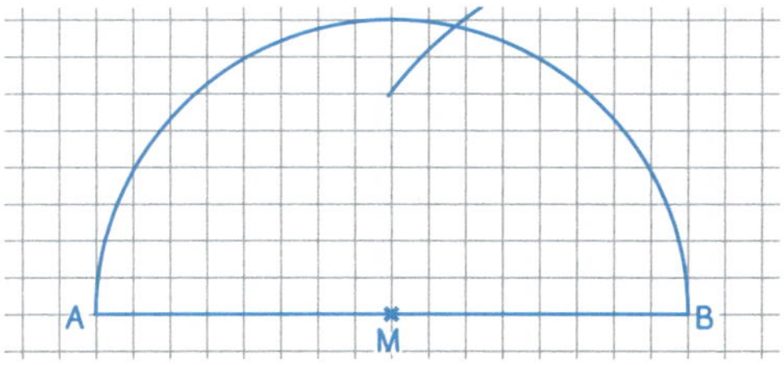

◒ 15 Berechne die rot markierten Winkel.

a)

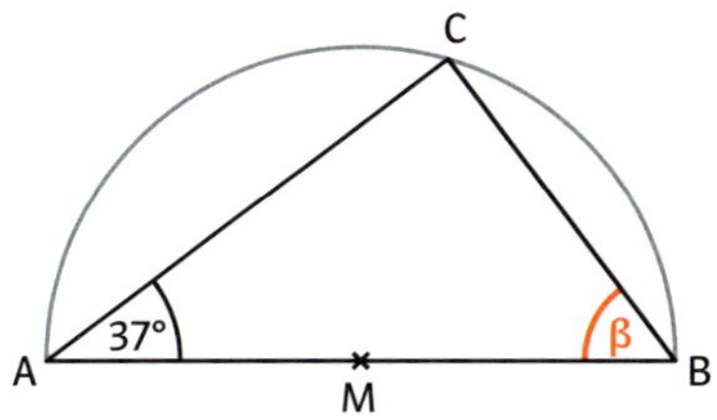

b)

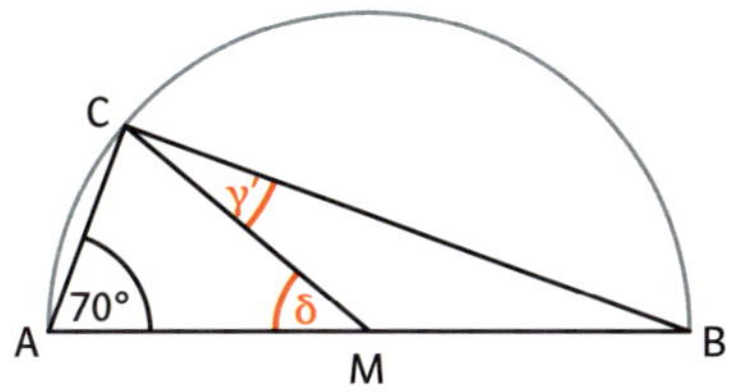

◒ 16 Zeichne das Dreieck zweimal ab.

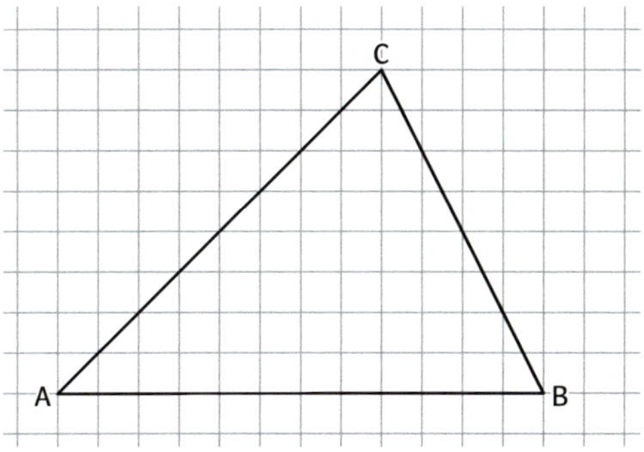

a) Zeichne die Höhen ein.

b) Zeichne die Mittelsenkrechten ein.

Anwenden. Nachdenken

17 Berechne die rot markierten Winkel.

a)

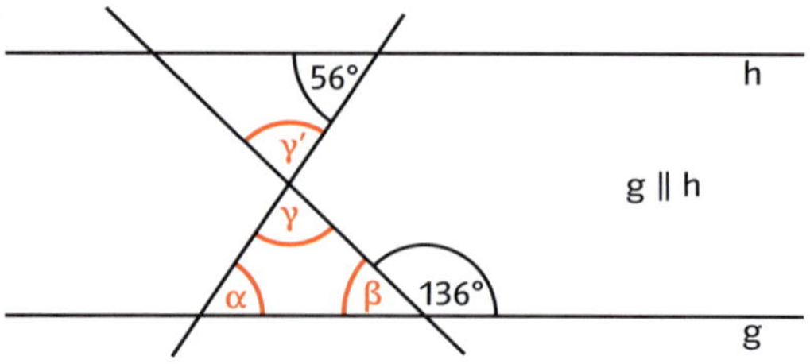

b)

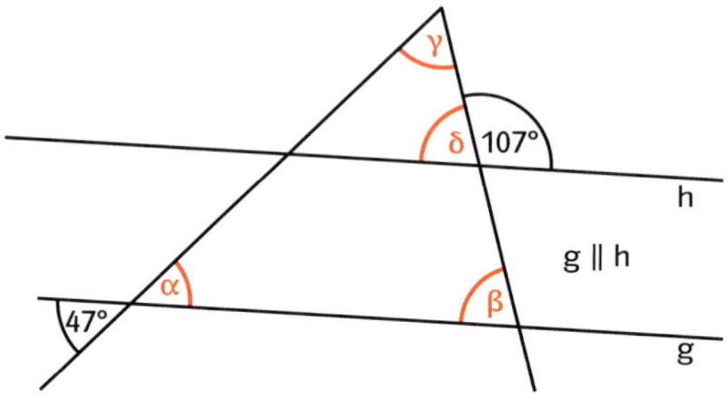

18 SP Yannik meint: „Ich kenne Neben-, Scheitel- und Stufenwinkel. Wechselwinkel muss ich mir nicht merken." **Beurteile** seine Aussage.

Tipp!
zu den Aufgaben 19 und 20

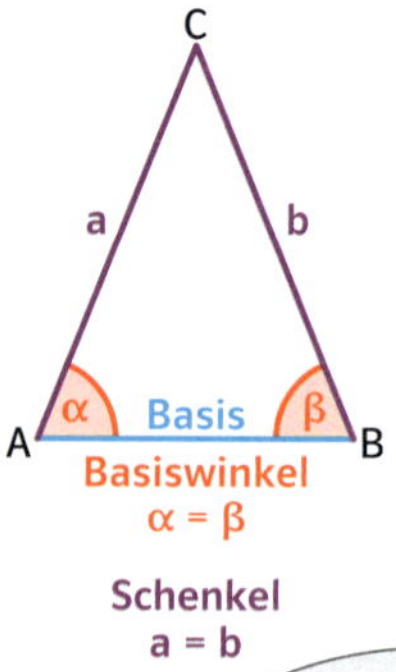

19 Die Dreiecke ABC und BDC sind gleichschenklig. Wie groß ist der Winkel β?

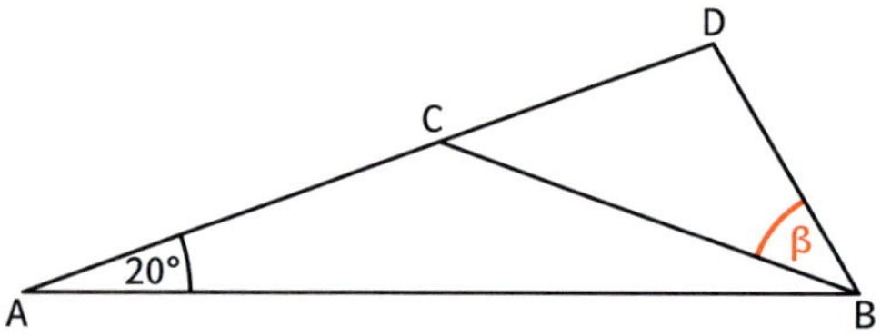

20 SP Tino und Lea betrachten die Zeichnung eines Dreiecks.

a) Welche Form hat das Dreieck?
b) Finde eine weitere eindeutige Beschreibung für dieses Dreieck.

21 Trennt von einem DIN-A4-Blatt ein Rechteck mit der Länge 21 cm (das ist die Breite des Blattes) und der Breite 12 cm ab. Die Anleitung zeigt euch, wie ihr aus diesem Rechteck ein gleichseitiges Dreieck falten könnt. Die Faltlinien sind gestrichelt. Die roten Pfeile zeigen an, wohin der Eckpunkt gelegt werden soll.

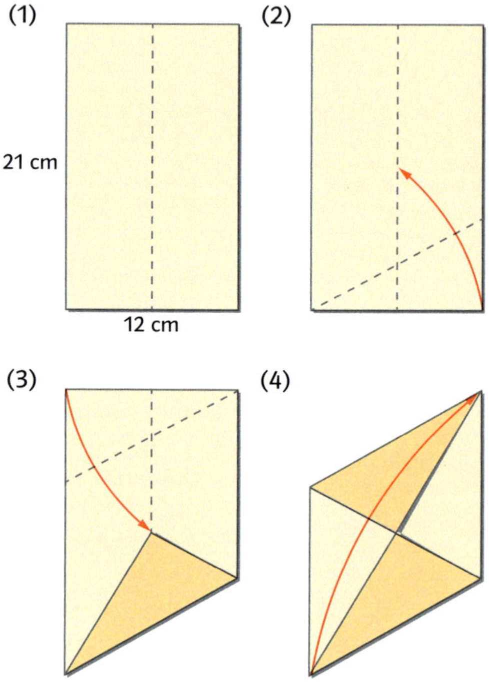

a) Wie viele Schichten Papier liegen im Dreieck übereinander?
b) Welchen Anteil am Flächeninhalt des Rechtecks hat der Flächeninhalt des Dreiecks?
c) Welchen Flächeninhalt hat das Dreieck?

22 SP Es gilt: $\overline{AB} \parallel g$.

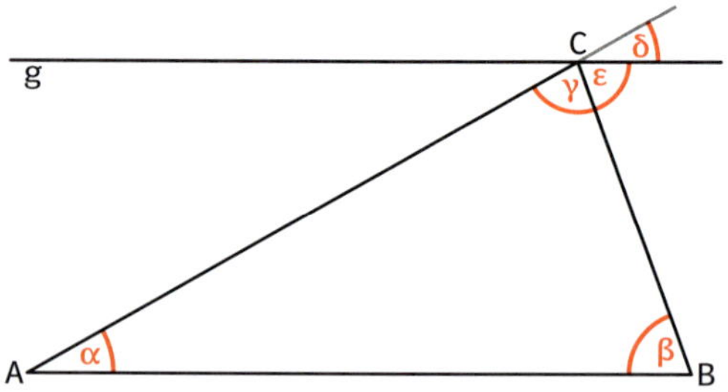

a) Welche Winkel sind gleich groß? **Begründe**.
b) **Erkläre** mithilfe der Abbildung, warum die Winkelsumme im Dreieck 180° ist.

23 Vom Dreieck ABC sind zwei Winkel bekannt.

	(1)	(2)	(3)	(4)	(5)
α	40°	55°	■	■	46°
β	60°	35°	110°	59°	34°
γ	■	■	35°	60°	■

a) Vervollständige die Tabelle.
b) Welche Form hat das Dreieck?
c) Es gilt: Der längeren von zwei Dreiecksseiten liegt der größere Winkel gegenüber und umgekehrt. Welche Seite ist die längste, welche die kürzeste?

24 SP Lara will ein gleichseitiges Dreieck mit c = 6 cm konstruieren. Da bricht ihr Zirkel ab. Wie kann sie das Dreieck dennoch konstruieren? Begründe.

25 Konstruiere den Dreiecks-Fünfling. Überlegt zuerst zu zweit, mit welchem Dreieck man anfangen kann.

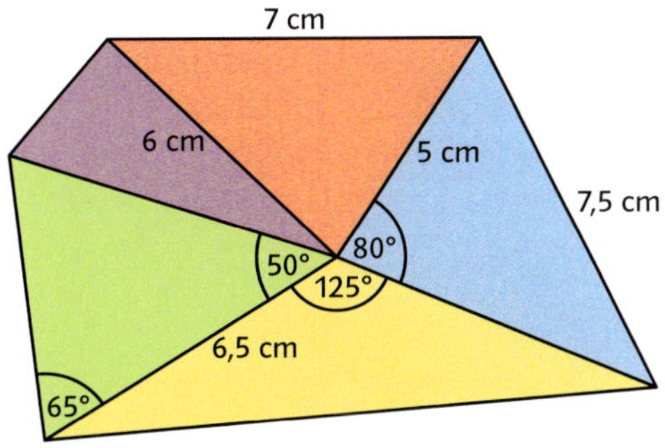

26 Konstruiere das Dreieck.

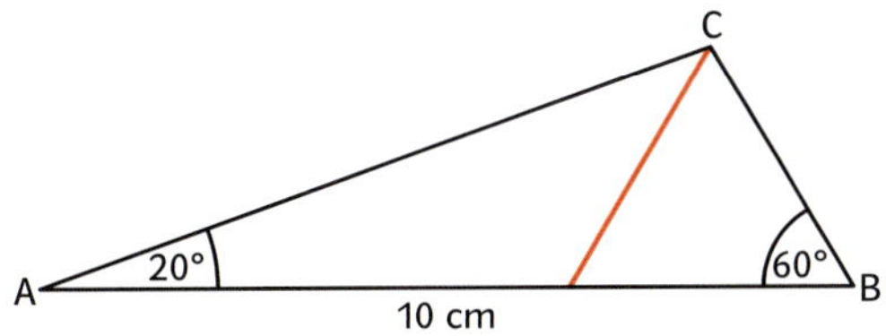

Zerlege es durch zwei Teilungslinien in ein gleichseitiges und zwei gleichschenklige Dreiecke. Eine Teilungslinie ist schon eingezeichnet. Es gibt zwei Möglichkeiten.

27 SP Tom behauptet: „Zwei Dreiecke, die in ihren Winkeln übereinstimmen, stimmen auch in den übrigen Stücken überein." Beurteile seine Aussage.

28 Konstruiere das Dreieck. Skizziere zuerst die Planfigur. Gib am Ende die Form des Dreiecks an.
a) a = 7 cm; b = 3,5 cm; c = 4 cm
b) b = 5 cm; c = 5 cm; α = 120°
c) c = 8 cm; α = 24°; β = 66°

29
a) SP Konstruiere das Dreieck ABC mit c = 8 cm; α = 40° und β = 60°. Beschreibe deine Konstruktion.
b) Konstruiere das Dreieck ABC mit c = 8 cm; α = 20° und β = 60°.
c) Welche Form haben die Dreiecke? Wie groß ist jeweils der Winkel γ?
d) In den zwei konstruierten Dreiecken sind alle Winkelgrößen Vielfache von 20°. Sucht gemeinsam noch mehr solche Dreiecke. Dabei soll α höchstens so groß sein wie β und β höchstens so groß wie γ. Konstruiert diese Dreiecke und gebt ihre Form an.

30 SP Konstruiere das Dreieck ABC mit c = 9 cm; b = 1,5 cm und γ = 90° nach dem Kongruenzsatz SsW und beschreibe deine Konstruktion mit Fachbegriffen.

31 SP Versucht, das Dreieck zu konstruieren. Erklärt, warum kein Dreieck entsteht.
a) a = 5 cm; b = 4 cm; c = 10 cm
b) a = 6,5 cm; b = 2,5 cm; c = 9 cm
c) c = 9 cm; α = 110°; β = 80°

32 Übertragt die Tabelle ins Heft.

	(1)	(2)	(3)	(4)
a in cm	6	8	5	8
b in cm	5	7	6	8
c in cm	4	5	7	7
h_a in cm	3,3	■	■	■
h_b in cm	■	4,9	■	■
h_c in cm	■	■	4,2	■

a) Konstruiert die vier Dreiecke mit den angegebenen Seiten.
b) Zeichnet die Höhen ein und messt ihre Länge. Drei Längen sind in der Tabelle schon eingetragen.
c) Vergleicht die Längen der Seiten mit den Längen der Höhen. Stellt eine Vermutung auf.

33 Ein schiefes Regal wird mit zwei Leisten repariert. Oben und unten sollen je 10 cm Überstand bleiben.
Bestimme die Länge der Leisten durch eine maßstäbliche Zeichnung.

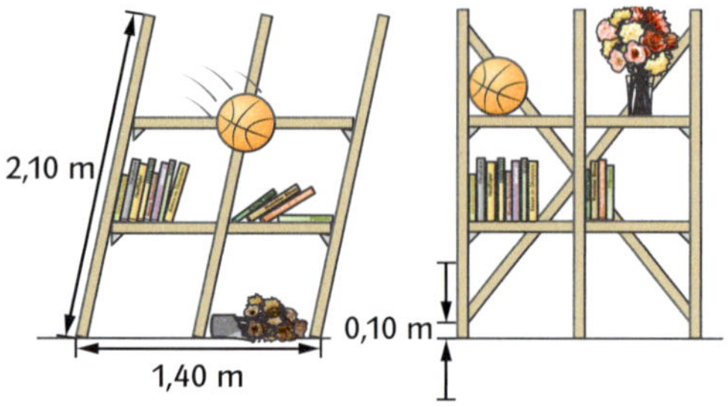

34 Am 21.06. um 12:00 Uhr wirft ein Baum einen 18 m langen Schatten. Am 23.12. um 12:00 Uhr ist sein Schatten 108 m lang. Unter welchen Winkeln treffen an diesen zwei Tagen die Sonnenstrahlen auf den Boden?

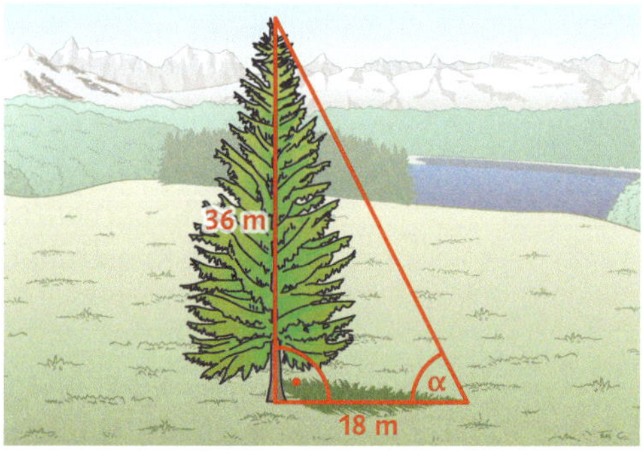

Tipp!
zu Aufgabe 35
Der Maßstab 1:100 000 bedeutet: 1 cm auf dem Bild entspricht 1 km in der Wirklichkeit.

35 MK Der Eiffelturm wurde in den Jahren 1887–1889 anlässlich der Weltausstellung in Paris errichtet. Bestimme mithilfe einer maßstäblichen Zeichnung die Höhe des Turms. Vergleiche mit dem Wert aus dem Internet.

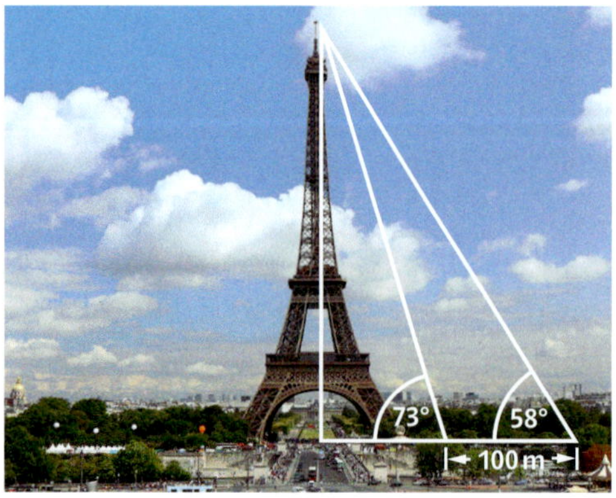

36 Hannah und Leonie wollen mithilfe eines sogenannten Messstabs die Höhe ihrer Schule bestimmen.

Dazu markieren sie zwei Punkte auf dem Boden und messen die Entfernung zwischen diesen Punkten mit einem Maßband. Anschließend peilt Leonie mit dem Messstab das Dach von beiden Punkten aus an. Hannah achtet darauf, dass Leonie genau auf der Markierung steht und liest am Zeiger den Winkel ab.

a) Bestimmt mithilfe einer maßstäblichen Zeichnung die Höhe des Schulgebäudes von Hannah und Leonie.

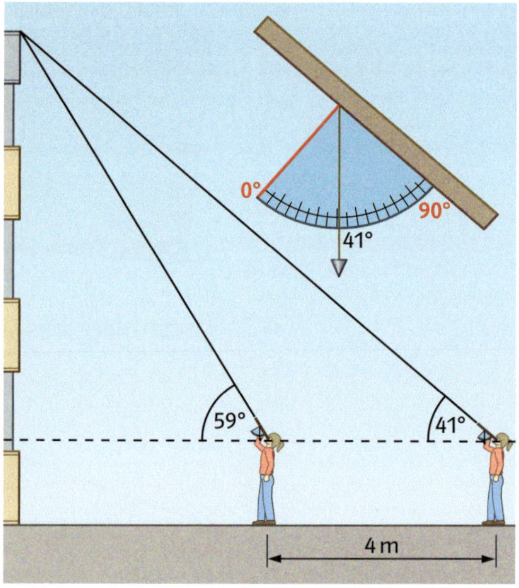

b) Wie hoch ist eure Schule?
c) SP Überlegt, wie genau die Messung ist.

37 Die steilste Straße Deutschlands befindet sich nicht in den Alpen, sondern in dem kleinen Ort Deesbach in Thüringen. Auf dem Straßenschild steht der Hinweis „25,3 % Steigung". Zeichne das Steigungsdreieck im Maßstab 1:1000 und miss den Steigungswinkel.

38 SP So könnt ihr ein Rechteck abstecken:

Nehmt zwei gleich lange Seile und markiert bei beiden Seilen die Mitte. Schlagt die Seile mittig übereinander und spannt sie. Achtet darauf, dass beide Seile geradlinig gespannt sind. Steckt an den Seilenden Pflöcke in den Boden.
Begründet, dass die Pflöcke die Eckpunkte eines Rechtecks sind.

eine Schutzhütte
ein kleines Haus in der Natur, in das man bei Unwetter gehen kann, um sich zu schützen

39

a) Konstruiere das Viereck ABCD.

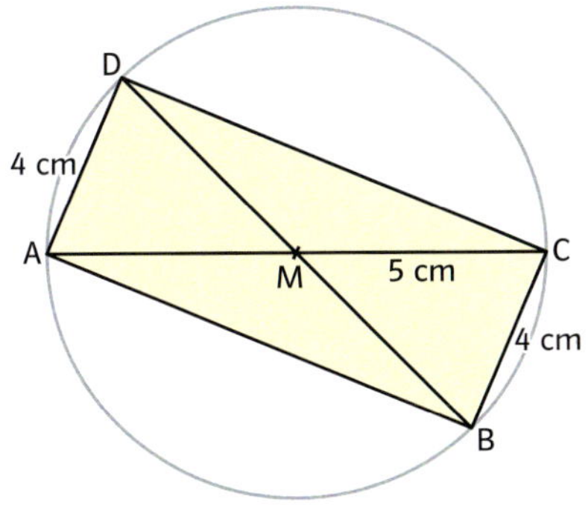

b) SP **Begründe**, dass es ein Rechteck ist.

Tipp!
zu Aufgabe 40

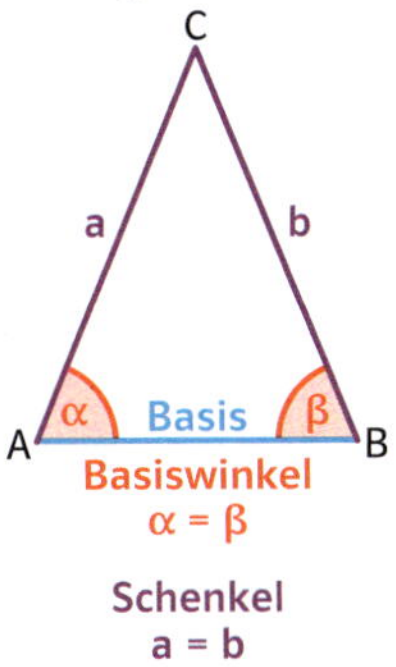

40 Berechne die Größe der fehlenden Winkel δ, ε, γ_1 und γ_2

a) für $\alpha = 65°$ und $\beta = 25°$.
b) für $\alpha = 40°$ und $\beta = 50°$.
c) SP **Begründe**, dass die Summe von γ_1 und γ_2 immer 90° beträgt.

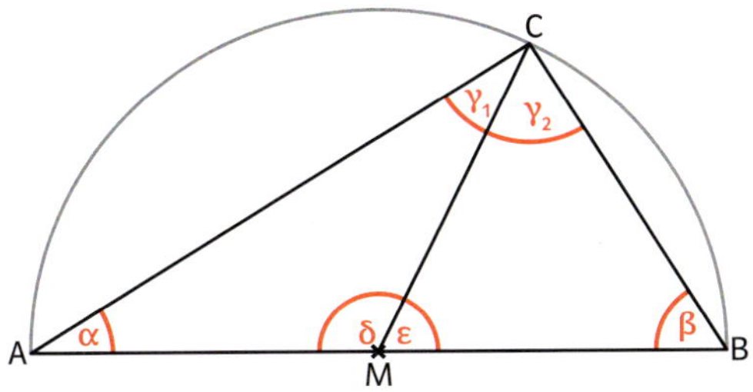

Tipp!
zu Aufgabe 43
Du kannst auch eine dynamische Geometriesoftware nutzen.

41 Übertrage die Raute ins Heft.

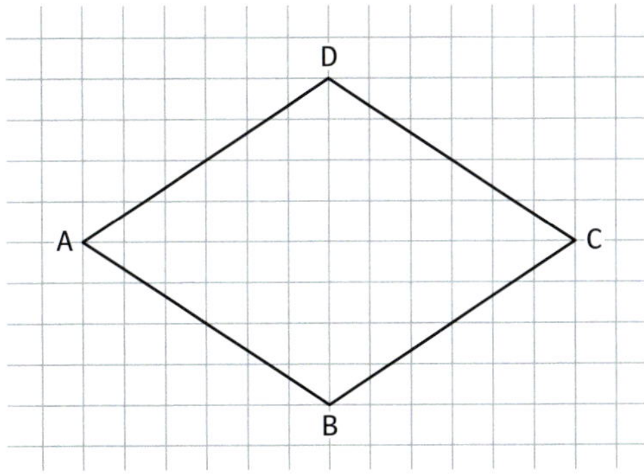

Zeichne die Mittelsenkrechten der vier Seiten. Welche Art von Viereck schließen die Mittelsenkrechten ein?

42 Die drei Orte Kirchbach, Grünwald und Niederkirchen möchten ihr gemeinsames Waldgebiet für Touristen attraktiver machen. Sie haben vor, eine **Schutzhütte** zu bauen. Die Schutzhütte soll von allen Orten gleich weit entfernt sein.

a) Zeichne im Maßstab 1 : 100 000 und bestimme den Standort der Schutzhütte.

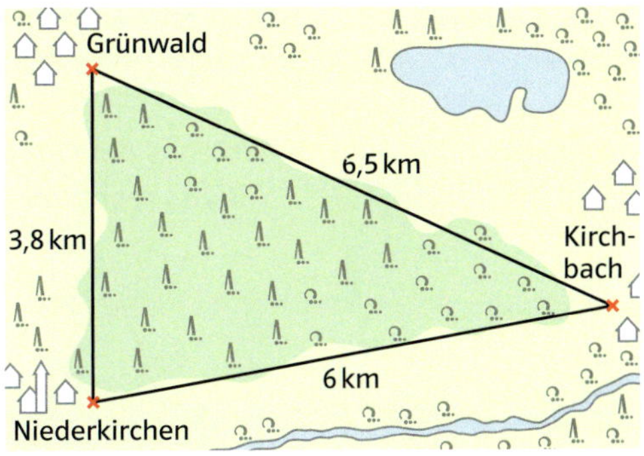

b) Wie weit ist die Schutzhütte von jedem Ort entfernt?

43 SP Der Umkreismittelpunkt eines Dreiecks kann innerhalb, außerhalb oder auf einer Seite des Dreiecks liegen. **Untersucht** an verschiedenen Dreiecken, wo der Umkreismittelpunkt liegt. Schreibt eure **Vermutung** auf.

Rückspiegel

D29 Teste dich

○ **1** Gib den rot markierten Winkel an. Wo erkennst du Scheitel-, Neben-, Stufen- oder Wechselwinkel?

a)
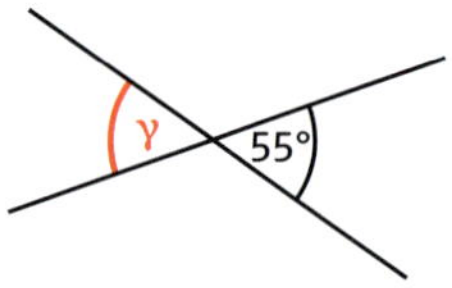

b)
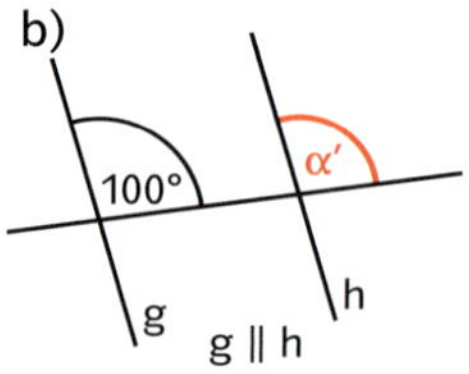

c)
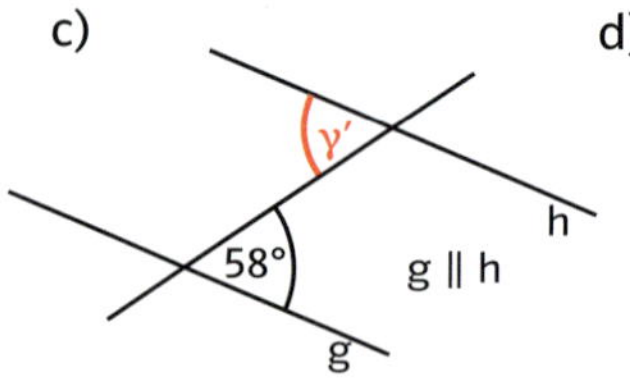

d)
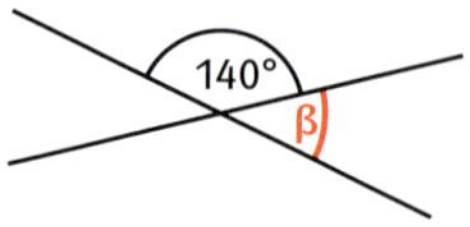

○ **2** Gib den dritten Winkel im Dreieck ABC an.

a) $\alpha = 40°$; $\beta = 65°$ b) $\beta = 65°$; $\gamma = 50°$ c) $\alpha = 44°$; $\gamma = 90°$ d) $\alpha = 60°$; $\beta = 60°$

○ **3** Ist das Dreieck allgemein, gleichschenklig oder gleichseitig? Ist es spitzwinklig, rechtwinklig oder stumpfwinklig?

a) b) c) d) e) f) g)
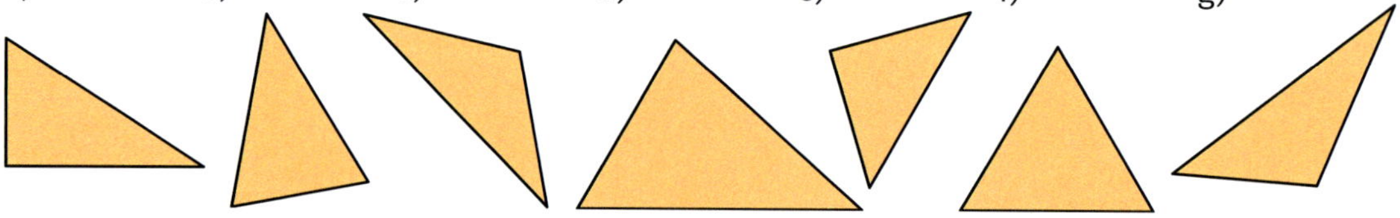

Tipp! zu Aufgabe 4 Skizziere die Planfigur.

○ **4** Konstruiere das Dreieck ABC mit

a) a = 7 cm; b = 5 cm; c = 8 cm. b) c = 7 cm; $\alpha = 40°$; $\beta = 60°$. c) a = 5 cm; c = 8 cm; $\beta = 40°$.

○ **5** Welches der Dreiecke ABC, ABD, ABE und ABF ist rechtwinklig?

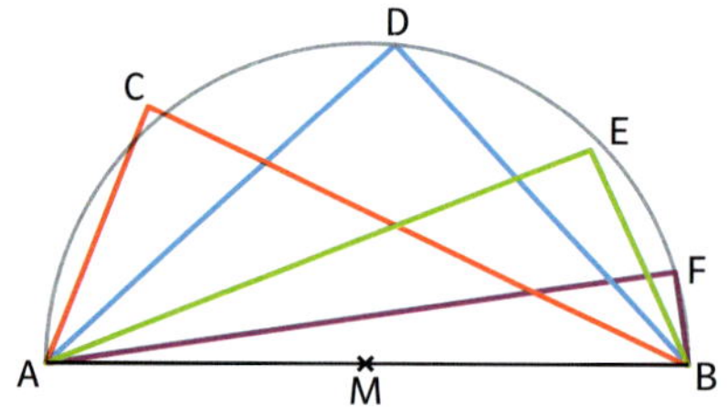

◒ **6** Zeichne zweimal das Dreieck mit A(1|1); B(8|1); C(6|7). Zeichne und beschrifte

a) die Höhen.

b) die Mittelsenkrechten.

◒ **7** Bestimme die Länge der Strecke durch den See. Zeichne im Maßstab 1 : 1000.

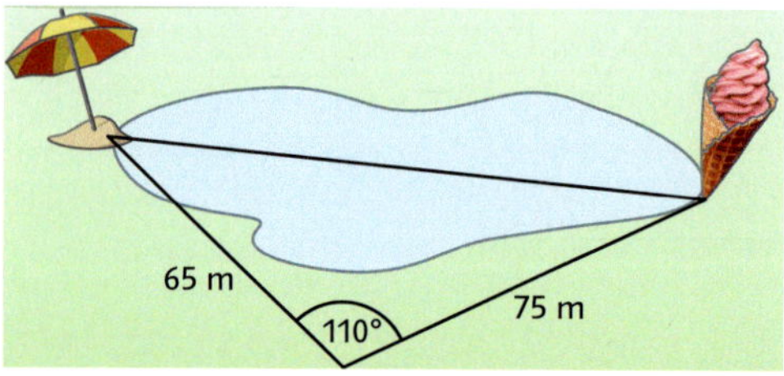

◒ **5** Konstruiere das Dreieck ABC mit

a) a = 6,5 cm; c = 6 cm und $\alpha = 50°$.

b) c = 6 cm; $\gamma = 90°$ und $\alpha = 70°$.
Hier hilft dir der Satz des Thales.

◒ **6** Zeichne zweimal das Dreieck ABC mit A(1|2); B(8|1); C(3|7). Zeichne

a) die Höhen.

b) die Mittelsenkrechten.

● **7** Wie hoch über seiner Absprungstelle kreist der Gleitschirmflieger? Zeichne maßstäblich.

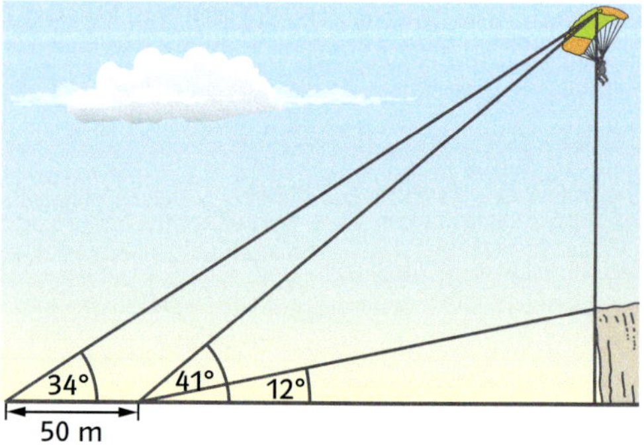

→ Die Lösungen findest du auf Seite 252.

Standpunkt | Proportional. Antiproportional

Wo stehe ich?

	Ich kann ...	gut	etwas	nicht gut	Lerntipp!
A	Zahlenwerte aus einem Diagramm ablesen und in eine Tabelle übertragen,	■	■	■	→ Seite 240
B	Zahlen aus Tabellen entnehmen und ein Diagramm erstellen,	■	■	■	→ Seite 238; 241
C	Punkte in ein Koordinatensystem eintragen,	■	■	■	→ Seite 31; 222
D	Sachaufgaben lösen,	■	■	■	→ Seite 230
E	Informationen aus einem Schaubild entnehmen,	■	■	■	→ Seite 240
F	Terme aufstellen und den Wert eines Terms berechnen.	■	■	■	→ Seite 232

Überprüfe dich selbst:

D30 Teste dich

A Jugendliche einer Klasse lernen in der Musikschule verschiedene Instrumente. Erstelle dazu eine Häufigkeitstabelle.

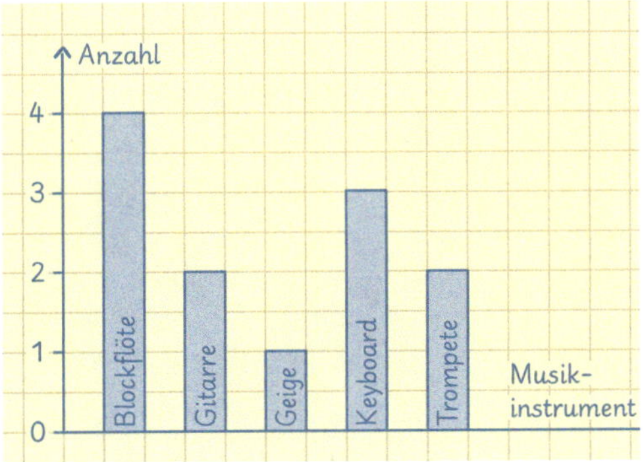

B Zeichne ein Säulendiagramm.

Schuhgröße	36	37	38	39	40	41
Anzahl	3	6	5	4	3	1

C Trage folgende Punkte in ein Koordinatensystem ein: A(1|1); B(6|1); C(6|2); D(2|2); E(2|7); F(1|7). Verbinde die Punkte in alphabetischer Reihenfolge und zum Schluss noch F mit A. Was erhältst du?

D Ein Auto verbraucht 7 l Benzin auf 100 km. In den Tank passen 63 l. Frau Halter fährt pro Woche 400 km.
Reicht ein voller Tank für zwei Wochen?

E Welche Aussagen sind richtig, welche sind falsch?

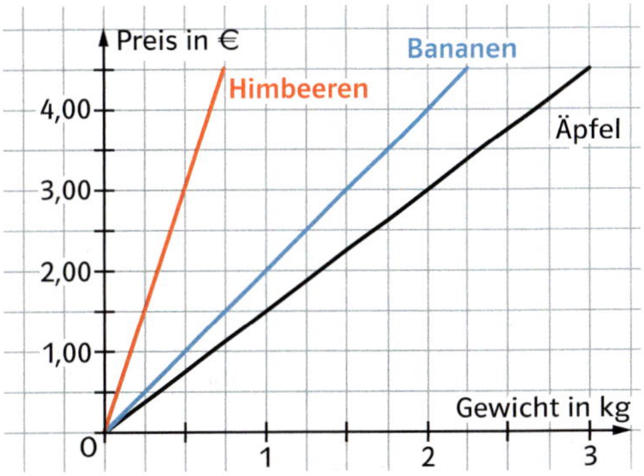

a) In dem Schaubild sind die Preise für verschiedene Obstsorten ablesbar.
b) 1 kg Äpfel kostet 1,50 €.
c) 1 kg Bananen ist teurer als 1 kg Himbeeren.
d) Über den Preis für Birnen gibt es keine Angaben.
e) 2 kg Äpfel kosten genauso viel wie 500 g Himbeeren.
f) Die Bananen sind am teuersten.
g) Je steiler die Halbgerade verläuft, desto teurer ist das Obst.

F Berechne den Umfang u eines Quadrats für die Seitenlänge a mit 1 cm; 2 cm; 5 cm; 7 cm und 9 cm. Stelle dazu einen Term auf. Notiere deine Ergebnisse in einer Wertetabelle.

→ Die Lösungen findest du auf Seite 254.

4 Proportional. Antiproportional

1 Es gibt immer mehr Geschäfte, in denen man Lebensmittel ohne Verpackung kaufen kann. Damit wollen der Handel und die Kundschaft gegen die Verpackungsflut ankämpfen. Informiert euch über die Idee und tauscht euch aus.

2 100 g grüne Nudeln kosten 0,60 €. Berechne den Preis für 250 g und 500 g. Warum kann man in diesen Geschäften jede beliebige Menge einkaufen? Überlegt gemeinsam, wie viele Nudeln ihr für ein gemeinsames Essen in der Klasse benötigt. Bestimmt dann die Kosten.

3 In vielen Tankstellen und Supermärkten werden elektronische Preisschilder benutzt. Informiert euch über die Vorteile und Nachteile von elektronischen Anzeigen gegenüber Preisschildern aus Papier. Präsentiert eure Ergebnisse.

Ich lerne,

- was Zuordnungen sind und wie man sie darstellt,
- was proportionale und antiproportionale Zuordnungen sind und wie man sie darstellt,
- wie man Zuordnungsaufgaben mit dem Zweisatz und dem Dreisatz löst,
- wie man Zuordnungen mit einem Tabellenkalkulationsprogramm darstellt,
- was Quotientengleichheit und Produktgleichheit bei Zuordnungen bedeutet.

1 Zuordnungen

Kraftfahrzeuge (Kfz), die auf öffentlichen Straßen fahren, müssen amtlich zugelassen werden. Sie erhalten ein Kfz-Kennzeichen. So kann jedes Fahrzeug einem bestimmten Halter zugeordnet werden.

→ Notiere auf dem Parkplatz eurer Schule Kfz-Kennzeichen von mehreren Fahrzeugen.
→ In welcher Stadt oder in welchem Landkreis wurden diese Fahrzeuge zugelassen?
→ Welche Informationen gibt es auf einem Kfz-Kennzeichen noch?

Zuordnungen gibt es in vielen Alltagssituationen. Häufig werden Mengen Preise zugeordnet.

Merke

Bei einer **Zuordnung** wird einer ersten Größe x eine zweite Größe y zugeordnet. Zuordnungen können übersichtlich in **Tabellen** und in **Schaubildern** dargestellt werden.

Beispiel

Uhrzeit	08:00	09:00	10:00	11:00	12:00	13:00	14:00	15:00	16:00
Temperatur in °C	10	13	15	18	22	24	22	20	18

Jugendliche haben die Temperaturen eines Tages zu vollen Stunden gemessen. Dem Zeitpunkt 08:00 Uhr (erste Größe x) wird die Temperatur 10 °C (zweite Größe y) zugeordnet, kurz: Uhrzeit → Temperatur in °C. Die Messergebnisse können in einer Tabelle und in einem Schaubild dargestellt werden.

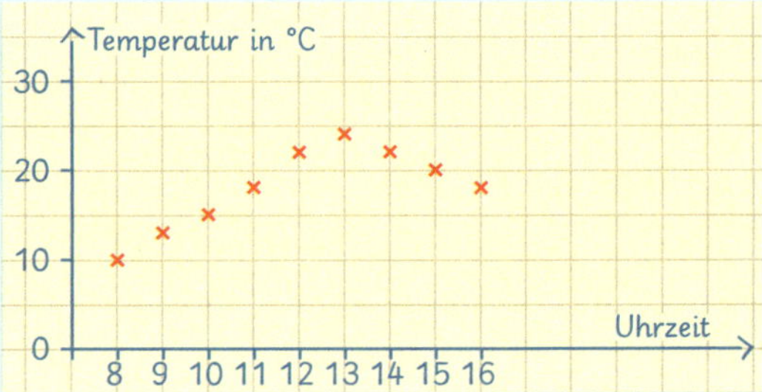

Tipp!
Zuordnung:
1. Größe → 2. Größe
x → y

Tabelle:

x	■	■
y	■	■

Schaubild:

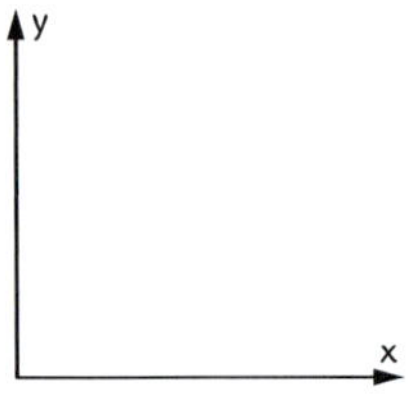

○ **1** Die Jugendlichen der Klasse 6b notieren fünf Tage lang um 10:00 Uhr die Außentemperatur.

Wochentag	Montag	Dienstag	Mittwoch	Donnerstag	Freitag
Temperatur in °C	10	15	18	20	15

Erstelle zu dieser Tabelle ein Schaubild. Wähle auf der y-Achse 1 cm für 2 °C.

○ **2** Familie Itani fliegt mit dem Angebot „blind flight“ in eine Stadt. Sie wissen nur, dass es entweder nach London, Paris oder Rom geht. Erst am Flughafen erfahren sie das Ziel. Die Kosten für die Reise sind in diesem Schaubild dargestellt.

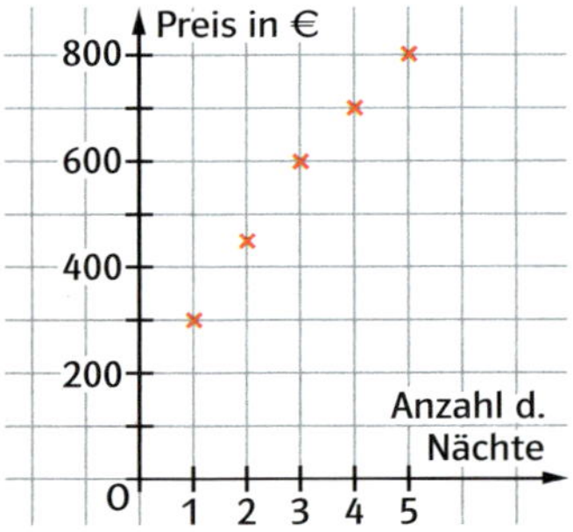

a) Ordne jedem Bild den richtigen Städtenamen zu.
b) Erstelle eine Tabelle für die Zuordnung: Anzahl der Nächte → Preis in €.

Alles klar?

D31 Fördern

A In der Tabelle sind die erzielten Tore in einem Spiel aufgeführt.

Spieler	Abt	Betz	Calay	Dolb	Eser	Flor
erzielte Tore	4	3	6	5	9	7

Zeichne zu dieser Tabelle ein passendes Diagramm.

B Ein Online-Versandhandel bietet Tintenpatronen für Drucker an. Das Schaubild zeigt die Zuordnung:
Stückzahl → Preis in €.
Übertrage die Werte für die Anzahl der Patronen und die zugehörigen Preise in eine Tabelle.

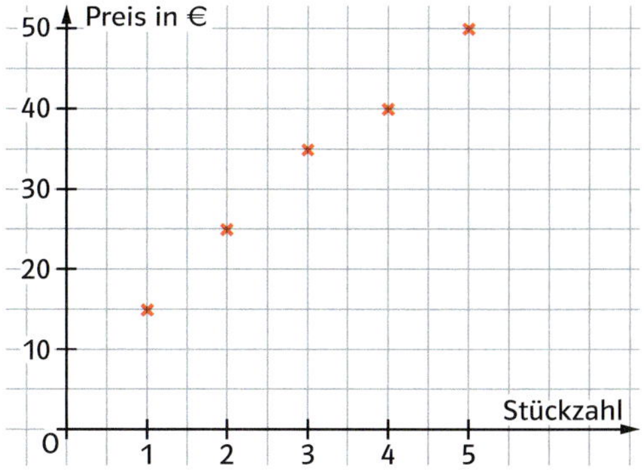

○ **3** Der Mathematiklehrer, Herr Gerst, zeigt seiner Klasse mithilfe eines Schaubilds das Ergebnis der letzten Klassenarbeit.

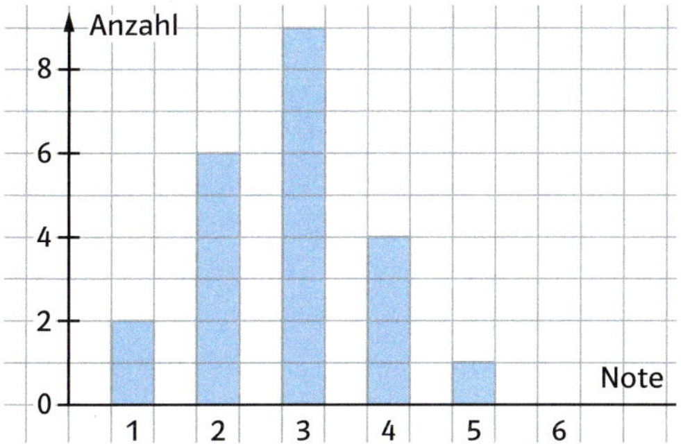

a) Ergänze die Tabelle im Heft.

Note	1	2	3	4	5	6
Anzahl	■	■	■	■	■	■

b) In der Parallelklasse gab es diese Ergebnisse.

Note	1	2	3	4	5	6
Anzahl	1	5	7	4	1	1

Erstelle zu dieser Tabelle ein Schaubild.

◒ **3** Bei einer Wetterbeobachtung lesen die Jugendlichen der Wetter-AG alle zwei Stunden die Temperatur ab. Sie notieren die Werte der Reihe nach: 13 °C; 15 °C; 19 °C; 23 °C; 22 °C; 19 °C; 16 °C. Die erste Messung erfolgt um 07:00 Uhr.

a) Stelle die Werte in einer Tabelle dar.
b) Zeichne das Schaubild.

◒ **4**

a) Wähle aus den Kärtchen Partner für Zuordnungen. Gib drei Beispiele an.

Beispiel: Menge → Preis:
1 l Milch kostet 1,20 €.

b) Gibt es Kombinationen, die keinen Sinn ergeben?

→ Die Lösungen zu „Alles klar?" findest du auf Seite 255.

○**4**

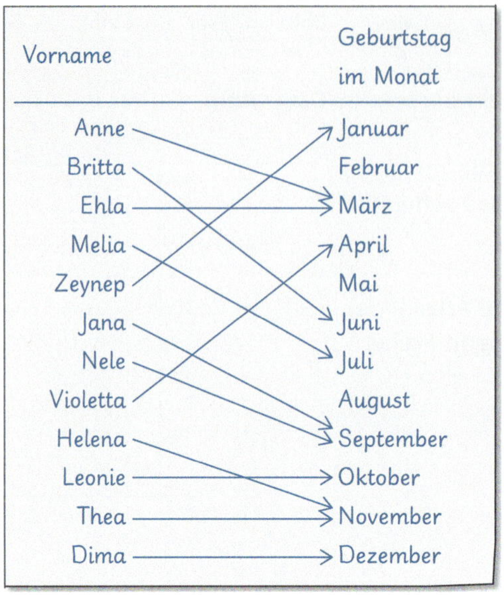

a) Was wird hier zugeordnet?
b) Weshalb geht von jedem Kind nur ein Zuordnungspfeil ab?
c) In welchen Monaten hat nur ein Mädchen Geburtstag?

◒**5** MK SP

a) **Beschreibe** die Grafik.

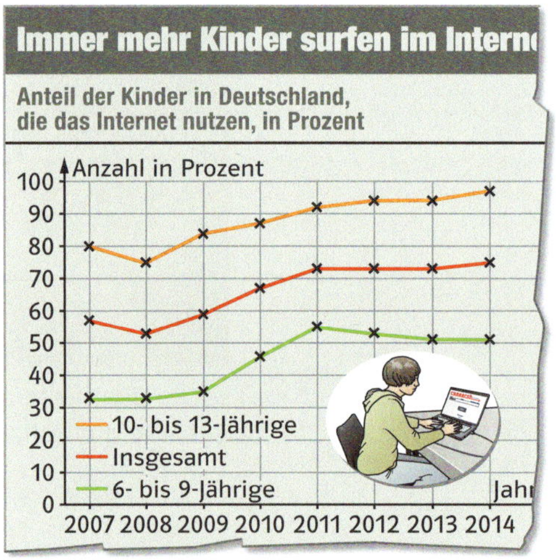

b) Welche Aussage ist richtig?
(1) Seit 2008 ist der Anteil der 10- bis 13-jährigen Kinder, die das Internet nutzen, jährlich gestiegen.
(2) Im Jahr 2014 nutzten fast alle 10- bis 13-jährigen Kinder das Internet.
(3) Der Anteil der Internetsurfer ist bei den 6- bis 9-Jährigen ständig gestiegen.
c) Wie sind die Anteile heute? Recherchiere.

◒**5** Ein Flugzeug gewinnt nach dem Start schnell an Flughöhe.

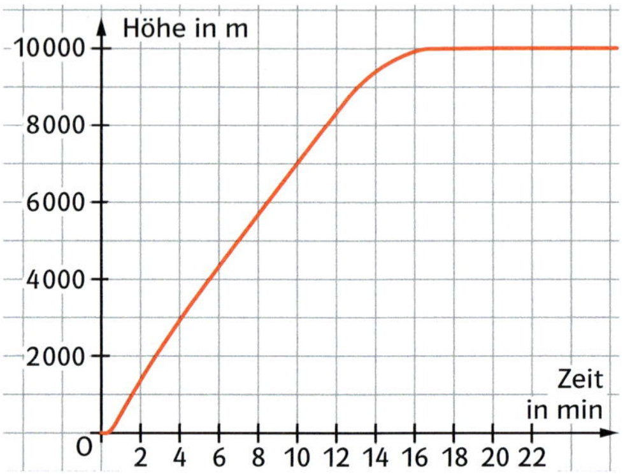

Lies aus dem Schaubild ab:
a) Nach etwa wie vielen Sekunden hebt das Flugzeug von der Rollbahn ab?
b) In welcher Flughöhe ist das Flugzeug ungefähr nach 2; 4; 6; 8; 10 Minuten?
c) Wie lange dauert es, bis die Reiseflughöhe von 10 000 m erreicht ist?

●**6** Niemand kann sofort bremsen, sobald ein Hindernis sichtbar wird. Erst nach einer Reaktionszeit, in der das Fahrzeug noch ungebremst weiterfährt, beginnt der Bremsvorgang.
Reaktionsweg und Bremsweg ergeben zusammen den Anhalteweg.
Der Reaktionsweg kann so überschlagen werden: Dividiere die Geschwindigkeit durch 4.
Für den Bremsweg gilt: Dividiere die Geschwindigkeit durch 10 und multipliziere das Ergebnis mit sich selbst.
Ergänze die Tabelle.

Geschwindigkeit (km/h)	20	40	60	…	120
Reaktionsweg (m)	5	■	■	…	■
+ Bremsweg (m)	4	■	■	…	■
Anhalteweg (m)	9	26	■	…	■

2 Zuordnungen beschreiben und darstellen

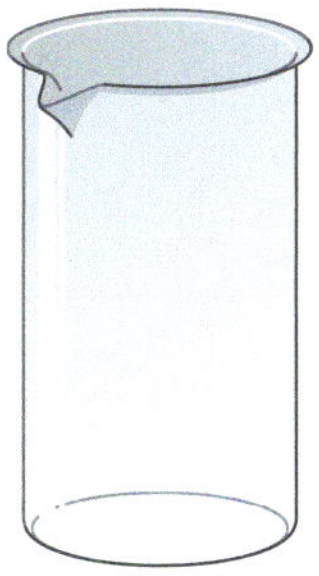

Becherglas

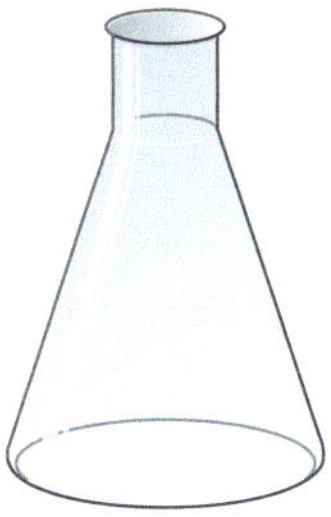

Erlenmeyerkolben

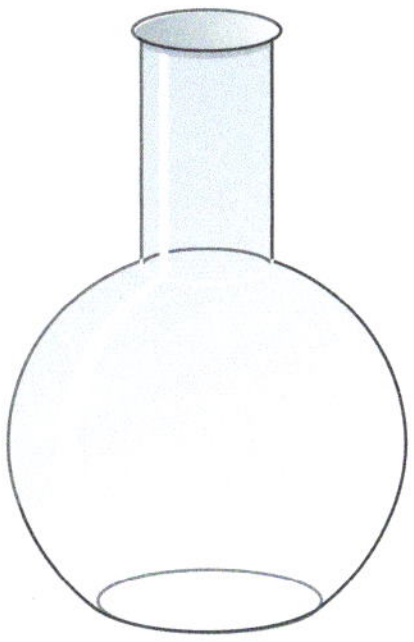

Rundkolben

Yusuf füllt im naturwissenschaftlichen Unterricht drei Gefäße mit Wasser. Das Wasser fließt gleichmäßig zu. Yusuf beobachtet, wie sich der Wasserstand im Becherglas verändert: Er steigt gleichmäßig an.

➔ Pia vermutet, dass im Erlenmeyerkolben das Wasser anfangs langsam und dann immer schneller ansteigt. Hat sie recht?

➔ Besprecht zu zweit, wie das Wasser im Rundkolben ansteigt.

Merke Eine Zuordnung lässt sich **mit Worten beschreiben**, mit einem **Zuordnungspfeil**, in einer **Wertetabelle** oder durch einen **Graphen im Koordinatensystem** (Schaubild) darstellen.

Beispiel Ein Kolben wird gleichmäßig gefüllt.

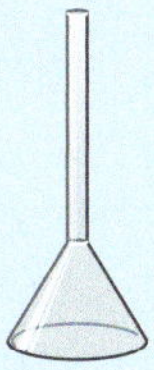

Beschreibung:
Im unteren Teil des Kolbens steigt das Wasser erst langsam, dann immer schneller. Im Kolbenhals steigt es gleichmäßig.

Zuordnungspfeil:
Zeit in s → Füllhöhe in mm
sprich: „Der Zeit in Sekunden wird die Füllhöhe in Millimeter zugeordnet."

Wertetabelle:

Zeit in s	0	1	2	3	4	5	6
Füllhöhe in mm	0	3	9	21	45	75	105

Graph im Koordinatensystem (Schaubild):
Auf der x-Achse wird eine Skala für die erste Größe, auf der y-Achse eine Skala für die zweite Größe abgetragen.
Jedes Wertepaar (x | y) wird durch einen Punkt im Koordinatensystem dargestellt.
Alle Punkte gehören zum Graphen der Zuordnung.

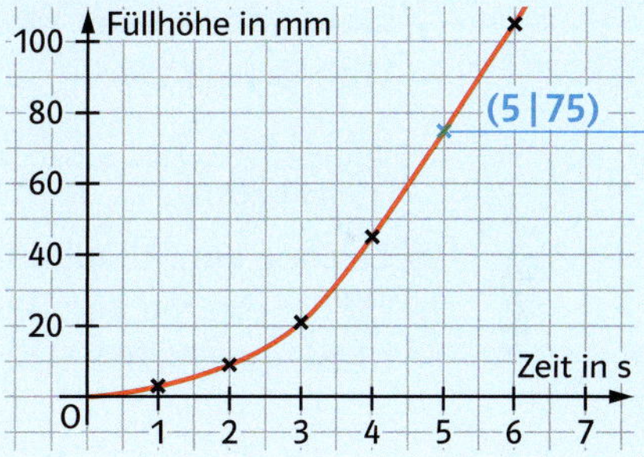

○ 1 SP Wie verändert sich der Wasserstand, wenn das Gefäß gleichmäßig mit Wasser gefüllt wird? Beschreibe mit Worten und ordne dann das passende Schaubild zu.

a) 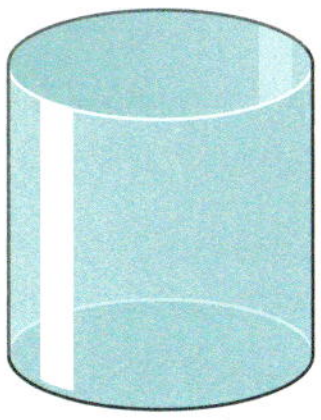

b) 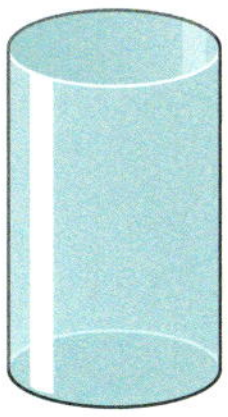

c) 

d) 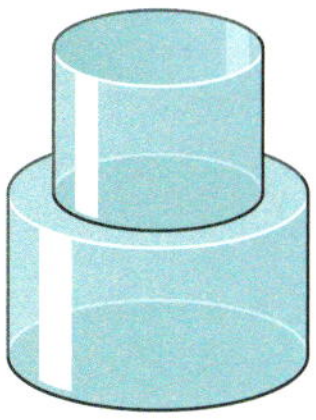

(1) 

(2) 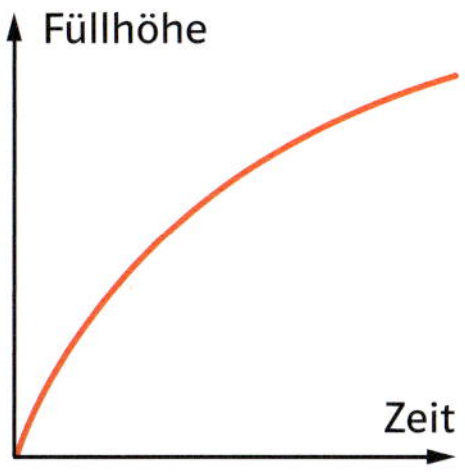

(3) 

(4) 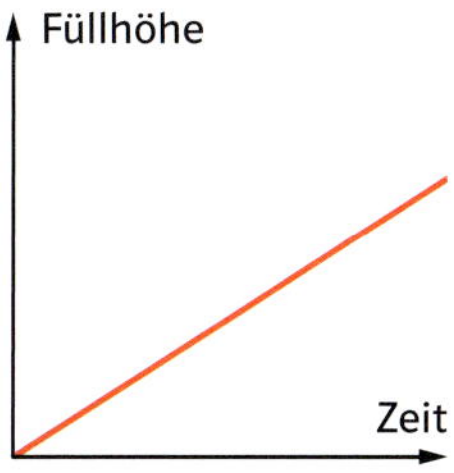

○ **2** Kerzen brennen je nach Höhe und Dicke unterschiedlich schnell ab. Ordne jeder Kerze ein Schaubild zu.

a) 

b) 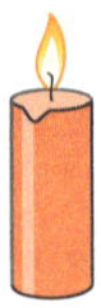

c) 

A 

B 

C 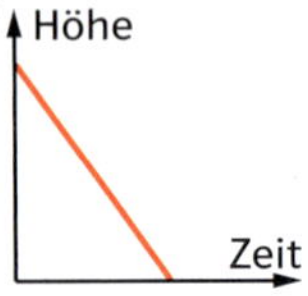

○ **3** SP Das Schaubild zeigt das Abbrennen einer Kerze.

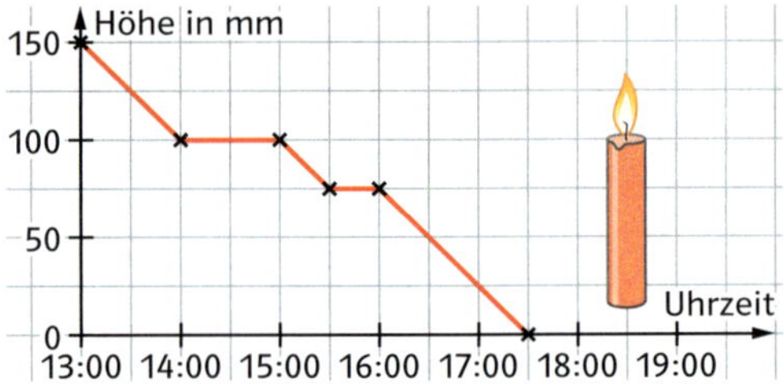

Notiere in einer Wertetabelle die Koordinaten der markierten Punkte. **Beschreibe**, was zu diesen Zeitpunkten passiert.

Alles klar?

D32 **Fördern**

A SP Das Gefäß wird gleichmäßig gefüllt. **Beschreibe** den Füllvorgang und ordne dem Gefäß ein Schaubild zu.

a) 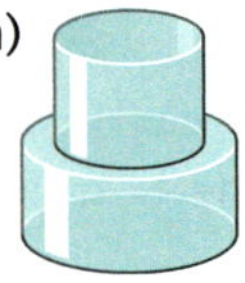

b) 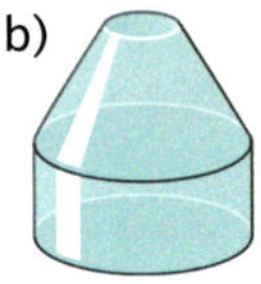

(1) 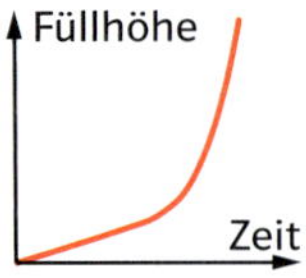

(2) 

○ **4** Lasse badet seinen Hund. In der Tabelle steht, wie sich der Wasserstand in der Wanne verändert.

Zeit in min	0	1	2	3	4	5	6	7
Höhe in cm	0	5	10	15	25	25	15	25

a) Zeichne ein Schaubild.
b) SP **Beschreibe** den Badevorgang. Setze deine Geschichte bis zur Minute 12 fort.

◒ **5** Jan fährt mit dem Bus zur Schule. Das Schaubild beschreibt seinen Schulweg.

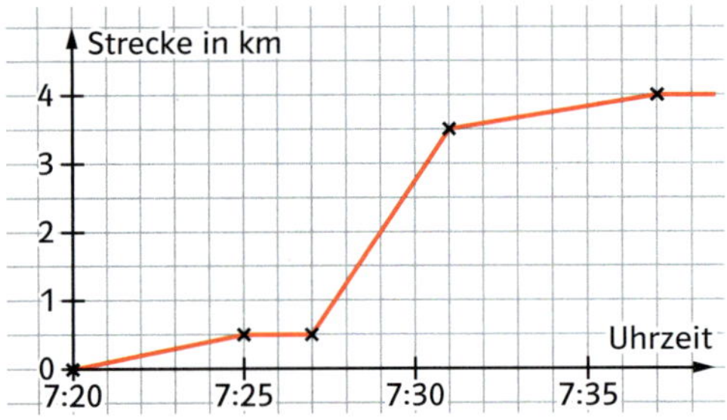

a) Erstelle eine Tabelle zum Schaubild.
b) Beantworte die Fragen:
Wie lange braucht Jan bis zur Haltestelle?
Wie lange sitzt er im Bus?
Wie weit ist es bis zu seiner Schule?
c) SP Wie sieht dein Schulweg aus? Zeichne ein Schaubild und **beschreibe** es.

◒ **4** Hier siehst du das Schaubild für die Preise in einem Parkhaus.

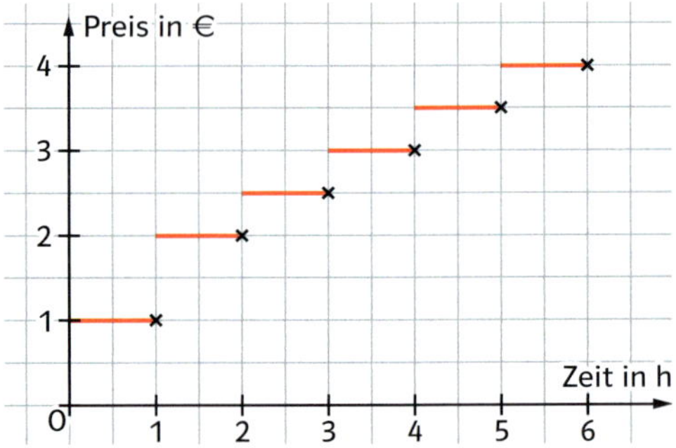

a) Erstelle zum Schaubild eine Tabelle.
b) SP **Beschreibe** die **Staffelung** der Preise und erstelle eine Preistafel.

eine Staffelung
hier: eine Unterteilung

◒ **5** Benzinverbrauch eines Pkw:

Geschwindigkeit in km/h	40	80	120	160	200
Verbrauch in l/100 km	7,5	8	11	16	23

a) Übertrage die Wertepaare in ein Schaubild (x-Achse 0 bis 200 km/h und y-Achse 0 bis 25 l/100 km). Verbinde die Punkte von 40 km/h bis 200 km/h durch eine Kurve.
b) Lies den ungefähren Benzinverbrauch bei 60 km/h und 180 km/h ab.

→ Die Lösungen zu „Alles klar?" findest du auf Seite 255.

3 Proportionale Zuordnungen

Ilka und Ben helfen an einem Ferientag ihrer Oma auf dem Wochenmarkt. Sie beobachten, wie die Waren gewogen und welche Preise angezeigt werden.

→ Gib den Preis für 100 g Kirschen an.

→ Fülle die Tabelle aus.

Kirschen in g	100	200	300	1000	1500
Preis in ct	■	■	■	■	■

→ Tauscht euch in der Klasse aus: Wie sieht das Schaubild dieser Zuordnung aus? Wie könnt ihr den Preis für 500 g berechnen?

Zwischen Mengen einer Ware und dem zugehörigen Preis besteht meistens ein Zusammenhang.

Tipp!

Merke

Für eine **proportionale Zuordnung** gilt:
Dem **Doppelten** (Dreifachen, ...) der ersten Größe entspricht das **Doppelte** (Dreifache, ...) der zweiten Größe.
Der **Hälfte** (dem dritten Teil, ...) der ersten Größe entspricht die **Hälfte** (der dritte Teil, ...) der zweiten Größe.

Die **Zuordnungsvorschrift** gibt an, wie die beiden Größen zusammenhängen.
Alle **Wertepaare (x | y)** einer proportionalen Zuordnung ergeben Punkte auf einer Geraden. Sie geht durch den Ursprung des Koordinatensystems (**Ursprungsgerade**).

Beispiel

Zuordnung:

Das Gewicht der Zwiebeln in kg (erste Größe)	ist proportional zum	Preis der Zwiebeln in € (zweite Größe).
1 kg Zwiebeln	kostet	0,50 € · 1.
3 kg Zwiebeln	kosten	0,50 € · 3.
x kg Zwiebeln	kosten	0,50 € · x.

Zuordnungsvorschrift:

x ↦ 0,5 · x

Wertetabelle:

:3 ·3 :2 ·2

Gewicht in kg	1	1,5	3	6	9
Preis in €	0,50	0,75	1,50	3,00	4,50

:2 ·2 :3 ·3

Wertepaar:
(3 | 1,50)

Graph im Koordinatensystem (Schaubild):

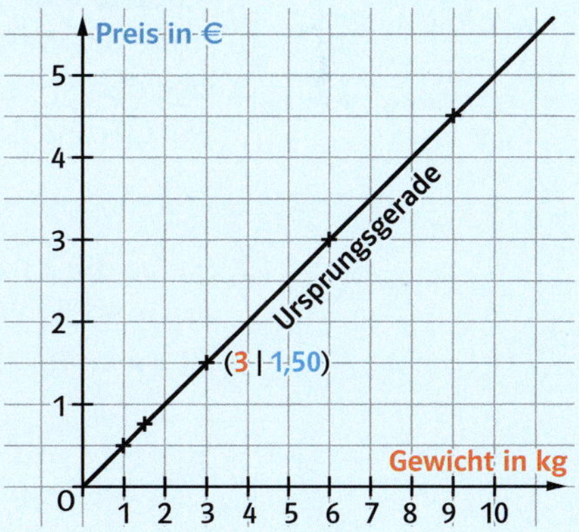

○ **1** Fülle die Tabelle aus.

a)

Gewicht der Weintrauben in g	50	100	500	750
Preis in €	■	0,60	■	■

b)

Anzahl der Brötchen	1	2	4	6	■	12
Preis in ct	■	■	100	■	200	■

○ **2**

a) Lies im Schaubild die Preise für Weintrauben ab und trage sie in die Tabelle ein.

Weintrauben in g	100	200	300	400	500
Preis in €	■	■	■	■	■

b) Fülle die Tabellen für Erdbeeren und Himbeeren aus.

Erdbeeren in g	100	200	300	400	500
Preis in €	1,00	■	■	■	■

Himbeeren in g	100	200	300	400	500
Preis in €	■	■	■	■	7,50

c) Übertrage das Schaubild in dein Heft. Zeichne die beiden Graphen der proportionalen Zuordnungen aus b) in dein Schaubild und beschrifte sie.

d) Woran erkennst du im Schaubild, welche Früchte teurer und welche günstiger sind?

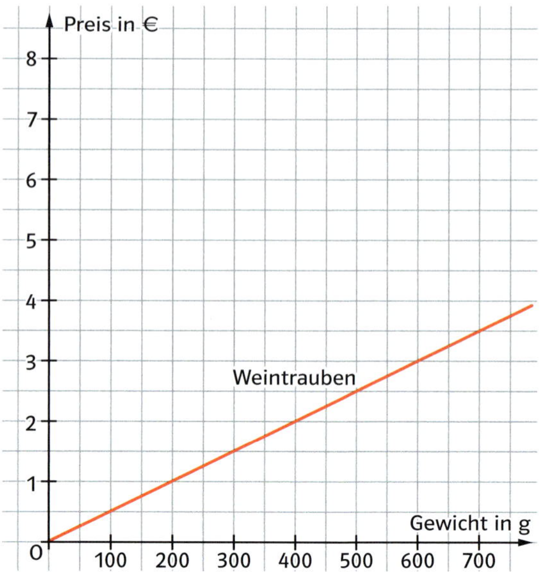

Alles klar?

D33 Fördern

A Vier Kinokarten kosten 24 €. Fülle die Tabelle für die Preise von Kinokarten aus.

Anzahl der Kinokarten	1	■	3	4	5	■	7	■	■	10
Preis in €	■	12	■	24	■	36	■	48	54	■

B Ein Marktstand bietet Nüsse an.

a) Erstelle für 100 g; 200 g; … 600 g Walnüsse und 100 g; 200 g; … 600 g Erdnüsse je eine Preistabelle.

b) Trage die Wertepaare in ein Schaubild ein.

c) Lies den Preis für 250 g Walnüsse und für 250 g Erdnüsse ab.

○ **3** Suche die passende Überschrift und ergänze die Werte der proportionalen Zuordnung.

Familienwanderung | Langstreckenflug | Milch kaufen | Schokoriegel kaufen

a)

Anzahl	1	2	3	4	5
Preis in €	■	1,00	■	■	■

b)

Zeit in h	0,5	1	1,5	2	2,5
Weg in km	■	■	■	8	■

c)

Zeit in h	2	4	6	8	10
Weg in km	■	3600	■	■	■

d)

Menge in l	1	2	3	4	5
Preis in €	■	■	■	■	4,50

◒ **3** Ergänze die proportionale Zuordnung. Bilde noch drei weitere Wertepaare.

a) Eintrittskarten an der Rennbahn

Anzahl	10	20	50	■	■
Einnahmen in €	■	120	■	480	■

b) Rennpferd im Galopp

Zeit in s	1	4	■	100	■
Weg in m	16	■	192	■	■

c) Lohn für die Aushilfe im Stall

Anzahl Stunden	■	4	6	10	■
Lohn in €	45	60	■	■	■

d) Wasser für die Pferdetränken

Anzahl Pferde	1	3	5	■	■
Wasser in l	■	120	■	480	■

→ Die Lösungen zu „Alles klar?" findest du auf Seite 255.

4 SP Welche Zuordnung ist proportional, welche nicht? **Begründe**.

a)

Himbeeren in g	125	250	500	1000
Preis in €	1,50	3,00	6,00	12,00

b)

Heizöl in l	1000	2000	5000
Preis in €	900	1700	4000

5 Übertrage die Wertepaare der proportionalen Zuordnung in ein Koordinatensystem. Zeichne den Graphen.

Anzahl an Hotelübernachtungen	1	2	3	7
Preis in €	70	140	210	490

Tipp!
zu Aufgabe 5
Die Dichte eines Stoffes beschreibt das Verhältnis der Masse zum Volumen eines Körpers.

6 Ein Pkw verbraucht im Durchschnitt 6,0 l Benzin auf 100 km.

a) Lege eine Tabelle für die Zuordnung Strecke in km zu Verbrauch in l für 100 km; 200 km; 300 km; …; 800 km an.
b) Zeichne den zugehörigen Graphen in ein Koordinatensystem. Wähle auf der x-Achse 1 cm für 100 km und auf der y-Achse 1 cm für 10 l.

7 Störche legen beim Flug ins Winterquartier durchschnittlich 400 km pro Tag zurück.

Erstellt eine Tabelle für 2 bis 20 Flugtage in 2-Tage-Schritten. Zeichnet das Schaubild. Wählt auf der y-Achse 1 cm für 1000 km.

4 SP Welche Zuordnung ist proportional, welche nicht? **Begründe**.

a)

Zeit in h	4	8	12	16
Weg in km	8	16	24	32

b)

Zeit in h	2	4	10	16
Weg in km	5	10	25	35

c)

Zeit in h	1	2	3	4
Weg in km	5	10	15	20

5

a) In jedem Säckchen befindet sich ein Gegenstand aus Metall. Finde mithilfe der Tabelle heraus, um welches Metall es sich jeweils handelt.

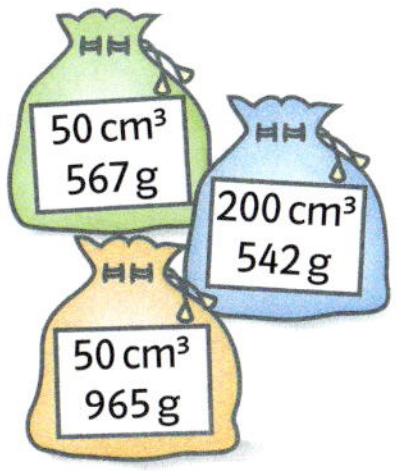

Dichte von Metallen in g/cm^3	
Eisen	7,86
Gold	19,3
Blei	11,34
Aluminium	2,71
Titan	4,5
Platin	21,45

b) 500 cm^3 Kork haben eine Masse von 125 g. Berechne die Dichte von Kork.

6 Ergänze die Tabelle zu einer proportionalen Zuordnung. Überlege dir einen passenden Sachverhalt und zeichne den zugehörigen Graphen in ein Koordinatensystem.

Anzahl Kinokarten	1	2	■	5
Preis in €	6,50	■	19,50	■

7

a) Erstelle Preistabellen für das Obst von 0 kg bis 3 kg in 0,5-kg-Schritten und zeichne die Schaubilder. Lege die Einheiten auf den Achsen sinnvoll fest.
b) Lies aus dem Schaubild ab, wie viel kg Äpfel man für 4,00 € erhält.

8 SP Welche Zuordnungen sind proportional? **Erklärt** euch gegenseitig eure Überlegungen.

1. Größe	2. Größe
Menge Benzin	Preis
Alter eines Kindes	Körpergröße des Kindes
Anzahl der Arbeitsstunden	Lohnkosten
Mit dem Fahrrad zurückgelegter Weg	Fahrzeit
Anzahl der Hühnereier	Preis

Tipp!
zu Aufgabe 9
Einteilung der x-Achse: 1 cm für 5 l.
Einteilung der y-Achse: 1 cm für 10 €.

9 SP Das Eiscafé Venezia und die Eisdiele Fantasia verkaufen Eis zu unterschiedlichen Preisen.

Ben hat sein Eis in der Eisdiele Fantasia gekauft. Findet heraus, wo die anderen Eiswaffeln gekauft wurden. **Beschreibt** euer Vorgehen.

10 Das Schaubild zeigt vier Zuordnungen.

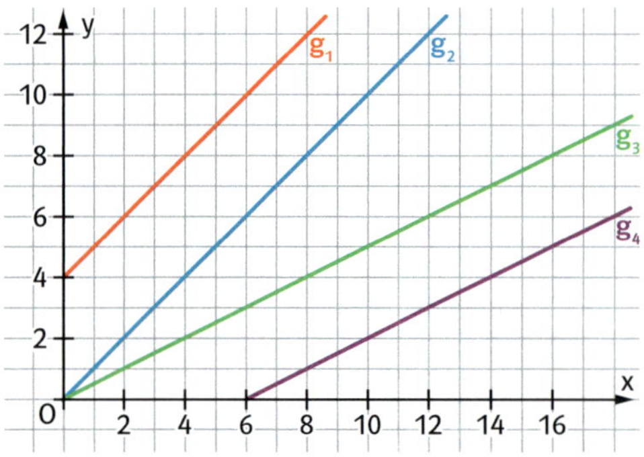

a) Welche Geraden stellen proportionale Zuordnungen dar?
b) SP Lies von einer proportionalen Zuordnung vier Wertepaare ab. Notiere sie in einer Tabelle und formuliere einen passenden Sachverhalt.

8 SP Welche Zuordnung ist proportional, welche könnte proportional sein und welche ist nicht proportional? **Begründet** eure Entscheidung. Findet weitere Beispiele.

1. Größe	2. Größe
Dauer eines Spiels	erzielte Tore
Benzinverbrauch	gefahrene Strecke
getanktes Heizöl	zu zahlender Preis
Anzahl der Eier im Topf	Kochzeit der Eier
gefahrene Strecke	Dauer der Fahrt

9 An Tankstellen gibt es verschiedene Kraftstoffe.

a) Erstelle eine Tabelle und berechne die Preise.

Menge in l	5	10	15	…	50
Preis Diesel in €	■	■	■		■
Preis Super in €	■	■	■		■

b) Zeichne ein gemeinsames Schaubild. Beschrifte.
c) Woran erkennst du die Kraftstoffarten auf einen Blick?
d) Lies die Preise für 48 l so genau wie möglich im Schaubild ab.
e) Wie viel Liter erhält man für 50 €?
f) MK Recherchiere aktuelle Preise für Kraftstoffe und vergleiche diese mit denen aus der Aufgabe.

10 Die Firmenwagen tanken immer an der gleichen Tankstelle.

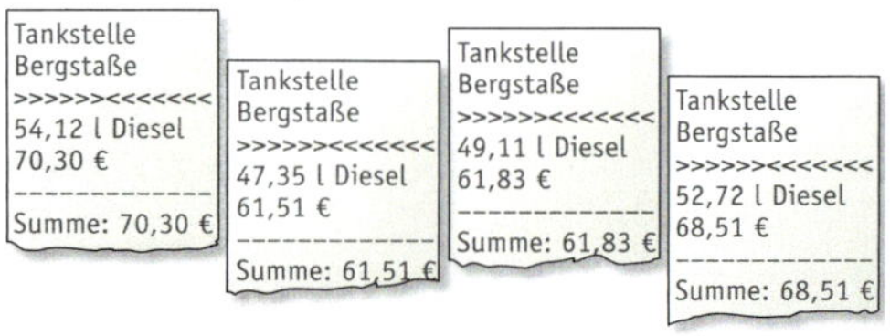

Zeige, dass bei einigen Quittungen der Liter-Preis gleich ist.

4 Zweisatz bei proportionalen Zuordnungen

1,500 kg 2,10 €

2,500 kg 4,00 €

750 g 9,00 €

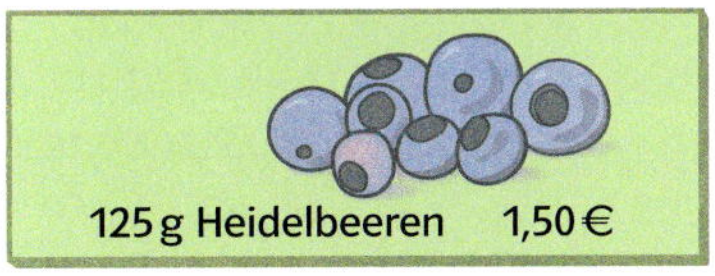

Die Etiketten sind beim Kauf der Obstsorten vertauscht worden.

→ Welches Etikett gehört zu welchem Obst? Begründe deine Entscheidung.

→ Tauscht euch zu zweit aus und erklärt euch gegenseitig, wie ihr vorgegangen seid.

Liegt eine proportionale Zuordnung vor, lässt sich die gesuchte Größe manchmal mit dem **Zweisatz** berechnen.

Merke

Der **Zweisatz** ist ein Rechenverfahren, mit dem man in zwei Schritten zum Ergebnis kommt. In einer Tabelle kann man die Zuordnung der Größen darstellen.

Beispiele

a) Von der Einheit zum Vielfachen

	Anzahl Päckchen	Preis in €	
1. Satz:	1	1,20	
2. Satz: (·6)	6	7,20	(·6)

1 Päckchen Gummibärchen kostet 1,20 €.

6 Päckchen Gummibärchen kosten 1,20 € · 6 = 7,20 €.

b) Vom Vielfachen zur Einheit

	Anzahl Päckchen	Preis in €	
1. Satz:	8	9,60	
2. Satz: (:8)	1	1,20	(:8)

8 Päckchen Gummibärchen kosten 9,60 €.

1 Päckchen Gummibärchen kostet 9,60 € : 8 = 1,20 €.

Tipp!

x	y
■	■
■	■

○ **1** Berechne den fehlenden Wert in deinem Heft.

a)

Anzahl Buntstifte	Preis in €
1	1,60
4	■

(■ links, ■ rechts)

b)

Menge in kg	Preis in €
20	60
1	■

(■ links, ■ rechts)

○ **2** Löse die Aufgabe mit dem Zweisatz. Erstelle dazu eine Tabelle.

a) Eine Packung Salamiwurst kostet 3,40 €. Wie viel kosten 9 Packungen Salamiwurst?

b) In zwölf Big Packs sind insgesamt 192 Schokoriegel. Wie viele Schokoriegel sind in einem Big Pack?

Tipp!
Überlege zunächst, welche Größen einander zugeordnet werden.

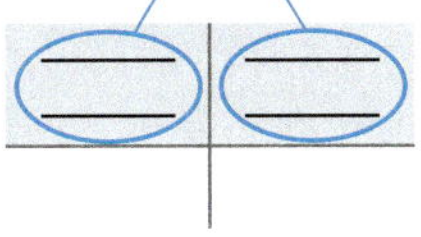

Alles klar?

D34 Fördern

A Die Größen in der Tabelle sind proportional zueinander. Ergänze.

a)

	Anzahl Schokoriegel	enthaltener Zucker in g	
	1	35	
■	5	■	■

b) 8 Brötchen kosten 3,20 €.

	■	■	
	8	3,20	
■	1	■	■

○**3** Ergänze.

a)

	Menge in kg	Preis in €	
	1	3,70	
■	7	■	■

b)

	Menge in kg	Preis in €	
	8	196	
■	1	■	■

○**4** Berechne die fehlenden Werte.

a)

Anzahl	Preis in €
2	6,00
1	■
8	■
9	■

b)

Anzahl	Preis in €
7	10,50
1	■
14	■
21	■

◒**5** Ergänze.

a)

	Anzahl Buntstifte	Preis in €	
	4	1,60	
■	8	■	■

b)

	Menge in g	Preis in €	
	200	15	
■	40	■	■

◒**6** 2 kg Trauben kosten 4,80 €.
Berechne den Preis für 6 kg; $\frac{1}{2}$ kg; 2,5 kg; $\frac{1}{4}$ kg Trauben.

Menge in kg	Preis in €
...	...

◒**3** Berechne den fehlenden Wert.

a)

Anzahl Stifte	Preis in €
7	12,50
35	■

b)

Anzahl Klammern	Preis in €
1500	8,50
300	■

◒**4** SP Berechne die fehlenden Werte und formuliere einen passenden Sachverhalt.

Anzahl	Preis in €
60	24
10	■
■	192
90	■

◒**5** 7,5 kg Kartoffeln kosten 9,75 €.
Berechne den Preis für 2,5 kg und für 30 kg Kartoffeln.

Menge in kg	Preis in €
...	...

●**6** Die Schallgeschwindigkeit beträgt 330 m/s.

a) Während einer Wanderung in den Bergen kommt plötzlich ein Gewitter auf. Du hörst den Donner 7 Sekunden, nachdem es geblitzt hat. Wie weit ist das Gewitter von dir entfernt?

b) Zwei Berggipfel sind 80 km entfernt. Um 10:00 Uhr wird ein Felsen auf dem einen Gipfel gesprengt. Um wie viel Uhr hört man die Explosion auf dem anderen Gipfel?

→ Die Lösungen zu „Alles klar?" findest du auf Seite 256.

5 Dreisatz bei proportionalen Zuordnungen

Das Bergwerk „Zeche Zollverein" ist heute ein Industriedenkmal. Eine 60 m lange Rolltreppe führt hinauf zum Eingang des Ruhr Museums. Fabian hat eine Fahrzeit von 90 s gestoppt.

→ Wie lange dauert es, bis Fabian die halbe Strecke hinter sich hat?
→ Berechne die Fahrzeit für 10 m.
→ In Hongkong gibt es ein 800 m langes Rolltreppensystem. Überlegt gemeinsam, wie lange die Fahrt dauern könnte.

Bei einer proportionalen Zuordnung kann man gesuchte Werte mit dem Dreisatz berechnen.

Merke

Der **Dreisatz** ist ein Rechenverfahren in drei Sätzen:
- Im ersten Satz stehen die Angaben.
- Im zweiten Satz schließt man auf das Einfache der ersten Größe.
- Im dritten Satz schließt man auf den gesuchten Wert der zweiten Größe.

Beispiele

Man kann den Dreisatz übersichtlich in einer Tabelle darstellen.

a) 4 Waffeln kosten 6,00 €. Was kosten 3 Waffeln?

		Anzahl Waffeln	Preis in €		
1. Satz:		4	6,00		4 Waffeln kosten 6,00 €.
2. Satz:	:4	1	1,50	:4	1 Waffel kostet 6,00 € : 4 = 1,50 €.
3. Satz:	·3	3	4,50	·3	3 Waffeln kosten 1,50 € · 3 = 4,50 €.

3 Waffeln kosten 4,50 €.

Manchmal ist es vorteilhaft, auf einen passenden Teiler der ersten Größe zu schließen.

b) 12 l Farbe reichen für 60 m^2 Wandfläche. Für wie viel Quadratmeter reichen 8 l Farbe?

		Farbe in l	Fläche in m^2		
1. Satz:		12	60		12 l reichen für 60 m^2.
2. Satz:	:3	4	20	:3	4 l reichen für 60 m^2 : 3 = 20 m^2.
3. Satz:	·2	8	40	·2	8 l reichen für 20 m^2 · 2 = 40 m^2.

8 l Farbe reichen für 40 m^2 Wandfläche.

○ **1** Berechne mit dem Dreisatz und schreibe einen Antwortsatz.

a)

	Masse in kg	Preis in €	
	8	4,80	
:8	1	■	:8
·5	5	■	·■

b)

	Länge in m	Preis in €	
	10	3,60	
:■	5	■	:■
·■	15	■	·■

c)

	Masse in g	Preis in €	
	20	6,20	
:■	■	■	:■
·■	15	■	·■

○ **2** Ergänze die fehlenden Werte. Schreibe wie im Beispiel drei Sätze dazu.

a)

Saft in l	Preis in €
8	12
■	■
9	■

b)

Kirschen in kg	Preis in €
12	30,00
■	■
8	■

c)

Tee in g	Preis in €
250	7,50
■	■
150	■

Tipp!
Notiere die gesuchte Größe immer in der rechten Spalte.

○ **3** Löse mit dem Dreisatz.
a) 6 Bleistifte kosten 3 €. Wie viel bezahlt man für 5 Bleistifte?
b) 4 Flaschen Fruchtsaft kosten 4,80 €. Wie viel kosten 6 Flaschen?
c) 250 g Pralinen kosten 4,00 €. Wie viel Gramm Pralinen bekommt man für 5,60 €?
d) 3 Tafeln Schokolade kosten 2,10 €. Wie viele Tafeln erhält man für 3,50 €?

Alles klar?

D35 Fördern

A Ergänze. Schreibe einen Antwortsatz.

a)

	Anzahl der Werkstücke	Arbeitszeit in min	
	15	45	
:15	■	■	: ■
· ■	20	■	· ■

b)

	Anzahl der Kuchenstücke	Preis in €	
	10	16,00	
: ■	■	■	: ■
· ■	12	■	· ■

B Berechne.
a) 5 Tage Miete für einen Kleintransporter kostet 180 €. Wie viel bezahlt man für 7 Tage?
b) Für 15 € bekommt man 12 Flaschen Obstsaft. Wie viele Flaschen bekommt man für 10 €?

○ **4** Herr Emele bezahlt für 200 g Käse 4,00 €. Frau Knauß benötigt 500 g.

Menge in g	Preis in €
⋮	⋮

○ **5** Löse mit dem Dreisatz.
a) 3 kg Orangen kosten 3,45 €. Wie viel kosten 2 kg Orangen?
b) 6 Eier kosten 1,44 €. Wie viel zahlt man für 10 Eier?
c) 4 Tafeln Schokolade kosten 3,80 €. Wie viel bezahlt man für 3 Tafeln?

○ **6** Beim Dreisatz gibt es viele Möglichkeiten, den gesuchten Wert zu berechnen.
a) SP Vergleicht und besprecht die Rechenwege von Laura und Marie. Findet ihr einen noch vorteilhafteren Rechenweg?

Laura

Strecke in km	Zeit in min
20	60
1	3
30	90

Marie

Strecke in km	Zeit in min
20	60
5	15
30	90

b) Rechnet nun selbst vorteilhaft.

Saft in l	Preis in €
16	30
■	■
24	■

◐ **4** Berechne vorteilhaft mit dem Dreisatz.
a) Im Angebot kosten 500 g Wurstaufschnitt 3,20 €. Wie viel bezahlt man für 750g?
b) 125 g eines Gewürzes kosten 5 €. Wie viel kosten 50 g?
c) Frank kauft 4 Schreibhefte für 1,60 €. Wie viel bezahlt Mike für 5 Schreibhefte?
d) 1 kg Mehl kostet in der Mühle 1,20 €. Wie viel kosten 2500 g?
e) Die Techniklehrerin bezahlt für 25 Leisten 10 €. Wie viel Euro bezahlt sie dann für 35 Leisten?

◐ **5** Sven braucht mit dem Fahrrad zur Schule 15 min. Er fährt die 6 km auf dem Radweg gleichmäßig schnell.
a) Zu seinen Großeltern braucht er bei gleicher Geschwindigkeit 5 min länger. Wie lang ist die Strecke?
b) Die nächstgelegene Bäckerei ist 5 km von der Wohnung entfernt. Wie viel Zeit sollte er für Hin- und Rückfahrt einplanen?

→ Die Lösungen zu „Alles klar?" findest du auf Seite 256.

7 Paul wünscht sich zum Geburtstag Pfannkuchen. Er hat 9 Gäste eingeladen und überlegt, wie viel er einkaufen muss.

a) Berechne die Mengen der Zutaten.

b) SP Vergleicht eure Lösungswege. Wer hat vorteilhaft gerechnet?

8 Elif möchte einen Blechkuchen backen. Sie muss dafür 1,5 kg Kirschen kaufen und vergleicht die Preise auf dem Markt.

a) Welche Kirschen sollte Elif kaufen?

b) SP Vergleicht eure Ergebnisse.

9 Herr Tok verdient an einem 8-Stunden-Tag 108 €.

a) Wie viel verdient er in einer 38-Stunden-Woche?

b) Im Monat Juli arbeitet Herr Tok vier Wochen und drei Tage. **Zeige**, dass Herr Tok in diesem Monat 2376 € verdient.

10 Die Außenwände eines Hauses sollen gestrichen werden. Ihr Flächeninhalt beträgt insgesamt 800 m^2. Für 10 m^2 Fläche sind 2 l Farbe nötig.

a) Wie viel kostet die Farbe, wenn sie in 15-l-Eimern gekauft wird?

b) SP Überlegt zu zweit: Ist es sinnvoll, die Farbe in 15-l-Eimern zu kaufen? Könnte man sogar noch etwas Geld sparen?

6 Leonie bereitet zum Geburtstag ihrer Mutter ein Tiramisu vor. Die Süßspeise soll für 14 Personen reichen. Berechne die Mengen der Zutaten.

7 Vergleiche die Preise. Welches Produkt ist günstiger? Welche Gründe könnte es geben, sich für das teurere Produkt zu entscheiden?

a)

b)

c)

8 Sven lässt Wasser in ein Planschbecken laufen und geht weg. Nach 11 Minuten ist das Becken zu einem Viertel gefüllt. **Zeige**, dass das Becken übergelaufen ist, wenn Sven nach einer $\frac{3}{4}$ Stunde zurückkommt.

9 Ein Malereibetrieb soll eine Wohnung renovieren. Die Betriebsleitung erstellt ein Angebot. Für die geplante Arbeitszeit von 28 h werden 1260 € angesetzt. Insgesamt soll die Renovierung 1760 € kosten.

a) Die Arbeit ist schon nach 24 h beendet. Wie viel kostet die Arbeitszeit?

b) SP Auf der Rechnung stehen 1580 €. **Erklärt**, wie der Malereibetrieb zu diesem Betrag kommt.

EXTRA

Schätzen und Problemlösen

Bei vielen Problemen kann man die Lösung nicht exakt bestimmen, sondern muss die Lösung schätzen. Dabei hilft oft das Rechnen mit Proportionen zum Schätzen unbekannter Größen.

Beispiel

Wie groß müsste der Riese sein, der auf der Bundesgartenschau 2013 in Koblenz seinen Daumen aus der Erde streckt?

Vergleichswerte ermitteln:

- Der Mann ist ca. 180 cm groß.
- Der Daumen eines Erwachsenen ist ca. 6 cm lang.
- Der Daumen des Riesen ist größer als der Mann und wird auf ca. 240 cm geschätzt.

Berechnung mit dem Dreisatz:

	Mann Länge in cm	Riese Länge in cm
Daumen:	6	240
	1	40
Körper:	180	7200

Antwort: Der Riese wäre etwa 72 m groß.

○**1** Wurde die Giraffe im Maßstab 1:1 erbaut?

a) Miss die Längen der Giraffe und der Frau im gelben Pullover auf dem Bild. Schätze, wie groß die Frau in Wirklichkeit ist. Bestimme mithilfe des Dreisatzes die wirkliche Größe der Giraffe.

	Frau Länge in cm	Giraffe Länge in cm
Bild:	■	■
	1	■
Wirklichkeit:	■	■

b) MK Recherchiere wie groß ausgewachsene Giraffen werden. Vergleiche mit deinem errechneten Wert der Figur.

◒**2** Auf einer zweispurigen Autobahn ist ein Stau von 8 km Länge. Schätze, wie viele Autos in dem Stau stehen. Die Lastwagen kannst du vernachlässigen, weil Feiertag ist. Bedenke die Abstände zwischen den Autos.

●**3** Im Alltag gibt es oft Situationen, bei denen man keinen exakten Wert angeben kann, sondern das Ergebnis schätzen muss. In der Mathematik bedeutet schätzen aber nicht raten.

a) Schätze die Anzahl der Stunden, die du dich im Jahr mit deinem Smartphone beschäftigst.

b) Wie viel Zeit hast du in den letzten 5 Jahren schon mit Schlafen verbracht?

c) Findet weitere Aufgaben und löst sie gemeinsam.

6 Antiproportionale Zuordnungen

Alex und Svea bereiten einen Sport- und Spiele-Nachmittag vor.

→ Wie viele gleich große Gruppen können sie aus den 48 Personen bilden? Wie viele Personen sind dann in einer Gruppe? Halte deine Überlegungen in einer Tabelle fest.

Anzahl der Gruppen	1	2	■	...
Gruppenstärke	48	■	■	...

→ Vergleicht die gefundenen Wertepaare und zeichnet sie in ein Koordinatensystem ein.

→ Beschreibt das Schaubild in der Klasse.

In je mehr gleichgroße Gruppen man eine Anzahl von Personen einteilt, desto weniger Personen sind in einer Gruppe. Umgekehrt gehören umso mehr Personen in eine Gruppe, je weniger Gruppen es sind.

Tipp!

Steigt die 1. Größe, fällt die 2. Größe.

Fällt die 1. Größe, steigt die 2. Größe.

Merke

Für eine **antiproportionale Zuordnung** gilt:
Dem **Doppelten** (Dreifachen, ...) der ersten Größe entspricht die **Hälfte** (der dritte Teil, ...) der zweiten Größe.
Der **Hälfte** (dem dritten Teil, ...) der ersten Größe entspricht das **Doppelte** (Dreifache, ...) der zweiten Größe.

Die **Zuordnungsvorschrift** gibt an, wie die beiden Größen zusammenhängen.
Im **Schaubild** einer antiproportionalen Zuordnung liegen alle Punkte auf einer Kurve.
Sie kommt den Achsen immer näher, schneidet oder berührt sie aber nicht.

Beispiel

Eine Pizza mit 12 gleich großen Stücken soll an eine Personengruppe verteilt werden.

Zuordnung: Die Anzahl der Personen (erste Größe) ist antiproportional zur Anzahl der Stücke Pizza pro Person. (zweite Größe)

1 Person bekommt 12 Stücke.
2 Personen bekommen jeweils 12 : 2 = 6 Stücke.
x Personen bekommen jeweils 12 : x Stücke.

Tipp!
Die Kurve im Schaubild heißt **Hyperbel**.

Zuordnungsvorschrift: $x \mapsto \frac{12}{x}$

Wertetabelle:

Anzahl der Personen	1	2	3	4	6	12
Anzahl der Stücke pro Person	12	6	4	3	2	1

(Pfeile: oben von 6 nach 2 „:3“, von 6 nach 3 „:2“, von 6 nach 12 „·2“; unten von 2 nach 6 „·3“, von 2 nach 4 „·2“, von 2 nach 1 „:2“)

Wertepaar: (6 | 2)

Graph im Koordinatensystem (Schaubild):

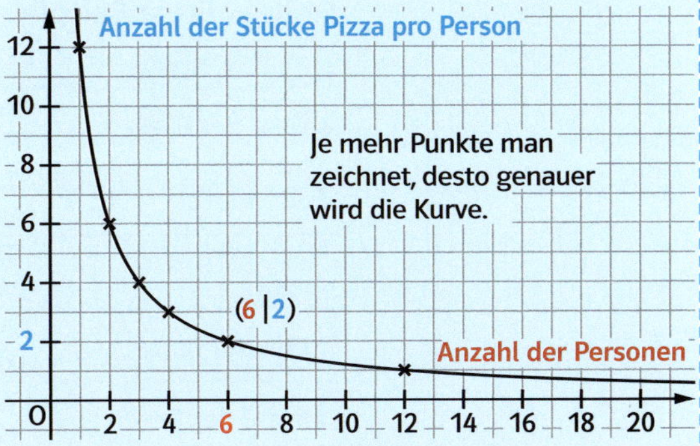

○1 Eine Firma bekommt den Auftrag, eine Halle zu fliesen. Eine Arbeitskraft würde dafür 96 Tage brauchen. Wie viele Tage dauert es, wenn mehr Arbeitskräfte eingesetzt werden?

Anzahl der Arbeitskräfte	1	2	3	4	6	8	12	16	24
benötigte Arbeitstage	96	■	■	■	■	■	■	■	■

○2 Die 60 Spielkarten eines Memory-Spiels können als Rechteck auf den Tisch gelegt werden. Es gibt verschiedene Möglichkeiten. Vervollständige die Tabelle und zeichne das Schaubild (x-Achse: 1 Kästchen für 1 Reihe; y-Achse: 1 Kästchen für 1 Karte).

Anzahl der Reihen	2	3	4	5	6	10	12	15	20	30
Anzahl der Karten je Reihe	■	■	■	■	■	■	■	■	■	■

○3 Lege eine Tabelle an und berechne.

a) Ein Schwimmbecken wird mit Wasser gefüllt. Mit 2 Zuleitungen dauert es 120 min, bis das Becken voll ist. Wie lange würde das Befüllen mit 6 Zuleitungen dauern?

b) Der Futtervorrat für 3 Pferde reicht für 10 Tage. Wie lange würde er für 6 Pferde reichen?

Alles klar?

D36 Fördern

A In wie viele Portionen kann man die Pralinen einer Schachtel gleichmäßig aufteilen?

a) Notiere möglichst viele Möglichkeiten.

Anzahl der Portionen	1	■	■	■	■	■	■	■
Anzahl der Pralinen	■	■	■	■	■	■	■	1

b) Zeichne den Graphen in ein Koordinatensystem.

○4 Ein Schwimmbecken wird zur Reinigung ausgepumpt. Eine Pumpe braucht 48 h. Wie lange brauchen mehrere Pumpen?

Anzahl der Pumpen	1	2	3	4	6
Zeit in h	48	■	■	■	■

○5 Welche Zuordnungen könnten antiproportional sein?
Welche sind es bestimmt nicht?
Finde weitere Beispiele.

1. Größe	2. Größe
Größe der Fliesen	Anzahl der benötigten Fliesen
Futtervorrat	Tage, die der Vorrat reicht
Heizölverbrauch je Tag	Tage, die der Vorrat reicht
Höhe der Kerze	Zeit, die eine Kerze brennt
Anzahl der Tiere	Tage, die der Vorrat reicht

◒4 Ein Auto fährt bei 60 km/h eine Teststrecke in 30 s. Fülle die Tabelle aus.

Geschwindigkeit in km/h	10	20	30	60	120	180
Zeit in s	■	■	■	30	■	■

◒5 Ein Rechteck soll einen Flächeninhalt von 48 cm² haben.

a) Erstelle eine Tabelle mit acht verschiedenen Wertepaaren aus Länge und Breite.

b) Wie viele Wertepaare mit ganzzahligen Werten habt ihr gefunden? Vergleicht eure Tabellen und ergänzt die eigene Tabelle.

c) Zeichne ein Schaubild; 1 Kästchen für 1 cm.

d) Lies aus deinem Schaubild weitere Wertepaare ab. **Zeige**, dass das Produkt der Wertepaare jeweils gleich ist.

e) Erstelle eine Tabelle für ein Rechteck mit einem Flächeninhalt von 60 cm². Trage die Wertepaare in dein Schaubild ein und vergleiche.

→ Die Lösungen zu „Alles klar?" findest du auf Seite 256.

○ **6** Eine 60 km lange Hochgeschwindigkeitsstrecke muss vor der Eröffnung mit verschiedenen Geschwindigkeiten getestet werden. Ergänze die Tabelle.

Geschwindigkeit in km/h	30	■	120	180	■	300
Zeit in min	■	40	30	■	15	■

◒ **7** Ein 24 m langes Schmuckband soll in gleich lange Stücke geteilt werden.

a) Schreibe in einer Tabelle fünf Wertepaare aus der Anzahl der Stücke und der Länge eines Stücks auf.

Beispiel:
24 m : 2 = 12 m; also (2 | 12).

b) Zeichne ein Schaubild.
x-Achse: 1 Kästchen für 1 Stück;
y-Achse: 1 Kästchen für 1 m.

c) Lies in deinem Schaubild ab: Wie lang ist ein Stück, wenn man das Band in 5; 10 bzw. 16 Stücke teilt?

◒ **8** 🖩 Noah kauft Trockenfutter für seine 6 Hamster. Der Vorrat reicht für ungefähr 30 Tage. Stelle eine Tabelle für 1 bis 8 Tiere auf und berechne, wie lange das Futter jeweils reichen würde. Bei zwei Werten musst du abrunden.

◒ **9** Auf einer großen Baustelle muss der Einsatz der Arbeitskräfte neu geplant werden.

a) Fülle die Tabelle weiter aus.

Anzahl Arbeitskräfte	6	9	12	18	27	36
Dauer in Tagen	■	■	■	90	■	■

b) SP Welche Wertepaare sind praktisch kaum möglich oder vermutlich unsinnig?

◒ **6** Im Schaubild ist eine antiproportionale Zuordnung abgebildet.

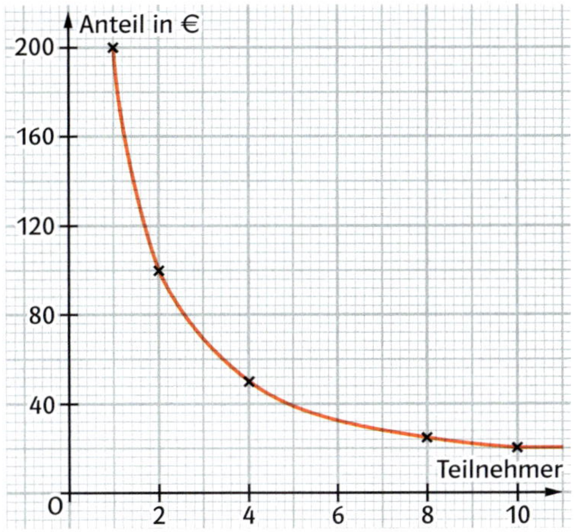

a) Trage die Wertepaare in eine Tabelle ein. Nenne einen passenden Sachverhalt.

b) Wie hoch ist der Anteil bei 6 Teilnehmern? Wie viele Teilnehmer sind es bei einem Anteil von 66,66 €?

◒ **7** 🖩 SP Berechne die fehlenden Werte. Entscheidet gemeinsam, welche Wertepaare in der Tabelle nicht sinnvoll sind.

a) Personen helfen bei der Ernte.

Anzahl der Personen	2	4	6	8	10	12	15
Dauer in Tagen	■	■	■	30	■	■	■

b) Im Saal werden 512 Stühle aufgestellt.

Anzahl der Reihen	2	4	■	■	32	64	■	■
Stühle je Reihe	■	■	64	32	■	■	4	2

● **8** Auf einer Baustelle soll die Arbeit, die mit 3 Arbeitskräften für 28 Tage geplant ist, früher abgeschlossen werden.

Anzahl Arbeitskräfte	1	2	3	4	5	6	7	8
Dauer in Tagen	■	■	28	■	■	■	■	■

a) Ergänze die Tabelle.

b) Wie hast du in zwei Fällen gerundet?

c) SP Erkläre, welche Rechnungen du weglassen könntest.

d) SP Elif meint, ab einer bestimmten Anzahl von Arbeitskräften benötigt man auch noch eine Person, die die Arbeiten zusätzlich koordiniert. Nimm Stellung.

7 Dreisatz bei antiproportionalen Zuordnungen

Bei der ersten Gurkenernte im Jahr pflückten 18 Hilfskräfte auf dem Gurkenflieger 6 Stunden.

→ Wie lange hätte eine Hilfskraft allein für die gesamte Ernte gebraucht?

→ Bei der zweiten Ernte stehen nur 12 Hilfskräfte zur Verfügung. Der Gurkenflieger muss langsamer fahren. Wie lange dauert die Ernte jetzt?

Bei einer antiproportionalen Zuordnung kann man gesuchte Werte mit dem Dreisatz berechnen. Man spricht hier auch vom umgekehrten Dreisatz.

Merke

Der **Dreisatz** ist ein Rechenverfahren in drei Sätzen:
- Im ersten Satz stehen die Angaben.
- Im zweiten Satz schließt man auf das Einfache der ersten Größe.
- Im dritten Satz schließt man auf den gesuchten Wert der zweiten Größe.

Beispiel

Ein Schwimmbecken wird durch drei Pumpen mit Wasser gefüllt. Es dauert zwölf Stunden. Wie lange dauert das Füllen, wenn nur zwei Pumpen arbeiten?

		Anzahl Pumpen	Zeit in h		
1. Satz:	:3	3	12	·3	3 Pumpen brauchen 12 h.
2. Satz:	·2	1	36	:2	1 Pumpe braucht 36 h.
3. Satz:		2	18		2 Pumpen brauchen 18 h.

2 Pumpen brauchen zum Füllen des Schwimmbeckens 18 h.

Tipp!
Bei antiproportionalen Zuordnungen gilt:
Der Division der 1. Größe entspricht die Multiplikation der 2. Größe und umgekehrt.

○ **1** Berechne mit dem Dreisatz. Schreibe einen Antwortsatz.

a) Eine Leiste wird in 5 Stücke zu je 24 cm geteilt. Wie lang ist ein Stück bei einer Teilung in 6 gleich lange Stücke?

	Anzahl der Stücke	Länge der Stücke in cm	
:5	5	24	· ■
·6	1	■	: ■
	6	■	

b) 6 Reinigungskräfte putzen die Schulfenster in 32 h. Wie lange brauchen 4 Reinigungskräfte?

	Anzahl der Reinigungskräfte	Zeit in h	
: ■	6	32	· ■
· ■	2	■	: ■
	■	■	

○ **2** Ergänze die fehlenden Werte. Schreibe die drei Sätze wie im Beispiel.

a) Von 5 Freunden erhält jeder 12 Bonbons. Wie viele Bonbons bekommt jeder, wenn noch ein Freund dazu kommt?

Anzahl der Freunde	Anzahl der Bonbons
5	12
■	■
6	■

b) Ein Lkw kann 6 m³ Sand laden und muss 24-mal fahren. Wie oft muss ein Lkw fahren, der 9 m³ Sand laden kann?

Ladung in m³	Anzahl der Fahrten
6	24
3	■
■	■

Tipp!
Notiere die gesuchte Größe immer in der rechten Spalte.

○ **3** Stelle eine Dreisatztabelle auf. Schreibe einen Antwortsatz.

a) Für eine Klassenreise zahlt jeder der 28 Jugendlichen 15 €. Kurz vor der Abfahrt kommen noch zwei Jugendliche dazu. Wie viel kostet jetzt die Busfahrt pro Person?

b) Das Volleyball-Training beginnt mit einem Zirkeltraining. Es werden 3 Gruppen mit je 4 Spielerinnen gebildet. Danach werden für das Spiel 2 Mannschaften gebildet. Wie viele Spielerinnen sind in einer Mannschaft?

Alles klar?

D37 Fördern

A Werden für eine Arbeit 9 Arbeitskräfte eingesetzt, dann ist die Arbeit in 20 Tagen fertig. Wie viele Tage brauchen 10 Arbeitskräfte?

	Anzahl der Arbeitskräfte	Zeit in Tagen	
: ■	9	20	· ■
· ■	■	■	: ■
	■	■	

B Wenn 24 Jugendliche am Verkaufsstand arbeiten, dann müssen alle jeweils 60 min da sein. Wie lange dauert jeder Dienst, wenn 30 Jugendliche mithelfen?

○ **4** Die Zuordnungen sind antiproportional. Ergänze die fehlenden Werte.

a)

Anzahl der Personen	Kostenbeitrag in €
5	60
■	■
6	■

b)

Anzahl der Geräte	Zeit in Tagen
8	48
■	■
6	■

○ **5** Ein Architekturbüro plant in einer Großstadt ein neues Baugebiet mit 22 Grundstücken. Ein Grundstück ist 360 m^2 groß. Wegen der hohen Nachfrage beschließen sie, das Gebiet in 24 Grundstücke aufzuteilen. Wie viel Quadratmeter ist dann jedes Grundstück groß?

◐ **6** Für den Abtransport von Aushub werden 36 Fahrten mit dem Lkw geplant. Der Lkw kann 10 t laden.

a) Wie oft müsste ein Lkw mit 12 t Ladung für den Abtransport fahren?

b) Wie oft müsste ein Lkw mit nur 9 t Ladung fahren?

◐ **4** Am Geschenk für Fabian beteiligen sich 10 Jugendliche mit jeweils 4,80 €.

a) Es möchten sich zwei weitere Jugendliche beteiligen. Wie viel Euro muss jede Person bezahlen?

b) 2 der 10 Jugendlichen haben es sich anders überlegt. Wie hoch ist der Anteil jetzt?

◐ **5** Eine Werbeanzeige kostet die 6 Betriebe eines Spielzeugbasars jeweils 40 €.

a) Ein Betrieb sagt ab. Wie viel muss jetzt jeder zahlen?

b) Wie viele weitere Betriebe müssten die 6 Betriebe noch finden, damit jeder nur 30 € bezahlen muss?

◐ **6** Zum Schulfest werden Kuchen gebacken.

a) Linda hat 18 Stücke zu 1 € geplant, jedoch hat Josef den Kuchen in 15 Stücke geschnitten. Wie viel kostet jetzt ein Stück?

b) Hedda und Jan wollen ihren Blechkuchen in 25 Stücke zu 80 ct schneiden. Jan meint: „Wir schneiden größere Stücke und nehmen 1 €." Wie viele Stücke gibt das?

◐ **7** Mia und Elias haben beide **Fehler** gemacht. Finde sie und rechne richtig.

Mia:

Anzahl Freiwillige	Zeit in h
12	24
1	288
8	32

Elias:

Anzahl Freiwillige	Zeit in h
12	24
1	2
8	16

→ Die Lösungen zu „Alles klar?" findest du auf Seite 256.

8 Quotientengleich. Produktgleich

Eine Online-Rezeptsammlung berechnet die benötigte Menge der Zutaten für beliebig viele Portionen (1 Portion = 1 Müsliriegel).

→ Im Programm ist der Quotient $\frac{y}{x}$ für die Menge der Haferflocken pro Müsliriegel hinterlegt. Wofür stehen die Variablen?

→ Überlegt zu zweit, wie das Programm die insgesamt benötigte Menge der Haferflocken berechnet.

→ Wie viel Gramm Haferflocken bräuchtet ihr für eure Klasse?

Bei proportionalen und antiproportionalen Zuordnungen lässt sich der Zusammenhang zwischen den Größen leicht beschreiben. Um den Term für die Zuordnungsvorschrift aufzustellen, nutzt man:

Quotientengleichheit: Bei einer proportionalen Zuordnung ist der Quotient aus y-Wert und x-Wert für alle Wertepaare $(x \mid y)$ gleich.

Produktgleichheit: Bei einer antiproportionalen Zuordnung ist das Produkt von x-Wert und y-Wert für alle Wertepaare $(x \mid y)$ gleich.

Tipp!
q für Quotient
p für Produkt

Merke

Proportionale Zuordnungen
Für alle Wertepaare $(x \mid y)$ ist der Quotient $q = \frac{y}{x}$ gleich, deshalb nennt man diese Zuordnungen **quotientengleich**.
Den Quotienten **q** nennt man **Proportionalitätsfaktor**.
Zuordnungsvorschrift:
$x \mapsto q \cdot x$

Antiproportionale Zuordnungen
Für alle Wertepaare $(x \mid y)$ ist das Produkt $p = x \cdot y$ gleich, deshalb nennt man diese Zuordnungen **produktgleich**.
Das Produkt **p** nennt man **Antiproportionalitätskonstante**.
Zuordnungsvorschrift:
$x \mapsto p : x$ oder $x \mapsto p \cdot \frac{1}{x}$

Beispiele

a) Bei einer Tombola kosten 20 Lose 30 €. Der Preis in € soll der Anzahl Lose proportional zugeordnet sein. Zum Erstellen der Preisliste stellt man die Zuordnungsvorschrift auf.
Proportionalitätsfaktor: $x = 20$; $y = 30$; $q = \frac{y}{x} = \frac{30}{20} = 1{,}5$
Zuordnungsvorschrift: $x \mapsto 1{,}5 \cdot x$
Preisliste:

Anzahl Lose	10	20	30	40
Preis in €	15	30	45	60

b) Um festzustellen, ob eine Zuordnung antiproportional ist, muss die Produktgleichheit geprüft werden.

x	5	6	15	30
y	120	60	40	20
p = x · y	5 · 120 = 600	6 · 60 = 360	15 · 40 = 600	30 · 20 = 600

Das Produkt der x- und y-Werte ist nicht für alle Wertepaare $(x \mid y)$ gleich. Somit ist die Zuordnung nicht produktgleich, also nicht antiproportional.

○ **1** Prüfe, ob die Zuordnung proportional ist. Falls ja, bestimme den Proportionalitätsfaktor q und stelle die Zuordnungsvorschrift auf.

a)

x	20	30	40	50	60
y	140	210	280	350	420

b)

Länge in m	4	6	9	12	14
Preis in €	10	15	22	30	35

○ **2** Die Zuordnung ist antiproportional. Bestimme die Antiproportionalitätskonstante p und stelle die Zuordnungsvorschrift auf. Ergänze dann die Tabelle im Heft.

a)

x	5	7	10	35	70
y	14	10	■	■	■

b)

Anzahl Tage	1	4	8	12	16
Strecke in km	■	■	■	■	1,5

Alles klar?

D38 Fördern

A Die Zuordnung ist proportional. Bestimme den Proportionalitätsfaktor und stelle die Zuordnungsvorschrift auf. Ergänze dann die Tabelle im Heft.

a)

x	5	15	25	35	45
y	30	90	■	■	■

b)

Stückzahl	3	5	8	11	17
Masse in kg	■	■	■	99	■

B Bei einer antiproportionalen Zuordnung ist die Antiproportionalitätskonstante p = 180.

a) Ergänze die Tabelle im Heft.

x	3	8	9	15	30	60	90
y	■	■	■	■	■	■	■

b) **Zeige**, dass richtig gerechnet wurde.

Anzahl Freiwillige	2	4	5	9
Zeit in h	90	45	36	20

○ **3** Immer drei Kärtchen gehören zusammen. Ordne zu.

x	18	45	60
y	50	20	15

q = 7

antiproportional

p = 900

p = 12

x	10	14	15
y	70	98	105

x	2	4	24
y	6	3	0,5

proportional

antiproportional

◐ **4** Familie Schimanski renoviert ihr Badezimmer. Im Baumarkt kaufen sie neue Fliesen. Acht Fliesen wiegen 6 kg.

a) SP Um welche Art der Zuordnung handelt es sich? **Begründe**.

b) Gib die Zuordnungsvorschrift an.

c) Berechne, wie viel 20; 50; 80; 150 und 240 Fliesen wiegen.

○ **3** Vier Freunde spielen Lotto. Sie teilen den Gewinn untereinander auf und bekommen jeweils 420 €.

a) SP Um welche Art der Zuordnung handelt es sich? **Begründe**.

b) Gib die Zuordnungsvorschrift an.

c) Berechne den jeweiligen Geldbetrag, wenn man den Gewinn auf 2; 6; 8; 12 oder 20 Personen aufteilen würde.

◐ **4** Familie Rossi möchte den Rheinradweg von Koblenz bis nach Xanten fahren. Wenn sie in 5 Tagen ankommen wollen, müssen sie jeden Tag 48 km fahren.

a) SP **Begründe**, dass es sich um eine antiproportionale Zuordnung handelt.

b) Gib die Zuordnungsvorschrift an.

c) Stelle eine Tabelle für 2; 4; 8 und 12 Tage auf.

d) SP **Erkläre** die Bedeutung der Antiproportionalitätskonstanten in dieser Situation.

● **5**

x	3	5	■	■	■
y	17,97	29,95	■	■	■

a) SP Ist die Zuordnung proportional oder antiproportional? **Begründe**.

b) Stelle die Zuordnungsvorschrift auf.

c) SP Überlegt euch einen passenden Sachverhalt und ergänzt die Tabelle. **Präsentiert** euer Ergebnis in der Klasse.

→ Die Lösungen zu „Alles klar?" findest du auf Seite 256.

MEDIEN

Tabellenkalkulation. Zuordnungen

Tipp!
Wie man eine Wertetabelle erstellt und ein Diagramm einfügt, findest du auf Seite 242 und 243.

MK Mit einem Tabellenkalkulationsprogramm kann man die Wertetabelle einer Zuordnung erstellen. Außerdem lässt sich in das Tabellenblatt ein zugehöriges **Punkt-Diagramm** einfügen. In diesem Diagramm werden alle Wertepaare (x | y) in einem Koordinatensystem dargestellt. Deshalb wird dieser Diagrammtyp manchmal auch XY-Diagramm genannt.

Vorgehen:
- Übertrage eine vorgegebene Tabelle oder erstelle in deinem Programm mithilfe einer Zuordnungsvorschrift eine Wertetabelle.
- Markiere dann die Inhalte der Tabelle.
- Klicke auf die Registerkarte „Einfügen" und suche die Kategorie „Diagramme". Wähle ein Punkt-Diagramm bzw. XY-Diagramm aus. Die markierten Wertepaare werden dann automatisch in einem Koordinatensystem dargestellt. Man kann auch eine Darstellung wählen, bei der die Punkte durch eine Linie miteinander verbunden sind.
- Mit einem Rechtsklick auf die verschiedenen Stellen des Diagramms kannst du Layout-Einstellungen des Diagramms ändern.

Beispiele:
Proportionale Zuordnung

	A	B	C	D	E	F	G
1	Mehl in kg	0	1	2	3	4	5
2	Preis in €	0	1,19	2,38	3,57	4,76	5,95
3							
4							
5							
6							

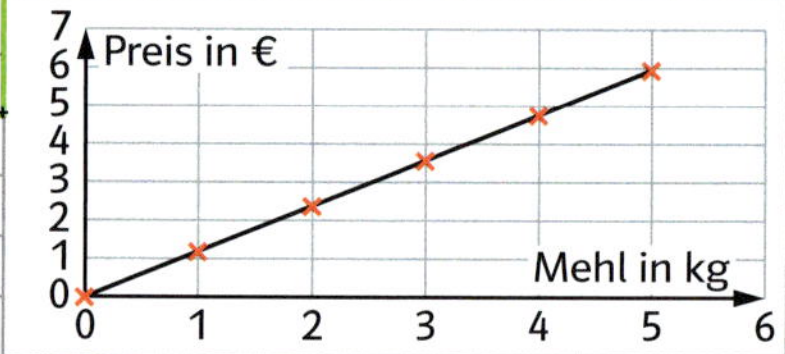

Die Punkte liegen auf einer Ursprungsgeraden.

Antiproportionale Zuordnung

	A	B	C	D	E	F
1	Geschwindigkeit in km/h	10	20	30	40	50
2	Zeit in min	300	150	100	75	60
3						
4						
5						
6						
7						

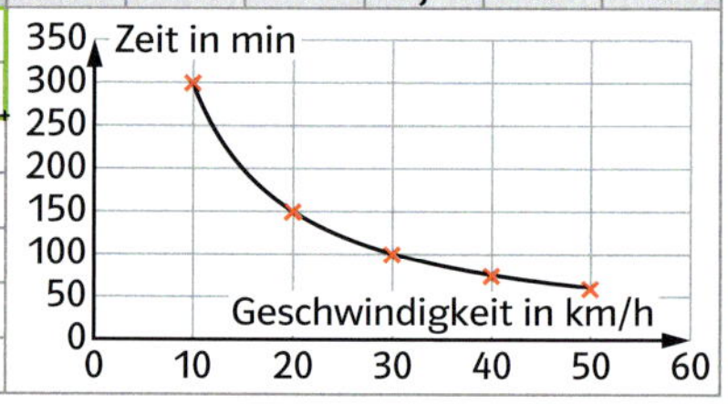

Die Punkte liegen auf einer Kurve (Hyperbel). Je mehr Wertepaare in der Wertetabelle stehen, desto besser kann das Programm die Kurve zeichnen.

○1 MK Christos Oma bietet Olivenöl von ihrer Farm in Griechenland zu folgenden Preisen an.

	A	B	C	D	E	F	G
1	Olivenöl in l	0	0,5	1,5	2,5	5	10
2	Preis in €	0	4,89	14,67	24,45	48,9	97,8

a) Übertrage die Tabelle in dein Tabellenkalkulationsprogramm und lasse ein passendes Diagramm zeichnen.
b) SP Betrachte dein Diagramm. Ist die Zuordnung proportional? Begründe.
c) Lies aus der Grafik ab, wie viel Euro Frau Serafini für vier Liter Olivenöl bezahlen muss.
d) Gib an, wie viel Liter Olivenöl man etwa für 30 € bekommt.

MEDIEN

○ **2** MK Erstelle ein Punkt-Diagramm zur Wertetabelle. Entscheide anhand des Diagramms, ob die Zuordnung proportional, antiproportional oder keins von beidem ist.

a)

x	2	4	6	8	10
y	60	30	20	15	12

b)

x	1	3	5	11	20
y	3	9	15	33	60

c)

x	10	30	50	70	90
y	75	125	175	225	275

d)

x	0	0,2	0,4	0,6	0,8
y	0	4	8	12	16

◒ **3** MK Aus einem Wassertank fließen 10 l pro Minute. Bei dieser Fließgeschwindigkeit ist der Tank nach 48 min leer.

a) Ist die Zuordnung proportional oder antiproportional?

b) Stelle die Zuordnungsvorschrift auf.

c) Erstelle mithilfe deines Programms eine Wertetabelle für Fließgeschwindigkeiten von 1 l pro Minute bis 15 l pro Minute. Berechne, wie lange es jeweils dauert bis der Tank leer ist.

d) **Zeige**, dass die Zuordnung quotientengleich bzw. produktgleich ist.

e) SP Was bedeutet der Quotient bzw. das Produkt in diesem Zusammenhang? **Beschreibe**.

◒ **4** MK In einem neuen Fitnessstudio wird jede Arbeitskraft mit drei T-Shirts ausgestattet.

a) Erstelle eine Wertetabelle für 3; 6; 9 und 12 Arbeitskräfte und berechne die Anzahl der benötigten T-Shirts.

b) Füge ein passendes Diagramm ein. Lies ab, für wie viele Arbeitskräfte 32 T-Shirts reichen.

c) SP Ist es sinnvoll die Wertepaare durch eine Gerade zu verbinden? **Diskutiert**. Findet weitere Sachverhalte, in denen das Verbinden der Punkte sinnvoll oder nicht sinnvoll ist.

◒ **5** MK Eine Klasse möchte für das Schulfest T-Shirts selbst bedrucken. Für den Siebdruck baut die Klasse im Technikunterricht Rahmen aus Holz.

a) Eine Holzlatte kostet 3,50 €.
   (1) Erstelle eine Wertetabelle für den Preis von 4 bis 40 Holzlatten in 4er-Schritten.
   (2) Erstelle für diese Wertepaare ein Diagramm.
   (3) Um was für eine Zuordnung handelt es sich?

b) Eine Holzlatte ist 2,40 m lang. Die Jugendlichen möchten aus vier solchen Holzlatten quadratische Rahmen bauen. Sie könnten zum Beispiel drei Rahmen mit einer Seitenlänge von 80 cm erstellen. Dafür würden sie jede Holzlatte in drei gleich lange Teile zersägen. Benötigen die Jugendlichen mehr oder weniger Rahmen, können sie die Seitenlänge der Rahmen verändern.
   (1) Ist die Zuordnung Anzahl der Rahmen → Seitenlänge in m proportional oder antiproportional?
   (2) Erstelle eine Wertetabelle.

	A	B	C	D	E	F	G	H
1	Anzahl der Rahmen	1	2	3	4	5	8	10
2	Seitenlänge in m	■	■	0,8	■	■	■	■

   (3) Lasse ein Diagramm zu der Wertetabelle zeichnen.

c) Die Klasse benötigt 32 Rahmen mit einer Seitenlänge von 30 cm. Wie viele Holzlatten braucht sie für die Rahmen? Wie viel Euro muss die Klasse im Baumarkt für die Holzlatten bezahlen? Benutze für die Antworten deine Ergebnisse aus den Teilaufgaben a) und b).

Zusammenfassung

Zuordnungen

Bei einer **Zuordnung** wird einer ersten Größe x eine zweite Größe y zugeordnet, kurz: x → y.
Eine Zuordnung lässt sich **mit Worten beschreiben**, mit einem **Zuordnungspfeil**, in einer **Wertetabelle** oder durch einen **Graphen im Koordinatensystem** (Schaubild) darstellen.

Wochentag	Mo	Di	Mi	Do	Fr
Temperatur in °C	5	8	10	10	7

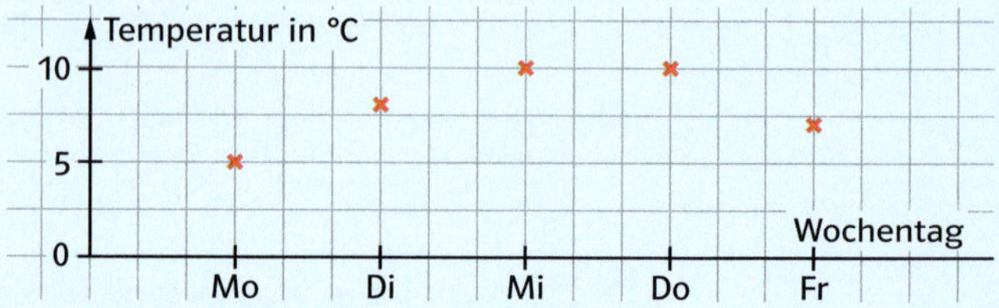

Proportionale Zuordnung

Dem **Doppelten** (Dreifachen, ...) der ersten Größe entspricht das **Doppelte** (Dreifache, ...) der zweiten Größe.
Der **Hälfte** (dem dritten Teil, ...) der ersten Größe entspricht die **Hälfte** (der dritte Teil, ...) der zweiten Größe.
Die **Zuordnungsvorschrift** gibt an, wie die beiden Größen zusammenhängen.

:2 ·2

Länge in m	...	2	3	6	12	18	...
Preis in €	...	1,00	1,50	3,00	6,00	9,00	...

:2 ·2

Alle Wertepaare einer proportionalen Zuordnung sind Punkte einer Geraden, die durch den Ursprung des Koordinatensystems geht (**Ursprungsgerade**).

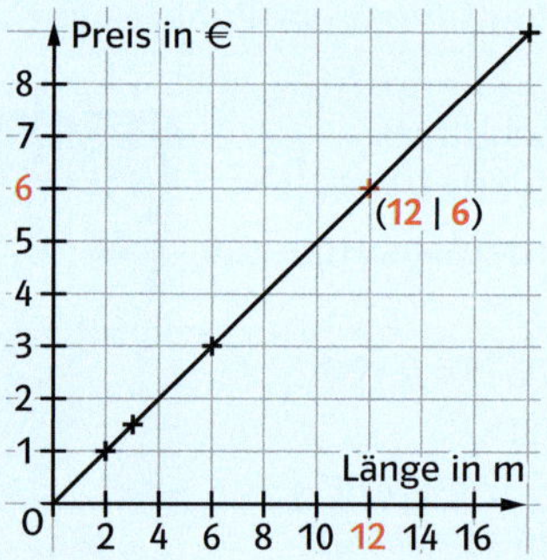

Quotientengleichheit

$q = \frac{y}{x}$; q heißt **Proportionalitätsfaktor**

Zuordnungsvorschrift: $x \mapsto q \cdot x$

Antiproportionale Zuordnung

Dem **Doppelten** (Dreifachen, ...) der ersten Größe entspricht die **Hälfte** (der dritte Teil, ...) der zweiten Größe.
Der **Hälfte** (dem dritten Teil, ...) der ersten Größe entspricht das **Doppelte** (Dreifache, ...) der zweiten Größe.
Die **Zuordnungsvorschrift** gibt an, wie die beiden Größen zusammenhängen.

:2 ·2

Anzahl der Arbeiter	...	2	3	6	12	18	...
Zeit in h	...	54	36	18	9	6	...

·2 :2

Alle Wertepaare einer antiproportionalen Zuordnung sind Punkte auf einer Kurve.
Sie kommt den Achsen immer näher, schneidet oder berührt sie aber nicht.

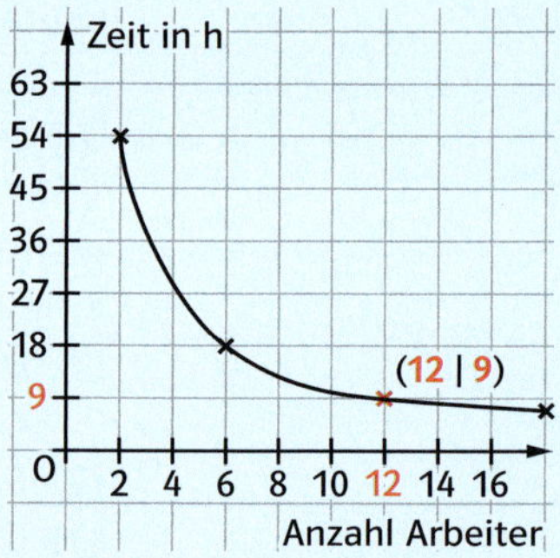

Produktgleichheit

p = x · y; p heißt **Antiproportionalitätskonstante**

Zuordnungsvorschrift: $x \mapsto p \cdot \frac{1}{x}$

Dreisatz

- Im ersten Satz stehen die Angaben.
- Im zweiten Satz schließt man auf das Einfache der ersten Größe.
- Im dritten Satz schließt man auf den gesuchten Wert der zweiten Größe.

Dreisatz bei einer proportionalen Zuordnung

		Länge in m	**Preis in €**	
1. Satz:		6	3,00	
2. Satz:	:6	1	0,50	:6
3. Satz:	·15	15	7,50	·15

Dreisatz bei einer antiproportionalen Zuordnung

		Anzahl Arbeiter	**Zeit in h**	
1. Satz:		6	18	
2. Satz:	:6	1	108	·6
3. Satz:	·4	4	27	:4

Basistraining

○ **1** Lies die Werte aus dem Schaubild ab und ergänze die Tabelle.

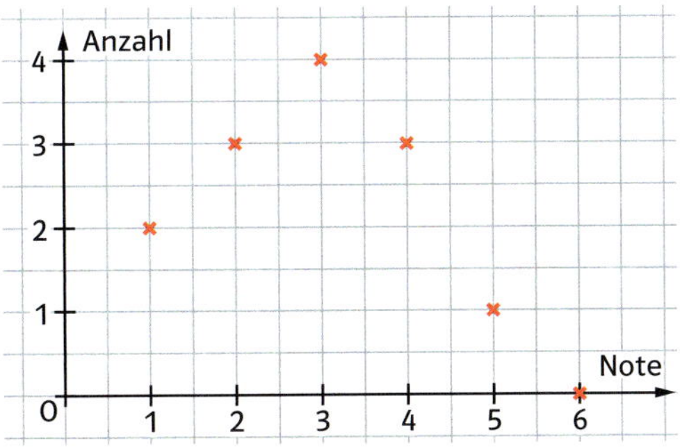

Note	1	2	3	4	5	6
Anzahl	2					0

○ **2** Nico und Kevin sind mit dem Fahrrad zum Baden an einen See gefahren.

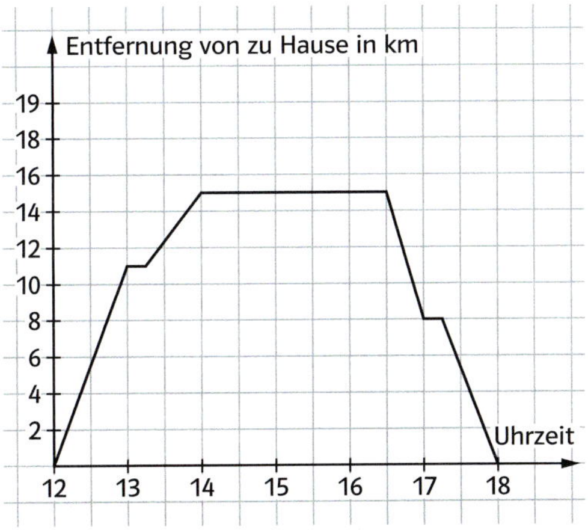

a) Wie weit sind die Freunde insgesamt geradelt?

b) **Zeige**, dass die beiden $2\frac{1}{2}$ Stunden am See verbracht haben.

c) Um welche Uhrzeiten haben sie Pausen eingelegt? Wie lang waren diese?

d) Fuhren die beiden vor oder nach der ersten Pause schneller? Woran erkennst du das?

e) SP **Beurteile** die Aussagen.

A Auf der Hinfahrt waren die Jungen länger unterwegs als auf der Rückfahrt.

B Um 15:00 Uhr waren die Jungen schwimmen.

C Auf der Hinfahrt legten die Freunde früher eine Pause ein als auf der Rückfahrt.

○ **3** Die abgebildeten Kerzen brennen ab. Ordne jeder Kerze das richtige Schaubild zu.

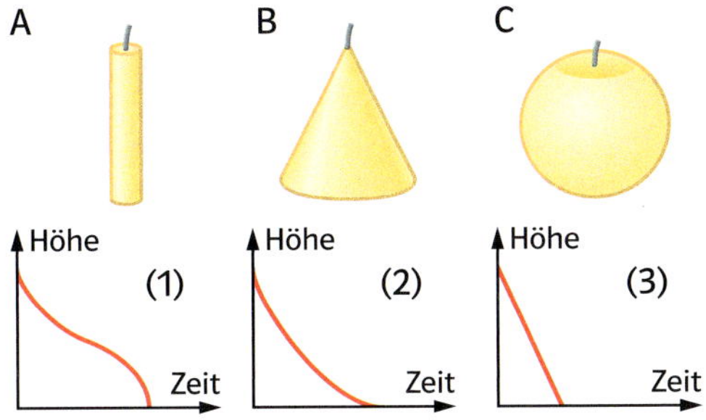

○ **4** Auf dem Markt kann man Bonbons und gebrannte Nüsse selbst in Tüten füllen und den Preis nach Gewicht bezahlen.

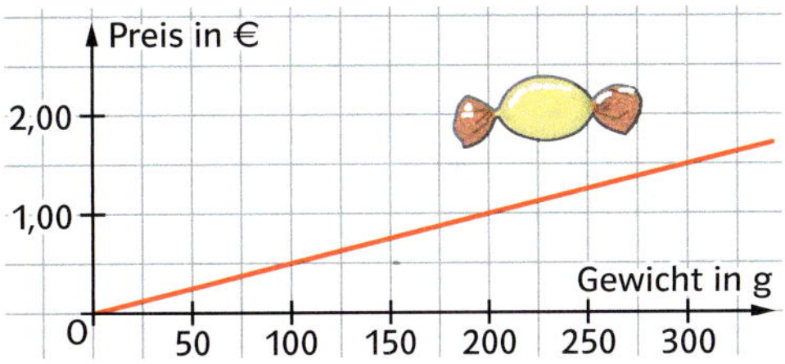

a) Fülle die Tabelle weiter aus.

Gewicht in g	50	100	150	…	300
Preis in €					

b) 100 g gebrannte Nüsse kosten 1,00 €. Erstelle eine Preistabelle für gebrannte Nüsse bis 300 g.

c) Übertrage das Schaubild in dein Heft. Zeichne den Graphen für Nüsse ein.

○ **5** SP Welches Schaubild zeigt eine proportionale Zuordnung? **Begründe**.

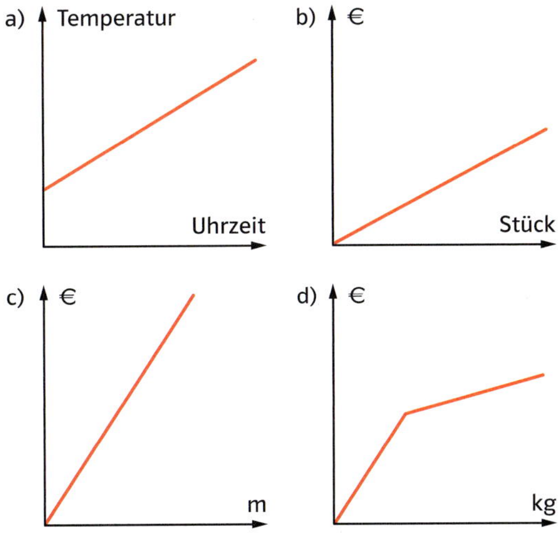

○ **6** Pinguine brauchen je nach Art unterschiedlich viel Futter. Königspinguine benötigen 2 kg täglich.
Legt eine Tabelle für ein bis sieben Tage an und stellt eure Ergebnisse in einem Schaubild dar.

○ **7** Die Zuordnung ist proportional. Berechne. Ordne die Art der Fortbewegung zu.

a)

Zeit in h	Weg in km
8	32
■	■
6	■

b)

Zeit in min	Weg in km
20	80
■	■
30	■

c)

Zeit in min	Weg in m
24	3000
■	■
20	■

d)

Zeit in min	Weg in km
48	12
■	■
20	■

○ **8** Herr Jaksch kaufte am Wochenende für vier Personen 1 kg Grillfleisch. Das war die perfekte Menge.

Zeige, dass er für zehn Personen 2,5 kg Grillfleisch benötigt.

○ **9** SP Die Zuordnung ist antiproportional. Vervollständige die Tabelle und formuliere einen passenden Sachverhalt.

a)

Anzahl Bagger	Zeit in h
12	30
■	■
10	■

b)

Anzahl Bretter	Dicke in cm
10	4
■	■
8	■

c)

Anzahl Geräte	Zeit in Tagen
9	20
■	■
12	■

d)

Anzahl Flaschen	Inhalt in l
20	0,75
■	■
15	■

○ **10** Eine 240 cm lange Leiste soll in gleich lange Teilstücke zersägt werden.

Anzahl der Teilstücke	1	2	...	9	10
Länge eines Teilstücks in cm	240	■	...	■	■

a) Berechne die Länge der Teilstücke für die jeweilige Anzahl.
b) Zeichne den Graphen in ein Koordinatensystem (x-Achse: 2 Kästchen für 1 Teilstück; y-Achse: 1 Kästchen für 10 cm). Runde, falls nötig, auf ganze Zentimeter.
c) Gib die Zuordnungsvorschrift an.

◒ **11** Berechne. Überlege zuerst, ob die Zuordnung proportional oder antiproportional ist.
a) 5 kg Kartoffeln kosten auf dem Markt 2,50 €. Wie viel kosten 3 kg?
b) Ein Gartenweg wird neu belegt. Vorher waren 27 Platten verlegt, die 25 cm lang waren. Wie viele 45 cm lange Platten werden benötigt?

◒ **12** Prüfe, welche Art von Zuordnung vorliegt. Stelle, falls möglich, eine Zuordnungsvorschrift auf.
a) Anzahl Pralinen und ihr Gewicht.

Anzahl Pralinen	6	8	12	16	18
Gewicht in g	66	88	132	176	198

b) Betriebsdauer einer LED-Lampe und restliche Ladung des Akkus.

Dauer in Tagen	0	100	200	300	400
Ladung in %	100	84	68	51	34

c) Anzahl der Pferde und Anzahl der Tage, die der Futtervorrat reicht.

Anzahl Pferde	2	4	6	8	10	12
Anzahl Tage	180	90	60	45	36	30

Anwenden. Nachdenken

13 Das Schaubild zeigt die Kontobewegungen der Klassenkasse der 7b.

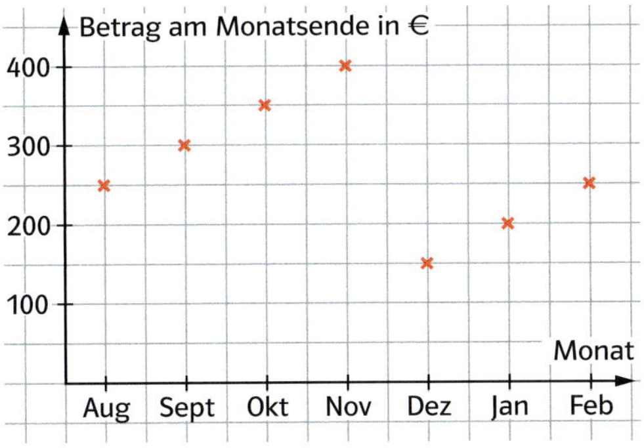

a) Wie hoch ist vermutlich der monatliche Beitrag für die Klassenkasse bei 25 Personen?

b) Berechne den durchschnittlichen Kontostand für die 7 Monate.

14 SP Das Schaubild zeigt, wie sich die Wasserstandshöhe verändert, wenn der Becher gleichmäßig gefüllt wird.

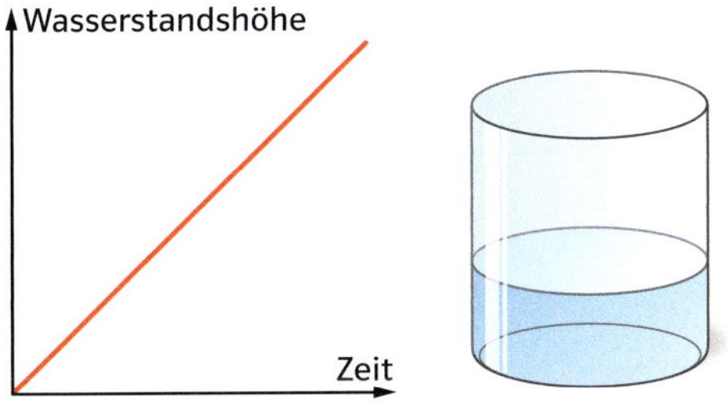

Verläuft der Graph gleich, steiler oder flacher, wenn

a) der Becher einen größeren Durchmesser hat? **Begründe**.

b) der Durchmesser kleiner ist? **Begründe**.

15 SP Ivy und Finn erstellen ein Schaubild.

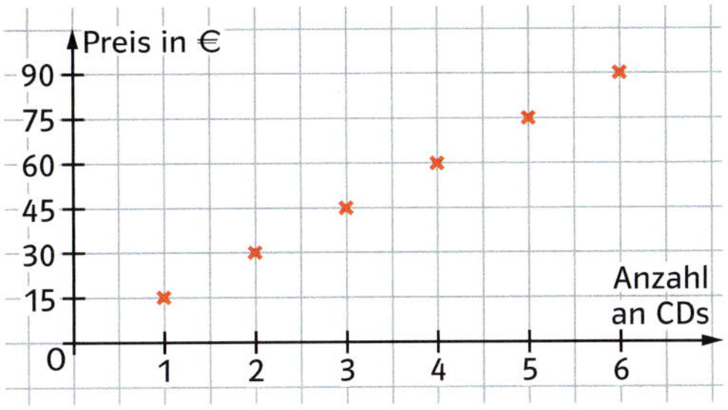

Sie diskutieren, ob die Punkte durch eine Linie verbunden werden dürfen. Sie sind unterschiedlicher Meinung. Was denkst du? **Begründe**.

16 Gunnar beschreibt seinen Schulweg:

> Ich bin um 07:15 Uhr losgelaufen. Um 07:21 Uhr war ich 300 m weiter am Kiosk. Dort habe ich gemerkt, dass ich mein Aufgabenheft auf dem Schreibtisch liegen gelassen habe.
> Da bin ich nach Hause gerannt und war nach 5 min wieder am Kiosk.
> Nach weiteren 400 m und 8 min traf ich Leonie an der Bahnschranke. Wir mussten 4 min warten.
> Die letzten 600 m bis zur Schule sind wir dann etwas schneller gelaufen und waren nach 10 min gerade noch pünktlich in der Schule angekommen.

a) Erstelle eine Tabelle zu Gunnars Schulweg: Um wie viel Uhr war er an den verschiedenen Orten und wie weit sind diese von seinem Haus entfernt?

Uhrzeit	07:15	07:21	■	…
Entfernung vom Haus in m	0	300	■	…
Ort	Haus	Kiosk	■	…

b) Zeichne das Schaubild für den gesamten Schulweg. Beachte die gleichmäßige Einteilung der Achsen. Ergänze die verschiedenen Orte im Schaubild.

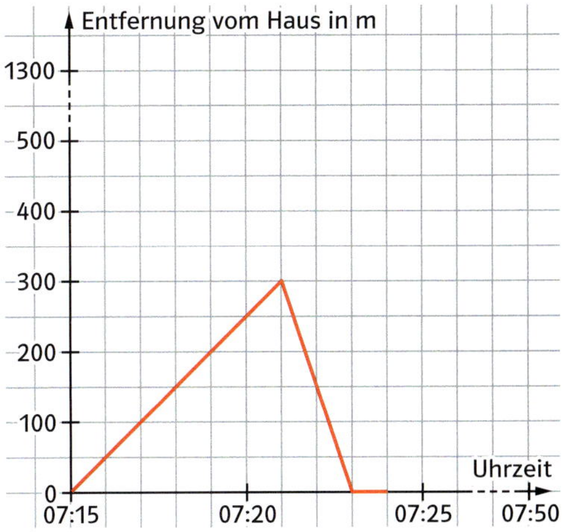

c) Beantworte die Fragen:
- Wann kommen Gunnar und Leonie in der Schule an?
- Wie weit ist Gunnars Weg zur Schule?
- Wie weit ist Gunnar um 07:32 Uhr noch von der Schule entfernt?
- Zu welchem Zeitpunkt hat Gunnar 1000 m seines Schulwegs geschafft?

17 Auf einer Rennstrecke wurde an verschiedenen Stellen die Geschwindigkeit gemessen.

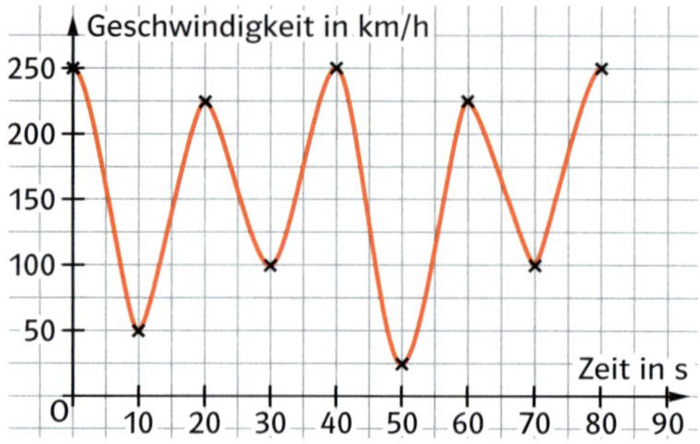

a) Erstelle eine Wertetabelle.

b) SP **Beschreibe** eine Runde der Strecke.

c) SP Welcher Streckenverlauf A, B oder C kann es sicher nicht sein? **Begründe**.

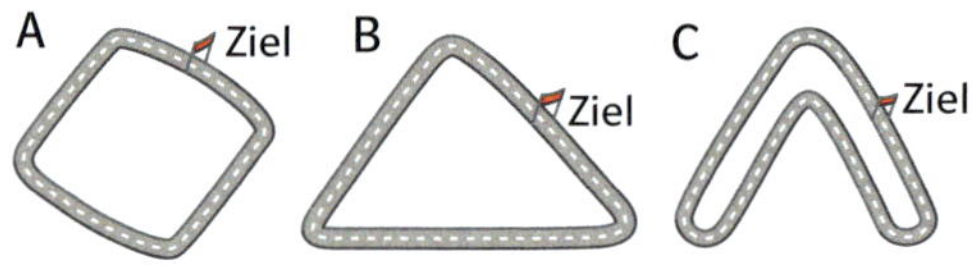

18 Betrachte die Schaubilder.

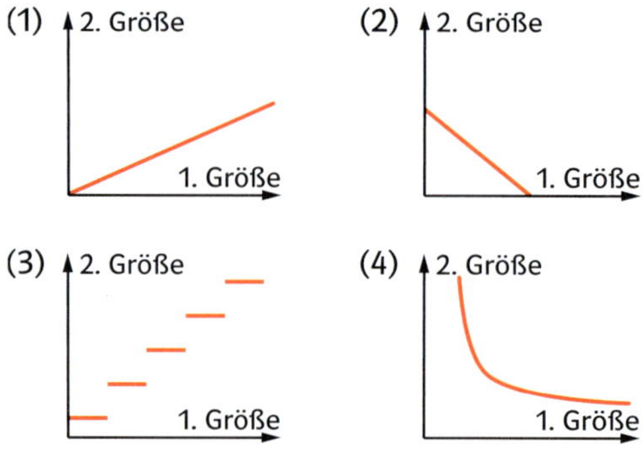

a) Welches Schaubild ist eine proportionale, welches eine antiproportionale und welches eine andere Zuordnung?

b) Ordne die Kärtchen den Schaubildern zu. Die erste Größe ist immer die Zeit.

Anzahl Arbeitskräfte für Auftrag | Gebühren Parkhaus | gleichmäßiges Befüllen | gleichmäßiges Entleeren

19 In der Bäckerei Dubois kostet ein Brötchen 30 ct. Wenn man 5 Brötchen kauft, bekommt man 20 ct Mengenrabatt.

a) Erstelle eine Tabelle mit den Preisen für 1 bis 15 Brötchen.

b) Zeichne die Preise für 1 bis 15 Brötchen als Punkte in ein Schaubild.

c) Ist das eine proportionale Zuordnung?

20 Lara hat für ihre 6 Hasen Futter gekauft, das für 12 Tage reicht. Ihre Freundinnen fragen, ob Lara weitere Hasen in Pflege nehmen kann.

a) Erstelle eine Tabelle für 3 bis 18 Hasen mit dem gleichen Vorrat.

b) Zeichne die Werte in ein geeignetes Koordinatensystem.

c) SP Lara gibt ihren Freundinnen an, wie viele Hasen sie für wie viele Tage in Pflege nehmen kann. Hat sie dabei auf- oder abgerundet? **Begründe**.

21 Leonard Bernstein benötigt mit 120 Musizierenden für ein Stück von Beethoven 63 min. Wie lange benötigt Kirill Petrenko mit 40 Musizierenden für das gleiche Stück?

22 Für den Transport von Sand sind 25 Fahrten mit dem Lkw geplant. Der Lkw kann 8 t laden.

a) Wie viel Tonnen muss ein Lkw laden können, der nur 20-mal fahren muss?

b) Ein größerer Lkw kann 14 t laden. Wie oft muss er fahren?

c) Die beiden Lkws, die 8 t bzw. 14 t Sand laden können, transportieren den Sand gemeinsam. Wie oft müssen sie fahren?

Tipp!
zu Aufgabe 23
H0 bedeutet, dass man die Eisenbahn im Maßstab 1:87 nachbildet.

23 Eine Modelleisenbahn ist die verkleinerte Nachbildung einer echten Eisenbahn. Die erste Dampflokmaschine „Adler" aus dem Jahr 1835 ist im Original 7,6 m lang. Ihr H0-Modell ist 8,7 cm lang.

a) Der Triebkopf des ICE2 ist 20,6 m lang. Wie lang ist das H0-Modell?

b) Das H0-Modell der Diesel-Lok V 100 ist 13,9 cm lang. Wie lang ist die Lok im Original?

24 SP Ein Auto legt nachts auf der Autobahn eine Strecke bei einer Geschwindigkeit von durchschnittlich 130 km/h in 4 Stunden zurück.
Kann man die Strecke in der Hälfte der Zeit zurücklegen? Begründe.

25 Wir haben in Europa das Maßsystem Meter (m). Die Idee zu diesem System ist erst 250 Jahre alt und wurde in Frankreich entwickelt. Der Botaniker Joseph Dombey wollte das System 1793 in den USA vorstellen, doch sein Schiff wurde von Piraten gekapert und seine Ausrüstung zerstört. Darum rechnet man in den USA bis heute mit **inch**, **foot** und **yard**.

Amerikanische Maßeinheiten	Länge
1 inch (in) 1 in = 1″	25,4 mm
1 foot (ft) = 12 in	304,8 mm
1 yard (yd) = 3 ft	914,4 mm

a) Berechne deine Körpergröße in feet und die Länge deines Klassenraums in yards.

b) In Deutschland nennt man inch auch Zoll. Für 1 Zoll schreibt man kurz 1″. Vervollständige die Tabelle.

Länge in ″	14	19	24	40	100
Länge in cm	■	■	■	■	■

c) Die Diagonale von Bildschirmen oder auch der Durchmesser von bestimmten Schrauben werden in Zoll angegeben.

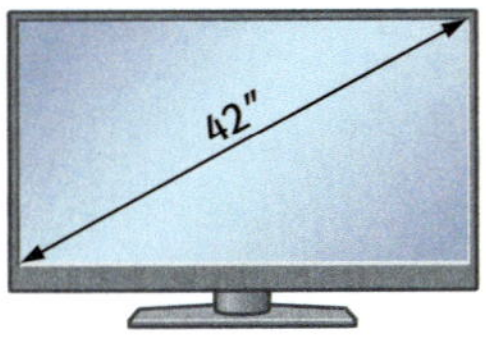

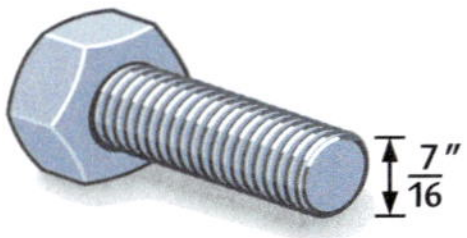

$\frac{7}{16}$-Zoll-Schraube

Berechne die Länge der Diagonalen des Monitors in cm. Gib auch das Maß der Schraube in cm an.

d) SP Juan erhält vom Sprachassistenten die Aussage, dass 30 Zoll 762 mm sind. Erkläre, warum das so ist.

e) MK SP Der Durchmesser eines Fahrradreifens wird ebenfalls in Zoll angegeben. Recherchiert, welche Durchmesser für euch bei welchem Fahrradtyp angemessen sind. Erstellt eine Präsentation.

26 Zu besonderen Anlässen werden Gedenkmünzen aus Gold oder Silber geprägt.

a) Erstelle eine Tabelle und berechne die Masse.

Volumen in cm³	1	2	3	4	5
Masse Gold in g	19,3	■	■	■	■
Masse Silber in g	10,5	■	■	■	■

b) Trage die Wertepaare aus der Tabelle in dasselbe Koordinatensystem ein. Zeichne die zugehörigen Ursprungsgeraden.

c) Lies aus den Graphen die ungefähren Volumen der beiden Gedenkmünzen ab.

d) Wie schwer sind Gold- und Silbermünzen bei einem Volumen von 1,5 cm³?

27 Auf 100 km verbraucht ein Omnibus 36 l Diesel.

a) Stelle eine Tabelle für den Verbrauch bei 50 km; 100 km; 200 km; 300 km; 500 km und 1000 km auf.

b) Zeichne den Graphen in ein Koordinatensystem.

c) Gib die Zuordnungsvorschrift an.

d) SP Beschreibe die Bedeutung des Proportionalitätsfaktors in diesem Sachverhalt.

28 Bei den antiproportionalen Zuordnungen haben sich Fehler eingeschlichen.

Anzahl der Gruppen	6	8	9	12	18
Personen je Gruppe	12	9	8	6	5

Anzahl der Lottospielenden	2	3	4	5	6
Gewinnanteil in €	108	72	54	42	36

Schrittlänge in cm	40	60	80	90	100	120
Anzahl der Schritte	180	120	90	80	70	60

a) Finde und korrigiere die Fehler.

b) SP Beschreibe, wie du die Zuordnungen überprüft und die Fehler gefunden hast.

Rückspiegel

D39 Teste dich

○ **1** Fülle die Tabelle der proportionalen Zuordnung aus. Zeichne ein Schaubild.

Anzahl der verkauften CDs	0	1	2	3	4	5	6	7	8
Preis in €	■	■	12	■	■	■	■	■	■

○ **2** Fülle die Tabelle der antiproportionalen Zuordnung aus.

Länge des Rechtecks in cm	1	2	4	8	16	32	64	128
Breite des Rechtecks in cm	■	■	32	■	■	■	■	1

○ **3** Die Zuordnung ist proportional. Berechne.

a)

Masse in kg	Preis in €
4	36
■	■
3	■

b)

Diesel in l	Preis in €
50	65
■	■
60	■

○ **4** Die Zuordnung ist antiproportional. Berechne.

Anzahl der Personen	Kosten je Person in €
10	54
■	■
9	■

○ **5** Für eine Klassenfahrt müssen alle der 30 Jugendlichen jeweils 336 € zahlen.

a) Wie hoch sind die Kosten pro Teilnehmenden, wenn sich zwei Jugendliche plötzlich krankmelden?

b) Wie viele Teilnehmende sind es, wenn jeder 315 € zahlen muss?

◒ **6** Noah hat 14 Fotos von der Klassenfahrt für 3,78 € ausdrucken lassen.

a) Wie viel muss Luca für 12 Fotos bezahlen?

b) Maria zahlt für ihre Fotos 2,43 €. Wie viele ließ sie ausdrucken?

◒ **7**

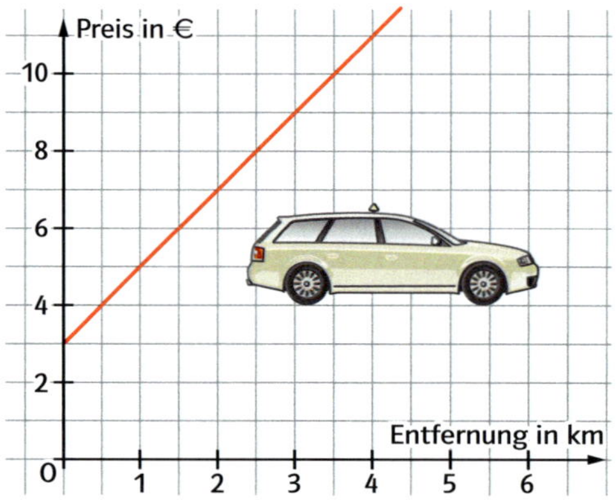

a) Was wird im Schaubild dargestellt?

b) Wie viel bezahlt man für 4 km?

c) Wie weit kann man für 9 € fahren?

d) SP Ist die Zuordnung proportional? Begründe.

◒ **5** Omar tauscht für eine Reise zur Partnerschule 150 € in 165 $ um.

a) Wie viel US-Dollar erhält Arvid für 120 €?

b) Emma hat 198 $ für ihre Reise mitgenommen. Wie viel Euro hat sie eingetauscht?

● **6** Auf die Speicherkarte von Evas Fotoapparat passen etwa 1500 Fotos mit einer Größe von durchschnittlich 2 MB je Foto.

a) Wie viele Fotos mit jeweils 5 MB passen etwa auf die gleiche Speicherkarte?

b) Es gibt Speicherkarten mit 1; 2; 4; 8; 16 und 32 GB Speicherkapazität. Welche Kapazität könnte Evas Karte haben?

● **7** SP Welche Art Zuordnung liegt vor? Begründe. Gib, falls möglich, die Zuordnungsvorschrift an.

a) Ein Eisenträger von 4 m Länge hat eine Masse von 320 kg.

b) Drei Eier kochen 7 Minuten, bis sie hart sind. Wie lange brauchen 5 Eier?

c) Eine Familien-Pizza wird in gleich große Stücke geteilt. Wenn drei Personen die Pizza essen, erhält jede fünf Stück Pizza.

d) Ein Elektroauto verbraucht auf 300 km etwa 45 Kilowattstunden.

e) Vier Arbeitskräfte benötigen acht Stunden, um den Rasen im großen Stadtpark zu mähen.

→ Die Lösungen findest du auf Seite 257.

Standpunkt | Prozente

Wo stehe ich?

Ich kann …	gut	etwas	nicht gut	Lerntipp!
A Zahlen runden,	■	■	■	→ Seite 226
B Bruchteile erkennen,	■	■	■	→ Seite 223
C Brüche erweitern und kürzen,	■	■	■	→ Seite 224
D Brüche vergleichen,	■	■	■	→ Seite 224
E Brüche in Dezimalzahlen umwandeln und umgekehrt,	■	■	■	→ Seite 225; 226
F Winkel messen und zeichnen,	■	■	■	→ Seite 237
G ein Diagramm zeichnen,	■	■	■	→ Seite 241
H den Dreisatz anwenden.	■	■	■	→ Seite 109; 116

Überprüfe dich selbst:

D40 Teste dich

A

a) Runde auf Einer.
3,75; 18,49; 39,892; 0,512; 79,518

b) Runde auf eine Nachkommastelle.
28,58; 4,893; 0,982; 16,549

c) Runde auf zwei Nachkommastellen.
724,474; 724,9091; 4,284; 82,958

B Welcher Bruchteil ist gefärbt?

a) 

b) 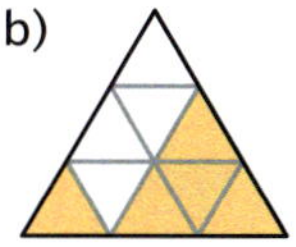

C Die Brüche wurden erweitert oder gekürzt. Ergänze.

a) $\frac{2}{5} = \frac{■}{100}$ b) $\frac{3}{4} = \frac{■}{100}$ c) $\frac{7}{25} = \frac{28}{■}$

d) $\frac{45}{100} = \frac{9}{■}$ e) $\frac{8}{100} = \frac{■}{25}$ f) $\frac{45}{72} = \frac{■}{8}$

D Vergleiche. Ergänze >, < oder =.

a) $\frac{4}{5}$ ■ $\frac{3}{5}$ b) $\frac{1}{4}$ ■ $\frac{1}{5}$ c) $\frac{27}{100}$ ■ $\frac{3}{10}$

d) $\frac{3}{4}$ ■ $\frac{7}{10}$ e) $\frac{3}{20}$ ■ $\frac{1}{10}$ f) $\frac{3}{8}$ ■ $\frac{15}{40}$

E Ergänze die Tabelle.

Bruch	$\frac{7}{10}$	$\frac{3}{5}$	■	■
Bruch mit Nenner 100	■	■	$\frac{50}{100}$	■
Dezimalzahl	■	■	■	0,08

F

a) Miss die Winkel.

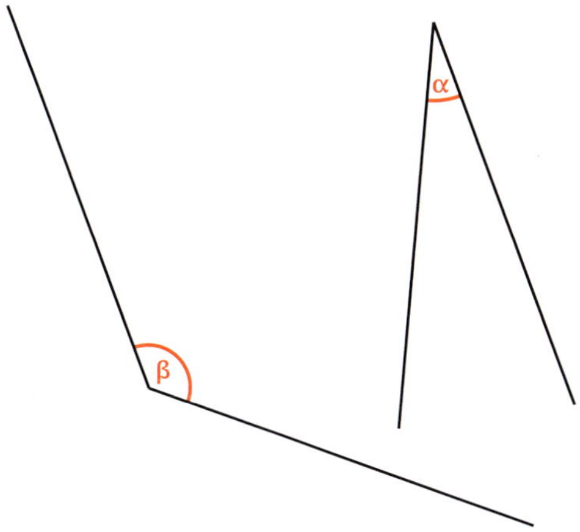

b) Zeichne die Winkel:
α = 30°; β = 75°; γ = 110°; δ = 170°.

G Mira besitzt sieben Fische, zwei Meerschweinchen und eine Katze.

a) Zeichne ein Säulendiagramm.

b) Zeichne ein 10 cm langes Streifendiagramm.

H Für 15 Bioeier bezahlt Gregor 6,00 €. Wie teuer sind 10 Eier?

	Anzahl Eier	Kosten in €	
	15	6,00	
: ■	■	■	: ■
· ■	10	■	· ■

→ Die Lösungen findest du auf Seite 258.

5 Prozente

1 Stell dir vor, die ganze Welt wäre ein Dorf mit 100 Menschen. Wie viele Menschen aus Europa, Afrika, Asien, Amerika und Ozeanien lebten in diesem Dorf?

2 Auf der Welt leben über 7 Milliarden Menschen. Wie viele Menschen aus Europa, Amerika, Afrika, Asien und Ozeanien sind das etwa?

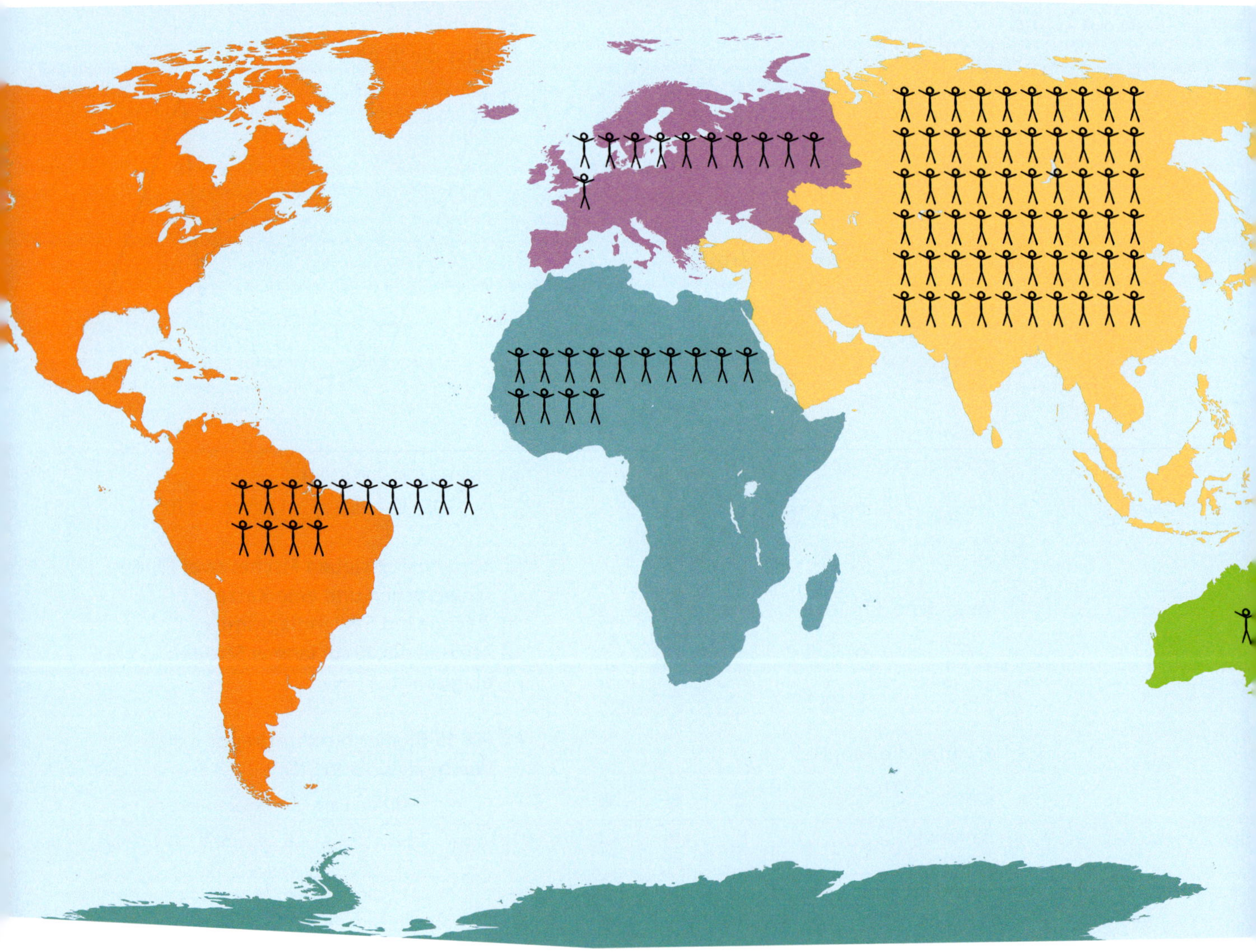

3 **Die Kreisdiagramme zeigen, wie es den Menschen aus diesem Dorf geht. Beschreibe.**

Ich lerne,

- wie man Anteile als Prozente darstellt,
- wie man prozentuale Anteile berechnet,
- was Prozentwert, Grundwert und Prozentsatz sind,
- wie man mit Prozenten rechnet,
- wie man prozentuale Anteile in Diagrammen darstellen kann.

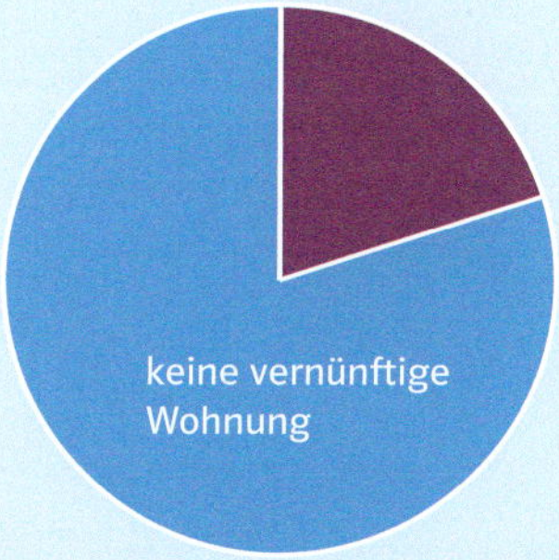

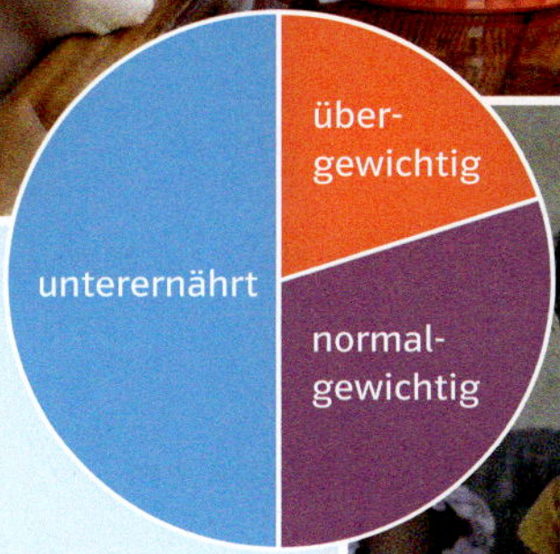

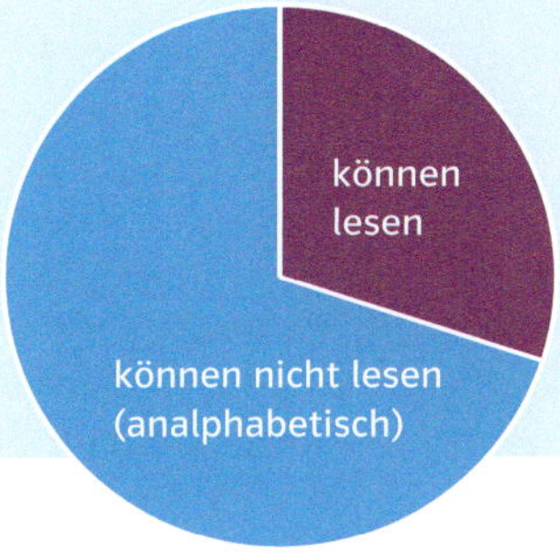

1 Prozente

Eine Umfrage zum Handybesitz in den Klassen 7a und 7b ergab folgendes Ergebnis:

Smartphone	anderes Handy	kein Handy
37	11	2

→ Welches Ergebnis erwartet ihr bei einer Umfrage unter 100 Jugendlichen?
→ Wie viel Prozent wären das jeweils?

Tipp!
Per cento kommt aus dem Lateinischen und bedeutet *von Hundert*.

Zum Vergleichen von Anteilen verwendet man im Alltag häufig Prozente.
5 % bedeutet so viel wie 5 von 100 oder $\frac{5}{100}$.

Merke

Prozente sind Brüche mit dem Nenner 100.

1 von 100 = $\frac{1}{100}$ = 0,01 = 1 %

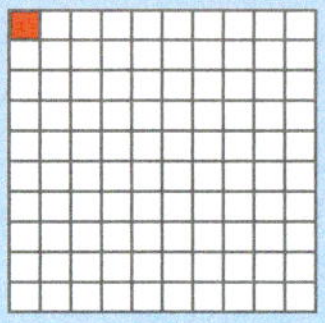

Beispiele

a) 3 von 20 Kindern sind krank.

$\frac{3}{20} \overset{5}{=} \frac{15}{100} = 0{,}15 = 15\,\%$

b) $\frac{42}{300} \underset{3}{=} \frac{14}{100} = 0{,}14 = 14\,\%$

c) 2 von 7 Kindern essen gerne Spinat.

$\frac{2}{7} = 2 : 7 = 0{,}2857\ldots \approx 0{,}286 = 28{,}6\,\%$

```
 -0
  20
 -14
   60
  -56
    40
   -35
     5
     ⋮
```

Lässt sich der Bruch nicht auf 100 erweitern, dividiert man den Zähler durch den Nenner.

Tipp!
Das solltest du auswendig wissen:

$\frac{1}{100} = 1\,\%$
$\frac{1}{10} = 10\,\%$
$\frac{1}{2} = 50\,\%$
$\frac{1}{4} = 25\,\%$
$\frac{3}{4} = 75\,\%$
$\frac{1}{5} = 20\,\%$
$\frac{1}{3} \approx 33{,}3\,\%$

○ **1** Wandle um in Prozent.

a) $\frac{13}{100}$ b) $\frac{47}{100}$ c) $\frac{8}{100}$ d) 0,33   e) 0,70   f) 0,09

○ **2** Erweitere oder kürze in einen Bruch mit dem Nenner 100 und wandle in Prozent um.

a) $\frac{1}{4}$ b) $\frac{1}{5}$ c) $\frac{3}{10}$ d) $\frac{13}{25}$ e) $\frac{36}{200}$ f) $\frac{21}{300}$

○ **3** Welcher Anteil der Figur ist gefärbt? Gib in Prozent an.

a)
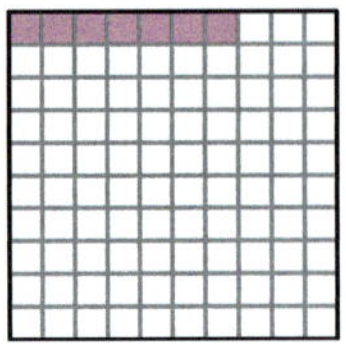
b)
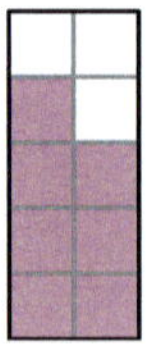
c)

d)
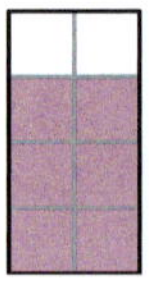

○ **4** SP Welche Prozentangabe versteckt sich hinter der Aussage?

a) Wir machen halbe-halbe.
b) Drei Viertel der Jungen spielen Fußball.
c) Ich bin mir absolut sicher.
d) 3 von 5 Kindern essen gerne Obst.
e) Jeder Fünfte findet Hausaufgaben toll.
f) Unter 25 Kindern sind 13 Jungen.

Alles klar?

D41 **Fördern**

A Wie viel Prozent der Figur sind gefärbt?

a)

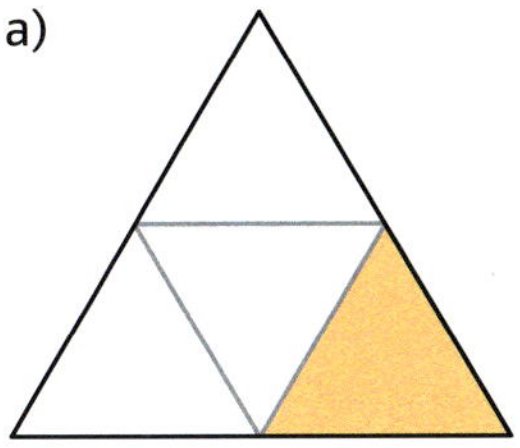

b)

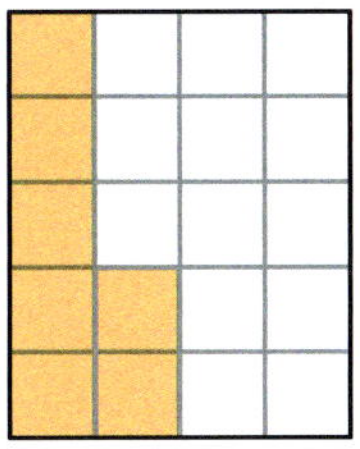

B Ergänze.

	a)	b)	c)	d)	e)	f)
Bruch	$\frac{1}{2}$	$\frac{7}{50}$	■	■	■	■
Bruch mit Nenner 100	■	■	$\frac{28}{100}$	■	■	■
Dezimalzahl	■	■	■	0,65	■	■
Prozent	■	■	■	■	60 %	8 %

○ **5** Ergänze.

	a)	b)	c)
Bruch	$\frac{2}{100}$	■	■
Dezimalzahl	■	0,25	■
Prozent	■	■	31 %

○ **6** Je zwei Kärtchen gehören zusammen. Ordne zu.

$\frac{2}{5}$ 7 % $\frac{3}{20}$ $\frac{11}{25}$ 90 % $\frac{7}{100}$ $\frac{3}{4}$

15 % $\frac{9}{20}$ 75 % 44 % $\frac{9}{10}$ 45 % 40 %

○ **7** Gummibären gibt es in verschiedenen Farben.

a) Gib den Anteil der einzelnen Farben als Bruch und in Prozent an.

b) Stelle in einem Quadrat mit 5 cm Seitenlänge die Farbverteilung dar.

◒ **8** Gib als Dezimalzahl und in Prozent an. Denke ans Kürzen und Erweitern.

a) $\frac{6}{12}$ b) $\frac{7}{20}$ c) $\frac{48}{200}$ d) $\frac{21}{300}$ e) $\frac{9}{60}$

◒ **9** Louis hat ein Quadrat in fünf Teile zerschnitten und gefärbt. Gib den Anteil der einzelnen Teile an der Gesamtfläche als Bruch und in Prozent an.

◒ **5** Wie viel Prozent der Figur sind gefärbt?

a)

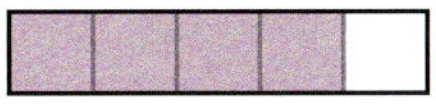

b)

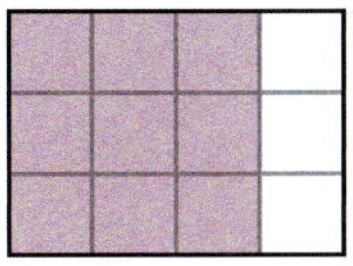

c)

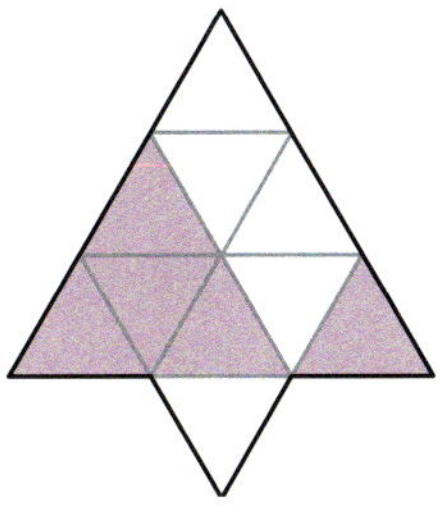

d)

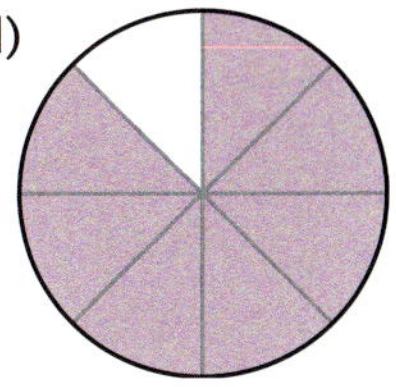

◒ **6** Wandle durch Division in Prozent um. Runde auf eine Dezimale.

a) $\frac{5}{7}$ b) $\frac{7}{15}$ c) $\frac{27}{40}$ d) $\frac{9}{11}$

◒ **7** Stelle die Zusammensetzung des Pullovers in einem 10 cm langen Streifendiagramm dar.

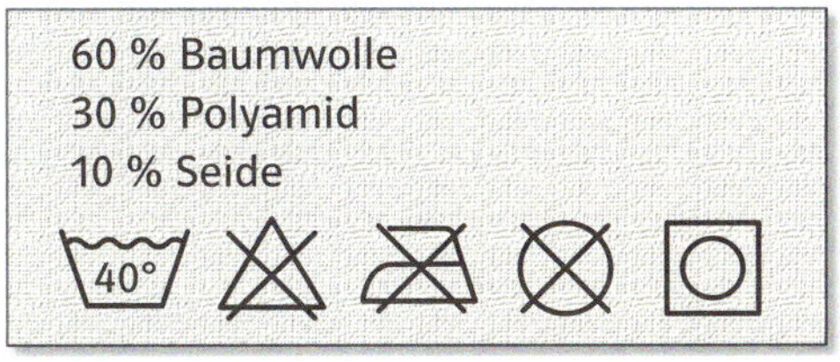

● **8** Gib den Anteil der einzelnen Teile des Tangram-Spiels an der Gesamtfläche als Bruch und in Prozent an.

● **9** Gib die Anteile in Promille an.

a) 4 m von 1000 m b) 5 g von 1 kg

c) 6,5 ml von 1 l d) 80 mg von 1 kg

Tipp!
zu Aufgabe 9:
Promille bedeutet *Tausendstel*.
Promille sind Brüche mit dem Nenner 1000.
1 ‰ = $\frac{1}{1000}$ = 0,001

→ Die Lösungen zu „Alles klar?" findest du auf Seite 259.

2 Absoluter und relativer Vergleich

Enes, Kevin und Jens spielen Eishockey. Im Training üben sie Penaltys (Strafschüsse). Enes trifft bei 25 Versuchen viermal, Jens hat 2 Treffer bei 10 Versuchen und Kevin verwandelt 3 von 20 Schüssen.

→ Erstelle eine Tabelle, in der du die Anzahl der Versuche und die Treffer einträgst.

→ Wer ist der Beste? Erstellt zu zweit eine Reihenfolge der Penalty-Schützen.

→ Profis haben eine Trefferquote von etwa 20 %. Vergleicht.

Wenn man wissen möchte, wer die meisten Treffer erzielt hat, vergleicht man die Anzahl der Treffer. Das nennt man einen **absoluten Vergleich**.
Möchte man aber wissen, wer die bessere Trefferquote hat, bestimmt man den Anteil der Treffer an der Anzahl der Versuche. Das nennt man einen **relativen Vergleich**.

So entsprechen 2 Treffer bei 5 Versuchen dem Anteil 2 von 5, also $\frac{2}{5} = \frac{40}{100} = 0{,}4 = 40\,\%$.

Merke

Beim **absoluten Vergleich** werden die Zahlen oder Größen direkt verglichen.
Beim **relativen Vergleich** werden die Anteile verglichen.

Beispiel

In der Klasse 7a erhalten beim Sportfest der Schule 8 von 25 Jugendlichen eine Ehrenurkunde. In der Klasse 7b sind es 7 von 20 Jugendlichen.
Absolut betrachtet, erhält die Klasse 7a mehr Ehrenurkunden als die Klasse 7b: $8 > 7$
Für den relativen Vergleich betrachtet man die Anteile:

7a: $\frac{8}{25} = \frac{32}{100} = 0{,}32 = 32\,\%$ 7b: $\frac{7}{20} = \frac{35}{100} = 0{,}35 = 35\,\%$

Relativ betrachtet ist der Anteil der Ehrenurkunden in der Klasse 7b größer.

○ **1** SP Gib den Anteil als Bruch und in Prozent an.

Sabine hat 7 Treffer bei 10 Versuchen.

Carina erzielt 6 Treffer bei 12 Versuchen.

Tom trifft bei 20 Versuchen viermal.

Paul wirft fünfmal und trifft dabei zweimal.

○ **2** Vergleiche die Anteile. Ergänze <, > oder =.

a) $\frac{2}{5}$ ■ $\frac{3}{10}$ b) $\frac{1}{2}$ ■ $\frac{3}{5}$ c) $\frac{2}{3}$ ■ $\frac{3}{4}$

d) $\frac{1}{4}$ ■ 25 %   e) $\frac{3}{4}$ ■ 70 %   f) $\frac{1}{3}$ ■ 30 %

○ **3** In der Klasse 7a besitzen 5 der 10 Mädchen Inline-Skates. Bei den Jungen sind es 7 von 15. Ist der Anteil der Kinder mit Inline-Skates bei den Mädchen oder bei den Jungen größer?

○ **4** In der Klasse 7b besitzt jeder Fünfte, in der Klasse 7c jeder Sechste einen Hund als Haustier. In welcher Klasse ist der Anteil der Jugendlichen mit Hund höher?

Alles klar?

D42 Fördern

A Je drei Kärtchen gehören zusammen. Notiere. Ordne die Brüche anschließend nach der Größe.

0,4 | 70 % | $\frac{9}{20}$ | $\frac{7}{10}$ | 40 % | 37,5 % | 0,7 | $\frac{3}{8}$ | 45 % | $\frac{2}{5}$ | 0,375 | 0,45

B In der Klasse 7a sind 11 von 25 Jugendlichen Mitglied im Sportverein. In der Klasse 7b sind es 8 von 20, die im Verein Sport treiben.

a) In welcher Klasse sind mehr Jugendliche im Sportverein?

b) Welche Klasse hat den höheren Anteil an Vereinsmitgliedern?

○ **5** Vergleiche.

a) $\frac{7}{12}$ und $\frac{5}{12}$ b) $\frac{2}{3}$ und $\frac{5}{6}$ c) $\frac{1}{2}$ und 0,05

d) $\frac{3}{5}$ und 0,75 e) $\frac{5}{6}$ und 40 % f) $\frac{3}{8}$ und 55 %

○ **6** Torben und Beatrix spielen Karten.

Torben

Beatrix

a) Auf welcher Hand befinden sich mehr rote Karten?

b) Auf welcher Hand ist der Anteil der schwarzen Karten höher?

c) Auf welcher Hand ist der Anteil der Bildkarten höher?

◒ **7** Vergleiche die Anteile der einzelnen Farben.

◒ **8** SP Janiv vergleicht seine Klassenarbeiten in Mathematik. Bei welcher hat er am besten abgeschnitten? **Begründe**.

Klassenarbeit Nr.	1	2	3
erreichte Punkte	63	33	45
Gesamtpunktzahl	90	50	60

◒ **5** Ordne nach aufsteigender Größe.

a) $\frac{11}{12}$; $\frac{3}{4}$; $\frac{2}{3}$; $\frac{5}{6}$ b) $\frac{3}{5}$; $\frac{19}{30}$; $\frac{1}{2}$; $\frac{2}{3}$

c) 0,55; 60 %; $\frac{1}{2}$; $\frac{9}{10}$ d) 0,2; $\frac{2}{40}$; $\frac{2}{25}$; 2 %

◒ **6** Drei Spielerinnen des Basketballteams trainieren Freiwürfe.

Spielerin	Samira	Svenja	Lea
Treffer	6	8	7
kein Treffer	14	17	21

a) Wer erzielt die meisten, wer die wenigsten Körbe?

b) Wer hat die beste, wer die schlechteste Wurfquote?

● **7** Eine Lotto-Tippgemeinschaft erhält bei einem Einsatz von 40 € einen Gewinn von 10 000 €.
Bei derselben Ziehung gewinnt Frau Jahn 1000 € bei einem Einsatz von 3 €.

a) Welcher Gewinn war relativ betrachtet höher?

b) Die Tippgemeinschaft teilt das Geld nach den Einsätzen auf: Herr Graf: 10 €; Herr Franke: 18 €; Frau Kron: 12 €. Wie hoch sind die einzelnen Gewinne?

c) SP Welche der Personen wärst du am liebsten? **Begründe**.

→ Die Lösungen zu „Alles klar?“ findest du auf Seite 259.

EXTRA

Prozentband

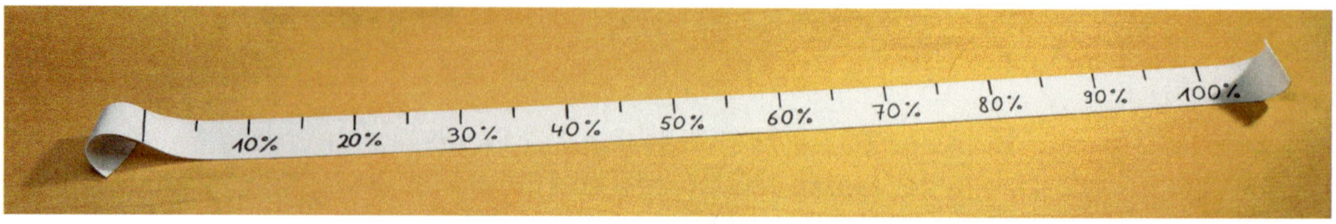

Um ein Prozentband herzustellen, benötigt ihr ca. 1,20 m Gummiband (Hosengummi oder Gymnastikband) und ein Maßband.
Teilt euer Gummiband ein und beschriftet es: 1 m soll 100 % darstellen. Plant an beiden Enden 10 cm zum Festhalten ein.

○ **1** Die Länge eures Tischs soll 100 % sein.

a) Schätzt, wo 50 %; 25 %; 75 % und 10 % liegen. Überprüft eure Schätzungen mit dem Prozentband.

b) Messt nun die Längen mit einem Maßband und tragt eure Ergebnisse in die Tabelle ein.

Anteil	100 %	50 %	25 %	75 %	10 %
Länge in cm	■	■	■	■	■

◒ **2** Stellt zwei weitere Prozentbänder her: Ein kurzes Band mit einer Länge von 50 cm und ein langes Band mit einer Länge von 150 cm. Plant an beiden Enden 10 cm zum Festhalten ein. Mit einem Maßband und dem passenden Prozentband könnt ihr die Längen bestimmen.

a) 10 % von 60 cm
80 % von 60 cm

b) 5 % von 90 cm
30 % von 90 cm

c) 5 % von 180 cm
85 % von 180 cm

d) 15 % von 200 cm
75 % von 200 cm

◒ **3** MK Wählt Gegenstände im Klassenzimmer, deren Länge 100 % sein soll und stellt euch gegenseitig Aufgaben.
Beispiel: Wie viel Prozent beträgt die Höhe des Ranzens im Vergleich zur Stuhlhöhe?
Schätzt zuerst, messt dann nach. Notiert eure Ergebnisse und **präsentiert** sie in der Klasse.

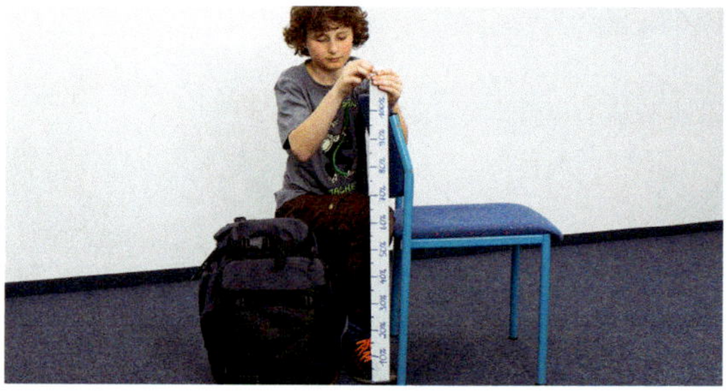

◒ **4** SP Ihr benötigt ein Maßband und verschieden lange Prozentbänder.
Die Breite eures Mathematikbuchs soll

a) 10 % b) 20 % c) 25 % d) 40 %

entsprechen. Wie lang sind dann 100 %?
Beschreibt, wie ihr vorgegangen seid.

3 Prozentsatz

Orang Utans leben ca. 8 Jahre lang im „Hotel Mama“. In freier Wildbahn werden sie etwa 50 Jahre alt.

→ Wie viel Prozent ihrer Lebenszeit verbringen die Jungen bei ihren Eltern?

→ Beim Menschen liegt die durchschnittliche Lebenserwartung bei 80 Jahren. Die Kinder verlassen das Elternhaus mit etwa 24 Jahren. Vergleiche.

Tipp!
G entspricht **100 %**.
W entspricht p %.

In der Prozentrechnung unterscheidet man drei Begriffe:

Grundwert G	Prozentwert W	Prozentsatz p %
das Ganze	Anteil am Ganzen	Anteil in %

Beispiel: Von 10 Mädchen mögen 7 Mädchen Pferde. Das ist ein Anteil von 70 %.

Sind der Grundwert und der Prozentwert gegeben, kann man den Prozentsatz berechnen.

7 von 10 Mädchen sind $\frac{7}{10} = \frac{70}{100} = 70\,\%$

Den Prozentsatz p % erhält man durch Division des Prozentwerts durch den Grundwert:

$p\,\% = \frac{W}{G}$

Merke Den Prozentsatz p % kann man mit dem Dreisatz, mit der Formel $p\,\% = \frac{W}{G}$ oder mit dem Pfeilbild berechnen.

Beispiel Von 40 Jungen aus der Jahrgangsstufe sind 33 Jungen in einem Sportverein. Wie viel Prozent sind das?

Grundwert $G = 40$ Prozentwert $W = 33$ Prozentsatz $p\,\% = $ ■

Lösen mit dem Dreisatz:

	Anzahl Jungen	Anteil	
	40	100 %	
: 40	1	2,5 %	: 40
· 33	33	82,5 %	· 33

Lösen mit dem Pfeilbild:

$G \xrightarrow{\cdot p\,\%} W$

$40 \xrightarrow{\cdot p\,\%} 33$

$p\,\% = \frac{33}{40} = 0{,}825 = 82{,}5\,\%$

Lösen mit der Formel:

$p\,\% = \frac{W}{G} = \frac{33}{40} = 0{,}825 = 82{,}5\,\%$

Antwort: Von den Jungen der Jahrgangsstufe sind 82,5 % in einem Sportverein.

○ **1** SP Ordne die Begriffe Grundwert G, Prozentwert W und Prozentsatz p % richtig zu.

a) Von 80 Jugendlichen haben 48 einen eigenen Laptop. Das sind 60 %.
b) Lenya hat bereits 10 € von ihren 25 € Taschengeld ausgegeben. Das sind 40 %.
c) 80 % der 25 Jugendlichen kommen mit dem Bus zur Schule. Das sind 20 Jugendliche.
d) 30 % der 60 Lehrkräfte sind Männer. Das sind 18 männliche Lehrkräfte.

○ **2** Berechne den Prozentsatz ohne Taschenrechner.

a) 30 € von 60 € b) 20 kg von 80 kg c) 5 € von 500 € d) 16 l von 160 l
e) 7 min von 50 min f) 24 t von 200 t g) 180 g von 600 g h) 12,5 h von 50 h

○ **3** Berechne den Prozentsatz.

a) 16 m von 50 m b) 6 € von 120 € c) 12 kg von 60 kg d) 60 km von 80 km
e) 200 g von 250 g f) 0,5 l von 10 l g) 90 € von 600 € h) 27 m von 90 m

○ **4** In der Klasse 7b sind 3 von 25 Jugendlichen krank. Wie viel Prozent sind das?

Alles klar?

D43 Fördern

A Berechne den Prozentsatz. Die Lösungen stehen auf den Kärtchen.

a) 17 min von 34 min b) 180 l von 300 l
c) 7 € von 25 € d) 24 m von 600 m

5 % | 50 % | 60 % | 28 % | 70 % | 4 %

B Unter 350 Hotelgästen sind 140 Kinder. Wie viel Prozent der Hotelgäste sind Kinder?

○ **5** Lies G, W und p % ab.

○ **6** Berechne die Prozentsätze.

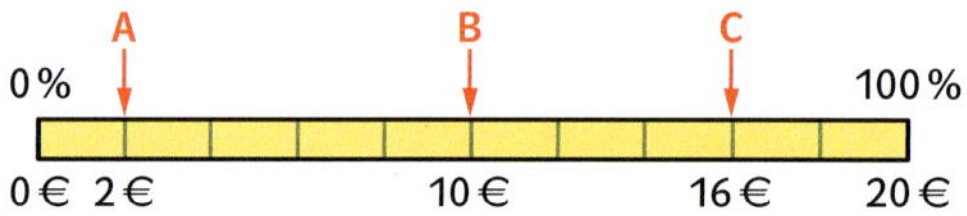

○ **7** Von 120 Personen geben 36 an Yoga zu machen. Gib diesen Anteil der Personen in Prozent an. Notiere auch, wie viel Prozent der befragten Personen kein Yoga machen.

◒ **8** Bei der letzten Mathearbeit wurden die folgenden Noten erreicht:

Note	1	2	3	4	5	6
Anzahl	2	5	8	6	3	1

a) Wie viele Jugendliche schrieben mit?
b) Wie viel Prozent der Jugendlichen erhielten die jeweilige Note?

◒ **5** 🖩 Bei einer Deutscharbeit wurden die folgenden Noten erreicht:

Note	1	2	3	4	5	6
Anzahl	3	5	9	6	4	2

Gib die Notenverteilung in Prozent an. Runde sinnvoll.

◒ **6** 🖩 Bei der Wahl zur Klassenvertretung hatte jeder zwei Stimmen. Berechne die prozentuale Verteilung der Stimmen.

Lilli	Robin	Mia	Paul
16	9	12	19

◒ **7** 🖩 Tareks Stundenlohn wurde von 8,50 € auf 10,00 € erhöht. Seine Mutter freut sich: „Das sind ja mehr als 20 % Lohnerhöhung.“ **Prüfe** die Aussage.

● **8** 🖩 Brasilien war 2014 Austragungsort der Fußball WM.

Land	Deutschland	Brasilien
Bevölkerung	80,6 Mio.	202,7 Mio.
0- bis 14-Jährige	10,6 Mio.	48,6 Mio.
65 J. und älter	16,6 Mio.	15,4 Mio.
Fläche (km²)	357 000	8,5 Mio

a) SP Vergleiche die Altersstruktur beider Länder. Finde Gründe für das Ergebnis.
b) Wie viel Prozent der Fläche Brasiliens macht Deutschland aus?

● **9** Wie verändert sich der Prozentsatz, wenn
a) man den Prozentwert verdoppelt?
b) man den Grundwert verdoppelt?

→ Die Lösungen zu „Alles klar?“ findest du auf Seite 259.

4 Prozentwert

Familie Nees bucht für den nächsten Urlaub ein Ferienhaus am Meer für 2400 €. 25 % des Betrags müssen als **Anzahlung** gleich bezahlt werden.

→ Wie viel Euro muss Familie Nees gleich bezahlen?

→ Familie Durmaz besucht ihre Familie in der Türkei. Sie haben Flugtickets für 3500 € gebucht. $\frac{1}{5}$ des Betrags muss sofort bezahlt werden. Vergleiche.

eine Anzahlung
die Zahlung eines Teilbetrags von einem Gesamtpreis im Voraus

Tipp!
$p\,\% = \frac{p}{100}$
$5\,\% = \frac{5}{100} = 0{,}05$

Will man 30 % von 50 € berechnen, so ist der Prozentwert W gesucht.
Der Grundwert G = 50 € und der Prozentsatz p % = 30 % sind gegeben.
30 % von 50 € bedeutet $\frac{30}{100}$ von 50 €. Man berechnet $50\,€ \cdot \frac{30}{100} = 50\,€ \cdot 0{,}30 = 15\,€$.
Den Prozentwert W erhält man durch Multiplikation des Grundwerts G mit dem Prozentsatz p %: $W = G \cdot p\,\%$

Merke Den Prozentwert W kann man mit dem Dreisatz, mit der Formel $W = G \cdot p\,\%$ oder mit dem Pfeilbild berechnen.

Beispiel Käse der Sorte Edamer enthält 30 % Fett. Wie viel Gramm Fett enthalten 400 g Edamer?
Grundwert G = 400 g Prozentwert W = ■ Prozentsatz p % = 30 % = 0,30

Lösen mit dem Dreisatz:

	Anteil	Masse in g	
	100 %	400	
:100	1 %	4	:100
·30	30 %	120	·30

Lösen mit dem Pfeilbild:

G —·p %→ W

400 g —·30 %→ W

W = 120 g

Lösen mit der Formel:
$W = G \cdot p\,\% = 400 \cdot 30\,\% = 400 \cdot 0{,}30 = 120$
Antwort: 400 g Edamer enthalten 120 g Fett.

○ **1** Berechne den Prozentwert ohne Taschenrechner.

a) 1 % von 800 g
3 % von 800 g
5 % von 800 g

b) 1 % von 300 m
5 % von 300 m
20 % von 300 m

c) 10 % von 60 km
50 % von 60 km
60 % von 60 km

d) 10 % von 50 €
5 % von 50 €
2,5 % von 50 €

○ **2** Berechne den Prozentwert.

a) 15 % von 400 t
15 % von 30 €
15 % von 12 km

b) 80 % von 70 km
80 % von 300 €
80 % von 15 g

c) 6 % von 800 €
6 % von 60 km
6 % von 3 t

d) 2,5 % von 1000 l
2,5 % von 800 m
2,5 % von 40 €

○ **3** 92 % der 200 Plätze im Kino sind belegt. Wie viele Personen schauen den Film an?

○ **4** Tomatenketchup besteht zu ungefähr 70 % aus Wasser, zu 25 % aus Zucker und zu 5 % aus sonstigen Inhaltsstoffen. Berechne die Anteile an 250 g Ketchup.

Alles klar?

D44 Fördern

A Je zwei Kärtchen gehören zusammen. Notiere. Welcher Wert fehlt?

8 % von 150 € | ▢ | 19 € | 1,5 % von 300 € | 33 € | 95 % von 20 €

4,50 € | 60 % von 55 € | 30 % von 260 € | 12 €

B Auf dem Biolandhof wurden 72 % von 300 Kisten Äpfel verkauft.
Wie viele Kisten Äpfel sind das?

○ **5** Berechne den Prozentwert.
a) 5 % von 1000 €; 600 €; 200 €; 750 €
b) 40 % von 300 kg; 20 kg; 50 kg; 250 kg
c) 4,5 % von 100 cm; 40 cm; 300 cm; 80 cm

○ **6** Wie viel Gramm entsprechen 35 %?

▢ g

○ **7** Berechne die Prozentwerte.

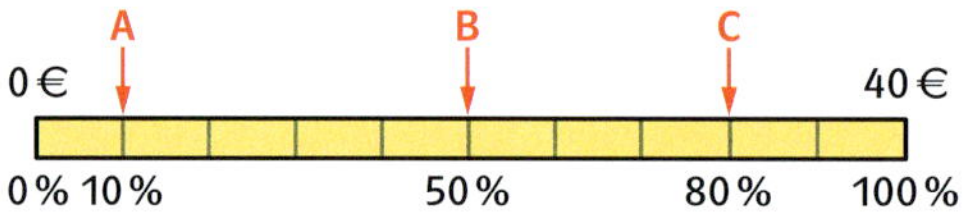

◒ **8** Roman möchte ein neues Fahrrad für 259 € kaufen. Er bekommt im Fahrradladen einen Preisnachlass von 15 %. Wie viel Euro spart Roman?

◒ **9** 🖩 Berechne für jedes Produkt den Preisnachlass und den neuen Preis.

◒ **10** Luca hat viele Fehler gemacht. Korrigiere.

a) 20 % von 80 € = 60 €
b) 5 % von 300 € = 150 €
c) 70 % von 700 € = 49 €
d) 30 % von 90 € = 30 €

◒ **5** 🖩 Berechne und runde sinnvoll.
a) 5 % von 7,63 €
b) 12,8 % von 5 kg
c) 57,2 % von 400 m
d) 92 % von 3,8 ha
e) 16 % von 35,8 l
f) 19 % von 18,94 €

◒ **6** 🖩 Herr Stoll verdient monatlich 1867,49 €. Ab dem nächsten Monat erhält er eine Gehaltserhöhung von 3,8 %. Wie viel verdient er dann?

◒ **7** Die Grafik zeigt die Kostenanteile einer Markenjeans, die in einem Niedriglohnland produziert wird.
Berechne die anteiligen Kosten für eine Jeans, die zu 80,00 € verkauft wird.

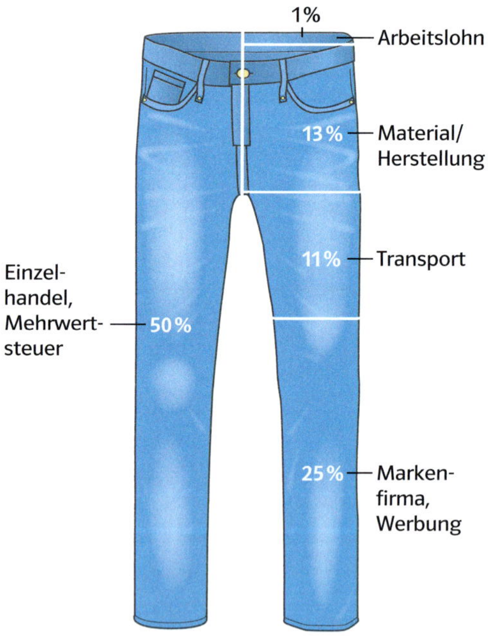

◒ **8** SP Hartmut sagt: „10 % von 50 ist dasselbe wie 50 % von 10." Daraufhin meint Achim: „Dann müsste 2 % von 80 auch dasselbe sein wie 80 % von 2." Prüfe und finde drei weitere Beispiele.

→ Die Lösungen zu „Alles klar?" findest du auf Seite 259.

5 Grundwert

Von einem Eisberg sind nur etwa 10 % über der Wasseroberfläche zu sehen.

→ Welcher Anteil liegt unter der Wasseroberfläche?

→ Von einem Eisberg liegen ungefähr 20 000 m^3 über der Wasseroberfläche. Überlegt zu zweit, welches Gesamtvolumen dieser Eisberg besitzen könnte.

Ein Preisnachlass von 20 % auf Winterstiefel entspricht 30 €. Der Prozentwert W = 30 € und der Prozentsatz p % = 20 % sind gegeben. Der Grundwert ist gesucht.
Den Grundwert G erhält man durch Division des Prozentwerts durch den Prozentsatz, $G = \frac{W}{p\,\%}$.
Der Grundwert beträgt also 150 €, denn $G = \frac{30}{20\,\%} = \frac{30}{0{,}20} = 150$.

Merke Den **Grundwert G** kann man mit dem Dreisatz, mit der Formel $G = \frac{W}{p\,\%}$ oder mit dem Pfeilbild berechnen.

Beispiel Die Klasse 7a ist bereits 4,5 km weit gewandert. Das sind 30 % ihrer geplanten Wanderstrecke. Wie weit wollen sie insgesamt wandern?

Grundwert G = ■ **Prozentwert** W = 4,5 km **Prozentsatz** p % = 30 % = 0,30

Lösen mit dem Dreisatz:

	Anteil	Weg in km	
:30	30 %	4,5	:30
·100	1 %	0,15	·100
	100 %	15	

Lösen mit dem Pfeilbild:

G →(·p %)→ W

G ←(:p %)← W

G ←(:30 %)← 4,5 km

G = 15 km

Lösen mit der Formel:

$G = \frac{W}{p\,\%} = \frac{4{,}5}{30\,\%} = \frac{4{,}5}{0{,}30} = 15$

Antwort: Sie wollen 15 km weit wandern.

○ **1** Berechne den Grundwert ohne Taschenrechner.
a) 50 % sind 30 € b) 1 % sind 5 € c) 10 % sind 6 min d) 25 % sind 3 t

○ **2** Berechne den Grundwert.
a) 70 % sind 420 € b) 60 % sind 300 km c) 15 % sind 18 t d) 99 % sind 297 km
e) 45 % sind 9 kg f) 2,5 % sind 7 g g) 1,5 % sind 45 € h) 12,5 % sind 6 min

○ **3** Übertrage ins Heft und ergänze zu 100 %.

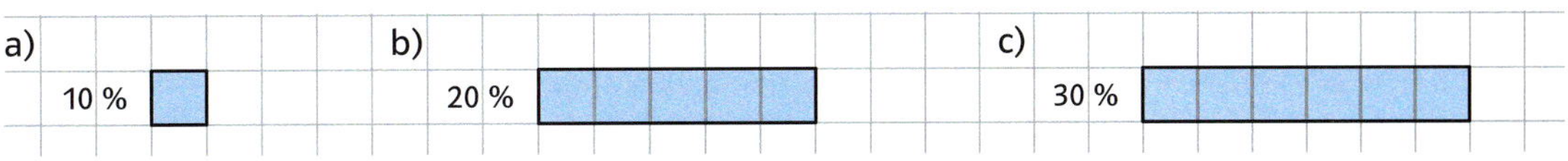

○ **4** Bei einer Umfrage gaben 45 Jugendliche zu, schon einmal bei einer Klassenarbeit gespickt zu haben. Das ist ein Anteil von 30 %. Wie viele Jugendliche wurden befragt?

○ **5** 480 Kinder der Schule haben mindestens das Schwimmabzeichen Seepferdchen, das sind 96 %. Wie viele Kinder besuchen die Schule?

Alles klar?

D45 Fördern

A Berechne den Grundwert. Richtige Lösungen ergeben ein Lösungswort.

a) 25 % sind 210 € b) 70 % sind 350 € c) 85 % sind 170 €
d) 20 % sind 8,60 € e) 12,5 % sind 35 € f) 1,5 % sind 4,80 €

200 € B | 43 € B | 500 € O | 320 € T | 840 € H | 380 € T | 280 € I

B Schokolade besteht zu 45 % aus Zucker. Tobias liest auf einer Schokoladentafel, dass sie 135 g Zucker enthält. Wie schwer ist die Tafel insgesamt?

○ **6** Berechne den Grundwert.

	a)	b)	c)	d)
G	■	■	■	■
W	3 kg	300 m	63 l	16,40 €
p %	10 %	25 %	9 %	4 %

○ **7** Berechne den Grundwert.

a)

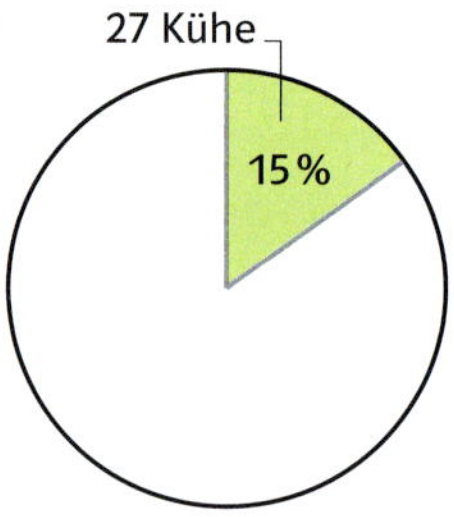

b)

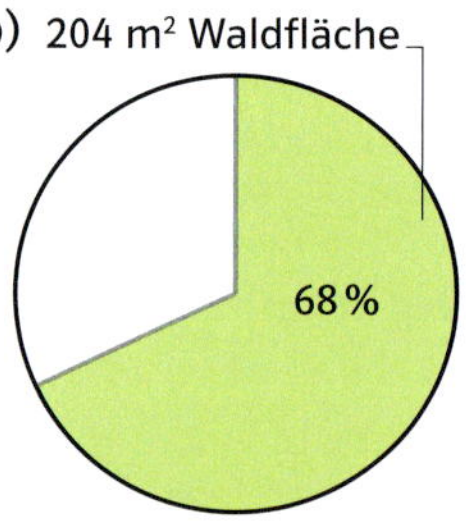

○ **8** Beim Wildwasserrafting-Wettbewerb gingen 63 Personen über Bord. Das waren 20 %. Wie viele Personen nahmen teil?

◒ **9** Der Kickboxverein erhöht seine Beiträge um 3,20 €. Das entspricht 8 %. Wie viel Euro mussten bisher und wie viel müssen zukünftig bezahlt werden?

◒ **10** Da Majas Eltern das neue Jugendzimmer direkt bar bezahlen, erhalten sie 3 % Nachlass. Sie sparen dadurch 37,80 €. Wie teuer ist das Jugendzimmer noch?

◒ **6** Berechne den Grundwert. Runde dabei sinnvoll.

a) 19 % sind 37 € b) 93 % sind 3,5 t
c) 0,7 % sind 32 km d) 35,7 % sind 79 m
e) 8,3 % sind 0,40 € f) 0,27 % sind 3,8 g

◒ **7** In der Klasse 7c tragen 6 Jugendliche eine Brille. Das sind 24 %. Wie viele Jugendliche brauchen keine Brille?

◒ **8** MK In der Zeitung steht ein Bericht über das Fußballspiel.

Fußballderby des VfB Stuttgart
Am Wochenende war das Stadion des VfB Stuttgart zu 90 % belegt. Die 55 000 Menschen sahen ein spannendes Fußballderby, das der VfB mit 3:1 für sich entscheiden konnte. In der zweiten Halbz

a) Wie viele Menschen fasst das Stadion dem Zeitungsbericht zufolge?
b) In Wirklichkeit waren am Wochenende 55 327 der 60 449 Plätze belegt. Berechne die Abweichung zu 90 %.

eine Abweichung ein Unterschied, häufig zu einem durchschnittlichen Wert

● **9** Im Capoeira-Klub (brasilianische Kampfkunst) gibt es nur etwa 16 % weibliche Mitglieder, das sind 8 Personen. Kira und ihre Freundin überlegen, dem Klub beizutreten. Um wie viel Prozent würde dadurch der Anteil an weiblichen Mitgliedern steigen?

→ Die Lösungen zu „Alles klar?“ findest du auf Seite 259.

6 Prozentdiagramme

Die Sahara ist mit 8,7 Mio. km² die größte Trockenwüste der Welt. Das Foto zeigt die Zusammensetzung der Fels-, Geröll- und Sandwüste.

➔ Um welche Art von Diagramm handelt es sich hier?

➔ Bestimmt zu zweit die Anteile der einzelnen Wüstenarten in Prozent. Berechnet daraus auch ihre Größe.

➔ Deutschland ist 357 000 km² groß. Vergleicht.

Prozentuale Verteilungen können in Diagrammen dargestellt werden.

Merke

Möchte man die Anteile am Ganzen darstellen, verwendet man ein **Streifen**- oder ein **Kreisdiagramm**.
Zum Vergleichen der Anteile eignet sich ein **Säulen**- oder **Balkendiagramm**.

Beispiel

Betrachtet man die wesentlichen Bestandteile unserer Nahrung, gilt als optimale Zusammensetzung: **55 % Kohlenhydrate**, **30 % Fett**, **15 % Eiweiß**

Streifendiagramm

Streifenlängen berechnen:

Anteil	Länge
100 %	10 cm
1 %	0,1 cm
55 %	5,5 cm
30 %	3 cm
15 %	1,5 cm

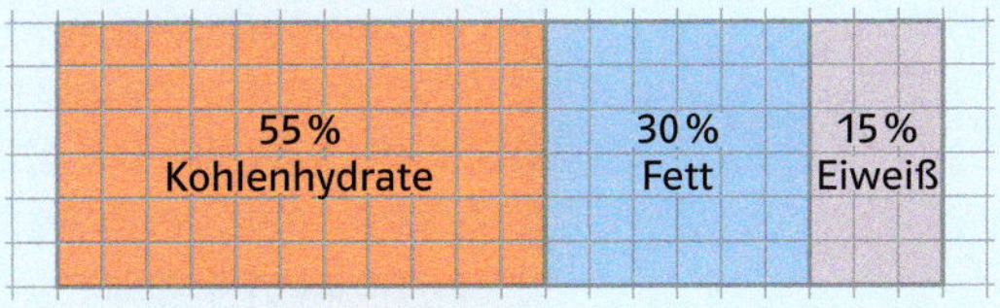

Kreisdiagramm

Winkel berechnen:

Anteil	Winkel
100 %	360°
1 %	3,6°
55 %	198°
30 %	108°
15 %	54°

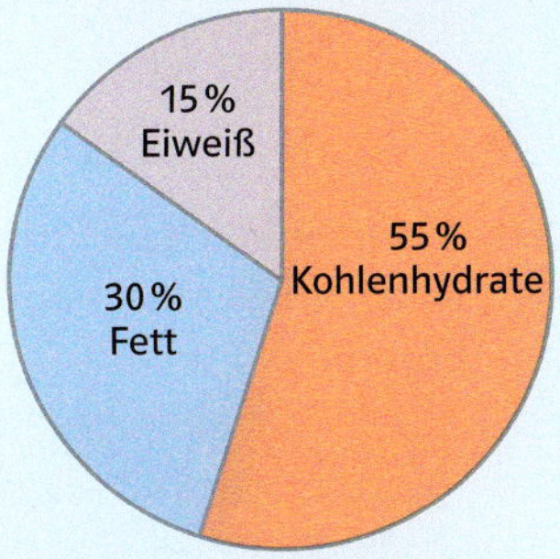

Säulendiagramm

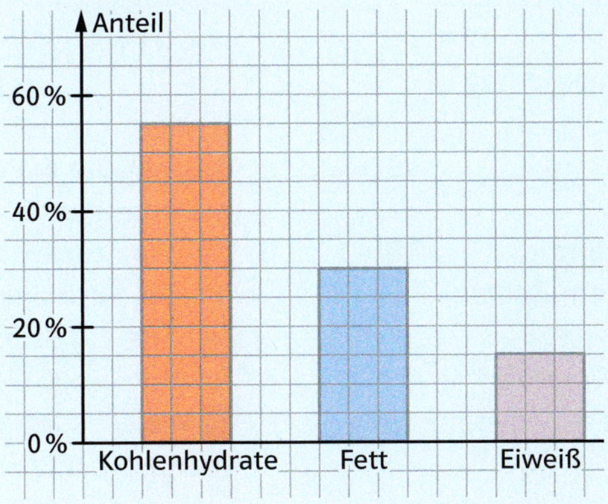

Balkendiagramm

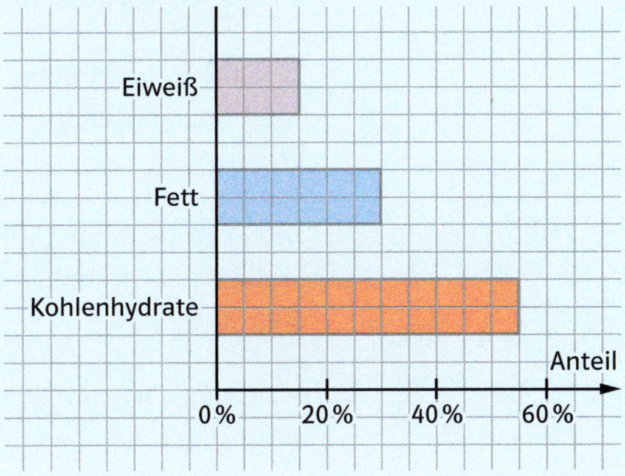

○ **1** Die 7. Klassen haben am Sportfest der Schule teilgenommen.
Lies aus dem Diagramm die Prozentanteile ab.

○ **2** Bei einer Umfrage wurden 200 Jugendliche nach ihrer Lieblingsbeschäftigung befragt.

Freizeit-beschäftigung	Sport	Lesen	Fernsehen	Computer-spiele	Freunde treffen	Andere
Anteil	30 %	5 %	14 %	27 %	18 %	6 %

a) Erstelle ein Balkendiagramm.
b) Welche drei Freizeitbeschäftigungen wurden am häufigsten genannt?

○ **3** Takeo und Malaak haben in der Schule unter allen Jugendlichen der 7. Jahrgangsstufe eine Umfrage zum Thema „Wie kommst du zur Schule?“ durchgeführt.
a) Stelle das Ergebnis in einem 10 cm langen Streifendiagramm dar.
b) Zeichne ein Kreisdiagramm. Verwende dabei einen Radius von 4 cm.

Bus:	40 %
Zug:	10 %
Fahrrad:	30 %
Pkw:	20 %

Alles klar?

D46 Fördern

A Für den nächsten Wandertag der Klasse 7c stehen drei mögliche Ziele zur Wahl.
a) Welches ist das beliebteste Ziel?
b) Zeichne ein Streifendiagramm.
c) Zeichne ein Kreisdiagramm.

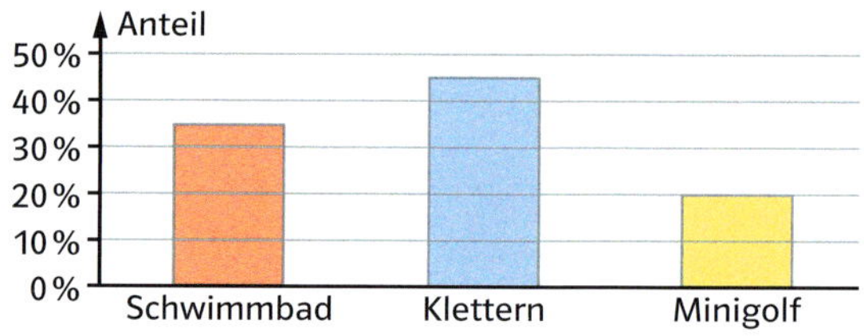

○ **4** 500 Jugendliche wurden befragt, mit welchem Gerät sie am häufigsten Musik hören.

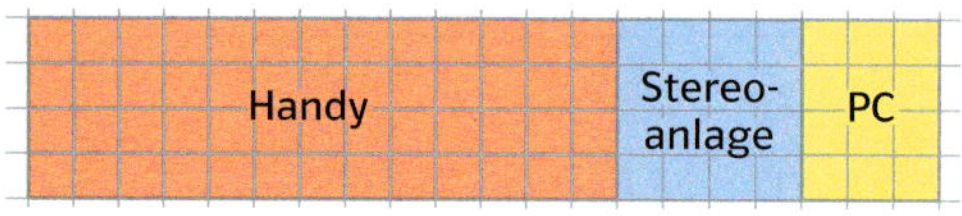

a) Gib die Prozentsätze an.
b) Wie viele Jugendliche sind es jeweils?

○ **5** Eine Umfrage in einer 7. Klasse hat Folgendes ergeben:

Brille:	40 %
Zahnspange:	32 %
weder Brille noch Zahnspange:	48 %

a) Stelle das Ergebnis in einem Balkendiagramm dar.
b) SP Addiert man die drei Werte, erhält man mehr als 100 %. **Erkläre**, weshalb das möglich ist.

◒ **4** Nach der Schulsprecherwahl hängt das Ergebnis am Schwarzen Brett aus.

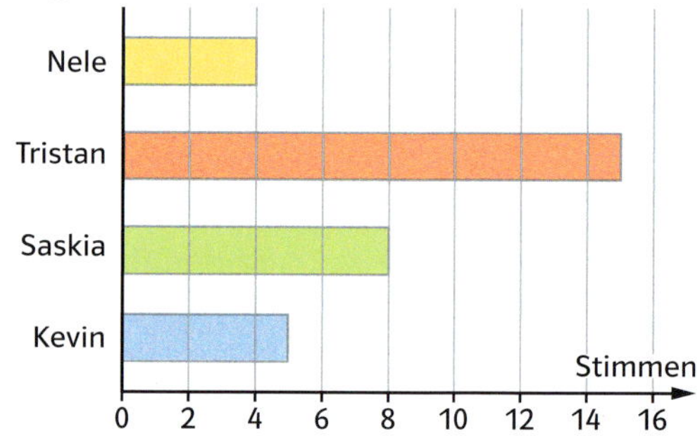

a) Wer hat die Wahl gewonnen, wer hat die zweitmeisten Stimmen?
b) Welche Prozentsätze erhielten Nele, Tristan, Saskia und Kevin jeweils?
c) Zeichne ein Streifendiagramm.
d) Zeichne ein Kreisdiagramm.
e) SP Welches Diagramm ist hier am besten geeignet? **Begründe**.

→ Die Lösungen zu „Alles klar?“ findest du auf Seite 260.

6 Hier siehst du die chemische Zusammensetzung des Menschen.

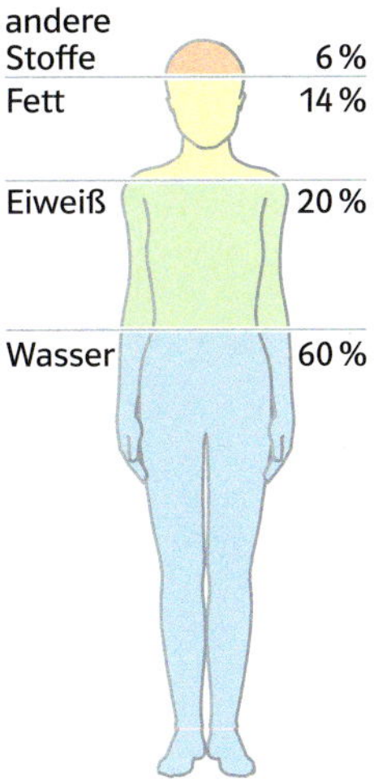

a) Zeichne ein Kreisdiagramm.
b) Gib die Anteile für einen Erwachsenen an, der 80 kg wiegt.
c) Wie viel Wasser „steckt" in eurer gesamten Familie? Bei Jugendlichen ist der Anteil an Wasser übrigens 65 %.

7 Tropische Regenwälder gehören zu den sogenannten Hotspots der Artenvielfalt, da hier sehr viele verschiedene Arten leben.

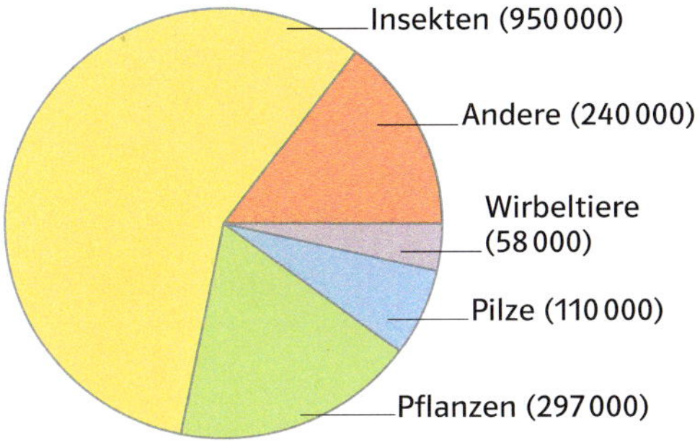

a) Berechne die Prozentsätze jeder Gruppe. Runde auf eine Dezimale.
b) Erstelle ein Streifendiagramm.
c) Welche Tiergruppen könnten sich unter „Andere" verbergen?

5 MK 1000 Kinder und Jugendliche werden nach ihrem Lieblingsbelag der Pizza gefragt.

	A	B	C
1	Salami		
2	Hawaii	100	
3	Thunfisch	100	
4	Margherita	225	
5	Schinken	200	
6	Sonstiges	40	
7	mag keine Pizza	60	
8	Summe	1000	
9			

a) Übertrage die Werte in ein Tabellenkalkulationsprogramm und bestimme den Wert der Zelle B1.
b) Berechne in Spalte C die Prozentsätze der Antworten.
c) Zeichne für die Prozentsätze ein passendes Kreisdiagramm.
d) Führt eine Umfrage in eurer Klasse durch. Erstellt ein passendes Diagramm, um euer Ergebnis zu **präsentieren**.

6 500 Haushalte in Deutschland wurden nach Haustieren befragt.

Hund:	70	Katze:	95
Vögel:	23	Fische:	32
Sonstige:	46	kein Haustier:	310

a) In wie viel Prozent der befragten Haushalte werden Haustiere gehalten?
b) Berechne die prozentualen Anteile der verschiedenen Tiere.
c) SP Welche Diagramme sind für diesen Sachverhalt geeignet, welche nicht? **Begründe**.
d) SP Barbara behauptet: „In einigen Haushalten gibt es mehr als ein Haustier." Stimmt das? **Erkläre**.
e) Führt diese Umfrage auch in eurer Klasse durch und vergleicht.

EXTRA

Gesunde Ernährung

Gesundes Essen und Trinken ist heutzutage wichtiger denn je. Die Deutsche Gesellschaft für Ernährung gibt dazu einige Empfehlungen, die sowohl für Kinder als auch für Erwachsene wichtig sind.

optimal
- perfekt
- ideal
- bestmöglich

○ **1** Die Deutsche Gesellschaft für Ernährung (kurz DGE) empfiehlt für eine optimale Ernährung die folgende Zusammensetzung unseres Essens.

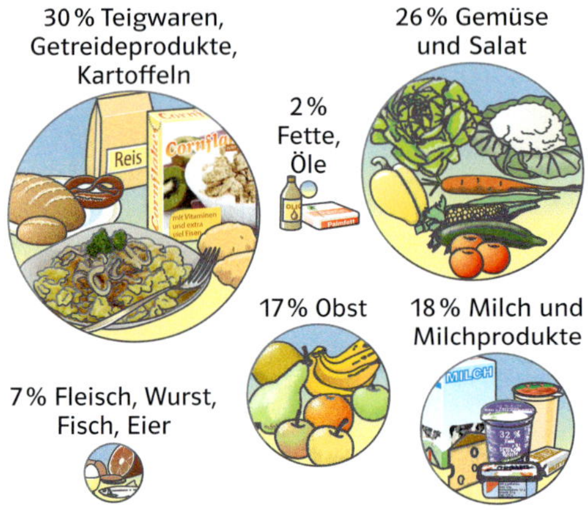

a) Überlege, was du gestern gegessen hast und versuche die Lebensmittel den verschiedenen Bereichen zuzuordnen.

b) Erstelle eine Einkaufsliste für ein gesundes Frühstück mit deiner Klasse auf Grundlage der Empfehlung.

c) Vergleicht zu zweit eure Einkaufslisten und ergänzt notfalls oder streicht Überflüssiges.

d) MK Zeichne ein Kreisdiagramm zur Aufteilung der Empfehlung.

◒ **2** Die Deutsche Gesellschaft für Ernährung empfiehlt, täglich etwa 1,5 Liter Wasser oder ungesüßten Tee zu trinken. Johanna notiert sich über den Tag verteilt ihre Getränke:
0,2 l Wasser; 0,2 l Orangensaft; 0,2 l Wasser; 0,2 l Wasser; 0,2 l Limonade; 0,2 l Wasser; 0,2 l Wasser; 0,2 l Wasser.

a) Bestimme, wie viel Flüssigkeit Johanna an diesem Tag insgesamt getrunken hat.

b) SP Johanna sagt, dass 25 % ihrer Getränke kein Wasser waren. Erkläre, warum das so ist.

c) Erstelle ein geeignetes Diagramm für die Anteile Wasser, Saft und Limonade.

◒ **3** MK SP Viele Softgetränke und Säfte haben einen sehr hohen Zuckeranteil.

a) Legt zu zweit fest, welche sechs Getränke ihr untersuchen möchtet.

b) Recherchiert die Nährwertangaben des jeweiligen Getränks. Bestimmt anschließend aus wie viel Prozent Zucker die Getränke jeweils bestehen.

c) Erstellt eine Präsentation zu euren ausgewählten Getränken.

d) Die Weltgesundheitsorganisation (WHO) empfiehlt nicht mehr als 50 g Zucker am Tag zu sich zu nehmen.
Prüft, ob allein mit eurem Lieblingsgetränk der Tagesbedarf an Zucker gedeckt ist.

● **4** Im Balkendiagramm ist der Fettanteil verschiedener Fast-Food-Gerichte dargestellt.

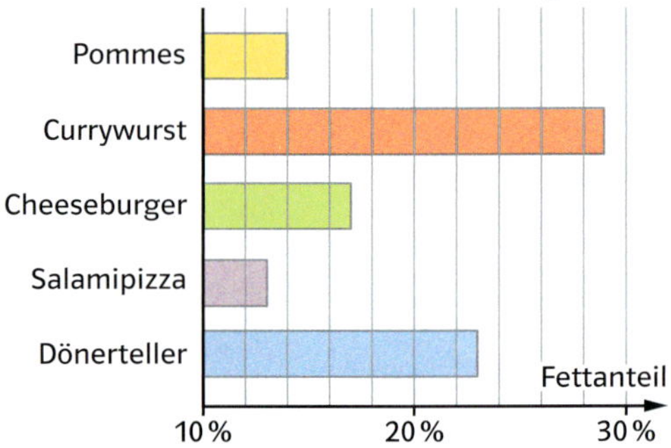

a) SP Björn ist erstaunt, dass Currywurst mehr als viermal so viel Fett enthält wie Pommes. Was meinst du? Begründe.

b) Berechne die Fettmengen, die in 300 g der Gerichte stecken. Zeichne dazu ein Balkendiagramm und vergleiche.

Zusammenfassung

Prozente

Prozente sind Brüche mit dem Nenner 100. 1 von 100 = $\frac{1}{100}$ = 0,01 = 1 %

3 von 5 Personen haben braune Haare. $\frac{3}{5} = \frac{60}{100}$ = 0,60 = 60 %

Absoluter und relativer Vergleich

Beim **absoluten Vergleich** werden die Zahlen oder Größen direkt miteinander verglichen.
Beim **relativen Vergleich** werden die Anteile miteinander verglichen.

6 von 50 Mädchen und 5 von 40 Jungen nehmen am 800-m-Lauf teil.

$\frac{6}{50} = \frac{12}{100}$ = 0,12 = 12 %; $\frac{5}{40}$ = 5 : 40 = 0,125 = 12,5 %

Absolut betrachtet nehmen mehr Mädchen als Jungen teil. Relativ betrachtet ist der Anteil der Jungen (12,5 %) höher als der Anteil der Mädchen (12 %).

Prozentsatz

Der **Prozentsatz p %** gibt den Anteil am Ganzen in Prozent an. Man kann den Prozentsatz mit dem Dreisatz, der Formel $p\,\% = \frac{W}{G}$ oder dem Pfeilbild berechnen.

Beim Winterschlussverkauf wird eine Hose zu 80 € um 20 € reduziert. Wie viel Prozent sind das?

G = 80 € W = 20 € p % = ■

	Preis in €	Anteil	
	80	100 %	
: 80	1	1,25 %	: 80
· 20	20	25 %	· 20

Der Preis der Hose wird um 25 % reduziert.

Prozentwert

Der **Prozentwert W** gibt den Anteil am Ganzen an. Man kann den Prozentwert mit dem Dreisatz, der Formel $W = G \cdot p\,\%$ oder dem Pfeilbild berechnen.

Kartoffelchips enthalten 35 % Fett. Wie viel Gramm Fett ist in einer 250-g-Packung enthalten?

G = 250 g W = ■ p % = 35 %

	Anteil	Masse in g	
	100 %	250	
: 100	1 %	2,5	: 100
· 35	35 %	87,5	· 35

250 g Kartoffelchips enthalten 87,5 g Fett.

Grundwert

Der **Grundwert G** gibt das Ganze, also 100 %, an. Man kann den Grundwert mit dem Dreisatz, der Formel $G = \frac{W}{p\,\%}$ oder dem Pfeilbild berechnen.

Bei einem Radrennen sind 45 % der Strecke gefahren. Das sind 81 km. Wie lang ist die Radrennstrecke?

G = ■ W = 81 km p % = 45 %

	Anteil	Weg in km	
	45 %	81	
: 45	1 %	1,8	: 45
· 100	100 %	180	· 100

Die Strecke ist insgesamt 180 km lang.

Prozentdiagramme

Prozentangaben kann man grafisch darstellen. Hierzu verwendet man ein **Streifendiagramm**, ein **Kreisdiagramm**, ein **Säulendiagramm** oder ein **Balkendiagramm**.

Ergebnis einer Verkehrszählung: Busse, Lkw: 20 % Pkw: 65 % Zweiräder: 15 %

Streifendiagramm:

Anteil	Länge
100 %	10 cm
1 %	0,1 cm
20 %	2 cm
65 %	6,5 cm
15 %	1,5 cm

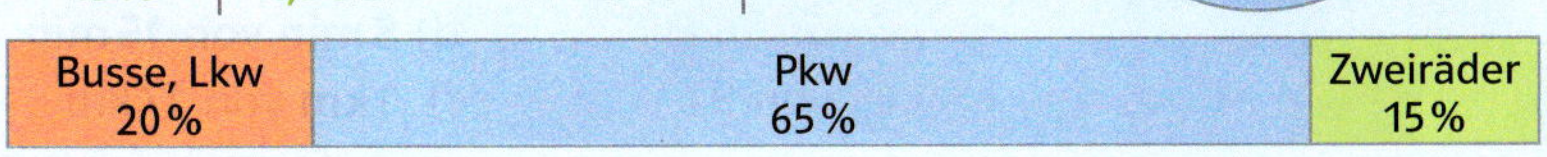

Kreisdiagramm:

Anteil	Winkel
100 %	360°
1 %	3,6°
20 %	72°
65 %	234°
15 %	54°

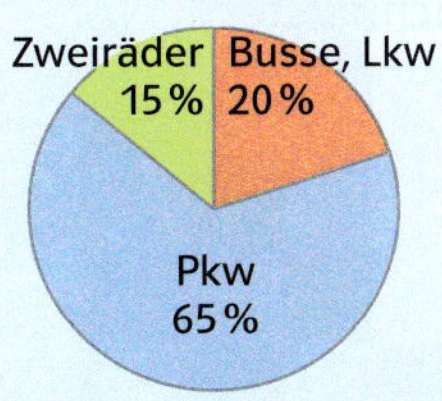

Säulenendiagramm:

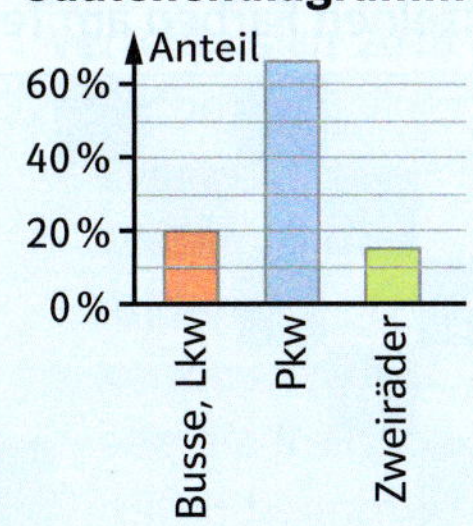

Balkendiagramm:

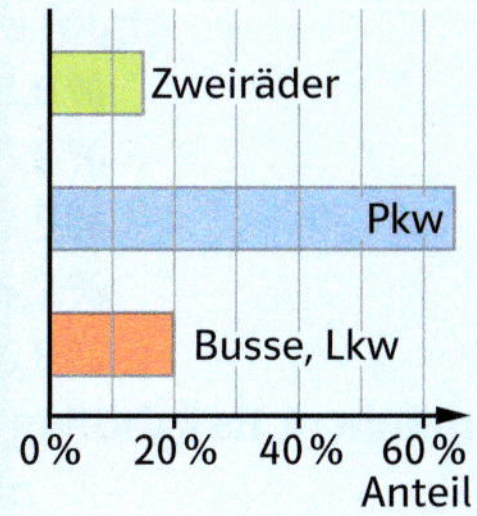

38 Ruben und Jaleel machen eine 4-tägige Radtour zu Rubens Tante nach Venlo.

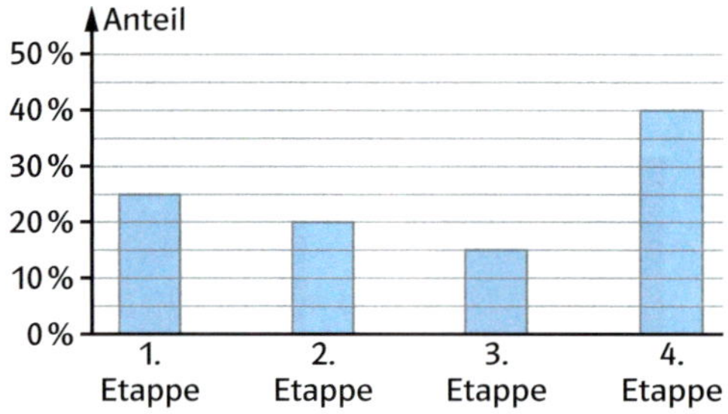

a) Die erste Etappe ist 30 km lang. Wie lang sind die anderen Etappen?
b) Stelle ihre Tour in einem 10 cm langen Streifendiagramm dar.
c) Durchschnittlich fahren sie 15 km/h. Wie lang sind sie an den einzelnen Tagen unterwegs?

39 Viele Jugendliche können sicher und gut schwimmen. In der Klasse 7d gibt es folgende Verteilung.

Abzeichen	Anzahl
Nichtschwimmer	1
Seepferdchen	3
Bronze	10
Silber	6
Gold	4
Rettungsschwimmer	4

a) Erstelle ein Säulendiagramm.
b) Wie viel Prozent der Jugendlichen haben mindestens das Abzeichen Silber?
c) SP Erstellt eine Umfrage in eurer Klasse zu den Schwimmabzeichen.
d) MK Erstellt mithilfe des Computers ein Balken- und ein Kreisdiagramm.

40 Da viele Menschen einer Stadt über zu viel Verkehr klagen, veranlasst die Stadt eine Verkehrszählung. Die Ergebnisse sollen dem Stadtrat vorgestellt werden.

Fahrrad:	126
Mofa, Moped, Motorrad:	72
Pkw:	539
Lkw, Busse:	263

Erstelle ein geeignetes Diagramm.

41 SP Welches Kreisdiagramm entspricht der Aufteilung 50 % – 25 % – 20 % – 5 %? **Begründe**, warum die anderen Darstellungen nicht zutreffen.

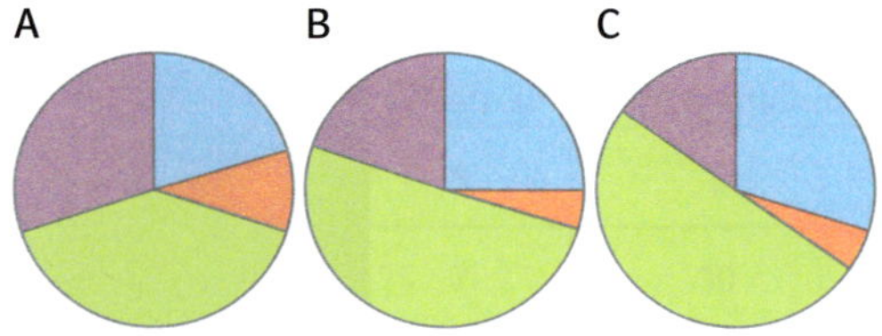

42 Es gibt vier verschiedene Blutgruppen. Von 500 befragten Deutschen haben 215 die Blutgruppe A, 55 die Blutgruppe B, 25 die Blutgruppe AB und 205 die Blutgruppe 0.
a) Berechne die prozentuale Verteilung der Blutgruppen in Deutschland.
b) Erstelle ein Säulendiagramm.
c) Zeichne ein Kreisdiagramm.
d) SP Welches der beiden Diagramme aus Teilaufgabe b) und c) eignet sich hier besser? **Begründe**.

43 Eine Kartoffel enthält folgende Nährwerte:

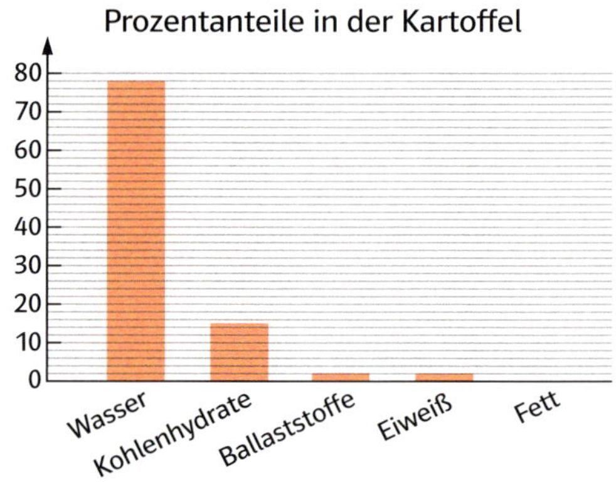

a) Lies ab, wie viel Prozent Kohlenhydrate Kartoffeln enthalten.
b) Wie viel Gramm Kohlenhydrate hast du gegessen, wenn du 100 Gramm Kartoffeln gegessen hast?

44 Bei der Wahl der Verbindungslehrkraft haben 90 % der Kinder gültige Stimmen abgegeben. Davon mussten Herr Beck und Herr Lang mit je 40 % aller Stimmen in die Stichwahl. **Zeige**, dass nur 72 % aller Kinder die beiden Lehrer im ersten Wahlgang direkt gewählt haben.

Rabatt, Skonto und Mehrwertsteuer

EXTRA

Im Alltag und im Beruf hat man häufig mit Prozentangaben zu tun. Begriffe wie Rabatt, Skonto und Mehrwertsteuer spielen eine wichtige Rolle.
Rabatt ist ein Preisnachlass beim Kauf einer Sonderaktion oder einer größeren Menge.
Skonto ist ein Preisnachlass, den man erhält, wenn man eine Rechnung innerhalb einer bestimmten Frist bezahlt. Er beträgt in der Regel 2 % oder 3 %.
Die **Mehrwertsteuer** (MwSt.) ist eine der wichtigsten Einnahmequellen des Staates.
In Deutschland beträgt sie derzeit 19 % auf Waren und Dienstleistungen. Für Lebensmittel (außer Getränke), Bücher und Zeitungen gilt ein ermäßigter Steuersatz von 7 %.

○ **1** Familie Darzi möchte einen Geländewagen zum Preis von 37 500 € kaufen. Der Verkäufer bietet 3 % Skonto.
a) Wie viel Euro könnte Familie Darzi dadurch sparen?
b) Wie teuer ist der Wagen dann noch?

◒ **2** Jannik findet ein Longboard im Internet. Wie viel muss er bezahlen, wenn noch 4,95 € Versandkosten hinzukommen?

◒ **3** MK SP Ein Online-Shop stellt ein Angebot für ein Mountainbike ins Internet.

>>>Mindestens 20 % Winterrabatt<<<
26" Zoll MTB MOUNTAINBIKE WILD CAT 18G

nur *599,00 €*
bei Bestellung von Okt. bis Feb.
Mrz. bis Sep. 739,00 €
Kostenloser Versand

Details kaufen

a) Wie viel Euro spart man, wenn man das Mountainbike im Februar bestellt?
b) Prüfe, ob die Rabattangabe des Online-Shops stimmt.
c) Warum gibt es vermutlich im Winter einen Rabatt?

◒ **4** Die Schulleitung bestellt Beamer und interaktive Whiteboards.
Auf der Rechnung wird zunächst der Preis ohne Mehrwertsteuer angegeben.
Vervollständigt die Rechnung.

Menge	Artikel	Gesamtpreis
3	Beamer	1069,71 €
2	interaktives Whiteboard	4366,38 €
	Rechnungsbetrag	5436,09 €
	19 % Mehrwertsteuer	___ €
	Gesamtbetrag	___ €
	Bei Zahlung innerhalb 8 Tagen 2 % Skonto	
	Betrag abzüglich Skonto	___ €

◒ **5** Finn möchte im Sportgeschäft ein Paar Tennisschuhe, eine Hose und ein T-Shirt kaufen. Bei der Rabattaktion *„Nimm 3, zahl 2"* erhält man bei drei gekauften Artikeln den günstigsten kostenlos. Bei welcher Auswahl erhält Finn, prozentual betrachtet, den größten Rabatt?

Rückspiegel

D47 Teste dich

○ **1** Gib als Dezimalzahl und in Prozent an.

a) $\frac{1}{2}$ b) $\frac{3}{4}$ c) $\frac{14}{25}$ d) $\frac{3}{8}$

○ **2** Gib als Dezimalzahl und als vollständig gekürzten Bruch an.

a) 75 % b) 17 % c) 55 % d) 12 %

○ **3** Berechne den fehlenden Wert.

	a)	b)	c)	d)	e)	f)
Grundwert G	180 €	80 min	■	2,5 kg	■	360 €
Prozentwert W	■	30 min	33 km	■	405 kg	54 €
Prozentsatz p %	30 %	■	11 %	72 %	90 %	■

○ **4** Entscheide zunächst, welche Größe gesucht ist. Rechne dann.

a) In der Klasse 7a haben 12 Jugendliche einen Handyvertrag. Das sind 48 %. Gib an, wie viele Jugendliche in dieser Klasse sind.

b) Ein Busticket kostet 3,20 €. Der Preis wird um 0,40 € erhöht. Wie viel Prozent beträgt die Erhöhung?

c) 42 % der 1200 Personen an der Schule essen in der Mensa. Wie viele sind das?

◒ **5** Tom und Lara haben einen Ausflug in den Wildpark gemacht und insgesamt 25 Tiere beobachtet. Bestimme aus dem Diagramm, wie viele Wildschweine sie gesehen haben.

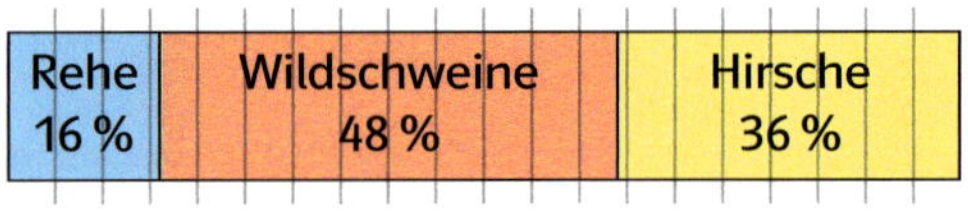

◒ **6** Elektrohandel Fisch hat neue Modelle gekauft. Deshalb werden die Preise für die alten Modelle reduziert.

Bestimme jeweils den Prozentsatz.

◒ **7** Eine Firma produziert drei verschiedene Modelle Inline-Skates.

Profi-Inliner: 360 Stück
Amateur-Inliner: 1050 Stück
Anfänger-Inliner: 1590 Stück

a) Berechne die Anteile an der Produktion in Prozent.

b) Stelle die prozentuale Verteilung in einem Kreisdiagramm dar.

◒ **5** Katrin kauft im Schlussverkauf ein. Berechne die reduzierten Preise.

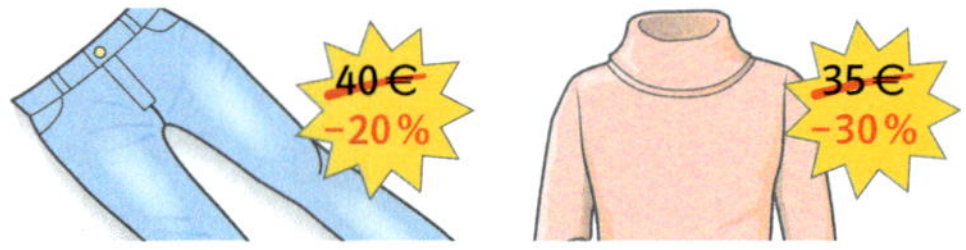

◒ **6** Tim fragt 12 Freunde nach ihrem Lieblingsobst. Bestimme den jeweiligen Prozentsatz.

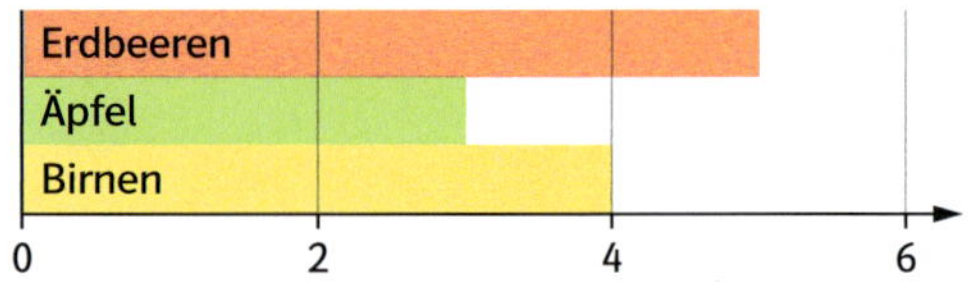

● **7** Die Tabelle zeigt die Größe der Kontinente und ihre Bevölkerungszahl.

Erdteil	Größe in km^2	Bevölkerung
Afrika	30,3 Mio.	1,1 Mrd.
Amerika	42,5 Mio.	1 Mrd.
Antarktis	13,2 Mio.	0
Asien	44,8 Mio.	4,44 Mrd.
Ozeanien	8,6 Mio.	40 Mio.
Europa	10,1 Mio.	740 Mio.

a) Berechne die prozentualen Anteile der Erdteile an der Erdoberfläche. Stelle sie in einem Kreisdiagramm dar.

b) Auf welchen drei Kontinenten leben die meisten Menschen je Quadratkilometer?

→ Die Lösungen findest du auf Seite 260.

Standpunkt | Wahrscheinlichkeit

Wo stehe ich?

Ich kann …	gut	etwas	nicht gut	Lerntipp!
A Brüche erkennen und benennen,	■	■	■	→ Seite 223
B geeignete Brüche auf Hundertstel erweitern oder kürzen und anschließend in Prozent umwandeln,	■	■	■	→ Seite 224
C Brüche als Dezimalzahlen darstellen und in Prozent umwandeln,	■	■	■	→ Seite 226
D eine Strichliste führen,	■	■	■	→ Seite 239
E aus einer Strichliste eine Häufigkeitstabelle erstellen,	■	■	■	→ Seite 239
F relative Häufigkeiten bestimmen.	■	■	■	→ Seite 239

Überprüfe dich selbst:

D48 Teste dich

A Welcher Bruchteil ist gefärbt?

a)

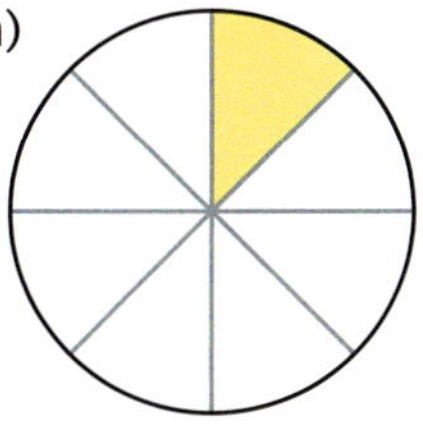

b)

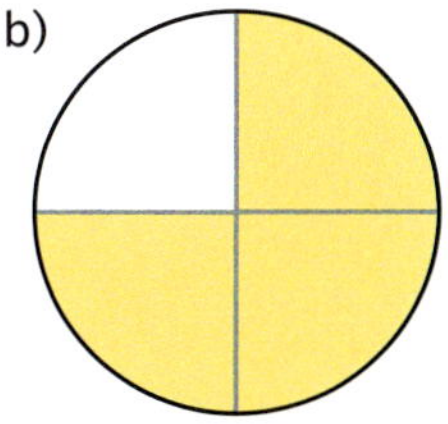

c)

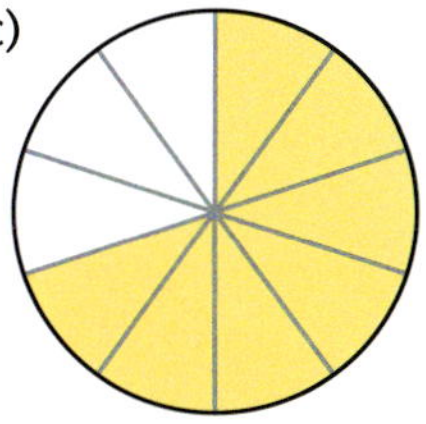

d)

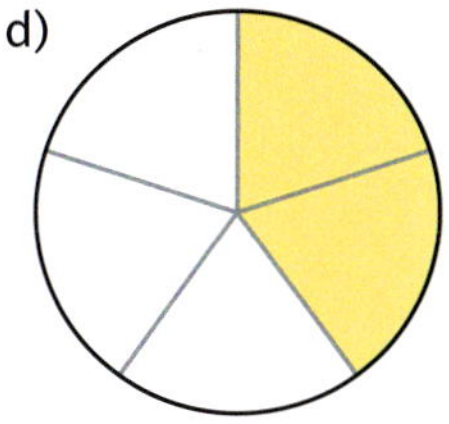

B Erweitere oder kürze den Bruch auf Hundertstel und wandle anschließend in Prozent um.

a) $\frac{1}{2}$ b) $\frac{3}{4}$ c) $\frac{3}{5}$

d) $\frac{8}{25}$ e) $\frac{7}{50}$ f) $\frac{30}{200}$

C Stelle den Bruch als Dezimalzahl dar und wandle anschließend in Prozent um.

a) $\frac{1}{4}$ b) $\frac{1}{5}$ c) $\frac{7}{10}$

d) $\frac{1}{8}$ e) $\frac{3}{8}$ f) $\frac{9}{40}$

D Bei einer Verkehrszählung vor der Schule werden folgende Fahrzeuge beobachtet:

Erstelle eine Strichliste.

E Bei einer Verkehrszählung in der Innenstadt wird eine Strichliste geführt. Erstelle aus der Strichliste eine Häufigkeitstabelle.

卌 卌 卌 卌 卌 卌 卌 II	III	卌 卌 卌 卌 卌 I	卌 卌 卌 卌 卌 卌 卌 卌

F Ein Glücksrad wurde 50-mal gedreht. In der Tabelle stehen die Ergebnisse.

Ergebnis	absolute Häufigkeit
rotes Feld	18
gelbes Feld	26
blaues Feld	6

Bestimme die relativen Häufigkeiten als Bruch und als Dezimalzahl.

→ Die Lösungen findest du auf Seite 262.

6 Wahrscheinlichkeit

1 Welche Spiele erkennst du auf den Abbildungen? Notiere die Namen der Spiele. Wähle ein Spiel aus. Erklärt euch gegenseitig die Spielregeln.

2 Spiele teilt man nach unterschiedlichen Gesichtspunkten ein. Bei welchen Spielen benötigst du Glück, um zu gewinnen? Bei welchen Spielen musst du nachdenken?

3 Ordnet die abgebildeten Spiele in den Farbverlauf der Abbildung ein. Zwei Spiele sind bereits vorgegeben. Platziert weitere Spiele, die ihr kennt.

Ich lerne,

- was Zufallsgeräte und Zufallsexperimente sind,
- wie man Zufallsexperimente durchführt und auswertet,
- wie man Wahrscheinlichkeiten im Alltag beschreibt,
- was man unter einem Ergebnis, einem Ereignis und einem Gegenereignis versteht,
- wie man die Wahrscheinlichkeit eines Ergebnisses und eines Ereignisses berechnet,
- wie man Wahrscheinlichkeiten schätzen kann,
- wie man Prognosen abgeben kann,
- wie man mithilfe eines Tabellenkalkulationsprogramms Zufallsversuche durchführt.

1 Zufallsexperimente

Amelie und Marvin wollen den Sonntag an unterschiedlichen Orten verbringen und können sich nicht einigen. Die Eltern schlagen vor, den Zufall entscheiden zu lassen. Amelie möchte einen Würfel verwenden, Marvin dagegen Streichhölzer. Die Eltern schlagen vor, eine Münze zu werfen.

→ Beschreibe, wie Marvin oder die Eltern vorgehen könnten.

→ Sammelt zu zweit Vorschläge, wie der Würfel zur Entscheidung eingesetzt werden könnte.

→ Ist das Werfen einer Münze oder eines Würfels gerecht? Diskutiert in der Klasse.

Um den **Zufall** entscheiden zu lassen, wird ein **Zufallsgerät** verwendet. Eine Münze ist ein Zufallsgerät. Beim Werfen einer Münze gibt es zwei mögliche **Ergebnisse**: Wappen oder Zahl. Das **Ergebnis** kann nicht vorhergesagt werden, es ist zufällig. Deshalb wird von einem **Zufallsexperiment** gesprochen. Wird das Zufallsexperiment einmal durchgeführt, so nennt man es **einstufiges Zufallsexperiment**.

Merke

Vier Merkmale kennzeichnen ein **Zufallsexperiment**:
- Es wird ein **Zufallsgerät** verwendet.
- Es können **verschiedene Ergebnisse** eintreffen.
- Das Ergebnis kann **nicht vorhergesagt** werden.
- Das gleiche Experiment kann **beliebig oft wiederholt** werden.

Beispiel

Das Drehen eines Glücksrades ist ein Zufallsexperiment:
- Das Glücksrad ist ein Zufallsgerät.
- Verschiedene Ergebnisse können eintreffen: Rot; Grün; Gelb; Lila; Blau.
- Niemand kann vorhersagen, welches Ergebnis eintreten wird.
- Das Glücksrad kann beliebig oft gedreht werden.

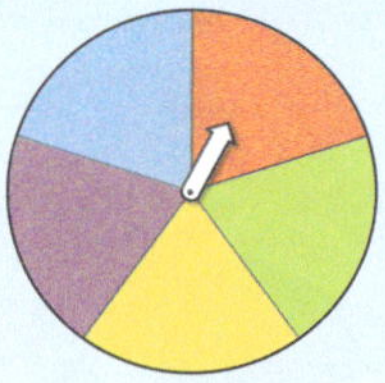

○ **1** Entscheide, ob der Versuch ein Zufallsexperiment ist.

a) Marian wirft eine Reißzwecke.

b) Mia wirft gleichzeitig zwei Münzen.

c) Merlin schiebt einen Magneten in Richtung einer Büroklammer.

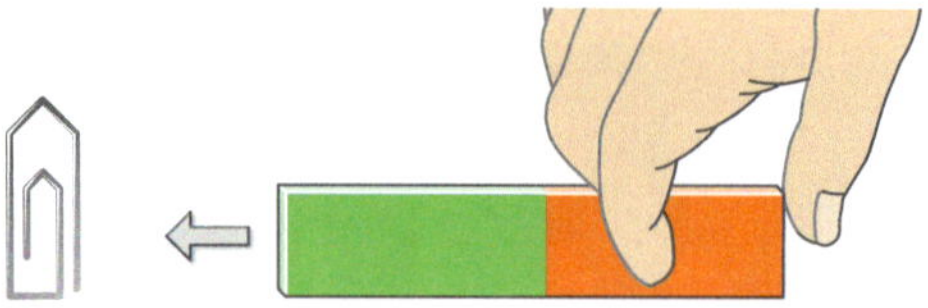

eine Reißzwecke
ein kleiner Nagel mit flachem Kopf

○ **2** Das Glücksrad wird gedreht. Entscheide, ob das Merkmal zu diesem Zufallsexperiment passt.

a) Es wird ein Zufallsgerät verwendet.

b) Es können verschiedene Ergebnisse eintreffen.

c) Das Ergebnis kann vorhergesagt werden.

d) Das Experiment kann nur einmal durchgeführt werden.

○**3** Notiere alle möglichen Ergebnisse des Zufallsexperiments.

a) 

Es wird **verdeckt** eine Karte aus dem Kartenstapel gezogen.

b) 

Ein normaler Spielwürfel wird geworfen.

c) 

Eine Streichholzschachtel wird wie ein Würfel beschriftet und geworfen.

d) 

Eine Kugel wird mit geschlossenen Augen aus dem Karton gezogen.

verdeckt
hier: nur die Rückseite der Karte ist zu sehen

Alles klar?

D49 Fördern

A Entscheide, ob ein Zufallsexperiment vorliegt.

a) Aus einem Kartenspiel wird eine Spielkarte ausgeteilt.
b) Beim Basketball wird ein Freiwurf geworfen.
c) Beim Zahlenlotto 6 aus 49 wird die erste Lottokugel gezogen.

Tipp!
zu Aufgabe **B**
Ein Oktaeder besteht aus 8 gleichseitigen Dreiecken.

B Beschreibe alle möglichen Ergebnisse des Zufallsexperiments.

a) Es wird verdeckt eine Karte gezogen.

b) Es wird verdeckt eines der Streichhölzer gezogen.

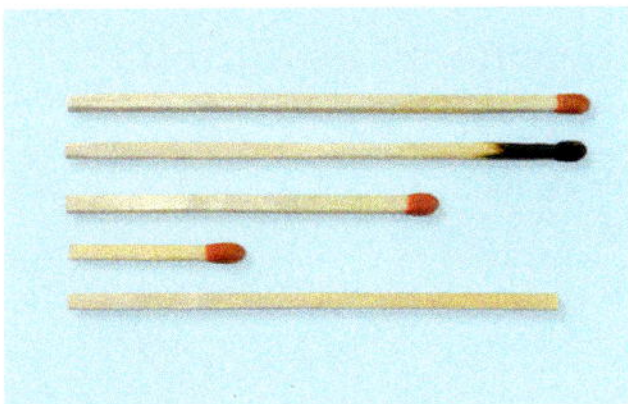

c) Es wird mit einem Oktaeder gewürfelt.

○**4** In einem Säckchen liegen ein gelber, ein roter, ein grüner und ein blauer Spielstein. Es wird ein Spielstein gezogen und anschließend wieder zurückgelegt.

a) Notiere alle möglichen Ergebnisse.
b) Wiederhole das Zufallsexperiment 20-mal. Erstelle eine Strichliste.

Gelb	Rot	Grün	Blau

c) Erstelle eine Häufigkeitstabelle.
d) Erstellt zu zweit eine gemeinsame Häufigkeitstabelle.
e) SP Vergleicht die Häufigkeitstabellen aus beiden Teilaufgaben. **Beschreibt**, was ihr feststellt.

◐**4** Beschrifte einen Vierer-Legostein.

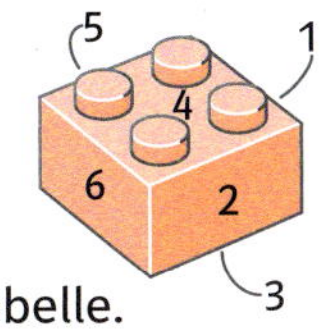

a) Würfle 50-mal und führe eine Strichliste.
b) Erstelle eine Häufigkeitstabelle.
c) Erstellt zu zweit eine gemeinsame Häufigkeitstabelle.
d) Zeichnet ein Säulendiagramm.
e) SP Welche Zahl wurde am häufigsten, welche am seltensten gewürfelt? **Erklärt**.

◐**5** Es wird mit einem Würfel gewürfelt.
a) Schätze, wie oft du bei 50 Versuchen jede Augenzahl würfelst.
b) Würfle und führe eine Strichliste.
c) Erstellt zu viert eine gemeinsame Häufigkeitstabelle.
d) SP Entspricht das Ergebnis euren Erwartungen? **Erklärt**.

→ Die Lösungen zu „Alles klar?“ findest du auf Seite 263.

5

a) Würfle gleichzeitig mit zwei Würfeln und bilde die Augensumme. Führe den Versuch 50-mal durch und erstelle eine Strichliste.

2	3	4	…	12
■	■	■	■	■

b) Erstelle eine Häufigkeitstabelle.
c) Erstellt zu zweit eine gemeinsame Häufigkeitstabelle.
d) Zeichne ein Säulen- oder ein Streifendiagramm.

6 SP Es wird mit einem Schwein aus dem Spiel „Schweinerei" gewürfelt.

a) Beschreibe die Lage des Schweins bei jedem möglichen Ergebnis.
b) Handelt es sich um ein Zufallsexperiment? **Begründe** deine Meinung.
c) Vermute: Welches Ergebnis kommt am häufigsten vor? Welches Ergebnis kommt nur selten vor?
Besprecht euch zu zweit und erklärt euch gegenseitig eure Meinung.
d) Was müsstet ihr tun, um eure Vermutungen zu überprüfen? **Beschreibt**.

7 SP Beim Fußballturnier wird mit einer Münze ausgelost, wer den Anstoß macht. Tom hat mit Wappen fünfmal verloren. Was soll er im sechsten Spiel wählen? Besprecht zu zweit.

6 SP Timo und Leon wollen gerecht entscheiden, wer die Spülmaschine ausräumen muss. Sollen sie einen Spielwürfel oder einen Legostein als Zufallsgerät wählen? **Begründe**.

7 In jedem der Behälter liegen vier Kugeln. Es wird mit geschlossenen Augen jeweils eine Kugel gezogen und die Summe der Zahlen gebildet.

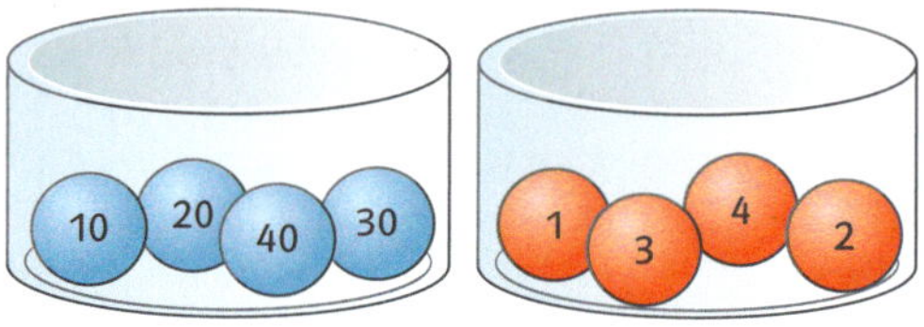

a) Notiere alle möglichen Ergebnisse und sortiere sie nach ihrer Größe.
b) SP Notiere im Heft. Ersetze die Platzhalter durch einen der Begriffe: sicher, häufig, unmöglich, nie, wahrscheinlich oder selten.

> Es ist ■, eine Summe größer als 45 zu erhalten. ■ erhält man eine Summe, die kleiner als 12 ist. ■ erhält man eine Summe, die größer als 15 ist. Eine Summe größer als 10 zu erhalten, ist ■. ■ erhält man 25 als Summe.

8 SP Patrick will mit dem selbstgebastelten Würfel ein zusätzliches Taschengeld gewinnen. Die Eltern sollen ihm die gewürfelte Augenzahl in Euro geben. Aus Pappe stellt Patrick einen Würfel her und markiert die Augenzahlen. 1 und 6; 2 und 5 sowie 3 und 4 liegen sich gegenüber.

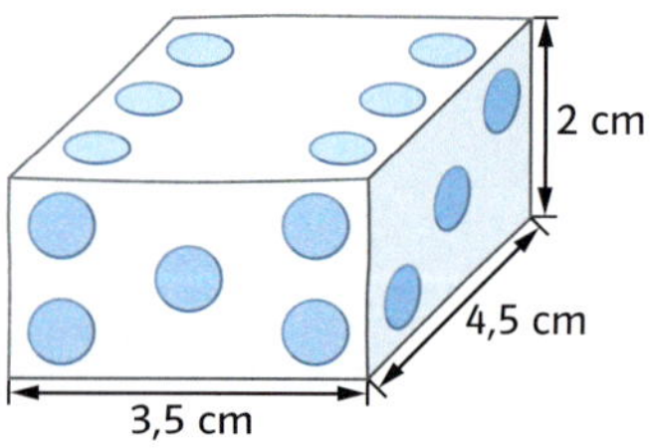

a) Hat er die Würfelaugen geschickt gesetzt? **Begründe** deine Meinung.
b) Bastle den Würfel und überprüfe mit einer Versuchsreihe.
c) **Diskutiert** zu zweit, wie ihr die Würfelaugen verteilen würdet.

2 Wahrscheinlichkeiten

Die Jugendlichen der Klasse 7b wollen auf dem Schulfest einen „Glücksstand“ aufbauen. Latif schlägt vor, zwei Glücksboxen zu gestalten, die die aufgezeichneten Steine enthalten. Es gewinnt, wer einen roten Spielstein zieht.

➔ Lilly will aus Glücksbox 1 ziehen. Nurhan hält es für günstiger, einen Spielstein aus Glücksbox 2 zu holen. Was meinst du?

➔ Besprecht eure Meinungen zu zweit.

Pierre Simon Laplace (1749 – 1827), französischer Mathematiker

Bei Zufallsexperimenten hängt die Chance zu gewinnen von der Anzahl aller möglichen Ergebnisse ab. Alle möglichen Ergebnisse findet man mithilfe eines **Baumdiagramms**. Zahl und Wappen sind die möglichen Ergebnisse beim Werfen einer Münze.

Merke

Wenn bei einem Zufallsexperiment alle möglichen Ergebnisse die gleiche Chance haben, dann sagt man, dass alle Ergebnisse **gleich wahrscheinlich** sind. Das Zufallsgerät nennt man dann **fair**. Solch ein Zufallsexperiment bezeichnet man als **Laplace-Experiment**.
Für die **Wahrscheinlichkeit eines Ergebnisses** gilt:

$$P(\text{Ergebnis}) = \frac{1}{\text{Anzahl aller möglichen Ergebnisse}}$$

P(Ergebnis) bedeutet Wahrscheinlichkeit (englisch: **P**robability) des Ergebnisses.

Beispiele

Tipp!
Im Baumdiagramm steht an jedem Pfad die Wahrscheinlichkeit.

a) Eine Münze wird geworfen.
Mögliche Ergebnisse: Wappen (W); Zahl (Z)
Beide Ergebnisse sind gleich wahrscheinlich.
Die Münze ist fair. Es gilt:

$P(\text{Wappen}) = \frac{1}{2} = \frac{50}{100} = 50\,\%$

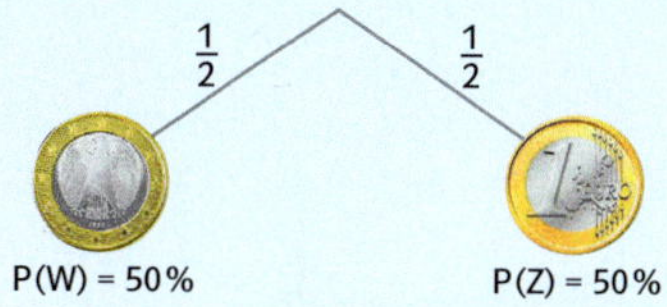

b) Aus einem Behälter mit vier verschiedenfarbigen Kugeln wird eine Kugel gezogen.
Mögliche Ergebnisse: rote Kugel (●); blaue Kugel (●); gelbe Kugel (●); grüne Kugel (●)
Alle Ergebnisse sind gleich wahrscheinlich. Es gilt:

$P(\text{gelbe Kugel}) = \frac{1}{4} = \frac{25}{100} = 25\,\%$

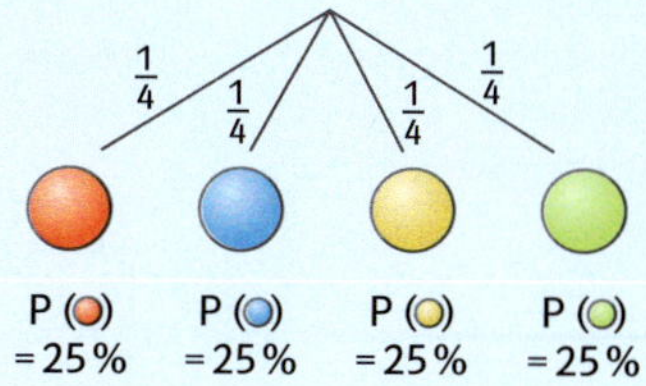

○ **1** SP Man würfelt mit dem abgebildeten Gegenstand. Handelt es sich um ein Laplace-Experiment? Begründe deine Meinung.

a) 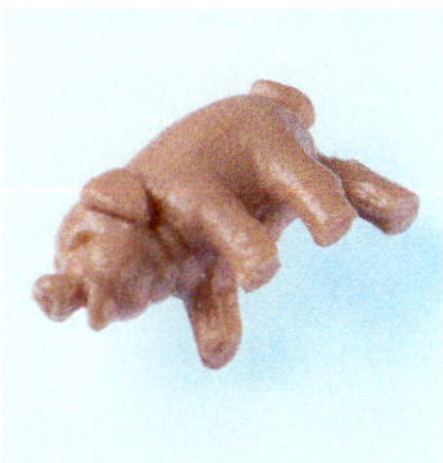

b) 

c) 

d) 

○ **2** Notiere alle möglichen Ergebnisse. Gib dann die Wahrscheinlichkeit des Laplace-Experiments als Bruch und in Prozent an.

a) Es wird, ohne hinzusehen, ein Buntstift gezogen. Wie groß ist die Wahrscheinlichkeit, den roten Stift zu ziehen?

b) Es wird, ohne hinzusehen, ein Schlüssel gezogen. Wie groß ist die Wahrscheinlichkeit, den Schlüssel mit der Nummer 1 zu ziehen?

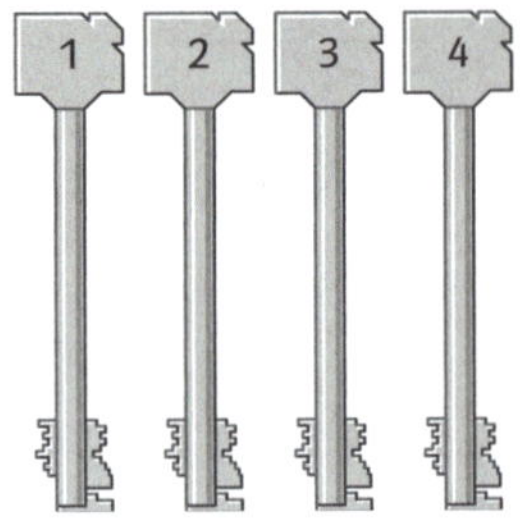

Alles klar?

D50 Fördern

A Notiere alle möglichen Ergebnisse. Gib dann die Wahrscheinlichkeit des Ergebnisses als Bruch und in Prozent an.

a) Vier Streichhölzer sind unterschiedlich lang. Das kürzeste Streichholz wird gezogen.

b) Aus nummerierten Losen (Zahlen 1; 2; 3; 4; 5; … 25) wird das Los mit der Nummer 13 gezogen.

c) Es wird mit einem Ikosaeder-Würfel die Zahl 20 gewürfelt.

Tipp!

Ein Ikosaeder besteht aus 20 gleichseitigen Dreiecken.

○ **3** Einer der Berliner ist mit Senf gefüllt, die anderen mit unterschiedlichen Marmeladen.

Wie groß ist die Wahrscheinlichkeit, dass du am Silvesterabend den einzigen mit Senf gefüllten Berliner bekommst? Notiere P(Senf) als Bruch und in Prozent.

○ **4**

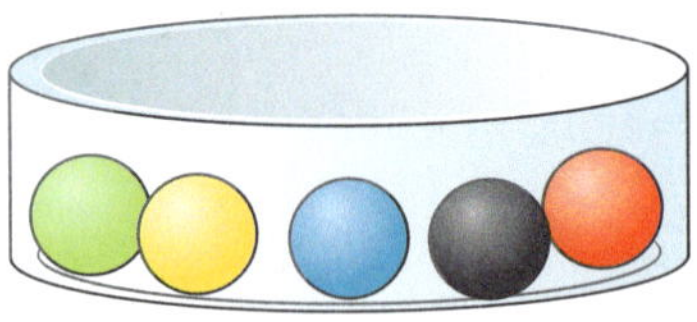

a) Berechne die Wahrscheinlichkeit, eine blaue (gelbe) Kugel zu ziehen. Notiere als Bruch und in Prozent.

b) Wie groß ist die Wahrscheinlichkeit, eine weiße Kugel zu ziehen?

◒ **5** Aufgaben-Kontrolle!
Die Lehrkraft lost aus, wessen Heft sie einsammelt. Wie groß ist die Wahrscheinlichkeit, dass es dich trifft? Notiere als Bruch.

○ **3** Das Stäbchen mit der blauen Spirallinie heißt Mikado. Wie groß ist die Wahrscheinlichkeit, dieses Stäbchen zu ziehen? Notiere als Bruch und in Prozent.

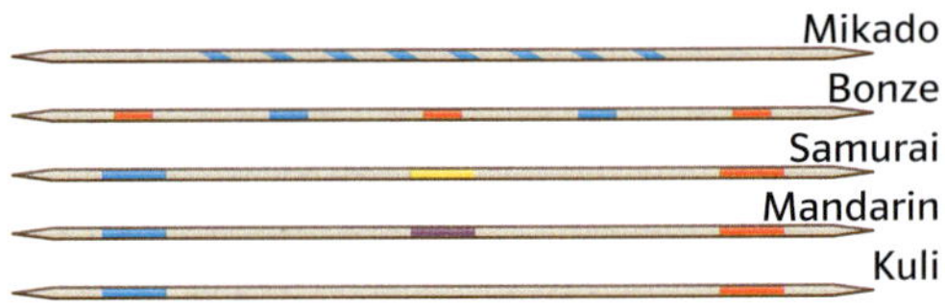

das Billard
ein Spiel bestehend aus einer weißen Kugel, einem langen Stock und 15 durchnummerierten Kugeln

◒ **4** Beim **Billard** gibt es 15 Kugeln mit den Nummern 1 bis 15. Eine Kugel wird gezogen.

a) Notiere P(Kugel 13) als Bruch und in Prozent.

b) SP Notiere P(Kugel 20). Begründe.

◒ **5** SP Welche Wahrscheinlichkeit ist größer? Begründe deine Meinung.

a) An einem Sonntag geboren worden zu sein oder eine Sechs zu würfeln?

b) Mit einem Ikosaeder-Würfel eine 13 zu würfeln oder aus einem Skatspiel das Herz-Ass zu ziehen?

c) Stellt euch eigene Aufgaben.

→ Die Lösungen zu „Alles klar?" findest du auf Seite 263.

3 Ereignis und Gegenereignis

Sophie spielt mit den schwarzen, Gabriel mit den grünen und Rieke mit den roten Spielfiguren.

→ Berechne die Wahrscheinlichkeit für Sophie, mit dem nächsten Wurf die erste Spielfigur ins Haus zu bringen.

→ Überlegt zu zweit: Wer hat die größte Chance, beim nächsten Wurf eine Spielfigur ins Haus zu bringen?

→ Diskutiert eure Ergebnisse in der Klasse.

Tipp!
Mit „günstig" ist hier „gewünscht" gemeint.

Ob man gewinnt, hängt von der Anzahl aller **möglichen Ergebnisse** und von der Anzahl der **günstigen Ergebnisse** ab. Die günstigen Ergebnisse fasst man zu einem **Ereignis** zusammen. Alle anderen Ergebnisse bilden zusammen das Gegenereignis.
Es soll mit einem normalen Würfel eine gerade Zahl gewürfelt werden. Günstige Ergebnisse sind die Zahlen 2; 4 und 6. Diese drei Würfelergebnisse 2; 4 und 6 bilden zusammen das **Ereignis** „gerade Zahl". Die Ergebnisse 1; 3 und 5 bilden zusammen das **Gegenereignis** „ungerade Zahl".

Merke

Den gewünschten Ausgang eines Zufallsexperiments bezeichnet man als **günstiges Ergebnis**. Alle günstigen Ergebnisse zusammen bilden ein Ereignis (E). Alle nicht gewünschten, also ungünstigen Ergebnisse, bilden das Gegenereignis $(\overline{E})$.
Es gilt für die **Wahrscheinlichkeit eines Ereignisses bei Laplace-Experimenten**:

$$P(E) = \frac{\text{Anzahl der günstigen Ergebnisse}}{\text{Anzahl der möglichen Ergebnisse}} \qquad P(\overline{E}) = 1 - P(E)$$

Sind alle möglichen Ergebnisse gleichzeitig günstige Ergebnisse, so spricht man von einem **sicheren Ereignis**.
Gibt es kein günstiges Ergebnis, spricht man von einem **unmöglichen Ereignis**.

Beispiele

Aus den abgebildeten Karten wird eine Karte gezogen.

a) Wahrscheinlichkeit, einen schwarzen König zu ziehen:
Anzahl der günstigen Ergebnisse: 2
Anzahl der möglichen Ergebnisse: 10
Berechnen der Wahrscheinlichkeit:
$P(\text{schwarzer König}) = \frac{2}{10} = \frac{20}{100} = 20\,\%$

b) Wahrscheinlichkeit, keinen schwarzen König zu ziehen:
$P(\overline{\text{schwarzer König}}) = 1 - P(\text{schwarzer König}) = 1 - \frac{2}{10} = \frac{8}{10} = \frac{80}{100} = 80\,\%$

c) Wahrscheinlichkeit, eine schwarze Karte zu ziehen:
$P(\text{schwarze Karte}) = \frac{10}{10} = \frac{100}{100} = 100\,\%$
Das Ereignis ist sicher.

d) Wahrscheinlichkeit, einen Herzbuben zu ziehen:
$P(\text{Herzbube}) = \frac{0}{10} = \frac{0}{100} = 0\,\%$
Das Ereignis ist unmöglich.

○ **1** Es wird mit einem normalen Würfel gewürfelt. Notiere alle möglichen und alle günstigen Ergebnisse und berechne die Wahrscheinlichkeit für Ereignis und Gegenereignis.
a) P(ungerade Zahl)
b) P(Zahl kleiner als 4)
c) P(Zahl größer als 6)

○**2** Aus dem Behälter wird eine Kugel gezogen.

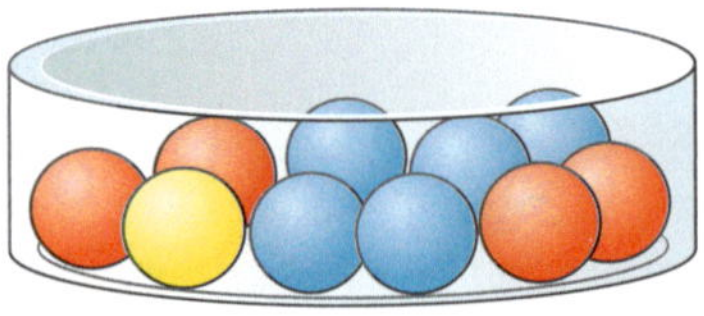

a) Notiere die Wahrscheinlichkeit P(E) als Bruch und in Prozent.
- Es wird eine rote Kugel gezogen.
- Es wird eine blaue Kugel gezogen.
- Es wird eine gelbe Kugel gezogen.

b) Addiere die drei Wahrscheinlichkeiten. Was fällt dir auf?
c) Wie groß ist die Wahrscheinlichkeit, eine schwarze Kugel zu ziehen?
d) Wie groß ist die Wahrscheinlichkeit, nicht eine gelbe Kugel zu ziehen?

Alles klar?

D51 **Fördern**

Tipp!
zu Aufgabe A
Ein Dodekaeder besteht aus 12 regelmäßigen Fünfecken.

A Es wird mit einem Dodekaeder gewürfelt. Notiere alle möglichen und alle günstigen Ergebnisse. Berechne dann die Wahrscheinlichkeit.

a) Emrah würfelt eine Zahl, die kleiner als 7 ist.
b) Aaron würfelt eine Zahl, die größer als 9 ist.
c) Hanna würfelt eine durch vier teilbare Zahl.
d) Silas würfelt eine durch drei teilbare Zahl.
e) Milena würfelt keine 8.

○**3** Luca dreht das Glücksrad. Bestimme die Wahrscheinlichkeit für das gesuchte Ereignis. Führe dazu die Tabelle fort.

a) P(blaues Feld)
b) P(grünes Feld)
c) P(gelbes Feld)
d) P(weißes Feld)
e) P(gerade Zahl)
f) P(Zahl > 2)
g) P(Zahl < 11)

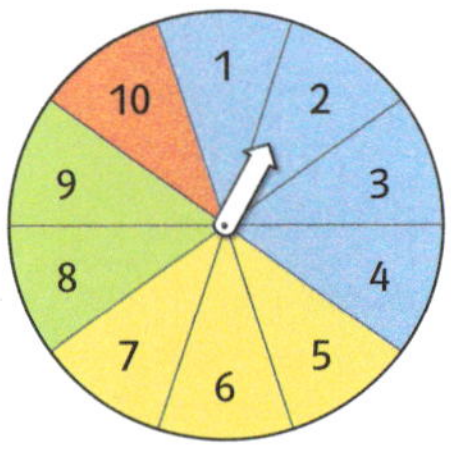

	Ereignis	Anzahl der günstigen Ergebnisse	Anzahl der möglichen Ergebnisse	Wahrscheinlichkeit
a)	blaues Feld	4	10	$\frac{4}{10} = \frac{40}{100}$ = 40 %
b)	…	…	…	…

◒**4** Kevin zieht eine Kugel aus einer Lostrommel mit 36 blauen, 35 schwarzen, 20 roten und 9 weißen Kugeln.

a) Mit welcher Wahrscheinlichkeit zieht er eine weiße Kugel?
b) Wie groß ist die Wahrscheinlichkeit, dass er eine rote Kugel zieht?
c) Mit welcher Wahrscheinlichkeit zieht er eine blaue Kugel?
d) Mit welcher Wahrscheinlichkeit zieht er keine blaue Kugel?

◒**3** Aus dem Behälter wird eine Kugel gezogen. Bestimme die Wahrscheinlichkeit für das Ereignis.

a) P(gelbe Kugel)
b) P(blaue Kugel)
c) P(rote Kugel)
d) P(schwarze Kugel)
e) P(grüne Kugel)

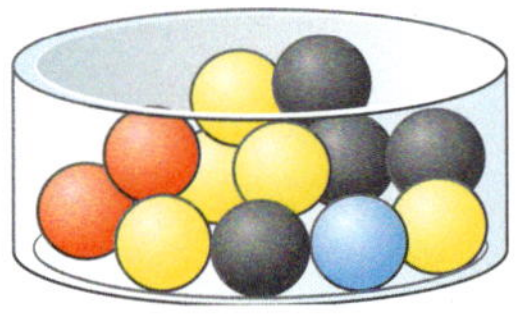

◒**4** Im Kaufhaus Kinderkram darf nach jedem Kauf ein Los gezogen werden. Unter 3500 Losen befinden sich 25 Hauptgewinne.

a) Wie groß ist die Wahrscheinlichkeit, dass die erste Person einen Hauptgewinn zieht? Notiere in Prozent und runde auf Zehntel.
b) Die Wahrscheinlichkeit, dass die erste Person einen Trostpreis gewinnt, beträgt 10 %. Wie viele Trostpreise gibt es?
c) Die erste Person zieht einen Hauptgewinn. Wie groß ist die Wahrscheinlichkeit, dass die zweite Person einen Hauptgewinn zieht?

●**5** Im Beutel sind noch fünf Kugeln. Drei Kugeln wurden bereits gezogen.

Vor dem ersten Ziehen galten folgende Wahrscheinlichkeiten: P(blaue Kugel) = $\frac{1}{2}$; P(rote Kugel) = $\frac{3}{8}$
Welche Farben haben die fünf Kugeln im Beutel?

→ Die Lösungen zu „Alles klar?" findest du auf Seite 263.

4 Schätzen von Wahrscheinlichkeiten

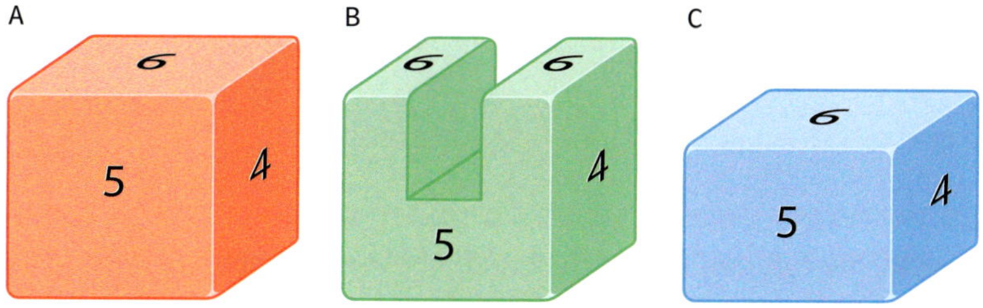

Hier siehst du Zufallsgeräte zum Würfeln.
→ Für welche Zufallsgeräte lässt sich die Wahrscheinlichkeit, eine 6 zu würfeln, leicht bestimmen?
→ Schätze für die Würfel B und C die Wahrscheinlichkeit, mit der eine 6 geworfen wird.
→ Tauscht euch untereinander darüber aus, wie ihr beim Schätzen vorgegangen seid.

Es gibt Zufallsgeräte, bei denen die Wahrscheinlichkeit eines Ergebnisses nicht direkt zu erkennen ist. Hier muss man die Wahrscheinlichkeit schätzen.

Merke

Zum **Schätzen** von Wahrscheinlichkeiten helfen folgende Schritte:
- Vermute, mit welcher Wahrscheinlichkeit das Ergebnis eintritt.
- Führe das Zufallsexperiment wiederholt durch und dokumentiere.
- Werte die Versuchsreihen aus. Berechne die relativen Häufigkeiten.
- Ermittle einen guten Schätzwert für die Wahrscheinlichkeit des Ergebnisses.

Die **geschätzte Wahrscheinlichkeit** hilft, **Prognosen** (Voraussagen) über die absolute und über die relative Häufigkeit des Eintretens eines Ergebnisses zu treffen. Wird das Experiment oft genug wiederholt, so nähert sich die relative Häufigkeit der Wahrscheinlichkeit an. Das wird als **empirisches Gesetz der großen Zahlen** bezeichnet.

Tipp!

relative Häufigkeit $= \frac{\text{absolute Häufigkeit}}{\text{Gesamtzahl}}$

Beispiel

Die Wahrscheinlichkeit, mit dem Quader eine 6 zu würfeln, wird untersucht.

Vermutung: Die 6 wird mit einer Wahrscheinlichkeit von etwa 25 % gewürfelt, weil die 6er-Fläche etwa 25 % der Oberfläche des Quaders beträgt.

Zufallsexperiment: Dokumentation und Auswertung

Anzahl der Würfe	absolute Häufigkeit: „6“	relative Häufigkeit: „6“
100	38	0,38
300	111	0,37
500	169	0,34
700	227	0,32
900	284	0,32

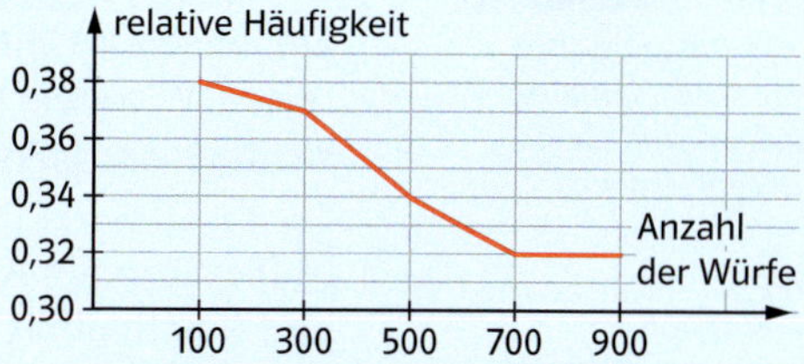

Je mehr Würfe durchgeführt werden, desto zuverlässiger ist der Schätzwert.

geschätzte Wahrscheinlichkeit: P(6) = 32 %

Die Vermutung wird durch das Experiment nicht bestätigt.

Prognose: Bei 1500 Würfen wird etwa 480-mal $(1500 \cdot 0{,}32)$ die 6 gewürfelt.

○ **1** Das Glücksrad wird gedreht.

a) Gib die folgenden Wahrscheinlichkeiten an: P(rotes Feld); P(grünes Feld); P(blaues Feld)

b) Das Glücksrad wird 720-mal gedreht. Mache eine Voraussage darüber, wie häufig der Zeiger auf einem roten (grünen; blauen) Feld stehen bleibt.

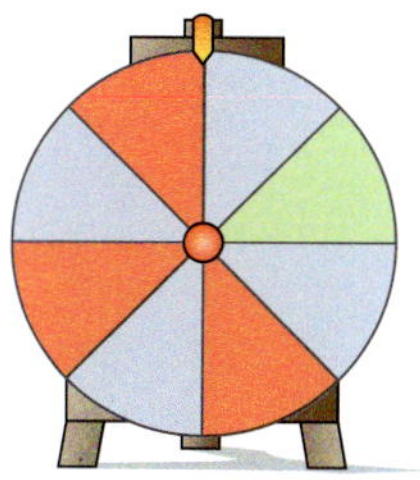

○ **2** Jaro hat eine Reißzwecke geworfen und seine Ergebnisse in folgender Tabelle notiert.

Anzahl der Würfe	10	20	40	50	100
absolute Häufigkeit: „Kopf"	4	13	24	32	64
relative Häufigkeit: „Kopf"	■	■	■	■	■

Vervollständige die Tabelle und gib einen guten Schätzwert für P(Kopf) an.

Alles klar?

D52 Fördern

A In einem Behälter liegen Kugeln, die mit den Zahlen 1; 2 und 3 beschriftet sind. Es wird mit geschlossenen Augen eine Kugel gezogen und wieder zurückgelegt. In der Tabelle ist notiert, wie häufig eine Kugel mit der Zahl 2 bei unterschiedlich vielen Ziehungen gezogen wurde.

Anzahl der Ziehungen	10	50	100	150	200
absolute Häufigkeit: „2"	7	27	57	84	112

a) Gib einen guten Schätzwert für P(2) in Prozent an.
b) Wie häufig wird beim 300-maligen Ziehen eine Kugel mit der Zahl 2 erwartet?

○ **3** Der Kronkorken einer Flasche wurde 220-mal geworfen. Dabei landete er 89-mal auf der Oberseite und 131-mal auf der Unterseite.

a) Berechne die relativen Häufigkeiten.
b) Der Kronkorken wird 500-mal geworfen. Mache eine Voraussage darüber, wie häufig der Kronkorken auf die Oberseite fällt.

○ **4** Eine Versicherungsstatistik besagt: „Die Wahrscheinlichkeit, bei einer Fernreise zu erkranken, beträgt 2%."
Ein Reisebüro verkauft jährlich 350 Fernreisen. Wie viele Reisende werden voraussichtlich erkranken?

◒ **5** Die Gruppen A, B, C und D haben mit dem Zufallsgerät jeweils 100-mal gewürfelt und ihre Ergebnisse notiert.

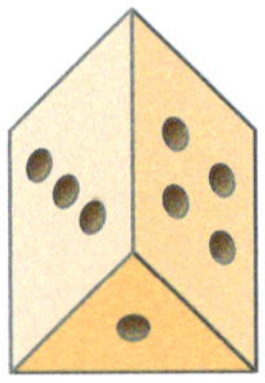

Gruppe	absolute Häufigkeit: „1"	„2"	„3"	„4"	„5"
A	5	9	25	32	29
B	13	11	26	12	38
C	15	13	29	21	22
D	14	12	26	26	22

Schätze mithilfe der Tabelle für jede Augenzahl des Zufallsgeräts die Wahrscheinlichkeit in Prozent.

Tipp!
zu Aufgabe 4
Bei diesem besonderen Würfel sind die Flächen 1 und 6 deckungsgleiche Rauten. Die anderen Flächen sind gleich große Rechtecke.

Tipp!
zu Aufgabe 5
Als Ergebnis gilt die Zahl, auf der der Würfel liegen bleibt.

◒ **3** Eli hat einen Plastikfisch wiederholt geworfen und die Ergebnisse in einem Diagramm festgehalten. Ermittle daraus, mit welcher Wahrscheinlichkeit der Fisch auf der linken Seite (auf der rechten Seite; auf der Unterseite) liegen bleibt.

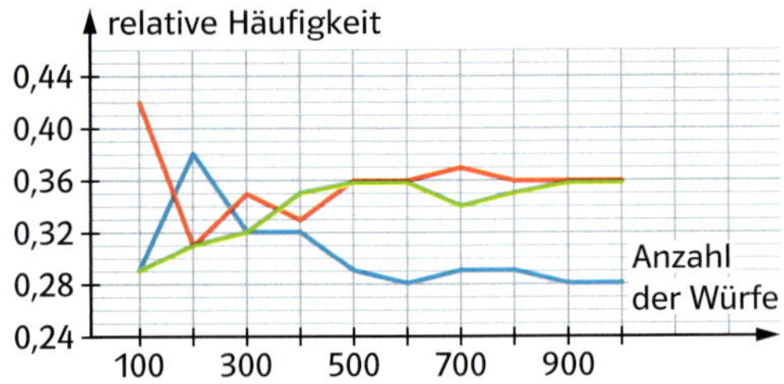

● **4** Ein besonderer Würfel (Rautenprisma) ist so beschriftet, dass die Summe der Augenzahlen gegenüberliegender Seiten 7 ist. Jana würfelt wiederholt und ermittelt einen Schätzwert für P(6).

Augenzahl	1	2	3	4	5	6
Schätzwert	■	■	■	■	■	20%

a) Ergänze die Tabelle.
b) Lisa würfelt 300-mal. Wie oft wird sie voraussichtlich die 1 würfeln?
c) SP Leon glaubt Jana nicht. Er würfelt 43-mal die 6 bei 200 Würfen. Gibt er Jana recht?

→ Die Lösungen zu „Alles klar?" findest du auf Seite 263.

Tabellenkalkulation. Zufallsexperimente

MEDIEN

Tipp!
Wie man eine Tabelle anlegt und ein Diagramm einfügt, findest du auf Seite 120; 242 und 243.

Tipp!
Eine Formel beginnt immer mit „=".

MK Manche Zufallsexperimente sind sehr zeitaufwendig. Es ist einfacher, diese Zufallsexperimente mit einem Tabellenkalkulationsprogramm am Computer zu **simulieren**. Mit einem Tabellenkalkulationsprogramm kann man eine größere Anzahl von Zufallszahlen erzeugen und die Ergebnisse auswerten.

1 MK Das Drehen des Glücksrads wird mithilfe eines Tabellenkalkulationsprogramms simuliert.

a) **Vorüberlegung:**
Jedem Drehergebnis des Glücksrads wird eine ganzzahlige Zufallszahl aus dem Zahlbereich 1 bis 5 zugeordnet.
Erzeugen von Zufallszahlen:
Erzeuge in A2 mit der Formel =ZUFALLSBEREICH(1; 5) zufällig eine ganzzahlige Zahl aus dem festgelegten Zahlbereich 1 bis 5. Übertrage diese Formel in den Bereich von A2 bis E101, um 500 Zufallszahlen zu erzeugen.
Die Einstellung Formeln → Berechnung → Berechnungsoptionen → Manuell verhindert, dass bei jeder Änderung in der Tabelle die Zufallszahlen neu erzeugt werden. Drücken der Taste F9 bewirkt, dass neue Zufallszahlen generiert werden.

A2 fx =ZUFALLSBEREICH(1;5)

	A	B	C	D	E	F	G	H	I
1	Simulation: Das Glücksrad wird gedreht.								
2	4	2	1	2	3		Auswertung		
3	3	3	3	3	1		Anzahl der Drehungen	absolute Häufigkeit: „1"	relative Häufigkeit: „1"
4	2	3	3	4	4		40	6	0,15
5	2	3	2	5	2		100		
6	5	1	5	5	4		200		
7	5	2	5	2	1		300		
8	3	2	1	3	5		400		
9	5	5	5	1	4		500		
10	1	2	1	3	3				
11	2	4	5	5	4				
12	2	1	1	4	2				
13	3	2	5	2	4				

b) **Dokumentation und Auswertung:**
- Lege eine Tabelle an (siehe Spalten G bis I).
- Mit der Formel =ZÄHLENWENN(Bereich; Suchkriterien) bestimmt man die absolute Häufigkeit einer Zahl in einem Bereich.
  Beispiel für die Zahl 1: In der Zelle H4 wird die Formel =ZÄHLENWENN(A2:E9; 1) eingetragen, um die absolute Häufigkeit der Zahl 1 bei 40 Zufallszahlen zu ermitteln.
  Ermittle die absolute Häufigkeit der Zahl 1 bei 40; 100; 200; 300; 400; 500 Drehungen und ergänze dabei die Tabelle in der Spalte H.
- Ermittle die relative Häufigkeit der Zahl 1 bei 40 Zufallszahlen. Trage dazu in der Zelle I4 die Formel =H4/G4 ein.
  Ermittle die relative Häufigkeit der Zahl 1 bei 100; 200; 300; 400; 500 Drehungen und ergänze dabei die Tabelle in der Spalte I.
- SP Erstelle mit den Spalten G und I ein Punktdiagramm. Was stellst du fest? Beschreibe.

2 MK Das Würfeln mit dem Oktaederwürfel wird mithilfe eines Tabellenkalkulationsprogramms simuliert.

a) Erzeuge 500 Würfelwürfe und ermittle die absolute und die relative Häufigkeit der Zahl 5 bei 100; 200; 300; 500 Würfen.
b) SP Berechne die Wahrscheinlichkeit für P(5). Vergleiche das Ergebnis mit den relativen Häufigkeiten aus Teilaufgabe a). Beschreibe.

EXTRA

Zweistufige Zufallsexperimente

Bei vielen Gewinnspielen wird ein Glücksrad gedreht. Dabei ist oft eine bestimmte Kombination von Farben oder Zahlen von besonderer Bedeutung, z.B. dass ein Glücksrad bei zwei nacheinander ausgeführten Drehungen beide Male dieselbe Farbe oder Zahl zeigt.
Ein Zufallsexperiment, das aus zwei Teilexperimenten besteht, bezeichnet man als **zweistufiges Zufallsexperiment**. Ein Baumdiagramm hilft dabei, die Wahrscheinlichkeit jedes Ergebnisses sowie Wahrscheinlichkeiten von Ereignissen zu berechnen. Jeder **Pfad** des Baumdiagramms führt zu einem möglichen Ergebnis.

Pfadregeln bei einem zweistufigen Zufallsexperiment:
- **Berechnen der Wahrscheinlichkeit eines Ergebnisses (Produktregel):**
  Man multipliziert die Wahrscheinlichkeiten entlang des zughörigen Pfades.
- **Berechnen der Wahrscheinlichkeit eines Ereignisses (Summenregel):**
  Man addiert die Wahrscheinlichkeiten aller Ergebnisse, die zu dem Ereignis gehören.

Beispiel:

Aus einem Behälter mit 3 orangen und 2 grünen Kugeln wird eine Kugel gezogen. Nachdem ihre Farbe notiert wurde, wird die Kugel wieder zurückgelegt. Dann wird ein zweites Mal eine Kugel gezogen und wieder zurückgelegt. „O" steht für Orange und „G" steht für Grün.

Baumdiagramm:

Mögliche Ergebnisse: (O, O); (O, G); (G, O); (G, G)

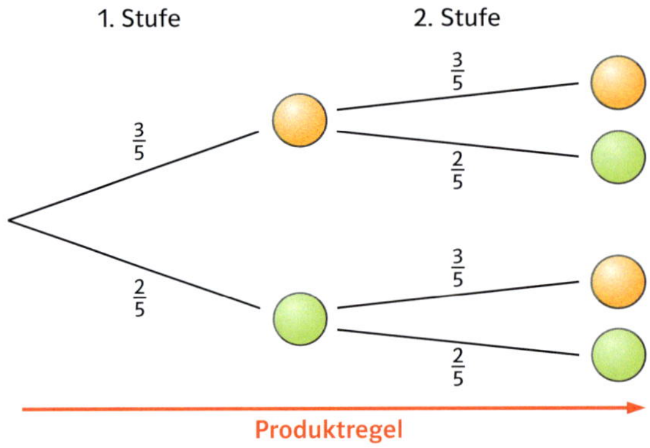

Wahrscheinlichkeit der Ergebnisse (Produktregel):

$P(O, O) = \frac{3}{5} \cdot \frac{3}{5} = \frac{9}{25} = \frac{36}{100} = 36\,\%$

$P(O, G) = \frac{3}{5} \cdot \frac{2}{5} = \frac{6}{25} = \frac{24}{100} = 24\,\%$

$P(G, O) = \frac{2}{5} \cdot \frac{3}{5} = \frac{6}{25} = \frac{24}{100} = 24\,\%$

$P(G, G) = \frac{2}{5} \cdot \frac{2}{5} = \frac{4}{25} = \frac{16}{100} = 16\,\%$

Summenregel

Wahrscheinlichkeit eines Ereignisses (Summenregel):

$P(\text{gleichfarbige Kugeln}) = P(O, O) + P(G, G) = \frac{9}{25} + \frac{4}{25} = \frac{13}{25} = \frac{52}{100} = 52\,\%$

$P(\text{verschiedenfarbige Kugeln}) = P(O, G) + P(G, O) = \frac{6}{25} + \frac{6}{25} = \frac{12}{25} = \frac{48}{100} = 48\,\%$

○ **1** Eine Münze wird zweimal geworfen.
Berechne mithilfe des Baumdiagramms
a) die Wahrscheinlichkeit für jedes mögliche Ergebnis.
b) P(zweimal gleiche Seite).
c) P(mindestens einmal Wappen).

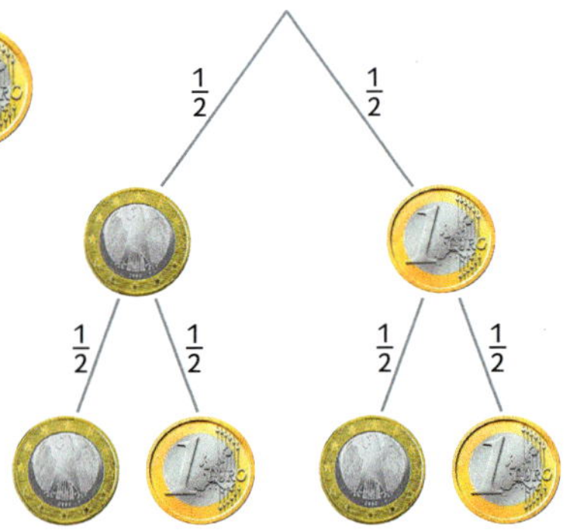

EXTRA

Tipp!
zu Aufgabe 6
Die Summe der Wahrscheinlichkeiten an übereinander liegenden Ästen ist 1.

Tipp!
zu Aufgabe 3
Als Ergebnis gilt die Zahl, auf der der Würfel liegen bleibt.

○**2** Das Glücksrad wird zweimal gedreht.

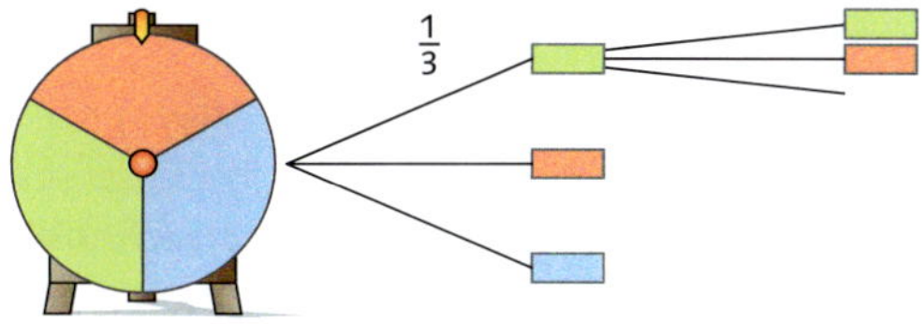

a) Vervollständige das Baumdiagramm.
b) Bestimme
(1) die Wahrscheinlichkeit für jedes mögliche Ergebnis.
(2) P(zweimal gleiche Farbe).
(3) P(erst Blau, dann Grün oder erst Grün, dann Blau).

○**3** Malaya wirft zweimal hintereinander mit einem Tetraederwürfel.

a) Zeichne das Baumdiagramm und notiere die einzelnen Wahrscheinlichkeiten entlang der Pfade.
b) Bestimme
(1) die Wahrscheinlichkeit für jedes mögliche Ergebnis.
(2) P(zwei gleiche Zahlen).
(3) P(zwei ungleiche Zahlen).

○**4** Aus dem Behälter wird eine Kugel gezogen und wieder zurückgelegt. Danach wird nochmal eine Kugel gezogen.

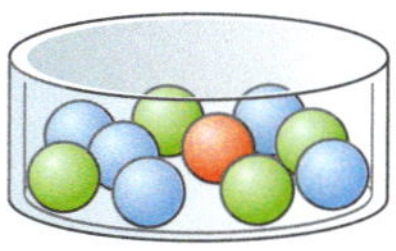

a) Zeichne ein Baumdiagramm.
b) Bestimme die Wahrscheinlichkeit.
(1) P (zweimal gleiche Farbe)
(2) P (Die erste Kugel ist rot.)
(3) P (Die zweite Kugel ist grün.)

◒**5** Aus dem Behälter werden nacheinander zwei Kugeln gezogen.

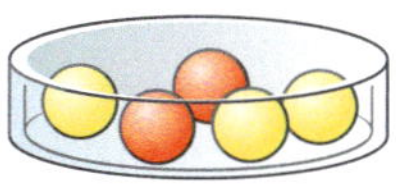

a) Die erste Kugel wird nach dem ersten Ziehen zurückgelegt. Zeichne ein Baumdiagramm und bestimme die Wahrscheinlichkeit für jedes mögliche Ergebnis.
b) Die erste Kugel wird nicht zurückgelegt. Zeichne ein Baumdiagramm und gib die Wahrscheinlichkeit für jedes mögliche Ergebnis an.

◒**6** Gib für jedes der fünf möglichen Ergebnisse die Wahrscheinlichkeit an.

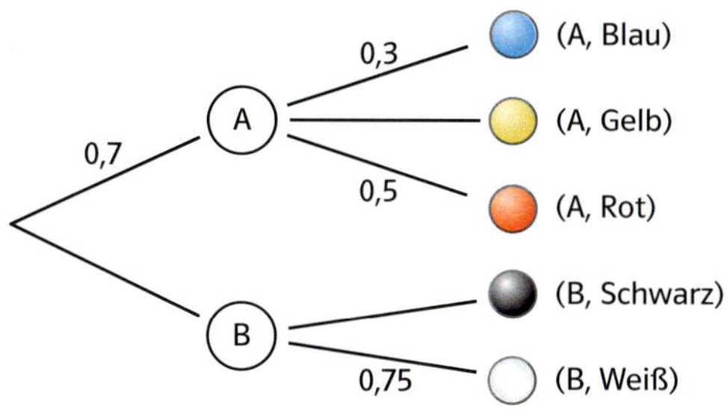

◒**7** Die Jugendlichen der Klasse 7a erhalten die Gelegenheit, vom Klassendienst befreit zu werden. Dazu müssen sie mit verbundenen Augen einen Behälter auswählen und dann aus dem gewählten Behälter eine Kugel ziehen. Wer eine gelbe Kugel zieht, wird vom Klassendienst befreit.

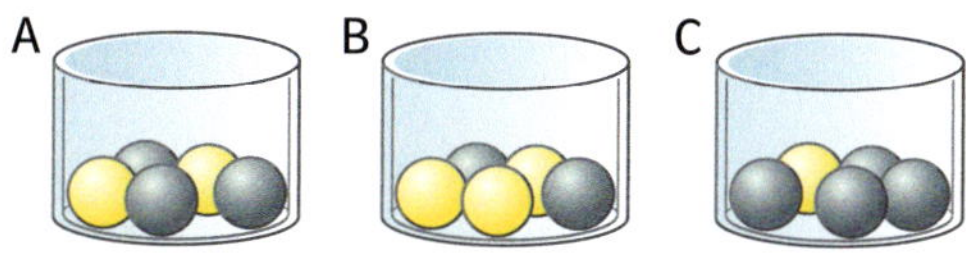

a) Berechne die Wahrscheinlichkeit, vom Klassendienst befreit zu werden.
b) 🖩 Wie ändert sich P(kein Klassendienst), wenn die schwarzen Kugeln aus dem Behälter A in Behälter C gelegt werden?
c) 🖩 Wie ändert sich P(kein Klassendienst), wenn die gelbe Kugel aus dem Behälter C in Behälter A gelegt wird?

◒**8** Layli zieht aus einer Lostrommel eine rote Kugel. Die Wahrscheinlichkeit hierfür beträgt $\frac{3}{4}$. Sie legt die gezogene Kugel nicht zurück und zieht ein zweites Mal eine rote Kugel. Beim zweiten Ziehen ist P(rote Kugel) = $\frac{8}{11}$.
a) Wie viele Kugeln lagen anfangs in der Lostrommel?
b) Wie viele Kugeln waren anfangs nicht rot?

◒**9** Der Wetterbericht gibt die Regenwahrscheinlichkeit für Freitag und Samstag mit jeweils 30 % an.
Berechne mithilfe des Baumdiagramms die Wahrscheinlichkeit, dass es an beiden Tagen regnet.

Zusammenfassung

Zufallsgeräte

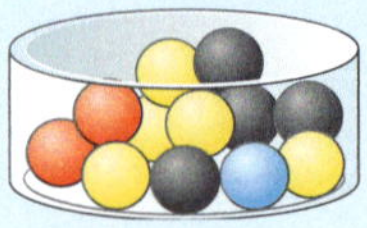
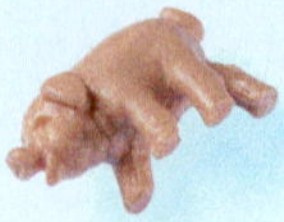

Zufallsexperiment

Vier Merkmale kennzeichnen ein **Zufallsexperiment**:
- Es wird ein **Zufallsgerät** verwendet.
- Es können **verschiedene** Ergebnisse eintreffen.
- Das Ergebnis kann **nicht vorhergesagt** werden.
- Das Experiment kann **beliebig oft wiederholt** werden.

Das Werfen einer Münze ist ein Zufallsexperiment:
- Die Münze ist ein Zufallsgerät.
- Mögliche Ergebnisse: Wappen; Zahl
- Ein Münzwurf ist nicht vorhersehbar.
- Man kann die Münze beliebig oft werfen.

Laplace-Experiment – Wahrscheinlichkeit eines Ergebnisses

Wenn bei einem Zufallsexperiment alle möglichen Ergebnisse die gleiche Chance haben, dann sagt man, dass jedes Ergebnis **gleich wahrscheinlich** ist. Das Zufallsgerät nennt man **fair**.

Es gilt für die **Wahrscheinlichkeit eines Ergebnisses**:

$$P(\text{Ergebnis}) = \frac{1}{\text{Anzahl aller möglichen Ergebnisse}}$$

Ein Würfel wird geworfen.
Mögliche Ergebnisse: 1; 2; 3; 4; 5; 6
Alle Ergebnisse sind gleich wahrscheinlich.

Es gilt: $P(6) = \frac{1}{6} = 0{,}1666\ldots \approx 16{,}7\,\%$

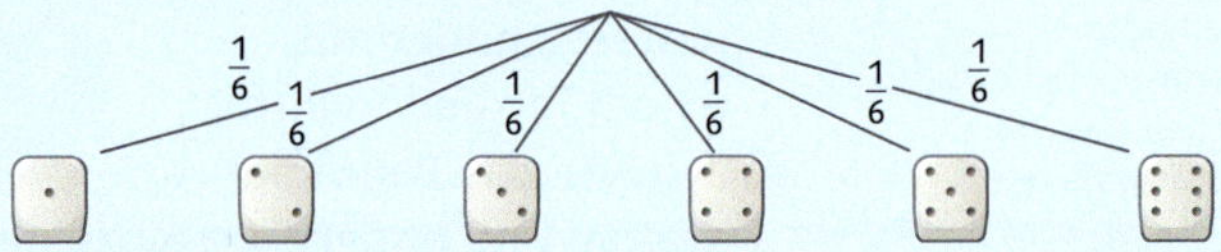

Wahrscheinlichkeit eines Ereignisses

Wenn von allen möglichen, gleich wahrscheinlichen Ergebnissen mehrere zu einem **Ereignis** gehören, nennt man sie **günstige Ergebnisse**. Alle nicht gewünschten, also **ungünstigen Ergebnisse**, bilden das **Gegenereignis**.

Es gilt für die **Wahrscheinlichkeit eines Ereignisses**:

$$P(E) = \frac{\text{Anzahl der günstigen Ergebnisse}}{\text{Anzahl der möglichen Ergebnisse}}$$

$$P(\overline{E}) = 1 - P(E)$$

Sind alle möglichen Ergebnisse gleichzeitig günstige Ergebnisse, so spricht man von einem **sicheren Ereignis**.

Gibt es kein günstiges Ergebnis, spricht man von einem **unmöglichen Ereignis**.

Aus dem Behälter wird eine Kugel gezogen.

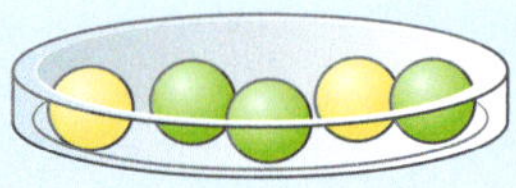

$P(\text{gelbe Kugel}) = \frac{2}{5} = \frac{40}{100} = 40\,\%$

$P(\overline{\text{gelbe Kugel}}) = 1 - P(\text{gelbe Kugel})$

$= 1 - \frac{2}{5} = \frac{3}{5} = \frac{60}{100} = 60\,\%$

Es ist ein sicheres Ereignis, eine gelbe oder eine grüne Kugel zu ziehen:

$P(\text{gelbe oder grüne Kugel}) = \frac{5}{5} = \frac{100}{100} = 100\,\%$

Es ist ein unmögliches Ereignis, eine schwarze Kugel zu ziehen:

$P(\text{schwarze Kugel}) = \frac{0}{5} = \frac{0}{100} = 0\,\%$

Schätzen von Wahrscheinlichkeiten

Zum **Schätzen** von Wahrscheinlichkeiten helfen folgende Schritte:
- Vermute, mit welcher Wahrscheinlichkeit das Ergebnis eintritt.
- Führe das Zufallsexperiment wiederholt durch und dokumentiere.
- Werte die Versuchsreihen aus. Berechne die relativen Häufigkeiten.
- Ermittle einen guten Schätzwert für die Wahrscheinlichkeit des Ergebnisses.

Die **geschätzte Wahrscheinlichkeit** hilft, **Prognosen** (Voraussagen) über die absolute und über die relative Häufigkeit des Eintretens eines Ergebnisses zu treffen.

Basistraining

○ **1** Womit kann man ein Zufallsexperiment durchführen? Notiere die Namen von vier Zufallsgeräten. Nenne zu jedem Gerät alle möglichen Ergebnisse.

○ **2** SP Ein normaler Spielwürfel wird geworfen. Sechsmal hintereinander wird eine gerade Zahl gewürfelt. Jetzt wird der Würfel ein siebtes Mal geworfen. Welche Aussage trifft zu?

(1) Es ist wahrscheinlicher, dass eine ungerade Zahl als eine gerade Zahl geworfen wird.
(2) Es wird mit Sicherheit eine ungerade Zahl geworfen.
(3) Die Chancen stehen fifty-fifty.

○ **3** Beim Scrabble-Spiel werden aus Buchstaben Wörter gelegt.

Es gibt 100 Buchstabensteine. Die einzelnen Buchstaben kommen unterschiedlich häufig vor:

A 5	B 2	C 2	D 4	E 15
F 2	G 3	H 4	I 6	J 1
K 2	L 3	M 4	N 9	O 3
P 1	Q 1	R 6	S 7	T 6
U 6	V 1	W 1	X 1	Y 1
Z 1	Ä 1	Ö 1	Ü 1	

Wie groß ist die Wahrscheinlichkeit, beim ersten Ziehen aus dem Scrabble-Beutel

a) das einzige Q herauszugreifen?
b) ein M zu erwischen?
c) ein E zu nehmen?
d) einen der Buchstaben A bis F zu ziehen?
e) einen Vokal zu ergattern?

○ **4** Aus der Schale wird eine Kugel gezogen. Berechne die Wahrscheinlichkeit.

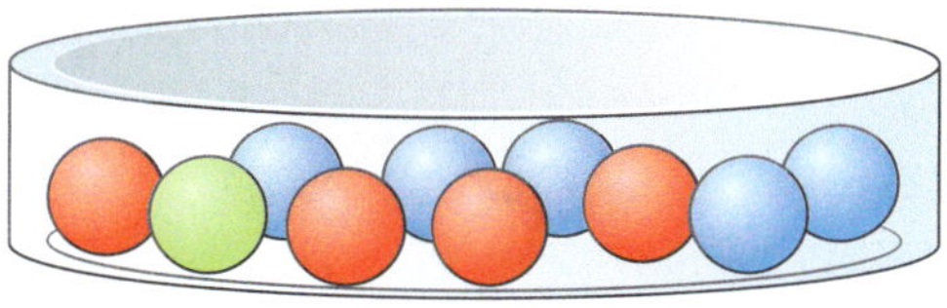

a) P(rote Kugel) b) P(blaue Kugel)
c) $P(\overline{\text{grüne Kugel}})$ d) P(weiße Kugel)

◐ **5** Die Klassen 7a und 7c basteln Glücksräder. Man gewinnt die Frucht, bei der das Glücksrad stoppt.

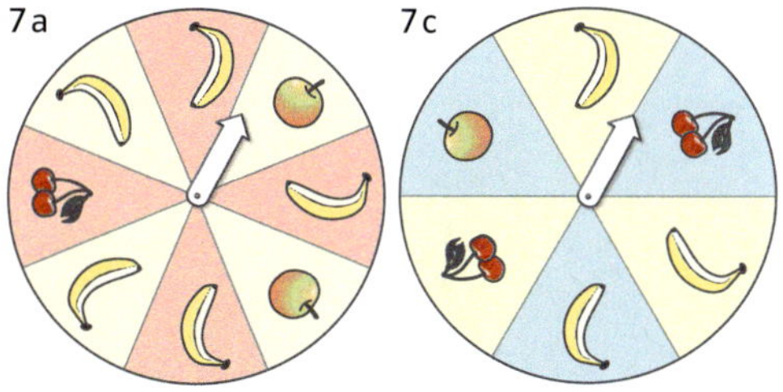

a) SP Handelt es sich um ein Laplace Experiment? **Begründe**.
b) Berechne für beide Glücksräder alle möglichen Wahrscheinlichkeiten.
c) SP Du möchtest Bananen. Bei welcher Klasse versuchst du dein Glück? **Begründe**.
d) Vermute, wie oft der Zeiger bei 200 Drehungen auf „Banane" steht.

◐ **6** Bei Sarahs Mikado-Spiel fehlt das Mikado-Stäbchen. Es sind nur noch 5 Mandarin-, 5 Bonzen-, 15 Samurai- und 15 Kuli-Stäbchen vorhanden.

Wie groß ist die Wahrscheinlichkeit,

a) ein Mandarin-Hölzchen zu ziehen?
b) ein Samurai-Hölzchen zu ziehen?
c) ein Mikado-Hölzchen zu ziehen?
d) MK Recherchiert, wie Mikado gespielt wird. Handelt es sich um ein Glücksspiel?

Anwenden. Nachdenken

7 Für das Schulfest stellt die Klasse 7a ein Glücksrad her.
Berechne die Wahrscheinlichkeit für das Ereignis. Notiere als Bruch und in Prozent.
Der Zeiger zeigt

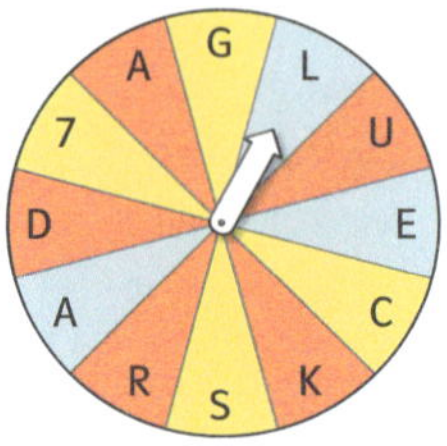

a) auf ein blaues Feld.
b) auf ein gelbes Feld.
c) auf ein rotes Feld.
d) nicht auf die Zahl 7.
e) auf einen Konsonanten.

ein Konsonant
ein Mitlaut, alle Buchstaben außer A, Ä, E, I, O, Ö, U, Ü

8 Beim Kartenspiel UNO gibt es jeweils 25 grüne, gelbe, rote und blaue Karten. Außerdem gibt es die abgebildeten Vierfarbenkarten.

Wie groß ist die Wahrscheinlichkeit, bei einmaligem Ziehen
a) eine gelbe Karte zu erhalten?
b) eine Vierfarbenkarte zu erhalten?
c) eine rote oder gelbe Karte zu erhalten?
d) keine blaue Karte zu erhalten?

9 In einem Beutel liegen 20 Kugeln mit den Zahlen von 1 bis 20. Die Kugeln mit den Zahlen 1; 2; 3; 4 und 5 sind rot, die Kugeln mit den Zahlen 6; 7; 8 und 9 sind blau, alle anderen Kugeln sind weiß.
a) Mit welcher Wahrscheinlichkeit wird eine blaue Kugel gezogen?
b) Mit welcher Wahrscheinlichkeit wird eine weiße Kugel gezogen, deren Zahl eine Primzahl ist?
c) SP Beschreibt weitere Zufallsereignisse zu diesem Beutel. Berechnet abwechselnd die Wahrscheinlichkeit.

10 Benedict hat in einem Glas 1-Euro- und 50-Cent-Münzen gesammelt. Die Münzen jeder Münzsorte haben einen Wert von 20 €.

a) SP Sein Bruder Bastian greift wahllos eine Münze aus dem Glas. Welche Münzsorte hat er vermutlich gezogen? Begründe.
b) Wie viele Münzen muss Benedict noch sparen, damit beide Münzsorten mit gleicher Wahrscheinlichkeit gezogen werden können?

11 SP Erkläre die Redewendung.
a) Das ist wie ein Sechser im Lotto.
b) Die Chancen stehen fifty-fifty.
c) Die Chance ist gleich null.
d) Das ist absolut unwahrscheinlich.
e) Die Chancen stehen 60 zu 40.
f) Das ist so sicher wie Fort Knox.

das Fort Knox
ein Stützpunkt der U.S. Army mit einem gut gesicherten Lager für Gold

12 Die Klasse 7b will eine Gewinnlotterie organisieren. Es gibt 24 Hauptgewinne und 56 Trostpreise. 75 % der Lose sollen Nieten sein.

a) Wie viele Lose müssen hergestellt werden?
b) Berechne die Wahrscheinlichkeit für einen Hauptgewinn.
c) Berechne die Wahrscheinlichkeit für einen Trostpreis.

13 In einem Beutel liegen 25 Kugeln. Sie sind rot, blau und gelb. Es gilt:
P(rote Kugel) = 32 % und
P(blaue Kugel) = 28 %.
Wie viele rote, blaue und gelbe Kugeln sind in dem Beutel?

Tipp!
zu Aufgabe 17

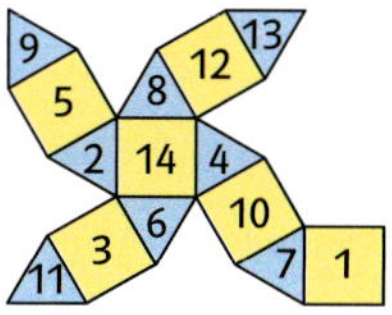

14

a) Yves möchte das abgebildete Glücksrad so färben, dass die Wahrscheinlichkeit für Blau genau $\frac{1}{4}$ beträgt. Wie viele Felder muss er färben?

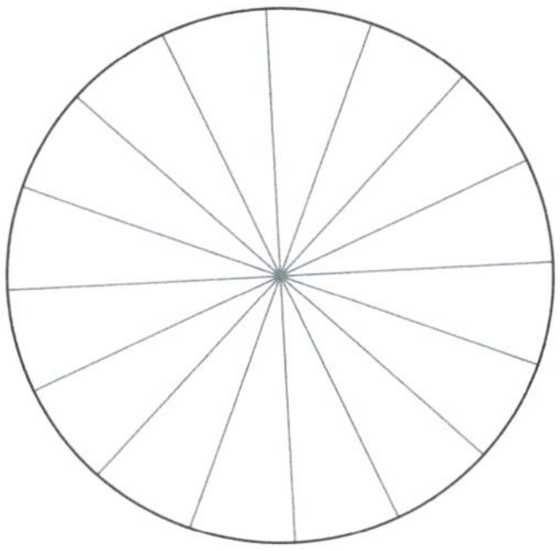

b) SP Ercan möchte die Wahrscheinlichkeit für Blau auf $\frac{1}{3}$ erhöhen und daher weitere Felder blau färben.
Ist das bei Yves Glücksrad möglich? **Begründe**.

c) Wie müsste ein Glücksrad für eine Gewinnchance von $\frac{1}{7}$ aussehen?

15 Mina und Aya gestalten Glücksspiele für die Schultombola.

a) Mina baut ein Glücksrad mit 30 Feldern. Die Felder sollen rot und grün gefärbt werden. Die Wahrscheinlichkeit für Rot soll genau 20 % betragen. Wie viele Felder muss Mina grün anmalen?

b) SP Aya möchte ein Glücksspiel mit einer Urne anbieten. Dafür hat sie 20 rote und 10 grüne Kugeln zur Verfügung. **Beschreibe**, wie Aya das Glücksspiel vorbereiten muss, wenn die Wahrscheinlichkeit für Grün 20 % betragen soll.

eine Urne
hier: ein Gefäß, ein Behälter oder ein Beutel, in dem sich die Kugeln befinden

16 Ein Glücksrad mit einem roten, einem weißen und einem gelben Feld wurde mehrmals gedreht.

Anzahl der Drehungen	absolute Häufigkeit		
	Rot	Weiß	Gelb
100	34	49	17
1000	330	502	168
10 000	3330	5003	1667

a) Vermute, wie die Felder aufgeteilt sind.

b) Das Glücksrad wird 24-mal gedreht. Wie oft wird das Glücksrad voraussichtlich auf dem roten Feld stehen bleiben?

17 SP Sechs Jungen würfeln mit unterschiedlichen Würfeln.

a) Oles Würfel wird als Viererwürfel bezeichnet. Wie würdest du die anderen Würfel nennen?

b) **Diskutiert** zu zweit: Welcher Würfel ist nicht fair? **Begründet** eure Meinung.

c) Wer hat die größte, wer hat die kleinste Chance, eine Sechs zu würfeln? **Begründe** deine Meinung.

d) Wer hat die größte, wer die kleinste Chance, eine gerade Zahl zu würfeln?

18 SP Eines der bekanntesten Spielcasinos steht in Monte Carlo, einem Stadtbezirk von Monaco. Dort gab es am 18.08.1913 ein bemerkenswertes Ereignis. Die Roulettekugel war 26-mal hintereinander auf Schwarz gefallen. Erst beim 27. Mal fiel die Kugel auf Rot.

a) **Erkläre**, warum die Spielbank an diesem Tag Millionen verdiente.

b) MK Glücksspielsucht ist eine Krankheit. Informiere dich über diese Krankheit und ihre Auswirkungen. **Präsentiere** deine Ergebnisse.

Rückspiegel

D53 Teste dich

○ **1** Handelt es sich um ein Zufallsexperiment?
a) Ein Würfel wird geworfen.
b) Aus einer Lostrommel mit 100 Losen wird das erste Los gezogen.
c) Der Profi wirft den ersten Pfeil auf die Dartscheibe.

○ **2** Das Glücksrad wird gedreht.
a) Notiere alle möglichen Ergebnisse des Zufallsexperiments.
b) Berechne P(Basketball).

○ **3** Jan hat mit einem besonderen Würfel gewürfelt. In einer Tabelle hat er notiert, wie häufig er die 1 bei unterschiedlich vielen Würfen gewürfelt hat.
Gib einen guten Schätzwert für P(1) an.

Anzahl der Würfe	absolute Häufigkeit: „1"
100	70
200	136
300	183
400	248
500	310

○ **4**

Wie groß ist die Wahrscheinlichkeit, aus den abgebildeten Karten
a) eine gelbe Karte zu ziehen?
b) eine rote Karte zu ziehen?
c) eine nicht gelbe Karte zu ziehen?
d) eine rote oder blaue Karte zu ziehen?

◐ **5** In dem Losbehälter liegen 16 nummerierte Kugeln.

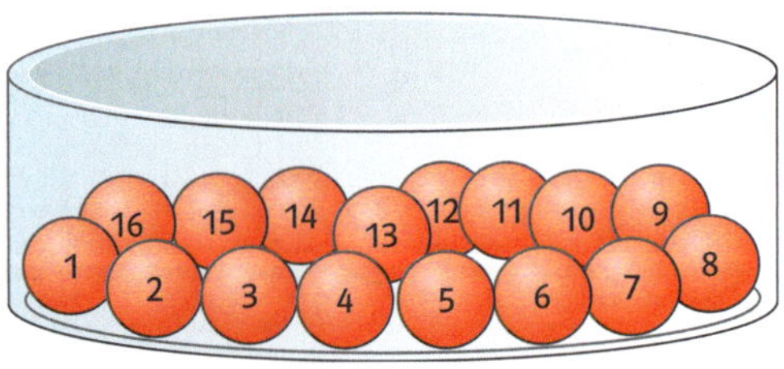

Berechne die Wahrscheinlichkeit folgender Ereignisse.
a) Eine durch vier teilbare Zahl ziehen.
b) Eine Zahl größer als zehn ziehen.
c) Eine zweistellige Zahl ziehen.
d) Eine dreistellige Zahl ziehen.

◐ **4**

Wie groß ist die Wahrscheinlichkeit, aus allen Karten eines Skatspiels
a) eine schwarze Karte zu ziehen?
b) eine Kreuzkarte zu ziehen?
c) ein Ass zu ziehen?
d) nicht die Pik-Dame zu ziehen?
e) eine rote Karte, aber weder Bube, noch Dame, noch König, zu ziehen?

◐ **5** Was ist wahrscheinlicher?

Aus einem Beutel mit acht Kugeln eine von zwei schwarzen Kugeln ziehen.

Aus einem Skatspiel eine der Damen oder einen der Könige ziehen.

● **6** SP In einem Beutel sind 9 rote, 6 gelbe und eine unbekannte Anzahl blaue Kugeln. Es gilt P(rote Kugel) = $\frac{3}{10}$ und P(gelbe Kugel) = $\frac{1}{5}$.
Wie viele blaue Kugeln sind im Beutel? **Begründe**.

→ Die Lösungen findest du auf Seite 263.

Standpunkt | Rechnen mit Termen

Wo stehe ich?

Ich kann …	gut	etwas	nicht gut	Lerntipp!
A Aufgaben lösen, in denen die Begriffe Summe, Differenz, Produkt und Quotient vorkommen,	■	■	■	→ Seite 231
B Terme und Beschreibungen einander zuordnen,	■	■	■	→ Seite 232
C für Variablen Zahlen einsetzen,	■	■	■	→ Seite 232
D die Rechenregeln „Punkt vor Strich" und „Klammer zuerst" anwenden,	■	■	■	→ Seite 229
E das Vertauschungsgesetz (Kommutativgesetz) anwenden,	■	■	■	→ Seite 230
F das Verteilungsgesetz (Distributivgesetz) anwenden,	■	■	■	→ Seite 230
G den Oberflächeninhalt und das Volumen von Würfeln und Quadern bestimmen.	■	■	■	→ Seite 235

Überprüfe dich selbst:

D54 Teste dich

A Berechne
a) die Summe von 36 und 3.
b) die Differenz von 36 und 3.
c) das Produkt aus 36 und 3.
d) den Quotienten aus 36 und 3.

B Was gehört zusammen?

das Dreifache einer Zahl

das Doppelte einer Zahl

die Hälfte einer Zahl

der dritte Teil einer Zahl

$2 \cdot x$ $x : 2$ $3 \cdot x$ $x : 3$

C Setze für die Variable die Zahl 8 ein und berechne.
a) $32 + x$ b) $y \cdot 8$
c) $56 - z$ d) $96 : a$
e) $b - 8$ f) $c : 2$

D Beachte die Rechenregeln.
a) $17 + 3 \cdot 6$ b) $2 \cdot 14 + 3 \cdot 4$
c) $5 \cdot (20 - 10)$ d) $(9 + 11) : (14 - 9)$

E Bei welchen Aufgaben darf man die beiden Zahlen vertauschen, ohne das Ergebnis zu ändern? Überprüfe durch eine Rechnung.
a) $4 + 17$ b) $100 - 50$
c) $51 \cdot 6$ d) $72 : 8$

F Wende das Verteilungsgesetz an und berechne.

Beispiel:
$6 \cdot 27$
$= 6 \cdot (20 + 7)$
$= 6 \cdot 20 + 6 \cdot 7$
$= 120 + 42$
$= 162$

a) $7 \cdot 23$ b) $4 \cdot 31$
c) $8 \cdot 17$ d) $9 \cdot 104$

G Bestimme den Oberflächeninhalt und das Volumen.

a)
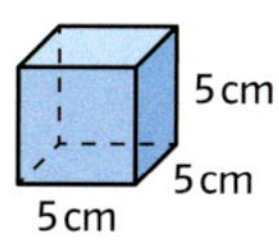

b)
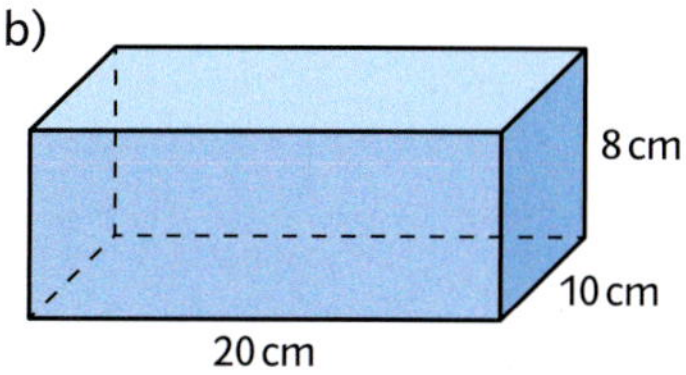

→ Die Lösungen findest du auf Seite 264.

7 Rechnen mit Termen

1 Lege mit vier Streichhölzern ein Quadrat. Wie viele Streichhölzer legst du an, um zwei Quadrate zu erhalten? Du legst weitere Quadrate an. Wie viele Streichhölzer legst du in den einzelnen Schritten an?

2 Wie weit kommst du mit 31 Streichhölzern? Klappt das auch, wenn du eine Schlange legst?

3 Legt zu zweit ein Quadrat aus vier Streichhölzern. Ergänzt es zu vier Quadraten, dann zu neun und 16. Wie viele Streichhölzer legt ihr in den einzelnen Schritten an? Überlegt nun, wie viele Streichhölzer ihr anlegen müsst, um auf 25 Quadrate zu ergänzen.

Ich lerne,

- wie man Terme aufstellt und berechnet,
- wie man Terme addiert und subtrahiert,
- wie man Terme multipliziert und dividiert,
- wie man Terme mit Klammern vereinfacht,
- wie man mithilfe eines Tabellenkalkulationsprogramms Wertetabellen erstellt.

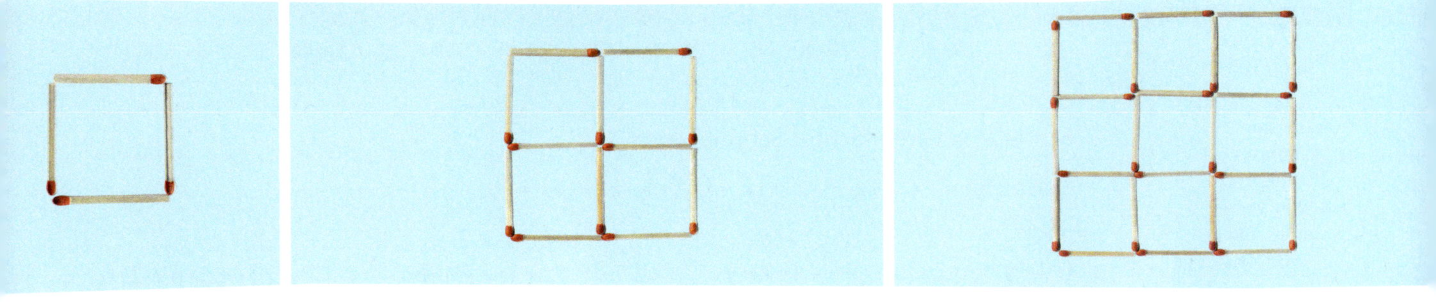

1 Aufstellen und Berechnen

Nate führt seinen Freunden als Zauberer verkleidet einen Zahlentrick vor.
→ Denke dir eine Zahl und rechne entsprechend dem Zahlentrick.
→ Probiere weitere Zahlen. Was stellst du fest?
→ Besprecht eure Lösungen in der Klasse.

Wenn man die gleiche Rechenvorschrift mehrmals mit verschiedenen Zahlen durchführen muss, ist es sinnvoll, sie als **Term mit Variablen** aufzuschreiben. Anschließend kann man für die Variable verschiedene Zahlen einsetzen und die **Termwerte** berechnen.
Terme können auch verschiedene Variablen enthalten.

Merke

Setzt man für die Variablen Zahlen ein, erhält man den **Wert des Terms**. Alle Werte eines Terms können in einer **Wertetabelle** dargestellt werden.
Zwei Terme sind **gleichwertig**, wenn sie bei jedem Einsetzen von Zahlen den gleichen Wert ergeben.

Beispiele

a) Terme aufstellen:
das Zweifache einer Zahl — $2 \cdot x$ oder $2x$
eine Zahl vermindert um 3 — $a - 3$
der Quotient aus einer Zahl und 4 — $\frac{b}{4}$ oder $b:4$

b) Terme mit verschiedenen Variablen aufstellen:
die Summe zweier Zahlen — $a + b$
das Produkt zweier Zahlen vermehrt um 2 — $x \cdot y + 2$

c) Berechne den Umfang u eines regelmäßigen Sechsecks mit der Seitenlänge 5 cm.
Variable festlegen: a für die Länge einer Sechseckseite
Term aufstellen: $u = a + a + a + a + a + a$ oder $u = 6 \cdot a$
Umfang berechnen: $u = 5\,cm + 5\,cm + 5\,cm + 5\,cm + 5\,cm + 5\,cm$
$= 6 \cdot 5\,cm = 30\,cm$
Der Umfang u beträgt 30 cm.

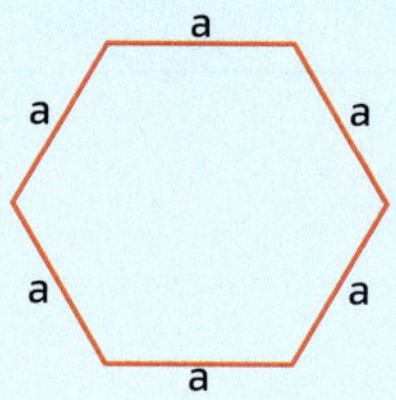

d) In einer Festhalle haben pro Stuhlreihe 20 Personen Platz.
Es werden x Reihen bestuhlt.
Der Term für die Anzahl an Plätzen lautet: $20 \cdot x$
Wertetabelle:

x	5	10	15	20	25
$20 \cdot x$	$20 \cdot 5 = 100$	$20 \cdot 10 = 200$	$20 \cdot 15 = 300$	$20 \cdot 20 = 400$	$20 \cdot 25 = 500$

Tipp!
Übersetzungshilfen

die Addition +
- addieren
- ■ hinzufügen zu
- um ■ vermehren
- die Summe von

die Subtraktion −
- subtrahieren
- vermindern um ■
- ■ abziehen von
- die Differenz von
- der Unterschied zwischen

die Multiplikation •
- multiplizieren
- ■ mal ■
- vervielfachen mit
- das ■-Fache
- das Produkt aus

die Division :
- dividieren
- ■ durch ■
- teilen durch
- der ■. Teil
- der Quotient aus

○1 Schreibe in vereinfachter Schreibweise.

Beispiele: $3 \cdot x = 3x$; $1 \cdot x = 1x = x$; $(-1) \cdot x = -1x = -x$

a) $2 \cdot x$
b) $1 \cdot a$
c) $5 \cdot x$
d) $4 \cdot a$
e) $(-1) \cdot y$
f) $(-2) \cdot y$
g) $1 \cdot a + 1 \cdot b$
h) $(-1) \cdot a + 2 \cdot b$

○ **2** Welcher Term gehört zu welcher Rechenvorschrift?

$2 \cdot x + 3$ | $x - 3$ | $x + 9$ | $x : 9$ | $x \cdot y$ | $3 + x + y$

a) eine Zahl vergrößert um 9
b) das Produkt aus x und y
c) der Quotient aus einer Zahl und 9
d) die Summe von 3, x und y
e) die Differenz von einer Zahl und 3
f) das Zweifache von x vermehrt um 3

○ **3** Stelle den Term für den Umfang u eines Quadrats auf. Setze für die Seitenlänge den Wert 11 cm ein. Berechne den Wert des Terms.

○ **4** Ersetze die Variable durch die Zahl und berechne den Wert des Terms. Notiere in einer Wertetabelle.

a)

x	1	2	3	4	5
$6 \cdot x$	■	12	■	■	■

b)

x	2	4	6	8	10
$3 \cdot x - 5$	■	■	■	■	■

Alles klar?

D55 Fördern

A Welche Schreibweisen bedeuten dasselbe?

a | $4a$ | $1 \cdot a$ | $a + b$ | $1a + 1b$ | $1a$ | $4 \cdot a$ | $1 \cdot a + 1 \cdot b$

B Stelle den Term für den Umfang u des Rechtecks auf. Setze für die Variablen a und b die Werte 5 cm und 3 cm ein. Berechne den Wert des Terms.

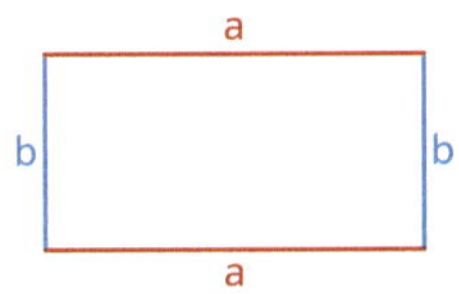

C Übertrage die Wertetabelle in dein Heft und berechne den Wert des Terms.

	x	1	2	3	4	5	6	7	8	9	10
a)	7x	■	■	■	■	■	■	■	■	■	■
b)	4x + 2	■	■	■	■	■	■	■	■	■	■

○ **5** SP Ordne jeder Situation den passenden Term zu.

$18 \cdot x$ | $x : 2$ | $x + 5$ | $x - 5$ | $x - 18$

a) Die große Pause ist an der Goetheschule 5 Minuten kürzer als an der Schillerschule.
b) Im Online-Shop wird der Preis einer Hose halbiert.
c) Die Lehrerin sammelt von jedem Kind 18 € für den Ausflug ein.
d) Frau Acker gibt von ihrem Geld 18 € für einen neuen Schal aus.
e) Die Fahrzeit erhöht sich wegen einer Baustelle um 5 Minuten.

◒ **5** SP

$3x + 2y$ | $x : 3$ | $2x \cdot 3$ | $3x - 2y$ | $x \cdot 4 : 3$ | $3 \cdot (x + y)$

a) Ordne jedem Satz den passenden Term zu. Ein Term bleibt übrig.
(1) Die Summe vom Dreifachen von x und dem Zweifachen von y.
(2) Der Quotient aus x und 3.
(3) Das Produkt aus x und 4 dividiert durch 3.
(4) Die Differenz vom Dreifachen von x und dem Zweifachen von y.
(5) Das Dreifache der Summe von x und y.
b) Überlege dir zu dem übrig gebliebenen Term einen Satz.

→ Die Lösungen zu „Alles klar?" findest du auf Seite 264.

○ 6 SP Schreibe als Term.

a) Multipliziere eine Zahl mit 4.
b) Dividiere eine Zahl durch 3.
c) Subtrahiere von einer Zahl 14.
d) Subtrahiere 14 von einer Zahl.

○ 7 Ersetze die Variable durch die Zahl und berechne den Wert des Terms.

	x	2	4	6	10
a)	x + 5	■	■	■	■
b)	4x	■	■	■	■
c)	x − 1	■	■	■	■
d)	x : 2	■	■	■	■

○ 8 Welche Terme sind gleichwertig?

$2 \cdot x$ $(-2) \cdot x$ $2x$ $x + x$ $-2x$ $2x + x$ $2 \cdot x + 1 \cdot x$

◒ 9 Stelle einen Term für die Winkelsumme im Dreieck auf.

a)

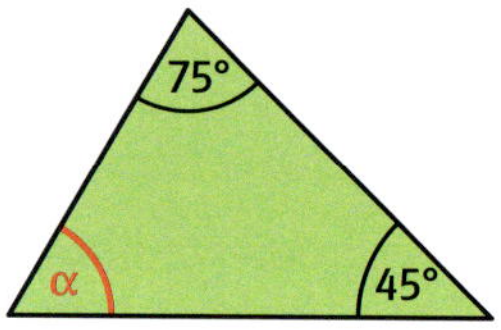

b)

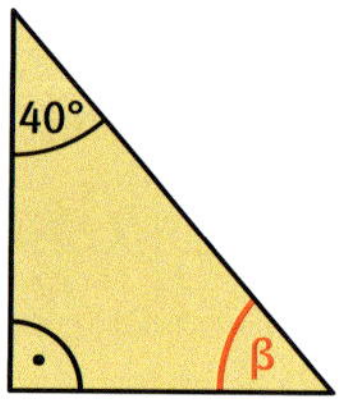

c) Denkt euch ein eigenes Dreieck aus. Tauscht und kontrolliert eure Terme gegenseitig.

◒ 10

a) Schreibe einen Term für den Umfang der Figur auf.

(1)

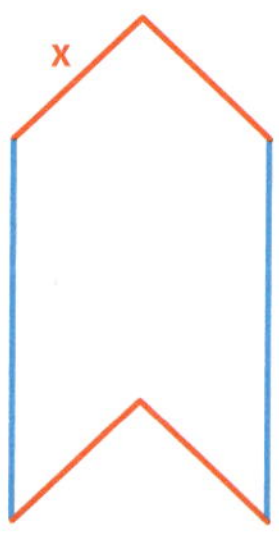

(2)

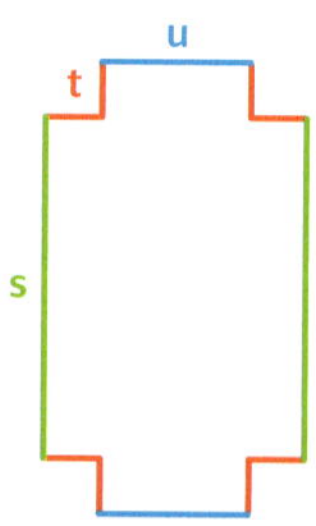

b) Setze für die Variablen selbst gewählte Werte ein und berechne den Umfang der Figur. Kontrolliert euch gegenseitig.

c) $3x + y$ ist der Term für den Umfang einer Figur. Zeichne.

◒ 6 SP Schreibe zu jedem Term eine Sachsituation. Lest euch gegenseitig eure Texte vor.

a) $6x + 3y$ b) $7 \cdot x + 77$ c) $x : 7$

◒ 7 Fülle die Tabelle aus.

	x	−3	−2	−1	0	1	2	3
a)	x + x	■	■	■	■	■	■	■
b)	4x + 6	■	■	■	■	■	■	■
c)	15 − 2x	■	■	■	■	■	■	■

◒ 8 Ordne dem Kantenmodell den passenden Term zu.

4x + 4y 12x + 4y 12x 8x + 4y

a) b) c) d)

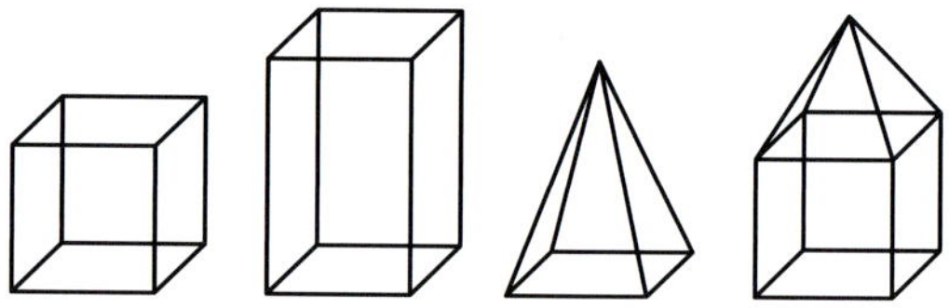

◒ 9 Stelle einen Term für die Winkelsumme im Dreieck auf.

a)

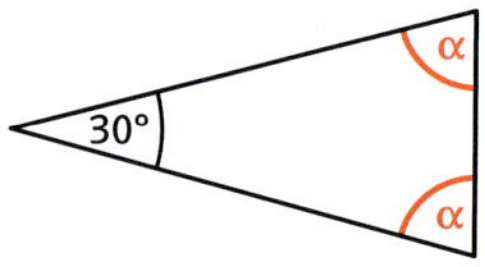

b)

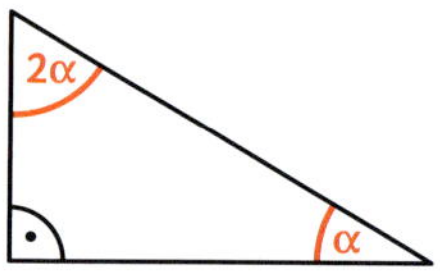

c) Denkt euch ein eigenes Dreieck aus. Tauscht und kontrolliert eure Terme gegenseitig.

● 10 Mit 12 Kanten kann man den untersten Würfel des Kantenmodells bauen.

a) Wie viele Kanten benötigt man für einen zweistöckigen, wie viele für einen dreistöckigen Würfelturm?

b) Stelle einen Term auf, mit dem du die Anzahl der Kanten für einen 5-; 10-; 20-; 100-stöckigen Würfelturm berechnen kannst.

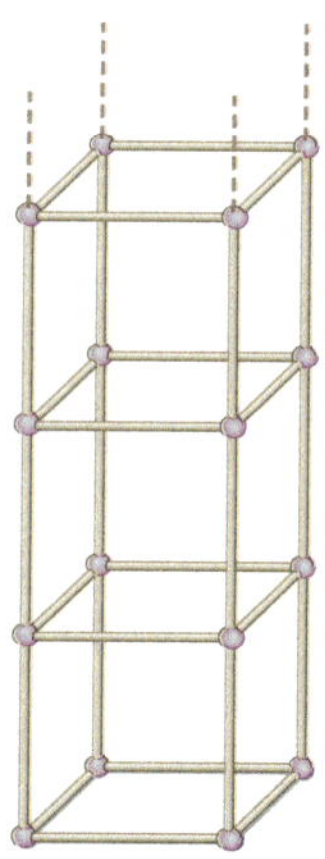

Zahlenfolgen

EXTRA

○ **1**

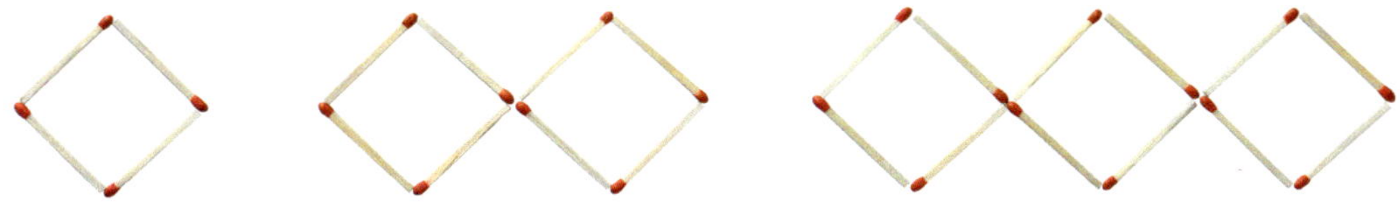

a) Übertrage die Tabelle ins Heft und vervollständige.

Anzahl der Quadrate	1	2	3	4	5	6	7	8	9	10
Anzahl der Streichhölzer	4	8	12	■	■	■	■	■	■	■

b) SP **Beschreibe** den Zusammenhang zwischen der Anzahl der Quadrate und der Anzahl der benötigten Streichhölzer.

c) Stelle einen Term auf, mit dem du die Anzahl der Streichhölzer berechnen kannst. Wähle die Variable x für die Anzahl der Quadrate.

d) Wie viele Streichhölzer bräuchtest du für 100 Quadrate?

○ **2**

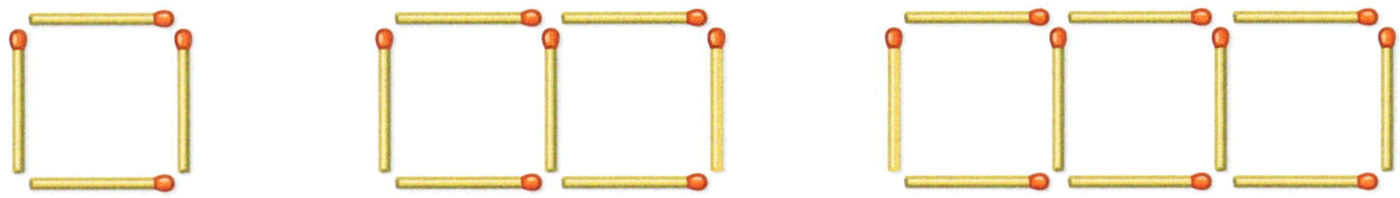

a) Wie viele Streichhölzer brauchst du, um ein weiteres Quadrat anzulegen?

b) Übertrage die Tabelle ins Heft und vervollständige.

Anzahl der Quadrate	1	2	3	4	5	6	7	8	9	10
Anzahl der Streichhölzer	4	7	10	■	■	■	■	■	■	■

c) Wie viele Streichhölzer bräuchtest du für 100 Quadrate?

d) SP Frank stellt für die Berechnung der benötigten Streichhölzer den Term $1 + 3 \cdot x$ auf. Überprüfe den Term, indem du noch einmal die benötigten Streichhölzer für 5; 10 und 100 Quadrate berechnest. **Beschreibe**, was sich Frank beim Aufstellen des Terms überlegt hat.

◒ **3** Setze das Streichholzmuster um zwei weitere Figuren fort und stelle einen Term für die Anzahl der benötigten Streichhölzer auf.

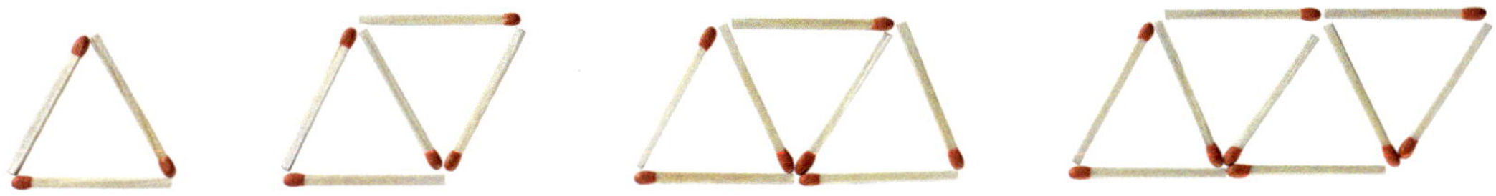

◒ **4** Bei einem liegenden Würfel sind fünf Flächen sichtbar, bei zwei aufeinander gestapelten Würfeln sind neun sichtbar, …

a) SP **Beschreibe**, welche Regelmäßigkeit du erkennst. Stelle einen Term für die Anzahl der sichtbaren Flächen auf.

b) Berechne für einen Turm mit 100 und 1000 Würfeln die Anzahl der sichtbaren Flächen.

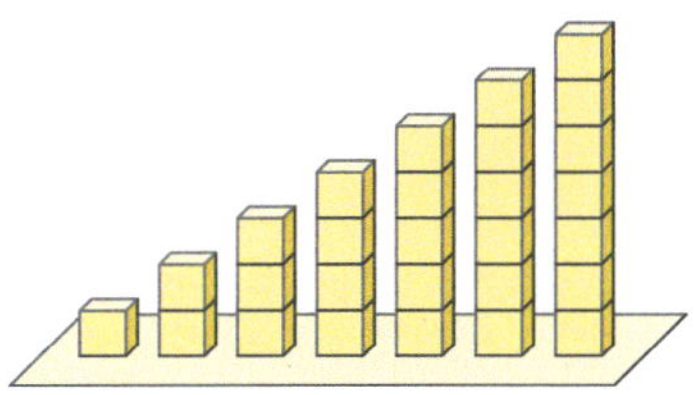

● **5** SP Viele Pflanzen wachsen sehr regelmäßig. Was passiert von Jahr zu Jahr? Lege eine Tabelle für die ersten zehn Jahre an. **Beschreibe**, wie sich die Anzahl der Knospen entwickelt. Gib einen Term an.

2 Addieren und Subtrahieren

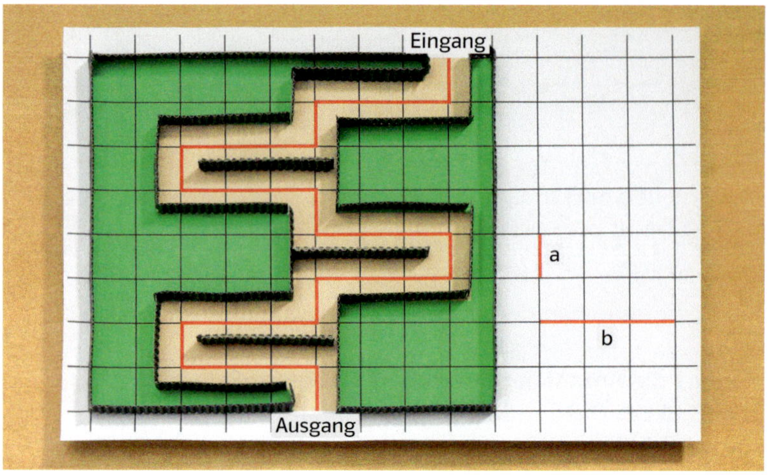

In einem Labyrinth gibt es keine Verzweigungen und keine falschen Wege, die in Sackgassen enden.

→ Beschreibe die Länge des Weges durch das Labyrinth mit einem Term.
→ Zeichnet zu zweit ein Labyrinth. Der Weg soll genauso lang sein wie im abgebildeten Labyrinth. Vergleicht in der Klasse.
→ Erfindet ein Labyrinth und lasst eine andere Gruppe aus der Klasse die Länge des Weges mit einem Term beschreiben.

Terme lassen sich häufig vereinfachen. Wie bei den rationalen Zahlen kann eine Summe mit gleichen Summanden als Produkt geschrieben werden.

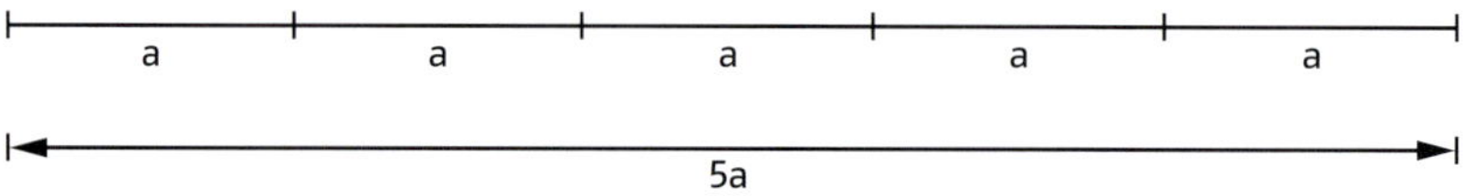

$a + a + a + a + a$
$= 5 \cdot a$
$= 5a$

In manchen Termen lassen sich die Summanden durch Vertauschen sortieren.

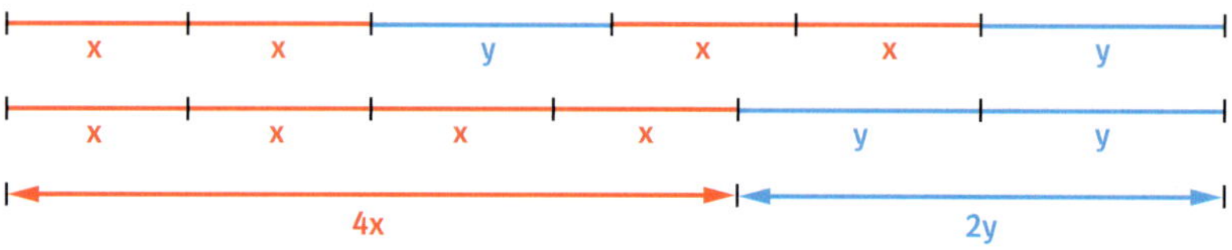

$x + x + y + x + x + y$
$= x + x + x + x + y + y$
$= 4 \cdot x + 2 \cdot y$
$= 4x + 2y$

Merke Gleichartige Glieder eines Terms wie $3x$ und $2x$ lassen sich durch **Addieren** und **Subtrahieren** zusammenfassen.
Gleichartige Glieder kann man mithilfe des **Vertauschungsgesetzes (Kommutativgesetz)** sortieren.

Beispiele

a) $x + x + x + x + x$
$= 5x$

b) $x + y + x + x + y$
$= x + x + x - y - y$
$= 3x - 2y$

c) $x - 2 + x - x + 7$
$= x + x - x - 2 + 7$
$= x + 5$

○ **1** Drücke die Länge der Strecke durch einen Term aus.

a)
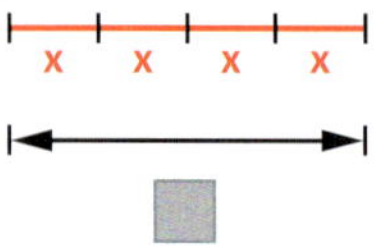

b)
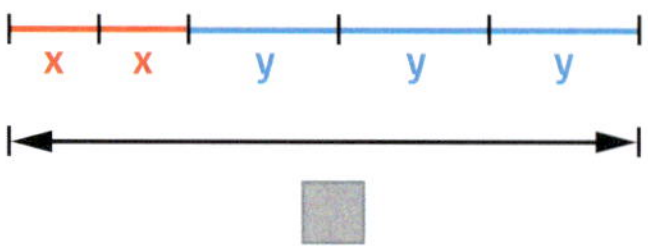

c)
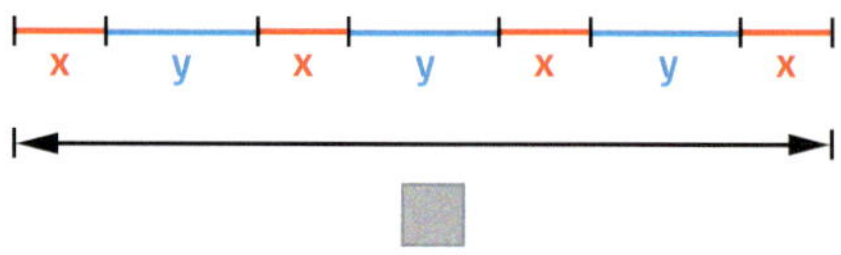

○ **2** Fasse zusammen. Ordne das passende Kärtchen zu.

a) $a + a + a$
b) $a + a + a + a + a$
c) $a - a + a - a - a - a$
d) $a + a + a - b - b$
e) $a + a + a + b + b + b$
f) $a + a + a - a + b + b$

$-2a$ | $3a$ | $3a - 2b$ | $3a + 3b$ | $2a + 2b$ | $5a$

○ **3** Vereinfache.

a) $2x + x$ b) $8x - x$ c) $7x + 5x$ d) $3y + 4y + 5y$ e) $7y + 2y - 3y$

○ **4** Löse wie im Beispiel.

Beispiel: $8x + 3y - 6x + 4y$
$= 8x - 6x + 3y + 4y$
$= 2x + 7y$

Markiere gleichartige Glieder mit ihren Rechenzeichen.
Sortiere.
Fasse zusammen.

a) $3x + 2y + 2x$ b) $6a + 4b + 3a$ c) $20a + 10b - 5a$
d) $12x + 10y - 9x - 8y$ e) $9b + 5c - b + 7c$ f) $3z + 7y - 2z - 6y$

Alles klar?

D56 Fördern

A Fasse zusammen.

a) $x + x + x$ b) $y + y + y + y - y$ c) $x + x - x + x - x$
d) $5x - 2x + 4x$ e) $3x - x$ f) $12y + y - 10y$

B Addiere oder subtrahiere. Ordne zuerst.

a) $7a + 3b + 2a$ b) $14a + 10b - 5b$ c) $8x + 7y + 3x + 2y - 5x$

○ **5** Fasse die Terme zusammen.

a) $3a + 3a$ b) $10b + 12b$
c) $7c - 3c$ d) $12d - 4d$
e) $4e + 4e - 6e$ f) $9f + f - 8f$

Tipp!
12x und 12 dürfen nicht zusammengefasst werden, da sie nicht gleichartig sind.

○ **6** Achte auf gleichartige Glieder.

a) $12x + 12 - 3x$ b) $4a + 2b - 3a$
c) $9x + 3x + 12$ d) $8y + 5 - 2y$
e) $13 + 7 + 18z$ f) $3x + 2x + 4$

○ **7** Fülle aus.

a)

+	x	2x	3y
4x	■	■	■
6x	■	■	6x + 3y

b)

−	x	2x	3y
4x	■	■	■
8y	■	■	■

○ **8** SP Drei Jugendliche haben dieses Bild mit einem Term beschrieben und zusammengefasst.

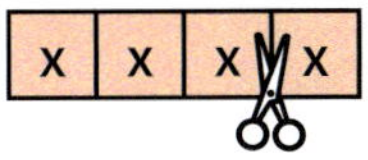

Welche Zusammenfassung ist richtig?

Sven: $4x - x = 4$
Luca: $4x - x = 3x$
Ben: $4x - 1x = 3$

◒ **5** Fasse zusammen.

a) $a + 3a + 19a$ b) $4b - 5b + 3b$
c) $-2c + 9c - 3c$ d) $2a - 8a + 3a$

◒ **6** Achte auf gleichartige Glieder.

a) $5a + 3b - 4a - 2b$
b) $-2b + c + 4d + 3b - 3d$
c) $a + 7 + 2d - 6 - d - d$
d) $14d - 5b - 12d + 2b + 5$
e) $20a + 15 - 15a + 20 - 20b$

◒ **7** Nachbarsteine werden addiert. Ergänze.

a)

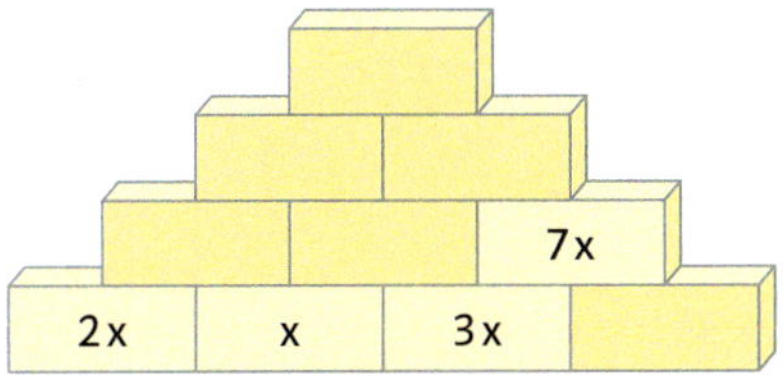

b)

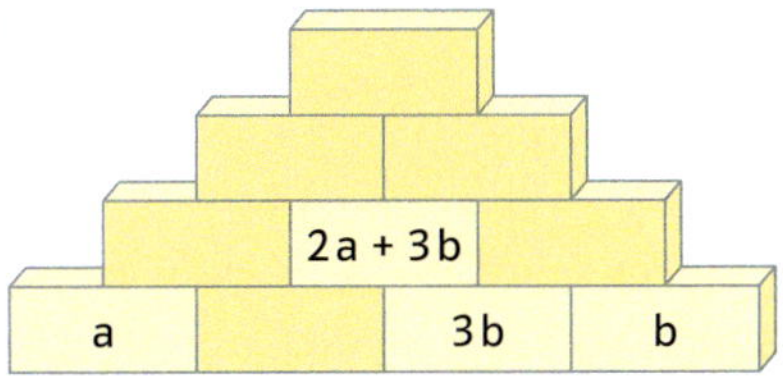

◒ **8** SP Welche Terme sind falsch zusammengefasst? **Erklärt** die **Fehler**.

a) $3x - x = 3$ b) $3x - x = 2x$
c) $3x - 1x = 2$ d) $3x - 1x = 2x$
e) $3x - 1 = 2$ f) $3x - 1 = 2x$

→ Die Lösungen zu „Alles klar?“ findest du auf Seite 265.

9 Ergänze.

a) $14x + 2x + ■ = 20x$
b) $16y - 6y - ■ = 3y$
c) $12z + ■ - 5z = 10z$

10 Ergänze. Gib zwei Lösungsmöglichkeiten an.

a) $■ + ■ = 10x$
b) $■ - ■ = 10x$
c) $■ + ■ + ■ = 10x$
d) $■ + ■ - ■ = 10x$

11 Herr Kurz verkauft Erdbeeren. Es gibt 500-g-Schalen und 2,5-kg-Körbe.

a) Abends berechnet Herr Kurz, wie viel Kilogramm Erdbeeren er verkauft hat. Gib einen Term für das Gewicht der verkauften Erdbeeren an.
x: Anzahl der verkauften Schalen
y: Anzahl der verkauften Körbe
b) Berechne das Gewicht von 200 verkauften Schalen und 40 verkauften Körben.

12 Du siehst die Kantenmodelle zweier Körper.

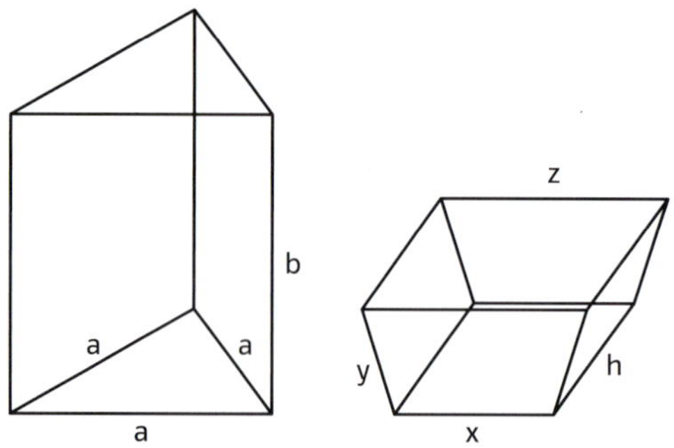

a) Bilde jeweils einen Term, der die gesamte Kantenlänge des Körpers ausdrückt.
b) Setzt für die Variablen selbst gewählte Zahlen ein. Berechnet jeweils die Kantenlänge. Überprüft eure Ergebnisse gegenseitig.

ein Fuß
hier: Maßeinheit (englisch: foot),
1 Fuß = 1 foot (ft) = 0,3048 m

9 Ergänze.

a) $19x - 3x + x + ■ = 20x$
b) $8y - 6y - ■ = -2y$
c) $100z + ■ - 50z = 51z$

10 Ergänze. Gib zwei Möglichkeiten an.

a) $■ + ■ + ■ + ■ = 12x$
b) $■ + ■ + ■ + ■ = 12x + 12y$
c) $■ + ■ - ■ - ■ = 12x - 12y$

11 Im Hafen werden mehrere Container vom Schiff auf einen Zug verladen. Es gibt 40-Fuß- und 20-Fuß-Container.

a) Gib einen Term für die Anzahl der verladenen Container an.
b) Gib einen Term für die Gesamtlänge aller verladenen Container an.
c) Lege selbst fest, wie viele 40-Fuß- und 20-Fuß-Container verladen wurden. Berechne die Gesamtlänge und wandle um in Meter (1 foot = 0,3048 m).

12 Ein Käfer krabbelt vom Start zum Ziel immer den Kanten entlang.

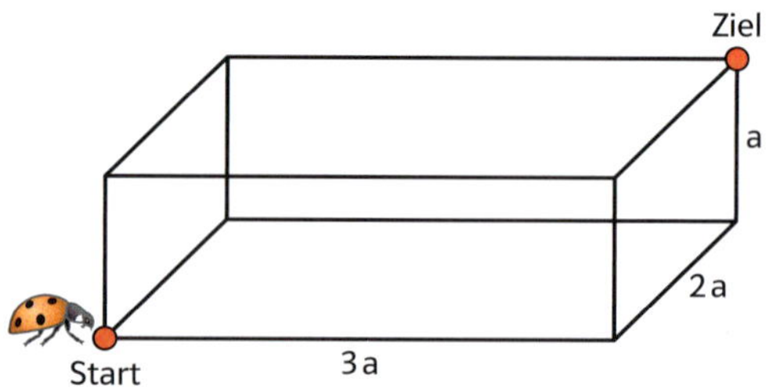

a) Schreibe einen Term für den kürzesten Weg vom Start zum Ziel.
b) Schreibe einen Term für einen möglichst langen Weg. Beachte: Der Käfer darf keine Kante doppelt gehen.

3 Multiplizieren und Dividieren

Mit Photovoltaik-Anlagen gewinnt man Energie. Man kann sie auf Trägern befestigen, die dem Sonneneinfall nachgeführt werden. Das Montagegestell wird an die Größe und an die Anzahl der Platten angepasst. Die gesamte Fläche kann bei einer Plattenlänge von a und einer Plattenbreite von b berechnet werden.

→ Hayriye notiert zur abgebildeten Anlage den Term: $5 \cdot a \cdot 2 \cdot b$
Stimmt der Term so? Begründe.

→ Emma zählt anders ab: $5 \cdot 2 \cdot a \cdot b$
Ist das so möglich? Begründe.

→ Versuche, Emmas Term zu vereinfachen.

Bei Produkten aus Zahlen und Variablen gilt das Vertauschungsgesetz (Kommutativgesetz) und das Verbindungsgesetz (Assoziativgesetz).

$3x \cdot 2$
Vertauschungsgesetz: $= 3 \cdot 2 \cdot x$
Verbindungsgesetz: $= (3 \cdot 2) \cdot x$
$= 6x$

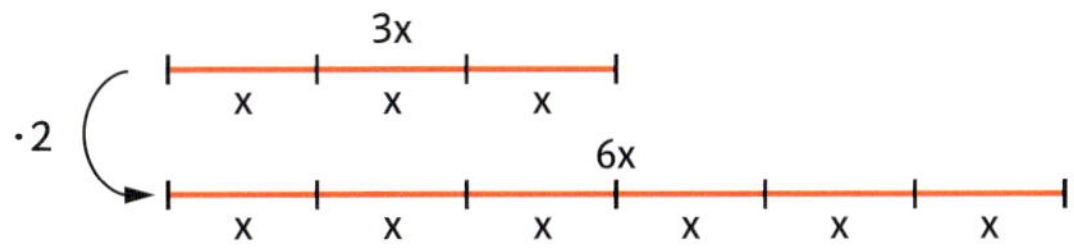

Tipp!
Vereinfachte Schreibweise:
$x \cdot y = xy$
$a \cdot b \cdot c = abc$

Wird eine Variable mit sich selbst multipliziert, schreibt man sie als **Potenz**.

$x \cdot x$
$= x^2$

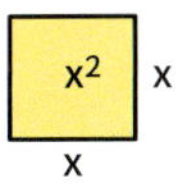

$x \cdot x \cdot x$
$= x^3$

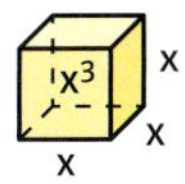

Merke

Ein Produkt aus Zahlen und Variablen lässt sich vereinfachen, indem man Zahlen mit Zahlen und Variablen mit Variablen **multipliziert**. Bei der Division werden die Zahlen **dividiert**. Die Vorzeichen müssen immer beachtet werden.

Beispiele

a) $6a \cdot 4$
$= 6 \cdot 4 \cdot a$
$= 24a$

b) $5x \cdot (-4y)$
$= 5 \cdot (-4) \cdot x \cdot y$
$= -20xy$

c) $(-3x) \cdot (-2x)$
$= (-3) \cdot (-2) \cdot x \cdot x$
$= 6x^2$

d) $6ab : 2$
$= 6 : 2 \cdot a \cdot b$
$= 3ab$

Tipp!
Beachte
+ · + ergibt +
+ · − ergibt −
− · + ergibt −
− · − ergibt +

○ **1** Multipliziere.
a) $7x \cdot 2$ b) $5 \cdot (-3y)$ c) $4z \cdot 9$ d) $10 \cdot 3x$
e) $4p \cdot (-8)$ f) $9q \cdot 3$ g) $2 \cdot (-3r) \cdot (-4)$ h) $3 \cdot 4s \cdot 5$

○ **2** Vereinfache.
a) $a \cdot a$ b) $b \cdot b \cdot (-b)$ c) $3 \cdot 3 \cdot c \cdot c$ d) $2 \cdot (-2) \cdot 2 \cdot d \cdot d \cdot (-d)$

○ **3** Ordne vor dem Multiplizieren.
a) $8x \cdot 5y$ b) $4y \cdot 5z$ c) $3a \cdot (-3b)$ d) $4m \cdot 2m$
e) $3b \cdot 4a \cdot (-5)$ f) $4 \cdot 2m \cdot 3w$ g) $7x \cdot 2xy$ h) $5xz \cdot 2xz$

○ **4** Dividiere.
a) $12x : 4$ b) $15x : (-3)$ c) $20x^2 : 10$ d) $(-24xyz) : (-8)$

Alles klar?

D57 Fördern

A Multipliziere.

a) $9a \cdot 2$ b) $(-11) \cdot 4b$ c) $5 \cdot 2c \cdot 4$ d) $12x \cdot 2$
e) $4x \cdot (-4y)$ f) $2x \cdot 3y \cdot 4$ g) $5a \cdot 4 \cdot 3b$ h) $10a \cdot (-2b) \cdot 3c$

B Vereinfache.

a) $x \cdot x$ b) $a \cdot a \cdot a$ c) $3 \cdot b \cdot b$ d) $4 \cdot c \cdot c \cdot 5 \cdot c$

C Dividiere.

a) $14a : 7$ b) $(-18b) : (-6)$ c) $32ab : 4$ d) $30rad : (-15)$

○ **5** Multipliziere im Kopf.

a) $4x \cdot 7$ b) $2 \cdot 15y$
c) $9z \cdot 6$ d) $8 \cdot 9x$
e) $3a \cdot 9$ f) $7 \cdot 10b$
g) $6c \cdot 100$ h) $3 \cdot 50d$

○ **6** Ordne, bevor du multiplizierst.

a) $25x \cdot 2y$ b) $9a \cdot 7b$
c) $5x \cdot 3x$ d) $2y \cdot 3y \cdot 4y$
e) $3 \cdot 7x \cdot 2z$ f) $4m \cdot 2n \cdot 4$
g) $3a \cdot a \cdot (-3)$ h) $2x \cdot (-2y) \cdot 2x \cdot (-2)$

○ **7** Dividiere.

a) $24x : 3$ b) $55y : 5$
c) $-18a : 6$ d) $64x^2 : (-8)$
e) $49y : 7$ f) $88a^2 : 11$

○ **8** Ergänze die Tabelle.

a)

·	a	6b	9c
4	■	■	■
6a	■	36ab	■
8b	■	■	■

b)

:	2	4	8
16x	■	4x	■
32xy	■	■	■
$64x^2$	■	■	■

◐ **9** Wo steckt der **Fehler**? Korrigiere.

a) $3x \cdot 2 = 5x$
b) $3x \cdot 3x = 9x$
c) $9x : 3 = 3$
d) $12x : 2 = 10x$

◐ **10** Ergänze.

a) ■ $\cdot\, 4a = 12a$ b) $(-7x) \cdot$ ■ $= 21x$
c) $c \cdot$ ■ $= c^2$ d) $5x \cdot$ ■ $= 25x^2$
e) ■ $\cdot\, 4c = -20bc$ f) $0{,}5x \cdot$ ■ $= 2x$

◐ **5** Vereinfache so weit wie möglich.

a) $19a \cdot 5b$ b) $a \cdot b \cdot a \cdot b$
c) $5xy \cdot 3x \cdot 2y$ d) $2ab \cdot 3b \cdot 4a$
e) $4{,}5cd \cdot 2c \cdot 4c$ f) $3cd \cdot 4ce \cdot 5de$

◐ **6** Ergänze.

a) $14x \cdot$ ■ $= 42x$ b) ■ $\cdot\, 12y = 48y$
c) ■ $\cdot\, 2a = 24a$ d) $5b \cdot$ ■ $= 5ab$
e) $7 \cdot$ ■ $\cdot\, 11 = 77z$ f) $2{,}5 \cdot$ ■ $= 10x$
g) ■ $\cdot\, a \cdot 10 = 80a$ h) $3 \cdot$ ■ $\cdot\, 5 \cdot$ ■ $= 15x^2$

◐ **7** Fasse den Term zusammen.

a) $6x \cdot 7$ b) $-0{,}6x \cdot 7$
c) $6x \cdot (-7)$ d) $-6x \cdot \left(-\frac{1}{12}\right)$
e) $-24xy : 3$ f) $5{,}5y^2 : (-5)$
g) $18a : (-6)$ h) $-4x^2 : \left(-\frac{1}{8}\right)$

◐ **8** Zwei nebeneinanderliegende Steine werden multipliziert.

a)

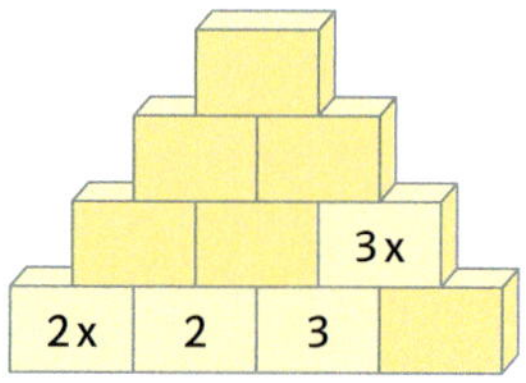

b)

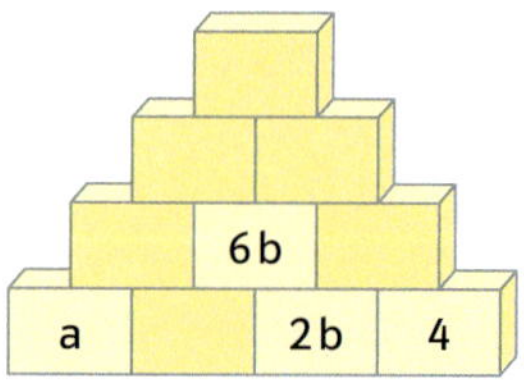

◐ **9** SP Rechne richtig und erkläre den **Fehler**.

a) $a \cdot 3a = 4a$
b) $2x \cdot 2x \cdot 2 = 6x^2$
c) $16x^2 : 4 = 4x$
d) $4x : \frac{1}{2} = 2x$

→ Die Lösungen zu „Alles klar?“ findest du auf Seite 265.

11 Gib zwei verschiedene Lösungen an. Kontrolliert euch gegenseitig.

a) ■ · ■ = 12 a
b) ■ · ■ = 18 a b
c) ■ · ■ · ■ = 30 a b c
d) ■ : ■ = 2 x

12 Bestimme den Flächeninhalt des Rechtecks.

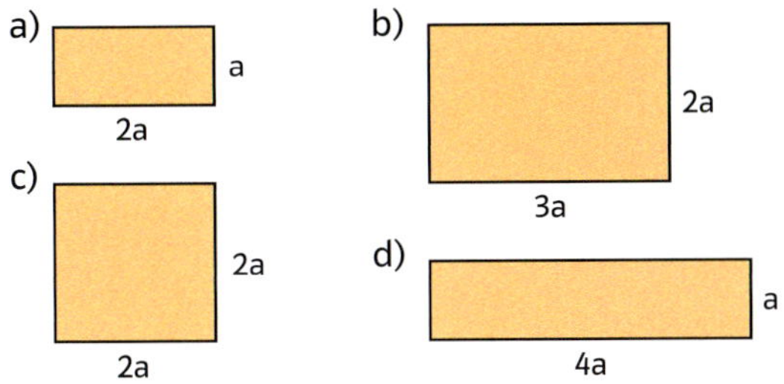

13 Ergänze die Tabelle mit den fehlenden Angaben des Rechtecks.

	Länge	Breite	Umfang	Flächeninhalt
a)	a	b	■	■
b)	2 a	a	■	■
c)	3 a	2 b	■	■
d)	4 a	■	■	12 a b

14 SP Für die zehn Spielfelder dieser Tennisanlage braucht man eine Fläche bestimmter Größe. Die Gesamtfläche drücken Schüler mit einem Term aus.

Ben notiert: $a \cdot b + a \cdot b + a \cdot b + a \cdot b + a \cdot b + a \cdot b + a \cdot b + a \cdot b + a \cdot b + a \cdot b$

Paul schreibt: $a \cdot 10 \cdot b$

Ömer notiert: $10ab$

Wer hat recht? Begründet.

Tipp!
Länge
a a
a + a = 2 a

Fläche
a
a
$a \cdot a = a^2$

Beachte:
2 a ist nicht gleich a^2

10 Bilde möglichst viele Produkte mit zwei Faktoren und berechne.

2 x | 2 | 3 y | 5 x | 4 y

Beispiel: $2x \cdot 3y = 6xy$

11 Gib zwei verschiedene Lösungen an. Kontrolliert euch anschließend gegenseitig.

a) ■ · ■ = 10 x y
b) ■ · ■ · ■ = 24 a b
c) ■ · ■ · ■ = $12x^2$
d) ■ : ■ = 17 x y
e) ■ : ■ = 0,5 a

12 Vereinfache. Deine Lösungen ergeben ein Lösungswort.

a) $2x \cdot 2y \cdot 2y \cdot x$
b) $4x \cdot 2x \cdot 0{,}5x \cdot y^2$
c) $(8x^2 : 4) \cdot 3y \cdot y$
d) $-2x \cdot 2y^2 \cdot 2x \cdot x$
e) $(9y : 4{,}5) \cdot (-2y) \cdot x^2$
f) $0{,}2x \cdot 5x \cdot 2y^2 \cdot 4y$
g) $-2x \cdot (-3x) \cdot y$

$6x^2y^2$ R | $4x^3y^2$ O | $6x^2y$ G | $8x^2y^3$ N | $-8x^3y^2$ N | $8x^2y^2$ M | $-4x^2y^2$ I

13 Bestimme den Umfang und den Flächeninhalt der Figur.

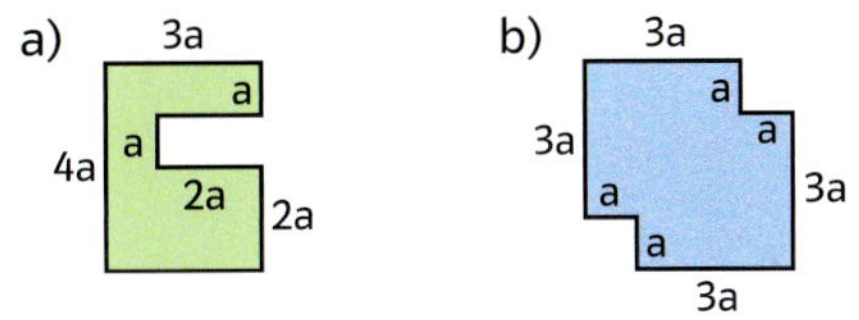

14 Aus Würfeln kann man Türme bauen.

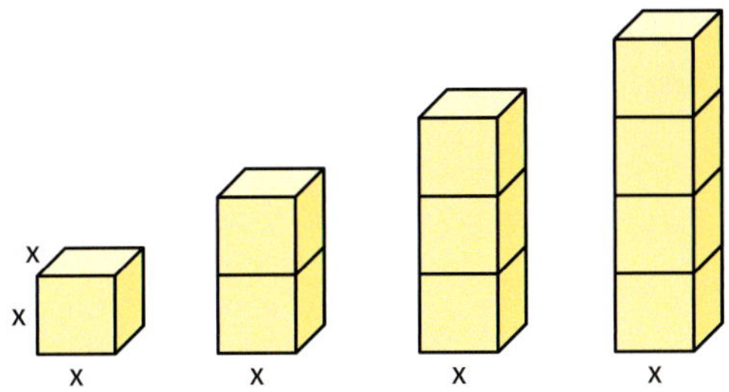

a) Drücke den Oberflächeninhalt und das Volumen der Türme mithilfe von x aus.

b) SP Bedeutet doppeltes Volumen auch doppelter Oberflächeninhalt? Begründe.

4 Plus- und Minusklammern

Nina möchte sich eine Mütze für 14,00 € und den passenden Schal für 29,00 € kaufen. In ihrem Geldbeutel hat sie 50,00 €.
Sie überlegt, wie viel Geld sie nach dem Einkauf noch hat.

→ Hat Nina richtig gedacht? Begründe.
→ Wie lauten die beiden Terme, wenn die Mütze 19,00 € und der Schal 27,50 € kosten?
→ Erfindet ähnliche Aufgaben und notiert die passenden Terme.

Tipp!
Jeder Term hat einen **Gegenterm**. $+7x$ hat den **Gegenterm** $-7x$. $-4y$ hat den **Gegenterm** $+4y$.

Für Terme mit Variablen gelten die gleichen Regeln wie für Zahlterme. Man subtrahiert einen Term, indem man den **Gegenterm** addiert.

Zahlterm:
$90 - (30 + 20)$
$= 90 + (-30 - 20)$
$= 90 - 30 - 20$
$= 40$

Term mit Variablen:
$9 - (3x + 2y)$
$= 9 + (-3x - 2y)$
$= 9 - 3x - 2y$

Merke

Klammern auflösen

Plusklammer
Steht vor der Klammer ein Pluszeichen, kann die Klammer weggelassen werden. Rechenzeichen und Vorzeichen ändern sich nicht.

Minusklammer
Steht ein Minuszeichen vor der Klammer, werden beim Auflösen der Klammer aus allen Pluszeichen in der Klammer Minuszeichen und aus allen Minuszeichen in der Klammer Pluszeichen.

Beispiele

a) $5 + (x - 3)$
$= 5 + x - 3$
$= x + 2$

b) $7 + (-2 + y)$
$= 7 - 2 + y$
$= y + 5$

c) $5 - (x - 3)$
$= 5 - x + 3$
$= -x + 8$

d) $7 - (-2 + y)$
$= 7 + 2 - y$
$= -y + 9$

○ **1** Löse die Plusklammer auf.
a) $9 + (2x + 11y)$
b) $2 + (4x - 3y)$
c) $3 + (2x - 5y)$
d) $3a + (-6b - 4)$
e) $8a + (7 + b)$
f) $17 + (-17a + 17b)$
g) $(x + y) + 19$
h) $(9x - 3) + 2z$
i) $-4 + (-3x + 11y) - 9z$

Tipp!
Achte auf das „unsichtbare" Pluszeichen:
$x - (2 + y)$
$= x - (+2 + y)$
$= x - 2 - y$

○ **2** Löse die Minusklammer auf.
a) $8 - (3x + 11)$
b) $8 - (4x + 12)$
c) $-(4y - 3z)$
d) $-(-2x + 5)$
e) $-(-4a - 5b)$
f) $3a - (6 - 4b)$
g) $8a - (b + 7c)$
h) $2x - (-10y - 4z)$
i) $-5 - (-9x + 3y) + 2z$

○ **3** Löse die Klammer auf und fasse zusammen.
a) $5x + (8x + 15)$
b) $4x + (6 - 2x)$
c) $13x - (3x + 10)$
d) $11x - (9x - 10y)$
e) $11x - (-9x + 10y)$
f) $11x - (-9x - 10y)$

Alles klar?

D58 Fördern

A Löse die Klammer auf und fasse zusammen.
a) $80x + (40x + 30)$
b) $80x + (40x - 30)$
c) $80x - (40x + 30)$
d) $80x - (40x - 30)$
e) $80x - (-40x + 30)$
f) $80x - (-40x - 30)$

→ Die Lösungen zu „Alles klar?" findest du auf Seite 265.

4 Finde gleichwertige Terme.

$-(4a + 8b)$ | $-(4a - 8b)$ | $-5a + (9a - 8b)$ | $2a - (-4a - 8b)$

$4a - 8b$ | $6a + 8b$ | $-4a - 8b$ | $4a + 8b$ | $6a - 8b$ | $-4a + 8b$

5 Wo steckt der **Fehler**? Korrigiere.

a) $3 + (10a - 20b) = 3 + 10a + 20b$
b) $5a - (6b - 3c) = 5a - 6b - 3c$
c) $7b - (8c + 2d) = 7b - 8c + 2d$
d) $-2a + (4b - 8c) = -2a + 4b + 8c$

6 Löse die Klammer auf und fasse zusammen. Richtige Lösungen ergeben ein Lösungswort.

a) $x + (3x + 5y) + (6x + 7y)$
b) $2y + (15x + 3y) + (-3x - 15y)$
c) $6x + (2x + 3y) - (-4x - 7y)$
d) $-(-6x - 2y) + (4x - 14y)$
e) $-(14x + 5y) - (-2x - 15y)$
f) $-10x + (3x + 10y) - 5x$
g) $30x + (20x - 30y) - (40x - 18y)$

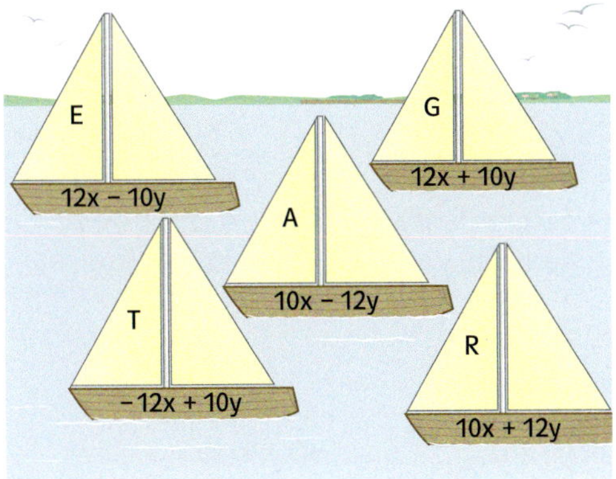

7 Löse die Klammer auf und fasse zusammen.

a) $-2m + (-3m - 5n) - (3 + 9n)$
b) $-7m - (-7m + 3n) - 2 + 6n$
c) $-(-17m - 8n) + 8n - 12$
d) $9m - (7 - 7n) - (9m + 7n) + 7$
e) $7 - (-20m - 16n) - (16m + 16n) - 4m$

4 Finde gleichwertige Terme.

$3{,}5x - (-4{,}5y - 7x)$ | $2{,}5x + (-4{,}5y - 2x)$ | $-x - (-2x - y)$ | $-(3x + 2{,}5y) - (2{,}5x - 3{,}5y)$

$10{,}5x + 4{,}5y$ | $4{,}5x - 4{,}5y$ | $-5{,}5x + y$ | $0{,}5x - 4{,}5y$ | $x + y$

5 Beim Auflösen der Klammer haben sich **Fehler** eingeschlichen. Korrigiere.

a) $2x - (4{,}5y - 2{,}5z) = 2x + 4{,}5y + 2{,}5z$
b) $-8x - (12y - 10) = -8x - 2y$
c) $-7x - (-7y + 7z) = 7x + 7y + 7z$
d) $-3x - (5y - 6z) = -3x - 5y - 6z$

6 Lena, Lina und Lea rechnen um die Wette. Wer hat richtig gerechnet?

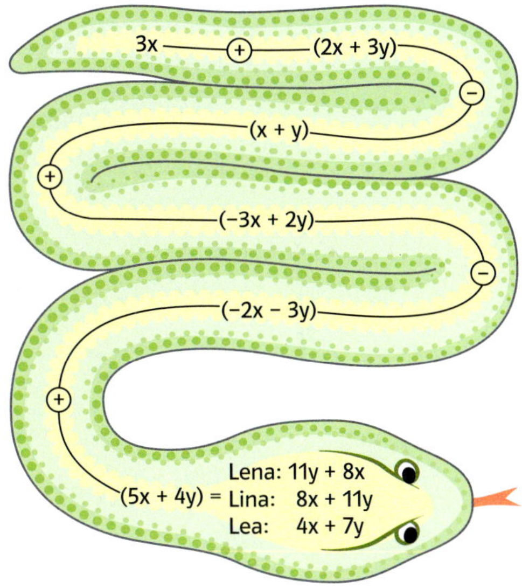

7 Löse die Klammern auf und fasse zusammen. Richtige Lösungen ergeben ein Lösungswort.

a) $2{,}5x - (5x - 6y) + (-1{,}5x + 14y)$
b) $(1{,}8x - 2{,}4y) - 3x - (-1{,}2x + 0{,}6y)$
c) $-3x - (-9x - 9y) - (-x - 2y) - 10x$
d) $(4{,}5x - (5{,}5y + 2z)) - (7{,}5x - (16{,}5y + 2z))$
e) $-(17 - (-17x - 17y)) - (7x - (7y + 17))$

$-3y$ O | $-4x + 20y$ J | $-24x - 10y$ E | $-3x + 11y$ L

5 Ausmultiplizieren

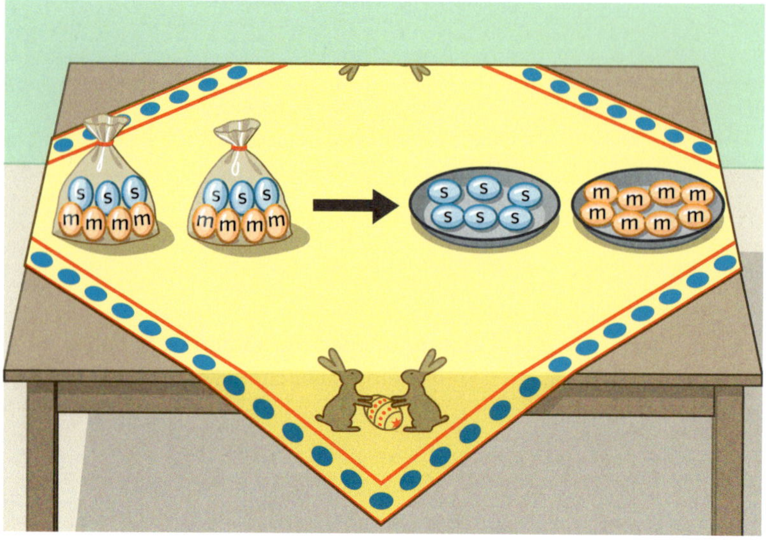

Zu Ostern schenkt die Oma ihren Enkelinnen jeweils eine gemischte Tüte mit Schokoladeneiern (s) und Marzipaneiern (m). Anne liebt Schokoladeneier, Maria hingegen liebt die Marzipaneier. Deshalb teilen die beiden die Eier anders auf.

→ Beschreibe die gemischten Ostereier in den Tüten mit einem Term. Notiere dann einen Term für die Aufteilung der Eier auf den Tellern.

→ Auch die Eltern bekommen eine gemischte Tüte Ostereier und geben diese ihren Töchtern zum Aufteilen. Wie lauten jetzt die beiden Terme?

Terme mit einem Malzeichen vor der Klammer wie zum Beispiel $2 \cdot (10 + 8)$ oder $2 \cdot (x + y)$ kann man durch Ausmultiplizieren in Terme ohne Klammern umwandeln.

Merke

Auflösen von Klammern mit dem Verteilungsgesetz (Distributivgesetz):
Für die Multiplikation gilt: Beim Ausmultiplizieren wird der Faktor mit jedem Glied in der Klammer multipliziert.

$x \cdot (y + z) = xy + xz$ $x \cdot (y - z) = xy - xz$

Für die Division gilt: Es wird jedes Glied in der Klammer durch den Divisor dividiert.

$(y + z) : x = y : x + z : x$ $(y - z) : x = y : x - z : x$

Beispiele

a) $3 \cdot (x + 7) = 3 \cdot x + 3 \cdot 7 = 3x + 21$

b) $5 \cdot (2x - 3y) = 5 \cdot 2x - 5 \cdot 3y = 10x - 15y$

c) $-6 \cdot (2x - 3y) = -6 \cdot 2x + 6 \cdot 3y = -12x + 18y$

d) $(8x + 6y) : 2 = 8x : 2 + 6y : 2 = 4x + 3y$

○ **1** Löse die Klammer auf.

a) $4 \cdot (a + 5)$ b) $5 \cdot (b - 6)$ c) $2 \cdot (7 + c)$ d) $6 \cdot (d + e)$
e) $7 \cdot (f - g)$ f) $-8 \cdot (h + i)$ g) $-4 \cdot (a + 5)$ h) $-5 \cdot (2b - 6)$

○ **2** Dividiere.

a) $(4a + 20) : 4$ b) $(5b - 30) : 5$ c) $(-18c + 24) : 6$ d) $(-21d - 14) : 7$
e) $(12e + 8f) : (-4)$ f) $(25f - 35g) : (-5)$ g) $(-48h + 36i) : (-6)$ h) $(-42i - 28) : (-7)$

Tipp!
Das Malzeichen zwischen Faktor und Klammer kann man weglassen.
$3 \cdot (x + y) = 3(x + y)$

○ **3** Multipliziere aus. Achte genau auf die Plus- und Minuszeichen.

a) $a(b + c)$ b) $g(f - h)$ c) $6(2x + 3y)$ d) $-7(3x + 4y)$
e) $9(-4x - 5y)$ f) $-11(6x - 7y)$ g) $7a(6b + 5)$ h) $4d(3 - 2e)$
i) $2k(n + m)$ j) $r(3s - 4t)$ k) $-6f(2h + 3g)$ l) $-9m(-2n + 3p)$

Alles klar?

D59 Fördern

A Löse die Klammer auf.

a) $3(x+6)$ b) $9(4x-8)$ c) $-3(7-5x)$ d) $-3(5x+7y)$
e) $-10(7x-3y)$ f) $2x(-3y-4z)$ g) $-5x(-6y+7z)$ h) $x(x-y)$

B Dividiere.

a) $(9x+6):3$ b) $(8x-12y):4$ c) $(-20x+15y):5$ d) $(-6x-9y):(-3)$

○ **4** Schreibe ohne Klammer.

a) $8(7x+9)$ b) $6x(2y-5z)$
c) $-9x(4y-5z)$ d) $3x(13y-15z)$
e) $(49x+56):7$ f) $(-88x-66y):11$

○ **5** Dividiere.

a) $(16x+12):4$ b) $(80y-60z):20$
c) $(-24x+6y):(-6)$ d) $(8x-2{,}6y):(-2)$

○ **6** SP Rechne richtig und **erkläre** den **Fehler**.

a) $4(5x+6) = 20x+6$
b) $-5(2x-3) = -10x-15$
c) $3+(9x+2y) = 27x+6y$

◒ **7** Löse die Klammer auf und fasse zusammen. Deine Ergebnisse ergeben ein Lösungswort.

a) $7(2x+4y)+6x$
b) $5(7x-5y)+25y$
c) $-3(5x-4y)+35x+16y$
d) $4x+5(3x+2y)+x+18y$
e) $(88x-44y):11-2(3x-2y)$

35x O | 2x Y | 20x + 28y L

◒ **8** Übertrage die Figur sechsmal in dein Heft. Finde zu jedem Term die passende Fläche und färbe sie ein.

Beispiel: $c \cdot d$

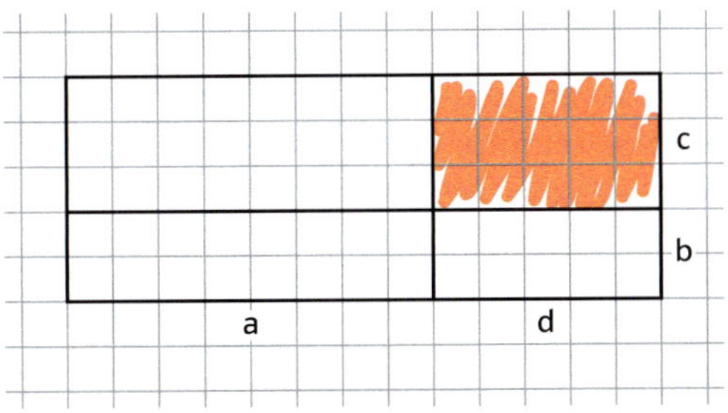

a) $a \cdot b$ b) $a \cdot c$
c) $a \cdot (b+c)$ d) $a \cdot b + a \cdot c$
e) $d \cdot (b+c)$ f) $d \cdot b + d \cdot c$

◒ **4** Löse auf und fasse zusammen.

a) $4(4x+4y)+4(x+y)$
b) $6x(6x-6y)+14x^2+36xy$
c) $-3(-22a-10b)+2(9a+5b)$

◒ **5** SP Rechne richtig und **erkläre** den **Fehler**.

a) $8a(9b-4) = 72b-32$
b) $-9x(9y-9) = -99xy+99$
c) $2x(5x-4y)+3 = 10x^2-8xy+6x$

◒ **6** Übertrage die Figur viermal in dein Heft.

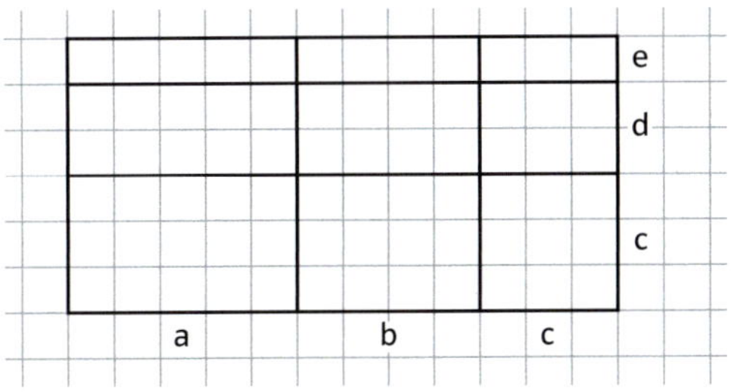

$a(e+d)$ $b(c+d+e)$ $c(c+d)$

$(b+c) \cdot c + (a+b+c) \cdot e$

a) Finde zu jedem Term die passende Fläche und färbe sie ein.
b) Multipliziere jeden Term aus. Überprüfe, ob das Ergebnis dieselbe gefärbte Fläche ergibt.

● **7** Das ist das Netz eines Quaders.

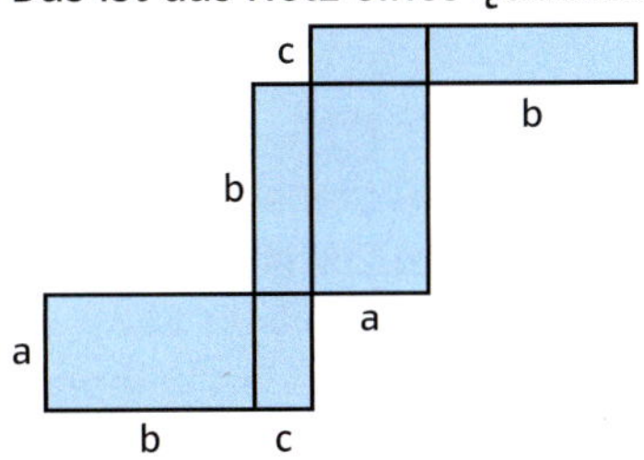

a) Gib einen Term für die Netzfläche an.
b) SP Lars behauptet: „Dein Term ist gleichwertig mit $2(ab+ac+bc)$.“ Hat er recht? **Begründe**.

→ Die Lösungen zu „Alles klar?“ findest du auf Seite 265.

MEDIEN

Tabellenkalkulation. Terme

Tipp!
Wie man Wertetabellen erstellt und Inhalte überträgt, findest du auf Seite 242.

MK Mit einem Programm zur Tabellenkalkulation kann man schnell sehr große **Wertetabellen** erstellen.

○ **1** MK Erkunde dein Tabellenkalkulationsprogramm.

a) Schreibe in die Zelle A1 deinen Namen. Verändere die Schriftart, die Schriftgröße und die Farbe. Verändere die Zelle, indem du Rahmenlinien einfügst oder die Füllfarbe wechselst. Was kannst du noch verändern?

b) SP Schreibe nun den Term 5+3 in Zelle A2. Was passiert, wenn du in Zelle B2 erst ein Gleichheitszeichen und dann den Term 5+3 schreibst? Erkläre deine Beobachtung.

c) Berechne mit deinem Tabellenkalkulationsprogramm.
(1) 5 + 3 (2) −485 − 193 (3) 345 · 222 (4) 100 010 001 : 3

Tipp!
Malzeichen *
Geteiltzeichen /

Tipp!
zu Aufgabe 2

	A	B
1	Wertetabelle in Spalten	
2	x	4x−1
3	0	
4	1	
5	2	

◒ **2** MK Erstelle zum Term $4x-1$ verschiedene Wertetabellen:

a) für x von 0 bis 6.

b) für x von −3 bis +3. Du kannst auch Wertetabellen mit negativen Zahlen erstellen.

c) für x von 0 bis 50. Lege dafür die Tabelle in Spalten an.

d) für x mit den Werten −15; −10; −5; 0; 5; 10; 15. Man kann die Werte für x nicht nur in 1er-Schritten anlegen. Auch größere Schritte, wie z. B. 5er-Schritte sind möglich.

◒ **3** MK Man kann in einer Wertetabelle mehrere Terme gleichzeitig berechnen. Erweitere die Wertetabelle für x von −3 bis +3.

	A	B
1	**Wertetabelle**	
2	**x**	-3
3	**2x**	=2*B2
4	**4x+3**	

	A	B
1	**Wertetabelle**	
2	**x**	-3
3	**2x**	-6
4	**4x+3**	=4*B2+3

	A	B
1	**Wertetabelle**	
2	**x**	-3
3	**2x**	-6
4	**4x+3**	-9

Man gibt in der Spalte B die Rechenbefehle der Terme ein. Dann werden beide Zellen B3 und B4 ausgewählt und entlang der Zeilen durch Ziehen mit der Maus übertragen.

◒ **4** MK SP Berechne alle Terme gleichzeitig. Was fällt dir auf?

	x	−8	−7	−6	−5	−4	−3	−2	−1	0	1	2	3	4	5	6	7	8
(1)	5x + 15	■	■	■	■	■	■	■	■	■	■	■	■	■	■	■	■	■
(2)	5·(x + 3)	■	■	■	■	■	■	■	■	■	■	■	■	■	■	■	■	■
(3)	−5x + 15	■	■	■	■	■	■	■	■	■	■	■	■	■	■	■	■	■
(4)	0,5x + 15	■	■	■	■	■	■	■	■	■	■	■	■	■	■	■	■	■

◒ **5** MK In einem Schokoladengeschäft kosten 100g der einfachen Pralinen 2,79 €.

a) Stelle einen Term auf, der die Kosten für x Gramm Pralinen angibt.

b) Erstelle mithilfe deines Terms eine Wertetabelle der Preise für Pralinen von 0 bis 250 g in 5-g-Schritten. Lege die Tabelle in Spaltenform an.

c) Eine Pralinenpackung mit 125 g soll 3,49 € kosten. Überprüfe den Preis mit deiner Tabelle.

d) SP Schätze den Preis für 143 g Pralinen mithilfe deiner Tabelle. Begründe.

x in g	Preis in €
0	■
5	■
10	■
15	■
⋮	⋮

Zusammenfassung

Aufstellen und Berechnen

Setzt man für die Variablen Zahlen ein, erhält man den **Wert des Terms**.

das Siebenfache einer Zahl vermindert um sechs: $7a - 6$

Alle Werte eines Terms können in einer **Wertetabelle** dargestellt werden.

a	1	2	3	4	5
7a − 6	1	8	15	22	29

Zwei Terme sind **gleichwertig**, wenn sie bei jedem Einsetzen von Zahlen den gleichen Wert ergeben.

$x + x + x + x = 4 \cdot x = 4x$
$(-1) \cdot m = -1m = -m$
$2 \cdot a - 3 \cdot y = 2a - 3y$

Addieren und Subtrahieren

Gleichartige Glieder eines Terms kann man **addieren** und **subtrahieren**.

$3x + 2x = 5x$ $\qquad$ $9x - 7x = 2x$

Gleichartige Glieder können mithilfe des **Vertauschungsgesetzes (Kommutativgesetz)** geordnet werden.

$5x + 6y - 2x$
$= 5x - 2x + 6y$
$= 3x + 6y$

Multiplizieren und Dividieren

Ein Produkt aus Zahlen und Variablen lässt sich vereinfachen, indem man **Zahlen mit Zahlen** und **Variablen mit Variablen multipliziert**.

$7x \cdot (-3) = 7 \cdot (-3) \cdot x = -21x$ $\qquad$ $4x \cdot 2x = 4 \cdot 2 \cdot x \cdot x = 8x^2$

Bei der **Division** werden die Zahlen dividiert.

$8x : 2 = 8 : 2 \cdot x = 4x$ $\qquad$ $18x : (-6) = 18 : (-6) \cdot x = -3x$

Plus- und Minusklammern

Plusklammer: Steht vor der Klammer ein Pluszeichen, kann die Klammer weggelassen werden.

$8 + (x - 5) = 8 + x - 5 = x + 3$ $\qquad$ $9 + (-x + 4) = 9 - x + 4 = -x + 13$

Minusklammer: Steht ein Minuszeichen vor der Klammer, werden beim Auflösen der Klammer aus allen Pluszeichen in der Klammer Minuszeichen und aus allen Minuszeichen in der Klammer Pluszeichen.

$8 - (x - 5) = 8 - x + 5 = -x + 13$ $\qquad$ $9 - (-x + 4) = 9 + x - 4 = x + 5$

Ausmultiplizieren

Auflösen von Klammern nach dem **Verteilungsgesetz (Distributivgesetz):**
Für die **Multiplikation** gilt: Beim **Ausmultiplizieren** wird der Faktor mit jedem Glied in der Klammer multipliziert.

$4 \cdot (x + 5) = 4 \cdot x + 4 \cdot 5 = 4x + 20$ $\qquad$ $6 \cdot (x - 3) = 6 \cdot x - 6 \cdot 3 = 6x - 18$

Für die **Division** gilt: Es wird jedes Glied in der Klammer durch den Divisor dividiert.

$(32x + 8y) : 8 = 32x : 8 + 8y : 8 = 4x + y$ $\qquad$ $(25x - 15y) : 5 = 25x : 5 - 15y : 5 = 5x - 3y$

Anwenden. Nachdenken

23 Datumsangaben werden unterschiedlich notiert. Schreibe dein Geburtsdatum auf diese Weise.

a) TT.MM.JJJJ
b) TT.MM.JJ
c) JJJJ-MM-TT
d) MM/TT/JJJJ

24 Falte ein DIN-A4-Blatt Papier so, dass 16 gleich große Felder entstehen. Bezeichne gleich lange Faltlinien mit derselben Variablen.

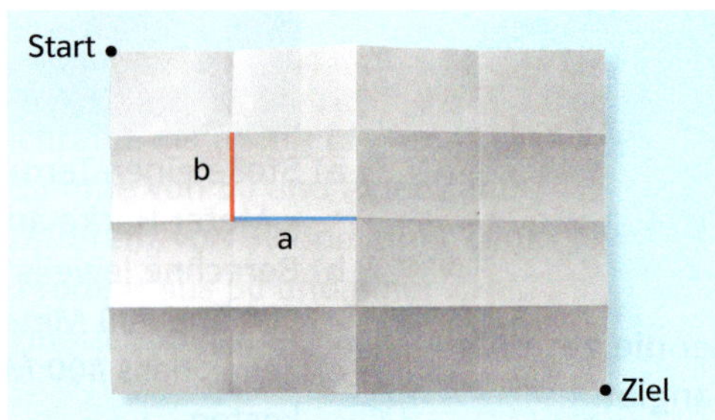

Finde einen möglichst langen Weg von links oben nach rechts unten, ohne eine Strecke doppelt zu gehen. Findest du auch den kürzesten Weg? Gib jeweils als Term an. Vergleicht untereinander.

25 SP Für welche Zahl steht die Variable?
a) m ist eine gerade Zahl, sie ist größer als 2 und kleiner als 6.
b) n ist eine Primzahl, sie ist größer als 7 und kleiner als 13.
c) p ist eine Quadratzahl, sie liegt zwischen 40 und 60.
d) s ist ein Vielfaches von 12, größer als 140 und kleiner als 150.

26 Berechne den Wert des Terms.

	x	−4	−2	0	6	10
a)	$20 + (6 + 2x)$	■	■	■	■	■
b)	$20 - (6 + 2x)$	■	■	■	■	■
c)	$20 \cdot (6 + 2x)$	■	■	■	■	■
d)	$(6 + 2x) : 2$	■	■	■	■	■

27 SP Es gibt unendlich viele Lösungen. Nenne drei Lösungen.
a) u ist eine Quadratzahl.
b) v ist eine ungerade negative Zahl.
c) w ist eine natürliche Zahl.
d) x ist eine ganze Zahl.
e) y ist eine rationale Zahl.
f) z ist eine periodische Dezimalzahl.

28 SP Ordne den passenden Term zu.

$18 - 4x$ $\quad$ $18x : 4$ $\quad$ $(18 - x) \cdot 2x$ $\quad$ $4 + 18x$ $\quad$ $9 \cdot (2x + 18)$ $\quad$ $(4x + 18) : 4$

a) der Quotient aus 18 x und 4
b) die Differenz von 18 und dem Vierfachen einer Zahl
c) die Summe von 4 und dem Achtzehnfachen einer Zahl
d) das Neunfache der Summe aus dem Doppelten einer Zahl und 18
e) die Summe des Vierfachen einer Zahl und 18 wird durch 4 dividiert
f) das Produkt aus der Differenz von 18 und einer Zahl und dem Doppelten der Zahl

29 SP Schreibe als Term und vereinfache.
a) Dividiere die Summe von 6 a und 8 durch 2.
b) Subtrahiere von 4 b das Produkt aus 2 b und 9.
c) Addiere zum Produkt aus 2 s und 5 das Produkt aus 5 und 2 s.
d) Multipliziere 2,5 t mit der Differenz von 4 t und 2 und subtrahiere dann $5t^2$.

30 Löse die Klammer auf.
a) $3 - (2x + 9)$
b) $3 + (2x - 9)$
c) $3 \cdot (2x + 9)$
d) $-3 \cdot (2x - 9)$
e) $3x(2x + 9)$
f) $-3x(-2x - 9)$

31 Löse die Klammer auf und fasse zusammen.
a) $6(5m + 7n) - 10m$
b) $-8(-9x - 10y) + 19y$
c) $22a + 4(2a - 3b) + 42b$
d) $3(2s + 3t) + 4(3s - t)$
e) $5x(5x + 5) - 5x^2 + 5x$
f) $7 - (7z - 7) + 7 + 7(7z + 7)$

32 Jeden Samstag werden auf dem Markt Eier der Gewichtsklassen S, M, L und XL verkauft.

a) Wählt für die verkauften Stückzahlen jeder Gewichtsklasse eine Variable. Stellt einen Term auf, mit dem der Verkäufer die Gesamteinnahmen berechnen kann.
b) Legt die Stückzahlen an verkauften Eiern selbst fest und berechnet die Gesamteinnahmen.
c) MK Berechnet die Gesamteinnahmen mithilfe eines Tabellenkalkulationsprogramms. Legt eine Tabelle so an, dass ihr die Preise und Stückzahlen ändern könnt.

33 Würfelt zweimal. Mit dem ersten Wurf wählt ihr das entsprechende rote Kärtchen, mit dem zweiten Wurf das blaue Kärtchen. Multipliziert die Terme der beiden Kärtchen. Kontrolliert eure Ergebnisse gegenseitig.

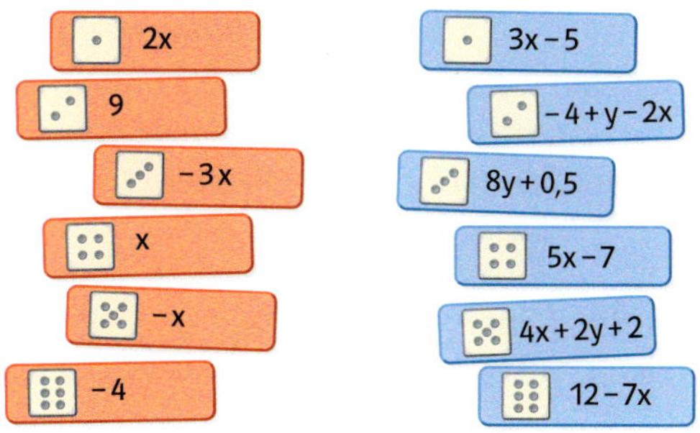

34 Stelle einen Term auf
a) für den Umfang der Figur (1) und (2).
b) für den Flächeninhalt der Figur (1).

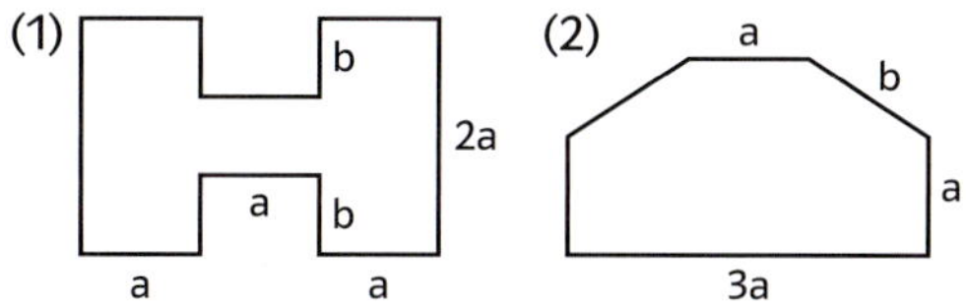

35 Stelle einen Term auf für
a) die gesamte Kantenlänge des Quaders.
b) den Oberflächeninhalt des Quaders.
c) das Volumen des Quaders.

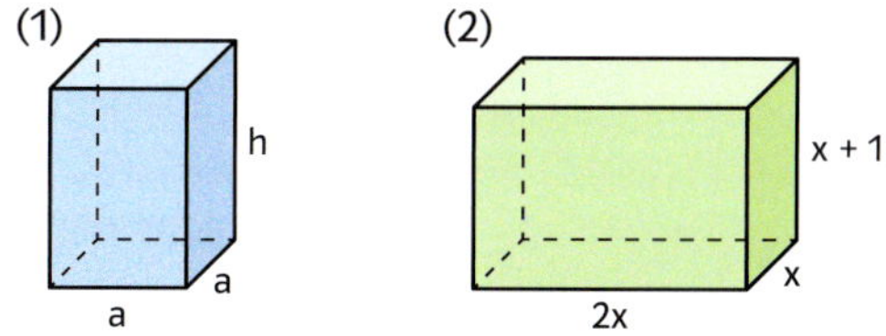

36 SP Knackt den Zaubertrick.

Denkt euch eine natürliche Zahl. Verdoppelt sie und addiert 5. Multipliziert das Ergebnis mit 5 und subtrahiert 10. Dividiert dieses Ergebnis durch 5 und subtrahiert eure gedachte Zahl. Nennt mir euer Ergebnis und ich sage euch eure gedachte Zahl.

9 33 2 78 12 541

a) Probiert den Zaubertrick mit verschiedenen Zahlen aus.
b) Könnt ihr das Geheimnis mithilfe eines Terms entschlüsseln?
c) Erfindet selbst ähnliche Zaubertricks und **präsentiert** sie in der Klasse.

37 An einem dreieckigen Tisch sitzen an jeder Seite x Personen.

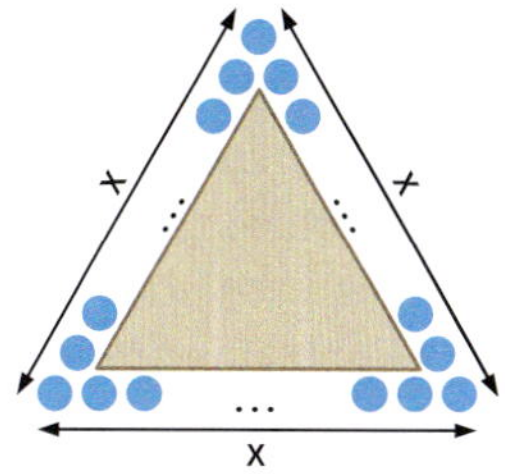

a) Stellt einen Term auf, mit dem man die Gesamtzahl der Personen berechnen kann.
b) Füllt die Tabelle aus.

x	1	2	3	5	7	9
Wert des Terms						

c) SP Welcher Wert ist unrealistisch? **Erklärt**.
d) Zeichnet die realistischen Werte in ein Koordinatensystem (y-Achse: 1 Kästchen für 1 Person).
e) Für welches x sitzen 21 Personen am Tisch?

Rückspiegel

D60 Teste dich

○ **1** Ersetze die Variable durch die angegebene Zahl und berechne den Wert des Terms.

a)

x	1	2	3	4	5
4x + 3	■	■	■	■	■
2x − 2	■	■	■	■	■

b)

a	2	4	8	10	20
2a + a	■	■	■	■	■
40 − 2a	■	■	■	■	■

○ **2** Vereinfache die Terme.

a) $x + x - x + x$ b) $2a - 3a + a - 4a$ c) $-3i - 4n + 5i + 6n$ d) $19x + 5y - 12x - 4y$
e) $7 \cdot 5x$ f) $-8x \cdot 2y$ g) $3 \cdot (-4s) \cdot (-5t)$ h) $15x : (-3)$

○ **3** Löse die Klammer auf und fasse zusammen.

a) $3 + (10a + 11)$ b) $9a + (8b - 7a)$ c) $3 - (10a + 11)$ d) $9a - (-8b - 7a)$

○ **4** Vereinfache.

a) $7(5x + 6y)$ b) $a(a - 4)$
c) $3(6y - 8z) + 24z$ d) $(14a + 21b) : 7$

◒ **5** Für eine Taxifahrt werden 3 € Grundpreis und 1,80 € je gefahrenem Kilometer verlangt.

a) Stelle einen Term auf, mit dem die Gesamtkosten für eine Taxifahrt berechnet werden können.
x: Anzahl der gefahrenen Kilometer

b) Herr Maler nimmt sich ein Taxi für den Weg vom Bahnhof zur Messe. Er fährt 7 Kilometer. Wie teuer ist die Fahrt?

◒ **6** SP Schreibe als Term und vereinfache ihn, wenn möglich.

a) Multipliziere eine Zahl mit 9 und addiere anschließend 11.

b) Addiere zum Dreifachen einer Zahl das Vierfache der Zahl.

c) Subtrahiere vom Doppelten einer Zahl die Summe von der Zahl und 8.

◒ **7** Gib einen Term für die Gesamtlänge der Kanten an. Vereinfache ihn dann.

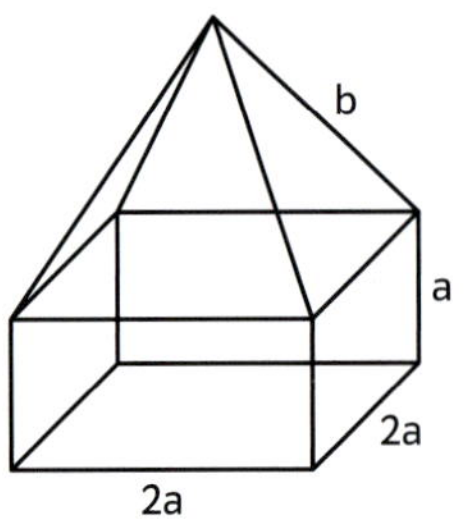

◒ **4** Vereinfache.

a) $-6(-8x - 3y)$ b) $5x(4 - 3x) + 16x$
c) $14a + 2(-6a - 3b)$ d) $(24a - 8b) : (-4)$

◒ **5** Die Wassergebühr setzt sich aus einer jährlichen Grundgebühr (115 €), der Verbrauchsgebühr (1,67 € je m^3) und der Schmutzwassergebühr (3,43 € je m^3) zusammen.

a) Stelle einen Term auf, mit dem die Gesamtkosten für die Jahresabrechnung berechnet werden können.

b) Herr Steffen hat 39 m^3 Wasser verbraucht. Wie viel muss er bezahlen?

◒ **6** SP Schreibe als Term und vereinfache.

a) Verdopple die Summe von 2x und 3y und subtrahiere anschließend 6y.

b) Multipliziere 11 mit der Differenz von 2x und 3y und addiere anschließend das Dreifache von x.

c) Dividiere das Produkt aus 14 und 2x durch 4.

● **7**

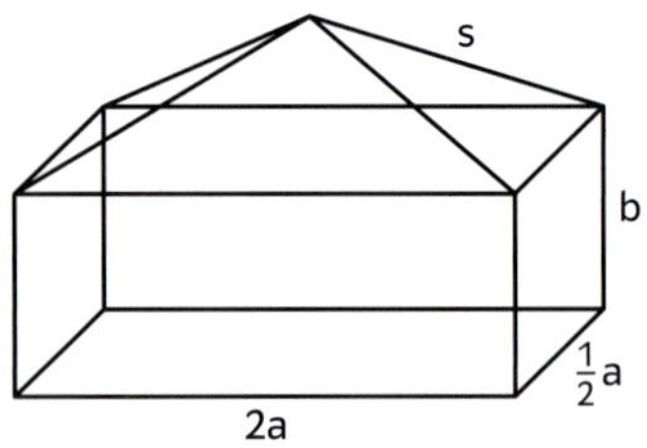

a) Gib einen vereinfachten Term für die Gesamtlänge der Kanten an.

b) Berechne die Kantenlänge der Figur für $a = 6\,cm$; $b = 4{,}5\,cm$ und $s = 5\,cm$.

→ Die Lösungen findest du auf Seite 265.

Standpunkt | Gleichungen

Wo stehe ich?

Ich kann …	gut	etwas	nicht gut	Lerntipp!
A Terme addieren und subtrahieren,	■	■	■	→ Seite 182
B Terme multiplizieren und dividieren,	■	■	■	→ Seite 185
C für Variablen Zahlen einsetzen und den Wert des Terms berechnen,	■	■	■	→ Seite 178; 232
D Terme mit Klammern vereinfachen,	■	■	■	→ Seite 188; 190
E einfache Terme aufstellen,	■	■	■	→ Seite 178; 232
F eine Variable durch eine passende Zahl ersetzen.	■	■	■	→ Seite 232

Überprüfe dich selbst:

D61 Teste dich

A Vereinfache den Term.

a) $3x + 85 + 5x + 7$
b) $14a + 3 - 5a + 7a$
c) $3b + 2a - 2b + 2a$
d) $8x + 11y + 15 + 192x - y$

B Vereinfache den Term.

a) $7x \cdot 3$
b) $2 \cdot 5y \cdot 4$
c) $6x \cdot 7y$
d) $24x : 3$
e) $4x \cdot 3x : 2$

C Setze für die Variable die angegebene Zahl ein und berechne den Wert des Terms.

a) $3 + x$ — $x = 6$
b) $2a + 7$ — $a = 3$
c) $17 + x - 4$ — $x = 5$
d) $7 - a$ — $a = 1$
e) $a + 5 - 12 + a$ — $a = 10$
f) $8 - x + 2 \cdot 15$ — $x = 5$

D Vereinfache.

a) $5x + (2 - 2x)$
b) $2a - (7 - 3b)$
c) $14 - (3a + 6) + 5a$
d) $4 \cdot (2 + 4b)$
e) $(9x - 15) : 3$
f) $5b - 2 \cdot (b + 6) + 7b$

E

a) Gib den Umfang der Figur als Term an.

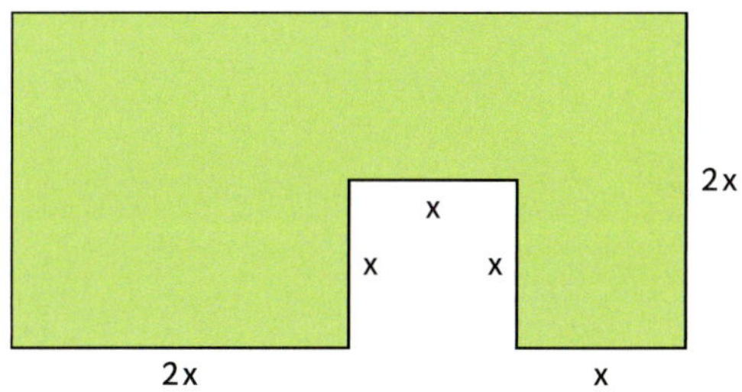

b) Welchen Umfang hat die Figur für $x = 3\,\text{cm}$?

F Setze für die Variable die passende Zahl ein.

a) $23 + x = 27$
b) $35 = 21 + a$
c) $3y = 24$
d) $81 - z = 70$
e) $b - 15 = 41$
f) $18 : x = 6$
g) $x : 5 = 7$
h) $3 + 2x = 5$

→ Die Lösungen findest du auf Seite 266.

8 Gleichungen

1 Der Schweizer Hochseilartist Freddy Nock arbeitet ohne Sicherung. Er verwendet nur eine Balancierstange. Wo muss er die Stange halten?

2 Die Steinwippe ist im Gleichgewicht. Der linke Stein wiegt 5 kg. Schätzt, wie schwer die sechs Steine auf der rechten Seite sein könnten. Versucht Steinwippen zu bauen und sie ins Gleichgewicht zu bringen.

3 Damit Containerschiffe sicher im Wasser liegen, müssen sie links und rechts gleichmäßig beladen werden. Was könnte der Grund dafür sein, dass sich das Schiff nicht nach rechts neigt?

Ich lerne,

- wie man Gleichungen durch Probieren löst,
- wie man Gleichungen mit Äquivalenz- und Termumformungen löst,
- wie man Situationen mit Gleichungen beschreibt,
- wie man Gleichungen anwendet,
- wie man Gleichungen und Formeln mit einem Tabellenkalkulationsprogramm löst.

1 Gleichungen durch Probieren lösen

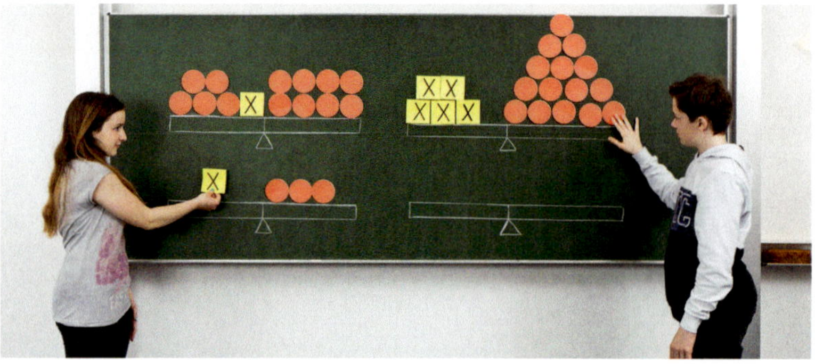

Svenja hat zwei Waagen im Gleichgewicht skizziert.
→ Wie viele Kugeln wiegen genau so viel wie ein Würfel?
→ Wie schwer ist ein Würfel bei Marius?
→ Könnt ihr anstelle der Bilder auch eine Gleichung aufschreiben?

Eine Gleichung besteht aus einem linken Term und einem rechten Term, die durch ein Gleichheitszeichen verbunden sind.

Merke

Eine **Gleichung** mit einer Variablen lösen heißt, für die Variable die Zahl zu finden, sodass die Terme auf beiden Seiten den gleichen Wert annehmen.
Einfache Gleichungen kann man oft durch **systematisches Probieren** oder mit einer **Umkehraufgabe** lösen.

Beispiele

a) Lösen durch systematisches Probieren

Aufgabe: $2 \cdot x - 3 = 5$

Setze für x gezielt Werte ein.
Vergleiche dann den Wert des linken Terms mit dem des rechten.

Sind beide Werte gleich, ist das die Lösung: $x = 4$

	Wert des linken Terms	$2 \cdot x - 3 = 5$	Wert des rechten Terms
$x = 6$ „zu groß“	9	$2 \cdot 6 - 3 \neq 5$	5
$x = 2$ „zu klein“	1	$2 \cdot 2 - 3 \neq 5$	5
$x = 4$ „gleich“	5	$2 \cdot 4 - 3 = 5$	5

b) Lösen mithilfe der Umkehraufgabe

Aufgabe: $4 \cdot x = 24$ — Das Vierfache einer Zahl ist 24.
Umkehraufgabe: $x = 24 : 4$ — Die Zahl ist der vierte Teil von 24.
Lösung: $x = 6$
Probe: $4 \cdot 6 = 24$ — Setze in die Aufgabe die Lösung ein.
$24 = 24$ ✓

Tipp!
Das Zeichen ≠ bedeutet ungleich.

Tipp!
Übersetzungshilfen

die Addition +
- addieren
- ■ hinzufügen zu
- um ■ vermehren
- die Summe von

die Subtraktion −
- subtrahieren
- vermindern um ■
- ■ abziehen von
- die Differenz von
- der Unterschied zwischen

die Multiplikation ·
- multiplizieren
- ■ mal ■
- vervielfachen mit
- das ■-Fache
- das Produkt aus

die Division :
- dividieren
- ■ durch ■
- teilen durch
- der ■. Teil
- der Quotient aus

○ **1** Löse die Gleichung durch systematisches Probieren.
a) $2x - 7 = 21$ b) $2 + 3x = 14$ c) $8x + 3 = 99$ d) $15x - 9 = 6$

○ **2** Löse die Gleichung mit einer Umkehraufgabe. Mache die Probe.
a) $x + 9 = 32$ b) $12 + x = 17$ c) $x - 3 = 12$ d) $x - 37 = 3$
e) $6x = 48$ f) $12x = 132$ g) $x : 4 = 3$ h) $x : 5 = 25$

○ **3** SP Stelle eine Gleichung auf und löse sie mit der Umkehraufgabe.
a) Das Dreifache einer Zahl ist 27.
b) Das Doppelte einer Zahl ist 14.
c) Eine Zahl um 4 vermehrt ist 15.
d) Eine Zahl um 7 vermindert ist 9.

○ **4** Ordne zuerst die Gleichungen den Waagen zu. Löse dann die Gleichungen.

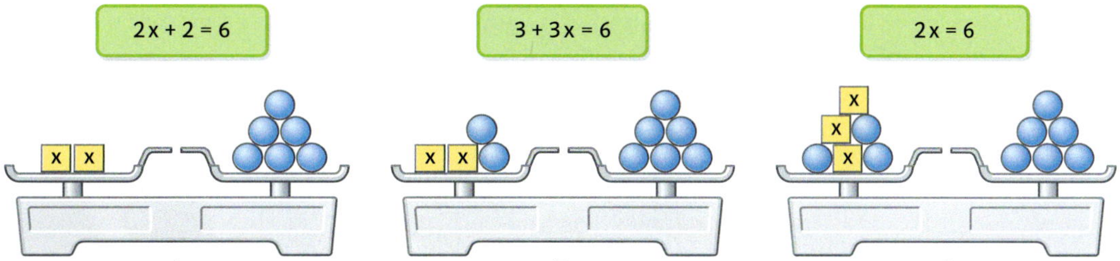

Alles klar?

D62 Fördern

A Löse die Gleichung. Mache die Probe.

a) $x + 29 = 103$ b) $x : 6 = 3$ c) $2 + 4x = 62$ d) $49 - 2x = 17$

B Skizziere die Gleichung wie im Beispiel und gib die Lösung an.

a) $x + 5 = 9$ b) $4 + 2x = 8$
c) $2x + 3 = 7$ d) $6x + 1 = 7$

Beispiel:
$3x + 2 = 8$

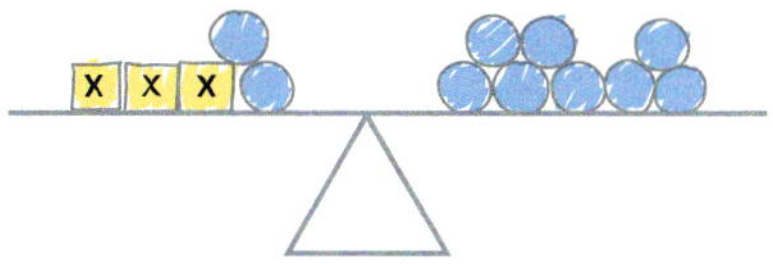

○ **5** Die Waage ist im Gleichgewicht. Wie viel wiegt ein Würfel?

a)
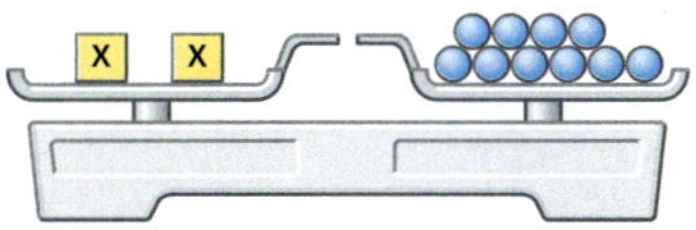

b)
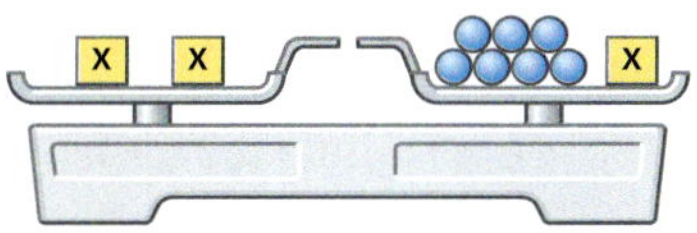

c)
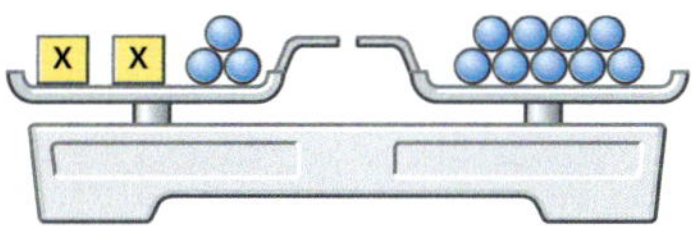

○ **6** Das Mobile ist im Gleichgewicht. Wie viele Kugeln wiegen so viel wie ein Würfel?

a)
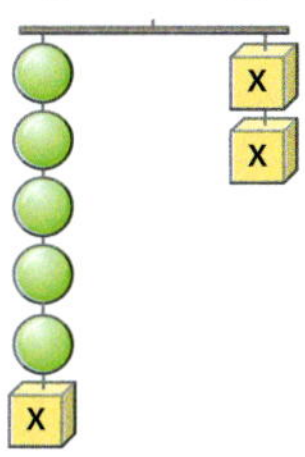

b)
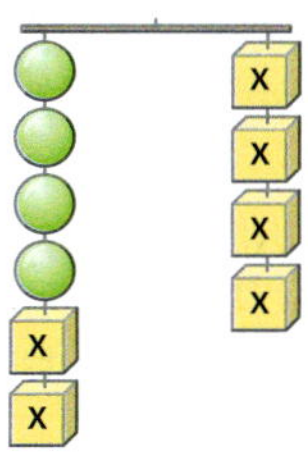

○ **7** Löse die Gleichung durch Probieren.

a) $3x + 26 = 68$
b) $5x - 13 = 67$
c) $4x : 2 + 33 = 59$
d) $26 + 2x = 56$

13 14 15 16

◒ **5** Das Mobile ist im Gleichgewicht. Schreibe eine Gleichung auf. Wie viele Kugeln wiegen so viel wie ein Würfel?

a)
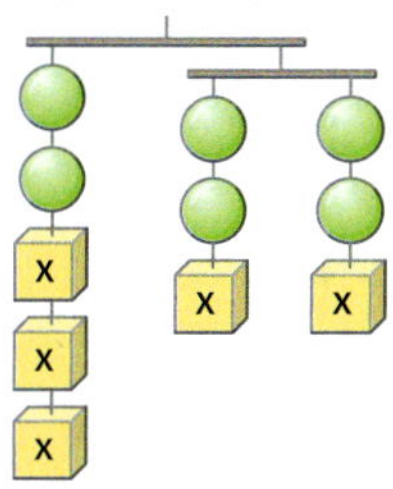

b)
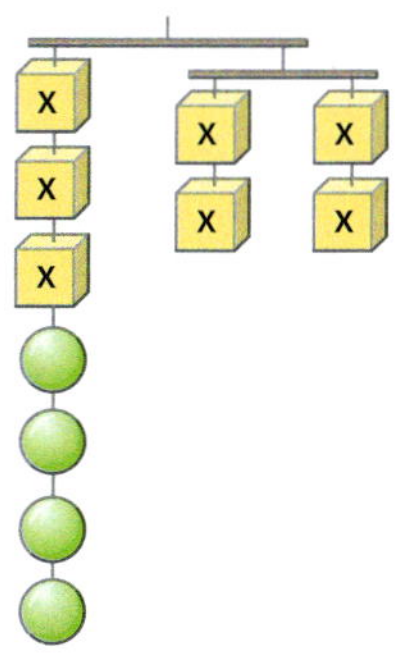

◒ **6** SP Schreibe als Gleichung und gib die gesuchte Zahl an.

a) Das Dreifache einer Zahl vermindert um vier ist gleich 20.
b) Die Hälfte einer Zahl vermehrt um sieben ergibt 11,5.
c) Das Zweieinhalbfache einer Zahl ist gleich 12,5.
d) 16 vermindert um das Doppelte einer Zahl ergibt vier.

◒ **7** Löse die Gleichung durch Probieren.

a) $2x - 14 = 12$
b) $5a + 6 = 2a + 78$
c) $4y + 21 = 25$

→ Die Lösungen zu „Alles klar?" findest du auf Seite 267.

○ **8** Familie Moussa geht mit ihren zwei Kindern ins Kino. Sie bezahlen 23 €.

a) Welche Gleichung beschreibt die Situation?

$2 \cdot 7 + 2x = 23$ $\qquad$ $7 + x = 23$

b) Was kostet die Kinokarte für ein Kind?

○ **9** Tom kauft sich einen Füller für 8,50 € und vier gleiche Hefte. Insgesamt bezahlt er 11,50 €. Finde heraus, welche Heftsorte er gekauft hat.

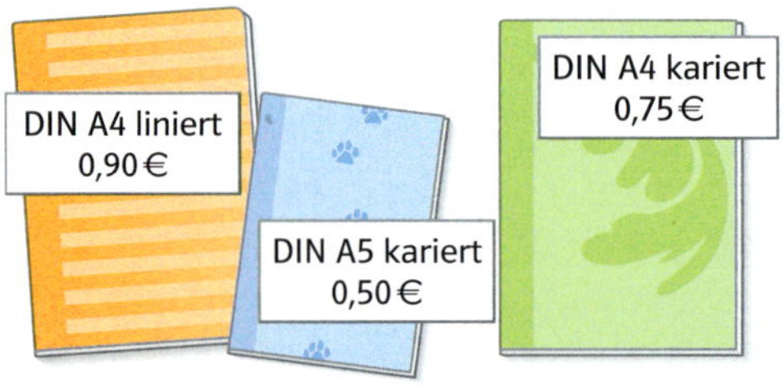

◒ **10** Die Gleichung $1{,}99 \cdot x = 5{,}97$ beschreibt einen Einkauf von Tomaten.

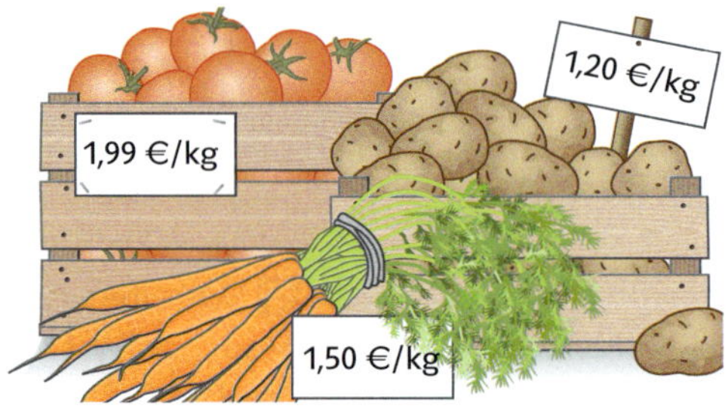

a) Wie viel Kilogramm Tomaten wurden gekauft?

b) Erfinde ähnliche Gleichungen zu dem Bild. Zeigt sie euch gegenseitig und fragt, wie viel von welchem Gemüse gekauft wurde.

◒ **11** SP Schreibe als Gleichung und löse.

a) Das Zweifache einer Zahl um 3 vermehrt ist gleich 17.

b) Das Zweifache einer Zahl um 3 vermindert ist gleich 17.

◒ **8** Sina kauft 5 Brezeln und bezahlt dafür 3,25 €.

a) Erstelle eine Tabelle, aus der du die Preise für 1; 2; 3; … 10 Brezeln ablesen kannst.

b) Gib einen Term mit einer Variablen an, mit dem du den Gesamtpreis für alle möglichen Anzahlen von Brezeln leicht berechnen kannst.

◒ **9** Löse die Gleichung durch systematisches Probieren. Fasse davor die Terme zusammen.

a) $x - 3 + 2x = 18$

b) $3{,}8 - 2x - 2x = -1$

c) $x + 2x - 3x + 4x = 0{,}4$

d) $4 + 0{,}2x + 8 = 1{,}5x - 0{,}8x - 8$

● **10** Leonhard behauptet, dass es auch Gleichungen gibt, die keine Lösung oder aber unendlich viele Lösungen haben.

$2x - 4 = 4x - 8$ $\qquad$ $2x + 23 = 17 + 6$ $\qquad$ $x + 23 = 17 + x$ $\qquad$ $3 + x = 2x + 3 - x$ $\qquad$ $x + 4 - x = 4$

a) **Prüfe** seine Behauptung, indem du für die Variablen verschiedene Werte einsetzt.

b) Welche der Gleichungen hat keine Lösung?

c) Zwei Gleichungen haben unendlich viele Lösungen. Welche?

d) Erfinde selbst eine Gleichung mit unendlich vielen Lösungen und eine Gleichung ohne Lösung. Tauscht die Gleichungen untereinander aus und überprüft sie auf Lösbarkeit.

2 Gleichungen durch Umformen lösen

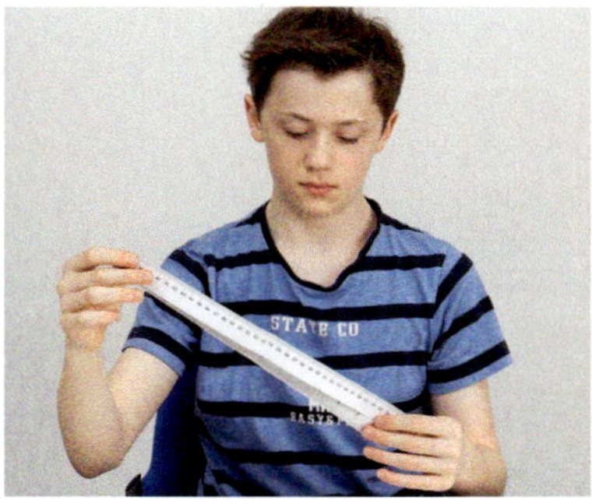

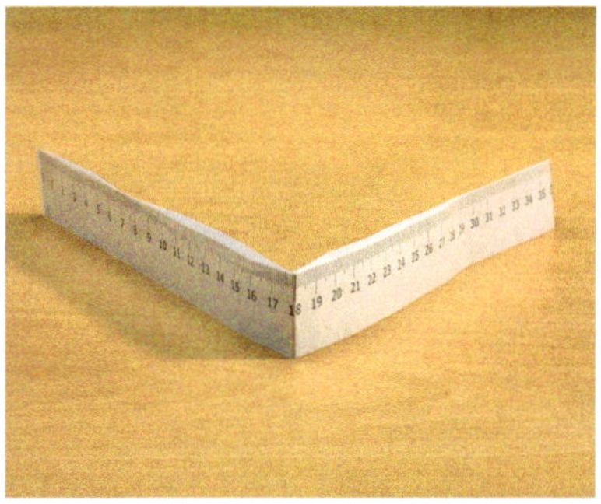

Leander behauptet: „Ich löse die Gleichung $4x = 72$, indem ich ein 72 cm langes Papierlineal falte."

➔ Beschreibe, wie Leander vorgeht.

➔ Mit einem 21 cm langen Papierlineal löst er die Gleichung $3x + 6 = 21$. Arbeitet zu zweit. Probiert aus, wie Leander das gemacht hat.

➔ Findet ihr weitere Gleichungen, die man mit einem 21 cm langen Papierlineal lösen kann?

Um eine Gleichung zu lösen, muss man diese so umformen, dass die Unbekannte (Variable) allein auf einer Seite steht. Dazu wird auf beiden Seiten der Gleichung jeweils die gleiche Rechenoperation durchgeführt. Diese Umformungen nennt man **Äquivalenzumformungen**. Auf einer Waage kann man diese Umformungen gut darstellen.

Tipp!
Äquivalent bedeutet gleichwertig.

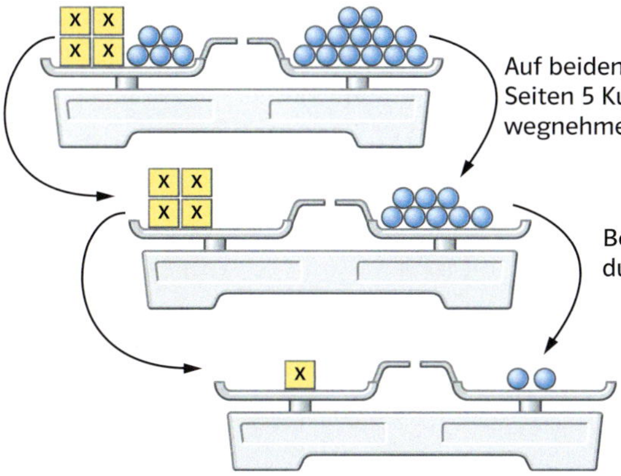

$4 \cdot x + 5 = 13$ | -5

$4 \cdot x + 5 - 5 = 13 - 5$

$4 \cdot x = 8$ | $:4$

$(4 \cdot x) : 4 = 8 : 4$

$x = 2$

Merke

Zum systematischen **Lösen einer Gleichung** führt man **Äquivalenzumformungen** durch:
- auf beiden Seiten der Gleichung denselben Term addieren oder subtrahieren,
- beide Seiten der Gleichung mit derselben Zahl (außer Null) multiplizieren oder dividieren.

Beispiele

a) $x - 7 = 11$
addiere 7
$x - 7 + 7 = 11 + 7$
$x = 18$

b) $x + 5 = 9$
subtrahiere 5
$x + 5 - 5 = 9 - 5$
$x = 4$

c) $x : 3 = 1{,}5$
multipliziere mit 3
$x : 3 \cdot 3 = 1{,}5 \cdot 3$
$x = 4{,}5$

d) $4 \cdot x = -12$
dividiere durch 4
$4 \cdot x : 4 = (-12) : 4$
$x = -3$

e) ausführliche Schreibweise:

$3 \cdot x + 4 = 12 - x$ | $+x$
$3 \cdot x + 4 + x = 12 - x + x$
$4 \cdot x + 4 = 12$ | -4
$4 \cdot x + 4 - 4 = 12 - 4$
$4 \cdot x = 8$ | $:4$
$4 \cdot x : 4 = 8 : 4$
$x = 2$

kurze Schreibweise mit Kommandostrich:

$3x + 4 = 12 - x \quad | +x$
$4x + 4 = 12 \quad | -4$
$4x = 8 \quad | :4$
$x = 2$

Probe: $3 \cdot x + 4 = 12 - x$
$3 \cdot 2 + 4 = 12 - 2$
$10 = 10$

○ **1** Beschreibe die Umformungen und gib die Lösung an.

a)
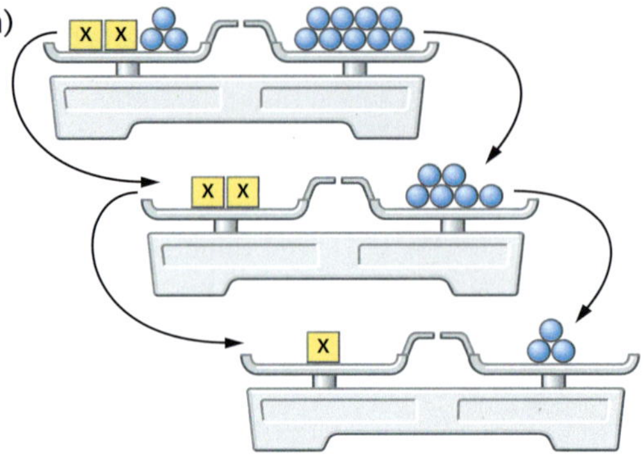

b)
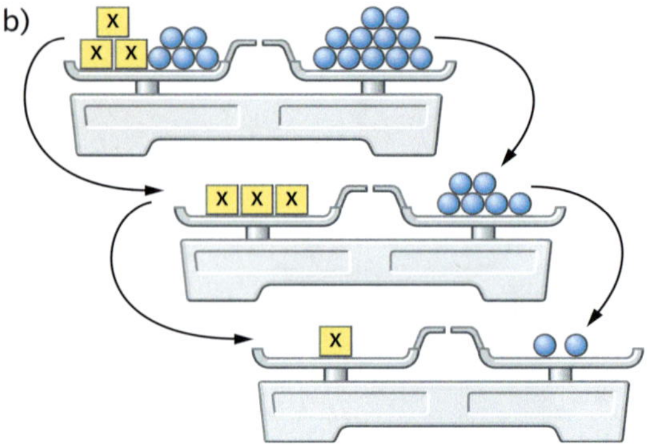

○ **2** Ergänze.

a) $5x = 45$ (: 5) → $x = ■$ (■)

b) $x + 3 = 14$ (■) → $x = ■$ (■)

c) $x - 2 = 8$ (■) → $x = ■$ (■)

d) $x : 3 = 4$ (■) → $x = ■$ (■)

e) $3x + 2 = 17$ (■) → $3x = ■$ (■) → $■ = ■$ (■)

f) $4 + 7x = 32$ (■) → $■ = ■$ (■) → $■ = ■$ (■)

○ **3** Löse die Gleichung mit Äquivalenzumformungen. Mache die Probe.

a) $x + 11 = 17$ b) $x - 2 = 6$ c) $5x = 35$
d) $8 + x = 17$ e) $x : 5 = 2$ f) $4x = 36$
g) $x - 9 = 21$ h) $4 + 2x = 20$ i) $12x = 48 - 12x$

Alles klar?

D63 **Fördern**

A Welche Gleichung passt zur Waage?
Gib die Lösung an.

$2x + 2 = 8$ $4x = x + 12$ $2x + 2 = x + 6$

a)
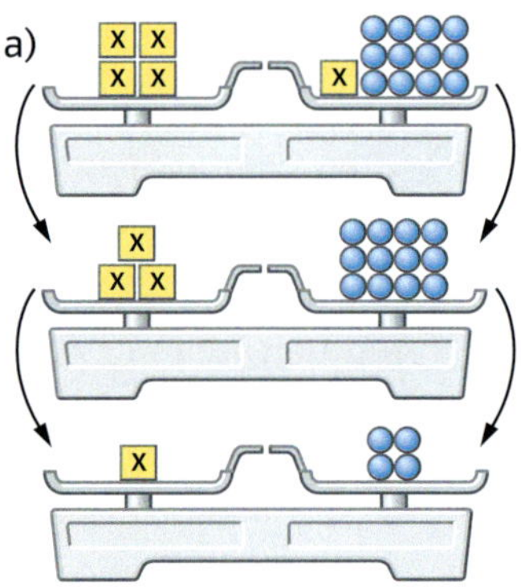

b)
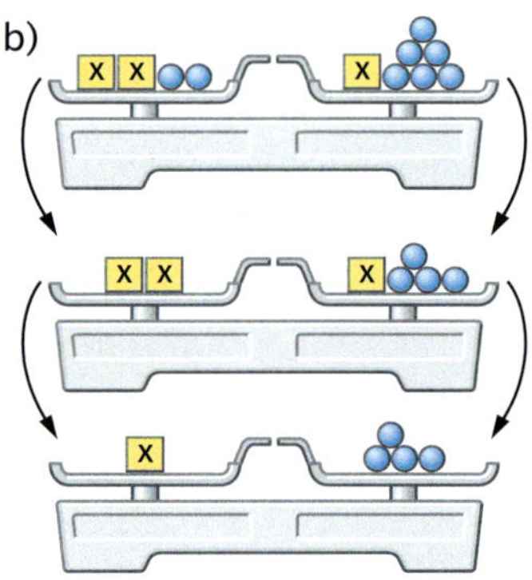

c)
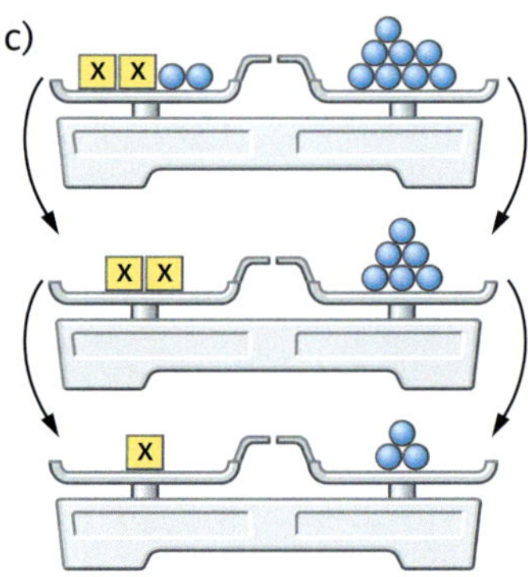

B Löse die Gleichung. Mache die Probe.

a) $17 + x = 19$ b) $x - 9 = 2$ c) $x : 2 = 3$
d) $3x = 12$ e) $2x + 6 = 32$ f) $10x = 60 - 50x$

Tipp!
$-x = 4$ bedeutet:
$(-1) \cdot x = 4$ $\quad | : (-1)$
$x = -4$

○ **4** Löse die Gleichung.

a) $x - 21 = 69$ b) $x - 21 = 19$
c) $x + 9 = 28$ d) $12 + x = 3$
e) $-4x = 12$ f) $x : 9 = 5$
g) $8x = 72$ h) $5x = -30$

◒ **4** Löse die Gleichung.

a) $x - 2{,}5 = 8$ b) $2x + 11 = 71$
c) $-x - 4 = 2$ d) $3 - x : 2 = 15$
e) $4x - 6 = 6 - 2x$ f) $x : 2 - 5 = 13$
g) $5x - 9 = -14$ h) $x + 4{,}5 = 9{,}5 - 4x$

→ Die Lösungen zu „Alles klar?" findest du auf Seite 267.

○5 Ergänze und löse die Gleichung.

a) $2x = 18$ | ■
$x = $ ■

b) $4x - 3 = 9$ | ■
$4x = $ ■ | ■
$x = $ ■

c) $4x - 1 = 7$ | ■
$4x = 8$ | ■
$x = $ ■

d) $3x = 16 - x$ | ■
■ $x = $ ■ | ■
$x = $ ■

○6 Beachte den Unterschied. Löse die Gleichungen.

Beispiel:
$5x = 20$ | : 5 aber $5 + x = 20$ | − 5
$x = 4$ $x = 15$

a) $2x = 14$
$2 + x = 14$

b) $12 = 4x$
$12 = 4 + x$

c) $x : 3 = 4$
$x - 3 = 4$

◒7 Welche Lösung passt zu welcher Gleichung?

$2x = 24$ $13 = 3x + 4$ $x = 3$ $x = 12$
$2x + 9 = 17$ $x + 4 = -2$ $x = -6$ $x = 4$

◒8 Die Lösung einer Gleichung wurde mit Waagen dargestellt.

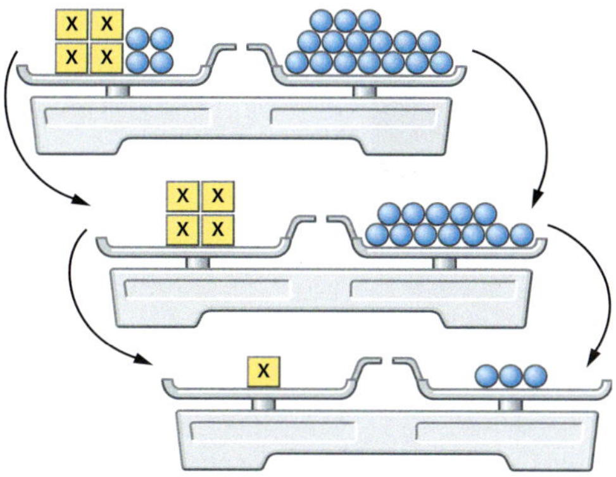

a) SP **Beschreibe** die Umformungen. Wie lautet die Lösung?
b) Zeichne Waagen zur Lösung der Gleichung $2x + 3 = 7$.

Tipp!
Zuerst zusammenfassen, dann umformen!
$3 + x + 2 + 2x = 8$
$5 + 3x = 8$

◒9 Fasse zusammen und löse die Gleichung. Mache die Probe.

a) $18 - 4x + 5x = 27$
b) $-2x + 4x + 2 = 0$
c) $4x + 15 + 4x + 4x = 51$
d) $7x + 20 - 12x = 5$
e) $6x - 100 - 3x + 72 = -13$

○5 Beachte den Unterschied. Löse die Gleichungen.

a) $8x = 24$ und $x + 8 = 24$
b) $3x = -12$ und $3 + x = -12$
c) $5 + 2x = 11$ und $5 + 2 + x = 11$
d) $2 + x - 2x = 7$ und $2x - 2 + x = 7$

◒6 Welche Lösung passt zu welcher Gleichung?

$4x + 3 = 19$ $-2x + 3 + x = 11$ $x = 1$
$13 - 4 = 3x + 4 + 2x$ $x = -8$ $x = -4$
$x - 4 = 3x + 4$ $x = 4$

◒7 Korrigiere den **Fehler** im Heft.

a)
$4x - 8 = 16$ | − 4
$x - 8 = 12$ | + 8
$x = 20$

b)
$4x + 6 = 3x - 2$ | + 2
$4x + 6 = 3x$ | − 3x
$x + 6 = 0$ | − 6
$x = -6$

c)
$x + 9 = -5x - 21$ | − x
$9 = -4x - 21$ | + 21
$30 = -4x$ | : (− 4)
$-7{,}5 = x$

◒8 Löst die Gleichung gemeinsam. Einer notiert die Äquivalenzumformung, der andere führt sie aus.

a) $7 - 5x = 2x - 21$
b) $1{,}6x - 0{,}8 = 0{,}8x + 1{,}6$
c) $-11 + 22x = 66 + 11x$
d) $-2x + 8 = 68 + 10x$

◒9 Löse die Gleichung. Die Variable muss nicht immer x heißen.

a) $4a + 9a - 7a - 2 + 22a = 54$
b) $-1{,}5 + 5b + 3{,}5 = 0{,}5b - 3 + 2b$
c) $40z + 10 - 28 - 49z = 7z + 20 - 17z$
d) $-10 + 12{,}5y + 8 + 2{,}5y = 14{,}5y + 8$

10 Hier ist eine Gleichung mit Plättchen dargestellt.

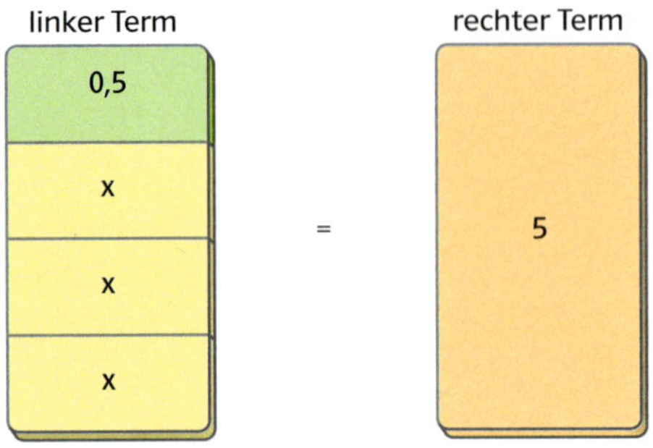

a) Notiere die Gleichung und löse sie.
b) Stelle die Gleichung $3x + 4 = 49$ mit Plättchen dar und löse sie.
c) Erfindet eigene Plättchen-Aufgaben und tauscht sie untereinander aus.

11 Baran spart Geld für eine Spielekonsole. Er überlegt: „Zu meinem Geburtstag habe ich 200 € bekommen. Den Rest bezahle ich, indem ich mein ganzes Taschengeld anspare. Das sind 30 € im Monat."

a) Welche Gleichung passt zu seiner Überlegung?

$200 = 350x - 30$ $350 = 200x + 30$ $350 = 200 + 30x$

b) Wie viele Monate muss er sein Taschengeld sparen?

12 Erfinde zur vorgegebenen Lösung eine Gleichung. Tauscht eure Aufgaben und löst sie.

Beispiel:
$x = 4$
$x + 3 = 4 + 3$
$x + 3 - 5 = 4 + 3 - 5$
$x - 2 = 7 - 5$

a) Lösung: $x = 2$ b) Lösung: $x = 3$ c) Lösung: $x = -4$

10 Stellt ein 20 cm langes Papierlineal her.

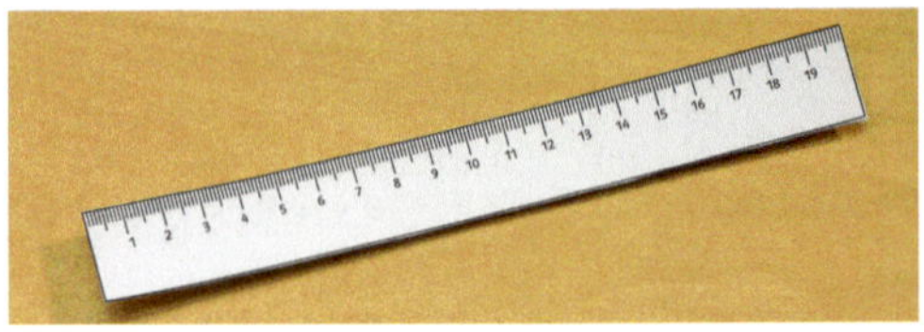

a) Löst durch Falten die Gleichung $4x + 8 = 20$.
b) Überlegt euch mindestens vier weitere Gleichungen, die ihr mit diesem Lineal lösen könnt.
c) SP Was haben diese Gleichungen gemeinsam? **Beschreibt**, was euch auffällt.

11 Lena möchte sich einen Laptop für 400 € kaufen. Sie hat bereits 280 € auf dem Konto und bekommt im Monat 30 € Taschengeld. Vom Taschengeld möchte sie die Hälfte sparen.

a) Welche Gleichungen passen zu ihrem Plan?

$400 = 280 + 15x$ $400 - 280 + 15x = 0$ $400 - 280 = \frac{1}{2} \cdot 30x$

b) Wie viele Monate muss sie sparen?

12 SP Pia und Dilara lösen eine Gleichung.

Pia
$\frac{1}{3}x - 4 = 2 \quad | \cdot 3$
$x - 12 = 6 \quad | + 12$
$x = 18$

Dilara
$\frac{1}{3}x - 4 = 2 \quad | + 4$
$\frac{1}{3}x = 6 \quad | : \frac{1}{3}$
$x = 18$

Betrachte beide Lösungswege. Wer hat geschickter gerechnet? **Begründe** deine Antwort.

13 Der Faktor vor der Variablen kann auch ein Bruch sein.

a) $\frac{4}{10}x = 16$ b) $\frac{1}{2}x - 5 + \frac{1}{4}x = 1$
c) $-6 - \frac{1}{4}x = \frac{2}{4}x$ d) $\frac{1}{3}x - 5 + \frac{1}{3}x = 3$

14 Erfinde eine Gleichung mit der angegebenen Lösung. Tauscht eure Gleichungen und macht die Probe.

a) $x = 5$ b) $x = -2$

3 Gleichungen mit Klammern

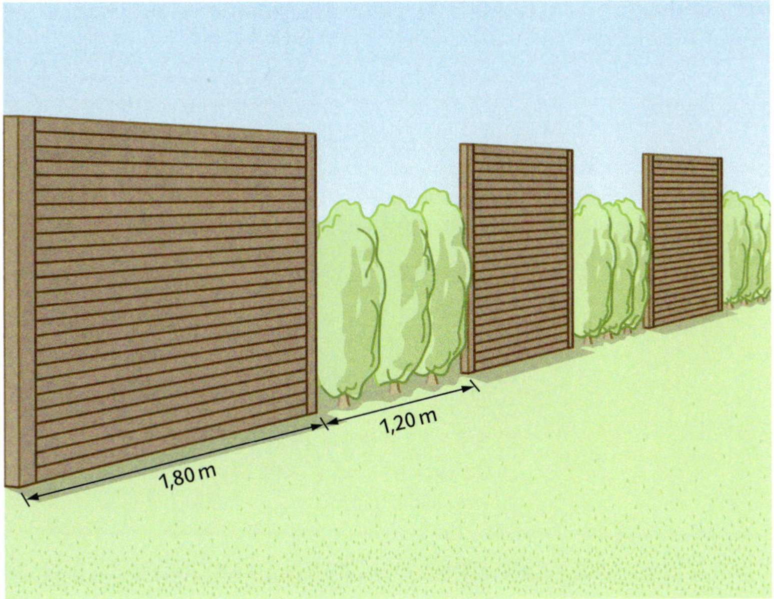

Familie Baum plant einen neuen Gartenzaun als Sichtschutz. Dazu verwenden sie einen Gartenplaner, der mit Gleichungen die Kosten berechnet. Sie wollen zwischen zwei Zaunelementen je 3 gleiche Pflanzen setzen.

→ Bei ihrer ersten Wahl kosten das Zaunelement 98 € und eine Pflanze 12 €. Berechne die Kosten für 18 m Sichtschutz.

→ Vergleicht zu zweit eure Ergebnisse. Schreibt eure Rechnungen in Form einer Gleichung auf.

→ Ein anderes Zaunelement für 55 € ist eine preiswerte Alternative. Berechnet mit eurer Gleichung den neuen Preis.

→ Schreibt nun eure Gleichung allgemeiner, indem ihr die Zaunlänge, den Preis eines Zaunelements und den Preis einer Pflanze durch Variablen ersetzt.

Kommen in einer Gleichung Terme mit Klammern vor, werden die Klammern zuerst aufgelöst.

Merke

Gleichungen mit Klammern löst man schrittweise:
- Klammern auflösen,
- Terme, wenn möglich, auf beiden Seiten des Gleichheitszeichens vereinfachen,
- Gleichung mit Äquivalenzumformungen lösen.

Beispiele

a)
$6 - (4 - x) = 7$ | Klammer auflösen
$6 - 4 + x = 7$ | zusammenfassen
$2 + x = 7$ | − 2
$x = 5$

b)
$3(x + 5) = 21$ | Klammer auflösen
$3x + 15 = 21$ | − 15
$3x = 6$ | : 3
$x = 2$

Tipp!
Plusklammer auflösen:
$+(8 - x) = 8 - x$

Minusklammer auflösen:
$-(8 - x) = -8 + x$

Malklammer auflösen:
$2 \cdot (8 - x) = 16 - 2x$

○ **1** Übertrage ins Heft und löse die Gleichung vollständig.

a) $5 + (6 + x) = 15$ | Klammer auflösen
$5 + 6 + x = 15$ | zusammenfassen
⋮

b) $20 - (5 - x) = 32$ | Klammer auflösen
$20 - 5 + x = 32$ | zusammenfassen
⋮

c) $9x = 7(x + 3)$ | Klammer auflösen
$9x = 7x + 21$ | ▒
⋮

d) $2 - 2(3 - x) = 12$ | Klammer auflösen
$2 - 6 + 2x = 12$ | ▒
⋮

○ **2** Löse die Gleichung mit Term- und Äquivalenzumformungen. Gib die Umformung hinter einem Kommandostrich an.

a) $6 + (x - 4) = 8$
b) $10 - (4 - x) = 7$
c) $5 + (x + 5) = 40$
d) $12 + 2x - (x + 4) = 24$
e) $2 + (8 + 3x) = 26 + 2x$
f) $50 - (17 + x) = 24 - 2x$

○ **3** Löse die Gleichung. Mache die Probe.

a) $3(x - 4) = 15$
b) $7(5 + x) = 49$
c) $4 + 2(8 + x) = 30$
d) $50 - 2(17 + x) = 24$
e) $2(x - 6) + 9 = 17$
f) $4 + 2(3 + 3x) = 26 + 2x$

Alles klar?

D64 Fördern

A Löse die Gleichung vollständig.

a) $9 - (5 - x) = 10$ | Klammer auflösen | zusammenfassen
⋮

b) $4(x + 4) = 28 - 2x$ | Klammer auflösen | $+2x$
⋮

B Löse die Gleichung. Mache die Probe.

a) $7 + (10 + 6x) = 29$
b) $12 = 25 + x - (19 - 2x)$
c) $6(3x + 5) + 2 = -4$
d) $6 + 2x = 5x - (4x - 17)$

○ **4** Löse die Gleichung.

a) $4 + (2x + 6) = 14$
b) $(3x - 5) - 11 = 8$
c) $2 + (3x - 4) - 5 = 20$
d) $4 - (2 + 2x) = 10$
e) $-(7x + 5) + 18 = 27$
f) $6(x + 2) - 12 = 24$
g) $3(x - 1) + 5 + x = 30$
h) $13 - (2x - 3) + 4x - 2 = 22$

◒ **5** SP Hier ist ein Fehler passiert. Beschreibe den Fehler und korrigiere im Heft.

$21 - (x + 1) = 28 + 3x$ | Klammer auflösen
$21 - x + 1 = 28 + 3x$ | zusammenfassen
$22 - x = 28 + 3x$ | -22
$-x = 6 + 3x$ | $-3x$
$-4x = 6$ | $:(-4)$
$x = -1{,}5$

○ **6** Ordne die Lösungen richtig zu.

a) $18(x - 2) = 4x + 34$
b) $4(2x + 3) = 6x + 6$
c) $2(0{,}5x + 2) = 39x - 72$
d) $-(3x + 6) + 16x = 33$
e) $4 - (2x + 4) = -12$

-3 A | 6 A | 5 M | 3 T | 2 L

○ **4** Löse die Gleichung. Kontrolliere mit der Probe.

a) $3x + 14 + (2x - 7) = 3x + 19$
b) $4x + (15 + 3x) + (25 + x) = 88 - 4x$
c) $3(5 + 2x) = -3$
d) $9x + 33 - (45 - 15x) = 15 - 3x$
e) $2(3x + 9) = 15x - 45$
f) $(3x - 5) \cdot 7 = 7 + 7x$

◒ **5** SP Hier ist ein Fehler passiert. Beschreibe den Fehler und korrigiere im Heft.

$5(x + 9) - 4 = 12 - (x + 1)$ | Klammer aufl.
$5x + 9 - 4 = 12 - (x + 1)$ | Klammer aufl.
$5x + 9 - 4 = 12 - x - 1$ | zusammenf.
$5x + 5 = 11 - x$ | $+x$
$6x + 5 = 11$ | -5
$6x = 6$ | $:6$
$x = 1$

◒ **6** Löse. Wie heißt das Lösungswort?

a) $3x + 5(2x + x) = 10x + 64$
b) $-(12x - 7) + 13 = -(15x - 23)$
c) $30 + 2(6x - 8) = 2x - (5 - 2x) + 51$
d) $20x - 18 = (3x + 4) \cdot 5 + 2$
e) $\frac{4}{5}(2x - 3) = (2x + 4) \cdot 0{,}6$
f) $\frac{1}{2}(1 - 2x) = 2{,}5 - \frac{3}{5}x$
g) $0{,}3(x + 1) + 6x = 4{,}9 + 4x$
h) $\frac{3}{5} - \left(\frac{1}{2} - \frac{1}{2}x\right) \cdot 3 - x = \frac{3}{5}$

1 C | 2 E | 8 S | 4 H | -5 D | 8 W | 12 E | 3 N

→ Die Lösungen zu „Alles klar?" findest du auf Seite 268.

7 Löse die Gleichung.

a) $(2x + 8) - 5 = 3x + 1$
b) $2(3x - 5) - 11 = 4 + x$
c) $-(3x - 4) = 19$
d) $1{,}5 - 3(2 + 2x) = 1{,}5$
e) $-6(x + 2) - 12 = 24 - 12x$
f) $16 - (2x + 8) = 2 + x$

8 SP Ordne die Sätze den Gleichungen zu und löse sie.

Ziehe von 24 die Summe von 10 und x ab und du erhältst 8.

$4 \cdot (10 + x) = 24$

$24 - (10 - x) = 8$

Subtrahiere von 24 die Differenz von 10 und x und du erhältst 8.

$24 - (10 + x) = 8$

Multipliziere die Summe von 10 und x mit 4 und du erhältst 24.

9 Vergleiche die Lösungswege.

Daniel

$2(x + 4) = 14$	$\mid :2$
$x + 4 = 7$	$\mid -4$
$x = 3$	

Emma

$2(x + 4) = 14$	$\mid$ Klammer auflösen
$2x + 8 = 14$	$\mid -8$
$2x = 6$	$\mid :2$
$x = 3$	

a) SP Welcher Lösungsweg gefällt dir besser? **Begründe** deine Antwort.
b) Löse die Gleichungen auf beide Arten.

$3(x - 4) = 18$ $\qquad$ $8(2 + 2x) = 48$

10 Baue aus den Bausteinen eine Gleichung. Wähle von jeder Farbe einen Baustein.

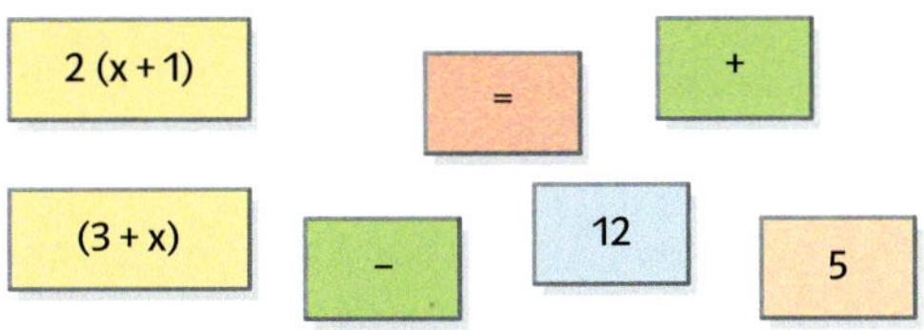

a) Findest du eine Gleichung mit einer Lösung größer null?
b) Findest du eine Gleichung mit einer Lösung kleiner null?

7 Überprüfe, ob die angegebene Lösung stimmt. Stimmt die Lösung nicht, löse die Gleichung im Heft.

a) $4(3x - 2) = 3x + 1$ $\qquad$ $x = 2$
b) $(6x - 5) = -(-15 - x)$ $\qquad$ $x = 4$
c) $3(7x + 3) = 36(x - 1)$ $\qquad$ $x = 3$
d) $2{,}5x - (x - 3) = (3x + 2{,}5)$ $\qquad$ $x = 2$

8 SP Stelle die Gleichungen auf und löse sie.

Addiere zu 9 die Summe von 4 und x und du erhältst 15.

Subtrahiere von 35 die Summe von 18 und x und du erhältst 8.

Multipliziere die Summe von x und 3 mit 4 und du erhältst 20.

9 Ergänze den fehlenden Stein in der Multiplikationsmauer und berechne x.

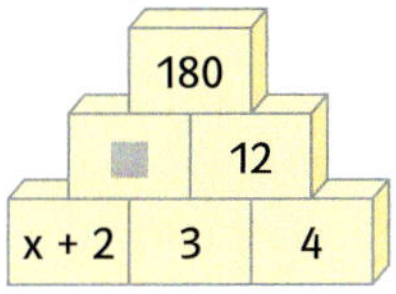

10 Laura hat eine Gleichung gelöst.

$3(2x - 8) + 6 = 12$	$\mid :3$
$2x - 8 + 2 = 4$	$\mid$ zusammenfassen
$2x - 6 = 4$	$\mid +6$
$2x = 10$	$\mid :2$
$x = 5$	

a) SP Wieso ist es hier geschickt, zuerst zu dividieren? **Begründe** deine Antwort.
b) Löse die beiden Gleichungen ebenso.

$2(x + 1) = 4x + 6$ $\qquad$ $30 + 10x = 5(x + 4)$

11 Baue aus den Bausteinen eine Gleichung.

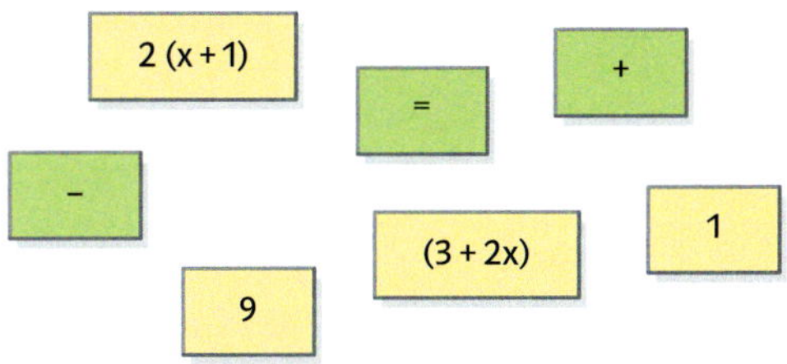

Findest du eine Gleichung, für die es
a) eine Lösung größer null gibt?
b) eine Lösung kleiner null gibt?
c) keine Lösung gibt?

4 Mit Gleichungen Fragen beantworten

Eine Weide wird quadratisch eingezäunt. An einer Seite ist ein 4 m breites Tor eingeplant. Herr Müller kauft 200 m Drahtzaun.

→ Wie lang ist eine Seite des Quadrats? Schätze.

→ Versucht zu zweit, eine Gleichung für den Umfang des Zauns aufzustellen.

→ Vergleicht eure Lösungen in der Klasse.

In vielen Sachsituationen oder in Textaufgaben muss man eine unbekannte Zahl oder eine Größe finden. Wenn man die Situation in eine Gleichung übersetzt, kann man die unbekannte Zahl oder Größe berechnen.

Merke Zum Beantworten von Fragen in Sachsituationen helfen folgende Schritte:
- Mache dich mit der Situation vertraut. Gib den Inhalt in eigenen Worten wieder.
- Fertige, wenn möglich, eine Skizze oder Tabelle an. Trage alle gegebenen Zahlen oder Größen ein.
- Bezeichne die gesuchte Größe oder Zahl mit einer Variablen.
- Stelle eine Gleichung auf.
- Berechne die gesuchte Größe oder Zahl.
- Prüfe, ob die Frage beantwortet ist und schreibe einen Antwortsatz.

Beispiele

a) Leo und sein Vater sind zusammen 64 Jahre alt. Der Vater ist dreimal so alt wie Leo. Wie alt sind beide?

Skizze:

Leo: x	Vater: 3x
64 Jahre	

Leos Alter ist unbekannt: x

Gleichung:

$x + 3x = 64$ | zusammenfassen

$4x = 64$ | : 4

$x = 16$

Antwort: Leo ist 16 Jahre alt, sein Vater 48 Jahre.

b) Opa Mehmet möchte seinen drei Enkeln Ali, Ben und Cem 1400 € schenken. Ben soll doppelt so viel wie Ali und halb so viel wie Cem bekommen. Wie viel erhält jeder?

Ali	Ben	Cem	Insgesamt
x	2x	4x	7x
200 €	400 €	800 €	1400 €

Gleichung:

$x + 2x + 4x = 1400$

$7x = 1400$ | : 7

$x = 200$

Antwort: Ali erhält 200 €, Ben 400 € und Cem 800 €.

○ **1** Skizziere die Figur in dein Heft. Stelle eine Gleichung auf und berechne die Länge der unbekannten Seite.

a) Ein gleichschenkliges Dreieck hat eine 11 cm lange Grundseite. Der Umfang des Dreiecks beträgt 45 cm.

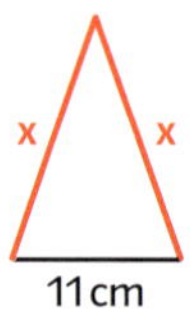

b) Der Umfang eines Parallelogramms beträgt 11 cm. Die kürzere Seite ist 2 cm lang.

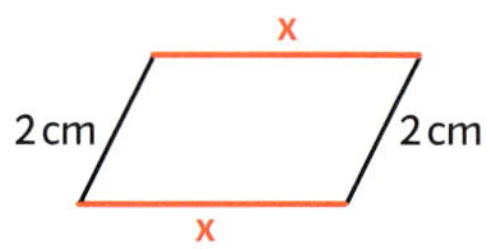

○ **2** Laura und ihre Mutter sind zusammen 55 Jahre alt. Die Mutter ist viermal so alt wie Laura. Stelle eine Gleichung auf und gib das Alter von Mutter und Tochter an.

Alles klar?

D65 Fördern

A Stelle eine Gleichung auf und berechne damit die Länge der unbekannten Seite.

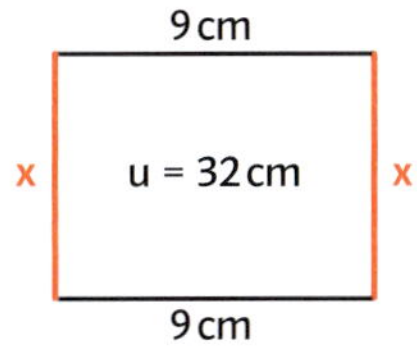

B Theo ist heute viermal so alt, wie er vor zwölf Jahren war.
a) Bezeichne das Alter vor zwölf Jahren mit x und stelle eine Gleichung auf.
b) Wie alt war Theo vor zwölf Jahren, wie alt ist er heute?

○ **3** Bei einem Dreieck ist eine der beiden unbekannten Seiten doppelt so lang wie die andere. Stelle eine Gleichung auf und gib die Längen der beiden Seiten an.

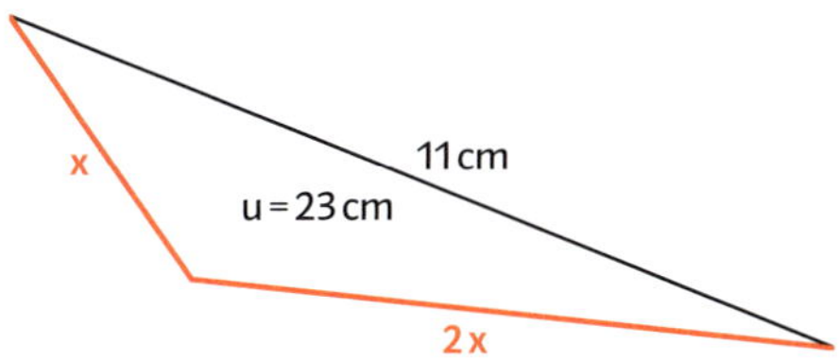

◒ **4** SP Schreibe als Gleichung und gib die gedachte Zahl an.

Zum Dreifachen einer gedachten Zahl wird das Doppelte der Zahl, erhöht um 2, addiert.

=

Die Zahl wird um zehn erhöht.

der Verschnitt
Rest oder Abfall beim Schneiden von Material

gerecht
- angemessen
- entsprechend
- fair

◒ **5** Kai, Loris und Mira arbeiten bei Oma Gertrud im Garten. Sie möchte den drei Kindern dafür 180 € geben, die sie **gerecht** verteilen sollen. Alle zusammen haben 20 Stunden gearbeitet. Kai hat doppelt so lange gearbeitet wie Loris und Mira.
a) Übertrage die Tabelle ins Heft und vervollständige sie. Wie viel bekommt jeder?

Kai	Loris	Mira	gesamt
2x	x	x	■
■	■	■	180 €

b) Wie hoch ist der Stundenlohn?

○ **3** Berechne die Seitenlängen.

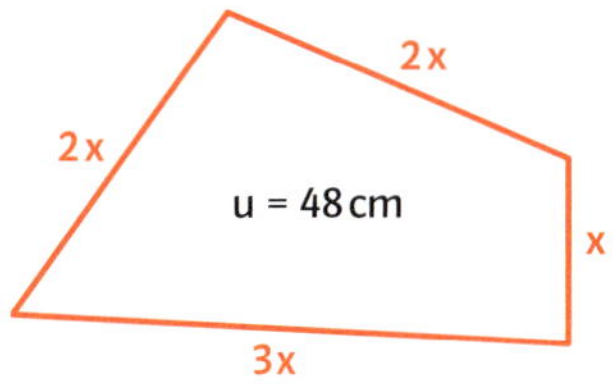

◒ **4** SP Löse das Zahlenrätsel.
a) Eine Zahl wird halbiert und um acht vermehrt. Das Ergebnis ist so groß wie das Dreifache der Zahl um zwei vermindert.
b) Eine um zwei erhöhte Zahl wird mit drei multipliziert. Das Ergebnis ist so groß wie die um zwölf erhöhte Zahl.

◒ **5** Sarah möchte ein rechteckiges Kaninchen-Gehege anlegen. Die eine Seite soll doppelt so lang sein wie die andere. Sie kauft eine 25-m-Rolle Drahtzaun und rechnet mit 1 m **Verschnitt**. Wie breit und wie lang wird das Gehege?

● **6** Drei Frauen verkaufen auf einem Markt selbstgestrickte Mützen. Für den Einkauf der Wolle haben sie 280 € ausgegeben. Frau Adler hat viermal so viel bezahlt wie Frau Bosch, Frau Conrad die Hälfte von Frau Adler.

Adler	Bosch	Conrad	gesamt
4x	x	■	■
■	■	■	280 €

a) Ergänze in der Tabelle, wie viel jede für den Einkauf ausgegeben hat.
b) Sie nehmen 630 € ein und möchten das Geld **gerecht** verteilen. Wie viel bekommt jede von den Einnahmen?

→ Die Lösungen zu „Alles klar?" findest du auf Seite 268.

MEDIEN

Tabellenkalkulation. Gleichungen

MK Ein Tabellenkalkulationsprogramm kann beim Lösen von Gleichungen und beim Rechnen mit Formeln helfen.

Tipp!
Wie man Wertetabellen anfertigt und Inhalte überträgt, findest du auf Seite 192 und 242.

○ **1** MK Mithilfe einer Wertetabelle kann die Lösung einer Gleichung schnell gefunden oder angenähert werden.
Löse die Gleichung wie im Beispiel. Verwende Rechenanweisungen mit Zellnamen und verlängere die Tabelle, bis du die Lösung gefunden hast. Dies machst du durch Übertragen der Inhalte, indem du mit der Maus entlang der Spalten ziehst.

a) $(x + 3) \cdot 4 = 4$
b) $(2x - 3) : 6 = 1{,}5$
c) $x + 4 \cdot (3x - 2) = 57$
d) $(x + 2) - (2x - 2) = -3$

	A	B
1	Löse die Gleichung durch Probieren:	
2	4x - 7 = 5	
3	x	4x - 7
4	0	=4*A4-7
5	1	-3
6	2	1
7	3	5
8	4	9
9	Die Lösung der Gleichung ist x = 3.	

○ **2** MK Auch Gleichungen, bei denen auf beiden Seiten ein Term mit einer Variablen steht, kann man durch Ausprobieren lösen.

a) Erstelle zu der Gleichung $2x + 3 = 9 - x$ eine Wertetabelle. Im Beispiel ist in Zelle B5 die Rechenanweisung zur Berechnung des linken Terms der Gleichung zu sehen. Gib die Rechenanweisung für den rechten Term in der Zelle C5 ein. Durch Übertragen der beiden Zellen B5 und C5 werden die Werte für beide Terme der Gleichung automatisch berechnet. Ist der Wert für beide Terme gleich, wie in Zeile 10, so ist der eingesetzte Wert für x = 2 die Lösung der Gleichung.
b) Löse die Gleichung $2(x + 3) = 12 + x$.
c) Löse die Gleichung $6x + x : 2 = 7x - 1$.

	A	B	C
1	Löse die Gleichung durch Probieren:		
2	2x + 3 = 9 – x		
3	Wert wählen	linker Term	rechter Term
4	x	2x + 3	9 - x
5	-3	=2*A5+3	12
6	-2	-1	11
7	-1	1	10
8	0	3	9
9	1	5	8
10	2	7	7
11	3	9	6
12	Die Lösung der Gleichung ist x = 2.		

◒ **3** MK Die Miete für einen Elektroscooter berechnet sich aus einer Grundgebühr pro Anmietung und den Kosten für die Dauer der Nutzung.

a) Bei einem Anbieter beträgt die Grundgebühr 1,00 €. Jede angefangene Minute kostet 0,19 €. Stelle eine Gleichung zur Berechnung der Mietkosten auf. Erstelle mithilfe dieser Gleichung eine Wertetabelle, in der du die Kosten bis zu einer Stunde Nutzungsdauer ablesen kannst.
b) Ein anderer Anbieter vermietet Elektroscooter für eine Grundgebühr von 1,50 € und 0,17 € pro Minute. Erweitere deine Wertetabelle um eine Spalte zur Berechnung der Mietkosten.
c) Sandra braucht 14 Minuten für die Fahrt vom Bahnhof zu ihrem Zahnarzt. Wie viel Euro müsste sie bei den beiden Anbietern bezahlen?
d) Bei welcher Nutzungsdauer kosten beide Anbieter gleich viel?

◒ **4** MK Eine Schule erhält zur Modernisierung ihres PC-Raums folgendes Angebot: Ein PC inklusive Monitor kostet 499,00 €. Es wird ein Rabatt von 8 % gewährt.

a) Überlege, welche Rechenanweisung du in die Zelle C5 eingeben musst.
b) Vervollständige das Tabellenblatt. Berechne den Betrag für 20 PCs.

	A	B	C	D
1	Angebot der Firma Langhammer			
2	Preis pro Computer in €:		499	
3	Rabatt in %:		8	
4	Anzahl	Preis in €	Rabatt in €	Betrag in €
5	1	=A5*499		=B5-C5
6	2			
7	3			
8	4			

Tabellenkalkulation. Formeln

MEDIEN

MK In den Naturwissenschaften und in der Mathematik werden häufig Formeln verwendet. Eine Formel gibt die Beziehung zwischen verschiedenen Größen wieder. In einem Tabellenkalkulationsprogramm kann man einmalig diese Formel eingeben und immer wieder zum Berechnen nutzen.

In der Prozentrechnung kann man die Größen Prozentsatz p %, Prozentwert W und Grundwert G mithilfe von Formeln berechnen.

$p\,\% = \frac{W}{G}$ $\qquad W = G \cdot p\,\%$ $\qquad G = \frac{W}{p\,\%}$

Tipp!
Wie man das Zahlenformat der Zellen ändert, findest du auf Seite 243.

○**1** MK In Zelle C5 wird die Formel zur Berechnung des Prozentsatzes verwendet. Die Zahl für den Grundwert wird dazu in C3 eingegeben und für den Prozentwert in C4. Das Zahlenformat der Zelle C5 wird in Prozent geändert. Übertrage in dein Programm und berechne damit die Aufgaben.

a) 4 von 25 b) 6 von 120
c) 200 von 250 d) 2,7 von 9
e) 0,5 von 15 f) 0,01 von 0,02

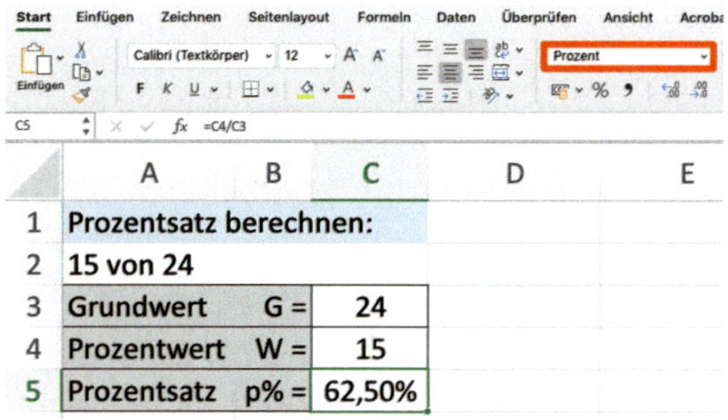

	A	B	C	D	E
1	Prozentsatz berechnen:				
2	15 von 24				
3	Grundwert	G =	24		
4	Prozentwert	W =	15		
5	Prozentsatz	p% =	62,50%		

◒**2** MK Erstelle ein neues Tabellenblatt zur Berechnung des Prozentwerts.
a) 3 % von 5,47 b) 17 % von 810 c) 99 % von 31,4 d) 0,02 % von 13

◒**3** MK In Erdnusscreme sind 90% Erdnüsse enthalten. Wie viel Gramm Erdnüsse werden für ein Glas mit 350g Erdnusscreme benötigt?

eine Prämie
ein zusätzlicher Geldbetrag als Belohnung

◒**4** MK Frau Mayer verdient im Monat 2315,74 €. Bei guten Leistungen bezahlt ihr Arbeitgeber jedes Jahr Prämien. Frau Mayer erhält einmalig zusätzlich 30% ihres Monatsgehalts. Berechne den Geldbetrag der Prämie.

◒**5** MK Erstelle ein neues Tabellenblatt zur Berechnung des Grundwerts.
a) 80 % sind 380 b) 15 % sind 81 c) 12,5 % sind 27 d) 2,5 % sind 3

◒**6** MK Herr Sahin bekommt eine Prämie von 596,85€ von seinem Arbeitgeber bezahlt. Das sind 25% seines Monatsgehalts. Berechne, wie viel Herr Sahin im Monat verdient.

◒**7** MK Verwende zum Lösen der Aufgaben deine Tabellenblätter der vorherigen Aufgaben.

a) Bei einer Umfrage wurden 583 Personen befragt. 357 Personen gaben an, dass sie eher ein Tier aus einem Tierheim als von einem Züchter nehmen würden.
b) In einem Tierheim gibt es 15 Hunde. Das sind 12,5 % aller Tiere.
c) 36 % der 66 Tiere einer privaten Tierpflegestelle sind Katzen.
d) Auf einem Gnadenhof belegen 8 Pferde, 3 Esel, 4 Ponys und 1 Ziege insgesamt 80 % der Stallplätze.

ein Gnadenhof
Dies ist eine Unterkunft für alte Tiere. Dort werden die Tiere versorgt, bis sie sterben.

Zusammenfassung

Gleichungen lösen – Systematisches Probieren

Einfache Gleichungen kann man oft durch **systematisches Probieren** lösen.
Systematisch Probieren bedeutet, dass man gezielt Werte für die Variable einsetzt.

	Wert des linken Terms	Aufgabe $3x + 5 = 23$	Wert des rechten Terms
$x = 8$ „zu groß“	29	$3 \cdot 8 + 5 \neq 23$	23
$x = 5$ „zu klein“	20	$3 \cdot 5 + 5 \neq 23$	23
$x = 6$ „gleich“	23	$3 \cdot 6 + 5 = 23$	23

Sind beide Werte gleich, ist das die Lösung: $x = 6$

Gleichungen lösen – Umkehraufgabe

Einfache Gleichungen kann man oft durch eine Umkehraufgabe lösen.

Aufgabe: $6x = 54$
Das Sechsfache einer Zahl ist 54.
Umkehraufgabe: $x = 54 : 6$
Die Zahl ist der sechste Teil von 54.
Lösung: $x = 9$

Zur Kontrolle macht man die Probe.
Probe: $6 \cdot 9 = 54$
$54 = 54$ ✓

Gleichungen lösen – Äquivalenzumformungen

Zum systematischen Lösen einer Gleichung wendet man **Äquivalenzumformungen** an:
Man darf auf beiden Seiten der Gleichung denselben Term addieren oder subtrahieren.
Man darf beide Seiten der Gleichung mit derselben Zahl (außer Null) multiplizieren oder dividieren.

$5x + 2 = 14 - x \quad | +x$
$6x + 2 = 14 \quad | -2$
$6x = 12 \quad | :6$
$x = 2$

Zur Kontrolle macht man die Probe:
$5x + 2 = 14 - x$
$5 \cdot 2 + 2 = 14 - 2$
$10 + 2 = 12$
$12 = 12$ ✓

Gleichungen mit Klammern lösen

Gleichungen mit Klammern löst man schrittweise:
- Klammern auflösen,
- Terme, wenn möglich, auf beiden Seiten des Gleichheitszeichens vereinfachen,
- Gleichung mit Äquivalenzumformungen lösen.

Minusklammer:
$8 - (3 - x) = 9 \quad |$ Klammer auflösen
$8 - 3 + x = 9 \quad |$ zusammenfassen
$5 + x = 9 \quad | -5$
$x = 4$

Malklammer:
$4(x + 2) = 20 \quad |$ Klammer auflösen
$4x + 8 = 20 \quad | -8$
$4x = 12 \quad | :4$
$x = 3$

Mit Gleichungen Fragen beantworten

Zum Beantworten von Fragen in Sachsituationen helfen folgende Schritte:
- Mache dich mit der Situation vertraut. Gib den Inhalt in eigenen Worten wieder.
- Fertige, wenn möglich, eine Skizze oder Tabelle an. Trage alle gegebenen Zahlen oder Größen ein.
- Bezeichne die gesuchte Größe oder Zahl mit einer Variablen.
- Stelle eine Gleichung auf.
- Berechne die gesuchte Größe oder Zahl.
- Prüfe, ob die Frage beantwortet ist und schreibe einen Antwortsatz.

Basistraining

○ **1** Löse mit einer Umkehraufgabe.
a) $7x = 56$ b) $3 + x = 34$
c) $x - 16 = 5$ d) $4x = 28$
e) $x : 2 = 11$ f) $42 + x = 145$

○ **2** MK 💻 Löse die Gleichung durch Probieren. Verwende auch ein Tabellenkalkulationsprogramm.
a) $3 + 2x = 7$ b) $12 - 3x = 3$
c) $2x + 2 = 10$ d) $4x - 3 = 13$
e) $-x + 2 = 1$ f) $10 - 2x = 4$

○ **3** Die Waage ist im Gleichgewicht. Wie viele Kugeln sind so schwer wie ein Würfel?

a)
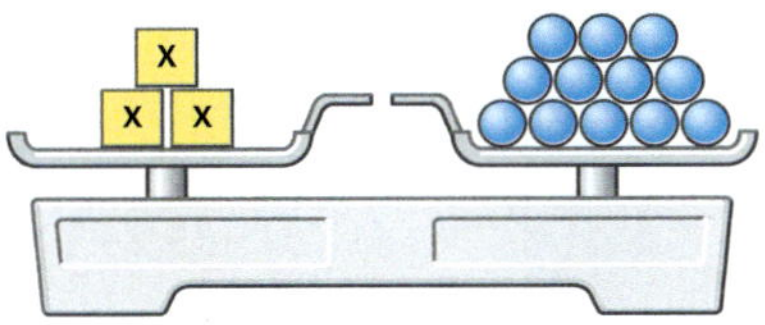

b)
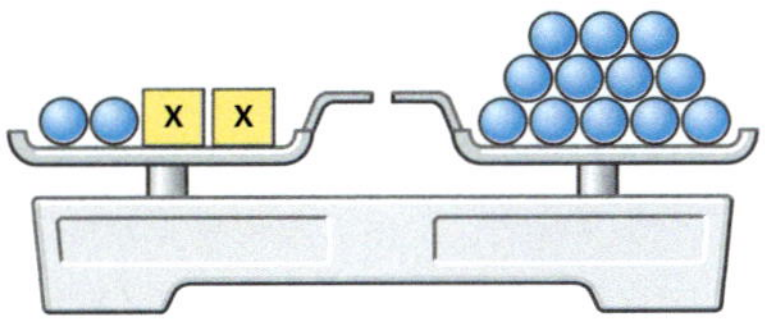

c)
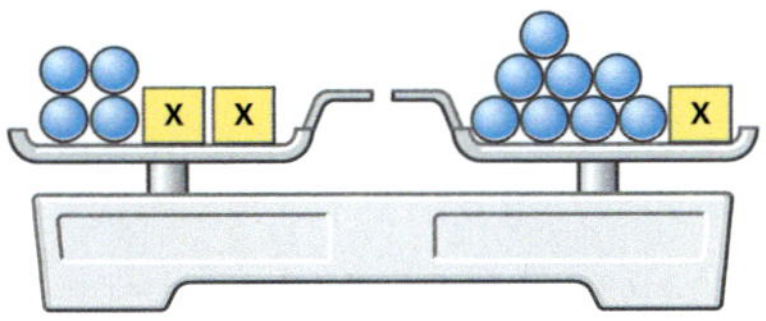

○ **4** Gib die Umformung an und löse die Gleichung.
a) $x + 4 = 20$ | ■
$x =$ ■
b) $4x = 20$ | ■
$x =$ ■
c) $x - 6 = 20$ | ■
$x =$ ■
d) $x : 4 = 20$ | ■
$x =$ ■

○ **5** Löse die Gleichung durch Umformen.
a) $4x + 2 = 18$ b) $1 + 10x = 21$
c) $4x - 4 = 52$ d) $6x + 35 = 60 + x$
e) $5x + 0{,}5 = x + 20{,}5$
f) $7{,}5 + 13x = 22{,}5 + 3x$

1,5 D | 2 O | 5 O
5 L | 4 K | 14 B

○ **6** Jeweils zwei Gleichungen haben die gleiche Lösung.

$4x - 5 = 7$
$-3 = x + 1$
$2 - 2x + 1 = 4$
$32 = 2x$
$3 + x - 7 = 2x$
$4x = 12$
$3x = 6$
$30 + x + 2 = 3x$
$8x - 2 = 4 + 5x$
$3 - 2x = 4$

○ **7** Löse die Gleichung. Überprüfe deine Lösung mit einer Probe.
a) $3 + (2x - 5) = 12$
b) $2(x - 3) = 18$
c) $14x - (x + 5) = 21$
d) $12 - (x - 3) + 4x = 24$
e) $2(x + 2) - 3 = 23$
f) $3(x + 1) - x - 1 = 6$

◒ **8** Luca spart auf ein Mountain-Bike. 280 € hat er auf dem Konto. Zum Geburtstag bekommt er 150 €.

Luca macht sich eine Skizze und überlegt, wie lange er noch sparen muss, wenn er monatlich 20 € von seinem Taschengeld ansparen kann.

Konto	Geburtstag	Taschengeld
280 €	150 €	x · 20 €

Stelle eine Gleichung auf und berechne.

◒ **9** SP Lies die Rätsel.

Wenn man 327 zu einer Zahl addiert, erhält man 999.

Addiert man zum Vierfachen einer Zahl das Achtfache derselben Zahl, so erhält man 108.

a) Stelle zu beiden Rätseln eine Gleichung auf und bestimme die gesuchte Zahl.
b) 👥 Erfinde selbst ein Rätsel. Arbeitet zu zweit. Tauscht eure Rätsel und löst sie.

Anwenden. Nachdenken

10 Stelle eine Gleichung auf und löse sie.

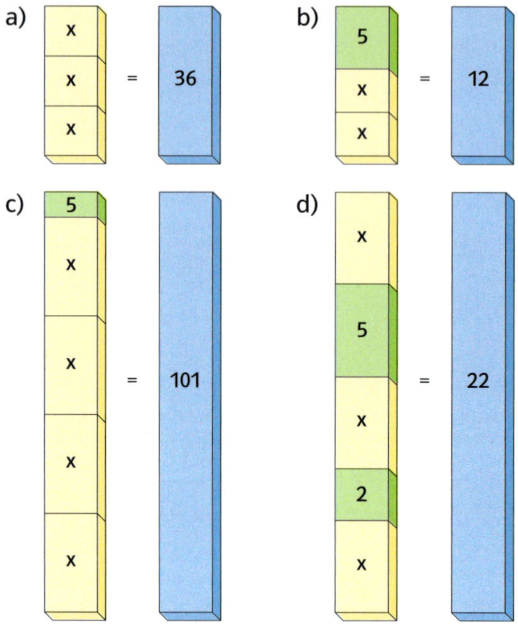

11 MK Löse die Gleichung. Überprüfe dein Ergebnis mit einem Tabellenkalkulationsprogramm.

a) $2{,}8 - 6x = 0{,}7 + x$
b) $0{,}45x + 1{,}4 - 0{,}2x = 3{,}9 - x$
c) $4{,}1 - (2x + 3) = 2x - 2{,}9$
d) $0{,}4 \cdot (x - 3) - 4 = 0{,}8 + x$
e) $1{,}8 - 0{,}6x - 2{,}3 = 4{,}4x + 2$
f) $-1{,}5(x - 3) + 5x - 6{,}5 = 13 + 4{,}5x$

12 Übertrage die Additionsmauern ins Heft.

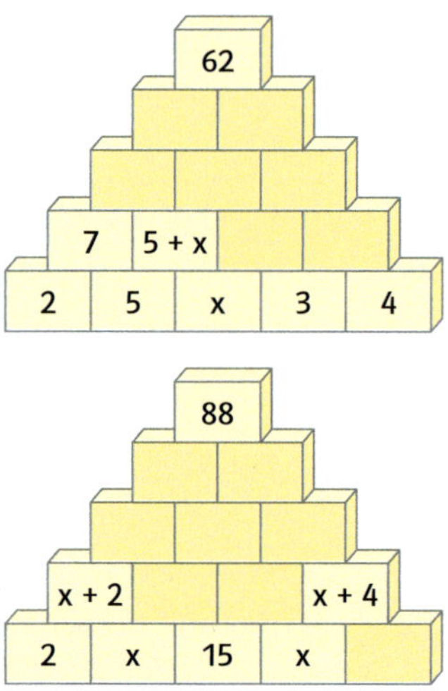

a) Fülle alle Steine aus.
b) Berechne den Wert von x.

13 Löse die Gleichung.

a) $\frac{1}{5}x - \frac{1}{2} = \frac{21}{2}$
b) $\frac{2}{3}x + \frac{5}{2} = \frac{7}{2} - \frac{1}{3}x$
c) $\frac{3}{4}x - \frac{1}{3} = \frac{1}{2}x + \frac{2}{3}$
d) $\frac{7}{10}x + 2 = \frac{5}{2} - \frac{3}{10}x$

14 Löse die Gleichung. Beachte: Steht in einer Klammer eine weitere Klammer, wird die innere Klammer zuerst aufgelöst.

Beispiel: $5 - (x - (4 - 2x)) = 8$
$5 - (x - 4 + 2x) = 8$
$5 - x + 4 - 2x = 8$

a) $12 + (5x + (x - 4)) = 20$
b) $37 - (3x + 2(x - 4)) = 15$
c) $5 + (2x - (x - 3)) = 18$
d) $(2x - (9x + 7)) = 2(3x + 3)$

15 Ergänze so, dass die Gleichung die angegebene Lösung hat.

a) $4x + ■ = x + 20$ $\quad x = 6$
b) $3x + ■ = 7 - x$ $\quad x = 1$
c) $2x + 9 = ■ + 4x$ $\quad x = 2$
d) $4x + 7 = 2x + ■$ $\quad x = -2$
e) $5 - x = 3x - ■$ $\quad x = 3$
f) $■ - 2x = 3x - 9$ $\quad x = 2$

16 Bestimme die Länge der Seiten.

a)

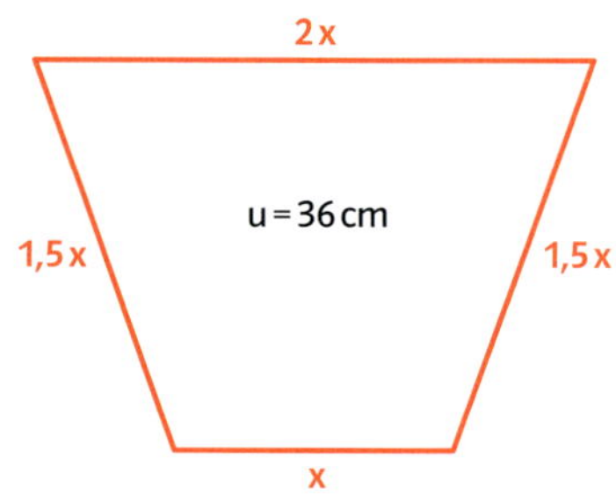

b)

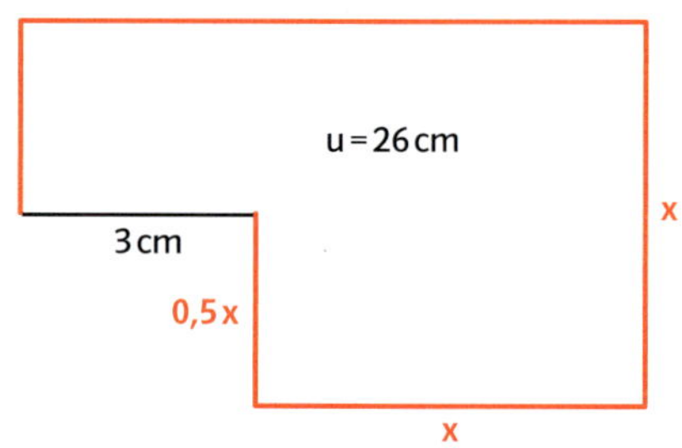

17 Eine Mietwagenfirma vermietet besondere Autos für einen Tag.

Die Firma berechnet einen Grundpreis von 299,00 €. Außerdem wird jeder gefahrene Kilometer mit 30 ct berechnet.

a) Stelle einen Term auf, mit dem man den Preis für jede beliebige Fahrstrecke berechnen kann.

b) Berechne mit diesem Term den Preis bei 150 km (250 km; 320 km; 80 km) gefahrener Strecke.

c) Herr Arnold bezahlt 377,90 €. Wie viele Kilometer ist er gefahren?

18 Klea kauft für ihre Geburtstagsfeier zwei Packungen Chips, eine Packung Gummibärchen, 3 Tafeln Schokolade und vier Flaschen Saft ein. Sie bezahlt mit einem 20-€-Schein und bekommt 6,30 € zurück.

Stelle zu dieser Situation eine Gleichung auf und berechne, was eine Flasche Saft kostet.

19 SP Lies die Rätsel.

Subtrahiert man von einer Zahl die Summe von 12 und 36, so erhält man 100.

Subtrahiert man von einer Zahl die Differenz von 17 und 4, so erhält man 7.

Stelle zu jedem Rätsel eine Gleichung auf und bestimme die gesuchte Zahl.

20 Ein Elefantenbaby kommt mit einer Masse von ca. 100 kg zur Welt.

In den ersten Monaten nimmt es wöchentlich um 7 kg zu. Wann wird es 200 kg (250 kg; 300 kg) schwer sein? Stelle eine Gleichung auf und beantworte damit die Frage.

21 Drei Freunde spielen Lotto. Adel bezahlt $\frac{1}{3}$ des Einsatzes, Ben die Hälfte und Carlo den Rest. Der Gewinn wird entsprechend des Einsatzes verteilt. Carlo bekommt 30 € ausbezahlt.

a) Wie hoch war der Gesamtgewinn?

b) Wie viel Euro erhalten Adel und Ben?

22 Die gesamte Kantenlänge des Quaders beträgt 32 cm.

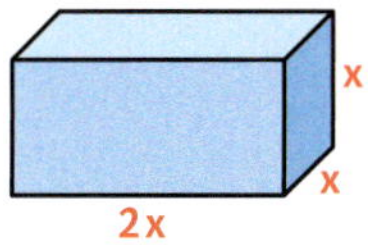

a) Bestimme Breite, Länge und Höhe des Quaders.

b) Aus zwei solchen Quadern wird eine Figur gebaut. Bestimme die gesamte Kantenlänge der zusammengesetzten Figur.

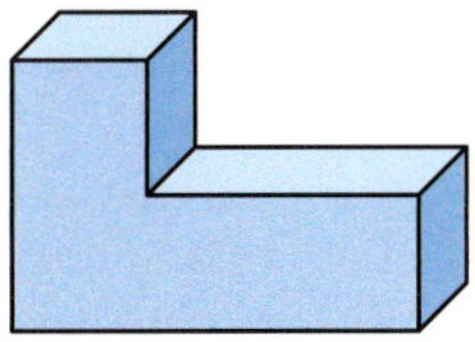

23 Löse mithilfe einer Gleichung.

a) Amira hat viermal so viele Sticker wie Emma. Sie gibt Emma 12 Sticker ab. Nun haben beide gleich viele. Wie viele Sticker gehörten beiden jeweils am Anfang?

b) Harun schoss für seine Mannschaft doppelt so viele Tore wie Luis. Nikita erzielte fünf Tore weniger als Harun. Zusammen trafen die drei 25-mal das Tor.

Rückspiegel

D66 **Teste dich**

○ **1** Löse die Gleichung im Kopf.
a) $4x = 28$ b) $29 - x = 7$ c) $5x + 4 = 24$ d) $3x - 1 = 17$

○ **2** Löse mit der passenden Umkehraufgabe.
a) $9x = 108$ b) $x + 27 = 81$ c) $x : 9 = 6$ d) $x - 0{,}5 = 9{,}5$

○ **3** Löse die Gleichung. Gib die Umformungen hinter einem Kommandostrich an.
a) $15 + x = 19$ b) $x - 9 = 41$ c) $8x = 72$ d) $x : 3 = 13$
e) $-11 + 14x = 3$ f) $12x - 24 = 12$ g) $6x - 12 = 18$ h) $3 + 4x = x + 24$

○ **4** Löse die Gleichung.
a) $12x + (20 - 10x) = 28$ b) $12 = 4 - (7 - 3x)$ c) $15x = 5(20 - 2x)$

○ **5** Till möchte sich einen Drucker kaufen. Es gibt folgendes Angebot:

Wie hoch ist der Preis für eine Patrone, wenn er sich für das Aktionspaket entscheidet?

○ **6** Der Umfang des gleichschenkligen Dreiecks beträgt 35 cm. Berechne die Länge seiner Schenkel.

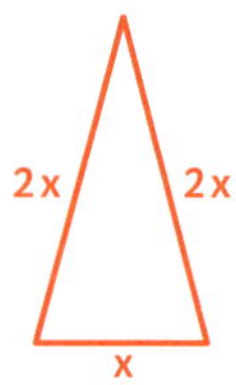

◒ **7** Eine rechteckige Fläche soll mit 150 m Zaun eingezäunt werden. Das Rechteck soll doppelt so breit wie lang sein.
a) Skizziere die Situation.
b) Stelle zur Situation eine Gleichung auf.
c) Berechne Länge und Breite der Fläche.

◒ **5** Mara kauft zwei Jeans und vier T-Shirts in unterschiedlichen Farben für insgesamt 137,60 €.

Wie hoch ist der Preis für ein T-Shirt?

◒ **6** Berechne die Winkel des gleichschenkligen Dreiecks.

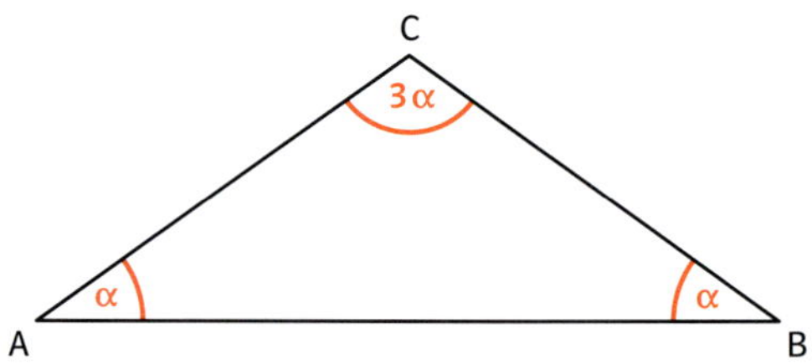

● **7** Eine quadratische Fläche soll mit einem 18 m langen Zaun umzäunt werden. 2 m sollen dabei offen bleiben.
a) Fertige eine Skizze an und beschrifte sie.
b) Stelle zur Situation eine Gleichung auf.
c) Berechne die Seitenlänge des Quadrats.

→ Die Lösungen findest du auf Seite 268.

Grundwissen

Kapitel 2
Aufgaben A und B

Ganze Zahlen auf der Zahlengeraden ablesen und markieren

Entscheide, in welchen **Schritten** die Zahlengerade eingeteilt ist. Betrachte die an der Zahlengeraden eingetragenen **Zahlen**, zwischen denen die gesuchte Zahl steht. Zähle den **Wert** der gesuchten Zahl ab.

Auf welche Zahl zeigt der Pfeil?

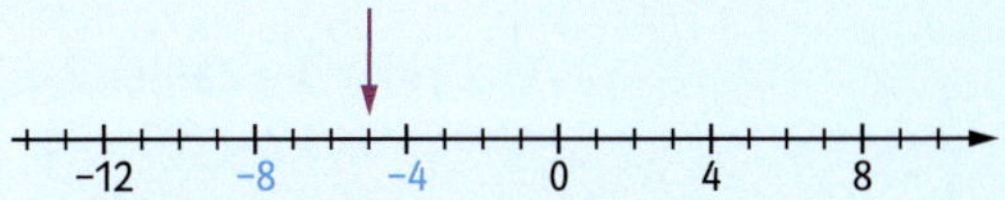

- Einteilung in **Einer-Schritte**.
- Die Zahl liegt zwischen (− 4) und (− 8).
- Die gesuchte Zahl ist **(− 5)**, da sie einen Schritt **links** von der (− 4) liegt.

Zum Markieren einer **Zahl** auf der Zahlengeraden verfährst du ebenso wie oben. Überlege, zwischen welchen beiden **Zahlen** die Zahl eingetragen werden muss. Zeichne einen **Pfeil** an diese Stelle und beschrifte ihn mit der **Zahl**.

Trage die Zahl **(− 6)** ein.

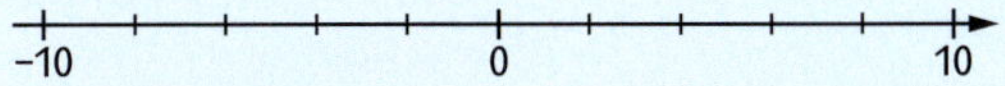

- Einteilung in **Zweier-Schritte**.
- Die Zahl **(− 6)** liegt zwischen 0 und (− 10).
- Die Zahl **(− 6)** wird auf dem dritten Strich $(3 \cdot 2 = 6)$ **links** der 0 eingetragen.

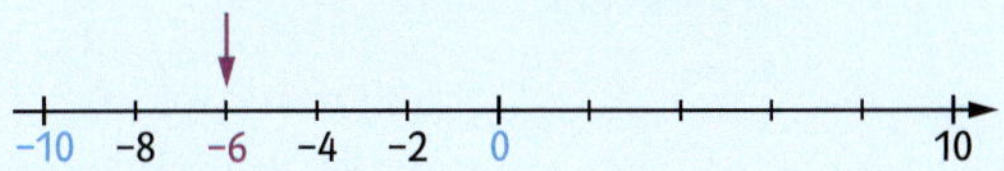

1 Lies die Zahlen an der Zahlengeraden ab.

a)

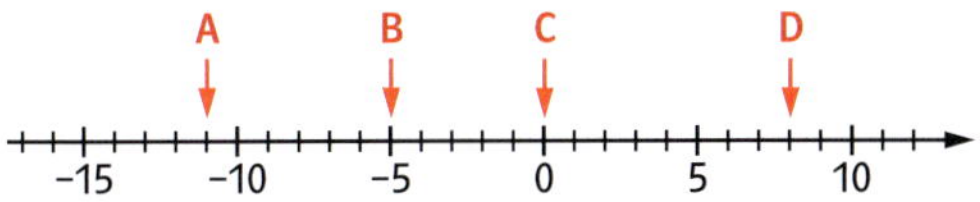

b)

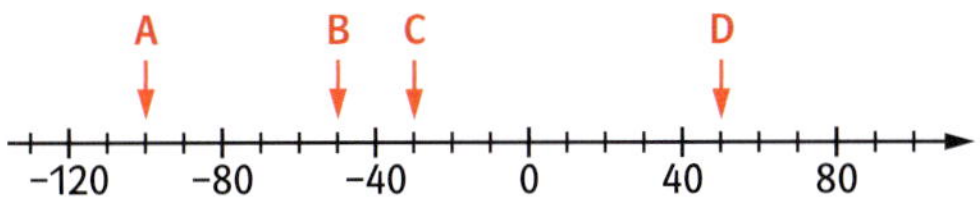

c)

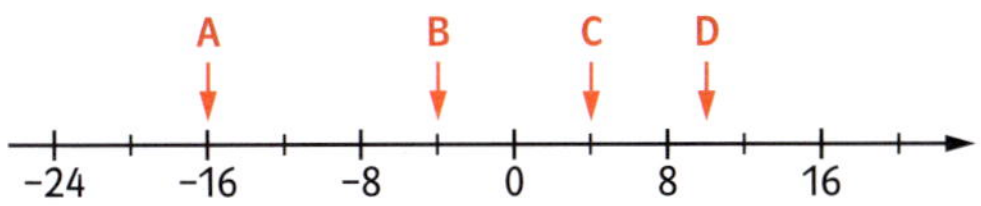

2 Zeichne die Zahlengerade in dein Heft und markiere die Zahlen.

a) − 8; − 2; 0; 4; 7

b) − 35; − 20; − 10; 5; 15

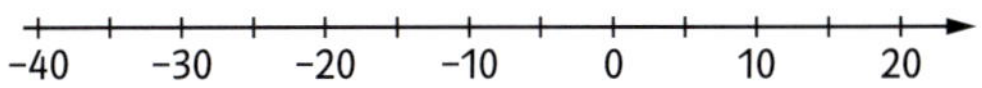

3 Zeichne eine geeignete Zahlengerade und markiere die Zahlen.

a) − 50; − 30; − 15; 5; 20

b) − 120; − 80; − 10; 20; 70

Kapitel 2
Aufgabe C

Ganze Zahlen vergleichen und ordnen

Auf der Zahlengeraden sind die ganzen Zahlen der Größe nach geordnet. **Rechts** von der Null sind alle ganzen Zahlen **positiv**, **links** von der Null **negativ**. Je weiter **rechts** eine ganze Zahl steht, desto **größer** ist sie und umgekehrt, je weiter **links** eine ganze Zahl steht, desto **kleiner** ist sie.

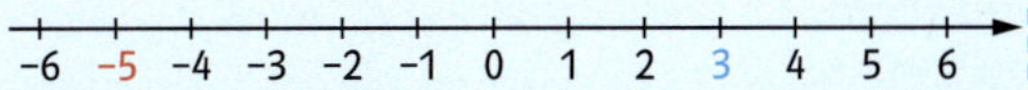

Vergleiche − 5 und 3

$-5 < 3$ $3 > -5$

lies: − 5 ist **kleiner** als 3 3 ist **größer** als − 5

Ordne, beginne mit der kleinsten Zahl.

− 7; 12; 5; − 1; 0; − 12; 3; 14

$-12 < -7 < -1 < 0 < 3 < 5 < 12 < 14$

→ Die Lösungen findest du auf Seite 270.

4 Kleiner oder Größer? Setze das richtige Zeichen (< oder >) ein.
a) 5 ■ 3 b) 7 ■ −2 c) −8 ■ 6 d) −12 ■ −15 e) 0 ■ −9 f) −159 ■ −245

5 Ordne die Zahlen nach ihrer Größe. Beginne mit der kleinsten Zahl.
a) 34; −45; 17; 91; −92; 0; −28; −46 b) −176; −178; 175; 170; −169; 169

6 Ordne die Zahlen nach ihrer Größe. Beginne mit der größten Zahl.
a) 95; 0; 22; −23; −1; 2; 96; −24 b) −2004; −999; 1576; 2003; −4000; −187; 843; 3

Kapitel 2
Aufgabe J

Kapitel 3
Aufgabe B

Kapitel 4
Aufgabe C

Punkte im Koordinatensystem ablesen und eintragen

Im **Koordinatensystem** werden Gitterpunkte durch zwei Zahlen beschrieben.

Der Punkt P hat die **Koordinaten** (5 | 3).
5 heißt x-Koordinate,
3 heißt y-Koordinate.
Der Punkt wird mit P (5 | 3) beschrieben.
Der **Koordinatenursprung 0** hat die Koordinaten (0 | 0).

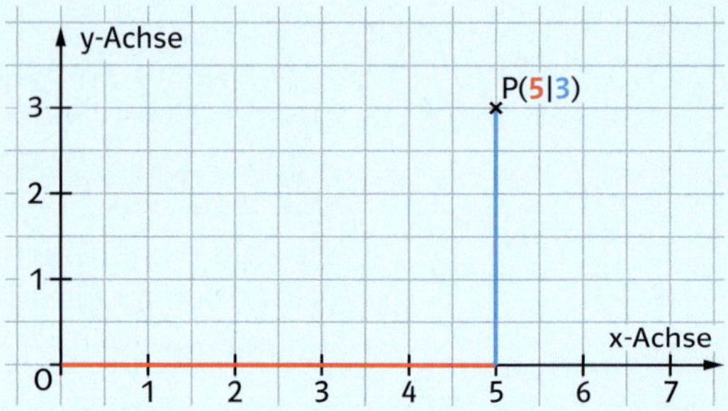

Soll der Punkt A (3 | 2) in das Koordinatensystem eingetragen werden, so gehst du vom Koordinatenursprung 3 Einheiten längs der x-Achse nach rechts und dann 2 Einheiten parallel zur y-Achse nach oben.

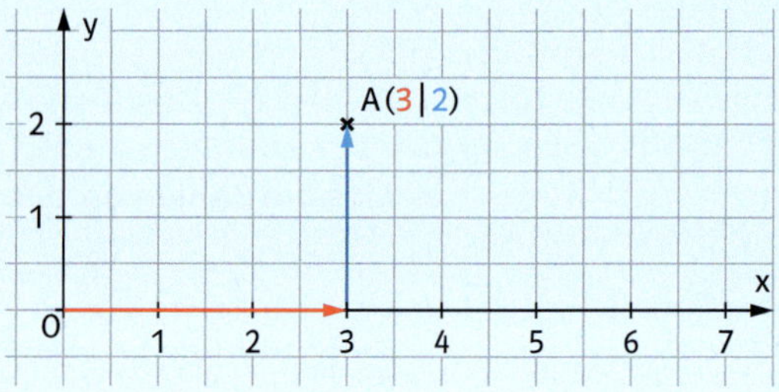

7
a) Übertrage den Satz ins Heft und ergänze.
Den Punkt C erreicht man, indem man vom Koordinatenursprung ■ Kästchen nach rechts und ■ Kästchen nach oben geht.
b) Gib die Koordinaten der Punkte A; B; C und D an. Beschreibe, was dir auffällt.

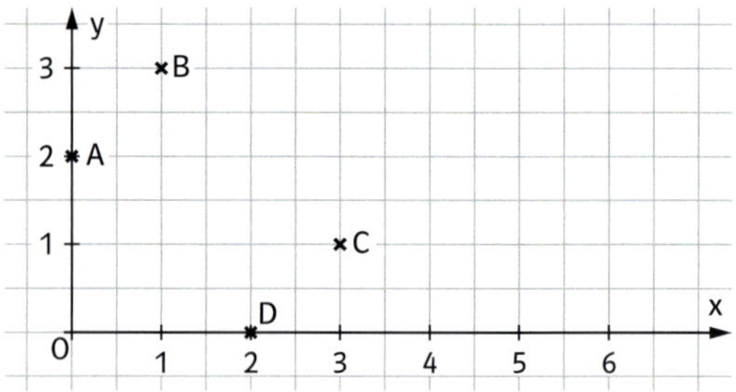

8 Zeichne ein Koordinatensystem.
a) Trage die Punkte A (1 | 5); B (3 | 3); C (4 | 1) und D (6 | 0) ein.
b) Beschreibe den Weg vom Koordinatenursprung zu den Punkten B und C.

9 Zeichne ein Koordinatensystem. Verbinde nacheinander die Punkte A (2 | 2); B (6 | 2); C (6 | 5) und D (2 | 5). Welche Figur entsteht?

→ Die Lösungen findest du auf Seite 270.

Kapitel 2
Aufgabe D

Zunahmen und Abnahmen bestimmen

Zunahme und **Abnahme** können auf einer **Zahlengeraden** veranschaulicht werden:

Die Zunahme um 5 entspricht einer Änderung um + 5:
Gehe fünf Schritte nach rechts.

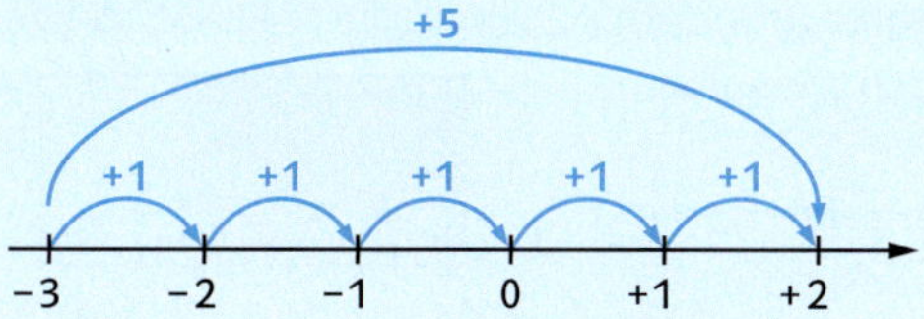

Die Abnahme um 4 entspricht einer Änderung um − 4:
Gehe vier Schritte nach links.

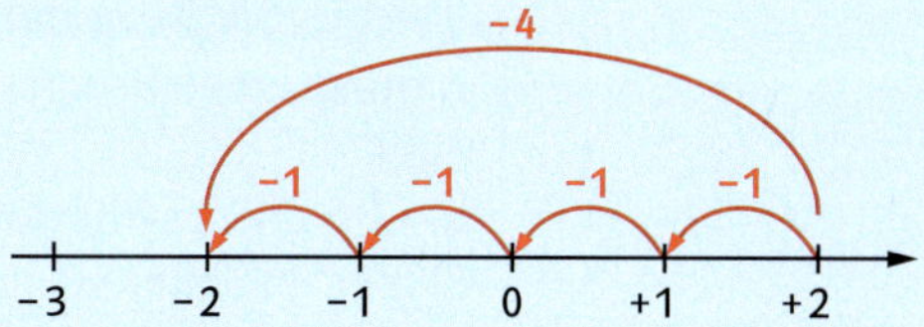

10 Beschreibe die Änderung mithilfe einer positiven oder einer negativen Zahl.

a) Die Temperatur fällt um 7 °C.
b) Die Zimmertemperatur steigt um 5 °C.
c) Ein Seebär taucht 10 m in die Tiefe.
d) Inas Guthaben wächst um 12 €.

11 Ergänze die fehlenden Werte.

a)

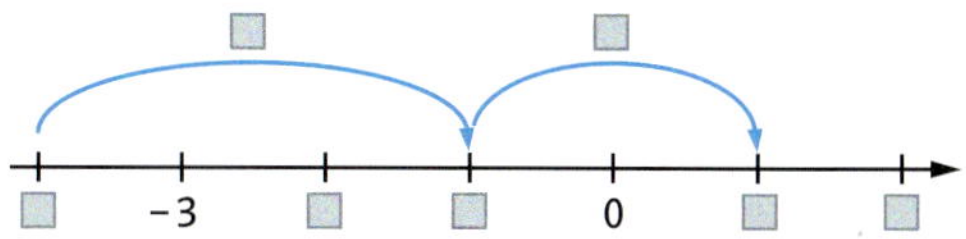

b)

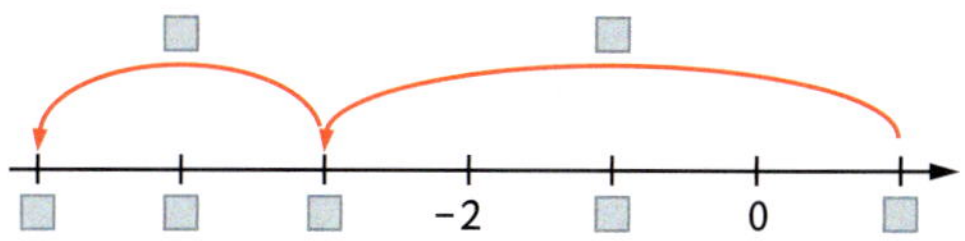

Kapitel 1
Aufgaben A und B

Kapitel 5
Aufgabe B

Kapitel 6
Aufgabe A

Bruchteile erkennen und benennen

Der Nenner eines Bruchs gibt an, in wie viele gleich große Teile das Ganze zerlegt wird.
Der Zähler gibt an, wie viele dieser Teile ausgewählt werden.

2	Zähler	Bruch
—	Bruchstrich	
5	Nenner	

Die Figuren sind in fünf gleich große Teile geteilt. Je zwei dieser Teile wurden ausgewählt und gefärbt. Aus beiden Figuren kannst du den Bruch $\frac{2}{5}$ ablesen.

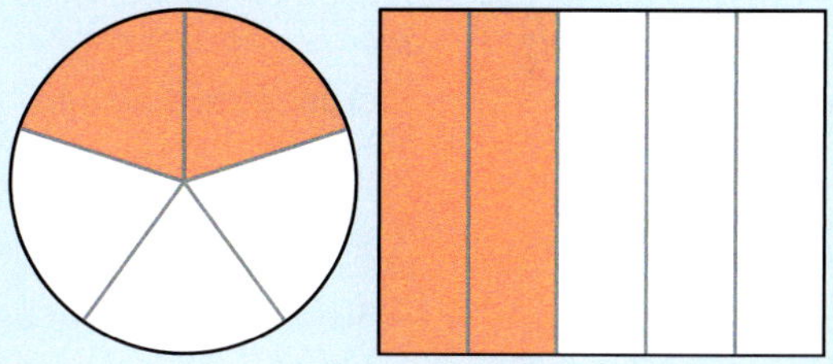

12 Wie heißt der gefärbte Bruchteil?

a)

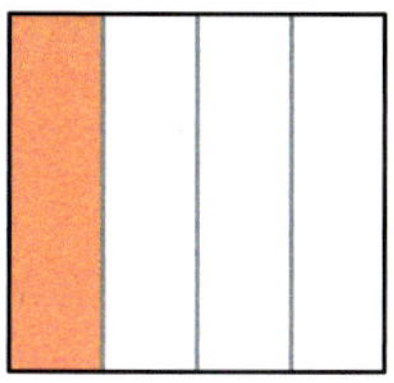

b)

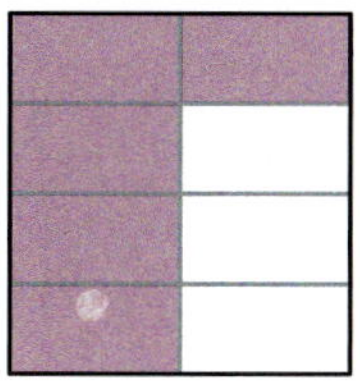

c)

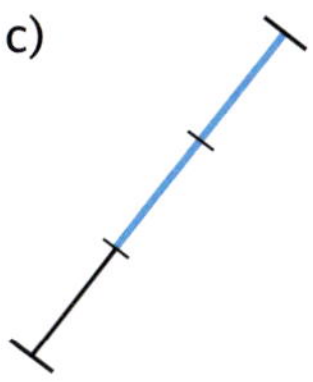

d)

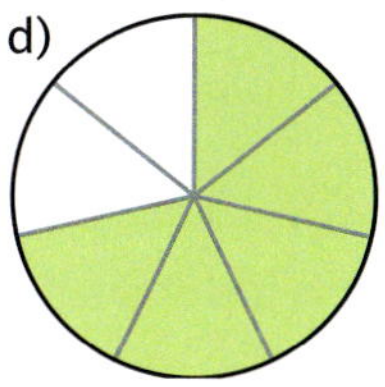

e)

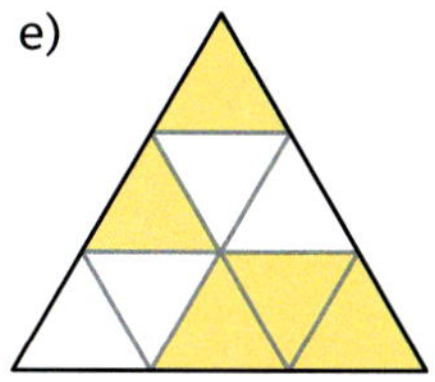

13 Stelle den genannten Bruchteil grafisch dar.

a) $\frac{3}{4}$ b) $\frac{7}{10}$ c) $\frac{1}{3}$ d) $\frac{4}{5}$ e) $\frac{13}{24}$

→ Die Lösungen findest du auf Seite 270.

Kapitel 1
Aufgabe C und F

Kapitel 5
Aufgabe C

Kapitel 6
Aufgabe B

Brüche erweitern und kürzen

Erweitern: Multipliziere den Zähler und den Nenner eines Bruchs mit derselben Zahl.

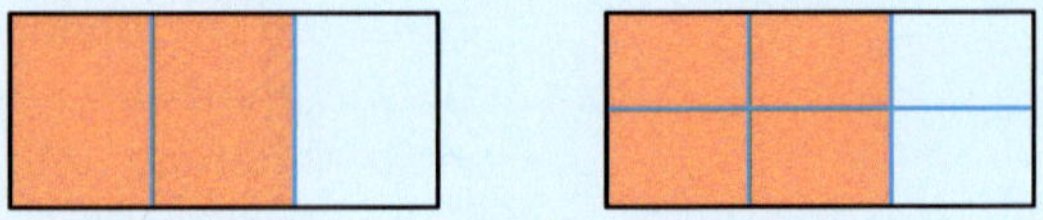

$\frac{2}{3} = \frac{2 \cdot 2}{3 \cdot 2} = \frac{4}{6}$

Kürzen: Dividiere den Zähler und den Nenner eines Bruchs durch dieselbe Zahl.
Ein Bruch ist **vollständig gekürzt**, wenn Zähler und Nenner nur noch einen gemeinsamen Teiler (die Eins) haben.

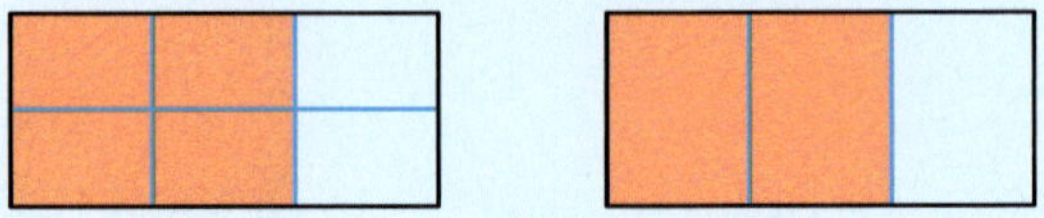

$\frac{4}{6} = \frac{4 : 2}{6 : 2} = \frac{2}{3}$

Der **Wert des Bruchs** ändert sich beim Erweitern und Kürzen nicht.

14 Erweitere

a) mit 3: $\frac{1}{4}$; $\frac{3}{5}$; $\frac{3}{7}$; $\frac{5}{8}$

b) mit 4: $\frac{1}{2}$; $\frac{2}{3}$; $\frac{5}{6}$; $\frac{7}{9}$

c) mit 5: $\frac{1}{3}$; $\frac{1}{8}$; $\frac{3}{4}$; $\frac{2}{7}$

15 Kürze

a) mit 2: $\frac{2}{4}$; $\frac{6}{10}$; $\frac{6}{8}$; $\frac{10}{12}$

b) mit 3: $\frac{3}{9}$; $\frac{9}{12}$; $\frac{6}{15}$; $\frac{18}{21}$

c) mit 5: $\frac{5}{15}$; $\frac{10}{20}$; $\frac{15}{40}$; $\frac{45}{50}$

16 Ergänze.

a) $\frac{3}{12} = \frac{\blacksquare}{4}$
b) $\frac{15}{18} = \frac{5}{\blacksquare}$

c) $\frac{40}{200} = \frac{\blacksquare}{100}$
d) $\frac{1}{2} = \frac{10}{\blacksquare}$

e) $\frac{2}{9} = \frac{\blacksquare}{36}$
f) $\frac{3}{5} = \frac{\blacksquare}{100}$

17 Kürze vollständig.

a) $\frac{4}{8}$
b) $\frac{8}{12}$

c) $\frac{18}{24}$
d) $\frac{40}{50}$

e) $\frac{18}{30}$
f) $\frac{12}{28}$

Kapitel 5
Aufgabe D

Brüche vergleichen

Haben zwei Brüche denselben Nenner, sind sie **gleichnamig**.

$\frac{1}{5}$; $\frac{2}{5}$; $\frac{3}{5}$; $\frac{4}{5}$

Gleichnamige Brüche: Vergleiche die Zähler.

$\frac{3}{8} < \frac{5}{8}$ $\quad$ $\frac{5}{9} > \frac{4}{9}$

Ungleichnamige Brüche: Erweitere sie so, dass sie den gleichen Nenner haben.

$\frac{5}{8}$ und $\frac{2}{3}$

gemeinsamer Nenner: 24

Vergleiche dann die Zähler.

$\frac{5}{8} = \frac{15}{24}$ $\quad$ $\frac{2}{3} = \frac{16}{24}$

also gilt: $\frac{5}{8} < \frac{2}{3}$

18 Vergleiche die Brüche. Ergänze das Zeichen < oder >.

a) $\frac{1}{4} \blacksquare \frac{2}{4}$
b) $\frac{4}{5} \blacksquare \frac{3}{5}$

c) $\frac{5}{8} \blacksquare \frac{3}{8}$
d) $\frac{5}{7} \blacksquare \frac{6}{7}$

e) $\frac{8}{9} \blacksquare \frac{7}{9}$
f) $\frac{6}{11} \blacksquare \frac{8}{11}$

19 Mache die Brüche zunächst gleichnamig. Vergleiche dann.

a) $\frac{3}{4}$ und $\frac{7}{8}$
b) $\frac{3}{5}$ und $\frac{11}{20}$

c) $\frac{1}{2}$ und $\frac{2}{3}$
d) $\frac{3}{4}$ und $\frac{7}{10}$

e) $\frac{7}{8}$ und $\frac{5}{6}$
f) $\frac{7}{20}$ und $\frac{9}{25}$

→ Die Lösungen findest du auf Seite 271.

Kapitel 1
Aufgabe D

Unechte Brüche als gemischte Zahl schreiben

Der unechte Bruch $\frac{5}{3}$ liegt um $\frac{2}{3}$ rechts von 1. Du kannst ihn als **gemischte Zahl** $1\frac{2}{3}$ schreiben.

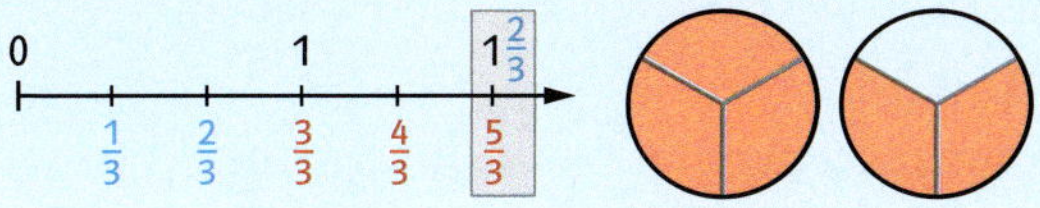

$\frac{5}{3} = 1\frac{2}{3}$

$\frac{5}{3} = \frac{3}{3} + \frac{2}{3} = 1 + \frac{2}{3} = 1\frac{2}{3}$

20 Wandle den Bruch in eine gemischte Zahl um.

a) $\frac{7}{4}$ b) $\frac{5}{3}$ c) $\frac{9}{7}$ d) $\frac{11}{2}$ e) $\frac{18}{5}$ f) $\frac{20}{2}$

Kapitel 1
Aufgabe E
Kapitel 5
Aufgabe E

Dezimalzahlen in Brüche umwandeln

Bei der Dezimalschreibweise stehen vor dem Komma Ganze. Nach dem Komma folgen die Nachkommastellen: Zehntel (z), Hundertstel (h), Tausendstel (t), …

4,385 liest du: „Vier Komma drei acht fünf."

Eine nützliche Darstellung für Dezimalzahlen ist die **Stellenwerttafel**.

Dezimalzahl	**Stellenwerttafel**					**Bruch**
	Ganze		**Dezimale**			
	Z	**E**	**z**	**h**	**t**	
0,3		0	3			$\frac{3}{10}$
0,846		0	8	4	6	$\frac{846}{1000}$
2,05		2	0	5		$\frac{205}{100}$

21 Übertrage die Tabelle und fülle sie aus. Lies die Dezimalzahlen laut vor.

Dezimalzahl	Stellenwerttafel					Bruch
	Ganze		Dezimale			
	Z	E	z	h	t	
1,8						■
■						$\frac{267}{100}$
■		0	6	2		■
0,509						■
■						$\frac{27}{1000}$
■						$\frac{5}{1000}$
■	5	0	9	4		■

22 Schreibe als Dezimalzahl.
a) 4 E + 3 z + 1 h
b) 9 Z + 2 E + 9 z + 5 h
c) 8 E + 4 z + 9 t
d) 5 E + 7 h + 3 t

23 Schreibe als Bruch.
a) 0,3 b) 0,01 c) 0,009
d) 2,7 e) 1,17 f) 3,483

24 Schreibe zuerst als Bruch. Kürze dann vollständig.
a) 0,8 b) 0,2 c) 0,4
d) 0,08 e) 0,45 f) 0,75
g) 0,008 h) 0,045 i) 0,125
j) 1,5 k) 2,4 l) 1,25

→ Die Lösungen findest du auf Seite 271.

Kapitel 1 Aufgabe E
Kapitel 5 Aufgabe E
Kapitel 6 Aufgabe C

Brüche in Dezimalzahlen umwandeln

Brüche mit dem Nenner 10; 100; 1000; … kannst du direkt in Dezimalzahlen umwandeln.

$\frac{3}{10} = 0{,}3$ $\frac{5}{100} = 0{,}05$ $\frac{83}{1000} = 0{,}083$

Bestimmte Brüche kannst du durch Erweitern in Dezimalzahlen umwandeln.

$\frac{3}{5} = \frac{6}{10} = 0{,}6$ $\frac{2}{25} = \frac{8}{100} = 0{,}08$

25 Schreibe als Dezimalzahl.

a) $\frac{7}{10}$ b) $\frac{58}{100}$ c) $\frac{9}{100}$
d) $\frac{137}{1000}$ e) $\frac{75}{1000}$ f) $\frac{7}{1000}$

26 Wandle in eine Dezimalzahl um.

a) $\frac{1}{2}$ b) $\frac{3}{4}$ c) $\frac{45}{50}$
d) $\frac{13}{20}$ e) $\frac{7}{5}$ f) $\frac{1}{25}$

Kapitel 5 Aufgabe A

Zahlen runden

Beim Runden von Zahlen legt man zuerst die **Rundungsstelle** fest.

Folgt auf die Rundungsstelle eine 0; 1; 2; 3 oder 4, bleibt die Rundungsstelle unverändert. Du rundest **ab**.

Runden auf **Zehner**: 22,314 ≈ 20
Runden auf **Einer**: 22,314 ≈ 22
Runden auf **Zehntel**: 22,314 ≈ 22,3

Runden auf **Hundertstel**:
22,314 ≈ 22,31

Folgt auf die Rundungsstelle eine 5; 6; 7; 8 oder 9, wird die Rundungsstelle um 1 erhöht. Du rundest **auf**.

Runden auf **Zehner**: 135,698 ≈ 140
Runden auf **Einer**: 135,698 ≈ 136
Runden auf **eine Nachkommastelle**: 135,698 ≈ 135,7
Runden auf **zwei Nachkommastellen**: 135,698 ≈ 135,70

27 Runde auf ganze Euro.
a) 4,95 €; 5,45 €; 5,52 €
b) 5,09 €; 5,99 €; 9,99 €

28 Runde auf ganze Meter.
a) 2,92 m; 2,38 m; 1,80 m
b) 3,49 m; 3,51 m; 3,50 m

29 Markiere zuerst die Rundungsstelle.
a) Runde auf Einer.
34,92; 2,7; 59,49; 5,67
b) Runde auf Zehntel.
34,92; 2,77; 59,49; 5,67
c) Runde auf zwei Nachkommastellen.
34,928; 2,777; 59,499; 5,670

Kapitel 2 Aufgabe E

Natürliche Zahlen addieren

Addiere
zuerst die Einer,
dann die Zehner,
dann die Hunderter,
…
Schreibe die **Überträge** jeweils in die nächste Spalte.

	H	Z	E
	5	2	9
+	2	8	7
+	7	0	5
	1	2	
1	5	2	1

5 + 7 + 9 = 21; schreibe 1; übertrage 2
2 + 0 + 8 + 2 = 12; schreibe 2; übertrage 1
1 + 7 + 2 + 5 = 15; schreibe 15

→ Die Lösungen findest du auf Seite 271.

30 Addiere schriftlich.
a) 68 + 95 b) 277 + 389 c) 108 + 249 + 198 d) 81 + 407 + 296

Kapitel 2
Aufgabe E

Dezimalzahlen addieren

Schreibe die Dezimalzahlen so untereinander, dass Komma unter Komma steht. Beginne von rechts mit dem Addieren. Achte auf entstehende Überträge.

	4	6,	8	9
+	8	0,	7	0
1		1		
1	2	7,	5	9

Nullen ergänzen

31 Addiere. Achte auf das Komma.
a) 4,3 + 5,6 b) 7,1 + 2,8
c) 2,07 + 5,70 d) 5,78 + 7,85
e) 15,3 + 7,5 f) 3,84 + 69,08

32 Die Anzahl der Nachkommastellen ist verschieden. Schreibe untereinander und ergänze fehlende Nullen.
a) 0,78 + 1,8 b) 0,9 + 6,35
c) 3,405 + 6,09 d) 5,9 + 0,4062

Kapitel 2
Aufgabe E

Natürliche Zahlen subtrahieren

Subtrahiere
zuerst die Einer,
dann die Zehner,
dann die Hunderter,
…

Schreibe die **Überträge** jeweils in die nächste Spalte.

	H	Z	E
	8	2	6
–	6	7	9
	1	1	
	1	4	7

9 bis 16 fehlen 7; schreibe 7; übertrage 1
1 + 7 = 8; 8 bis 12 fehlen 4; schreibe 4; übertrage 1
1 + 6 = 7; 7 bis 8 fehlt 1; schreibe 1

33 Subtrahiere schriftlich.
a) 97 – 64 b) 386 – 172
c) 659 – 536 d) 593 – 41

34 Subtrahiere. Achte auf die Überträge.
a) 386 – 159 b) 531 – 277
c) 183 – 96 d) 1032 – 856

Kapitel 2
Aufgabe E

Dezimalzahlen subtrahieren

Schreibe die Dezimalzahlen so untereinander, dass Komma unter Komma steht. Ergänze, wenn nötig, fehlende Nullen. Beginne von rechts mit dem Subtrahieren. Achte auf entstehende Überträge.

	7	3,	5	8
–	4	9,	6	0
	1	1		
	2	3,	9	8

Nullen ergänzen

35 Subtrahiere. Achte darauf, dass Komma unter Komma steht.
a) 6,7 – 4,3 b) 65,8 – 41,7
c) 18,4 – 12,6 d) 7,93 – 4,72
e) 8,05 – 5,87 f) 31,42 – 22,19

36 Die Anzahl der Nachkommastellen ist verschieden. Schreibe untereinander und ergänze fehlende Nullen.
a) 3,7 – 2,84 b) 5,24 – 1,6
c) 14,4 – 9,75 d) 5,723 – 0,8

→ Die Lösungen findest du auf Seite 272.

Kapitel 1
Aufgaben F, G und H

Brüche addieren und subtrahieren

Gleichnamige Brüche addierst oder subtrahierst du, indem du ihre Zähler addierst oder subtrahierst und den gemeinsamen Nenner beibehältst.

$\frac{2}{7} + \frac{4}{7} = \frac{2+4}{7} = \frac{6}{7}$

Ungleichnamige Brüche addierst oder subtrahierst du, indem du
- beide Brüche gleichnamig machst, also auf einen gemeinsamen Nenner bringst.
- die beiden Zähler addierst oder subtrahierst. Den gemeinsamen Nenner behältst du bei.

$\frac{3}{5} + \frac{1}{3} = \frac{3 \cdot 3}{5 \cdot 3} + \frac{1 \cdot 5}{3 \cdot 5} = \frac{9}{15} + \frac{5}{15} = \frac{14}{15}$

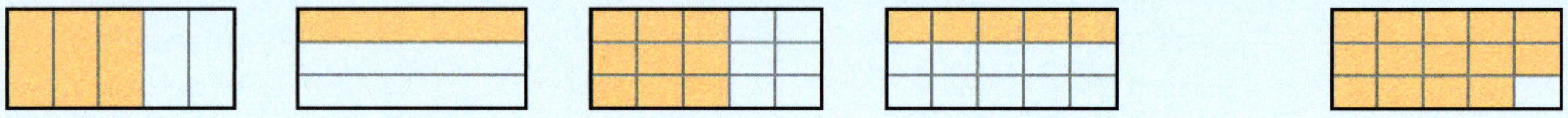

37 Addiere die Brüche. Kürze, wenn möglich.

a) $\frac{2}{7} + \frac{1}{7}$ b) $\frac{3}{10} + \frac{4}{10}$ c) $\frac{5}{12} + \frac{1}{12}$ d) $\frac{1}{3} + \frac{4}{9}$ e) $\frac{3}{20} + \frac{3}{10}$ f) $\frac{4}{18} + \frac{10}{24}$

38 Subtrahiere die Brüche. Kürze, wenn möglich.

a) $\frac{9}{10} - \frac{6}{10}$ b) $\frac{8}{9} - \frac{4}{9}$ c) $\frac{12}{15} - \frac{2}{5}$ d) $\frac{5}{6} - \frac{3}{18}$ e) $\frac{2}{3} - \frac{1}{4}$ f) $\frac{1}{2} - \frac{3}{7}$

Kapitel 2
Aufgabe F

Natürliche Zahlen multiplizieren

Multipliziere zuerst den Zehner der zweiten Zahl mit dem Einer, dem Zehner, dem Hunderter der ersten Zahl. Multipliziere anschließend mit dem Einer der zweiten Zahl ebenso die erste Zahl. Achte auf den Übertrag und ergänze fehlende Nullen.

H	Z	E		Z	E
4	7	2	·	5	3
	2	3	6	0	
+		1	4	1	6
		1			
	2	5	0	1	6

Multiplizieren mit dem Zehner:
Sprechweise: 5 · 2 = **10**; schreibe **0**; merke 1
5 · 7 + 1 = 36; schreibe **6**; merke 3
5 · 4 + 3 = **23**; schreibe **23**
Multiplizieren mit dem Einer:
Sprechweise: 3 · 2 = 6; schreibe **6**
3 · 7 = 21; schreibe **1**; merke 2
3 · 4 + 2 = 14; schreibe 14

39 Multipliziere schriftlich.

a) 127 · 4 b) 76 · 37 c) 206 · 54 d) 429 · 78

Kapitel 2
Aufgabe F

Dezimalzahlen multiplizieren

Multipliziere die Dezimalzahlen zunächst ohne das Komma zu berücksichtigen. Setze dann das Komma: Das Ergebnis hat so viele Stellen nach dem Komma wie die beiden Faktoren zusammen.

Aufgabe:	7,62	·	3,8		
Berechnen:	762	·	38	=	28956
Komma setzen:	7,62	·	3,8	=	28,956

→ Die Lösungen findest du auf Seite 272.

40 Multipliziere im Kopf.

a) 3,2 · 3 b) 4,1 · 2 c) 1,1 · 8 d) 1,5 · 3

41 Multipliziere schriftlich.

a) 3,2 · 7 b) 4,9 · 6
c) 2,4 · 1,8 d) 5,42 · 1,2

42 Welches Ergebnis gehört zu welcher Rechnung? Entscheide, ohne zu multiplizieren.

a) 3,4 · 0,71
b) 6,74 · 3,86
c) 1,9 · 0,7
d) 8 · 3,6

26,0164 28,8 1,33 2,414

Kapitel 2
Aufgabe G

Natürliche Zahlen dividieren

Dividiere stellenweise. Beginne mit der höchsten Stelle. Lässt sich die höchste Stelle nicht dividieren, fasst man die beiden höchsten Stellen zusammen.

	6	2	5	8	:	7	=	8	9	4
−	5	6	↓	↓						
		6	5							
	−	6	3	↓						
			2	8						
		−	2	8						
				0						

Sprechweise:
62 : 7 = 8; schreibe 8; rechne 8 · 7 = 56; Rest 6
65 : 7 = 9; schreibe 9; rechne 9 · 7 = 63; Rest 2
28 : 7 = 4; schreibe 4; rechne 4 · 7 = 28; Rest 0

43 Dividiere schriftlich.

a) 2874 : 3 b) 532 : 7 c) 5643 : 9 d) 979 : 11

Kapitel 2
Aufgabe G

Dezimalzahlen dividieren

Bei der Division zweier Dezimalzahlen verschiebst du das Komma der beiden Zahlen so weit nach rechts, bis der **Divisor eine natürliche Zahl** ist.

	9,	3	6	:	1,	2			
	9	3,	6	:	1	2	=	7,	8
−	8	4							
		9	6						
	−	9	6						
			0						

Beim Überschreiten des Kommas setzt man im Ergebnis das Komma.

Sprechweise:
93 : 12 = 7; schreibe 7; rechne 7 · 12 = 84; Rest 9
96 : 12 = 8; schreibe 8; rechne 8 · 12 = 96; Rest 0

44 Dividiere schriftlich.

a) 15,6 : 2 b) 5,25 : 3
c) 32,58 : 6 d) 6,048 : 7

45 Dividiere schriftlich.

a) 8,4 : 1,2 b) 4,98 : 0,6
c) 18,75 : 0,15 d) 3,232 : 0,08

Kapitel 2
Aufgabe H

Kapitel 7
Aufgabe D

Rechenregel „Punkt- vor Strichrechnung" und „Klammer zuerst"

Punkt- kommt vor Strichrechnung
Multipliziere oder dividiere, bevor du addierst oder subtrahierst.

3 + 4 · 5	18 − 12 : 3
= 3 + 20	= 18 − 4
= 23	= 14

Klammer zuerst
Berechne zuerst, was in Klammern steht.

5 · (3 + 4)	(18 − 12) : 3
= 5 · 7	= 6 : 3
= 35	= 2

→ Die Lösungen findest du auf Seite 273.

46 Achte auf Punkt vor Strich.

a) $6 + 7 \cdot 8$ b) $17 - 4 \cdot 2$
c) $9 \cdot 2 + 3 \cdot 4$ d) $2 \cdot 14 - 3 \cdot 4$
e) $7 - 44 : 11$ f) $36 : 4 - 4 \cdot 2$

47 Achte auf die Klammer.

a) $25 - (12 + 8)$ b) $(25 - 12) \cdot 2$
c) $30 + (12 - 2) - 20$ d) $4 \cdot (14 - 6)$
e) $(9 + 21) : (14 - 9)$ f) $25 - (12 + 4 \cdot 2)$

Kapitel 2
Aufgabe I

Kapitel 7
Aufgaben E und F

Rechenvorteile mithilfe des Vertauschungs-, Verbindungs- und Verteilungsgesetzes

Mit dem Vertauschungsgesetz (Kommutativgesetz) und dem Verbindungsgesetz (Assoziativgesetz) kannst du oft vorteilhaft rechnen.

$83 + 24 + 17 + 26$
$= 83 + 17 + 24 + 26$
$= (83 + 17) + (24 + 26)$
$= 100 + 50$
$= 150$

Beim Addieren und Multiplizieren darfst du Zahlen vertauschen und verbinden.

$2 \cdot 6 \cdot 5 \cdot 5$
$= 2 \cdot 5 \cdot 6 \cdot 5$
$= 10 \cdot 30$
$= 300$

Oft kannst du mit dem Verteilungsgesetz (Distributivgesetz) vorteilhaft rechnen.

Hier kannst du ausklammern:
$12 \cdot 63 + 12 \cdot 37$
$= 12 \cdot (63 + 37)$
$= 12 \cdot 100$
$= 1200$

Hier kannst du ausmultiplizieren:
$8 \cdot 27$
$= 8 \cdot (20 + 7)$
$= 8 \cdot 20 + 8 \cdot 7$
$= 160 + 56$
$= 216$

48 Rechne vorteilhaft.

a) $67 + 64 + 36$ b) $72 + 39 + 28 + 61$
c) $147 + 56 + 53 + 44$ d) $173 - 25 - 73$

49 Nutze Rechenvorteile.

a) $16 \cdot 4 + 16 \cdot 6$ b) $5 \cdot 23 + 5 \cdot 27$
c) $28 \cdot 22 - 18 \cdot 22$ d) $6 \cdot 57$

Kapitel 4
Aufgabe D

Sachaufgaben lösen

1. Lies die Aufgabe sorgfältig durch.

Frau Schnell kauft Taschentücher zu 2,59 €, Bananen zu 1,55 € und eine Kiste Mineralwasser zu 5,49 €. Dazu kommen 3,30 € Pfand. Sie bezahlt mit einem 20-Euro-Schein. Wie viel Euro bekommt sie zurück?

2. Entnimm dem Text die gegebenen und die gesuchten Größen.

Gegeben: Die Artikel kosten 2,59 €; 1,55 €; 5,49 €; 3,30 €. Bezahlt wird mit 20 €.
Gesucht: Rückgeld

3. Überlege dir einen Rechenweg und rechne Schritt für Schritt.

1. Ich addiere die Preise der gekauften Artikel.

		5,	4	9	€
+		3,	3	0	€
+		2,	5	9	€
+		1,	5	5	€
		1	2		
	1	2,	9	3	€

2. Diese Summe subtrahiere ich von 20 €.

	2	0,	0	0	€
−	1	2,	9	3	€
	1	1	1		
		7,	0	7	€

4. Schreibe einen Antwortsatz.

Frau Schnell bekommt 7,07 € zurück.

→ Die Lösungen findest du auf Seite 274.

50 Dylan kauft die abgebildeten Artikel ein:

Wie viel Euro muss Dylan bezahlen?

51 Nina spart auf ein neues Smartphone. Es kostet 249 €. Sie hat bereits 145 € gespart und bekommt von den Großeltern zum Geburtstag 80 € geschenkt. Wie viel Euro fehlen ihr noch, damit sie sich das Smartphone kaufen kann?

52 Das Ehepaar Moreno geht mit seinen Kindern Jan (7 Jahre) und Rafael (11 Jahre) zum Schlittschuhlaufen.

Kunsteisbahn

bis 4 Jahre:	freier Eintritt
Kinder (4 bis 18 Jahre):	4,00 €
Erwachsene:	5,00 €
Leihgebühr Schlittschuhe:	4,00 €

Die Kinder besitzen eigene Schlittschuhe. Die Eltern leihen Schlittschuhe aus. Wie viel Euro muss Familie Moreno bezahlen?

53 Frau Klaiber hebt am Geldautomaten 300 € ab. Sie möchte drei 50-Euro-Scheine und sechs 20-Euro-Scheine. Den restlichen Betrag möchte sie in 5-Euro-Scheinen ausbezahlt bekommen.
Wie viele 5-Euro-Scheine erhält sie?

Kapitel 7
Aufgabe A

Fachbegriffe verwenden

Bei den Grundrechenarten werden folgende Bezeichnungen verwendet.

Addition

1. Summand, 2. Summand

$\underbrace{25 + 10}_{\text{Summe}} = 35$ (Wert der Summe)

Subtraktion

Minuend, Subtrahend

$\underbrace{36 - 12}_{\text{Differenz}} = 24$ (Wert der Differenz)

Multiplikation

1. Faktor, 2. Faktor

$\underbrace{12 \cdot 6}_{\text{Produkt}} = 72$ (Wert des Produkts)

Division

Dividend, Divisor

$\underbrace{75 : 5}_{\text{Quotient}} = 15$ (Wert des Quotienten)

54 Welcher der Rechenausdrücke ist eine Summe, eine Differenz, ein Produkt oder ein Quotient?

$45 \cdot 27$ | $125 - 85$ | $7{,}5 + 1{,}26$ | $12{,}96 : 2{,}4$

55 Setze das richtige Rechenzeichen ein.

a) Summe
8,4 ■ 12,9

b) Produkt
3,5 ■ 18

c) Differenz
25,5 ■ 17,8

d) Quotient
86,4 ■ 3,6

→ Die Lösungen findest du auf Seite 274.

Kapitel 7
Aufgabe B

Terme beschreiben

Terme lassen sich mithilfe von Zahlen, Variablen und Rechenzeichen darstellen. Man kann sie aber auch mit Worten beschreiben.

Term	$x + 5$	$x - 7$	$2 \cdot x$	$x : 2$
Beschreibung	eine Zahl um 5 vermehrt	eine Zahl um 7 vermindert	das Doppelte einer Zahl	die Hälfte einer Zahl

Übersetzungshilfen:

Zu **Addieren** sagt man auch:
- vermehren um
- hinzufügen von
- die Summe von

Zu **Subtrahieren** sagt man auch:
- vermindern um
- die Differenz von

Zu **Multiplizieren** sagt man auch:
- vervielfachen mit
- das Produkt aus
- z. B. das 3-Fache einer Zahl

Zu **Dividieren** sagt man auch:
- der Quotient aus
- z. B. der dritte Teil einer Zahl

56 Ordne dem Satz den richtigen Term zu.

$4 \cdot x$ $x - 4$ $x : 4$ $x + 4$

a) eine Zahl vermindert um 4
b) die Summe von einer Zahl und 4
c) das Vierfache einer Zahl
d) der Quotient aus einer Zahl und 4

57 Beschreibe den Term. Überlege dir zwei Möglichkeiten.

a) $a - 8$ b) $b : 9$
c) $c + 7$ d) $d \cdot 3$

Kapitel 4
Aufgabe F

Kapitel 7
Aufgabe C

Kapitel 8
Aufgabe C und F

Für Variablen Zahlen einsetzen

Eine Variable, die in einem Term vorkommt, kann durch eine Zahl ersetzt werden. Dann lässt sich der **Wert des Terms** berechnen.

Term mit Variable:	$12 - x$	$4 + 3 \cdot x$
Für x wird die Zahl 8 eingesetzt:	$12 - 8 = 4$	$4 + 3 \cdot 8 = 4 + 24 = 28$

58 Setze für die Variable die Zahl 5 ein und berechne den Wert des Terms.

a) $8 + x$ b) $75 : x$ c) $x + 24 - 22$ d) $25 - 2 \cdot x$
e) $42 + x \cdot 3$ f) $78 - x : 5$ g) $x \cdot 13 - 6$ h) $x : 5 \cdot 8$

Kapitel 4
Aufgabe F

Kapitel 8
Aufgabe E

Wertetabellen erstellen

Manchmal musst du für die Variable in einem Term verschiedene Zahlen einsetzen. Die berechneten Werte des Terms kannst du in einer **Wertetabelle** übersichtlich notieren.
Term für den Umfang u des Fünfecks: $u = 5 \cdot x$
Wertetabelle:

x	1 cm	2 cm	4 cm	8 cm	11 cm
5 · x	5 cm	10 cm	20 cm	40 cm	55 cm

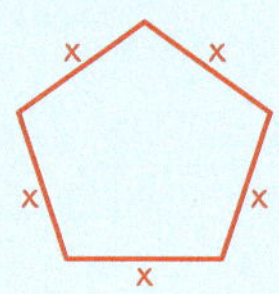

59 Vervollständige die Wertetabelle für den Umfang eines gleichseitigen Dreiecks.

x	1 cm	2 cm	3 cm	4 cm	5 cm	6 cm	7 cm	8 cm	9 cm	10 cm
■	■	■	■	■	■	■	■	■	■	■

→ Die Lösungen findest du auf Seite 275.

Kapitel 3
Aufgabe A

Strecken zeichnen

Zeichne einen **Anfangspunkt A.**

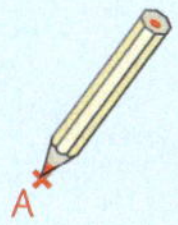

Lege dort das Lineal mit der 0 an und suche auf der Skala die Länge. Markiere an dieser Stelle den **Endpunkt B**.

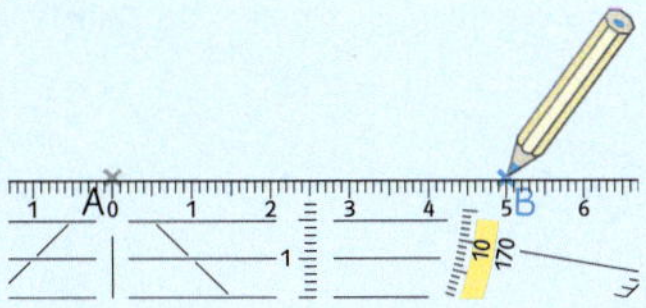

Zeichne mit dem Lineal die Verbindungsstrecke.

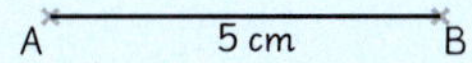

60 Zeichne die Strecke auf ein weißes Blatt.

a) $\overline{AB}$ = 3,5 cm b) $\overline{BC}$ = 6,5 cm
c) $\overline{CD}$ = 5,8 cm d) $\overline{EF}$ = 8,4 cm

61 Zeichne die Strecke und markiere mithilfe des Geodreiecks die Mitte der Strecke.

a) $\overline{AB}$ = 6 cm b) $\overline{BC}$ = 4,4 cm
c) $\overline{DE}$ = 9,6 cm d) $\overline{EF}$ = 13,8 cm

Kapitel 3
Aufgabe F

Parallele und senkrechte Geraden erkennen

Auf deinem Geodreieck gibt es mehrere **parallele Linien**. Lege eine davon an und prüfe mit einer der anderen Linien, ob die Geraden parallel sind.

parallele Linien prüfen:

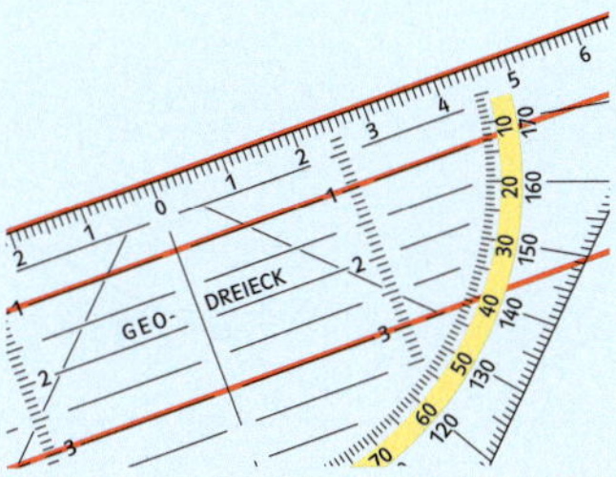

Geraden sind **senkrecht zueinander**, wenn sie so liegen wie die beiden kurzen Seiten des Geodreiecks.

senkrechte Geraden mit den kurzen Seiten des Geodreiecks prüfen:

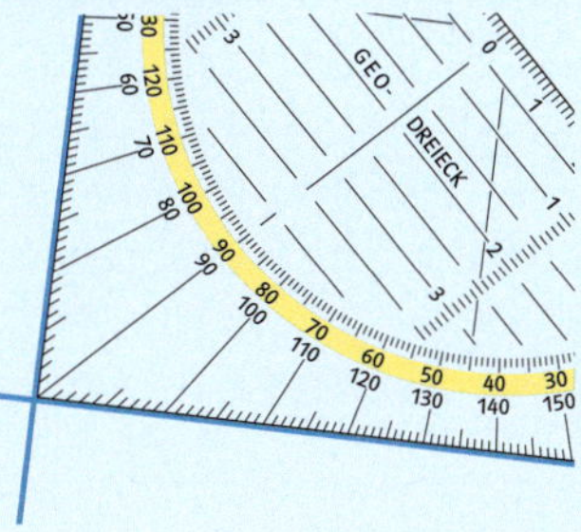

Auch die Mittellinie ist **senkrecht zur** langen Seite des Geodreiecks.

senkrechte Geraden mit der Mittellinie prüfen:

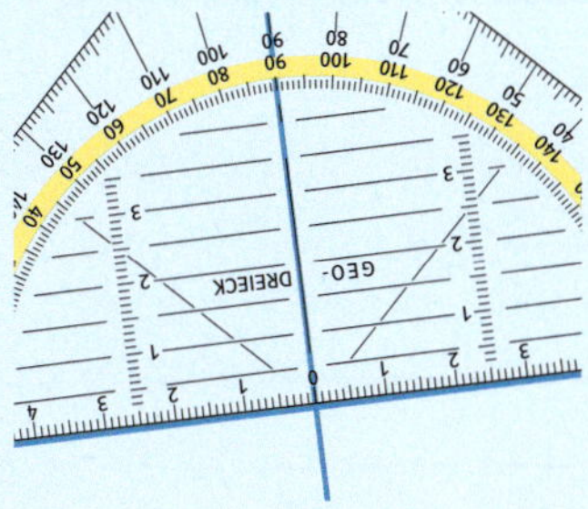

62 Welche Linien sind parallel, welche sind senkrecht zueinander?
Prüfe mit dem Geodreieck.

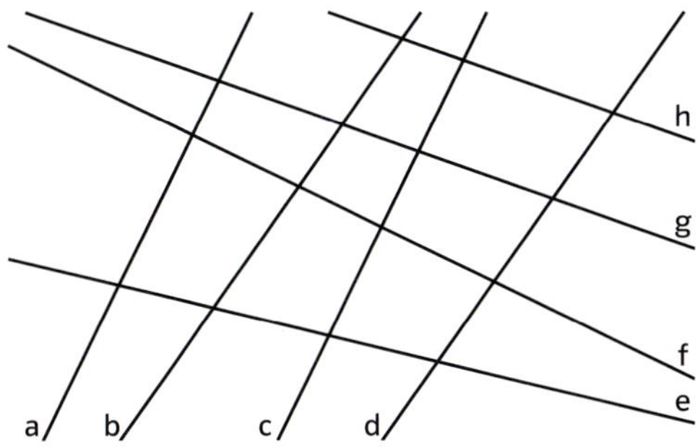

→ Die Lösungen findest du auf Seite 275.

Kapitel 3
Aufgabe G

Senkrechte und Parallele zeichnen

So zeichnest du die Senkrechte h zur Geraden g durch den Punkt P:

Hier liegt P auf g.

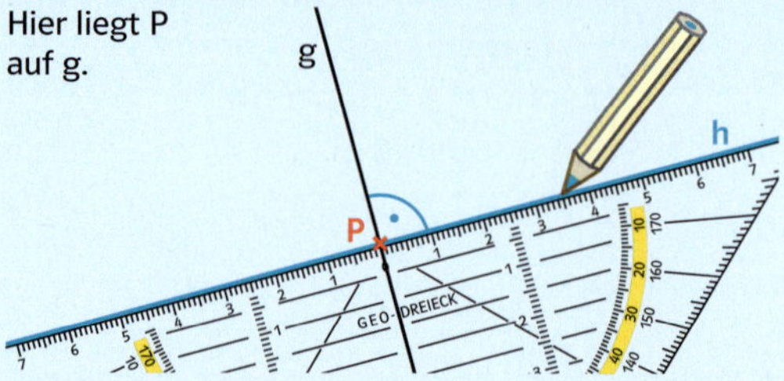

Hier liegt P nicht auf g.

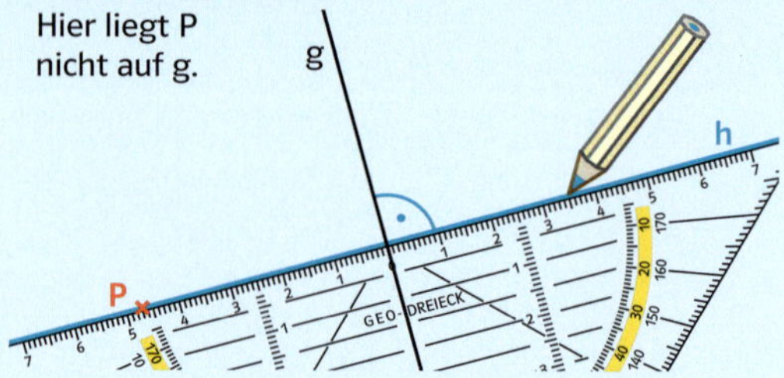

So zeichnest du eine Parallele zur Geraden g:

Mithilfe der **Senkrechten** kannst du die **Parallele** zur Geraden g durch den Punkt P zeichnen.

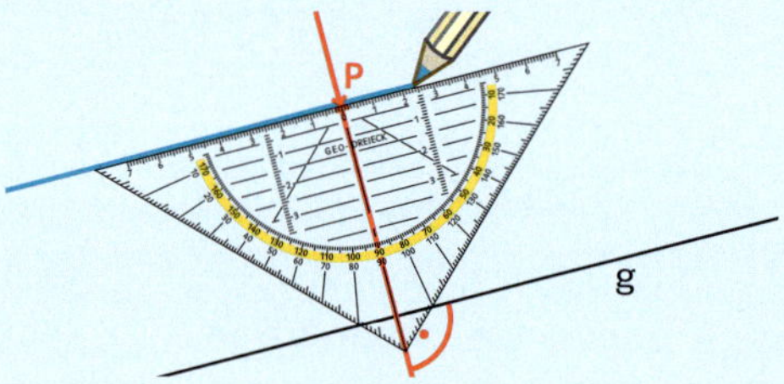

Mithilfe der waagerechten Hilfslinien auf dem Geodreieck kannst du **Parallelen** im Abstand von 0,5 cm; 1 cm; … zeichnen.

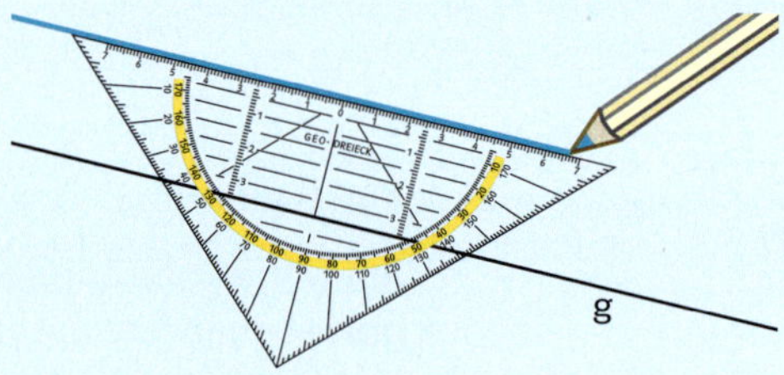

63 Die Gerade h geht durch den Punkt P und steht senkrecht auf der Geraden g. Zeichne mithilfe des Geodreiecks zwei weitere Geraden, die senkrecht auf g stehen und durch die Punkte R und S gehen.

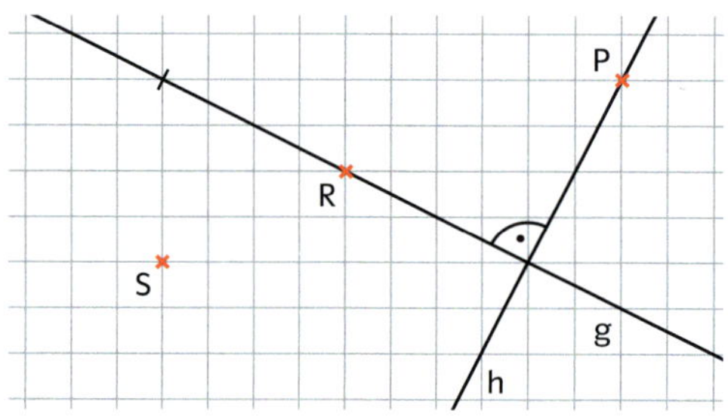

64 Zeichne durch die Punkte A und B jeweils eine Parallele zur Geraden g.
Benutze die parallelen Linien deines Geodreiecks.

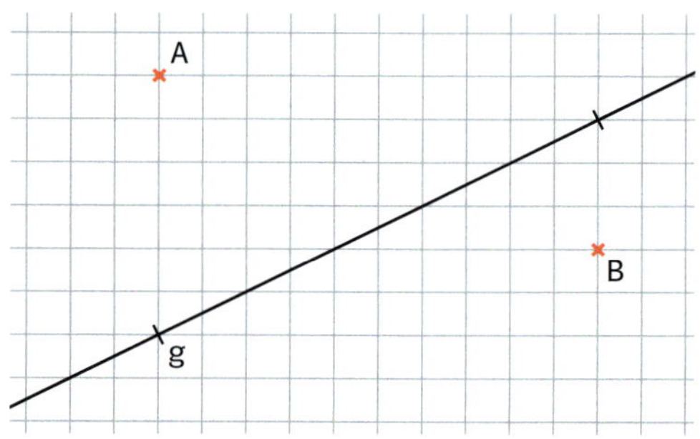

→ Die Lösungen findest du auf Seite 275.

Kapitel 7
Aufgabe G

Oberflächeninhalt und Volumen von Quader und Würfel bestimmen

Faltest du einen geometrischen Körper auseinander, so erhältst du das **Netz** des Körpers. Ein Quadernetz besteht aus sechs Rechtecken. Je zwei davon sind deckungsgleich.

Den **Oberflächeninhalt** eines **Quaders** berechnest du, indem du die Flächeninhalte der sechs Rechtecke addierst. Ein Quader mit den Kantenlängen a; b und c hat den Oberflächeninhalt:
$O = 2 \cdot a \cdot b + 2 \cdot a \cdot c + 2 \cdot b \cdot c$
oder
$O = 2 \cdot (a \cdot b + a \cdot c + b \cdot c)$

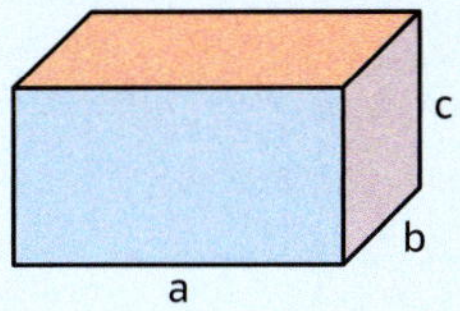

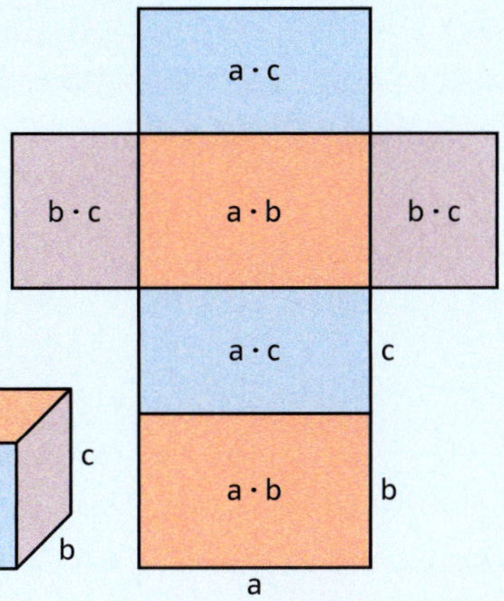

Das **Volumen** eines **Quaders** berechnest du, indem du die Längen der drei Kanten a; b und c multiplizierst:
Volumen = Länge · Breite · Höhe
$V = a \cdot b \cdot c$

Der **Würfel** ist ein besonderer Quader, bei dem alle Kanten gleich lang sind.

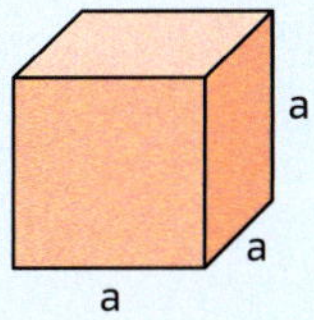

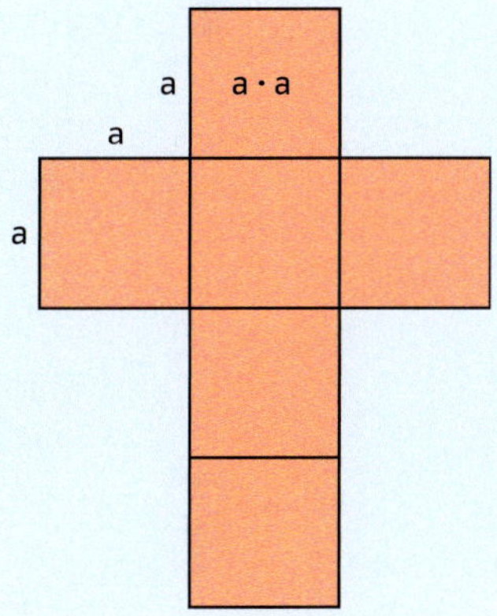

Den Oberflächeninhalt eines Würfels berechnest du, indem du die Flächeninhalte der sechs Quadrate addierst. Ein Würfel mit der Kantenlänge a hat den **Oberflächeninhalt**:
$O = 6 \cdot a \cdot a$ oder $O = 6 \cdot a^2$

Ein Würfel mit der Kantenlänge a hat das **Volumen**: $V = a \cdot a \cdot a$ oder $V = a^3$

65 Berechne den Oberflächeninhalt des Quaders.

	Länge a	Breite b	Höhe c
a)	8 cm	3 cm	5 cm
b)	7 cm	4,5 cm	1,6 cm
c)	15 cm	1 dm	0,5 m

66 Berechne den Oberflächeninhalt des Würfels mit der Kantenlänge a.
a) a = 5 cm   b) a = 6 cm   c) a = 1,5 m

67 Berechne das Volumen des Quaders.

	Länge a	Breite b	Höhe c
a)	5 cm	4 cm	8 cm
b)	3 dm	3 dm	6 dm
c)	12 m	3 dm	50 cm

68 Berechne das Volumen des Würfels mit der Kantenlänge a.
a) a = 6 cm   b) a = 8 cm   c) a = 3,5 dm

69 Acht Würfel mit der Kantenlänge 2 cm werden unterschiedlich zusammengestellt.

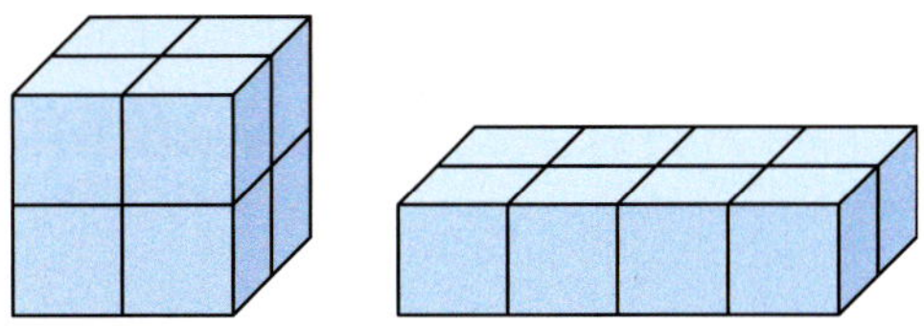

a) Berechne das Volumen der beiden Körper.
b) Welcher Körper hat den größeren Oberflächeninhalt? Berechne.

→ Die Lösungen findest du auf Seite 275.

Kapitel 3
Aufgabe H

Kreise zeichnen

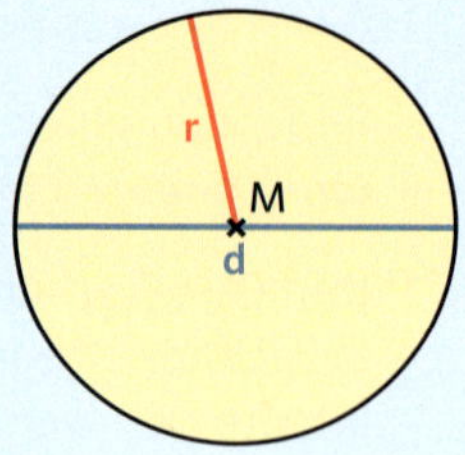

Der **Radius r** gibt den Abstand vom Kreismittelpunkt zur Kreislinie an.
Der **Durchmesser d** ist doppelt so lang wie der Radius. Es gilt:
Durchmesser = 2 · Radius (kurz: $d = 2 \cdot r$)

So zeichnest du einen Kreis:

1. Markiere den Mittelpunkt durch ein kleines Kreuz.

2. Stelle den Radius am Zirkel ein.

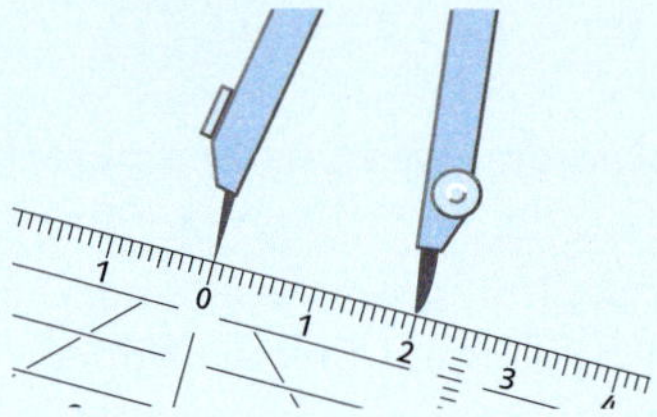

3. Zeichne einen Kreis um diesen Mittelpunkt.

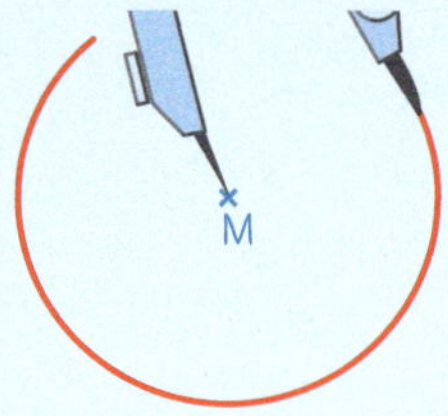

70 Gib den Radius und den Durchmesser des Kreises an.

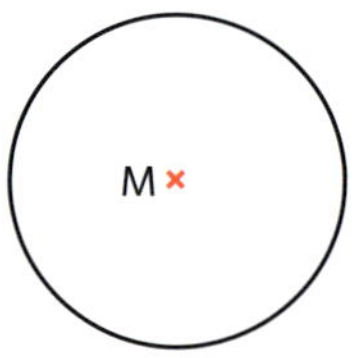

71 Markiere im Heft den Mittelpunkt M. Zeichne um M einen Kreis mit dem Radius
a) r = 4 cm.   b) r = 25 mm.

72 Zeichne ein Koordinatensystem und markiere den Mittelpunkt M. Zeichne
a) um M(3|4) einen Kreis mit d = 10 cm.
b) um M(1|0) einen Kreis mit d = 60 mm.

73 Die Mittelpunkte der Kreise liegen auf einer Linie. Übertrage die Figur ins Heft und verdopple die Radien. Wie viele Kreise passen auf eine Heftseite?

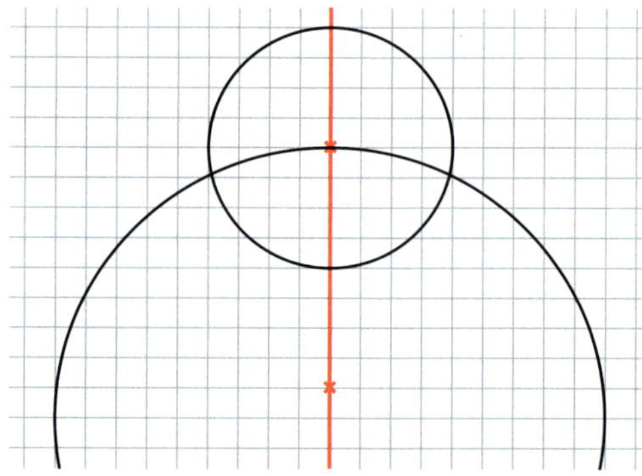

Kapitel 3
Aufgabe C

Winkelarten unterscheiden und Winkel schätzen

Die Maßeinheit für die Größe eines Winkels heißt Grad (kurz: °).
Ein Grad entsteht, wenn ein Kreis in 360 gleiche Teile zerlegt wird.
Winkel werden nach ihrer Größe eingeteilt.

spitzer Winkel (kleiner als 90°)	**rechter** Winkel (90°)	**stumpfer** Winkel (größer als 90° und kleiner als 180°)	**gestreckter** Winkel (180°)	**überstumpfer** Winkel (größer als 180° und kleiner als 360°)	**Vollwinkel** (360°)
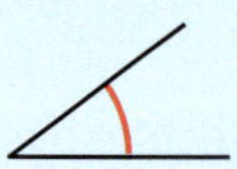	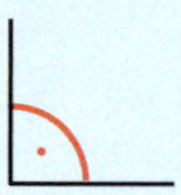		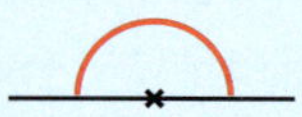	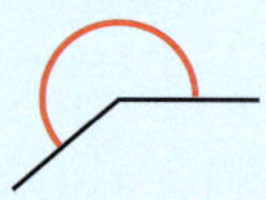	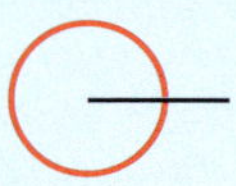

Eine Zerlegung des Vollkreises in bekannte Winkel hilft beim Schätzen von Winkeln.

→ Die Lösungen findest du auf Seite 276.

74 Gib die Winkelart an und schätze die Größe der Winkel.

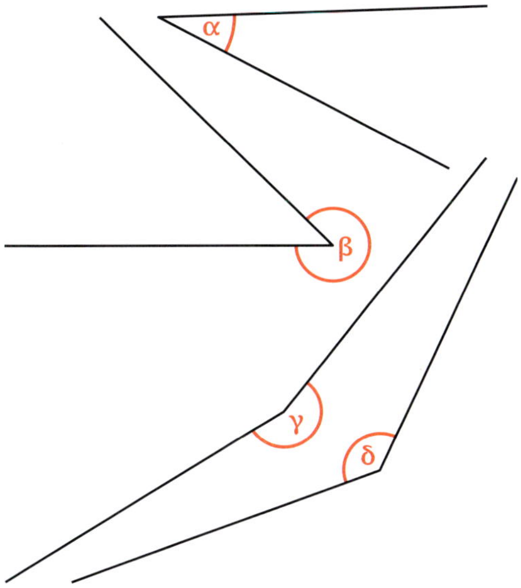

75 Ein Kreis wird durch drei Radien in Felder unterteilt. Dabei entstehen unterschiedliche Winkelarten.

Beispiel:

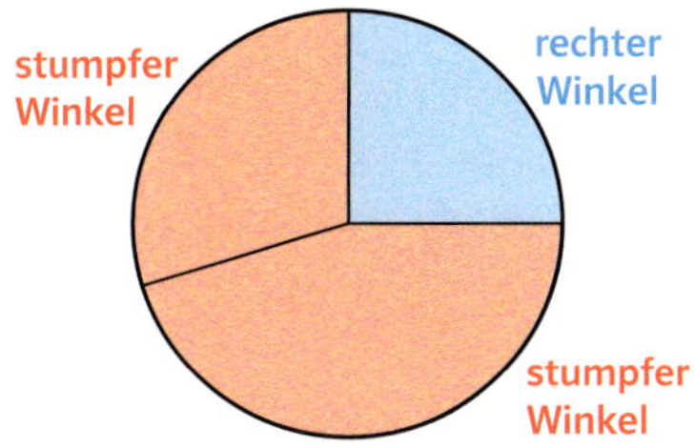

Teile einen Kreis in drei Felder, sodass folgende Winkel entstehen:

a) zwei rechte Winkel und ein gestreckter Winkel
b) drei stumpfe Winkel
c) ein spitzer, ein stumpfer und ein überstumpfer Winkel

Kapitel 3
Aufgaben D und E

Kapitel 5
Aufgabe F

Winkel messen und zeichnen

Mit dem Geodreieck kannst du Winkel messen und zeichnen.
Dazu verwendest du die innere und äußere Skala des Geodreiecks.

Winkel messen

Lege das Geodreieck mit dem Nullpunkt an den Scheitel. Ein Schenkel liegt an der Kante des Geodreiecks, der andere Schenkel liegt unter dem Geodreieck. Lies die Winkelgröße an der Skala ab, die beim angelegten Schenkel mit 0° beginnt.

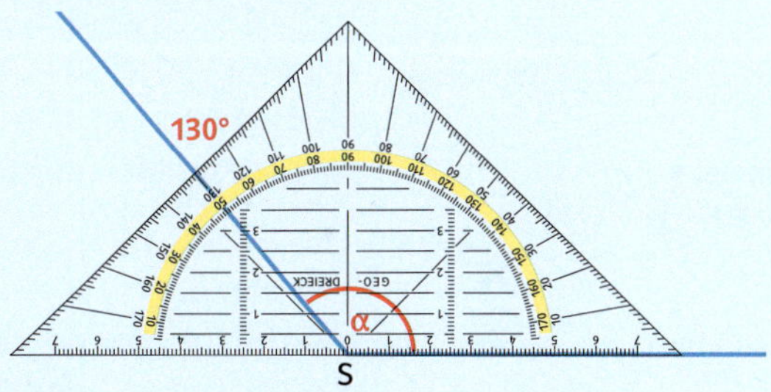

Zwei Möglichkeiten zum Zeichnen von Winkeln

1. Markiere den Scheitel. — Zeichne von S ausgehend den ersten Schenkel. — Lege das Geodreieck mit dem Nullpunkt am Scheitel an und drehe es auf 30°. — Zeichne den zweiten Schenkel. — Beschrifte den Winkel.

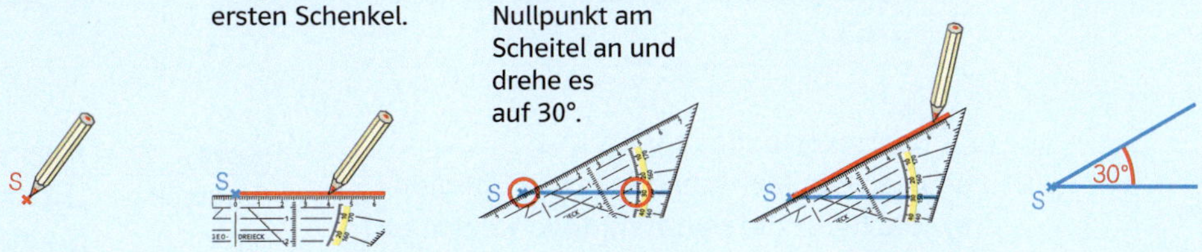

2. Zeichne den Scheitel S und den ersten Schenkel. — Lege das Geodreieck mit dem Nullpunkt am Scheitel an. — Markiere bei 30°. — Verbinde Markierung und Scheitel zum 2. Schenkel. — Beschrifte den Winkel.

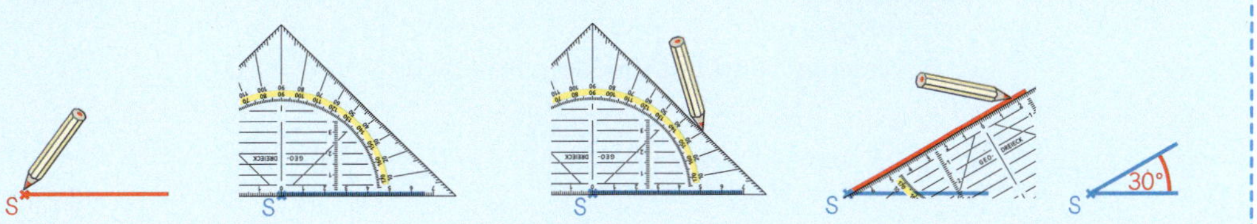

→ Die Lösungen findest du auf Seite 276.

76 Miss die Größe der Winkel.

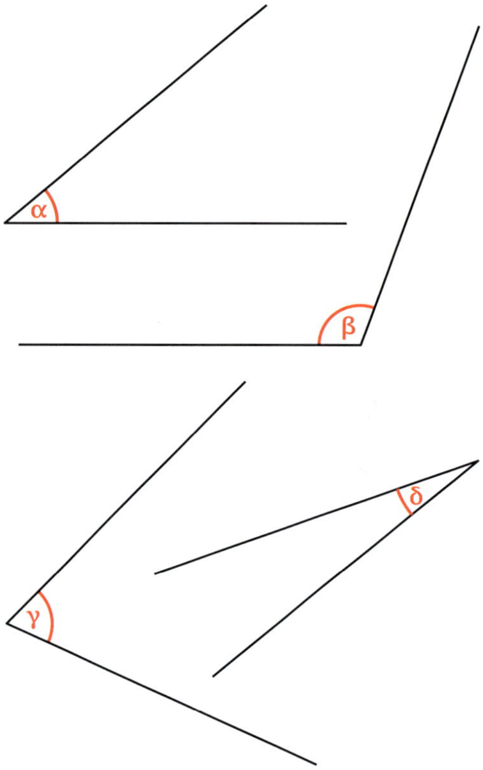

77 Übertrage die Figur ins Heft und miss die Größe der Winkel.

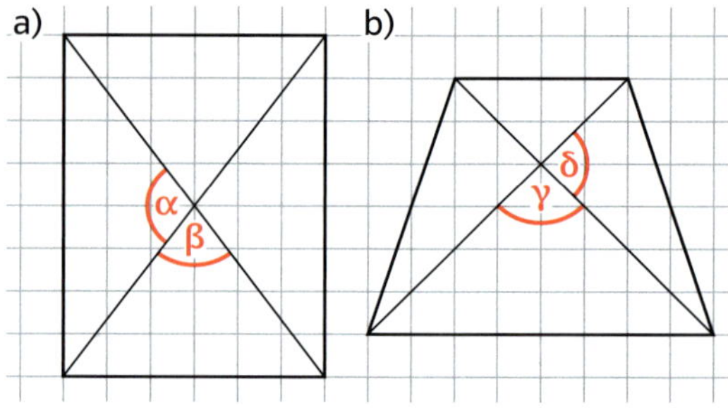

78 Zeichne die Winkel ins Heft. Ein Schenkel ist vorgegeben. Markiere die Winkelbögen farbig.

a) 40°; 70°; 95°; 120°

b) 45°; 90°; 135°; 225°

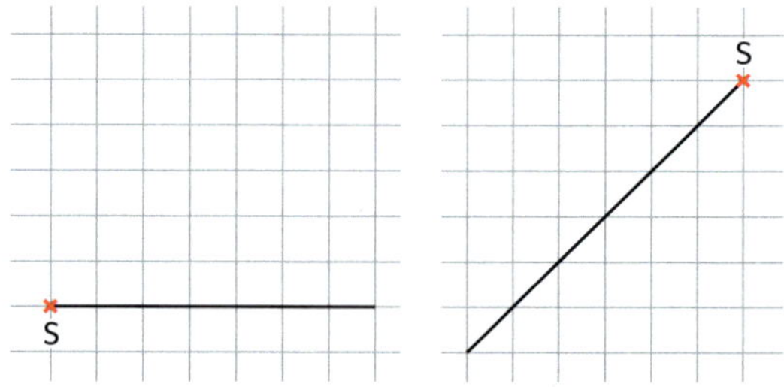

Kapitel 4
Aufgabe B

Daten und Informationen aus einer Tabelle entnehmen

Lies in der **ersten Zeile** die **Überschriften** der Daten.
Lies In der **ersten Spalte** die **Beschriftungen** der Daten.
Entnimm die gewünschte Information aus dem Feld, das zu einer bestimmten Zeile und einer bestimmten Spalte gehört.

1. Spalte zur Beschriftung

1. Zeile für die Überschriften →

Tier	Schulterhöhe	Masse
Elefant	3,20 m	5000 kg
Nashorn	1,80 m	3000 kg
Büffel	1,80 m	500 kg

Der Büffel hat eine Masse von **500 kg**

79 Beantworte die Fragen.

a) Wie viele Menschen leben in Spanien?
b) Wie heißt die Hauptstadt von Portugal?
c) Wie groß ist die Fläche von Frankreich?
d) Von welchem Land ist Madrid die Hauptstadt?
e) Welches Land hat die größte Bevölkerung?
f) Welches Land hat die kleinste Fläche?

Land	Hauptstadt	Menschen	Fläche
Portugal	Lissabon	10 600 000	92 212 km²
Spanien	Madrid	46 500 000	504 645 km²
Andorra	Andorra la Vella	76 000	468 km²
Frankreich	Paris	65 800 000	668 763 km²

→ Die Lösungen findest du auf Seite 277.

Kapitel 6
Aufgaben D und E

Eine Strichliste führen und eine Häufigkeitstabelle erstellen

Erstelle eine Tabelle mit drei Spalten.
Schreibe jede Kategorie (Tiere) in eine neue Zeile.
Mache einen Strich für jede Nennung.
Setze den fünften Strich quer, damit ein Bündel entsteht.
Zähle die Striche.
Schreibe die Anzahlen in die Häufigkeitstabelle.

Lieblingstiere	Strichliste	Häufigkeits-tabelle
Katze	𝍸 I	6
Hund	𝍸 II	7
Hamster	III	3

80 Führe zu den Lieblingsessen eine Strichliste und eine Häufigkeitstabelle.

81 Tim trainiert für einen 10 000-Meter-Lauf. In seinem Kalender hat er notiert, wie lange er an den verschiedenen Tagen trainiert hat.

Mo	Di	Mi	Do	Fr	Sa	So
30 min	50 min	trainings-frei	30 min	45 min	60 min	30 min
30 min	30 min		55 min	50 min	60 min	45 min
45 min	55 min		50 min	30 min	60 min	50 min
60 min	50 min		45 min	30 min	50 min	60 min

Führe eine Strichliste und erstelle eine Häufigkeitstabelle zu den Trainingszeiten.

Kapitel 6
Aufgabe F

Absolute und relative Häufigkeit

Die **Anzahl**, mit der bestimmte Ereignisse eintreten, heißt **absolute Häufigkeit**.

Tim hat 6 Tore bei 24 Elfmetern erzielt.
Die Anzahl der Tore ist die absolute Häufigkeit.

Der **Anteil** dieser Ereignisse an der Gesamtzahl heißt **relative Häufigkeit**.

$$\text{Relative Häufigkeit} = \frac{\text{absolute Häufigkeit}}{\text{Gesamtzahl}}$$

Tim hat
$\frac{6}{24} = 0{,}25 = 25\,\%$
der Tore in dieser Saison geschossen.

82 Gib die relativen Häufigkeiten als Bruch an.

Verkehrs-mittel	Pkw	Bus	Rad	zu Fuß
Kinder	30	490	140	140
Lehrer	27	8	4	1

83 Berechne jeweils die relative Häufigkeit für die Noten 1 und 2. Notiere als Bruch und in Prozent

Note	1	2	3	4	5	6
Klasse 7a	0	3	7	11	3	1
Klasse 7b	1	5	10	9	4	1

→ Die Lösungen findest du auf Seite 277.

Kapitel 4
Aufgaben A und E

Diagramme lesen

1. Ermittle anhand der **Überschrift** und anhand der **Achsenbeschriftungen** das Thema des Schaubilds.
2. Lies an den Achsen die Einheiten und die Werte ab.
3. Gehe von einem Wert auf der Rechtsachse senkrecht nach oben: **Wie viel kosten 4 kg Kartoffeln?**
4. An der Stelle, wo du die Linie schneidest, gehst du waagerecht zur Hochachse und findest den passenden zweiten Wert: **4 kg Kartoffeln kosten 8 €.**

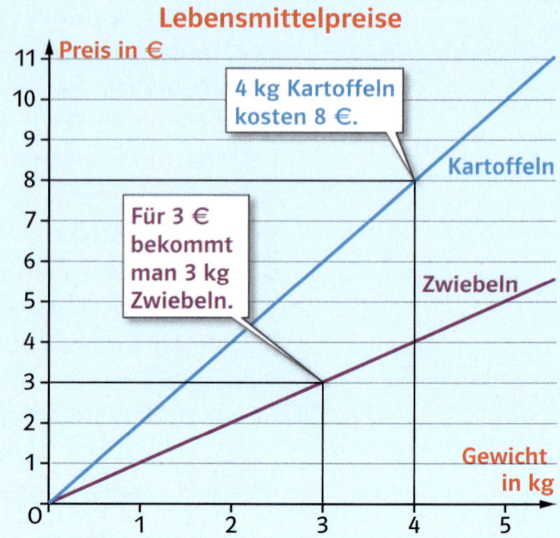

Du kannst auch von einem Wert auf der Hochachse aus starten:
Wie viele Kilogramm Zwiebeln bekommt man für 3 €?

84 Beantworte die Fragen mithilfe des Schaubilds.
a) Wie viel kosten 2 kg Erdbeeren?
b) Wie viel kosten 1,5 kg Kirschen?
c) Wie viele Kilogramm Erdbeeren bekommt man für 6 €?
d) Wie viele Kilogramm Kirschen bekommt man für 6 €?

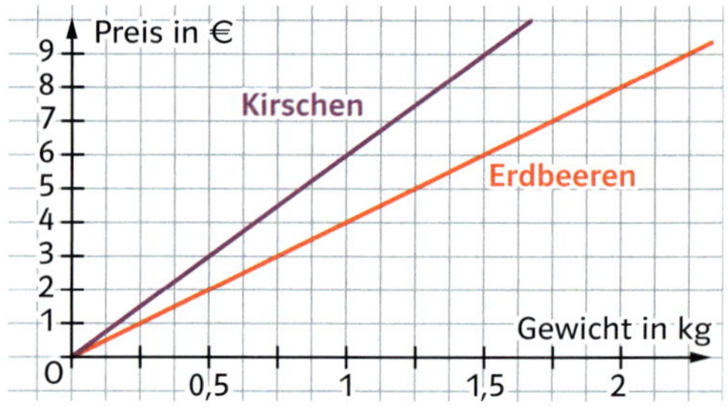

85 Betrachte das Schaubild.
a) Was ist dargestellt?
b) Was kostete der Kraftstoff E 10 am Freitag?
c) Wie teuer war Diesel am Montag?
d) Wann war der Preis für E 10 unter 1,30 €?
e) Wann war 1 l Diesel am teuersten?

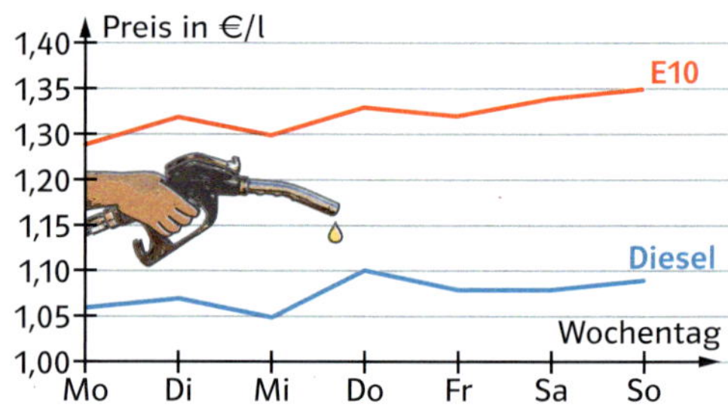

→ Die Lösungen findest du auf Seite 277.

Kapitel 4
Aufgabe B

Kapitel 5
Aufgabe G

Diagramme zeichnen

Säulendiagramm:

1. Zeichne die **Hochachse** auf dein Blatt.
2. Beschrifte sie an der Pfeilspitze. Teile die Hochachse in gleichmäßige Schritte ein und beschrifte sie von unten beginnend mit den **Zahlenwerten**.
3. Zeichne auf Höhe der 0 die **Rechtsachse**. Zeichne gleich breite Säulen in der richtigen Höhe.
4. Beschrifte die **Säulen** an der Rechtsachse.

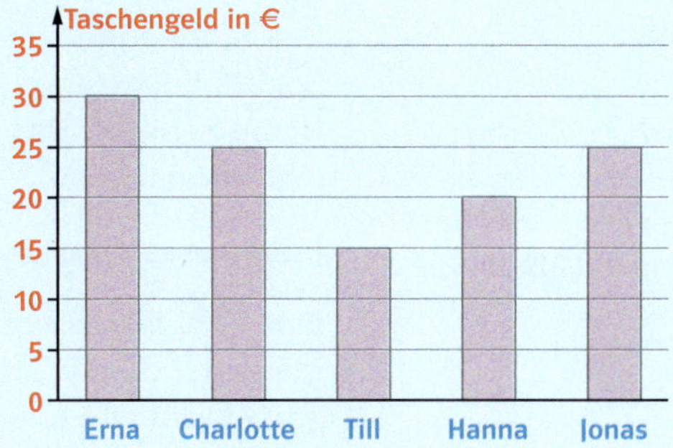

Streifendiagramm:

Überlege dir eine sinnvolle Einteilung. Der ganze Streifen sollte 10 cm lang sein, damit du ihn gut zeichnen kannst.

Essen in der Mensa	Anzahl der Essen
Fischfilet	12
Putensteak	20
Gemüseauflauf	8

Überlege, wie lange die einzelnen Werte dargestellt werden müssen.
Zeichne den ersten Teil, beginne links.
Setze die anderen Teile an.
Beschrifte das Streifendiagramm.

Insgesamt sind es 40 Mittagessen.
Wenn man für jedes Mittagessen 0,25 cm zeichnet, wird der Streifen 10 cm lang.
Fischfilet: 12 · 0,25 cm = 3 cm
Putensteak: 20 · 0,25 cm = 5 cm
Gemüseauflauf: 8 · 0,25 cm = 2 cm

Mittagessen in der Mensa:

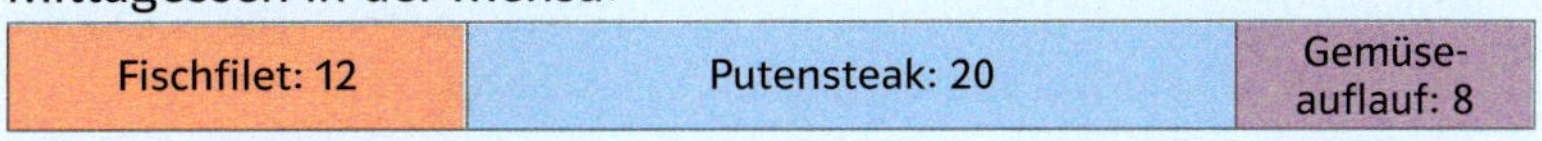

86 Bei einem Basketball-Spiel warfen vier Spieler folgende Punktzahlen:

Name	Marvin	Tom	Hashir	Max
Punkte	20	8	22	10

Zeichne ein Säulendiagramm.

87 Beim letzten Handballspiel warf Melissa 8 Tore, Luisa 6 Tore, Franca 5 Tore und Maria 1 Tor.
Zeichne ein Streifendiagramm.

→ Die Lösungen findest du auf Seite 278.

Kapitel 4
Seite 120 und 121

Kapitel 6
Seite 167

Kapitel 7
Seite 192

Kapitel 8
Seite 214 und 215

Tabellenkalkulation. Wertetabellen

MK Mit einem Tabellenkalkulationsprogramm kann man schnell Wertetabellen erstellen. Das **Tabellenblatt** ist in **Spalten** (A; B; C; ...) und **Zeilen** (1; 2; 3; ...) eingeteilt. Aus dem Spaltenbuchstaben und der Zeilennummer wird für jede **Zelle** der Tabelle ein eindeutiger Name gebildet. Das Aussehen der Schrift und der Zellen kannst du verändern. Dies nennt man **formatieren**.

Inhalte aus einer Zelle auf eine andere übertragen:

Eine Zahl übertragen

Markierst du die Zelle B2 und bewegst dann den Mauszeiger auf die rechte untere Ecke der Zelle, verändert sich der Zeiger in ein schwarzes Kreuz. Drücke nun die linke Maustaste, halte sie gedrückt und bewege den Mauszeiger entlang der Zeile. So füllt das Programm die ganze Zeile mit der Zahl, die in B2 steht, hier die Eins.

	A	B
1	**Übertragen**	
2	Zahl	1

Eine Zahlenfolge erzeugen

Im Unterschied zum Übertragen einer einzelnen Zahl, markiert man hier mehrere Zellen, z. B. B2 und C2 und überträgt die Inhalte mit der Maus die Zeile entlang. Man erhält die Zahlenfolge 1; 2; 3; 4; 5; ...

	A	B	C
1	**Übertragen**		
2	Zahlenfolge	1	2

Wert eines Terms berechnen – eine Wertetabelle aufstellen:

Jede **Rechenanweisung** wird durch ein Gleichheitszeichen eingeleitet. Durch Drücken der Eingabetaste (Enter-Taste), berechnet das Programm den Wert des Terms und zeigt ihn in der Zelle an.

	A	B
1	**Addition**	
2	30+70	=30+70

Bei der Multiplikation musst du für das Malzeichen ein Sternchen * und bei der Division für das Geteiltzeichen einen Schrägstrich / eingeben.

Um **Werte von Termen mit Variablen** zu berechnen, schreibst du, wie hier in Zeile 2, alle Zahlen auf, die für die Variable x eingesetzt werden sollen.

Die Rechenanweisung lautet 2 · x + 1. In Zelle B3 schreibt man dann die Rechenanweisung als Term mit B2 statt x, also =2*B2+1.

	A	B	C	D
1	**Werte eines Terms mit Variablen**			
2	x	0	1	2
3	2*x+1	=2*B2+1		

Übertrage die Rechenanweisung mithilfe der Maus auf die anderen Zellen der Zeile 3. Das Programm passt die Rechenanweisung automatisch für alle Zellen aus Zeile 2 an.

	A	B	C	D
1	**Werte eines Terms mit Variablen**			
2	x	0	1	2
3	2*x+1	1		

Dadurch wird immer die richtige Zahl für x eingesetzt und der Wert des Terms berechnet. Du erhältst eine vollständige **Wertetabelle**.

	A	B	C	D
1	**Werte eines Terms mit Variablen**			
2	x	0	1	2
3	2*x+1	1	3	5

88 MK Berechne mit deinem Tabellenkalkulationsprogramm.

a) 8 · (78 − 45) b) (96 + 32) : 8 c) (22 + 11) · (28 − 14) · 52

89 MK Erstelle eine Wertetabelle mit x von 0 bis 10 für folgende Terme.

a) x + 4 b) 18 · x c) 11 · x − 2 d) (6 · x + 10) : 2

→ Die Lösungen findest du auf Seite 278.

Kapitel 8
Seite 215

Tabellenkalkulation. Zahlen

MK Mithilfe des Menüs eines Tabellenkalkulationsprogramms kann man auswählen, ob die Zahl zum Beispiel als Dezimalzahl (Zahlenformat), in Prozent oder als Bruch dargestellt werden soll.
Bei den Kategorien Zahl und Prozent kann man einstellen, wie viele Dezimalen angezeigt werden sollen. Beim Bruch kann man zum Beispiel die Anzahl der Ziffern des Bruchs einstellen.

	A	B	C
1	Dezimalzahl	Bruch	Prozent
2	0,25	1/4	25 %
3	0,75	3/4	75 %

90 MK Fülle die Tabelle mithilfe eines Tabellenkalkulationsprogramms aus. **Erkunde**, wo du die Zahldarstellung in deinem Programm ändern kannst.

	A	B	C
1	Dezimalzahl	Bruch	Prozent
2	0,50		
3		7/10	
4			85 %

Kapitel 4
Seite 120 und 121

Kapitel 6
Seite 167

Tabellenkalkulation. Diagramme

MK Mit einem Tabellenkalkulationsprogramm kannst du schnell Diagramme erstellen.

- Als erstes benötigst du die Daten für das Diagramm. Erstelle dazu eine Tabelle und markiere die Inhalte der Tabelle.
- Klicke auf die Registerkarte „Einfügen" und suche die Kategorie „Diagramme".
  Wähle einen Diagramm-Typ aus.
  Die markierten Inhalte werden dann automatisch als Diagramm dargestellt.
- Mit einem Rechtsklick auf die verschiedenen Stellen des Diagramms kannst du alle Layout-Einstellungen des Diagramms ändern.

	A	B	C	D	E
1	Name	Alba	Jano	Iris	Kian
2	Quote	82 %	88 %	89 %	76 %

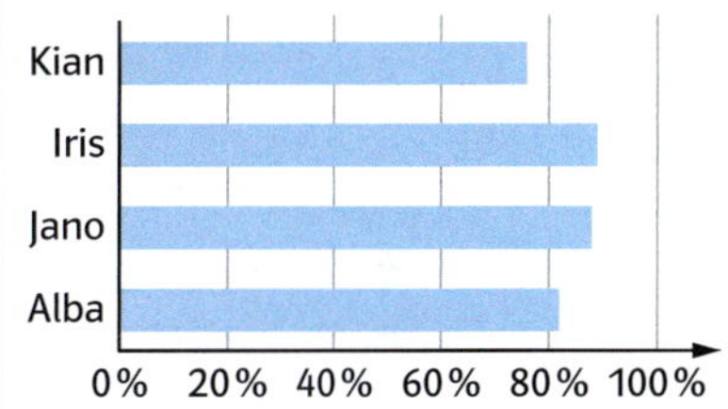

91 MK Erstelle ein Kreisdiagramm mit den folgenden Daten. Füge die Datenbeschriftung und die **Legende** hinzu. Du kannst auch die Farben der Kreisteile ändern.

eine Legende
hier: eine Erklärung der Farben neben dem Diagramm

	A	B	C	D
1	Abendgestaltung	Kino	Nachtführung	Schwarzlicht-Minigolf
2	Anzahl Stimmen	11	4	15
3				
4				
5				

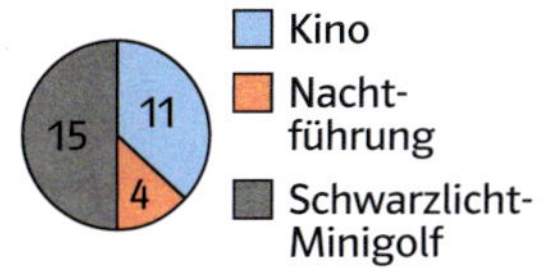

92 MK Bei einem Talent-Wettbewerb in der Schule qualifizieren sich vier Jugendliche für die Endrunde. In der Endrunde können alle in der Schule ihre Stimme abgeben. Yuliya möchte das Ergebnis für die Schulzeitung darstellen. Erstelle verschiedene Diagramme aus den Daten und überlege, welche Diagramme geeignet sind.

Kilian	25,6 %
Milo	23,5 %
Padme	22,8 %
Jaden	28,1 %

→ Die Lösungen findest du auf Seite 278.

Kapitel 2
Seite 33

Kapitel 3
Seite 85 und 86

DGS. Geometrische Figuren zeichnen

MK Mithilfe einer Dynamischen Geometriesoftware (DGS) kannst du Objekte darstellen. Man kann verschiedene Einstellungen zum Einrichten des **Koordinatensystems** wählen, zum Beispiel:

Einblenden oder Ausblenden des Gitters

Einblenden oder Ausblenden der Achsen

Mit weiteren Werkzeugen kannst du **geometrische Figuren zeichnen**.
Zum Beispiel kannst du mit dem Punkt-Werkzeug einen Punkt A im Koordinatensystem erzeugen. Mit dem Bewegen-Werkzeug verschiebst du diesen Punkt. Du kannst mit den verschiedenen Werkzeugen auch Strecken, Halbgeraden, Geraden, senkrechte und parallele Geraden sowie Figuren (Dreieck, Viereck, Kreis, …) erzeugen und bearbeiten.

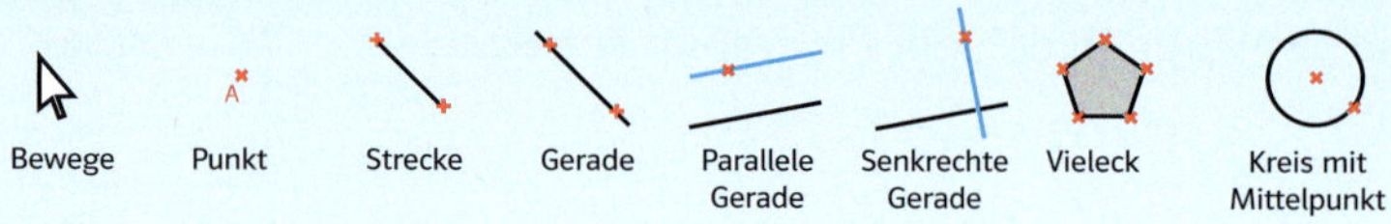

93 MK Trage die Punkte A(5|5); B(8|4); C(9|7); D(6|7) und E(5|3) in ein Koordinatensystem ein. Zeichne
a) eine grüne Strecke s von Punkt A zu Punkt E.
b) eine blaue Halbgerade h von Punkt A aus durch den Punkt D.
c) eine gelbe Gerade g durch die Punkte A und C.
d) ein rotes Dreieck ABC.
e) eine zur Strecke $\overline{AB}$ parallele Gerade i durch den Punkt C in Lila.
f) eine zur Strecke $\overline{BC}$ senkrechte Gerade k durch den Punkt D in Lila.
g) mehrere Kreise mit verschiedenen Radien um den Punkt A.

Kapitel 3
Seite 85 und 86

DGS. Messen

MK Mit einer Dynamischen Geometriesoftware (DGS) kannst du auch Messungen durchführen. Dafür gibt es entsprechende Werkzeuge, zum Beispiel:

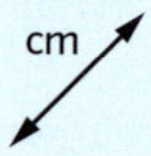

Abstand oder Länge

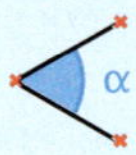

Winkel

94 MK SP Zeichne ein Rechteck ABCD.
a) Miss die Seitenlängen und den Flächeninhalt.
b) Verdopple (verdreifache) durch Verschieben von Punkten eine Seitenlänge des Rechtecks. Beschreibe, wie sich der Flächeninhalt verändert.
c) Wie verändert sich der Flächeninhalt, wenn man alle Seitenlängen des Rechtecks verdoppelt?

95 MK Winkel zeichnen.
a) Zeichne zwei Halbgeraden mit demselben Anfangspunkt A. Wähle „Winkel messen" und klicke die Punkte in der Reihenfolge C, A, B an. Bewege einen der Punkte und stelle den Winkel der Größe 100,5° ein.
b) Zeichne mindestens drei eigene weitere Winkel.

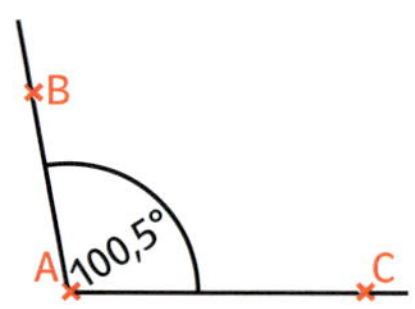

→ Die Lösungen findest du auf Seite 279.

Lösungen der Kapitel

1 Rechnen mit Brüchen | Standpunkt, Seite 7

A a) $\frac{4}{5}$ b) $\frac{3}{9}$ c) $\frac{5}{10}$ d) $\frac{4}{7}$

B a) $\frac{1}{6}$

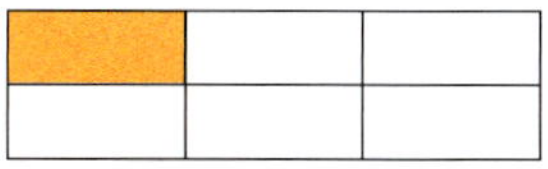

b) $\frac{3}{8}$

c) $\frac{7}{12}$

d) $\frac{11}{16}$

C a) $\frac{12}{36}=\frac{1}{3}$ b) $\frac{39}{60}=\frac{13}{20}$

c) $\frac{25}{55}=\frac{5}{11}$ d) $\frac{24}{72}=\frac{1}{3}$

D a) $\frac{5}{4}=1\frac{1}{4}$ b) $\frac{10}{3}=3\frac{1}{3}$

c) $\frac{12}{5}=2\frac{2}{5}$ d) $\frac{17}{6}=2\frac{5}{6}$

E

	Bruch	Dezimalzahl
a)	$\frac{19}{100}$	**0,19**
b)	$\frac{7}{50}$	**0,14**
c)	$\frac{3}{100}$	0,03
d)	$\frac{75}{100}=\frac{3}{4}$	0,75

F a) $\frac{1}{2}$ und $\frac{1}{3}$ sind $\frac{3}{6}$ und $\frac{2}{6}$ b) $\frac{1}{6}$ und $\frac{2}{3}$ sind $\frac{1}{6}$ und $\frac{4}{6}$

c) $\frac{1}{5}$ und $\frac{3}{4}$ sind $\frac{4}{20}$ und $\frac{15}{20}$ d) $\frac{5}{12}$ und $\frac{3}{8}$ sind $\frac{10}{24}$ und $\frac{9}{24}$

G a) $\frac{1}{5}+\frac{2}{5}=\frac{3}{5}$ b) $\frac{1}{4}+\frac{3}{8}=\frac{2}{8}+\frac{3}{8}=\frac{5}{8}$

c) $\frac{2}{3}+\frac{1}{4}=\frac{8}{12}+\frac{3}{12}=\frac{11}{12}$ d) $\frac{5}{12}+\frac{5}{8}=\frac{10}{24}+\frac{15}{24}=\frac{25}{24}=1\frac{1}{24}$

H a) $\frac{11}{14}-\frac{3}{14}=\frac{8}{14}$ b) $\frac{20}{24}-\frac{3}{8}=\frac{20}{24}-\frac{9}{24}=\frac{11}{24}$

c) $\frac{5}{6}-\frac{1}{2}=\frac{5}{6}-\frac{3}{6}=\frac{2}{6}=\frac{1}{3}$ d) $\frac{15}{18}-\frac{3}{4}=\frac{30}{36}-\frac{27}{36}=\frac{3}{36}=\frac{1}{12}$

1 Rechnen mit Brüchen | Alles klar?, Seite 10

A a) $5\cdot\frac{1}{9}=\frac{5}{9}$ b) $3\cdot\frac{3}{18}=\frac{9}{18}\underset{9}{=}\frac{1}{2}$

c) $3\cdot\frac{7}{35}=\frac{3\cdot 7}{35}\underset{7}{=}\frac{3}{5}$ d) $\frac{5}{10}:2=\frac{5}{10\cdot 2}\underset{5}{=}\frac{1}{4}$

e) $\frac{17}{19}:3=\frac{17}{19\cdot 3}=\frac{17}{57}$ f) $\frac{14}{15}:7=\frac{14}{15\cdot 7}\underset{7}{=}\frac{2}{15}$

1 Rechnen mit Brüchen | Alles klar?, Seite 13

A a) $\frac{1}{3}\cdot\frac{1}{4}=\frac{1}{12}$

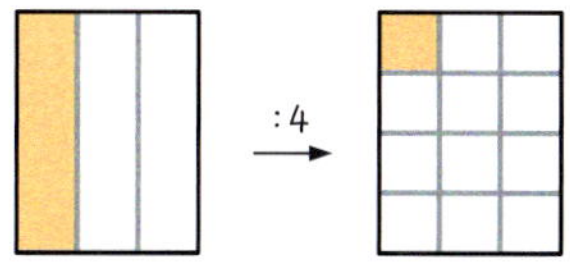

b) $\frac{3}{4}\cdot\frac{1}{2}=\frac{3}{8}$

c) $\frac{1}{2}\cdot\frac{2}{3}=\frac{2}{6}$

B a) $\frac{2}{15}$ b) $\frac{5}{12}$ c) $\frac{15}{32}$

d) $\frac{2}{30}=\frac{1}{15}$ e) $\frac{20}{56}=\frac{5}{14}$ f) $\frac{24}{18}=\frac{4}{3}$

1 Rechnen mit Brüchen | Alles klar?, Seite 16

A a) $\frac{2}{5}$ b) $\frac{5}{6}$ c) $\frac{35}{36}$

d) $\frac{21}{20}$ e) $\frac{8}{15}$ f) $\frac{12}{10}=\frac{6}{5}$

1 Rechnen mit Brüchen | Alles klar?, Seite 19

A a) $\left(\frac{4}{9}-\frac{1}{9}\right):\frac{2}{3}=\frac{3}{9}:\frac{2}{3}=\frac{1}{2}$ b) $\frac{3}{4}-\left(\frac{7}{6}-\frac{1}{2}\right)=\frac{9}{12}-\frac{8}{12}=\frac{1}{12}$

c) $\left(\frac{1}{3}+\frac{1}{4}\right)\cdot\frac{4}{7}=\frac{7}{12}\cdot\frac{4}{7}=\frac{1}{3}$ d) $\frac{1}{5}+\frac{3}{4}\cdot\frac{4}{15}=\frac{1}{5}+\frac{1}{5}=\frac{2}{5}$

e) $\frac{4}{5}-\frac{7}{15}:\frac{2}{3}=\frac{8}{10}-\frac{7}{10}=\frac{1}{10}$ f) $\frac{2}{3}-\frac{1}{8}\cdot\frac{4}{3}=\frac{4}{6}-\frac{1}{6}=\frac{3}{6}=\frac{1}{2}$

1 Rechnen mit Brüchen | Rückspiegel, Seite 24

1 a) $\frac{4}{9}\cdot 2=\frac{8}{9}$ b) $\frac{2}{17}\cdot 7=\frac{14}{17}$ c) $\frac{7}{19}\cdot 3=\frac{21}{19}=1\frac{2}{19}$

d) $9\cdot\frac{1}{3}=\frac{9}{3}=3$ e) $8\cdot\frac{1}{2}=\frac{8}{2}=4$ f) $10\cdot\frac{3}{8}=\frac{30}{8}=3\frac{3}{4}$

2 a) $\frac{12}{15}:3=\frac{4}{15}$ b) $\frac{10}{11}:3=\frac{10}{33}$ c) $\frac{12}{13}:7=\frac{12}{91}$

d) $\frac{15}{21}:5=\frac{1}{7}$ e) $\frac{4}{19}:2=\frac{2}{19}$ f) $\frac{1}{2}:4=\frac{1}{8}$

3 a) $\frac{1}{6} \cdot \frac{1}{2} = \frac{1}{12}$ b) $\frac{1}{3} \cdot \frac{5}{6} = \frac{5}{18}$ c) $\frac{3}{4} \cdot \frac{3}{5} = \frac{9}{20}$

d) $\frac{1}{4} : \frac{1}{3} = \frac{3}{4}$ e) $\frac{2}{5} : \frac{1}{2} = \frac{4}{5}$ f) $\frac{2}{3} : \frac{5}{7} = \frac{14}{15}$

4 a) $\frac{7}{8} - \frac{3}{4} \cdot \frac{1}{6} = \frac{3}{4}$ b) $\frac{3}{4} : \left(\frac{3}{2} + \frac{1}{2}\right) = \frac{3}{8}$ c) $\left(\frac{3}{10} + \frac{2}{5}\right) \cdot \frac{5}{7} = \frac{1}{2}$

1 Rechnen mit Brüchen | Rückspiegel, Seite 24, links

5 a) $\frac{4}{16} \cdot 2 = \frac{8}{16} = \frac{1}{2}$ b) $7 \cdot \frac{5}{6} = \frac{35}{6} = 5\frac{5}{6}$ c) $\frac{7}{8} : 3 = \frac{7}{24}$

d) $\frac{8}{9} : 4 = \frac{2}{9}$ e) $\frac{10}{13} : 2 = \frac{5}{13}$ f) $\frac{12}{15} : 6 = \frac{2}{15}$

6 a) $\frac{1}{4} + \frac{1}{2} \cdot \frac{2}{3} = \frac{7}{12}$ b) $\left(\frac{7}{8} - \frac{3}{4}\right) \cdot \frac{1}{2} = \frac{1}{16}$ c) $\frac{3}{4} \cdot \left(\frac{1}{7} + \frac{3}{14}\right) = \frac{15}{56}$

7 a) $\left(\frac{1}{3} + \frac{2}{5}\right) : \frac{4}{5} = \frac{11}{12}$ b) $\frac{4}{9} \cdot \left(\frac{5}{6} - \frac{1}{12}\right) = \frac{1}{3}$

8 $\frac{1}{2} \cdot \frac{6}{4} = \frac{3}{4}$; also $\frac{3}{4}$ kg Hackfleisch

$1 \cdot \frac{6}{4} = \frac{3}{2} = 1\frac{1}{2}$; also $1\frac{1}{2}$ Zwiebeln

$\frac{1}{2} \cdot \frac{6}{4} = \frac{3}{4}$; also eine $\frac{3}{4}$ Tube Tomatenmark

$\frac{3}{4} \cdot \frac{6}{4} = \frac{18}{16} = \frac{9}{8} = 1\frac{1}{8}$; also $1\frac{1}{8}$ l Brühe

$2 \cdot \frac{6}{4} = \frac{12}{4} = 3$; also 3 Dosen Tomaten

Gewürze

1 Rechnen mit Brüchen | Rückspiegel, Seite 24, rechts

5 a) $\frac{5}{8}$ b) $\frac{13}{4} = 3\frac{1}{4}$ c) $\frac{9}{5} = 1\frac{4}{5}$

d) $\frac{1}{6}$ e) $\frac{3}{5}$ f) 1

g) 6 h) $\frac{14}{45}$ i) $\frac{1}{6}$

6 a) $\frac{14}{15} + \frac{3}{5} : 9 = 1$ b) $\frac{2}{3} \cdot \frac{6}{8} + \frac{8}{9} : 2 = \frac{17}{18}$

c) $\left(\frac{10}{12} : 5 + \frac{5}{6}\right) \cdot 13 = 13$ d) $\frac{3}{7} \cdot \left(\frac{1}{2} + \left(\frac{8}{9} - \frac{1}{3}\right)\right) = \frac{19}{42}$

7 a) $\left(\frac{2}{5} : \frac{4}{7}\right) + \left(\frac{2}{15} + \frac{1}{30}\right) = \frac{13}{15}$ b) $\left(\frac{9}{4} \cdot \frac{2}{3}\right) : \left(\frac{9}{20} - \frac{1}{5}\right) = 6$

8 Anzahl Jugendliche; Ballsport: $26 \cdot \frac{7}{13} = 14$

Anzahl Jugendliche; Kampfsport: $26 \cdot \frac{3}{26} = 3$

Anzahl Jugendliche; Wintersport: $26 \cdot \frac{1}{13} = 2$

Anzahl Jugendliche; Motorsport: $26 \cdot \frac{1}{13} = 2$

Anzahl Jugendliche; keinen Sport: $26 - 14 - 3 - 2 - 2 = 5$

2 Rationale Zahlen | Standpunkt, Seite 25

A a) A: −18; B: −6; C: 2; D: 14

b) A: −220; B: −40; C: 60; D: 180

B Mögliche Lösungen:

a)

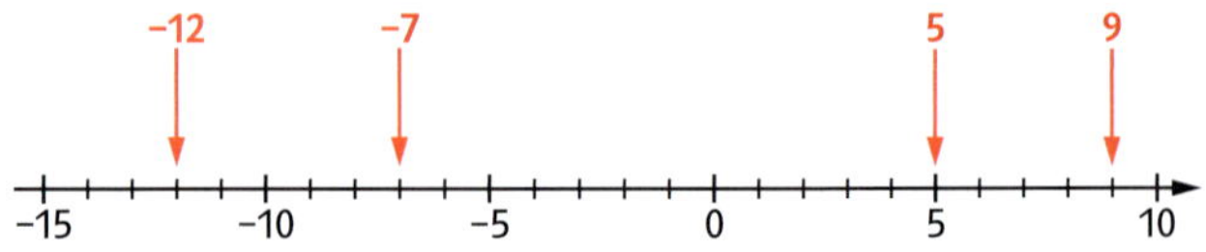

b)

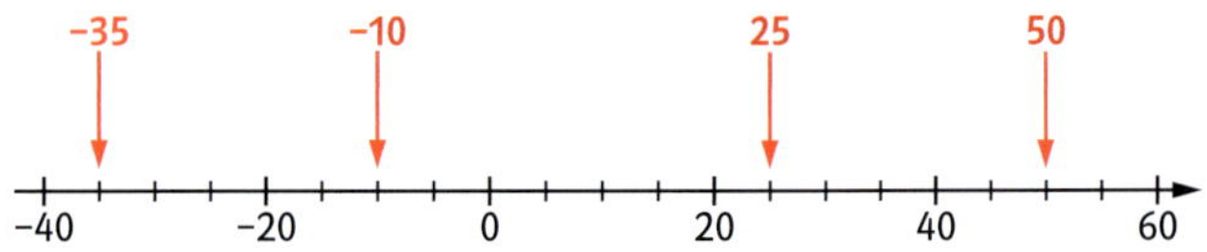

C a) −14; −9; −1; 0; 1; 15

b) −200; −199; −135; 134; 198; 201

D

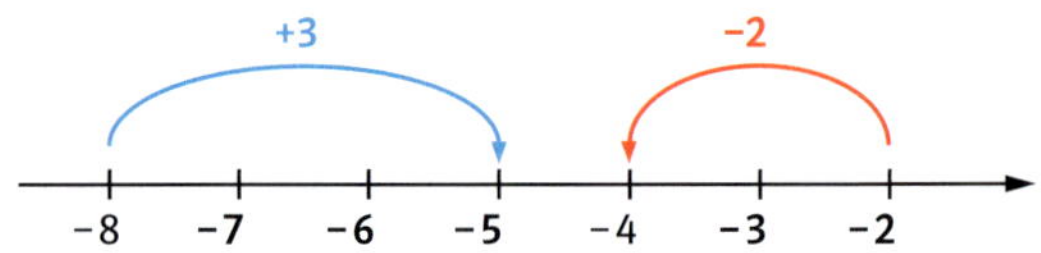

E a)

	7	8
+	8	7
	1	
1	6	5

b)

	1	2	3
+	3	2	1
	4	4	4

c)

	1	5,	2
+		7,	5
	1		
	2	2,	7

d)

	1	2,	8
+	2	4,	7
		1	
	3	7,	5

e)

	9	5
−	5	9
	1	
	3	6

f)

	5	6	4
−	4	6	5
	1	1	
		9	9

g)

	1	8,	6
−		7,	2
	1	1,	4

h)

	1,	8	4
−	0,	9	7
	1	1	
	0,	8	7

F a) 12 · 25

1	2	·	2	5	
		2	4		
+			6	0	
		1			
		3	0	0	

b) 89 · 17

8	9	·	1	7	
			8	9	
+			6	2	3
			1		
		1	5	1	3

c) 45 · 8,4

4	5	·	8,	4
	3	6	0	
+		1	8	0
	3	7	8,	0

d) 2,8 · 4,2

2,	8	·	4,	2
	1	1	2	
+			5	6
	1	1,	7	6

G a) 222 : 6 = 37

	2	2	2	:	6	=	3	7
−	1	8						
		4	2					
	−	4	2					
			0					

b) 574 : 7 = 82

	5	7	4	:	7	=	8	2
−	5	6						
		1	4					
	−	1	4					
			0					

c) 43,2 : 4 = 10,8

	4	3,	2	:	4	=	1	0,	8
−	4								
	0	3							
	−	0							
		3	2						
	−	3	2						
			0						

d) 39,1 : 0,5

	3	9,	1	:	0,	5			
	3	9	1	:	5	=	7	8,	2
−	3	5							
		4	1						
	−	4	0						
			1	0					
		−	1	0					
				0					

H a) 45 − (23 + 17)
= 45 − 40
= 5

b) 15 + (44 − 19) : 5
= 15 + 25 : 5
= 15 + 5
= 20

c) 9 · 5 − (14 + 16 − 26) + 9
= 45 − 4 + 9
= 41 + 9
= 50

I a) 56 + 23 + 27 + 44
= (56 + 44) + (23 + 27)
= 100 + 50
= 150

b) 128 − 75 − 28
= (128 − 28) − 75
= 100 − 75
= 25

c) 17 · 29 + 17 · 71
= 17 · (29 + 71)
= 17 · 100
= 1700

d) 79 · 8 − 18 · 4
= 79 · 8 − 9 · 8
= (79 − 9) · 8
= 70 · 8
= 560

J a) A (0 | 3); B (3 | 2); C (6 | 0); D (9 | 5)

b)

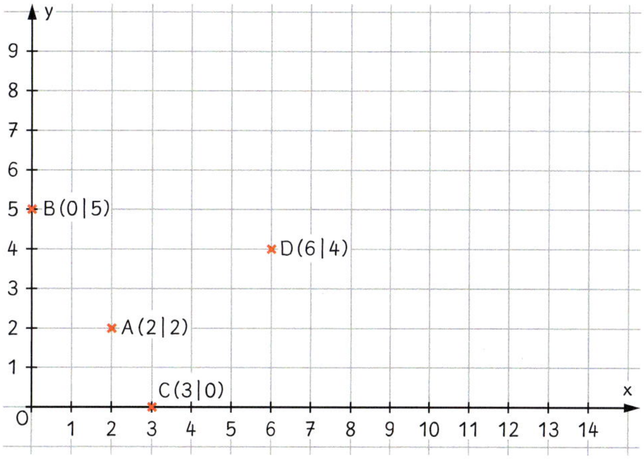

2 Rationale Zahlen | Alles klar?, Seite 29

A a) A: −3,8 B: −2,7 C: −2,1
D: −1,9 E: −0,9 F: −0,2
G: +0,4 H: +0,6 I: +1,9

b) A hat den größten Betrag: |−3,8| = 3,8.
F hat den kleinsten Betrag: |−0,2| = 0,2.

B
- In der Antarktis liegt die Jahresdurchschnittstemperatur bei −55 °C.
- Die Zugspitze hat eine Höhe von +2963 m.
- Die tiefste Stelle in der Ostsee misst −459 m.
- Im Jahr 2019 betrug die Abweichung von der globalen Durchschnittstemperatur +0,95 °C.

2 Rationale Zahlen | Alles klar?, Seite 32

A 1: D; 2: A; 3: F; 4: C; 5: B; 6: E

B

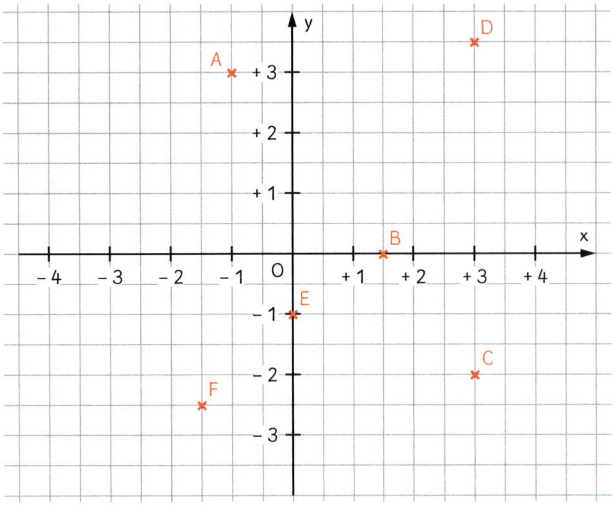

2 Rationale Zahlen | Alles klar?, Seite 35

A Richtige Aussagen:
- 50 m unter NN liegt tiefer als 50 m über NN.
- −27 °C ist wärmer als −30 °C.

Korrigierte Aussagen:
- 12 m unter NN liegt **höher** als 21 m unter NN.
- −2 °C ist **wärmer** als −5 °C.

B a) 8 °C > 0 °C > −2 °C > −5 °C > −11 °C
b) 3,75 € > 0,25 € > −0,45 € > −1,50 € > −2,75 €

2 Rationale Zahlen | Alles klar?, Seite 38

A a) +35 b) −1 c) −1,80 d) +3

B a)

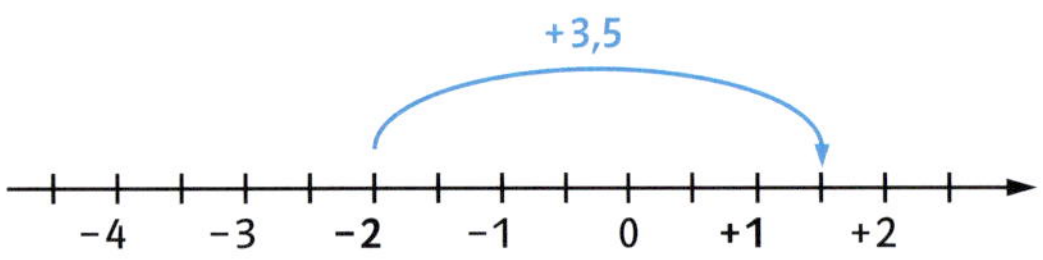

b)

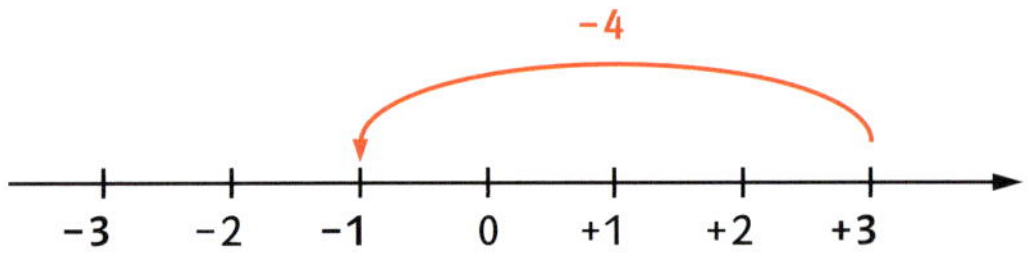

2 Rationale Zahlen | Alles klar?, Seite 42

A a) +20 b) −40 c) +10 d) −56

B a) +5 (B) b) −55 (D) c) +55 (C) d) −5 (A)

2 Rationale Zahlen | Alles klar?, Seite 45

A a) negatives Ergebnis:
(+15) − (+25)
= 15 − 25
= −10

b) positives Ergebnis:
(+15) − (−25)
= 15 + 25
= +40

c) negatives Ergebnis:
(−15) − (+25)
= −15 − 25
= −40

d) positives Ergebnis:
(−15) − (−25)
= −15 + 25
= +10

B a) (+16) − (+12)
= (+16) + (−12)
= 16 − 12
= 4

b) (−18) − (+22)
= (−18) + (−22)
= −18 − 22
= −40

c) (+23) − (−14)
= (+23) + (+14)
= 23 + 14
= 37

d) (−10) − (−36)
= (−10) + (+36)
= −10 + 36
= 26

2 Rationale Zahlen | Alles klar?, Seite 48

A a) Den Rechenausdruck (+23) + ((−12) + (−8)) kann man vorteilhaft berechnen, da (−12) + (−8) eine Zehnerzahl ergibt.

(+23) + ((−12) + (−8))
= (+23) + (−20)
= +3

((+23) + (−12)) + (−8)
= (+11) + (−8)
= +3

b) Den Rechenausdruck ((−17) + (−23)) + (−34) kann man vorteilhaft berechnen, da (−17) + (−23) eine Zehnerzahl ergibt.

((−17) + (−23)) + (−34)
= (−40) + (−34)
= −74

(−17) + ((−23) + (−34))
= (−17) + (−57)
= −74

B a) 30 − (−20 + 36)
= 30 + 20 − 36
= 50 − 36
= 14

b) 54 + (−44 + 77)
= 54 − 44 + 77
= 10 + 77
= 87

c) 28 − (27 − 100)
= 28 − 27 + 100
= 1 + 100
= 101

2 Rationale Zahlen | Alles klar?, Seite 51

A a) (+8) · (−4) = −32 b) (−9) · (+3) = −27
c) (+5) · (−12) = −60 d) (−7) · (−7) = +49

B a) (+7) · (+3) = +21 b) (+5) · (−9) = −45
c) (−8) · (+4) = −32 d) (−6) · (−10) = +60

2 Rationale Zahlen | Alles klar?, Seite 53

A a) $(+35):(-7) = -5$ b) $(-64):(+8) = -8$
c) $(-42):(+7) = -6$ d) $(-88):(-11) = 8$

B a) $(-77):11 = -7$ b) $72:(-9) = -8$
c) $(-56):(-7) = +8$ d) $(-84):(-12) = +7$

2 Rationale Zahlen | Alles klar?, Seite 55

A a) $4\cdot((+25) + (-7))$
$= 4\cdot(+25) + 4\cdot(-7)$
$= 100 + (-28)$
$= 72$

b) $(-5)\cdot((+20) + (-6))$
$= (-5)\cdot(+20) + (-5)\cdot(-6)$
$= -100 + 30$
$= -70$

c) $((-50) + (-8))\cdot(-2)$
$= (-50)\cdot(-2) + (-8)\cdot(-2)$
$= 100 + 16$
$= 116$

B a) $3\cdot(-9) + 7\cdot(-9)$
$= (-9)\cdot(3 + 7)$
$= (-9)\cdot 10$
$= -90$

b) $(-14)\cdot 7 + (-6)\cdot 7$
$= 7\cdot((-14) + (-6))$
$= 7\cdot(-20)$
$= -140$

c) $(-15)\cdot(-14) + (-15)\cdot(-6)$
$= (-15)\cdot((-14) + (-6))$
$= (-15)\cdot(-20)$
$= 300$

2 Rationale Zahlen | Rückspiegel, Seite 66

1 a) $A = -45$ $B = -25$ $C = -5$ $D = +15$
b) $A = -5{,}5$ $B = -4{,}4$ $C = -3{,}1$ $D = -0{,}9$
$E = +0{,}7$

2 a)
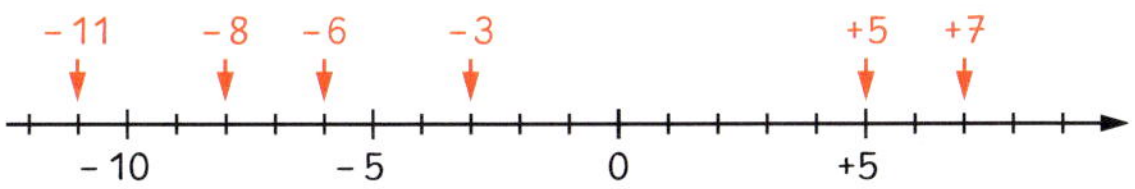

b)
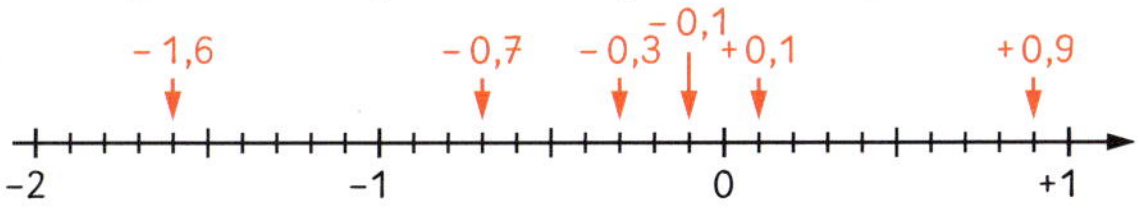

3 a) $-706 < -670 < -76 < -6{,}7 < 7{,}6 < 67$
-706 hat den größten Betrag: $|-706| = 706$
b) $-9{,}54 < -5{,}49 < -4{,}95 < 4{,}59 < 5{,}94$
$-9{,}54$ hat den größten Betrag: $|-9{,}54| = 9{,}54$

4 a) $-32 + 24 = -8$ b) $-15 + (-48) = -63$
c) $63 - (-27) = 90$ d) $-1{,}8 - (-0{,}9) = -0{,}9$
e) $(-12)\cdot 6 = -72$ f) $7{,}5\cdot(-5) = -37{,}5$
g) $104:(-8) = -13$ h) $(-28{,}8):(-3) = 9{,}6$

2 Rationale Zahlen | Rückspiegel, Seite 66, links

5 a) $-46 + 73 - 54 + 17$
$= (73 + 17) - (46 + 54)$
$= 90 - 100$
$= -10$
b) $42 - 28 - 57 + 18 - 12 + 37$
$= (42 - 12) - (57 - 37) - (28 - 18)$
$= 30 - 20 - 10$
$= 0$

6 a) $42 - 7\cdot 8$
$= 42 - 56$
$= -14$

b) $21 - 96:(-8) + 11$
$= 21 - (-12) + 11$
$= 21 + 12 + 11$
$= 44$

7 a) $12 - (18 - 26) - (44 - 37)$
$= 12 - (-8) - 7$
$= 12 + 8 - 7$
$= 13$

b) $(-36):(31 - 37) - (-6)\cdot 2$
$= (-36):(-6) - (-12)$
$= 6 + 12$
$= 18$

8 $8\cdot(-13) + 8\cdot(-7)$
$= 8\cdot((-13) + (-7))$
$= 8\cdot(-20)$
$= -160$

9 $A(-3|2)$; $B(1|2)$; $C(-2|-1)$; $D(2|-1)$; $E(0|0{,}5)$

10 a) Wasseroberfläche: +65 m
Tiefste Stelle des Sees: −281 m
Rechnung: $+65 - (-281) = 65 + 281 = 346$
Der Gardasee ist an der tiefsten Stelle 346 m tief.
b) Wasseroberfläche: +193 m
Maximale Tiefe: 372 m
Rechnung: $+193 - 372 = -179$
Die tiefste Stelle des Lago Maggiore liegt 179 m unter NN.

2 Rationale Zahlen | Rückspiegel, Seite 66, rechts

5 a) $84 - 67 + 48 - 33 + 52$
$= 84 + (48 + 52) - (67 + 33)$
$= 84 + 100 - 100$
$= 84$
b) $-5{,}7 + 12{,}8 - 23{,}6 + 11{,}2 - 1{,}3$
$= (12{,}8 + 11{,}2) - (5{,}7 + 1{,}3) - 23{,}6$
$= 24 - 7 - 23{,}6$
$= -6{,}6$

6 a) $(-27) + 11\cdot(-3) - 40$
$= -27 - 33 - 40$
$= -100$

b) $14{,}97 - 7{,}08:0{,}8 - 3{,}2\cdot 1{,}6$
$= 14{,}97 - 8{,}85 - 5{,}12$
$= 1$

7 a) $(-2+4\cdot(-6)):2-2\cdot5$
$=(-2-24):2-2\cdot5$
$=(-26):2-10$
$=-13-10$
$=-23$
b) $(4{,}6-(0{,}42+1{,}38):0{,}5+0{,}2)\cdot1{,}2$
$=(4{,}6-1{,}8:0{,}5+0{,}2)\cdot1{,}2$
$=(4{,}6-3{,}6+0{,}2)\cdot1{,}2$
$=1{,}2\cdot1{,}2$
$=1{,}44$

8 a) Die Regel „Punkt vor Strich" wurde nicht beachtet. Zuerst muss man den Quotienten 24 : 6 berechnen. Richtig ist:
$32-24:6-10$
$=32-4-10$
$=18$
b) In der Klammer wurde die Regel „Punkt vor Strich" nicht beachtet. Zuerst muss man den Quotienten $24:4=6$ berechnen. Richtig ist:
$-20-(28-24:4)$
$=-20-(28-6)$
$=-20-22$
$=-42$

9 a) und b)

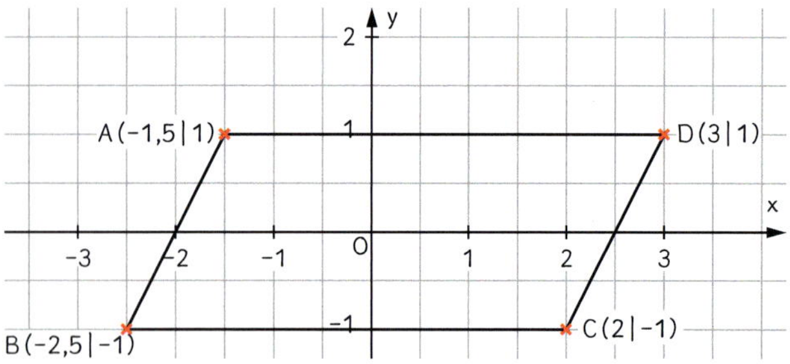

Ein Parallelogramm entsteht durch den Punkt D (3 | 1).

10 Höchste Temperatur: +11,2 °C
Tiefste Temperatur: −66,8 °C
Temperaturabsenkung:
$11{,}2-(-66{,}8)=11{,}2+66{,}8=78{,}0$
Durchschnittliche Temperaturabsenkung pro Stunde:
$78{,}0:6{,}5=12{,}0$
Die durchschnittliche Temperaturabsenkung beträgt pro Stunde 12,0 °C.

3 Dreiecke | Standpunkt, Seite 67

A

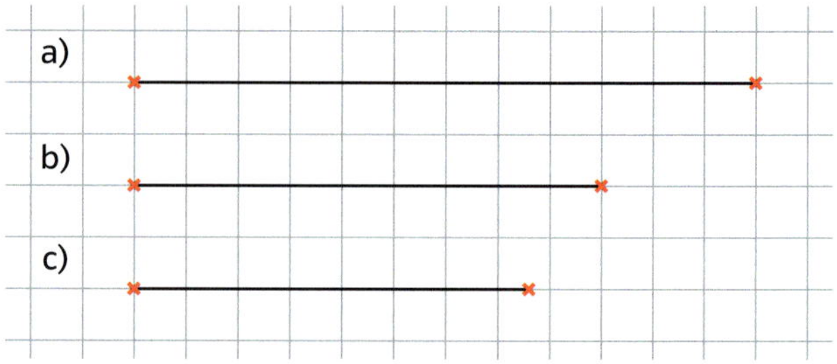

B

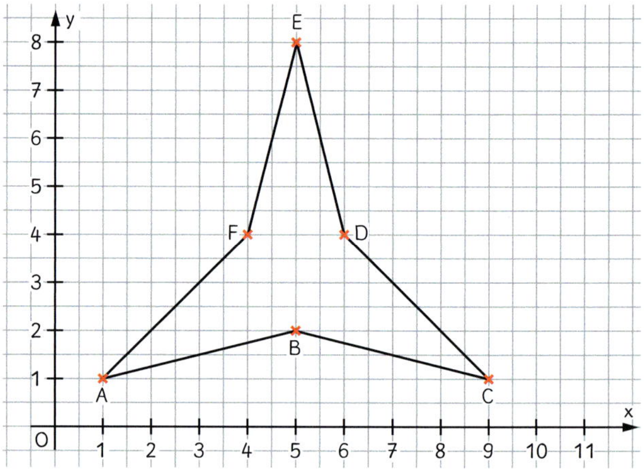

C α: stumpfer Winkel
β: spitzer Winkel
γ: rechter Winkel
δ: gestreckter Winkel
ε: überstumpfer Winkel

D $\alpha=20°$; $\beta=120°$

E

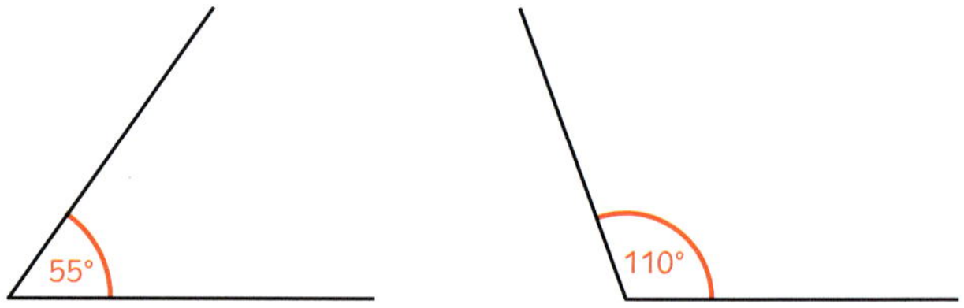

F Parallel zueinander sind: c und d; e und f.
Senkrecht zueinander sind: b zu e und f; a zu c und d.

G

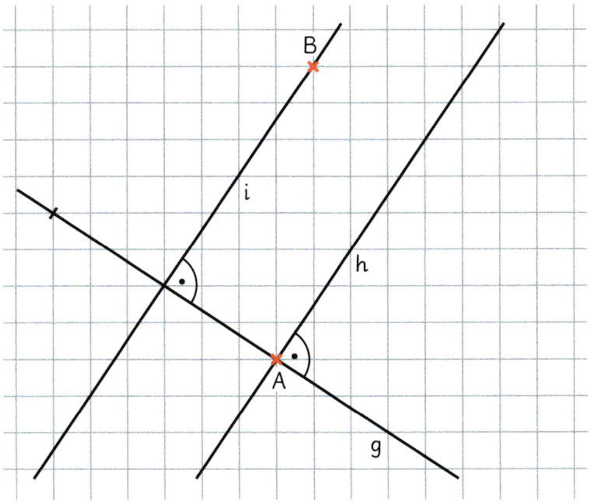

H a)

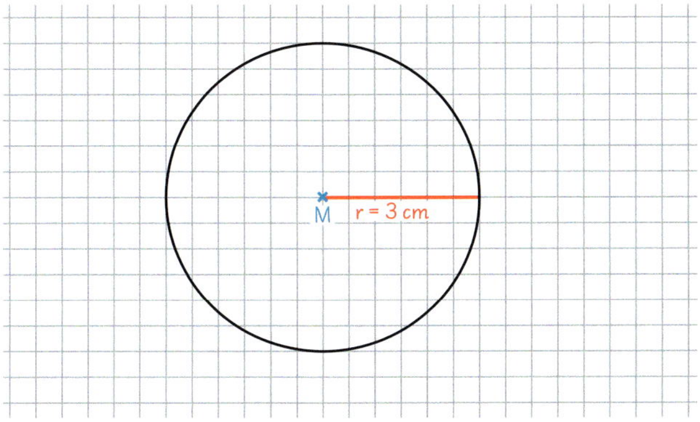

b) r = 5 cm : 2 = 2,5 cm

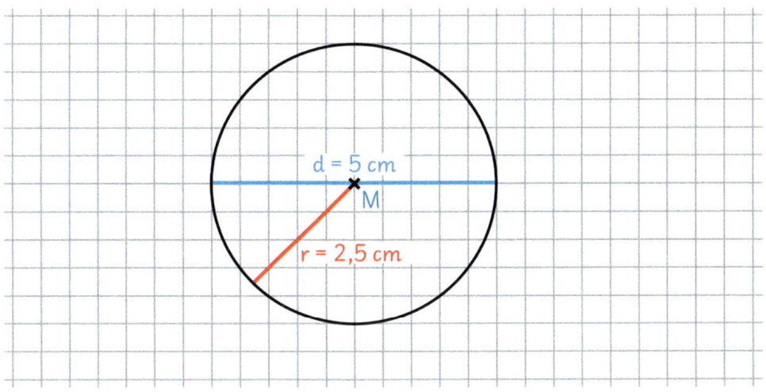

3 Dreiecke | Alles klar?, Seite 71

A a) β und **δ** sind Scheitelwinkel.
b) γ und **β** sind Nebenwinkel oder auch:
γ und **δ** sind Nebenwinkel.
c) α und **α′** sind Stufenwinkel.
d) δ und **β′** sind Wechselwinkel.

B a) $\gamma = 110°$; $\delta = 70°$; $\alpha' = 110°$; $\beta' = 70°$; $\delta' = 70°$
b) Man kann δ′ als Scheitelwinkel von β′, als Stufenwinkel von δ, als Nebenwinkel von α′ oder als Wechselwinkel des gegebenen 70°-Winkels berechnen.

3 Dreiecke | Alles klar?, Seite 73

A a) $\alpha + \beta = 48° + 62° = 110°$; $\gamma = 180° - 110° = 70°$
b) $\beta + \gamma = 20° + 135° = 155°$; $\alpha = 180° - 155° = 25°$

B Zum Nachzeichnen des Dreiecks zähle die Kästchen.
Winkel messen: $\alpha = 67°$; $\beta = 41°$; $\gamma = 72°$
Winkelsumme bilden: $67° + 41° + 72° = 180°$

3 Dreiecke | Alles klar?, Seite 75

A

Einteilung nach …	Seiten	Winkeln
a)	**allgemein**	**rechtwinklig**
b)	**gleichschenklig**	**spitzwinklig**
c)	**allgemein**	spitzwinklig
d)	**allgemein**	**stumpfwinklig**
e)	**gleichschenklig**	**stumpfwinklig**
f)	gleichseitig	**spitzwinklig**

B A: gleichschenklig-rechtwinklig
B: gleichseitig
C: allgemein-spitzwinklig
D: gleichschenklig-spitzwinklig
E: allgemein-rechtwinklig
F: allgemein-stumpfwinklig
G: gleichschenklig-stumpfwinklig

3 Dreiecke | Alles klar?, Seite 77

A Zeichnungen im Maßstab 1 : 2
a) SSS

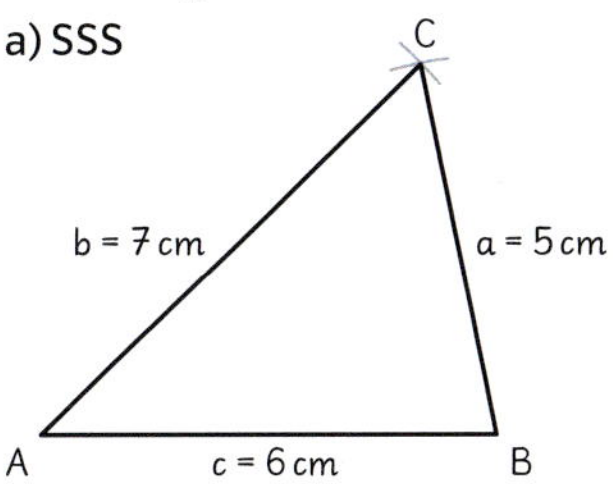

b) SWS

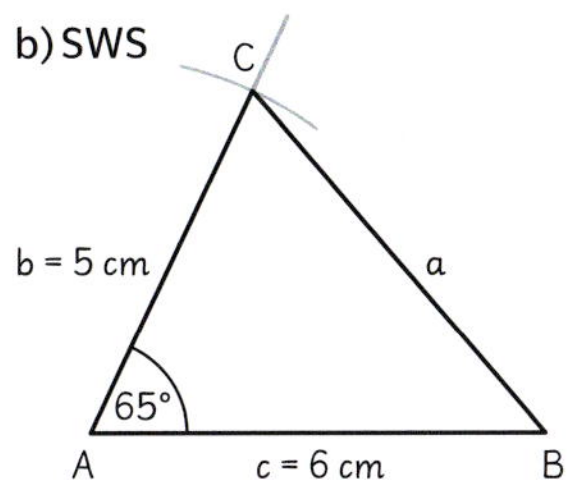

B Zeichnungen im Maßstab 1:2

a)

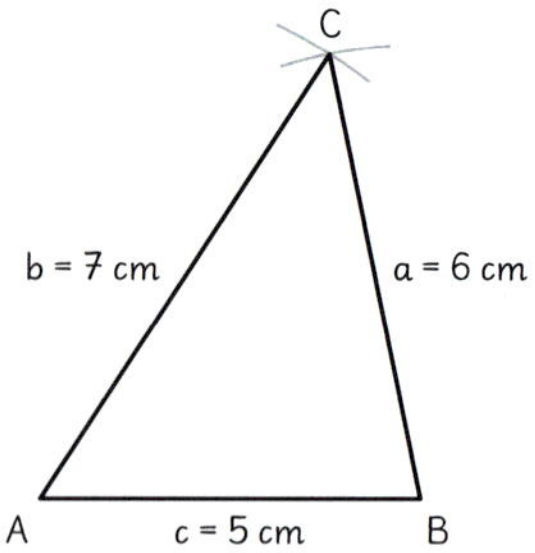

b)

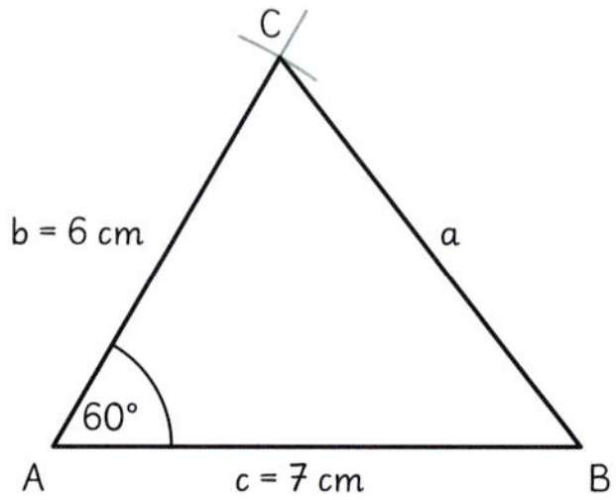

c)

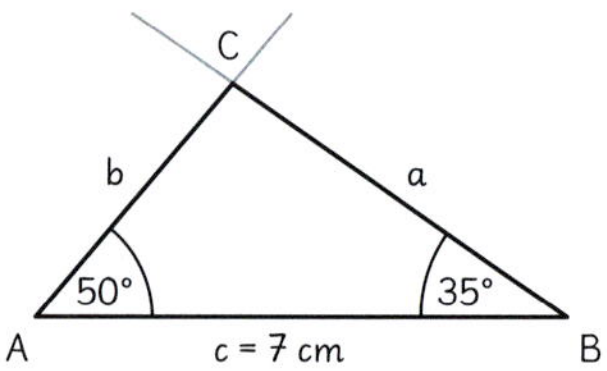

3 Dreiecke | Alles klar?, Seite 80

A Zeichnung im Maßstab 1:2

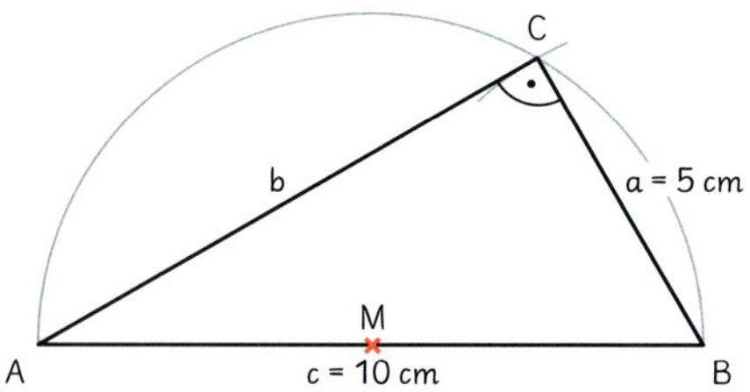

3 Dreiecke | Alles klar?, Seite 82

A

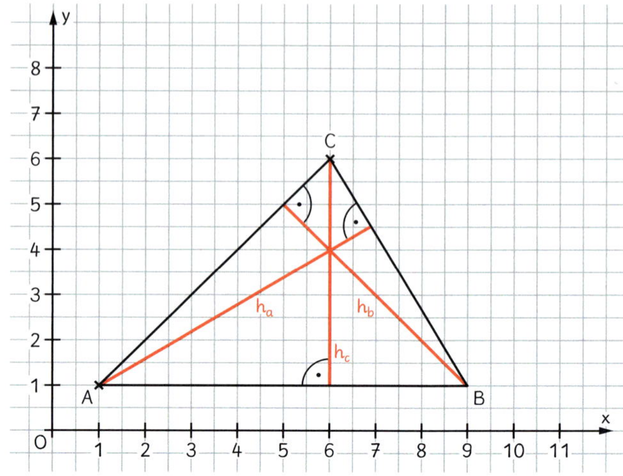

3 Dreiecke | Alles klar?, Seite 84

A

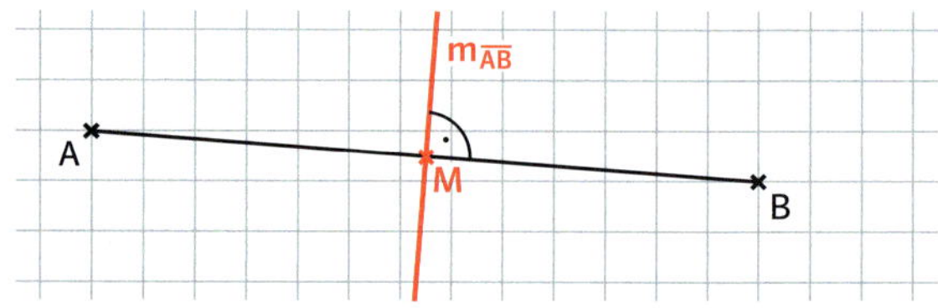

B a) – c)

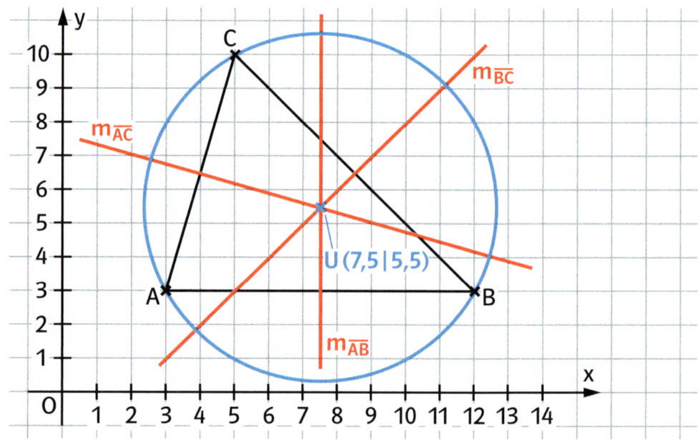

3 Dreiecke | Rückspiegel, Seite 94

1 a) Scheitelwinkel; $\gamma = 55°$
b) Stufenwinkel; $\alpha' = 100°$
c) Wechselwinkel; $\gamma' = 58°$
d) Nebenwinkel; $\beta = 180° - 140° = 40°$

2 a) $\alpha + \beta = 40° + 65° = 105°$; $\gamma = 180° - 105° = 75°$
b) $\beta + \gamma = 65° + 50° = 115°$; $\alpha = 180° - 115° = 65°$
c) $\alpha + \gamma = 44° + 90° = 134°$; $\beta = 180° - 134° = 46°$
d) $\alpha + \beta = 60° + 60° = 120°$; $\gamma = 180° - 120° = 60°$

3 a) allgemein-rechtwinklig
b) gleichschenklig-spitzwinklig
c) gleichschenklig-stumpfwinklig
d) allgemein-spitzwinklig
e) gleichschenklig-rechtwinklig
f) gleichseitig
g) allgemein-stumpfwinklig

4 Zeichnungen im Maßstab 1:2
a) SSS
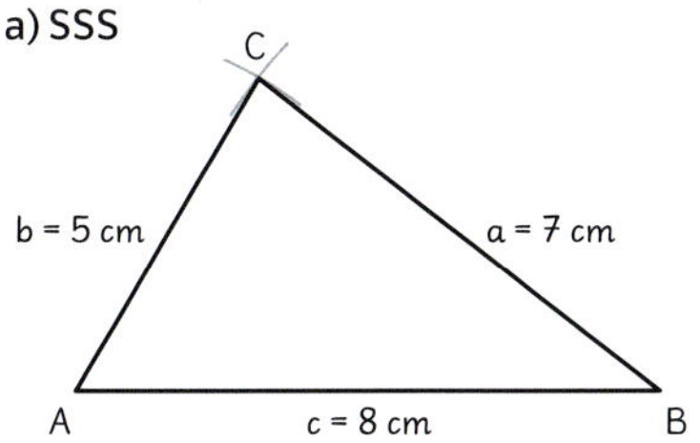

b) WSW
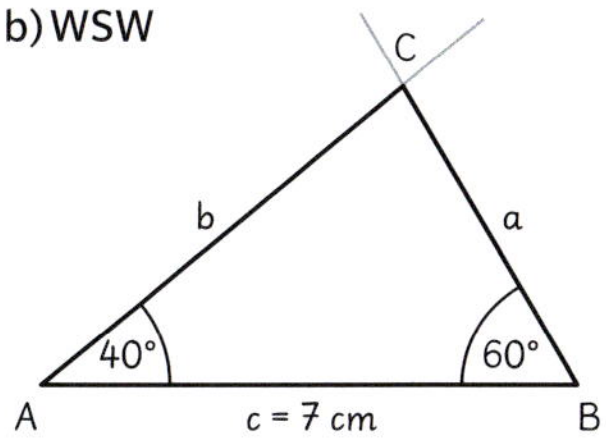

c) SWS
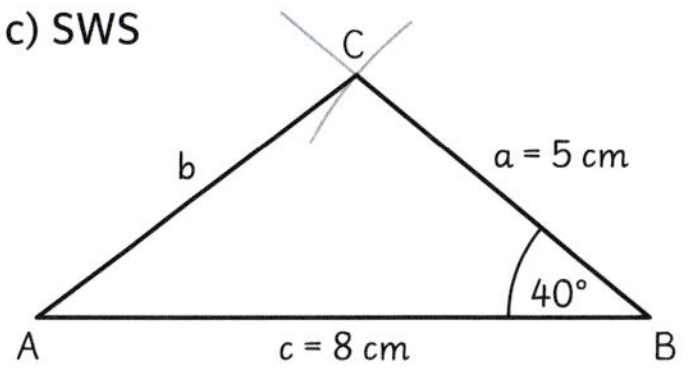

3 Dreiecke | Rückspiegel, Seite 94, links

5 Rechtwinklig sind die Dreiecke ABD und ABF, da ein Eckpunkt auf dem Halbkreisbogen über der Grundseite liegt und daher der Satz des Thales gilt.

6 a)
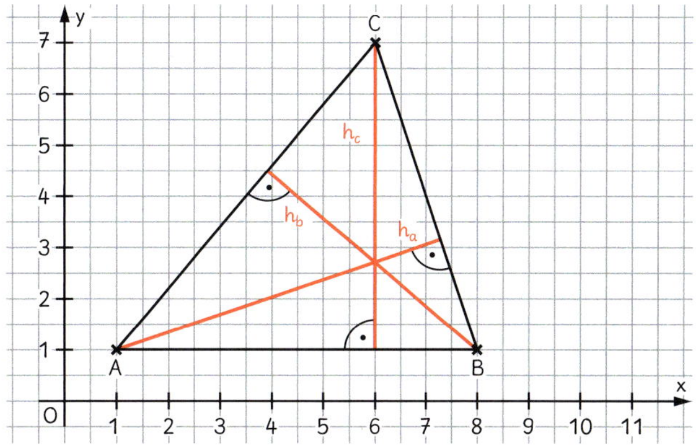

b)
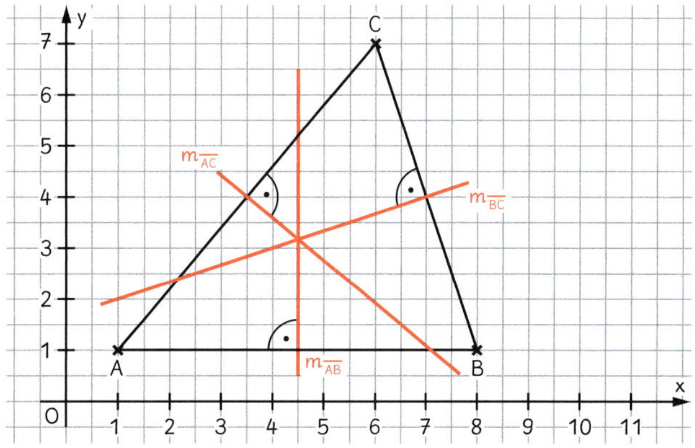

7 Es eignet sich eine Zeichnung im Maßstab 1:1000 (1 cm in der Zeichnung entspricht 10 m in der Wirklichkeit).
Verkleinerte Darstellung:
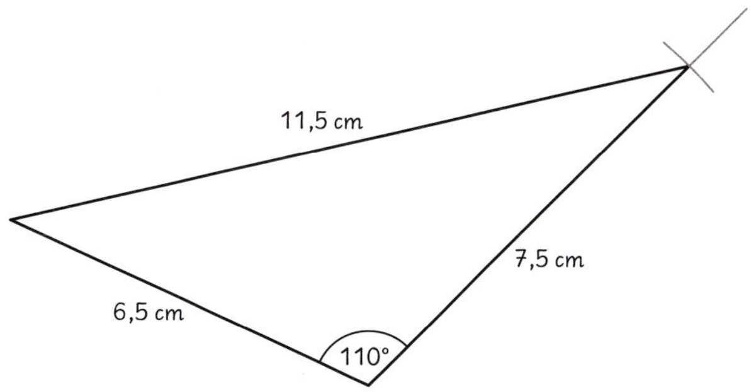

11,5 cm in der Zeichnung entsprechen 115 m. Die Länge der Strecke durch den See beträgt 115 m.

3 Dreiecke | Rückspiegel, Seite 94, rechts

5 a) Zeichnung im Maßstab 1 : 2

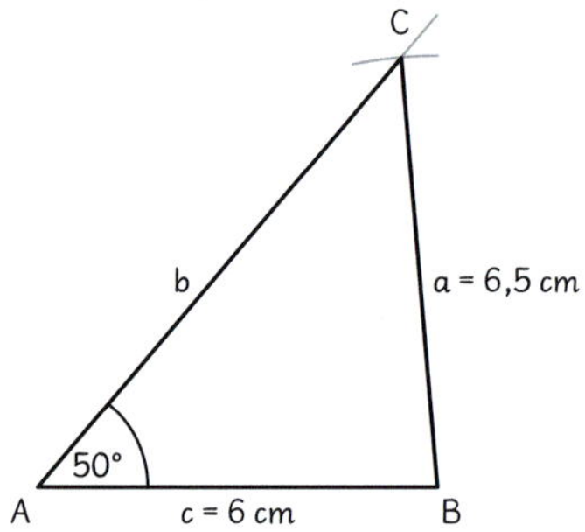

b)

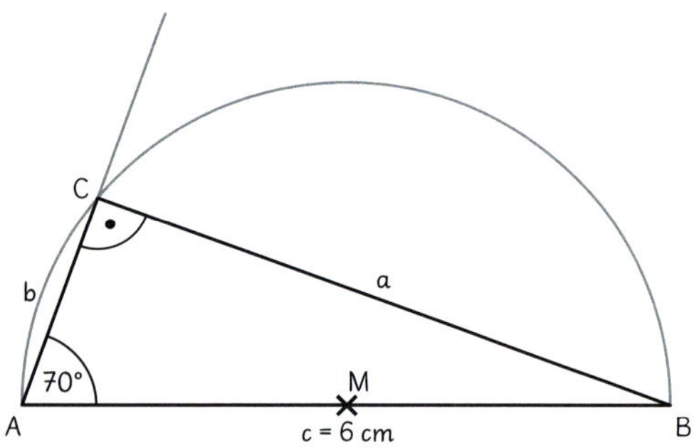

6 a)

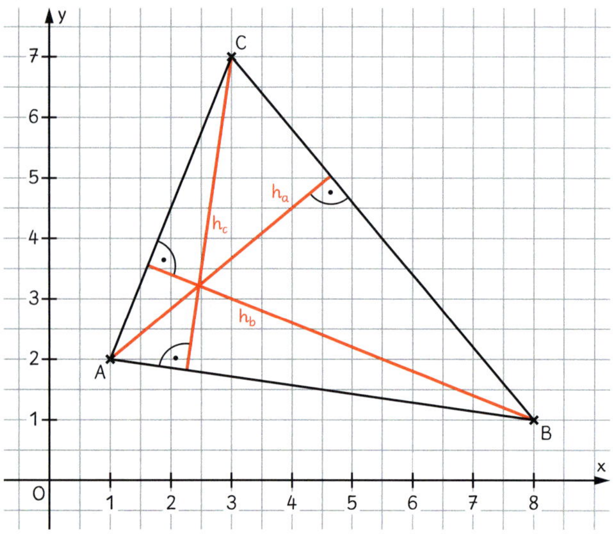

b)

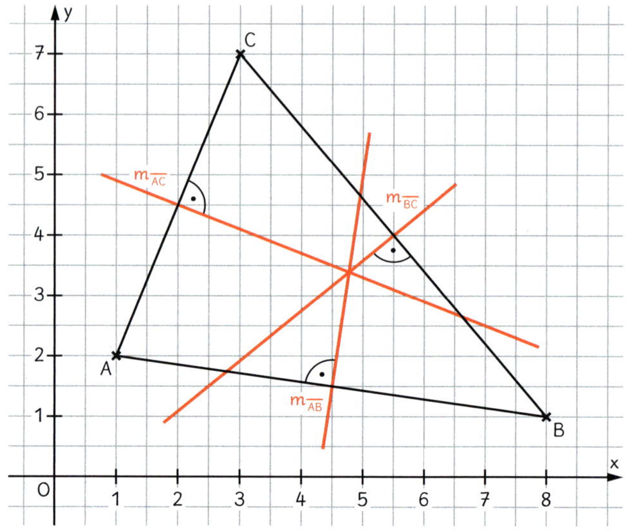

7

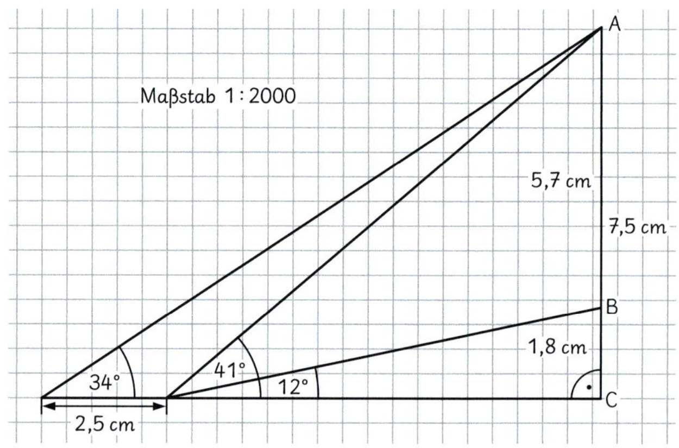

2,5 cm (5 Kästchen) sollen 50 m entsprechen. Es gilt:
50 m : 2,5 cm = 5000 cm : 2,5 cm = 2000
Der Maßstab ist also 1 : 2000. Die Länge der Strecke $\overline{AB}$ gibt die Höhe über der Absprungstelle an.
$\overline{AB}$ = 5,7 cm; 5,7 cm · 2000 = 114 m
Der Gleitschirmflieger schwebt 114 m über der Absprungstelle.

4 Proportional. Antiproportional | Standpunkt, Seite 95

A

Instrument	Blockflöte	Gitarre	Geige	Keyboard	Trompete
Anzahl	**4**	**2**	**1**	**3**	**2**

B

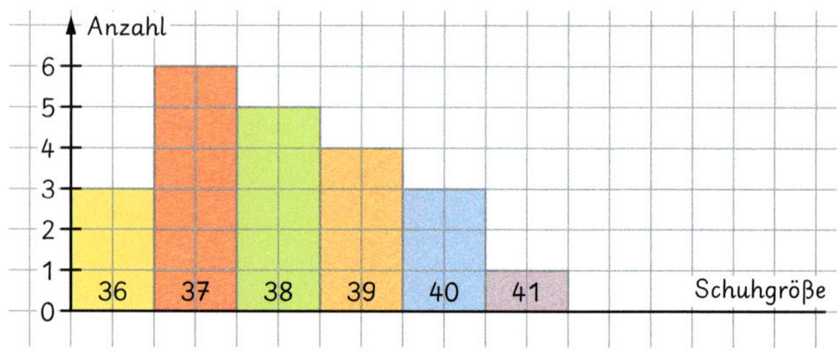

C

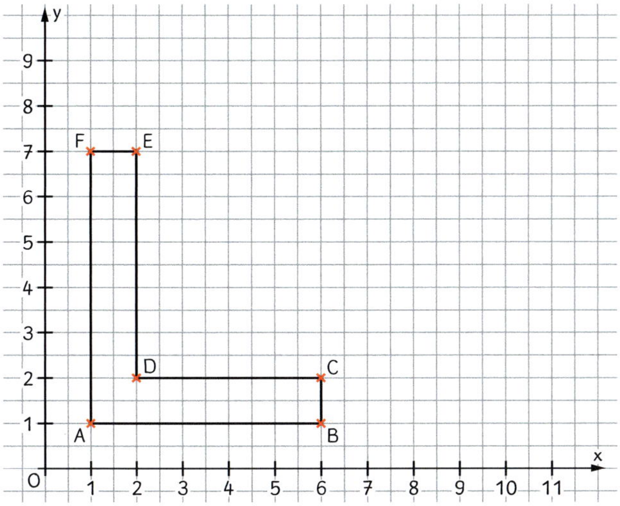

Man erhält den Buchstaben L.

D Frau Halter fährt in zwei Wochen 800 km. Dafür braucht sie 7 · 8 = 56 l Benzin. Ein voller Tank reicht.

E Die Aussagen c) und f) sind falsch, alle anderen Aussagen stimmen.

F Umfang des Quadrats: u = 4 · a

a	1 cm	2 cm	5 cm	7 cm	9 cm
4 · a	4 cm	8 cm	20 cm	28 cm	36 cm

4 Proportional. Antiproportional | Alles klar?, Seite 99

A Ein passendes Diagramm ist z. B. ein Säulendiagramm.

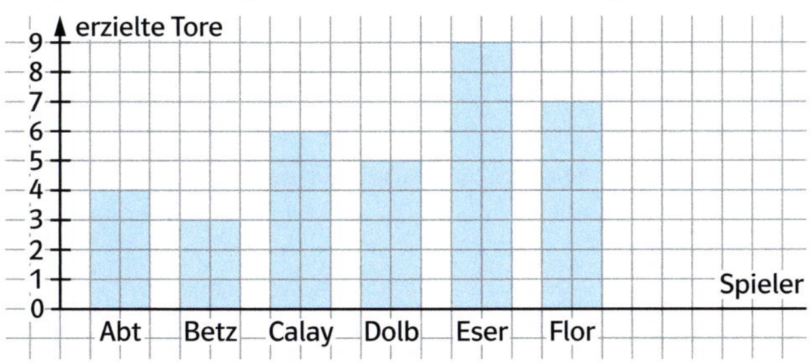

B

Anzahl der Patronen	1	2	3	4	5
Preis in €	15	25	35	40	50

4 Proportional. Antiproportional | Alles klar?, Seite 102

A a) Schaubild (2): Im unteren Teil steigt das Wasser gleichmäßig an. Im oberen Teil steigt es ebenfalls gleichmäßig, jedoch schneller an.
b) Schaubild (1): Im unteren Teil steigt das Wasser gleichmäßig an, im oberen Teil dann immer schneller.

4 Proportional. Antiproportional | Alles klar?, Seite 104

A

Anzahl der Kinokarten	1	**2**	3	4	5	**6**	7	**8**	**9**	10
Preis in €	**6**	12	**18**	24	**30**	36	**42**	48	54	**60**

B a) Walnüsse

Gewicht in g	100	200	300	400	500	600
Preis in €	0,40	0,80	1,20	1,60	2,00	2,40

Erdnüsse

Gewicht in g	100	200	300	400	500	600
Preis in €	0,30	0,60	0,90	1,20	1,50	1,80

b)

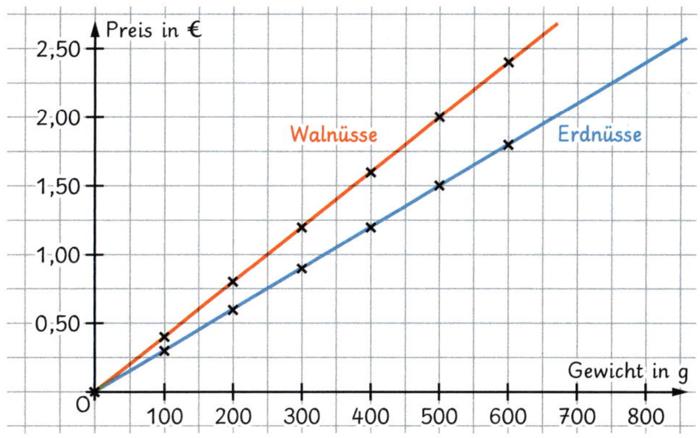

c) 250 g Walnüsse kosten 1,00 € und 250 g Erdnüsse kosten 0,75 €.

4 Proportional. Antiproportional | Alles klar?, Seite 108

A a)

Anzahl Schokoriegel	enthaltener Zucker in g
1	35
5	**175**

$\cdot 5$ / $\cdot 5$

b)

Anzahl Brötchen	**Preis in €**
8	3,20
1	**0,40**

$: 8$ / $: 8$

4 Proportional. Antiproportional | Alles klar?, Seite 110

A a)

Anzahl der Werkstücke	Arbeitszeit in min
15	45
1	**3**
20	**60**

$: 15$, $\cdot 20$ / $: 15$, $\cdot 20$

Für 20 Werkstücke braucht man 60 min = 1 h.

b)

Anzahl der Kuchenstücke	Preis in €
10	16,00
2	**3,20**
12	**19,20**

$: 5$, $\cdot 6$ / $: 5$, $\cdot 6$

12 Kuchenstücke kosten 19,20 €.

B a)

Zeit in Tagen	Preis in €
5	180
1	36
7	252

$: 5$, $\cdot 7$ / $: 5$, $\cdot 7$

Die Miete für 7 Tage kostet 252 €.

b)

Preis in €	Anzahl der Flaschen
15	12
5	4
10	8

$: 3$, $\cdot 2$ / $: 3$, $\cdot 2$

Für 10 € bekommt man 8 Flaschen Obstsaft.

4 Proportional. Antiproportional | Alles klar?, Seite 114

A a)

Anzahl der Portionen	1	2	3	4	6	8	12	24
Anzahl der Pralinen	**24**	**12**	**8**	**6**	**4**	**3**	**2**	1

b)

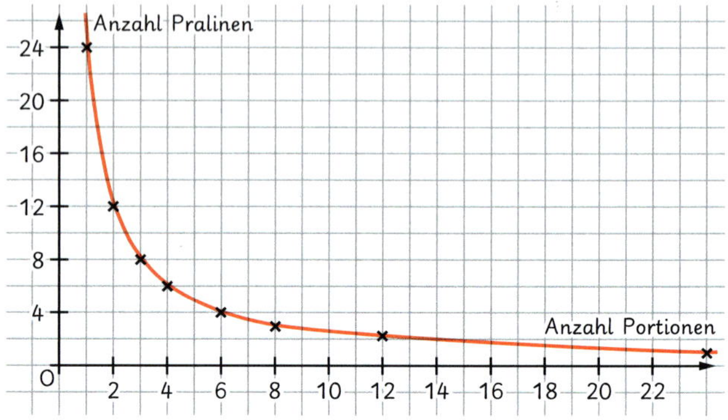

4 Proportional. Antiproportional | Alles klar?, Seite 117

A

Anzahl der Arbeitskräfte	Zeit in Tagen
9	20
1	**180**
10	**18**

$: 9$, $\cdot 10$ / $\cdot 9$, $: 10$

10 Arbeitskräfte brauchen 18 Tage.

B

Anzahl der Jugendlichen	Dienst in min
24	60
6	240
30	48

$: 4$, $\cdot 5$ / $\cdot 4$, $: 5$

Bei 30 Jugendlichen dauert jeder Dienst 48 min.

4 Proportional. Antiproportional | Alles klar?, Seite 119

A a) $q = \frac{30}{5} = \frac{90}{15} = 6$;

Zuordnungsvorschrift: $x \mapsto 6 \cdot x$

x	5	15	25	35	45
y	30	90	**150**	**210**	**270**

b) $q = \frac{99}{11} = 9$;

x: Stückzahl; Zuordnungsvorschrift: $x \mapsto 9 \cdot x$

Stückzahl	3	5	8	11	17
Masse in kg	**27**	**45**	**72**	99	**153**

B a)

x	3	8	9	15	30	60	90
y	**60**	**22,5**	**20**	**12**	**6**	**3**	**2**

b) x: Anzahl Freiwillige
y: Zeit in h

x	2	4	5	9
y	90	45	36	20
p = x · y	2 · 90 = 180	4 · 45 = 180	5 · 36 = 180	9 · 20 = 180

4 Proportional. Antiproportional | Rückspiegel, Seite 128

1

Anzahl der verkauften CDs	0	1	2	3	4	5	6	7	8
Preis in €	**0**	**6**	12	**18**	**24**	**30**	**36**	**42**	**48**

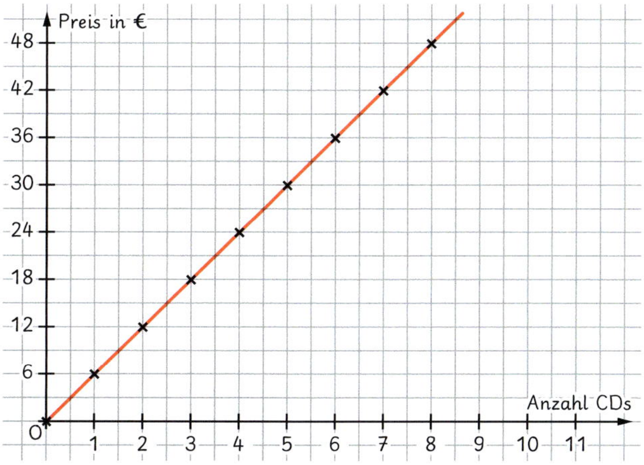

2

Länge Rechteck in cm	1	2	4	8	16	32	64	128
Breite Rechteck in cm	**128**	**64**	32	**16**	**8**	**4**	**2**	1

3 a)

	Masse in kg	Preis in €	
: 4	4	36	: 4
· 3	**1**	**9**	· 3
	3	**27**	

b)

	Diesel in l	Preis in €	
: 5	50	65	: 5
· 6	**10**	**13**	· 6
	60	**78**	

4

	Anzahl der Personen	Kosten je Person in €	
: 10	10	54	· 10
· 9	**1**	**540**	: 9
	9	**60**	

4 Proportional. Antiproportional | Rückspiegel, Seite 128, links

5 a)

	Anzahl der Teilnehmenden	Kosten je Teilnehmenden in €	
: 30	30	336	· 30
· 28	1	10 080	: 28
	28	360	

360 € müssen alle 28 Jugendliche jeweils zahlen.

b)

	Kosten je Teilnehmenden in €	Anzahl der Teilnehmenden	
: 336	336	30	· 336
· 315	1	10 080	: 315
	315	32	

Es sind 32 Teilnehmende.

6 a)

	Anzahl der Fotos	Preis in €	
: 14	14	3,78	: 14
· 12	1	0,27	· 12
	12	3,24	

Luca bezahlt für 12 Fotos 3,24 €.

b)

	Preis in €	Anzahl der Fotos	
: 3,78	3,78	14	: 3,78
· 2,43	1	$\frac{14}{3{,}78}$	· 2,43
	2,43	9	

Maria ließ 9 Fotos ausdrucken.

7 a) Das Schaubild zeigt, wie viel für eine Taxifahrt gezahlt werden muss. Der Preis hängt von der gefahrenen Strecke ab.
b) Für 4 km bezahlt man 11 €.
c) Für 9 € kann man 3 km weit fahren.
d) Die Zuordnung ist nicht proportional. Das sieht man daran, dass die Gerade nicht durch den Ursprung des Koordinatensystems geht.

4 Proportional. Antiproportional | Rückspiegel, Seite 128, rechts

5 a)

	Betrag in €	Betrag in $	
: 150	150	165	: 150
· 120	1	1,10	· 120
	120	132	

Arvid erhält 132 $.

b)

	Betrag in $	Betrag in €	
: 165	165	150	: 165
· 198	1	$\frac{150}{165}$	· 198
	198	180	

Emma hat 180 € eingetauscht.

6 a)

	Größe in MB	Anzahl der Fotos	
	2	1500	
: 2	1	3000	· 2
· 5	5	600	: 5

Etwa 600 Fotos mit 5 MB passen auf die Speicherkarte.
b) 1500 · 2 MB = 3000 MB = 3 GB
Evas Karte könnte eine Kapazität von 4 GB haben.

7 a) Die Zuordnung ist proportional. Wäre der Eisenträger zum Beispiel doppelt so lang, würde er auch doppelt so viel wiegen.
$q = 320 : 4 = 80;\ x \mapsto 80 \cdot x$
b) Die Zuordnung ist weder proportional noch antiproportional. Egal wie viele Eier gekocht werden. Sie sind immer nach 7 Minuten hart.
c) Die Zuordnung ist antiproportional. Isst zum Beispiel eine Person die Pizza, so kann diese die ganze Pizza, also alle Stücke, alleine essen.
$p = 3 \cdot 5 = 15;\ x \mapsto \frac{15}{x}$
d) Die Zuordnung ist proportional. Wäre die Strecke zum Beispiel nur halb so lang, hätte man auch nur die Hälfte an Kilowattstunden verbraucht.
$q = 45 : 300 = 0{,}15;\ x \mapsto 0{,}15 \cdot x$
e) Die Zuordnung ist antiproportional. Eine Arbeitskraft benötigt viermal so lang, um den Rasen zu mähen.
$p = 4 \cdot 8 = 32;\ x \mapsto \frac{32}{x}$

5 Prozente | Standpunkt, Seite 129

A a) 4; 18; 40; 1; 80
b) 28,6; 4,9; 1,0; 16,5
c) 724,47; 724,91; 4,28; 82,96

B a) $\frac{3}{5}$ b) $\frac{5}{9}$

C a) $\frac{2}{5} = \frac{\mathbf{40}}{100}$; erweitert mit 20 b) $\frac{3}{4} = \frac{\mathbf{75}}{100}$; erweitert mit 25
c) $\frac{7}{25} = \frac{28}{\mathbf{100}}$; erweitert mit 4 d) $\frac{45}{100} = \frac{9}{\mathbf{20}}$; gekürzt mit 5
e) $\frac{8}{100} = \frac{\mathbf{2}}{25}$; gekürzt mit 4 f) $\frac{45}{72} = \frac{\mathbf{5}}{8}$; gekürzt mit 9

D a) $\frac{4}{5} > \frac{3}{5}$
b) $\frac{1}{4} > \frac{1}{5}$
c) $\frac{27}{100} < \frac{3}{10}$; denn $\frac{3}{10} = \frac{30}{100}$; $\frac{27}{100} < \frac{30}{100}$
d) $\frac{3}{4} > \frac{7}{10}$; denn $\frac{3}{4} = \frac{15}{20}$ und $\frac{7}{10} = \frac{14}{20}$; $\frac{15}{20} > \frac{14}{20}$
e) $\frac{3}{20} > \frac{1}{10}$; denn $\frac{1}{10} = \frac{2}{20}$; $\frac{3}{20} > \frac{2}{20}$
f) $\frac{3}{8} = \frac{15}{40}$

E

Bruch	$\frac{7}{10}$	$\frac{3}{5}$	$\mathbf{\frac{1}{2}}$	$\mathbf{\frac{2}{25}}$
Bruch mit Nenner 100	$\mathbf{\frac{70}{100}}$	$\mathbf{\frac{60}{100}}$	$\frac{50}{100}$	$\mathbf{\frac{8}{100}}$
Dezimalzahl	**0,7**	**0,6**	**0,5**	0,08

F a) $\alpha = 25°$; $\beta = 130°$
b)

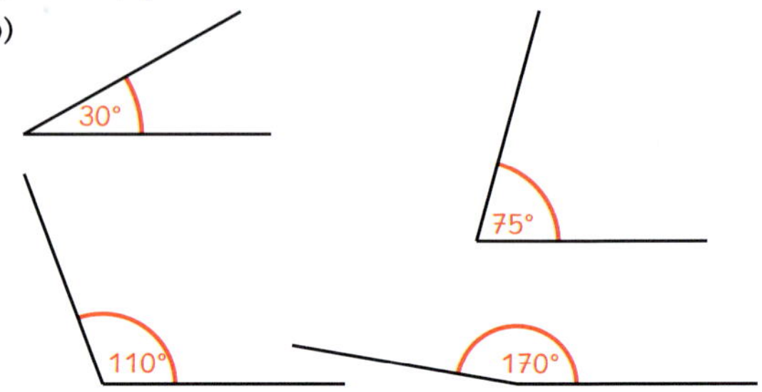

G a)

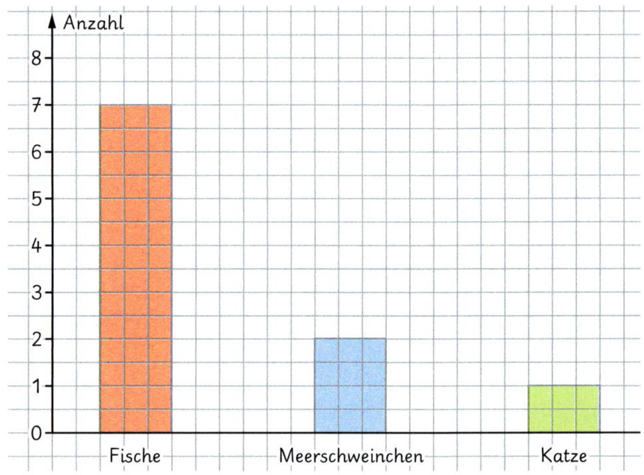

b) Das Streifendiagramm wurde hier verkleinert dargestellt. Die Kästchenanzahl in der Länge sollte mit deiner Lösung übereinstimmen.

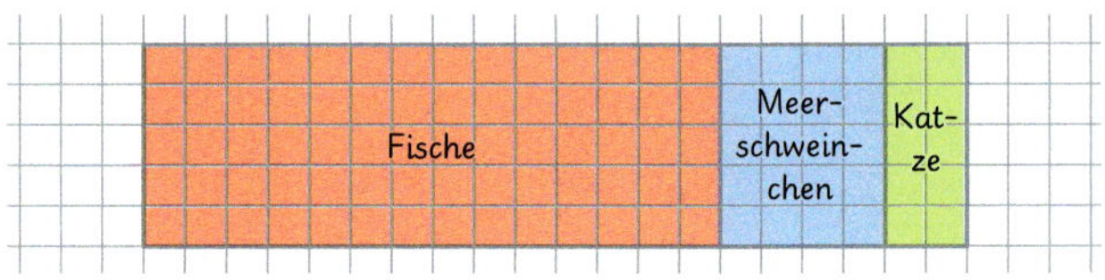

H

	Anzahl Eier	Kosten in €	
	15	6,00	
: 3	**5**	**2,00**	: 3
· 2	10	**4,00**	· 2

10 Eier kosten 4,00 €.

5 Prozente | Alles klar?, Seite 133

A a) $\frac{1}{4} = \frac{25}{100} = 25\,\%$ b) $\frac{7}{20} = \frac{35}{100} = 35\,\%$

B

	a)	b)	c)	d)	e)	f)
Bruch	$\frac{1}{2}$	$\frac{7}{50}$	$\frac{7}{25}$	$\frac{13}{20}$	$\frac{3}{5}$	$\frac{2}{25}$
Bruch mit Nenner 100	$\frac{50}{100}$	$\frac{14}{100}$	$\frac{28}{100}$	$\frac{65}{100}$	$\frac{60}{100}$	$\frac{8}{100}$
Dezimalzahl	0,50	0,14	0,28	0,65	0,60	0,08
Prozent	50 %	14 %	28 %	65 %	60 %	8 %

5 Prozente | Alles klar?, Seite 135

A $0{,}4 = 40\,\% = \frac{2}{5}$ $0{,}7 = 70\,\% = \frac{7}{10}$

$0{,}45 = 45\,\% = \frac{9}{20}$ $0{,}375 = 37{,}5\,\% = \frac{3}{8}$

$\frac{3}{8} < \frac{2}{5} < \frac{9}{20} < \frac{7}{10}$

B a) In der Klasse 7a (11 Jugendliche) sind mehr Jugendliche im Sportverein als in der Klasse 7b (8 Jugendliche).

b) 7a: $\frac{11}{25} = \frac{44}{100} = 44\,\%$ 7b: $\frac{8}{20} = \frac{40}{100} = 40\,\%$

Die Klasse 7a hat den höheren Anteil an Vereinsmitgliedern.

5 Prozente | Alles klar?, Seite 138

A Lösen mit dem Dreisatz:

a)

	Zeit in min	Anteil	
	34	100 %	
: 2	17	50 %	: 2

b)

	Volumen in l	Anteil	
	300	100 %	
: 10	30	10 %	: 10
· 6	180	60 %	· 6

c)

	Geld in €	Anteil	
	25	100 %	
: 25	1	4 %	: 25
· 7	7	28 %	· 7

d)

	Strecke in m	Anteil	
	600	100 %	
: 100	6	1 %	: 100
· 4	24	4 %	· 4

Lösen mit der Formel:

a) $p\,\% = \frac{W}{G} = \frac{17}{34} = \frac{1}{2} = 0{,}50 = 50\,\%$

b) $p\,\% = \frac{W}{G} = \frac{180}{300} = \frac{60}{100} = 0{,}6 = 60\,\%$

c) $p\,\% = \frac{W}{G} = \frac{7}{25} = \frac{28}{100} = 0{,}28 = 28\,\%$

d) $p\,\% = \frac{W}{G} = \frac{24}{600} = \frac{4}{100} = 0{,}04 = 4\,\%$

B Dreisatz:

	Anzahl der Gäste	Anteil	
	350	100 %	
: 10	35	10 %	: 10
· 4	140	40 %	· 4

Formel: $p\,\% = \frac{W}{G} = \frac{140}{350} = \frac{4}{10} = \frac{40}{100} = 0{,}4 = 40\,\%$

40 % der Hotelgäste sind Kinder.

5 Prozente | Alles klar?, Seite 140

A 8 % von 150 € sind 12 €. 60 % von 55 € sind 33 €.
1,5 % von 300 € sind 4,50 €. 95 % von 20 € sind 19 €.
Der Wert 78 € fehlt: 30 % von 260 € sind **78 €**.

B Dreisatz:

	Anteil	Anzahl der Kisten	
	100 %	300	
: 100	1 %	3	: 100
· 72	72 %	216	· 72

Formel: $W = G \cdot p\,\% = 300 \cdot 72\,\% = 300 \cdot 0{,}72 = 216$
Es wurden 216 Kisten Äpfel verkauft.

5 Prozente | Alles klar?, Seite 142

A Lösungswort: HOBBIT
Dreisatz:

a)

	Anteil	Geld in €	
	25 %	210	
· 4	100 %	840	· 4

b)

	Anteil	Geld in €	
	70 %	350	
: 7	10 %	50	: 7
· 10	100 %	500	· 10

c)

	Anteil	Geld in €	
	85 %	170	
: 85	1 %	2	: 85
· 100	100 %	200	· 100

d)

	Anteil	Geld in €	
	20 %	8,60	
: 2	10 %	4,30	: 2
· 10	100 %	43,00	· 10

e)

	Anteil	Geld in €	
	12,5 %	35	
· 8	100 %	280	· 8

f)

	Anteil	Geld in €	
	1,5 %	4,80	
: 1,5	1 %	3,20	: 1,5
· 100	100 %	320,00	· 100

Formel:

a) $G = \frac{W}{p\,\%} = \frac{210}{25\,\%} = \frac{210}{0{,}25} = 840$; $G = 840$ €

b) $G = \frac{W}{p\,\%} = \frac{350}{70\,\%} = \frac{350}{0{,}7} = 500$; $G = 500$ €

c) $G = \frac{W}{p\,\%} = \frac{170}{85\,\%} = \frac{170}{0{,}85} = 200$; $G = 200$ €

d) $G = \frac{W}{p\,\%} = \frac{8{,}6}{20\,\%} = \frac{8{,}6}{0{,}2} = 43$; $G = 43$ €

e) $G = \frac{W}{p\,\%} = \frac{35}{12{,}5\,\%} = \frac{35}{0{,}125} = 280$; $G = 280$ €

f) $G = \frac{W}{p\,\%} = \frac{4{,}8}{1{,}5\,\%} = \frac{4{,}8}{0{,}015} = 320$; $G = 320$ €

B Dreisatz:

	Anteil	Masse in g	
	45 %	135	
: 9	5 %	15	: 9
· 20	100 %	300	· 20

Formel: $G = \frac{W}{p\,\%} = \frac{135}{45\,\%} = \frac{135}{0{,}45} = 300$

Die Tafel Schokolade ist 300 g schwer.

5 Prozente | Alles klar?, Seite 144

A a) Das beliebteste Ziel ist Klettern.

b)

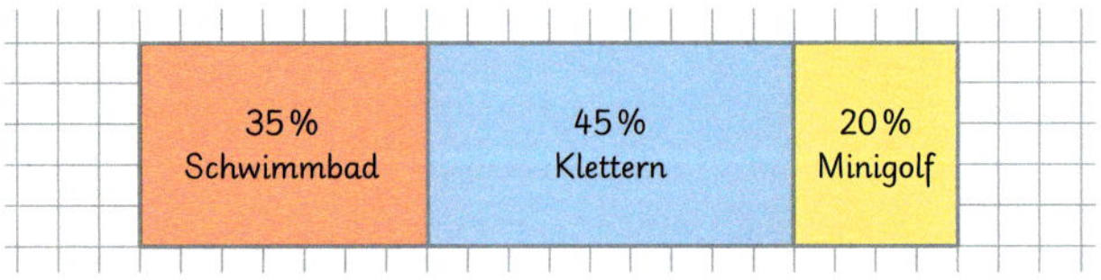

c)

Anteil	Winkel
100 %	360°
45 %	162°
35 %	126°
20 %	72°

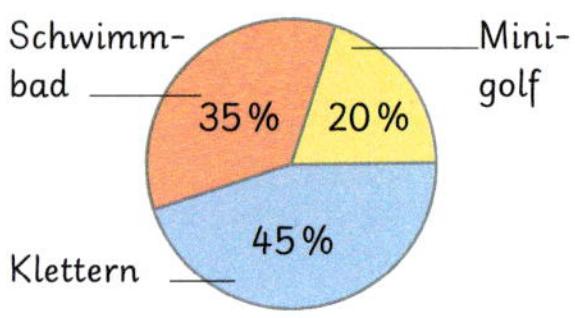

5 Prozente | Rückspiegel, Seite 154

1 a) $\frac{1}{2} = \frac{50}{100} = 0{,}50 = 50\,\%$ b) $\frac{3}{4} = \frac{75}{100} = 0{,}75 = 75\,\%$

c) $\frac{14}{25} = \frac{56}{100} = 0{,}56 = 56\,\%$ d) $\frac{3}{8} = \frac{375}{1000} = 0{,}375 = 37{,}5\,\%$

2 a) $75\,\% = 0{,}75 = \frac{75}{100} = \frac{3}{4}$ b) $17\,\% = 0{,}17 = \frac{17}{100}$

c) $55\,\% = 0{,}55 = \frac{55}{100} = \frac{11}{20}$ d) $12\,\% = 0{,}12 = \frac{12}{100} = \frac{3}{25}$

3

	a)	b)	c)	d)	e)	f)
G	180 €	80 min	**300 km**	2,5 kg	**450 kg**	360 €
W	**54 €**	30 min	33 km	**1,8 kg**	405 kg	54 €
p %	30 %	**37,5 %**	11 %	72 %	90 %	**15 %**

Ausführliche Lösung mit dem Dreisatz:

a)

	Anteil	Geld in €	
	100 %	180	
: 10	10 %	18	: 10
· 3	30 %	54	· 3

b)

	Zeit in min	Anteil	
	80	100 %	
: 8	10	12,5 %	: 8
· 3	30	37,5 %	· 3

c)

	Anteil	Strecke in km	
	11 %	33	
: 11	1 %	3	: 11
· 100	100 %	300	· 100

d)

	Anteil	Masse in kg	
	100 %	2,5	
: 100	1 %	0,025	: 100
· 72	72 %	1,8	· 72

e)

	Anteil	Masse in kg	
	90 %	405	
: 9	10 %	45	: 9
· 10	100 %	450	· 10

f)

	Geld in €	Anteil	
	360	100 %	
: 20	18	5 %	: 20
· 3	54	15 %	· 3

Ausführliche Lösung mit der Formel:

a) $W = G \cdot p\,\% = 180 \cdot 30\,\% = 180 \cdot 0{,}3 = 54$; $W = 54$ €

b) $p\,\% = \frac{W}{G} = \frac{30}{80} = 0{,}375 = 37{,}5\,\%$

c) $G = \frac{W}{p\,\%} = \frac{33}{11\,\%} = \frac{33}{0{,}11} = 300$; $G = 300$ km

d) $W = G \cdot p\,\% = 2{,}5 \cdot 72\,\% = 2{,}5 \cdot 0{,}72 = 1{,}8$; $W = 1{,}8$ kg

e) $G = \frac{W}{p\,\%} = \frac{405}{90\,\%} = \frac{405}{0{,}9} = 450$; $G = 450$ kg

f) $p\,\% = \frac{W}{G} = \frac{54}{360} = 0{,}15 = 15\,\%$

4 a) Der Grundwert ist gesucht.

Dreisatz:

	Anteil	Anzahl der Jugendlichen	
	48 %	12	
: 12	4 %	1	: 12
· 25	100 %	25	· 25

Formel: $G = \frac{W}{p\%} = \frac{12}{48\,\%} = \frac{12}{0{,}48} = 25$

In der Klasse sind 25 Jugendliche.

b) Der Prozentsatz ist gesucht.

Dreisatz:

	Preis in €	Anteil	
	3,20	100 %	
: 8	0,40	12,5 %	: 8

Formel: $p\% = \frac{W}{G} = \frac{0{,}4}{3{,}2} = 0{,}125 = 12{,}5\,\%$

Die Preiserhöhung beträgt 12,5 %.

c) Der Prozentwert ist gesucht.

Dreisatz:

	Anteil	Anzahl der Personen	
	100 %	1200	
: 100	1 %	12	: 100
· 42	42 %	504	· 42

Formel: $W = G \cdot p\% = 1200 \cdot 42\,\% = 1200 \cdot 0{,}42 = 504$

504 Personen essen in der Mensa.

5 Prozente | Rückspiegel, Seite 154, links

5 Dreisatz:

	Anteil	Anzahl der Tiere	
	100 %	25	
: 100	1 %	0,25	: 100
· 48	48 %	12	· 48

Formel: $W = G \cdot p\% = 25 \cdot 48\,\% = 25 \cdot 0{,}48 = 12$

Lara und Tom haben 12 Wildschweine gesehen.

6 Dreisatz:

	Preis des Tablets in €	Anteil	
	259	100 %	
: 259	1	$\frac{100}{259}\,\%$	: 259
· 70	70	≈ 27,0 %	· 70

	Preis des Handys in €	Anteil	
	199,90	100 %	
: 199,90	1	$\frac{100}{199{,}9}\,\%$	: 199,90
· 60,40	60,40	≈ 30,2 %	· 60,40

Formel:

Tablet: $p\% = \frac{W}{G} = \frac{70}{259} \approx 0{,}270 = 27{,}0\,\%$

Die Reduzierung des Preises um 70 € bewirkt einen Rabatt von etwa 27 %.

Handy: $p\% = \frac{W}{G} = \frac{60{,}4}{199{,}9} \approx 0{,}302 = 30{,}2\,\%$

Die Reduzierung des Preises um 60,40 € bewirkt einen Rabatt von etwa 30,2 %.

7 a) Gesamtproduktion: 3000 Stück

Dreisatz:

	Anzahl der Profi-Inliner	Anteil	
	3000	100 %	
: 100	30	1 %	: 100
· 12	360	12 %	· 12

	Anzahl der Amateur-Inliner	Anteil	
	3000	100 %	
: 100	30	1 %	: 100
· 35	1050	35 %	· 35

	Anzahl der Anfänger-Inliner	Anteil	
	3000	100 %	
: 100	30	1 %	: 100
· 53	1590	53 %	· 53

Formel:

Profi-Inliner: $p\% = \frac{W}{G} = \frac{360}{3000} = 0{,}12 = 12\,\%$

Amateur-Inliner: $p\% = \frac{W}{G} = \frac{1050}{3000} = 0{,}35 = 35\,\%$

Anfänger-Inliner: $p\% = \frac{W}{G} = \frac{1590}{3000} = 0{,}53 = 53\,\%$

b)

Anteil	Winkel
100 %	360°
12 %	43,2°
35 %	126°
53 %	190,8°

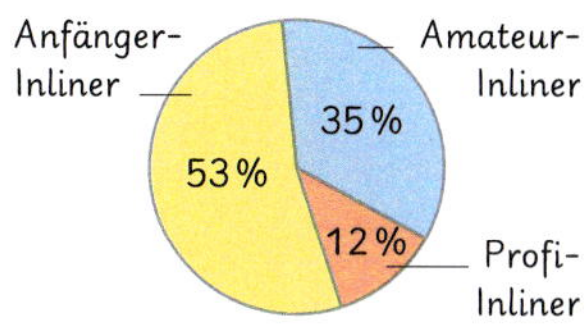

5 Prozente | Rückspiegel, Seite 154, rechts

5 Dreisatz:

	Anteil	Preis der Hose in €	
	100 %	40	
: 100	1 %	0,40	: 100
· 20	20 %	8	· 20

Reduzierter Preis: 40 € – 8 € = 32 €

	Anteil	Preis des Pullis in €	
: 100	100 %	35	: 100
· 30	1 %	0,35	· 30
	30 %	10,50	

Reduzierter Preis: 35 € – 10,50 € = 24,50 €

Formel:

Hose: W = G · p % = 40 · 20 % = 40 · 0,2 = 8

40 € – 8 € = 32 €

Pulli: W = G · p % = 35 · 30 % = 35 · 0,3 = 10,5

35 € – 10,50 € = 24,50 €

Die Hose kostet noch 32 € und der Pullover 24,50 €.

6 Dreisatz:

	Anzahl Lieblingsobst Birnen	Anteil	
: 12	12	100 %	: 12
· 4	1	$\frac{100}{12}$	· 4
	4	33,3 %	

	Anzahl Lieblingsobst Äpfel	Anteil	
: 12	12	100 %	: 12
· 3	1	$\frac{100}{12}$	· 3
	3	25 %	

	Anzahl Lieblingsobst Erdbeeren	Anteil	
: 12	12	100 %	: 12
· 5	1	$\frac{100}{12}$	· 5
	5	41,7 %	

Formel:

Birnen: $p\,\% = \frac{4}{12} = \frac{1}{3} = 0{,}\overline{3} \approx 33{,}3\,\%$

Äpfel: $p\,\% = \frac{3}{12} = \frac{1}{4} = 0{,}25 = 25\,\%$

Erdbeeren: 100 % – 33,3 % – 25 % = 41,7 %

7 a) Gesamtfläche: 149,5 Mio. km^2

Lösen mit der Formel:

Erdteil	Anteil der Fläche
Afrika	$p\,\% = \frac{W}{G} = \frac{30{,}3\text{ Mio.}}{149{,}5\text{ Mio}} \approx 0{,}203 = 20{,}3\,\%$
Amerika	$p\,\% = \frac{W}{G} = \frac{42{,}5\text{ Mio.}}{149{,}5\text{ Mio}} \approx 0{,}284 = 28{,}4\,\%$
Antarktis	$p\,\% = \frac{W}{G} = \frac{13{,}2\text{ Mio.}}{149{,}5\text{ Mio}} \approx 0{,}088 = 8{,}8\,\%$
Asien	$p\,\% = \frac{W}{G} = \frac{44{,}8\text{ Mio.}}{149{,}5\text{ Mio}} \approx 0{,}300 = 30\,\%$
Ozeanien	$p\,\% = \frac{W}{G} = \frac{8{,}6\text{ Mio.}}{149{,}5\text{ Mio}} \approx 0{,}058 = 5{,}8\,\%$
Europa	$p\,\% = \frac{W}{G} = \frac{10{,}1\text{ Mio.}}{149{,}5\text{ Mio}} \approx 0{,}068 = 6{,}8\,\%$

Erdteil	Anteil	Winkel
Afrika	20,3 %	73°
Amerika	28,4 %	102°
Antarktis	8,8 %	32°
Asien	30 %	108°
Ozeanien	5,8 %	21°
Europa	6,8 %	24°

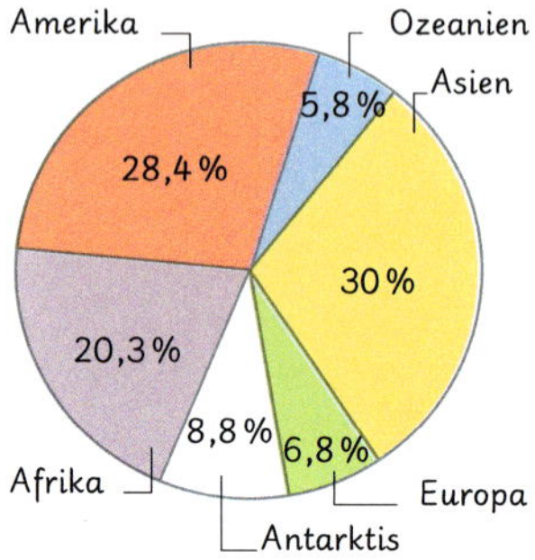

b)

Erdteil	Menschen je km^2
Afrika	$\frac{1{,}1\text{ Mrd.}}{30{,}3\text{ Mio.}} \approx 36{,}3$
Amerika	$\frac{1\text{ Mrd.}}{42{,}5\text{ Mio.}} \approx 23{,}5$
Antarktis	0
Asien	$\frac{4{,}44\text{ Mrd.}}{44{,}8\text{ Mio.}} \approx 99{,}1$
Ozeanien	$\frac{40\text{ Mio.}}{8{,}6\text{ Mio.}} \approx 4{,}7$
Europa	$\frac{740\text{ Mio.}}{10{,}1\text{ Mio.}} \approx 73{,}3$

In Asien, Europa und Afrika leben die meisten Menschen je km^2.

6 Wahrscheinlichkeit | Standpunkt, Seite 155

A a) $\frac{1}{8}$ b) $\frac{3}{4}$ c) $\frac{7}{10}$ d) $\frac{2}{5}$

B a) $\frac{1}{2} = \frac{50}{100} = 50\,\%$ b) $\frac{3}{4} = \frac{75}{100} = 75\,\%$

c) $\frac{3}{5} = \frac{60}{100} = 60\,\%$ d) $\frac{8}{25} = \frac{32}{100} = 32\,\%$

e) $\frac{7}{50} = \frac{14}{100} = 14\,\%$ f) $\frac{30}{200} = \frac{15}{100} = 15\,\%$

C a) $\frac{1}{4} = \frac{25}{100} = 0{,}25 = 25\,\%$ b) $\frac{1}{5} = \frac{20}{100} = 0{,}20 = 20\,\%$

c) $\frac{7}{10} = \frac{70}{100} = 0{,}70 = 70\,\%$ d) $\frac{1}{8} = \frac{125}{1000} = 0{,}125 = 12{,}5\,\%$

e) $\frac{3}{8} = \frac{375}{1000} = 0{,}375 = 37{,}5\,\%$ f) $\frac{9}{40} = \frac{225}{1000} = 0{,}225 = 22{,}5\,\%$

D

Bus	Pkw	Fahrrad
|||	卌 卌 卌 卌 ||	卌 卌 卌 卌 卌

E

Pkw	Bus	Fahrrad	Fußgänger
37	3	26	40

F relative Häufigkeiten:
rotes Feld: $\frac{18}{50} = \frac{36}{100} = 0{,}36$

gelbes Feld: $\frac{26}{50} = \frac{52}{100} = 0{,}52$

blaues Feld: $\frac{6}{50} = \frac{12}{100} = 0{,}12$

6 Wahrscheinlichkeit | Alles klar?, Seite 159

A a) Zufallsexperiment b) kein Zufallsexperiment
c) Zufallsexperiment

B a) Herz König, Kreuz 10, Kreuz Dame, Karo 7
b) normales Streichholz, angebranntes Streichholz, etwas gekürztes Streichholz, stark gekürztes Streichholz, Streichholz ohne Zündkopf
c) 1; 2; 3; 4; 5; 6; 7; 8

6 Wahrscheinlichkeit | Alles klar?, Seite 162

A a) längstes Streichholz, zweitlängstes Streichholz, drittlängstes Streichholz, kürzestes Streichholz

$P(\text{kürzestes Streichholz}) = \frac{1}{4} = \frac{25}{100} = 25\,\%$

b) 1; 2; 3; 4; 5; 6; 7; 8; 9; 10; 11; 12; 13; 14; 15; 16; 17; 18; 19; 20; 21; 22; 23; 24; 25

$P(13) = \frac{1}{25} = \frac{4}{100} = 4\,\%$

c) 1; 2; 3; 4; 5; 6; 7; 8; 9; 10; 11; 12; 13; 14; 15; 16; 17; 18; 19; 20

$P(20) = \frac{1}{20} = \frac{5}{100} = 5\,\%$

6 Wahrscheinlichkeit | Alles klar?, Seite 164

A a) mögliche Ergebnisse: 1; 2; 3; 4; 5; 6; 7; 8; 9; 10; 11; 12
günstige Ergebnisse: 1; 2; 3; 4; 5; 6

$P(\text{Zahl kleiner 7}) = \frac{6}{12} = \frac{1}{2} = \frac{50}{100} = 50\,\%$

b) mögliche Ergebnisse: 1; 2; 3; 4; 5; 6; 7; 8; 9; 10; 11; 12
günstige Ergebnisse: 10; 11; 12

$P(\text{Zahl größer als 9}) = \frac{3}{12} = \frac{1}{4} = \frac{25}{100} = 25\,\%$

c) mögliche Ergebnisse: 1; 2; 3; 4; 5; 6; 7; 8; 9; 10; 11; 12
günstige Ergebnisse: 4; 8; 12

$P(\text{durch 4 teilbare Zahl}) = \frac{3}{12} = \frac{1}{4} = \frac{25}{100} = 25\,\%$

d) mögliche Ergebnisse: 1; 2; 3; 4; 5; 6; 7; 8; 9; 10; 11; 12
günstige Ergebnisse: 3; 6; 9; 12

$P(\text{durch 3 teilbare Zahl}) = \frac{4}{12} = \frac{1}{3} = 0{,}\overline{3} = 33{,}\overline{3}\,\%$

e) Gegenereignis: Milena würfelt eine 8.
günstige Ergebnisse für das Gegenereignis: 8

$P(\text{keine 8}) = P(\overline{8}) = 1 - P(8) = 1 - \frac{1}{12} = \frac{11}{12} = 0{,}91\overline{6} = 91{,}\overline{6}\,\%$

6 Wahrscheinlichkeit | Alles klar?, Seite 166

A a) $\frac{112}{200} = 0{,}56 = 56\,\%$
Der Schätzwert für P(2) liegt etwas über 50 %.
b) $300 \cdot 0{,}56 = 168$
Eine Kugel mit der Zahl 2 wird beim 300-maligen Ziehen knapp 170-mal erwartet.

6 Wahrscheinlichkeit | Rückspiegel, Seite 174

1 a) Zufallsexperiment b) Zufallsexperiment
c) Kein Zufallsexperiment, da das Werfen mit einem Dartpfeil auch von der Geschicklichkeit des Dart-Profis abhängt.

2 a) Basketball, Golfball, Volleyball, Fußball, Tennisball
b) $P(\text{Basketball}) = \frac{1}{5} = \frac{20}{100} = 20\,\%$

3 $\frac{310}{500} = 0{,}62 = 62\,\%$
Der Schätzwert für P(1) liegt etwas über 60 %.

6 Wahrscheinlichkeit | Rückspiegel, Seite 174, links

4 a) $P(\text{gelbe Karte}) = \frac{1}{10} = \frac{10}{100} = 10\,\%$

b) $P(\text{rote Karte}) = \frac{2}{10} = \frac{20}{100} = 20\,\%$

c) $P(\overline{\text{gelbe Karte}}) = 1 - P(\text{gelbe Karte}) = 1 - \frac{1}{10} = \frac{9}{10} = 90\,\%$

d) $P(\text{rote oder blaue Karte}) = \frac{6}{10} = \frac{60}{100} = 60\,\%$

5 a) günstige Ergebnisse: 4; 8; 12; 16

$P(\text{durch 4 teilbare Zahl}) = \frac{4}{16} = \frac{1}{4} = \frac{25}{100} = 25\,\%$

b) günstige Ergebnisse: 11; 12; 13; 14; 15; 16

$P(\text{Zahl größer 10}) = \frac{6}{16} = \frac{3}{8} = \frac{375}{1000} = 37{,}5\,\%$

c) günstige Ergebnisse: 10; 11; 12; 13; 14; 15; 16

$P(\text{zweistellige Zahl}) = \frac{7}{16} = 0{,}4375 = 43{,}75\,\%$

d) günstige Ergebnisse: keine

$P(\text{dreistellige Zahl}) = \frac{0}{16} = 0\,\%$

6 Wahrscheinlichkeit | Rückspiegel, Seite 174, rechts

4 a) günstige Ergebnisse: Kreuz und Pik, jeweils 7; 8; 9; 10; Bube; Dame; König; Ass

P(schwarze Karte) $= \frac{16}{32} = \frac{1}{2} = \frac{50}{100} = 50\,\%$

b) günstige Ergebnisse: Kreuz 7; 8; 9; 10; Bube; Dame; König; Ass

P(Kreuzkarte) $= \frac{8}{32} = \frac{1}{4} = \frac{25}{100} = 25\,\%$

c) günstige Ergebnisse: Kreuz Ass, Pik Ass, Herz Ass, Karo Ass

P(Ass) $= \frac{4}{32} = \frac{1}{8} = \frac{125}{1000} = 12{,}5\,\%$

d) günstige Ergebnisse: alles außer Pik Dame
Gegenereignis: die Pik Dame ziehen
günstige Ergebnisse des Gegenereignisses: Pik Dame

$P(\overline{\text{Pik Dame}}) = 1 - P(\text{Pik Dame}) = 1 - \frac{1}{32} = \frac{31}{32} \approx 0{,}969 = 96{,}9\,\%$

e) günstige Ergebnisse: Herz und Karo, jeweils 7; 8; 9; 10; Ass

P(rote Karte 7; 8; 9; 10; Ass) $= \frac{10}{32} = \frac{5}{16} = 0{,}3125 = 31{,}25\,\%$

5 Kugeln im Beutel: Anzahl der möglichen Ergebnisse: 8; Anzahl der günstigen Ergebnisse: 2

P(schwarze Kugel) $= \frac{2}{8} = \frac{1}{4} = \frac{25}{100} = 25\,\%$

Skatkarten: Anzahl der möglichen Ergebnisse: 32; Anzahl der günstigen Ergebnisse: 8

P(Dame oder König) $= \frac{8}{32} = \frac{1}{4} = \frac{25}{100} = 25\,\%$

Beide Ereignisse sind gleichwahrscheinlich.

6 9 rote und 6 gelbe Kugeln sind im Beutel, es gilt:

$\frac{3}{10} + \frac{1}{5} = \frac{3}{10} + \frac{2}{10} = \frac{5}{10} = \frac{50}{100} = 50\,\%$

50 % der Kugeln müssen also eine blaue Farbe haben.
9 rote und 6 gelbe Kugeln sind zusammen 15 Kugeln;
15 Kugeln sind 50 % aller Kugeln. Da die übrigen 50 % der Kugeln blau sind, müssen 15 Kugeln eine blaue Farbe haben.

7 Rechnen mit Termen | Standpunkt, Seite 175

A a) $36 + 3 = 39$ b) $36 - 3 = 33$
c) $36 \cdot 3 = 108$ d) $36 : 3 = 12$

B

die Hälfte einer Zahl:	$x : 2$
das Dreifache einer Zahl:	$3 \cdot x$
das Doppelte einer Zahl:	$2 \cdot x$
der dritte Teil einer Zahl:	$x : 3$

C a) $32 + 8 = 40$ b) $8 \cdot 8 = 64$
c) $56 - 8 = 48$ d) $96 : 8 = 12$
e) $8 - 8 = 0$ f) $8 : 2 = 4$

D a) $17 + 3 \cdot 6$
$= 17 + 18$
$= 35$

b) $2 \cdot 14 + 3 \cdot 4$
$= 28 + 12$
$= 40$

c) $5 \cdot (20 - 10)$
$= 5 \cdot 10$
$= 50$

d) $(9 + 11) : (14 - 9)$
$= 20 : 5$
$= 4$

E Man darf bei a) und c) die Zahlen vertauschen.
a) $4 + 17 = 17 + 4 = 21$ c) $51 \cdot 6 = 6 \cdot 51 = 306$

F a) $7 \cdot 23$
$= 7 \cdot (20 + 3)$
$= 7 \cdot 20 + 7 \cdot 3$
$= 140 + 21$
$= 161$

b) $4 \cdot 31$
$= 4 \cdot (30 + 1)$
$= 4 \cdot 30 + 4 \cdot 1$
$= 120 + 4$
$= 124$

c) $8 \cdot 17$
$= 8 \cdot (10 + 7)$
$= 8 \cdot 10 + 8 \cdot 7$
$= 80 + 56$
$= 136$

d) $9 \cdot 104$
$= 9 \cdot (100 + 4)$
$= 9 \cdot 100 + 9 \cdot 4$
$= 900 + 36$
$= 936$

G a) Oberflächeninhalt:
$O = 6 \cdot 5\,\text{cm} \cdot 5\,\text{cm} = 150\,\text{cm}^2$
Volumen:
$V = 5\,\text{cm} \cdot 5\,\text{cm} \cdot 5\,\text{cm} = 125\,\text{cm}^3$
b) Oberflächeninhalt:
$O = 2 \cdot 20\,\text{cm} \cdot 10\,\text{cm} + 2 \cdot 20\,\text{cm} \cdot 8\,\text{cm} + 2 \cdot 10\,\text{cm} \cdot 8\,\text{cm}$
$= 400\,\text{cm}^2 + 320\,\text{cm}^2 + 160\,\text{cm}^2 = 880\,\text{cm}^2$
Volumen:
$V = 20\,\text{cm} \cdot 10\,\text{cm} \cdot 8\,\text{cm} = 1600\,\text{cm}^3$

7 Rechnen mit Termen | Alles klar?, Seite 179

A $a = 1 \cdot a = 1a$
$4a = 4 \cdot a$
$a + b = 1a + 1b = 1 \cdot a + 1 \cdot b$

B Term aufstellen:
$u = a + b + a + b = 2 \cdot a + 2 \cdot b$
Wert des Terms:
$u = 2 \cdot 5\,\text{cm} + 2 \cdot 3\,\text{cm} = 10\,\text{cm} + 6\,\text{cm} = 16\,\text{cm}$
Der Umfang des Rechtecks beträgt 16 cm.

C

	x	1	2	3	4	5	6	7	8	9	10
a)	7x	**7**	**14**	**21**	**28**	**35**	**42**	**49**	**56**	**63**	**70**
b)	4x + 2	**6**	**10**	**14**	**18**	**22**	**26**	**30**	**34**	**38**	**42**

7 Rechnen mit Termen | Alles klar?, Seite 183

A a) $3x$ b) $3y$ c) x
d) $7x$ e) $2x$ f) $3y$

B a) $7a + 3b + 2a$
$= 7a + 2a + 3b$
$= 9a + 3b$

b) $14a + 10b - 5b$
$= 14a + 5b$

c) $8x + 7y + 3x + 2y - 5x$
$= 8x + 3x - 5x + 7y + 2y$
$= 6x + 9y$

7 Rechnen mit Termen | Alles klar?, Seite 186

A a) $9a \cdot 2$
$= 9 \cdot 2 \cdot a$
$= 18a$

b) $(-11) \cdot 4b$
$= (-11) \cdot 4 \cdot b$
$= -44b$

c) $5 \cdot 2c \cdot 4$
$= 5 \cdot 2 \cdot 4 \cdot c$
$= 40c$

d) $12x \cdot 2$
$= 12 \cdot 2 \cdot x$
$= 24x$

e) $4x \cdot (-4y)$
$= 4 \cdot (-4) \cdot x \cdot y$
$= -16xy$

f) $2x \cdot 3y \cdot 4$
$= 2 \cdot 3 \cdot 4 \cdot x \cdot y$
$= 24xy$

g) $5a \cdot 4 \cdot 3b$
$= 5 \cdot 4 \cdot 3 \cdot a \cdot b$
$= 60ab$

h) $10a \cdot (-2b) \cdot 3c$
$= 10 \cdot (-2) \cdot 3 \cdot a \cdot b \cdot c$
$= -60abc$

B a) x^2 b) a^3 c) $3b^2$
d) $4 \cdot c \cdot c \cdot 5 \cdot c$
$= 4 \cdot 5 \cdot c \cdot c \cdot c$
$= 20c^3$

C a) $14a : 7$
$= 14 : 7 \cdot a$
$= 2a$

b) $(-18b) : (-6)$
$= (-18) : (-6) \cdot b$
$= 3b$

c) $32ab : 4$
$= 32 : 4 \cdot ab$
$= 8ab$

d) $30rad : (-15)$
$= 30 : (-15) \cdot rad$
$= -2rad$

7 Rechnen mit Termen | Alles klar?, Seite 188

A a) $80x + (40x + 30)$
$= 80x + 40x + 30$
$= 120x + 30$

b) $80x + (40x - 30)$
$= 80x + 40x - 30$
$= 120x - 30$

c) $80x - (40x + 30)$
$= 80x - 40x - 30$
$= 40x - 30$

d) $80x - (40x - 30)$
$= 80x - 40x + 30$
$= 40x + 30$

e) $80x - (-40x + 30)$
$= 80x + 40x - 30$
$= 120x - 30$

f) $80x - (-40x - 30)$
$= 80x + 40x + 30$
$= 120x + 30$

7 Rechnen mit Termen | Alles klar?, Seite 191

A a) $3(x + 6)$
$= 3 \cdot x + 3 \cdot 6$
$= 3x + 18$

b) $9(4x - 8)$
$= 9 \cdot 4x + 9 \cdot (-8)$
$= 36x - 72$

c) $-3(7 - 5x)$
$= -3 \cdot 7 - 3 \cdot (-5x)$
$= -21 + 15x$

d) $-3(5x + 7y)$
$= -3 \cdot 5x - 3 \cdot 7y$
$= -15x - 21y$

e) $-10(7x - 3y)$
$= -10 \cdot 7x - 10 \cdot (-3y)$
$= -70x + 30y$

f) $2x(-3y - 4z)$
$= 2x \cdot (-3y) + 2x \cdot (-4z)$
$= -6xy - 8xz$

g) $-5x(-6y + 7z)$
$= -5x \cdot (-6y) - 5x \cdot 7z$
$= 30xy - 35xz$

h) $x(x - y)$
$= x \cdot x + x \cdot (-y)$
$= x^2 - xy$

B a) $(9x + 6) : 3$
$= 9x : 3 + 6 : 3$
$= 3x + 2$

b) $(8x - 12y) : 4$
$= 8x : 4 - 12y : 4$
$= 2x - 3y$

c) $(-20x + 15y) : 5$
$= -20x : 5 + 15y : 5$
$= -4x + 3y$

d) $(-6x - 9y) : (-3)$
$= -6x : (-3) - 9y : (-3)$
$= 2x + 3y$

7 Rechnen mit Termen | Rückspiegel, Seite 198

1 a)

x	1	2	3	4	5
4x + 3	**7**	**11**	**15**	**19**	**23**
2x − 2	**0**	**2**	**4**	**6**	**8**

b)

a	2	4	8	10	20
2a + a	**6**	**12**	**24**	**30**	**60**
40 − 2a	**36**	**32**	**24**	**20**	**0**

2 a) $x + x - x + x$
$= x + x + x - x$
$= 3x - x$
$= 2x$

b) $2a - 3a + a - 4a$
$= 2a + a - 3a - 4a$
$= 3a - 7a$
$= -4a$

c) $-3i - 4n + 5i + 6n$
$= -3i + 5i - 4n + 6n$
$= 2i + 2n$

d) $19x + 5y - 12x - 4y$
$= 19x - 12x + 5y - 4y$
$= 7x + y$

e) $7 \cdot 5x$
$= 7 \cdot 5 \cdot x$
$= 35x$

f) $-8x \cdot 2y$
$= -8 \cdot 2 \cdot x \cdot y$
$= -16xy$

g) $3 \cdot (-4s) \cdot (-5t)$
$= 3 \cdot (-4) \cdot (-5) \cdot s \cdot t$
$= 60st$

h) $15x : (-3)$
$= 15 : (-3) \cdot x$
$= -5x$

3 a) $3 + (10a + 11)$
$= 3 + 10a + 11$
$= 10a + 14$

b) $9a + (8b - 7a)$
$= 9a + 8b - 7a$
$= 2a + 8b$

c) $3 - (10a + 11)$
$= 3 - 10a - 11$
$= -10a - 8$

d) $9a - (-8b - 7a)$
$= 9a + 8b + 7a$
$= 16a + 8b$

7 Rechnen mit Termen | Rückspiegel, Seite 198, links

4 a) $7(5x + 6y)$
$= 7 \cdot 5x + 7 \cdot 6y$
$= 35x + 42y$

b) $a(a - 4)$
$= a \cdot a + a \cdot (-4)$
$= a^2 - 4a$

c) $3(6y - 8z) + 24z$
$= 3 \cdot 6y + 3 \cdot (-8z) + 24z$
$= 18y - 24z + 24z$
$= 18y$

d) $(14a + 21b) : 7$
$= 14a : 7 + 21b : 7$
$= 2a + 3b$

5 a) Term, mit dem die Gesamtkosten für eine Taxifahrt in € berechnet werden können: $3{,}00 + 1{,}80 \cdot x = 3 + 1{,}8x$
b) $3 + 1{,}8 \cdot 7 = 3 + 12{,}6 = 15{,}6$
Die Fahrt kostet 15,60 €.

6 a) $x \cdot 9 + 11 = 9x + 11$

b) $3 \cdot x + 4 \cdot x$
$= 3x + 4x$
$= 7x$

c) $2x - (x + 8)$
$= 2x - x - 8$
$= x - 8$

7

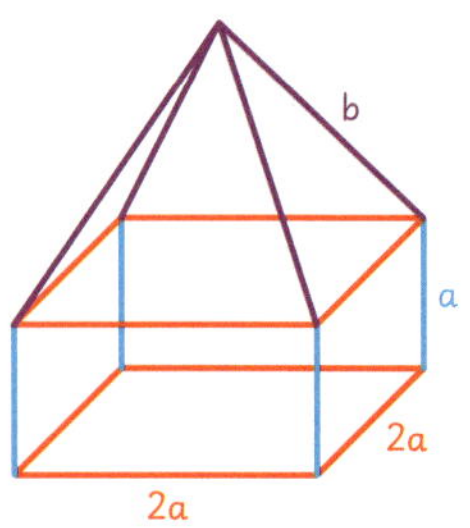

$8 \cdot 2a + 4 \cdot a + 4 \cdot b$
$= 20a + 4b$

7 Rechnen mit Termen | Rückspiegel, Seite 198, rechts

4 a) $-6(-8x - 3y)$
$= -6 \cdot (-8x) - 6 \cdot (-3y)$
$= 48x + 18y$

b) $5x(4 - 3x) + 16x$
$= 5x \cdot 4 + 5x \cdot (-3x) + 16x$
$= 20x - 15x^2 + 16x$
$= 36x - 15x^2$

c) $14a + 2(-6a - 3b)$
$= 14a + 2 \cdot (-6a) + 2 \cdot (-3b)$
$= 14a - 12a - 6b$
$= 2a - 6b$

d) $(24a - 8b) : (-4)$
$= 24a : (-4) - 8b : (-4)$
$= -6a + 2b$

5 a) x: Anzahl der verbrauchten m^3 Wasser
Term, mit dem die Gesamtkosten für die Jahresabrechnung berechnet werden können:
$115{,}00 + 1{,}67 \cdot x + 3{,}43 \cdot x = 115{,}00 + 5{,}10 \cdot x = 115 + 5{,}1x$
b) $115 + 5{,}1 \cdot 39 = 313{,}9$
Herr Steffen muss 313,90 € bezahlen.

6 a) $2(2x + 3y) - 6y$
$= 4x + 6y - 6y$
$= 4x$

b) $11(2x - 3y) + 3x$
$= 22x - 33y + 3x$
$= 25x - 33y$

c) $(14 \cdot 2x) : 4$ oder $14 \cdot 2x : 4$
$= 28x : 4$
$= 7x$

7 a)

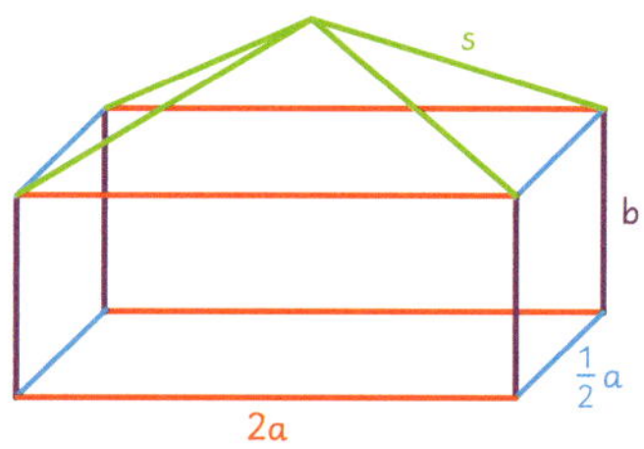

$4 \cdot 2a + 4 \cdot \frac{1}{2}a + 4 \cdot b + 4 \cdot s$
$= 10a + 4b + 4s$
b) Kantenlänge für $a = 6$ cm; $b = 4{,}5$ cm und $s = 5$ cm:
$10 \cdot 6\,\text{cm} + 4 \cdot 4{,}5\,\text{cm} + 4 \cdot 5\,\text{cm} = 60\,\text{cm} + 18\,\text{cm} + 20\,\text{cm} = 98\,\text{cm}$
Die Kantenlänge beträgt 98 cm.

8 Gleichungen | Standpunkt, Seite 199

A a) $3x + 85 + 5x + 7$
$= 3x + 5x + 85 + 7$
$= 8x + 92$

b) $14a + 3 - 5a + 7a$
$= 14a - 5a + 7a + 3$
$= 16a + 3$

c) $3b + 2a - 2b + 2a$
$= 3b - 2b + 2a + 2a$
$= b + 4a$

d) $8x + 11y + 15 + 192x - y$
$= 8x + 192x + 11y - y + 15$
$= 200x + 10y + 15$

B a) $7x \cdot 3$
$= 7 \cdot 3 \cdot x$
$= 21x$

b) $2 \cdot 5y \cdot 4$
$= 2 \cdot 5 \cdot 4 \cdot y$
$= 40y$

c) $6x \cdot 7y$
$= 6 \cdot 7 \cdot x \cdot y$
$= 42xy$

d) $24x : 3$
$= 24 : 3 \cdot x$
$= 8x$

e) $4x \cdot 3x : 2$
$= 4 \cdot 3 : 2 \cdot x \cdot x$
$= 6x^2$

C a) $3 + 6 = 9$
b) $2 \cdot 3 + 7 = 6 + 7 = 13$
c) $17 + 5 - 4 = 18$
d) $7 - 1 = 6$
e) $10 + 5 - 12 + 10 = 13$
f) $8 - 5 + 2 \cdot 15$
$= 8 - 5 + 30 = 33$

D a) $5x + (2 - 2x)$
$= 5x + 2 - 2x$
$= 3x + 2$

b) $2a - (7 - 3b)$
$= 2a - 7 + 3b$

c) $14 - (3a + 6) + 5a$
$= 14 - 3a - 6 + 5a$
$= 8 + 2a$

d) $4 \cdot (2 + 4b)$
$= 4 \cdot 2 + 4 \cdot 4b$
$= 8 + 16b$

e) $(9x - 15) : 3$
$= 9x : 3 - 15 : 3$
$= 3x - 5$

f) $5b - 2 \cdot (b + 6) + 7b$
$= 5b - 2 \cdot b - 2 \cdot 6 + 7b$
$= 5b - 2b - 12 + 7b$
$= 10b - 12$

E a) $2x + x + x + x + x + 2x + 2x + 4x = 14x$
b) $14 \cdot 3\,\text{cm} = 42\,\text{cm}$
Der Umfang beträgt 42 cm.

F a) $23 + \mathbf{4} = 27$; $x = 4$
b) $35 = 21 + \mathbf{14}$; $a = 14$
c) $3 \cdot \mathbf{8} = 24$; $y = 8$
d) $81 - \mathbf{11} = 70$; $z = 11$
e) $\mathbf{56} - 15 = 41$; $b = 56$
f) $18 : \mathbf{3} = 6$; $x = 3$
g) $\mathbf{35} : 5 = 7$; $x = 35$
h) $3 + 2 \cdot \mathbf{1} = 5$; $x = 1$

8 Gleichungen | Alles klar?, Seite 203

A Lösen mithilfe der Umkehraufgabe:

a) $x = 103 - 29$
$x = 74$
Probe: $74 + 29 = 103$

b) $x = 3 \cdot 6$
$x = 18$
Probe: $18 : 6 = 3$

Lösen durch Probieren:

c)

	Wert des linken Terms	$2 + 4\mathbf{x} = 62$	Wert des rechten Terms
x = 10; „zu klein“	42	$2 + 4 \cdot \mathbf{10} \neq 62$	62
x = 12; „zu klein“	50	$2 + 4 \cdot \mathbf{12} \neq 62$	62
x = 14; „zu klein“	58	$2 + 4 \cdot \mathbf{14} \neq 62$	62
x = 15; „gleich“	62	$2 + 4 \cdot \mathbf{15} = 62$	62

Lösung: $x = 15$

d)

	Wert des linken Terms	$49 - 2\mathbf{x} = 17$	Wert des rechten Terms
x = 15; „zu klein“	19	$49 - 2 \cdot \mathbf{15} \neq 17$	17
x = 16; „gleich“	17	$49 - 2 \cdot \mathbf{16} = 17$	17

Lösung: $x = 16$

B a)

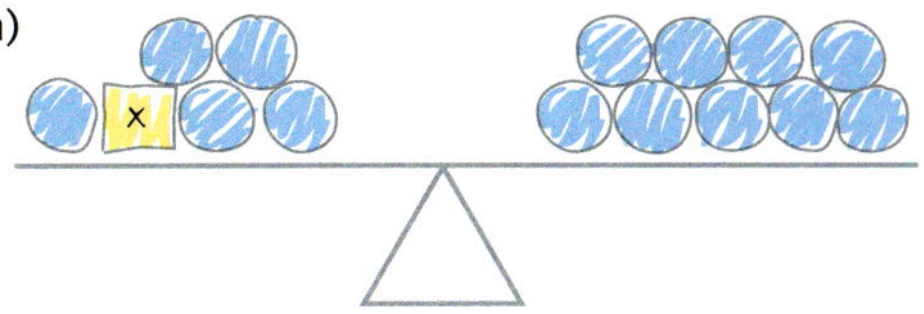

$x = 4$

b)

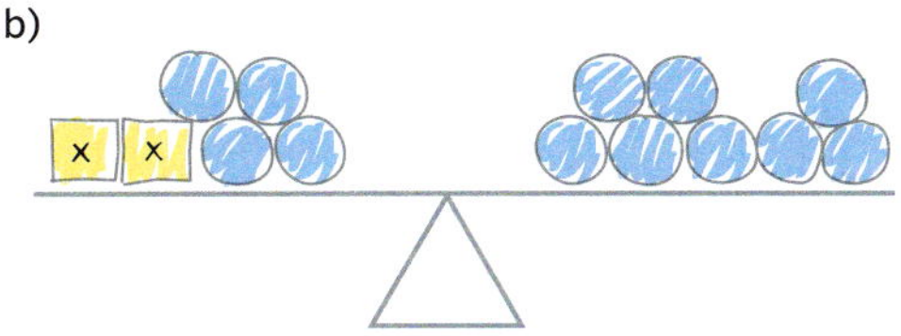

$x = 2$

c)

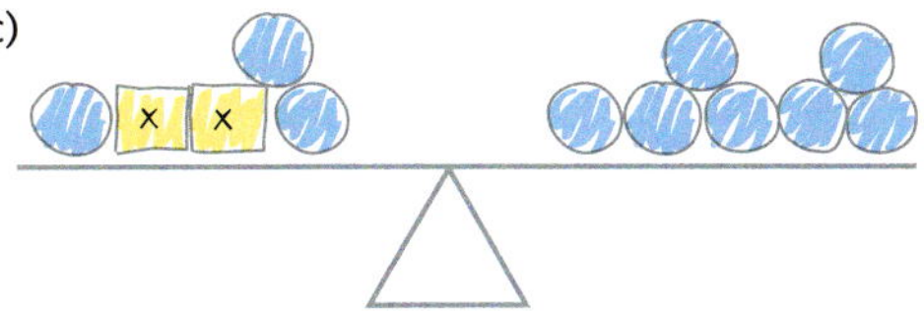

$x = 2$

d)

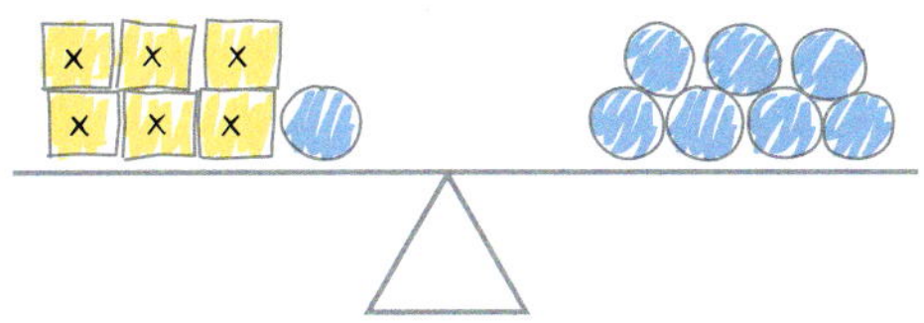

$x = 1$

8 Gleichungen | Alles klar?, Seite 206

A a) $4x = x + 12 \quad | -x$
$3x = 12 \quad | :3$
$x = 4$

b) $2x + 2 = x + 6 \quad | -2$
$2x = x + 4 \quad | -x$
$x = 4$

c) $2x + 2 = 8 \quad | -2$
$2x = 6 \quad | :2$
$x = 3$

B a) $17 + x = 19 \quad | -17$
$x = 2$
Probe: $17 + 2 = 19$
b) $x - 9 = 2 \quad | +9$
$x = 11$
Probe: $11 - 9 = 2$
c) $x : 2 = 3 \quad | \cdot 2$
$x = 6$
Probe: $6 : 2 = 3$
d) $3x = 12 \quad | : 3$
$x = 4$
Probe: $3 \cdot 4 = 12$
e) $2x + 6 = 32 \quad | -6$
$2x = 26 \quad | : 2$
$x = 13$
Probe: $2 \cdot 13 + 6 = 32$
f) $10x = 60 - 50x \quad | +50x$
$60x = 60 \quad | : 60$
$x = 1$
Probe: $10 \cdot 1 = 60 - 50 \cdot 1$
$10 = 10$

8 Gleichungen | Alles klar?, Seite 210

A a) $9 - (5 - x) = 10 \quad$ | Klammer auflösen
$9 - 5 + x = 10 \quad$ | zusammenfassen
$4 + x = 10 \quad | -4$
$x = 6$
b) $4(x + 4) = 28 - 2x \quad$ | Klammer auflösen
$4x + 16 = 28 - 2x \quad | +2x$
$6x + 16 = 28 \quad | -16$
$6x = 12 \quad | : 6$
$x = 2$

B a) $7 + (10 + 6x) = 29 \quad$ | Klammer auflösen
$7 + 10 + 6x = 29 \quad$ | zusammenfassen
$17 + 6x = 29 \quad | -17$
$6x = 12 \quad | : 6$
$x = 2$
Probe: $7 + (10 + 6 \cdot 2) = 29$
$7 + 22 = 29$
$29 = 29$
b) $12 = 25 + x - (19 - 2x) \quad$ | Klammer auflösen
$12 = 25 + x - 19 + 2x \quad$ | zusammenfassen
$12 = 6 + 3x \quad | -6$
$6 = 3x \quad | : 3$
$2 = x$
$x = 2$
Probe: $12 = 25 + 2 - (19 - 2 \cdot 2)$
$12 = 25 + 2 - 15$
$12 = 12$
c) $6(3x + 5) + 2 = -4 \quad$ | Klammer auflösen
$18x + 30 + 2 = -4 \quad$ | zusammenfassen
$18x + 32 = -4 \quad | -32$
$18x = -36 \quad | : 18$
$x = -2$
Probe: $6(3 \cdot (-2) + 5) + 2 = -4$
$6 \cdot (-1) + 2 = -4$
$-4 = -4$
d) $6 + 2x = 5x - (4x - 17) \quad$ | Klammer auflösen
$6 + 2x = 5x - 4x + 17 \quad$ | zusammenfassen
$6 + 2x = x + 17 \quad | -x$
$6 + x = 17 \quad | -6$
$x = 11$
Probe: $6 + 2 \cdot 11 = 5 \cdot 11 - (4 \cdot 11 - 17)$
$6 + 22 = 55 - (44 - 17)$
$28 = 55 - 27$
$28 = 28$

8 Gleichungen | Alles klar?, Seite 213

A $2 \cdot 9 + 2 \cdot x = 32$
$18 + 2x = 32 \quad | -18$
$2x = 14 \quad | : 2$
$x = 7$
Die unbekannte Seite ist 7 cm lang.

B a) Das Alter vor 12 Jahren mit 4 multipliziert ergibt sein heutiges Alter: $4x = x + 12$
b) $4x = x + 12 \quad | -x$
$3x = 12 \quad | : 3$
$x = 4$
Vor 12 Jahren war Theo 4 Jahre alt. Heute ist er 16 Jahre alt.

8 Gleichungen | Rückspiegel, Seite 220

1 a) $x = 7$ b) $x = 22$ c) $x = 4$ d) $x = 6$

2 a) $x = 108 : 9$
$x = 12$
b) $x = 81 - 27$
$x = 54$
c) $x = 6 \cdot 9$
$x = 54$
d) $x = 9{,}5 + 0{,}5$
$x = 10$

3 a) $15 + x = 19 \quad | -15$
$x = 4$
b) $x - 9 = 41 \quad | +9$
$x = 50$

c) $8x = 72 \quad |:8$
$x = 9$
d) $x:3 = 13 \quad |\cdot 3$
$x = 39$
e) $-11 + 14x = 3 \quad |+11$
$14x = 14 \quad |:14$
$x = 1$
f) $12x - 24 = 12 \quad |+24$
$12x = 36 \quad |:12$
$x = 3$
g) $6x - 12 = 18 \quad |+12$
$6x = 30 \quad |:6$
$x = 5$
h) $3 + 4x = x + 24 \quad |-x$
$3 + 3x = 24 \quad |-3$
$3x = 21 \quad |:3$
$x = 7$

4 a) $12x + (20 - 10x) = 28 \quad |$ Klammer auflösen
$12x + 20 - 10x = 28 \quad |$ zusammenfassen
$2x + 20 = 28 \quad |-20$
$2x = 8 \quad |:2$
$x = 4$
b) $12 = 4 - (7 - 3x) \quad |$ Klammer auflösen
$12 = 4 - 7 + 3x \quad |$ zusammenfassen
$12 = -3 + 3x \quad |+3$
$15 = 3x \quad |:3$
$5 = x$
$x = 5$
c) $15x = 5(20 - 2x) \quad |$ Klammer auflösen
$15x = 100 - 10x \quad |+10x$
$25x = 100 \quad |:25$
$x = 4$

8 Gleichungen | Rückspiegel, Seite 220, links

5 x: Preis für eine Patrone (in €)
$99 + 3x = 120 \quad |-99$
$3x = 21 \quad |:3$
$x = 7$
Der Preis für eine Druckerpatrone beträgt 7 €.

6 $2x + 2x + x = 35 \quad |$ zusammenfassen
$5x = 35 \quad |:5$
$x = 7$
Länge eines Schenkels: $2 \cdot 7 = 14$
Die Schenkel des Dreiecks sind je 14 cm lang.

7 a) Skizze:

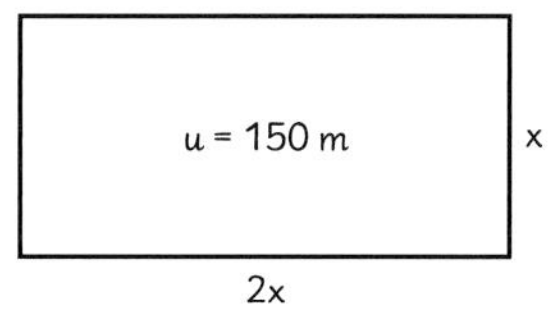

b) Gleichung: $2 \cdot 2x + 2 \cdot x = 150$
c) $2 \cdot 2x + 2 \cdot x = 150 \quad |$ zusammenfassen
$6x = 150 \quad |:6$
$x = 25$
Die Fläche ist 25 m breit und $2 \cdot 25\,m = 50\,m$ lang.

8 Gleichungen | Rückspiegel, Seite 220, rechts

5 $2 \cdot 49 + 4x = 137{,}60 \quad |$ zusammenfassen
$98 + 4x = 137{,}60 \quad |-98$
$4x = 39{,}60 \quad |:4$
$x = 9{,}90$
Ein T-Shirt kostet 9,90 €.

6 $\alpha + \alpha + 3\alpha = 180° \quad |$ zusammenfassen
$5\alpha = 180° \quad |:5$
$\alpha = 36°$
Die Basiswinkel betragen je 36°. Der stumpfe Winkel bei C beträgt $3 \cdot 36° = 108°$.

7 a) Skizze:

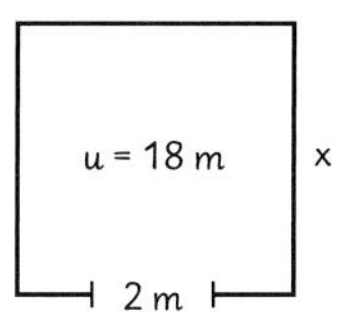

b) Gleichung: $x + x + x + (x - 2) = 18$
c) $x + x + x + (x - 2) = 18 \quad |$ Klammer auflösen
$x + x + x + x - 2 = 18 \quad |$ zusammenfassen
$4x - 2 = 18 \quad |+2$
$4x = 20 \quad |:4$
$x = 5$
Das Quadrat hat eine Seitenlänge von 5 m.

Lösungen des Grundwissens

Grundwissen | Seite 221

1 a) A: −11; B: −5; C: 0; D: 8
b) A: −100; B: −50; C: −30; D: 50
c) A: −16; B: −4; C: 4; D: 10

2 a)

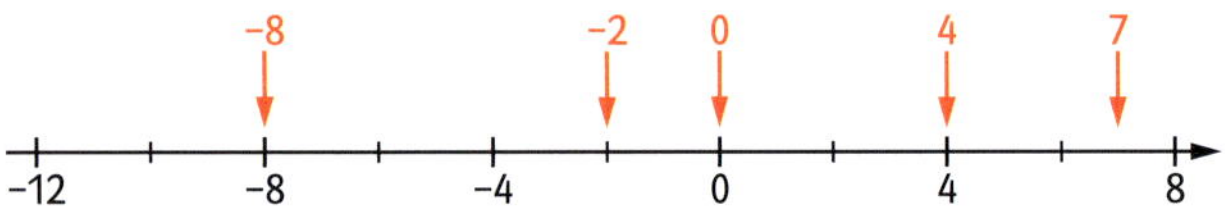

b)

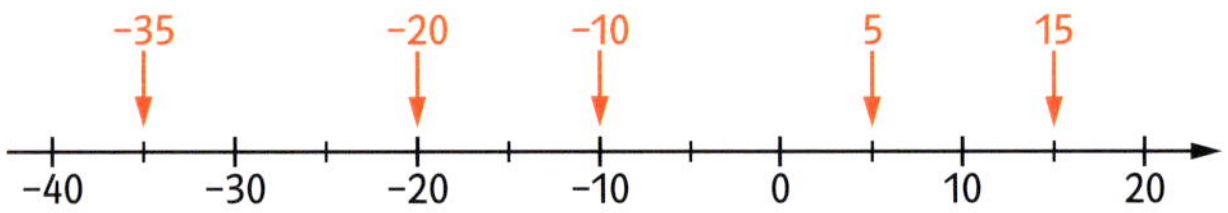

3 Mögliche Lösungen:
a)

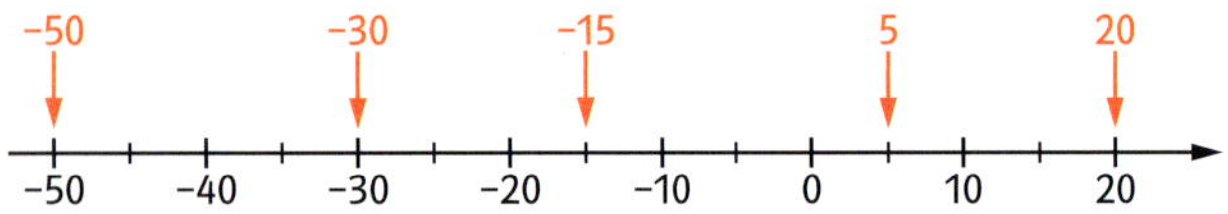

b)

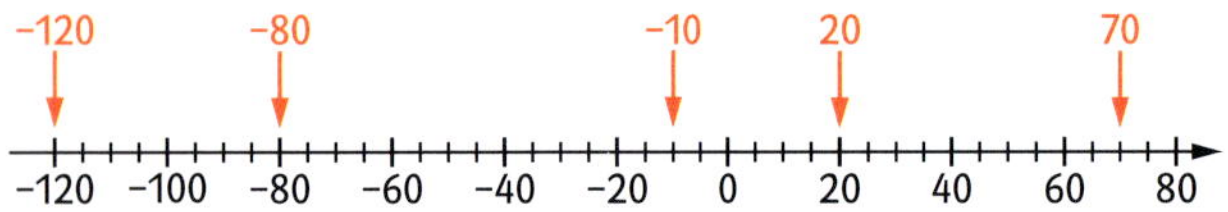

Grundwissen | Seite 222

4 a) 5 > 3
b) 7 > −2
c) −8 < 6
d) −12 > −15
e) 0 > −9
f) −159 > −245

5 a) −92; −46; −45; −28; 0; 17; 34; 91
b) −178; −176; −169; 169; 170; 175

6 a) 96; 95; 22; 2; 0; −1 −23; −24
b) 2003; 1576; 843; 3; −187; −999; −2004; −4000

7 a) Den Punkt C erreicht man, indem man vom Koordinatenursprung **6** Kästchen nach rechts und dann **2** Kästchen nach oben geht.
b) A(0 | 2); B(1 | 3); C(3 | 1); D(2 | 0)
Die x- und y-Koordinaten der Punkte A und D bzw. der Punkte B und C sind vertauscht.

8 a)

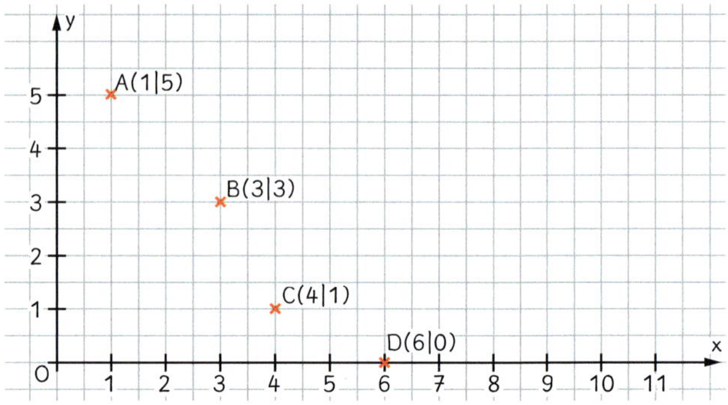

b) Den Punkt B erreicht man, indem man vom Koordinatenursprung aus 6 Kästchen nach rechts und dann 6 Kästchen nach oben geht.
Den Punkt C erreicht man, indem man vom Koordinatenursprung aus 8 Kästchen nach rechts und dann 2 Kästchen nach oben geht.

9 Es entsteht ein Rechteck.

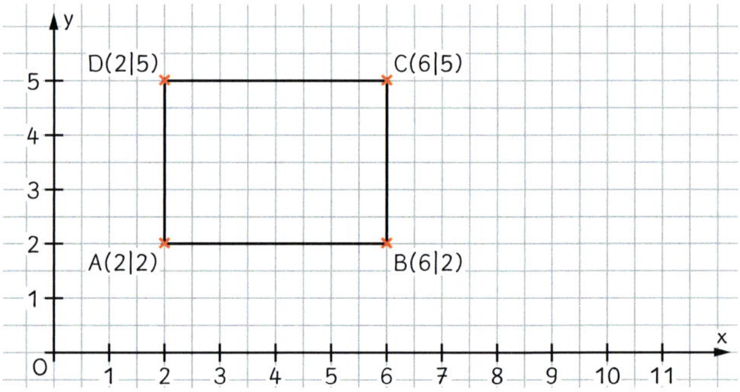

Grundwissen | Seite 223

10 a) −7
b) +5
c) −10
d) +12

11 a)

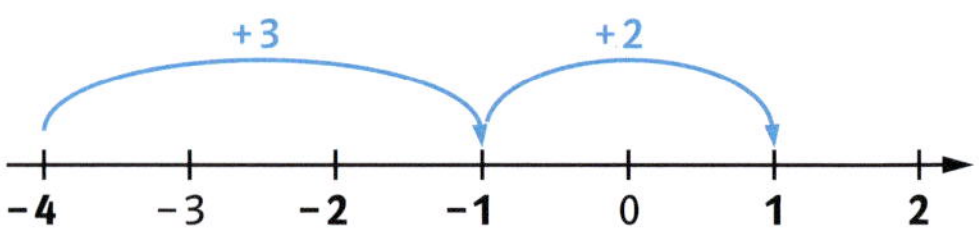

b)

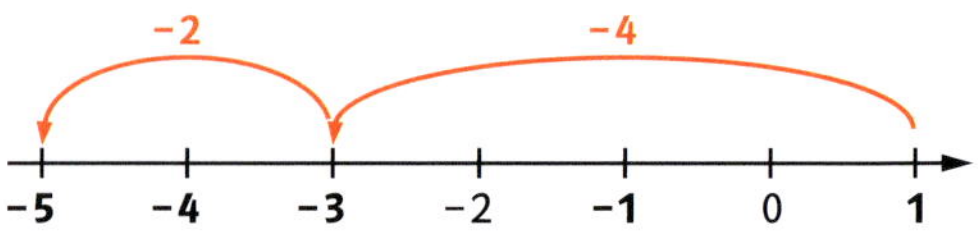

12 a) $\frac{1}{4}$
b) $\frac{5}{8}$
c) $\frac{2}{3}$
d) $\frac{5}{7}$
e) $\frac{5}{9}$

13 Mögliche Lösungen:

a) $\frac{3}{4}$

b) $\frac{7}{10}$

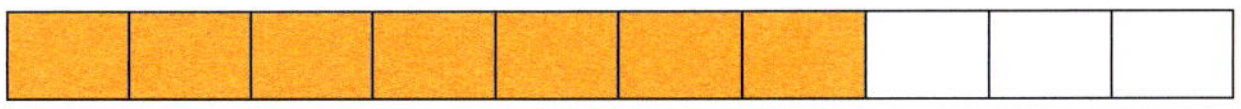

c) $\frac{1}{3}$

d) $\frac{4}{5}$

e) $\frac{13}{24}$

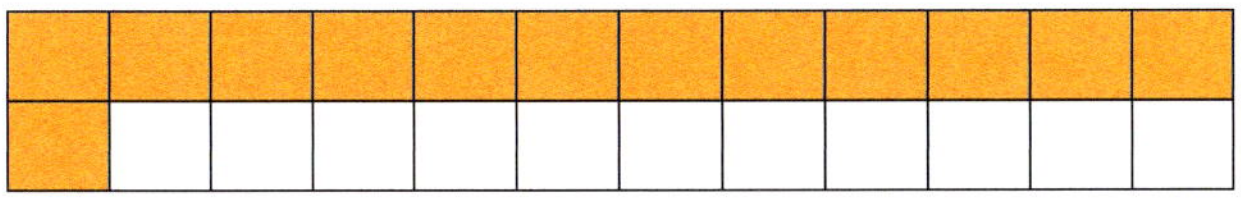

Grundwissen | Seite 224

14 a) $\frac{1}{4} = \frac{1 \cdot 3}{4 \cdot 3} = \frac{3}{12}$ $\frac{3}{5} = \frac{3 \cdot 3}{5 \cdot 3} = \frac{9}{15}$ $\frac{3}{7} = \frac{3 \cdot 3}{7 \cdot 3} = \frac{9}{21}$ $\frac{5}{8} = \frac{5 \cdot 3}{8 \cdot 3} = \frac{15}{24}$

b) $\frac{1}{2} = \frac{1 \cdot 4}{2 \cdot 4} = \frac{4}{8}$ $\frac{2}{3} = \frac{2 \cdot 4}{3 \cdot 4} = \frac{8}{12}$ $\frac{5}{6} = \frac{5 \cdot 4}{6 \cdot 4} = \frac{20}{24}$ $\frac{7}{9} = \frac{7 \cdot 4}{9 \cdot 4} = \frac{28}{36}$

c) $\frac{1}{3} = \frac{1 \cdot 5}{3 \cdot 5} = \frac{5}{15}$ $\frac{1}{8} = \frac{1 \cdot 5}{8 \cdot 5} = \frac{5}{40}$ $\frac{3}{4} = \frac{3 \cdot 5}{4 \cdot 5} = \frac{15}{20}$ $\frac{2}{7} = \frac{2 \cdot 5}{7 \cdot 5} = \frac{10}{35}$

15 a) $\frac{2}{4} = \frac{2:2}{4:2} = \frac{1}{2}$ $\frac{6}{10} = \frac{6:2}{10:2} = \frac{3}{5}$ $\frac{6}{8} = \frac{6:2}{8:2} = \frac{3}{4}$ $\frac{10}{12} = \frac{10:2}{12:2} = \frac{5}{6}$

b) $\frac{3}{9} = \frac{3:3}{9:3} = \frac{1}{3}$ $\frac{9}{12} = \frac{9:3}{12:3} = \frac{3}{4}$ $\frac{6}{15} = \frac{6:3}{15:3} = \frac{2}{5}$ $\frac{18}{21} = \frac{18:3}{21:3} = \frac{6}{7}$

c) $\frac{5}{15} = \frac{5:5}{15:5} = \frac{1}{3}$ $\frac{10}{20} = \frac{10:5}{20:5} = \frac{2}{4}$ $\frac{15}{40} = \frac{15:5}{40:5} = \frac{3}{8}$ $\frac{45}{50} = \frac{45:5}{50:5} = \frac{9}{10}$

16 a) $\frac{3}{12} = \frac{\mathbf{1}}{4}$ b) $\frac{15}{18} = \frac{5}{\mathbf{6}}$ c) $\frac{40}{200} = \frac{\mathbf{20}}{100}$

d) $\frac{1}{2} = \frac{10}{\mathbf{20}}$ e) $\frac{2}{9} = \frac{\mathbf{8}}{36}$ f) $\frac{3}{5} = \frac{\mathbf{60}}{100}$

17 a) $\frac{4}{8} = \frac{4:4}{8:4} = \frac{1}{2}$ b) $\frac{8}{12} = \frac{8:4}{12:4} = \frac{2}{3}$ c) $\frac{18}{24} = \frac{18:6}{24:6} = \frac{3}{4}$

d) $\frac{40}{50} = \frac{40:10}{50:10} = \frac{4}{5}$ e) $\frac{18}{30} = \frac{18:6}{30:6} = \frac{3}{5}$ f) $\frac{12}{28} = \frac{12:4}{28:4} = \frac{3}{7}$

18 a) $\frac{1}{4} < \frac{2}{4}$ b) $\frac{4}{5} > \frac{3}{5}$ c) $\frac{5}{8} > \frac{3}{8}$

d) $\frac{5}{7} < \frac{6}{7}$ e) $\frac{8}{9} > \frac{7}{9}$ f) $\frac{6}{11} < \frac{8}{11}$

19 a) $\frac{3}{4} = \frac{6}{8}$; $\frac{6}{8} < \frac{7}{8}$; also $\frac{3}{4} < \frac{7}{8}$

b) $\frac{3}{5} = \frac{12}{20}$; $\frac{12}{20} > \frac{11}{20}$; also $\frac{3}{5} > \frac{11}{20}$

c) $\frac{1}{2} = \frac{3}{6}$ und $\frac{2}{3} = \frac{4}{6}$; $\frac{3}{6} < \frac{4}{6}$; also $\frac{1}{2} < \frac{2}{3}$

d) $\frac{3}{4} = \frac{15}{20}$ und $\frac{7}{10} = \frac{14}{20}$; $\frac{15}{20} > \frac{14}{20}$; also $\frac{3}{4} > \frac{7}{10}$

e) $\frac{7}{8} = \frac{21}{24}$ und $\frac{5}{6} = \frac{20}{24}$; $\frac{21}{24} > \frac{20}{24}$; also $\frac{7}{8} > \frac{5}{6}$

f) $\frac{7}{20} = \frac{35}{100}$ und $\frac{9}{25} = \frac{36}{100}$; $\frac{35}{100} < \frac{36}{100}$; also $\frac{7}{20} < \frac{9}{25}$

Grundwissen | Seite 225

20 a) $\frac{7}{4} = 1\frac{3}{4}$ b) $\frac{5}{3} = 1\frac{2}{3}$

c) $\frac{9}{7} = 1\frac{2}{7}$ d) $\frac{11}{2} = 5\frac{1}{2}$

e) $\frac{18}{5} = 3\frac{3}{5}$ f) $\frac{20}{2} = 10$

21

Dezimalzahl	Stellenwerttafel					Bruch
	Ganze		Dezimale			
	Z	E	z	h	t	
1,8		**1**	**8**			**$\frac{18}{10}$**
2,67		**2**	**6**	**7**		$\frac{267}{100}$
0,62		0	6	2		**$\frac{62}{100}$**
0,509		**0**	**5**	**0**	**9**	**$\frac{509}{1000}$**
0,027		**0**	**0**	**2**	**7**	$\frac{27}{1000}$
0,005		**0**	**0**	**0**	**5**	$\frac{5}{1000}$
50,94	5	0	9	4		**$\frac{5094}{100}$**

22 a) 4,31 b) 92,95 c) 8,409 d) 5,073

23 a) $\frac{3}{10}$ b) $\frac{1}{100}$ c) $\frac{9}{1000}$

d) $\frac{27}{10}$ e) $\frac{117}{100}$ f) $\frac{3483}{1000}$

24 a) $0{,}8 = \frac{8}{10} = \frac{4}{5}$ b) $0{,}2 = \frac{2}{10} = \frac{1}{5}$ c) $0{,}4 = \frac{4}{10} = \frac{2}{5}$

d) $0{,}08 = \frac{8}{100} = \frac{2}{25}$ e) $0{,}45 = \frac{45}{100} = \frac{9}{20}$ f) $0{,}75 = \frac{75}{100} = \frac{3}{4}$

g) $0{,}008 = \frac{8}{1000} = \frac{1}{125}$ h) $0{,}045 = \frac{45}{1000} = \frac{9}{200}$ i) $0{,}125 = \frac{125}{1000} = \frac{1}{8}$

j) $1{,}5 = \frac{15}{10} = \frac{3}{2}$ k) $2{,}4 = \frac{24}{10} = \frac{12}{5}$ l) $1{,}25 = \frac{125}{100} = \frac{5}{4}$

Grundwissen | Seite 226

25 a) 0,7 b) 0,58 c) 0,09

d) 0,137 e) 0,075 f) 0,007

26 a) $\frac{1}{2} = \frac{5}{10} = 0{,}5$ b) $\frac{3}{4} = \frac{75}{100} = 0{,}75$ c) $\frac{45}{50} = \frac{90}{100} = 0{,}90$

d) $\frac{13}{20} = \frac{65}{100} = 0{,}65$ e) $\frac{7}{5} = \frac{14}{10} = 1{,}4$ f) $\frac{1}{25} = \frac{4}{100} = 0{,}04$

27 a) 5 €; 5 €; 6 € b) 5 €; 6 €; 10 €

28 a) 3 m; 2 m; 2 m b) 3 m; 4 m; 4 m

29 a) 34,**9**2 ≈ 35; **2**,7 ≈ 3; 59,**4**9 ≈ 59; **5**,67 ≈ 6

b) 34,**92** ≈ 34,9; 2,**77** ≈ 2,8; 59,**49** ≈ 59,5; 5,**67** ≈ 5,7

c) 34,9**28** ≈ 34,93; 2,7**77** ≈ 2,78; 59,4**99** ≈ 59,50; 5,6**70** ≈ 5,67

Grundwissen | Seite 227

30 a)

		6	8
	+	9	5
		1	
	1	6	3

b)

	2	7	7
+	3	8	9
	1	1	
	6	6	6

c)

	1	0	8
+	2	4	9
+	1	9	8
	1	2	
	5	5	5

d)

		8	1
+	4	0	7
+	2	9	6
	1	1	
	7	8	4

31 a)

	4,	3
+	5,	6
	9,	9

b)

	7,	1
+	2,	8
	9,	9

c)

	2,	0	7
+	5,	7	0
	7,	7	7

d)

	5,	7	8
+	7,	8	5
	1	1	
1	3,	6	3

e)

	1	5,	3
+		7,	5
	1		
	2	2,	8

f)

		3,	8	4
+	6	9,	0	8
	1		1	
	7	2,	9	2

32 a)

	0,	7	8
+	1,	8	0
	1		
	2,	5	8

b)

	0,	9	0
+	6,	3	5
	1		
	7,	2	5

c)

	3,	4	0	5
+	6,	0	9	0
	9,	4	9	5

d)

	5,	9	0	0	0
+	0,	4	0	6	2
	1				
	6,	3	0	6	2

33 a)

	9	7
−	6	4
	3	3

b)

	3	8	6
−	1	7	2
	2	1	4

c)

	6	5	9
−	5	3	6
	1	2	3

d)

	5	9	3
−		4	1
	5	5	2

34 a)

	3	8	6
−	1	5	9
		1	
	2	2	7

b)

	5	3	1
−	2	7	7
	1	1	
	2	5	4

c)

	1	8	3
−		9	6
	1	1	
		8	7

d)

	1	0	3	2
−		8	5	6
	1	1	1	
		1	7	6

35 a)

	6,	7
−	4,	3
	2,	4

b)

	6	5,	8
−	4	1,	7
	2	4,	1

c)

	1	8,	4
−	1	2,	6
		1	
		5,	8

d)

	7,	9	3
−	4,	7	2
	3,	2	1

e)

	8,	0	5
−	5,	8	7
	1	1	
	2,	1	8

f)

	3	1,	4	2
−	2	2,	1	9
	1		1	
		9,	2	3

36 a)

	3,	7	0
−	2,	8	4
	1	1	
	0,	8	6

b)

	5,	2	4
−	1,	6	0
	1		
	3,	6	4

c)

	1	4,	4	0
−		9,	7	5
	1	1	1	
		4,	6	5

d)

	5,	7	2	3
−	0,	8	0	0
	1			
	4,	9	2	3

Grundwissen | Seite 228

37 a) $\frac{2}{7} + \frac{1}{7} = \frac{3}{7}$

b) $\frac{3}{10} + \frac{4}{10} = \frac{7}{10}$

c) $\frac{5}{12} + \frac{1}{12} = \frac{6}{12} = \frac{1}{2}$

d) $\frac{1}{3} + \frac{4}{9} = \frac{3}{9} + \frac{4}{9} = \frac{7}{9}$

e) $\frac{3}{20} + \frac{3}{10} = \frac{3}{20} + \frac{6}{20} = \frac{9}{20}$

f) $\frac{4}{18} + \frac{10}{24} = \frac{16}{72} + \frac{30}{72} = \frac{46}{72} = \frac{23}{36}$

38 a) $\frac{9}{10} - \frac{6}{10} = \frac{3}{10}$

b) $\frac{8}{9} - \frac{4}{9} = \frac{4}{9}$

c) $\frac{12}{15} - \frac{2}{5} = \frac{12}{15} - \frac{6}{15} = \frac{6}{15}$

d) $\frac{5}{6} - \frac{3}{18} = \frac{15}{18} - \frac{3}{18} = \frac{12}{18} = \frac{2}{3}$

e) $\frac{2}{3} - \frac{1}{4} = \frac{8}{12} - \frac{3}{12} = \frac{5}{12}$

f) $\frac{1}{2} - \frac{3}{7} = \frac{7}{14} - \frac{6}{14} = \frac{1}{14}$

39 a)

1	2	7	·	4
		5	0	8

b)

7	6	·	3	7
	2	2	8	
+		5	3	2
		1		
	2	8	1	2

c)

2	0	6	·	5	4
	1	0	3	0	
+			8	2	4
		1			
	1	1	1	2	4

d)

4	2	9	·	7	8
	3	0	0	3	
+		3	4	3	2
	3	3	4	6	2

Grundwissen | Seite 229

40 a) 9,6 b) 8,2 c) 8,8 d) 4,5

41 a)

3,	2	·	7
	2	2,	4

b)

4,	9	·	6
	2	9,	4

c)

2,	4	·	1,	8
		2	4	
+		1	9	2
		1		
		4,	3	2

d)

5,	4	2	·	1,	2
		5	4	2	
+		1	0	8	4
			1		
		6,	5	0	4

42 a) Das Produkt 3,4 · 0,71 hat 3 Nachkommastellen.
Ergebnis: 2,414
b) Das Produkt 6,74 · 3,86 hat 4 Nachkommastellen.
Ergebnis: 26,0164
c) Das Produkt 1,9 · 0,7 hat 2 Nachkommastellen.
Ergebnis: 1,33
d) Das Produkt 8 · 3,6 hat 1 Nachkommastelle.
Ergebnis: 28,8

43 a)

	2	8	7	4	:	3	=	9	5	8
−	2	7								
		1	7							
	−	1	5							
			2	4						
		−	2	4						
				0						

b)

	5	3	2	:	7	=	7	6
−	4	9						
		4	2					
	−	4	2					
			0					

c)

	5	6	4	3	:	9	=	6	2	7
−	5	4								
		2	4							
	−	1	8							
			6	3						
		−	6	3						
				0						

d)

	9	7	9	:	1	1	=	8	9
−	8	8							
		9	9						
	−	9	9						
			0						

44 a)

	1	5,	6	:	2	=	7,	8
−	1	4						
		1	6					
	−	1	6					
			0					

b)

	5,	2	5	:	3	=	1,	7	5
−	3								
	2	2							
−	2	1							
		1	5						
	−	1	5						
			0						

c)

	3	2,	5	8	:	6	=	5,	4	3
−	3	0								
		2	5							
	−	2	4							
			1	8						
		−	1	8						
				0						

d)

	6,	0	4	8	:	7	=	0,	8	6	4
−	0										
	6	0									
−	5	6									
		4	4								
	−	4	2								
			2	8							
		−	2	8							
				0							

45 a) 8,4 : 1,2 = 84 : 12 = 7

b) 4,98 : 0,6 = 49,8 : 6 = 8,3

	4	9,	8	:	6		=	8,	3
−	4	8							
		1	8						
	−	1	8						
			0						

c) 18,75 : 0,15 = 1875 : 15 = 125

	1	8	7	5	:	1	5	=	1	2	5
–	1	5									
		3	7								
	–	3	0								
			7	5							
		–	7	5							
				0							

d) 3,232 : 0,08 = 323,2 : 8 = 40,4

	3	2	3,	2	:	8	=	4	0,	4
–	3	2								
		0	3							
	–		0							
			3	2						
		–	3	2						
				0						

Grundwissen | Seite 230

46 a) 6 + 7 · 8
= 6 + 56
= 62

b) 17 – 4 · 2
= 17 – 8
= 9

c) 9 · 2 + 3 · 4
= 18 + 12
= 30

d) 2 · 14 – 3 · 4
= 28 – 12
= 16

e) 7 – 44 : 11
= 7 – 4
= 3

f) 36 : 4 – 4 · 2
= 9 – 8
= 1

47 a) 25 – (12 + 8)
= 25 – 20
= 5

b) (25 – 12) · 2
= 13 · 2
= 26

c) 30 + (12 – 2) – 20
= 30 + 10 – 20
= 20

d) 4 · (14 – 6)
= 4 · 8
= 32

e) (9 + 21) : (14 – 9)
= 30 : 5
= 6

f) 25 – (12 + 4 · 2)
= 25 – (12 + 8)
= 25 – 20
= 5

48 a) 67 + 64 + 36
= 67 + (64 + 36)
= 67 + 100
= 167

b) 72 + 39 + 28 + 61
= (72 + 28) + (39 + 61)
= 100 + 100
= 200

c) 147 + 56 + 53 + 44
= (147 + 53) + (56 + 44)
= 200 + 100
= 300

d) 173 – 25 – 73
= (173 – 73) – 25
= 100 – 25
= 75

49 a) 16 · 4 + 16 · 6
= 16 · (4 + 6)
= 16 · 10
= 160

b) 5 · 23 + 5 · 27
= 5 · (23 + 27)
= 5 · 50
= 250

c) 28 · 22 – 18 · 22
= 22 · (28 – 18)
= 22 · 10
= 220

d) 6 · 57
= 6 · (50 + 7)
= 6 · 50 + 6 · 7
= 300 + 42
= 342

Grundwissen | Seite 231

50 Gegeben: 3-mal Milch für je 1,35 €; 2-mal Butter für je 1,59 €; 1-mal Sahne für 0,98 €
Gesucht: Gesamtkosten
Man berechnet erst den Preis jeweils für Milch und Butter und addiert dann alles zusammen.
Milch: 3 · 1,35 € = 4,05 €
Butter: 2 · 1,59 € = 3,18 €
Insgesamt: 4,05 € + 3,18 € + 0,98 € = 8,21 €
Dylan muss 8,21 € bezahlen.

51 Gegeben: 249 € Kosten, 145 € und 80 € gespartes Geld
Gesucht: fehlendes Geld
Um den fehlenden Betrag zu berechnen, zieht man von den Kosten das bereits gesparte Geld ab.
249 € – 145 € – 80 € = 24 €
Nina fehlen noch 24 €.

52 Gegeben: 2 Kinder zwischen 4 und 18 Jahren benötigen nur Eintrittskarten; 2 Erwachsene brauchen Eintrittskarten und Schlittschuhe; Preise auf der Tafel
Gesucht: Gesamtpreis
Man berechnet jeweils die Eintrittspreise und die Leihgebühr, danach addiert man die drei Beträge.
2-mal Eintritt für Kinder: 2 · 4 € = 8 €
2-mal Eintritt für Erwachsene: 2 · 5 € = 10 €
2-mal Leihgebühr: 2 · 4 € = 8 €
Insgesamt: 8 € + 10 € + 8 € = 26 €
Familie Moreno muss 26 € bezahlen.

53 Gegeben: insgesamt 300 €, davon drei 50-Euro-Scheine und sechs 20-Euro-Scheine.
Gesucht: Anzahl 5-Euro-Scheine
Um die Anzahl der 5-Euro-Scheine zu ermitteln, berechnet man erst den Betrag, der von den 300 € übrig bleibt.
Wert der 50- und 20-Euro-Scheine:
$3 \cdot 50 + 6 \cdot 20 = 150 + 120 = 270$
Von den insgesamt 300 € zieht man 270 € ab:
$300 - 270 = 30$
30 € sind übrig. Anzahl an 5-Euro-Scheinen:
$30 : 5 = 6$
Frau Klaiber erhält sechs 5-Euro-Scheine.

54 $45 \cdot 27$ ist ein Produkt.
$125 - 85$ ist eine Differenz.
$7{,}5 + 1{,}26$ ist eine Summe.
$12{,}96 : 2{,}4$ ist ein Quotient.

55 a) $8{,}4 + 12{,}9$ b) $3{,}5 \cdot 18$ c) $25{,}5 - 17{,}8$ d) $86{,}4 : 3{,}6$

Grundwissen | Seite 232

56 a) $x - 4$ b) $x + 4$ c) $4 \cdot x$ d) $x : 4$

57 Mögliche Lösung:
a) Man vermindert eine Zahl um 8.
Die Differenz von einer Zahl und 8.
b) Der 9. Teil einer Zahl.
Der Quotient aus einer Zahl und 9.
c) Man vermehrt eine Zahl um 7.
Die Summe von einer Zahl und 7.
d) Man verdreifacht eine Zahl.
Das Produkt aus einer Zahl und 3.

58 a) $8 + 5 = 13$ b) $75 : 5 = 15$
c) $5 + 24 - 22 = 7$ d) $25 - 2 \cdot 5 = 15$
e) $42 + 5 \cdot 3 = 57$ f) $78 - 5 : 5 = 77$
g) $5 \cdot 13 - 6 = 59$ h) $5 : 5 \cdot 8 = 8$

59 Term: $u = x + x + x = 3x$

x	1 cm	2 cm	3 cm	4 cm	5 cm	6 cm	7 cm	8 cm	9 cm	10 cm
u	**3 cm**	**6 cm**	**9 cm**	**12 cm**	**15 cm**	**18 cm**	**21 cm**	**24 cm**	**27 cm**	**30 cm**

Grundwissen | Seite 233

60 Achte beim Zeichnen auf die Millimeter-Einteilung deines Geodreiecks.

61 Hier ist zur Kontrolle die Länge der halbierten Strecke angegeben.
a) $\overline{AM} = 3\,cm$

b) $\overline{BM} = 2{,}2\,cm$ c) $\overline{DM} = 4{,}8\,cm$ d) $\overline{EM} = 6{,}9\,cm$

62 Parallel zueinander sind: a und c; b und d; g und h.
Senkrecht zueinander sind: a und f; c und f.

Grundwissen | Seite 234

63

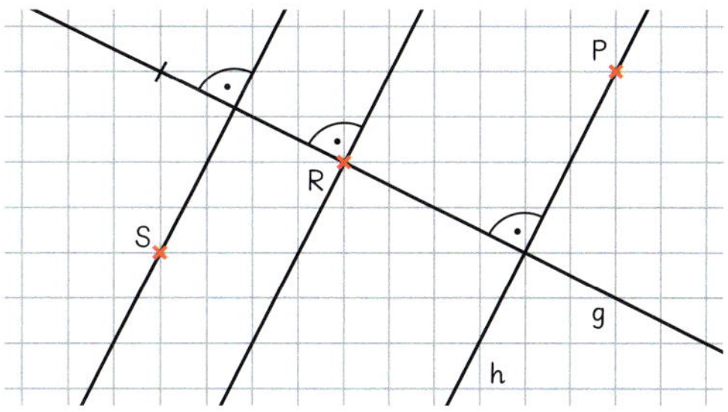

64

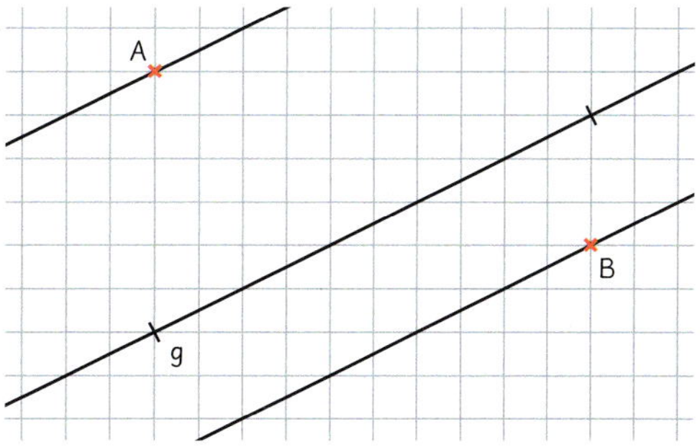

Grundwissen | Seite 235

65 a) $O = 2 \cdot 8\,cm \cdot 3\,cm + 2 \cdot 8\,cm \cdot 5\,cm + 2 \cdot 3\,cm \cdot 5\,cm$
$= 48\,cm^2 + 80\,cm^2 + 30\,cm^2$
$= 158\,cm^2$
b) $O = 2 \cdot 7\,cm \cdot 4{,}5\,cm + 2 \cdot 7\,cm \cdot 1{,}6\,cm + 2 \cdot 4{,}5\,cm \cdot 1{,}6\,cm$
$= 63\,cm^2 + 22{,}4\,cm^2 + 14{,}4\,cm^2$
$= 99{,}8\,cm^2$
c) Breite $b = 1\,dm = 10\,cm$
Höhe $c = 0{,}5\,m = 50\,cm$
$O = 2 \cdot 15\,cm \cdot 10\,cm + 2 \cdot 15\,cm \cdot 50\,cm + 2 \cdot 10\,cm \cdot 50\,cm$
$= 300\,cm^2 + 1500\,cm^2 + 1000\,cm^2$
$= 2800\,cm^2 = 28\,dm^2$

66 a) $O = 6 \cdot 5\,cm \cdot 5\,cm = 150\,cm^2$
b) $O = 6 \cdot 6\,cm \cdot 6\,cm = 216\,cm^2$
c) $O = 6 \cdot 1{,}5\,m \cdot 1{,}5\,m = 13{,}5\,m^2$

67 a) $V = 5\,cm \cdot 4\,cm \cdot 8\,cm = 160\,cm^3$
b) $V = 3\,dm \cdot 3\,dm \cdot 6\,dm = 54\,dm^3$
c) Länge a = 12 m = 1200 cm; Breite b = 3 dm = 30 cm
$V = 1200\,cm \cdot 30\,cm \cdot 50\,cm = 1\,800\,000\,cm^3 = 1800\,dm^3 = 1{,}8\,m^3$

68 a) $V = 6\,cm \cdot 6\,cm \cdot 6\,cm = 216\,cm^3$
b) $V = 8\,cm \cdot 8\,cm \cdot 8\,cm = 512\,cm^3$
c) $V = 3{,}5\,dm \cdot 3{,}5\,dm \cdot 3{,}5\,dm = 42{,}875\,dm^3$

69 a) Volumen des Würfels mit 4 cm Kantenlänge:
$V = 4\,cm \cdot 4\,cm \cdot 4\,cm = 64\,cm^3$
Da beide Körper aus der gleichen Anzahl von Würfeln bestehen, haben die beiden Körper dasselbe Volumen.
b) Oberflächeninhalt des Würfels mit 4 cm Kantenlänge:
$O = 6 \cdot 4\,cm \cdot 4\,cm = 96\,cm^2$
Oberflächeninhalt des Quaders mit den Kantenlängen 8 cm; 4 cm und 2 cm:
$O = 2 \cdot 8\,cm \cdot 4\,cm + 2 \cdot 8\,cm \cdot 2\,cm + 2 \cdot 4\,cm \cdot 2\,cm = 112\,cm^2$
Der Quader hat den größeren Oberflächeninhalt.

Grundwissen | Seite 236

70 Durchmesser: 2,2 cm
Radius: 2,2 cm : 2 = 1,1 cm

71 a) und b)

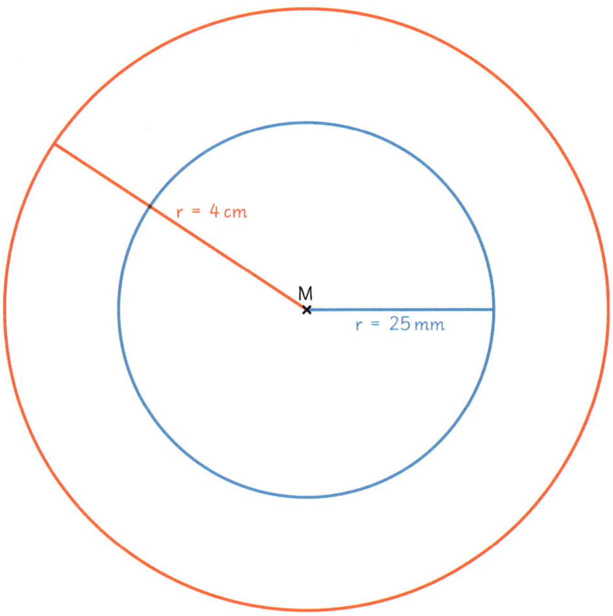

72 a) und b)

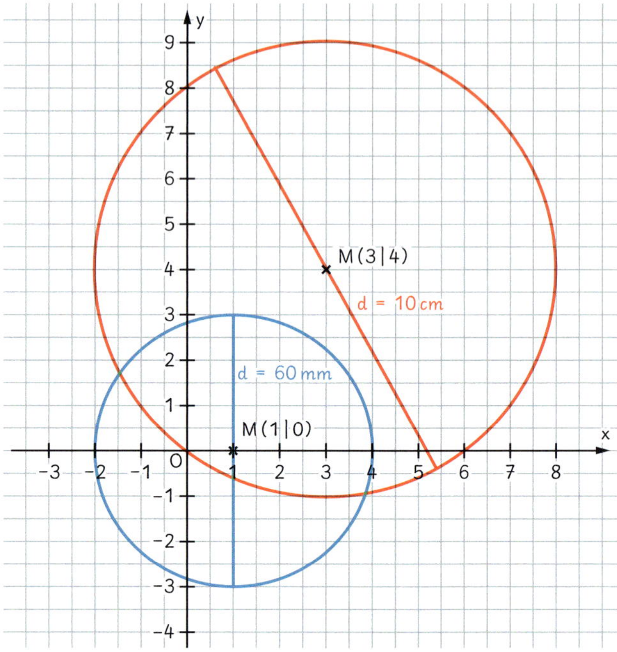

73 Auf ein DIN-A4-Blatt passen maximal drei Kreise.

Grundwissen | Seite 237

74 Winkel schätzen: individuelle Lösungen
α: spitzer Winkel β: überstumpfer Winkel
γ: überstumpfer Winkel δ: stumpfer Winkel

75 a)

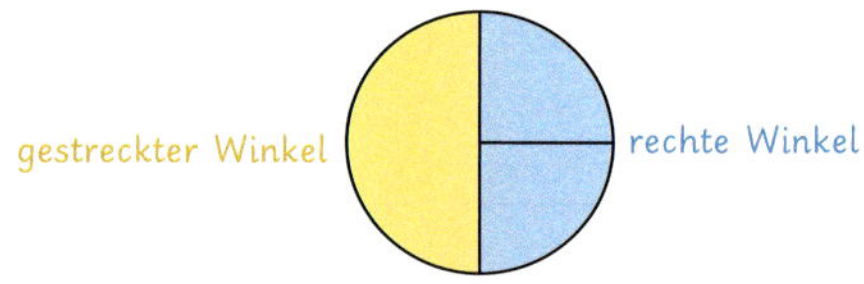

b) Mögliche Lösung:

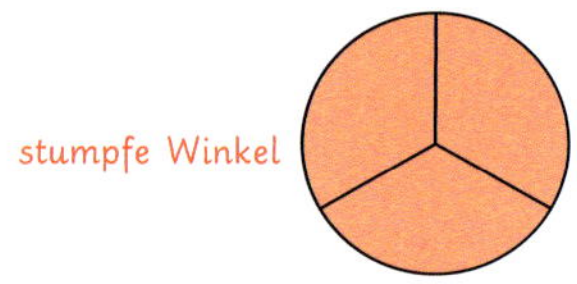

c) Mögliche Lösung:

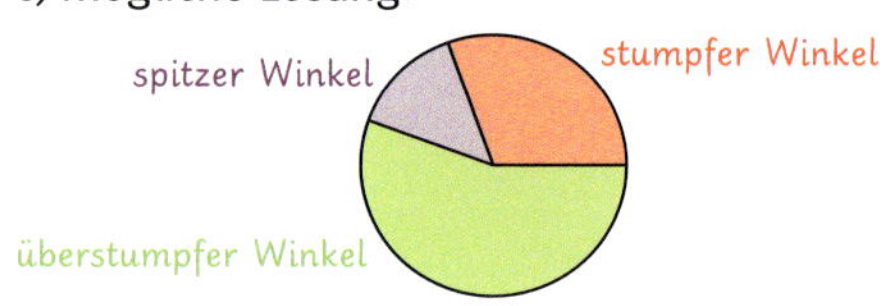

Grundwissen | Seite 238

76 $\alpha = 40°$; $\beta = 110°$; $\gamma = 70°$; $\delta = 20°$

77 a) $\alpha = 106°$; $\beta = 74°$ b) $\gamma = 90°$; $\delta = 90°$

78 a)

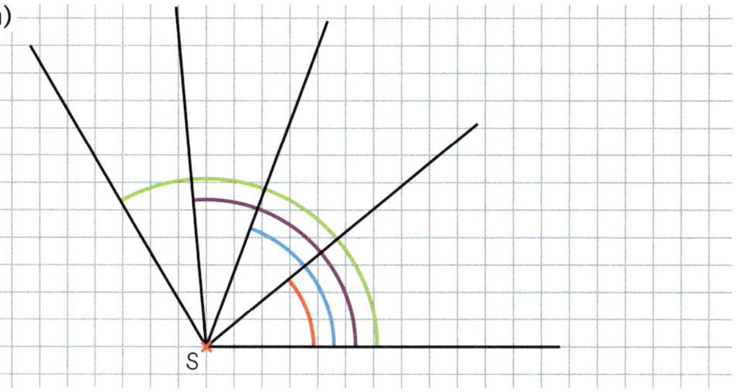

b)

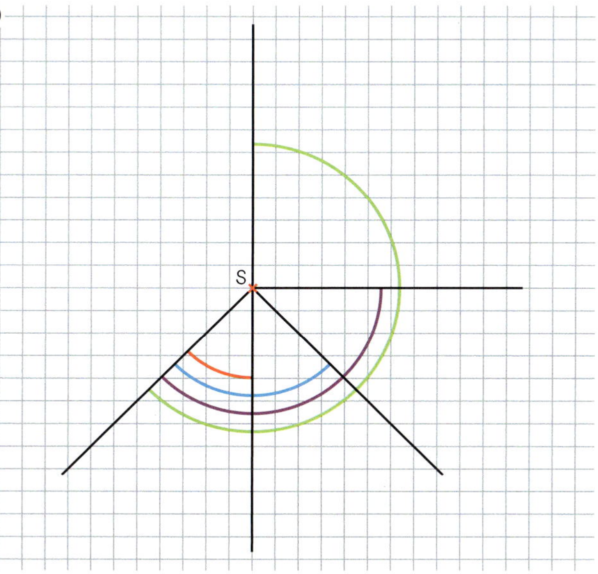

79 a) In Spanien leben 46 500 000 Menschen.
b) Die Hauptstadt von Portugal heißt Lissabon.
c) Frankreich hat eine Fläche von 668 763 km^2.
d) Madrid ist die Hauptstadt von Spanien.
e) Frankreich hat von den vier Ländern die größte Bevölkerung (65 800 000 Menschen).
f) Andorra hat mit 468 km^2 die kleinste Fläche.

Grundwissen | Seite 239

80

Essen	Strichliste	Häufigkeitstabelle
Pizza	𝍸 IIII	9
Hamburger	𝍸 I	6
Spagetti	III	3
Pommes	III	3

81

Zeit	Strichliste	Häufigkeitstabelle
30 min	𝍸 II	7
45 min	IIII	4
50 min	𝍸 I	6
55 min	II	2
60 min	𝍸	5

82 Kinder: Anzahl 800

Verkehrs-mittel	Pkw	Bus	Rad	zu Fuß
absolute Häufigkeit	30	490	140	140
relative Häufigkeit	$\frac{30}{800} = \frac{3}{80}$	$\frac{490}{800} = \frac{49}{80}$	$\frac{140}{800} = \frac{7}{40}$	$\frac{140}{800} = \frac{7}{40}$

Lehrer: Anzahl 40

Verkehrs-mittel	Pkw	Bus	Rad	zu Fuß
absolute Häufigkeit	27	8	4	1
relative Häufigkeit	$\frac{27}{40}$	$\frac{8}{40} = \frac{1}{5}$	$\frac{4}{40} = \frac{1}{10}$	$\frac{1}{40}$

83 relative Häufigkeiten für die Klasse 7a mit 25 Jugendlichen:
Note 1: $\frac{0}{25} = 0\,\%$

Note 2: $\frac{3}{25} = \frac{12}{100} = 12\,\%$

relative Häufigkeiten für die Klasse 7b mit 30 Jugendlichen:
Note 1: $\frac{1}{30} = 3{,}33\,\%$

Note 2: $\frac{5}{30} = \frac{1}{6} = 16{,}67\,\%$

Grundwissen | Seite 240

84 a) 2 kg Erdbeeren kosten 8 €.
b) 1,5 kg Kirschen kosten 9 €.
c) Für 6 € bekommt man 1,5 kg Erdbeeren.
d) Für 6 € bekommt man 1 kg Kirschen.

85 a) Die Preise für 1 l Benzin E10 und 1 l Diesel über den Zeitraum einer Woche sind dargestellt.
b) 1 l E10 kostete am Freitag 1,32 €.
c) 1 l Diesel kostete am Montag 1,06 €.
d) Am Montag kostete 1 l E10 weniger als 1,30 €.
e) Am Donnerstag war 1 l Diesel am teuersten.

Grundwissen | Seite 241

86

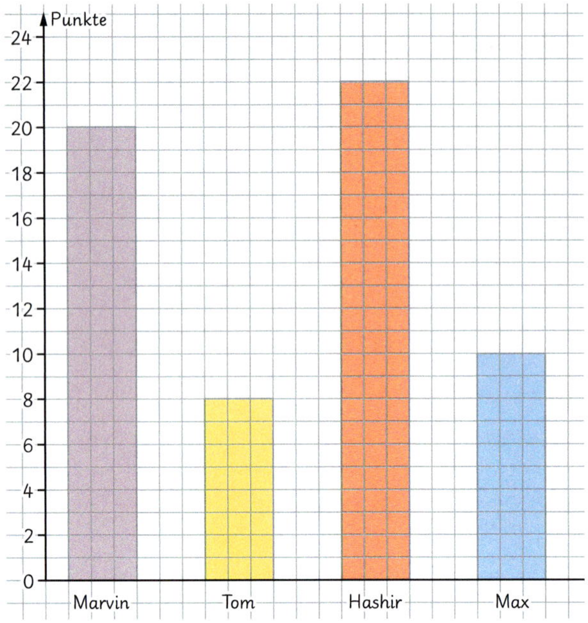

87 Insgesamt wurden 20 Tore geworfen.
Länge des Streifendiagramms: 10 cm
Wenn man für jedes Tor 0,5 cm zeichnet, dann sind die einzelnen Längen:
Melissa: 8 · 0,5 cm = 4 cm
Luisa: 6 · 0,5 cm = 3 cm
Franca: 5 0,5 cm = 2,5 cm
Maria: 1 · 0,5 cm = 0,5 cm
Das Streifendiagramm wird hier verkleinert dargestellt.

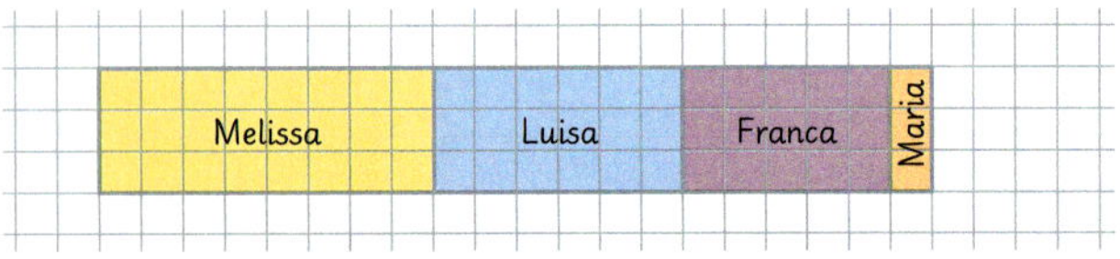

Grundwissen | Seite 242

88 a) 264 b) 16 c) 24 024

89 a) bis d) siehe Abb. 1 unten.

Grundwissen | Seite 243

90

	A	B	C
1	Dezimalzahl	Bruch	Prozent
2	0,50	1/2	50 %
3	0,70	7/10	70 %
4	0,85	17/20	85 %

91 Individuelle Ausführung

92

	A	B	C	D	E
1	Name	Kilian	Milo	Padme	Jaden
2	Anteil Stimmen	25,6 %	23,5 %	22,8 %	28,1 %

Kreisdiagramm:

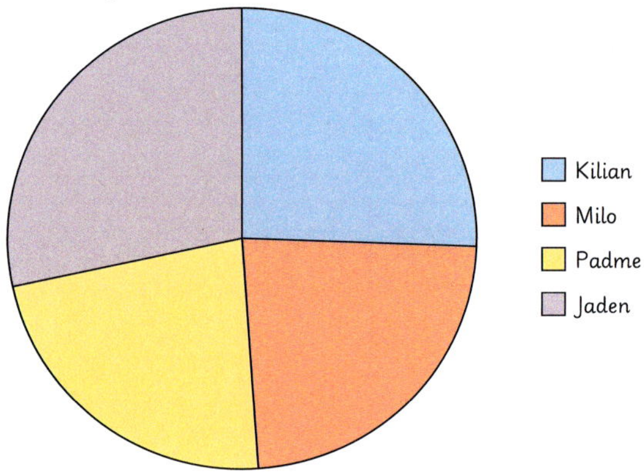

Abb. 1

	A	B	C	D	E	F	G	H	I	J	K	L
1	**Werte eines Terms mit Variablen**											
2	x	0	1	2	3	4	5	6	7	8	9	10
3	x+4	4	5	6	7	8	9	10	11	12	13	14
4	18*x	0	18	36	54	72	90	108	126	144	162	180
5	11*x−2	−2	9	20	31	42	53	64	75	86	97	108
6	(6*x+10):2	5	8	11	14	17	20	23	26	29	32	35

Säulendiagramm:

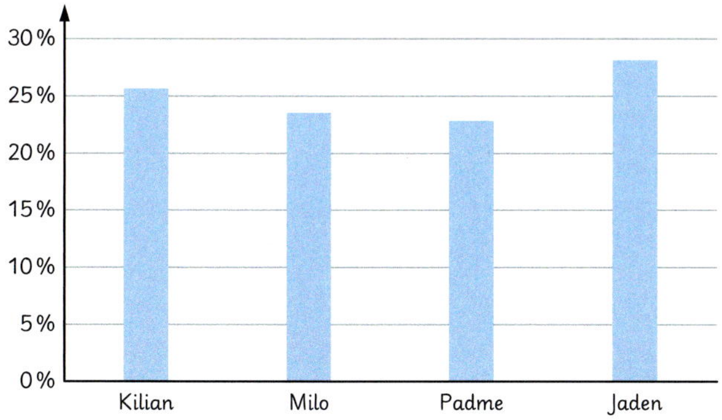

Balkendiagramm:

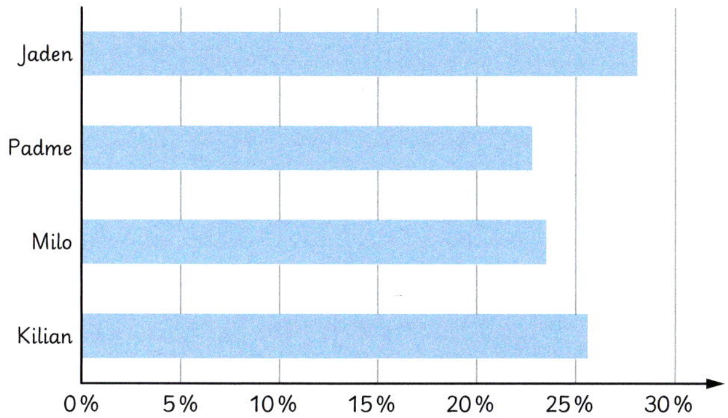

Man kann das Ergebnis mit einem Balken- oder einem Säulendiagramm darstellen. Bei diesen Diagrammen kann man gleich sehen, wer die meisten Stimmen erhalten hat. Kreis- und Streifendiagramm haben den Nachteil, dass man die Größenordnung der Anteile nur grob miteinander vergleichen kann, sodass bei den kleinen Größenunterschieden die Reihenfolge der Jugendlichen nicht gut zu erkennen ist

Grundwissen | Seite 244

93 a) bis g)

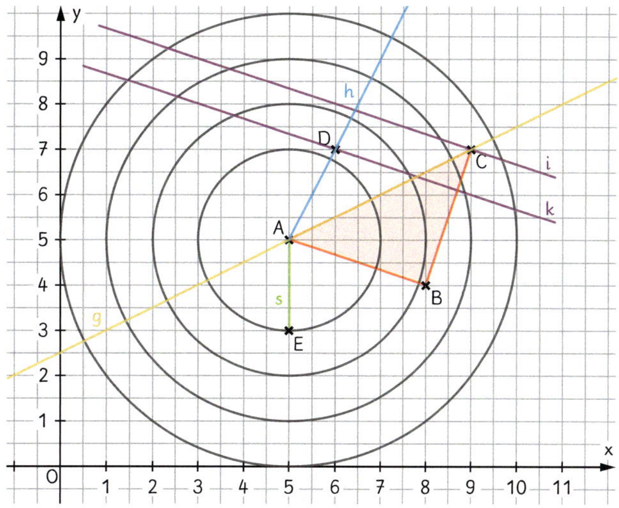

94 a) Individuelle Lösung (Längen in cm, Flächeninhalt in cm²)

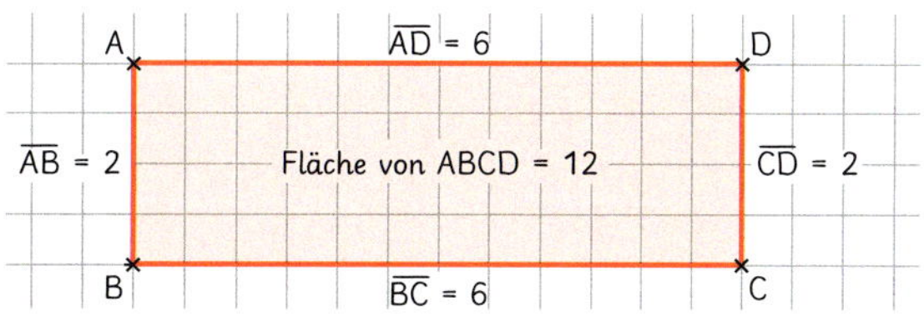

b) Verdoppelt (verdreifacht) man eine Seitenlänge, so verdoppelt (verdreifacht) sich der Flächeninhalt.

c) Verdoppelt man beide Seitenlängen, dann vervierfacht sich der Flächeninhalt.

95 a) Das Werkzeug „Halbgerade“ oder „Strahl“ findet man häufig unter „Linien“.

b) Individuelle Lösungen

Arbeitshilfen

Auf diesen Seiten findest du Hinweise und Tipps, die dir beim Verstehen und Bearbeiten von Aufgaben helfen.

Welche Hilfen kann ich nutzen, um die Aufgabenstellung besser zu verstehen?

Operatoren

Bestimmte Wörter in Aufgabenstellungen zeigen dir, was du machen sollst.
Diese Wörter nennt man Operatoren.
Die wichtigsten Operatoren sind in den Aufgabenstellungen blau hervorgehoben.

Eine Liste mit Operatoren findest du auf Seite 283–284.

Operatoren

Operator		Das musst du tun
angeben → nennen → notieren → (auf)schreiben → sammeln	*Gib … an* *Nenne …* *Notiere …* *Schreibe … (auf)* *Sammle …*	Du bearbeitest die Aufgabe ohne Lösungsweg und Erklärung. Die Lösung kannst du hintereinander, in einer Liste oder als Satz aufschreiben.
auswerten	*Werte … aus*	Du schreibst auf, was dargestellt ist und liest die gefragten Werte ab. Formuliere dann Aussagen in ganzen Sätzen.
begründen	*Begründe …*	Du schreibst in ganzen Sätzen auf, wieso eine Lösung, eine Aussage oder ein Beweis richtig ist. Dazu kannst du

Merke-Kasten und Zusammenfassung

Wenn du einen mathematischen Begriff in der Aufgabenstellung nicht verstehst, schaue zuerst in den Merke-Kasten auf der ersten Seite der Lerneinheit. Hier werden alle wichtigen Begriffe zum Thema erklärt. Außerdem findest du Beispiele zu möglichen Aufgaben.
In der Zusammenfassung findest du alle Merke-Kästen nochmal als Übersicht.

Merke: Auf der Zahlengeraden sind die rationalen Zahlen nach ihrer Größe geordnet.
Die kleinere von zwei rationalen Zahlen liegt auf der Zahlengeraden weiter links.

Beispiele

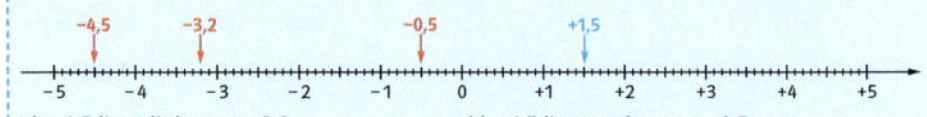

a) −4,5 liegt links von −3,2:
$-4{,}5 < -3{,}2$

b) +1,5 liegt rechts von −0,5:
$+1{,}5 > -0{,}5$

Zusammenfassung

Rationale Zahlen
Die Menge der rationalen Zahlen wird mit ℚ bezeichnet. Zu ihr gehören die ganzen Zahlen, die positiven und negativen Brüche und die positiven und negativen Dezimalzahlen. Beispiele: 4; −6,25 oder $\frac{1}{3}$.

Anordnung der rationalen Zahlen
Negative Zahlen haben das Vorzeichen − und stehen auf der Zahlengeraden links von der Null.
Positive Zahlen haben das Vorzeichen + und stehen auf der Zahlengeraden rechts von der Null.

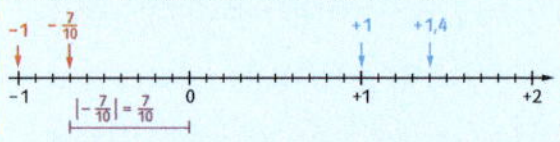

Auf der Zahlengerade sind die rationalen Zahlen der Größe nach geordnet. Je weiter links eine Zahl auf der Zahlengeraden steht, desto kleiner ist sie.
Der Abstand einer Zahl zur Null heißt Betrag.

Koordinatensystem
Ein Koordinatensystem besteht aus einer waagerechten Zahlengeraden, der x-Achse, und einer dazu senkrechten Zahlengeraden, der y-Achse. Die beiden Achsen teilen das Koordinatensystem in vier Quadranten, die man mit I, II, III und IV bezeichnet.

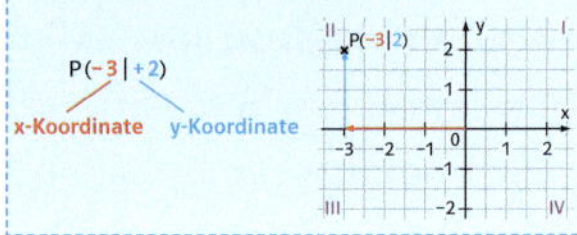

Stichwortverzeichnis

Du kannst alle wichtigen Begriffe im Stichwortverzeichnis finden. Sie sind alphabetisch aufgelistet.
Die angegebenen Seitenzahlen führen dich zu Erklärungen des Begriffs in den Lerneinheiten oder im Grundwissen.

Das Stichwort-Verzeichnis findest du auf Seite 285–287.

Stichwortverzeichnis

Symbole und Maßeinheiten

Für Symbole oder Abkürzungen gibt es ebenfalls eine Liste zum Nachschlagen am Ende des Buchs.

Eine Übersicht mit den wichtigsten Symbolen und Maßeinheiten findest du auf Seite 282.

Mathematische Symbole

=	gleich	⊾	rechter Winkel
≠	ungleich	g, h, …	Buchstaben für Geraden
≈	ungefähr gleich; gerundet	g ⊥ h	die Geraden g und h sind
<	kleiner als		zueinander senkrecht
>	größer als	g ∥ h	die Geraden g und h sind
ℕ	Menge der natürlichen Zahlen		zueinander parallel
ℤ	Menge der ganzen Zahlen	A, B, … , P, Q, …	Buchstaben für Punkte
ℚ	Menge der rationalen Zahlen	A′, B′, … , P′, Q′, …	Beschriftung der Bildpunkte

Welche Hilfen kann ich nutzen, um die Aufgaben zu bearbeiten?

Hinweise in Aufgabenstellungen
In vielen Aufgaben gibt es Hinweise und Beispiele, die dir bei der Bearbeitung weiterhelfen.

○3 Addiere. Achte auf die Überträge.

◒6 Fasse die Subtrahenden zusammen und schreibe die Aufgabe mit Klammer. Berechne wie im Beispiel.

Beispiel:
20 − 10 − 5 − 2 − 1
= 20 − (10 + 5 + 2 + 1)
= 20 − 18 = 2
So kannst du dir Subtraktionen sparen.

Tipp!
Die Tipps auf dem Rand helfen dir, Aufgabenstellungen zu verstehen oder bieten Hinweise zur Bearbeitung von Aufgaben.

Tipp!
Nimm dein Geodreieck zu Hilfe.

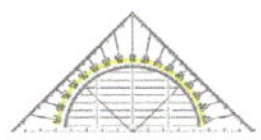

Tipp!
In einem gleichschenkligen Dreieck gilt:

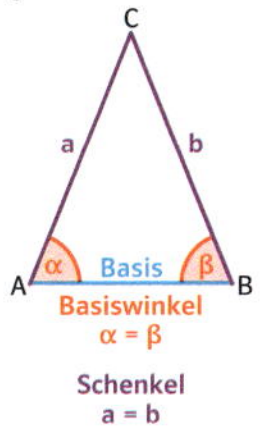

Was tue ich, wenn ich ein Wort nicht verstehe, welches nicht zur Fachsprache gehört?

Worterklärungen auf dem Rand
Einige Begriffe sind direkt in der Aufgabenstellung grau hervorgehoben und werden auf dem Rand erklärt.

ein Geschoss
hier: ein Stockwerk von einem Haus

◒11 Ein Hochhaus hat 15 Geschosse über und 4 unter der Erde sowie das Erdgeschoss.
a) Tim steigt im Erdgeschoss (EG) ein. Dann fährt er

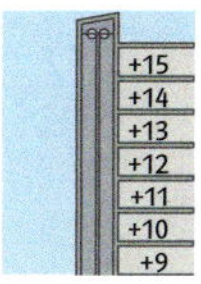

Wörter herleiten
Manchmal kannst du dir die Bedeutung eines Begriffs aus dem Zusammenhang oder mithilfe ähnlicher Wörter selbst überlegen.
Achte auch auf Abbildungen im Buch, die dir weiterhelfen.

Tipp:
Manchmal musst du zur Bearbeitung der Aufgabe nicht jedes Wort verstehen. Vielleicht kannst du die Aufgabe auch so lösen.

Recherchieren
Du kannst auch ein Wörterbuch zur Hilfe nehmen oder im Internet recherchieren.

Tipp zum Wörterbuch:
Übe den Umgang mit einem Wörterbuch. In vielen Prüfungen darfst du eins benutzen.

Tipp zum Internet:
Verwende eine Suchmaschine. Häufig ist es sinnvoll, unterschiedliche oder mehrere Suchbegriffe einzugeben. Prüfe mithilfe mehrerer Quellen, ob dein Suchergebnis richtig ist.

Mathematische Symbole

=	gleich
≠	ungleich
≈	ungefähr gleich; gerundet
<	kleiner als
>	größer als
$\mathbb{N}$	Menge der natürlichen Zahlen
$\mathbb{Z}$	Menge der ganzen Zahlen
$\mathbb{Q}$	Menge der rationalen Zahlen
{…}	Mengenklammer; Menge bestehend aus …
$\lvert -2 \rvert$	Betrag von −2
$0{,}\overline{3}$	periodische Dezimalzahl
$\rightarrow$, $\mapsto$	Zuordnungspfeile
⊾	rechter Winkel

g, h, …	Buchstaben für Geraden
$g \perp h$	die Geraden g und h sind zueinander senkrecht
$g \parallel h$	die Geraden g und h sind zueinander parallel
A, B, … , P, Q, …	Buchstaben für Punkte
A‘, B‘, … , P‘, Q‘, …	Beschriftung der Bildpunkte einer gespiegelten, gedrehten oder verschobenen Figur
$\overline{AB}$	Strecke mit den Endpunkten A und B
A(−2 | 4)	Punkt im Koordinatensystem mit dem x-Wert −2 und y-Wert 4
α, β, γ, δ, …	griechische Buchstaben für Winkel

Maßeinheiten und Umrechnungen

Zeiteinheiten

Jahr		Tag		Stunde		Minute		Sekunde
1 a	=	365 d						
		1 d	=	24 h				
				1 h	=	60 min		
						1 min	=	60 s

Masseneinheiten

Tonne		Kilogramm		Gramm		Milligramm
1 t	=	1000 kg				
		1 kg	=	1000 g		
				1 g	=	1000 mg

Längeneinheiten

Kilometer		Meter		Dezimeter		Zentimeter		Millimeter
1 km	=	1000 m						
		1 m	=	10 dm				
				1 dm	=	10 cm		
						1 cm	=	10 mm

Flächeneinheiten

Quadrat-kilometer		Hektar		Ar		Quadrat-meter		Quadrat-dezimeter		Quadrat-zentimeter		Quadrat-millimeter
$1\,km^2$	=	100 ha										
		1 ha	=	100 a								
				1 a	=	$100\,m^2$						
						$1\,m^2$	=	$100\,dm^2$				
								$1\,dm^2$	=	$100\,cm^2$		
										$1\,cm^2$	=	$100\,mm^2$

Raumeinheiten

Kubikmeter		Kubikdezimeter		Kubikzentimeter		Kubikmillimeter
$1\,m^3$	=	$1000\,dm^3$				
		$1\,dm^3$	=	$1000\,cm^3$		
		1 l		1000 ml		
				$1\,cm^3$	=	$1000\,mm^3$

Operatoren

Operator		Das musst du tun
angeben → nennen → notieren → (auf)schreiben → sammeln	*Gib … an* *Nenne …* *Notiere …* *Schreibe … (auf)* *Sammle …*	Du bearbeitest die Aufgabe ohne Lösungsweg und Erklärung. Die Lösung kannst du hintereinander, in einer Liste oder als Satz aufschreiben.
auswerten	*Werte … aus*	Du schreibst auf, was dargestellt ist und liest die gefragten Werte ab. Formuliere dann Aussagen in ganzen Sätzen.
begründen	*Begründe …*	Du schreibst in ganzen Sätzen auf, wieso eine Lösung, eine Aussage oder ein Beweis richtig ist. Dazu kannst du Beispiele, Rechnungen oder Zeichnungen zur Hilfe nehmen.
berechnen → rechnen	*Berechne …* *Rechne …*	Du überlegst dir, wie du die Aufgabe lösen kannst. Dann schreibst du das Ergebnis auf.
beschreiben	*Beschreibe das Diagramm …* *Beschreibe dein Vorgehen …*	Du schreibst in ganzen Sätzen auf, was du siehst oder tust. Benutze Fachbegriffe.
bestimmen → ermitteln	*Bestimme …* *Ermittle …*	Du löst die Aufgabe rechnerisch, zeichnerisch oder auf einem anderen Weg. Notiere Zwischenschritte und schreibe das Ergebnis auf.
beurteilen → bewerten → Stellung nehmen	*Beurteile …* *Bewerte …* *Nimm Stellung …*	Du schätzt mithilfe deines Fachwissens ein, ob eine Aussage zutrifft.
darstellen (grafisch) → veranschaulichen → zeichnen	*Stelle … dar* *Veranschauliche …* *Zeichne …*	Du fertigst eine Abbildung an, in der alle wichtigen Informationen zu sehen sind. Achte auf Genauigkeit.
diskutieren → (sich) austauschen → (sich) unterhalten → besprechen	*Diskutiert …* *Tauscht euch (über) … aus* *Unterhaltet euch …* *Besprecht euch …*	Ihr sprecht über eure Meinungen und vergleicht diese. Dann kommt ihr zu einem gemeinsamen Ergebnis.
entscheiden → (aus)wählen	*Entscheide …* *Wähle … (aus)*	Du denkst über alle Möglichkeiten nach und legst dich auf eine fest.
erfinden	*Erfinde …*	Du denkst dir etwas Neues aus.
ergänzen → vervollständigen → fortsetzen → fortführen	*Ergänze …* *Vervollständige …* *Setze … fort* *Führe … fort*	Du fügst fehlende Informationen fachlich richtig hinzu, zum Beispiel in Abbildungen, Tabellen, Listen und Reihen.
erklären	*Erkläre …*	Du sagst oder schreibst nachvollziehbar und verständlich auf, worum es geht. Achte darauf, Fachsprache zu verwenden.
erkunden → (aus)probieren → versuchen	*Erkunde …* *Probiere aus …* *Versuche …*	Du beschäftigst dich aktiv mit etwas und findest dabei heraus, wie es funktioniert.

Operator		Das musst du tun
ersetzen → einsetzen	*Ersetze …* *Setze … ein*	Du setzt die passende Information an die Stelle eines Platzhalters, einer Lücke oder einer Variable.
erstellen → aufstellen → anfertigen → anlegen → darstellen	*Erstelle …* *Stelle … auf* *Fertige … an* *Lege … an* *Stelle … dar*	Du schreibst etwas übersichtlich auf. Häufig ist vorgegeben, ob es eine Tabelle, ein Diagramm oder eine Skizze sein soll.
formulieren	*Formuliere …*	Du schreibst etwas möglichst genau auf. Bringe dazu die wichtigsten Punkte in eine sinnvolle Reihenfolge.
nutzen → anwenden → umgehen mit → verwenden	*Nutze …* *Wende … an* *Gehe mit … um* *Verwende …*	Du bearbeitest eine Aufgabe mithilfe deines mathematischen Vorwissens oder mit Hilfsmitteln, wie z.B. einem Geodreieck.
ordnen	*Ordne …*	Du bringst etwas in eine richtige Reihenfolge.
präsentieren → vorstellen	*Präsentiere …* *Stelle … vor*	Du bereitest ein Thema vor, zu dem du einen Vortrag hältst.
prüfen → überlegen → überprüfen → untersuchen	*Prüfe …* *Überlege …* *Überprüfe …* *Untersuche …*	Du kontrollierst mithilfe deines Fachwissens, ob etwas stimmt oder nicht.
recherchieren → sich informieren	*Recherchiere …* *Informiere dich …*	Du suchst nach geeigneten Informationen zu einem bestimmten Thema.
skizzieren	*Skizziere …*	Du fertigst eine grobe Abbildung (Skizze) an, um dir einen Überblick zu verschaffen. Du musst nicht genau zeichnen.
vergleichen	*Vergleiche …*	Du schreibst auf, ob etwas gleich, ähnlich oder unterschiedlich ist.
vermuten	*Vermute …*	Du überlegst aufgrund von vorhandenen Informationen, wie etwas zusammenhängen könnte.
zeigen	*Zeige …*	Du machst deutlich, warum etwas zutrifft. Du kannst die Lösung darstellen oder in ganzen Sätzen begründen.
zuordnen → sortieren	*Ordne … zu* *Sortiere …*	Du schreibst auf, was zusammengehört.

akg-images, Berlin (Science Photo Library), **161.3**; Alamy stock photo, Abingdon (Maximilian Weinzierl), **112.2**; Arnold & Domnick GbR, Leipzig, **7.1; 25.1; 25.2; 25.4; 33.1; 43.2; 58.2; 73.8; 77.7; 77.8; 77.10; 77.11; 77.12; 77.13; 78.1; 88.4; 90.7; 93.6; 98.3; 113.3; 120.1; 120.2; 142.2; 151.3; 152.3; 154.2; 154.3; 178.2; 179.1; 180.3; 180.4; 192.1; 192.2; 192.3; 214.1; 214.2; 214.3; 215.1; 221.1; 221.2; 221.3; 221.4; 221.5; 221.6; 221.7; 221.8; 221.9; 222.2; 222.3; 232.1; 243.1; 243.2; 244.1; 244.2; 244.3; 244.4; 244.5; 244.7; 244.8; 244.9; 245.1; 245.2; 245.3; 245.5; 246.1; 246.2; 247.1; 250.3; 253.3; 253.6; 254.1; 254.5; 270.2; 270.3; 270.4; 270.6; 271.1; 271.2; 271.3; 271.4; 271.5; 278.2; 279.1; 279.2; 279.3; 279.4**; Aslanidis, Stephanie, Stuttgart, **166.2**; Avenue Images GmbH, Hamburg (bozhdb), **53.1**; Axel Reis, Oberderdingen, **99.4**; Blühdorn GmbH, Fellbach, **11.1; 15.1; 39.1; 39.2; 49.1; 56.2; 68.1; 68.2; 70.1; 70.2; 70.3; 72.2; 74.1; 76.1; 81.2; 92.1; 133.3; 135.1; 135.2; 135.4; 135.5; 136.1; 136.2; 136.3; 136.4; 136.5; 159.4; 159.6; 159.7; 161.1; 161.2; 161.6; 161.9; 162.3; 162.4; 163.1; 163.2; 164.2; 172.2; 172.3; 174.2; 174.3; 176.1; 176.2; 176.3; 176.4; 176.5; 176.6; 181.1; 181.5; 182.1; 196.2; 202.1; 205.1; 205.2; 208.2**; Böttner, Joachim, Schmalkalden, **112.1**; Corbis RF, Berlin (RF), **151.2**; Corbis RF, Berlin (Royalty-Free), **104.2**; DAVIDS, Berlin, **127.2**; Deutsche Lufthansa AG, Frankfurt (Gerd Rebenich), **100.2**; Dinter, Stefan, Stuttgart, **15.2**; Ernst Klett Verlag GmbH, Stuttgart, **162.6**; F1online digitale Bildagentur, Frankfurt, **43.3**; Getty Images Plus, München (E+/RapidEye), **96.2**; Getty Images Plus, München (fotostorm), **86.3**; Getty Images Plus, München (george733), **158.6**; Getty Images Plus, München (Group4 Studio), **119.1**; Getty Images Plus, München (iStock/ monkeybusinessimages), **96.1; 96.1**; Getty Images Plus, München (Peter M. Fisher), **121.1**; Getty Images Plus, München (shurkin_son), **138.3**; Getty Images Plus, München (SolStock), **132.1**; Getty Images RF, München (Photo Disc), **105.2**; Getty Images, München, **200.3**; Getty Images, München (Blend Images), **130.1; 130.1**; Getty Images, München (Corbis Documentary/Natalie Fobes), **68.5**; Getty Images, München (Corbis), **156.6**; Getty Images, München (Peter Bischoff), **126.4**; Getty Images, München (SolStock), **113.1**; Getty Images, München (Stone), **210.1**; Holtermann, Helmut, Dannenberg, **12.3; 12.4; 14.1; 14.2; 17.1; 20.1; 20.2; 23.1; 23.2; 24.1; 25.3; 27.1; 28.3; 28.4; 29.1; 29.2; 30.1; 31.4; 32.2; 37.1; 37.3; 38.1; 38.2; 38.3; 38.4; 38.5; 38.6; 38.7; 58.1; 59.2; 59.4; 72.1; 76.2; 76.3; 76.4; 76.5; 76.6; 77.9; 79.2; 79.3; 79.4; 79.6; 79.7; 80.1; 80.2; 80.3; 80.5; 81.1; 81.3; 81.4; 81.5; 82.1; 82.2; 82.3; 82.5; 83.1; 83.2; 83.3; 83.4; 83.5; 83.6; 84.1; 84.2; 84.3; 84.4; 84.6; 87.5; 87.6; 87.7; 87.10; 87.11; 87.12; 90.1; 90.2; 93.2; 93.4; 101.2; 101.3; 105.1; 107.1; 118.1; 122.1; 123.2; 123.4; 125.1; 125.3; 127.3; 133.2; 133.6; 140.1; 140.3; 140.4; 151.4; 154.1; 154.4; 161.4; 161.5; 165.1; 165.2; 165.3; 165.4; 166.3; 166.4; 166.5; 166.6; 167.1; 167.2; 167.3; 168.1; 168.2; 168.3; 169.1; 169.2; 169.3; 169.4; 169.5; 169.6; 170.4; 170.5; 173.2; 175.1; 180.1; 180.2; 180.5; 182.2; 182.3; 182.4; 184.3; 184.4; 185.2; 185.3; 185.4; 187.1; 187.3; 187.4; 189.1; 189.2; 191.1; 191.2; 191.3; 194.1; 194.2; 194.3; 195.2; 197.2; 197.3; 197.9; 197.10; 197.11; 198.1; 198.2; 199.1; 203.1; 203.2; 203.3; 203.4; 203.5; 204.1; 204.3; 204.4; 205.3; 206.1; 206.2; 206.3; 206.4; 207.2; 208.1; 208.4; 211.1; 211.2; 212.2; 212.3; 213.1; 213.2; 213.3; 217.1; 217.2; 218.1; 218.2; 219.3; 219.4; 219.5; 220.1; 220.2; 220.3; 220.4; 223.1; 223.2; 225.1; 225.2; 228.1; 228.2; 234.1; 234.2; 234.3; 234.4; 234.5; 235.1; 235.2; 235.3; 236.1; 236.5; 236.6; 237.1; 237.2; 238.1; 238.2; 238.3; 245.4; 245.6; 245.7; 248.1; 249.1; 250.1; 250.2; 250.4; 251.1; 251.2; 251.3; 251.4; 251.5; 252.1; 252.2; 252.3; 252.4; 252.6; 253.1; 253.2; 253.4; 253.5; 254.2; 254.3; 254.4; 266.1; 266.2; 267.1; 267.2; 267.3; 267.4; 269.1; 269.2; 275.1; 275.2; 275.3**; Hungreder, Rudolf, Leinfelden-Echterdingen, **40.1; 92.4; 97.1; 190.1; 209.1; 223.3; 223.4; 246.3; 248.2; 248.3; 252.5; 252.7; 255.3; 270.7; 270.8**; IMAGO, Berlin, **52.1**; IMAGO, Berlin (Action Pictures), **106.2**; IMAGO, Berlin (blickwinkel), **185.1**; IMAGO, Berlin (Fernando Baptista), **159.5**; IMAGO, Berlin (Joachim Schulz), **114.1**; IMAGO, Berlin (Sabine Stallmann), **171.3**; IMAGO, Berlin (Strussfoto), **19.1**; imprint, Zusmarshausen, ; iStockphoto, Calgary, Alberta (Aldo Murillo), **156.2**; iStockphoto, Calgary, Alberta (David Sucsy), **187.2**; iStockphoto, Calgary, Alberta (evika303), **22.3**; iStockphoto, Calgary, Alberta (extravagantni), **64.3**; iStockphoto, Calgary, Alberta (fotomatona), **143.1**; iStockphoto, Calgary, Alberta (head-off), **104.3**; iStockphoto, Calgary, Alberta (Hogie), **13.5; 17.3**; iStockphoto, Calgary, Alberta (karambol), **78.4**; iStockphoto, Calgary, Alberta (lastmanstanding), **219.2**; iStockphoto, Calgary, Alberta (nlimmen), **114.2**; iStockphoto, Calgary, Alberta (NoDerog), **156.9**; iStockphoto, Calgary, Alberta (OTTI-design-and-photography), **195.3**; iStockphoto, Calgary, Alberta (PhotographerCW), **139.1**; iStockphoto, Calgary, Alberta (Photoservice), **207.1**; iStockphoto, Calgary, Alberta (RF/ Daniel Brunner), **149.6**; iStockphoto, Calgary, Alberta (Zlatko Kostic), **17.6**; JupiterImages photos.com, Tucson, AZ (photos.com), **78.3**; KD Busch GmbH, Stuttgart, **13.2; 13.3; 13.4; 17.2; 17.4; 17.5**; know idea, Uli Weidner, Freiburg, **26.1; 130.2**; KOMA AMOK ®, Stuttgart, **49.3; 159.2; 159.2; 159.3; 161.7; 161.8; 166.1**; laif, Köln (GAMMA/Palais Princier), **26.5**; laif, Köln (Shao ying - Imaginechina), **200.1**; Mauritius Images, Mittenwald (Arcaid Images / Alamy), **68.4; 68.4**; Mauritius Images, Mittenwald (imageBROKER/Stefan Ziese), **109.1**; Mauritius Images, Mittenwald (James Osmond Photography / Alamy), **68.3**; Mauritius Images, Mittenwald (Marc Gilsdorf), **98.1**; Mauritius Images, Mittenwald (Photo Alto), **12.1**; Mauritius Images, Mittenwald (Westend61), **150.3**; Menzel, Tom, Scharbeutz/ Klingberg, **28.2; 29.3; 29.4; 29.5; 30.2; 30.3; 31.1; 31.2; 31.3; 32.1; 32.3; 34.1; 34.2; 35.1; 37.2; 41.2; 41.3; 41.4; 43.1; 46.1; 46.3; 47.2; 50.2; 51.1; 51.2; 55.1; 57.1; 59.1; 59.3; 59.5; 61.1; 61.2; 61.4; 62.1; 64.2; 65.2; 65.3; 66.1; 66.2; 66.3; 67.2; 67.3; 67.4; 70.4; 70.5; 70.6; 70.7; 70.8; 70.9; 70.10; 71.1; 71.2; 71.3; 71.4; 71.5; 71.6; 71.7; 72.3; 72.4; 72.5; 72.6; 72.7; 72.8; 72.9; 73.1; 73.2; 73.3; 73.4; 73.5; 73.6; 73.7; 74.2; 74.3; 74.4; 74.6; 74.13; 75.1; 75.2; 75.3; 75.4; 75.5; 75.6; 75.7; 75.8; 75.9; 77.1; 77.2; 77.3; 77.4; 77.5; 77.6; 78.2; 85.2; 85.3; 85.4; 85.5; 86.1; 86.2; 86.4; 88.1; 88.2; 88.3; 88.5; 89.1; 89.2; 89.3; 89.5; 89.6; 89.7; 90.3; 90.5; 91.1; 91.2; 92.2; 92.3; 93.3; 94.1; 94.2; 94.3; 94.4; 94.5; 95.1; 95.2; 95.6; 98.2; 98.7; 99.1; 99.2; 100.1; 100.3; 100.4; 101.1; 101.5; 102.1; 102.2; 102.3; 102.4; 102.5; 103.2; 103.3; 104.1; 105.3; 106.3; 106.4; 111.1; 111.2; 111.3; 111.4; 111.5; 113.2; 115.1; 122.2; 122.3; 123.1; 123.3; 123.5; 125.2; 125.4; 126.1; 126.2; 126.3; 128.1; 129.1; 129.2; 132.2; 133.1; 133.4; 138.1; 138.2; 140.2; 141.2; 142.1; 143.4; 143.5; 143.6; 143.7; 144.1; 144.2; 144.3; 144.4; 145.2; 146.1; 146.3; 147.1; 147.2; 147.3; 147.4; 148.1; 148.2; 148.3; 148.4; 149.2; 149.3; 149.5; 150.1; 150.4; 152.1; 152.2; 153.1; 153.2; 153.3; 153.4; 155.1; 155.2; 158.3; 158.4; 158.5; 158.7; 159.9; 159.10;**

160.2; 160.4; 162.1; 162.2; 162.5; 164.1; 164.3; 164.4; 164.5; 171.1; 171.2; 172.1; 173.1; 174.1; 174.4; 181.6; 222.1; 223.5; 223.6; 224.1; 231.1; 231.2; 239.1; 239.2; 240.1; 240.2; 240.3; 241.1; 241.2; 254.6; 255.1; 255.2; 256.1; 257.1; 258.1; 258.2; 258.3; 260.1; 260.2; 261.1; 262.1; 270.1; 270.5; 276.1; 276.2; 276.3; 276.4; 276.5; 277.1; 277.2; 278.1; 278.3; Nadeshda Menzel - Nadeshda's Atelier, Nidderau, **84.5**; Nature Picture Library, Bristol BS1 5RR (Jack Dykinga), **26.3**; Okapia, Frankfurt (NAS/New York Public Library), **57.2**; Picture-Alliance, Frankfurt/M. (AP Photo/Ivan Sekretarev), **134.1**; Picture-Alliance, Frankfurt/M. (Armin Weigel), **116.1**; Picture-Alliance, Frankfurt/M. (dpa/AP Images), **60.1**; Picture-Alliance, Frankfurt/M. (dpa/Louisa Gouliamaki), **35.2**; Picture-Alliance, Frankfurt/M. (dpa/Maurizio Gambarini), **61.3**; Picture-Alliance, Frankfurt/M. (Frank May), **130.3**; Picture-Alliance, Frankfurt/M. (Martin Schutt), **64.1**; Picture-Alliance, Frankfurt/M. (Patrick Pleul/ZB), **116.2**; Picture-Alliance, Frankfurt/M. (WaterFrame), **13.1**; ShutterStock.com RF, New York (Ann Tyurina), **215.2**; ShutterStock.com RF, New York (Barone Firenze), **208.3**; ShutterStock.com RF, New York (Bernhard Richter), **204.2**; ShutterStock.com RF, New York (Denis Kuvaev), **46.5**; ShutterStock.com RF, New York (Eugene Sergeev), **99.3**; ShutterStock.com RF, New York (FXEGS Javier Espuny), **145.3**; ShutterStock.com RF, New York (hermitis), **143.2**; ShutterStock.com RF, New York (images72), **160.1**; ShutterStock.com RF, New York (julie deshaies), **156.3; 156.3**; ShutterStock.com RF, New York (Monkey Business Images), **90.6**; ShutterStock.com RF, New York (Olya Maximenko), **11.3**; ShutterStock.com RF, New York (Shane Gross), **36.1**; ShutterStock.com RF, New York (Taiga), **108.1**; ShutterStock.com RF, New York (Thierry Boitier), **26.4**; ShutterStock.com RF, New York (valjakum), **47.1**; ShutterStock.com RF, New York (wavebreakmedia), **150.2**; stock.adobe.com, Dublin (Africa Studio), **8.4**; stock.adobe.com, Dublin (Alexandr Blinov), **8.2**; stock.adobe.com, Dublin (Andre van der Veen), **162.7**; stock.adobe.com, Dublin (CHG), **105.4**; stock.adobe.com, Dublin (Christian Lebon), **143.3**; stock.adobe.com, Dublin (Conny Sjostrom), **210.2**; stock.adobe.com, Dublin (Dimitri Surkov), **219.1**; stock.adobe.com, Dublin (EdNurg), **22.1**; stock.adobe.com, Dublin (EvrenKalinbacak), **184.2**; stock.adobe.com, Dublin (E.Schumm), **127.1**; stock.adobe.com, Dublin (fabiomax), **98.6**; stock.adobe.com, Dublin (GAYSORN), **22.2**; stock.adobe.com, Dublin (Grum_l), **159.8**; stock.adobe.com, Dublin (Iuliia Sokolovska), **158.2**; stock.adobe.com, Dublin (Janina Dierks), **172.4**; stock.adobe.com, Dublin (Jörg Hackemann), **151.1**; stock.adobe.com, Dublin (Jürgen Fälchle), **8.1**; stock.adobe.com, Dublin (Kalle Kolodziej), **184.1**; stock.adobe.com, Dublin (katvic), **46.4**; stock.adobe.com, Dublin (Kekyalyaynen), **152.4**; stock.adobe.com, Dublin (kilukilu), **159.1**; stock.adobe.com, Dublin (lesniewski), **117.1**; stock.adobe.com, Dublin (mavrick), **142.3**; stock.adobe.com, Dublin (Monkey Business), **14.4**; stock.adobe.com, Dublin (monticellllo), **146.2**; stock.adobe.com, Dublin (Pavel Losevsky), **158.1**; stock.adobe.com, Dublin (Rawpixel.com), **2.1; 2.1**; stock.adobe.com, Dublin (Sashkin), **173.3**; stock.adobe.com, Dublin (schulzfoto), **18.1**; stock.adobe.com, Dublin (styf), **200.2; 200.2**; stock.adobe.com, Dublin (Vladyslav Danilin), **195.1**; stock.adobe.com, Dublin (WavebreakMediaMicro), **85.1**; Thinkstock, München (AndreyPopov), **156.5**; Thinkstock, München (Anthony Baggett), **98.5**; Thinkstock, München (blende64), **28.1**; Thinkstock, München (demaerre), **110.1**; Thinkstock, München (Fuse), **142.4**; Thinkstock, München (Goodshoot), **108.2**; Thinkstock, München (gpointstudio), **188.1**; Thinkstock, München (henryn0580), **156.1**; Thinkstock, München (istock/bestdesigns), **141.1**; Thinkstock, München (iStock/Enjoylife2), **137.1**; Thinkstock, München (iStock/Jag_cz), **124.2**; Thinkstock, München (iStock/JohnPitcher), **2.2; 2.2**; Thinkstock, München (iStock/katatonia82), **149.1**; Thinkstock, München (iStock/popovaphoto), **133.5**; Thinkstock, München (iStock/tupungato), **92.5**; Thinkstock, München (iStock/yashabaker), **124.1**; Thinkstock, München (Le Do), **135.3**; Thinkstock, München (MagMos), **156.7**; Thinkstock, München (mtcurado), **145.4**; Thinkstock, München (Pixland), **17.7**; Thinkstock, München (poladamonte), **98.4**; Thinkstock, München (Polka Dot), **213.4**; Thinkstock, München (richardschramm), **156.4**; Thinkstock, München (RuthBlack), **196.1**; Thinkstock, München (sanjagrujic), **65.1**; Thinkstock, München (Wostok), **56.1**; Thinkstock, München (Zoonar), **115.2**; Thomas Weccard Fotodesign BFF, Ludwigsburg, **U6.1**; URW, Hamburg, **74.8; 74.9; 74.10; 74.11; 74.12**; Uwe Alfer, Kråksmåla, Alsterbro, **10.1; 11.2; 46.2; 67.1; 127.4; 145.1; 160.3; 181.4; 181.7; 233.1; 233.2; 233.3; 233.4; 233.5; 236.2; 236.3; 236.4; 236.7; 237.3; 237.4; 237.5**; Wiechern, Arne, Hamburg, **82.4**; Wiemers, Sabine, Düsseldorf, **12.2; 41.1; 44.1; 50.1; 54.1; 79.1; 80.4; 93.1; 103.1; 106.1; 149.4; 178.1; 197.1; 212.1**; www.panthermedia.net, München (lightandshadow), **171.4**; 123rf Germany, c/o Inmagine GmbH, Nidderau (Daniel Prudek), **14.3**; 123rf Germany, c/o Inmagine GmbH, Nidderau (stfotograf), **156.8**

Die Reihenfolge und Nummerierung der Bild- und Textquellen im Quellennachweis erfolgt automatisch und entspricht u.U. nicht der Nummerierung der Bildund Textquellen im Werk. Die automatische Vergabe der Positionsnummern erfolgt in der Regel von links oben nach rechts unten, ausgehend von der linken oberen Ecke der Abbildung.

Schnittpunkt 7 – Differenzierende Ausgabe, Nordrhein-Westfalen

1. Auflage 1 5 4 3 | 27 26 25 24

Alle Drucke dieser Auflage sind unverändert und können im Unterricht nebeneinander verwendet werden.
Die letzte Zahl bezeichnet das Jahr des Druckes.

Autorinnen und Autoren: Viktor Grasmik, Sarah Macha, Rainer Pongs, Peter Rausche, Jens Richter, Ingrid Wald-Schillings
Unter Mitarbeit von: Martina Backhaus, Ilona Bernhard, Joachim Böttner, Günther Fechner, Wolfgang Malzacher, Achim Olpp, Emilie Scholl-Molter, Colette Simon, Claus Stöckle, Thomas Straub, Dr. Hartmut Wellstein

Entstanden in Zusammenarbeit mit dem Projektteam des Verlages.

Gestaltung: know idea, Freiburg
Umschlaggestaltung: know idea, Freiburg
Titelbild: Thomas Weccard Fotodesign BFF, Ludwigsburg
Satz: Arnold & Domnick, Leipzig
Druck: PASSAVIA Druckservice GmbH & Co. KG, Passau

Printed in Germany
ISBN 978-3-12-744471-1

9 783127 444711